F. Dörrscheidt/W. Latzel
Grundlagen der Regelungstechnik

Moeller

Leitfaden der Elektrotechnik

Herausgegeben von
Professor Dr.-Ing. Hans Fricke
Technische Universität Braunschweig
Professor Dr.-Ing. Heinrich Frohne
Universität Hannover
Professor Dr.-Ing. Norbert Höptner
Fachhochschule Pforzheim
Professor Dr.-Ing. Karl-Heinz Löcherer
Universität Hannover
Professor Dr.-Ing. Paul Vaske †

B. G. Teubner Stuttgart

Grundlagen der Regelungstechnik

Von Dr.-Ing. Frank Dörrscheidt
Professor an der Universität – Gesamthochschule – Paderborn
und Dr.-Ing. Wolfgang Latzel
Professor an der Universität – Gesamthochschule – Paderborn

2., durchgesehene Auflage
Mit 401 Bildern, 30 Tafeln und 134 Beispielen

B. G. Teubner Stuttgart 1993

Die Deutsche Bibliothek – CIP-Einheitsaufnahme

Leitfaden der Elektrotechnik / Moeller.
Hrsg. von Hans Fricke ... Stuttgart : Teubner.
NE: Moeller, Franz [Begr.] ; Fricke, Hans [Hrsg.]
Grundlagen der Regelungstechnik. – 1993
Grundlagen der Regelungstechnik
von Frank Dörrscheidt u. Wolfgang Latzel
2., durchges. Aufl.
Stuttgart : Teubner, 1993
  (Leitfaden der Elektrotechnik)

  ISBN-13:978-3-322-84880-2   e-ISBN-13:978-3-322-84879-6

  DOI: 10.1007/978-3-322-84879-6

NE: Dörrscheidt, Frank [Mitverf.] ; Latzel, Wolfgang [Mitverf.]

Das Werk einschließlich aller seiner Teile ist urheberrechtlich geschützt. Jede
Verwertung außerhalb der engen Grenzen des Urheberrechtsgesetzes ist ohne
Zustimmung des Verlages unzulässig und strafbar. Das gilt besonders für Ver-
vielfältigungen, Übersetzungen, Mikroverfilmungen und die Einspeicherung
und Verarbeitung in elektronischen Systemen.

© B. G. Teubner Stuttgart 1989
Softcover reprint of the hardcover 2nd edition 1989

Gesamtherstellung: Zechnersche Buchdruckerei GmbH, Speyer
Umschlaggestaltung: M. Koch, Reutlingen

Vorwort

Die Automatisierungstechnik befaßt sich mit der Aufgabe, technische Prozesse derart zu beeinflussen, daß sie ohne den dauernden Eingriff des Menschen in einer gewünschten Weise ablaufen. Teilaufgaben der Automatisierung sind das Messen der relevanten Prozeßgrößen, das Steuern der Prozesse mittels Ablaufsteuerungen und das Regeln der Prozeßgrößen in geschlossenen Wirkungskreisen; mit dem letzten Aspekt befaßt sich der vorliegende Band.

Für die moderne Volkswirtschaft ist die Automatisierungstechnik eine Schlüsseltechnologie. Sie ermöglicht eine rationelle Fertigung bei geringstmöglichem Energie- und Materialeinsatz und gewährleistet eine gleichbleibend hohe Qualität der Produkte, indem sie die Fertigungstoleranzen zu verringern gestattet und menschliche Irrtümer vermeiden hilft. Durch Entlasten des Menschen von ermüdenden, gesundheitsschädlichen oder gar gefährlichen Tätigkeiten trägt sie entscheidend zu einer Humanisierung der Arbeitswelt bei.

Die Automatisierungstechnik ist weltweit in einem schnellen Wandel begriffen, der gekennzeichnet ist durch den Übergang von der analogen zur digitalen Signalverarbeitung, dem Vordringen dezentraler, hierarchisch aufgebauter Automatisierungsstrukturen und dem Trend zu selbstanpassenden und lernenden Systemen. Die Lehre auf dem Gebiet der Regelungstechnik an den Hochschulen muß sich diesen Entwicklungen anpassen. Gerade der schnelle technische Wandel gebietet allerdings eine Betonung der mathematischen, physikalischen und technischen Grundlagen: Da der Ingenieur während seines Berufslebens eine Vielzahl von unterschiedlichen Prozessen antreffen wird, muß er insbesondere befähigt werden, mathematische Modelle auch für komplexe Systeme aufgrund physikalischer Gesetzmäßigkeiten zu erstellen und ihre Eigenschaften zu analysieren.

Der vorliegende Band ist als ein Beitrag zur Erfüllung dieser Aufgabe zu verstehen. Er soll den Studenten der Ingenieurwissenschaften, aber auch den praktizierenden Ingenieur in systematischer Weise in das Gebiet der Regelung linearer Prozesse als Teilgebiet der Prozeßautomatisierung einführen. Im ersten Kapitel wird zunächst die Aufgabenstellung der Regelungstechnik und die Funktionsweise von Regelkreisen anhand von Beispielen verdeutlicht. Das folgende Kapitel behandelt die systemtechnischen Grundlagen linearer kontinuierlicher Prozesse im Zeit-, Frequenz- und Bildbereich. Im Mittelpunkt steht der Begriff des Übertragungsgliedes, der es ermöglicht, von den physikalischen Eigenschaften des Prozesses zu abstrahieren; erst dieser Schritt macht die Regelungstechnik zu einer eigenständigen Wissenschaft. Das dritte Kapitel geht dann auf die Analyse und den Entwurf linearer kontinuierlicher Regelkreise ein, wobei die klassischen, auf den Frequenzkennlinien beruhenden Verfahren im Vordergrund stehen. Das abschließende vierte Kapitel bietet eine ausführliche Darstellung der linearen zeitdiskreten Regelungen; diese haben durch das Vordringen der digitalen Prozeßrechner in den letzten Jahren zunehmend an Bedeutung gewonnen. Ein Anhang enthält Angaben zur weiterführenden Literatur und den einschlägigen Normblättern, eine ausführliche Formelzeichenliste und ein Glossar der wichtigsten regelungstechnischen Begriffe, das den Zugang zum Text erleichtern soll.

Die Verfasser danken Frau G. Genuit und Frau E. Kappius für das Schreiben des Manuskripts. Dem Teubner-Verlag und dem Herausgebergremium sei für die in der langen Entstehungsphase des Buches bewiesene Geduld sowie die vorzügliche Ausstattung des Bandes gedankt.

Paderborn, im Januar 1989   F. Dörrscheidt   W. Latzel

Vorwort zur 2. Auflage

In der vorliegenden Auflage sind einige zwischenzeitlich bekanntgewordene Druckfehler beseitigt worden. Die Verfasser danken insbesondere Herrn Prof. Dipl.-Ing. M. Otto von der Fachhochschule Hamburg für die gründliche Durchsicht der ersten Auflage.

Paderborn, im Juli 1992   F. Dörrscheidt   W. Latzel

Inhalt

3 Lineare kontinuierliche Regelkreise (Frank Dörrscheidt)

Anhang

Hinweise auf DIN-Normen in diesem Werk entsprechen dem Stand der Normung bei Abschluß des Manuskriptes. Maßgebend sind die jeweils neuesten Ausgaben der Normblätter des DIN Deutsches Institut für Normung e. V. im Format A 4, die durch die Beuth-Verlag GmbH, Berlin und Köln, zu beziehen sind. – Sinngemäß gilt das gleiche für alle in diesem Buche angezogenen amtlichen Richtlinien, Bestimmungen, Verordnungen usw.

1 Grundbegriffe der Regelungstechnik

1.1 Einordnung und Aufgabenstellung der Regelungstechnik

Eine grundlegende Erfahrung des täglichen Lebens ist die der Veränderung: Gegenstände und Lebewesen in unserer Umgebung verändern ihren Ort, ihre Lage, ihre Größe und ihre Gestalt. Sie treten mit uns und untereinander in Wechselwirkung, tauschen Masse, Energie und Information miteinander aus, entstehen, wachsen, verfallen und vergehen. Die Zeiträume, in denen diese Veränderungen ablaufen, können von sehr unterschiedlicher Dauer sein: Einige Vorgänge laufen derart schnell ab, daß wir das Geschehen ohne technische Hilfsmittel nicht verfolgen können und die auftretenden Veränderungen als sprungartig empfinden. Andere Entwicklungen verlaufen dagegen derart langsam, daß wir sie als Individuum gar nicht als solche wahrnehmen. Erst durch Beobachtungen und Überlieferungen, die sich über Generationen erstrecken können, erkennen wir, daß überhaupt eine Bewegung stattfindet.

Neben diesem Wandel, dem sich kein Gegenstand und kein Lebewesen auf Dauer entziehen kann, beobachten wir aber auch das Bestreben der Organismen, den Veränderungen zumindest über einen begrenzten Zeitraum entgegenzuwirken und die für das Überleben wichtigen physikalischen Größen wie Ort, Lage, Form, Körpertemperatur usw. konstant zu halten oder aber in einer zweckmäßigen Weise gezielt zu beeinflussen. So halten beispielsweise viele höhere Lebewesen ihre Körpertemperatur trotz wechselnder Außentemperatur innerhalb enger Grenzen konstant, um einen störungsfreien Ablauf der Lebensvorgänge zu sichern. Oder aber sie verändern in gezielter Weise ihren Ort und ihre Lage bezüglich der Umwelt, um Gefahren aus dem Wege zu gehen, sich fortzupflanzen oder an die notwendige Nahrung zu gelangen. Hierzu verwenden sie ein im Prinzip immer gleiches Verfahren: Der momentane Wert der zu beeinflussenden Größe wird durch ein Sinnesorgan (Rezeptor, Sensor) erfaßt und mit dem gewünschten Wert verglichen. Durch geeignete Maßnahmen, die im allgemeinen das Zuführen von Energie bedingen, wird die Differenz zwischen dem gewünschten und dem aktuellen Zustand zum Verschwinden gebracht. Diese Regelung physikalischer Größen, bei der als gemeinsames Merkmal der momentane Wert der zu beeinflussenden Größe zurückgemeldet wird, findet man bei allen Lebewesen zu den verschiedensten Zwecken angewendet.

Neben dieser Befähigung zu kurzfristig wirkenden Maßnahmen haben lebende Organismen in unterschiedlichem Maße die Fähigkeit entwickelt, sich geänderten Lebensbedingungen mittelfristig in weiten Grenzen anzupassen (Adaption) sowie einmal gewonnene Erfahrungen über zweckmäßige Verhaltensweisen zu speichern (Lernen), weiterzugeben und als Individuum oder als Gruppe in ähnlichen Situationen zu nutzen.

Die genannten Fähigkeiten lebender Wesen, nämlich

- das Beseitigen störender Einflüsse,
- das zielgerichtete Verändern physikalischer Größen,
- das Anpassen an geänderte Umweltbedingungen und
- das Ausnutzen eigener oder fremder Erfahrungen

sind für die Erhaltung, Verbreitung und Weiterentwicklung des Lebens von überragender Bedeutung; ohne diese von der Natur durch Variation und Auslese entwickelten Begabungen ist ein höher entwickeltes Leben nicht vorstellbar.

Die diesen Fertigkeiten von Lebewesen zugrunde liegenden Prinzipien wurden schon frühzeitig – in allerdings noch sehr unvollkommener Weise – auch in technischen Geräten verwendet, ohne daß sie zunächst als solche erkannt und ihre Verwendung in Organismen bemerkt wurde [57]. Erst als es in neuerer Zeit gelang, die grundlegenden Begriffe der Informationsübertragung und -verarbeitung und der Regelung mathematisch zu fassen, wurden die Gemeinsamkeiten technischer und biologischer Systeme in vollem Umfang erkannt. Die im Jahre 1948 von N. Wiener [112] begründete Wissenschaft der Kybernetik, die sich mit der Untersuchung derartiger Vorgänge in Lebewesen und technischen Prozessen befaßt, hat in entscheidendem Maße zur Aufdeckung dieser Gemeinsamkeiten und damit zum Verständnis der Lebensvorgänge beigetragen ([5]).

Das Prinzip der Regelung kann man anhand des Satzes

„Vertrauen ist gut, Kontrolle ist besser"

verdeutlichen, den man als Dogma der Regelungstechnik bezeichnen kann; seine bildliche Darstellung in Form eines Blockschaltbildes, welches die Ursache-Wirkungs-Beziehungen erkennen läßt, zeigt die für Regelungen typische Rückkopplungsstruktur. Der erste Halbsatz „Vertrauen ist gut ..." kennzeichnet den Ablauf in einer Wirkungskette (Bild 1.1): Der von einem Be-

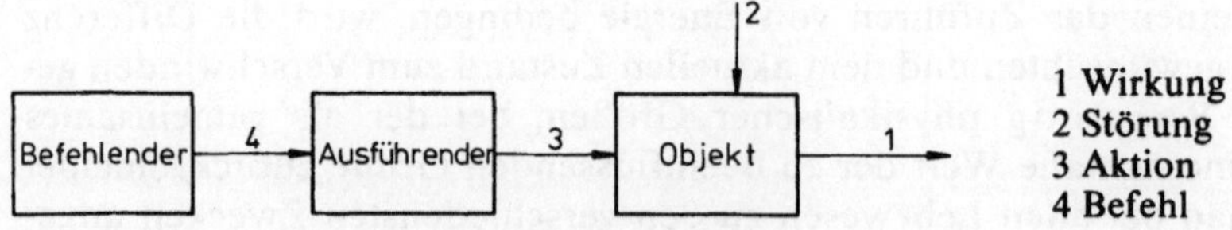

1.1 Strukturbild des offenen Wirkungsablaufs

fehlenden ausgegebene Befehl veranlaßt den Ausführenden zu einer Aktion, die wiederum am Objekt eine Wirkung hervorruft. Die vom Befehlenden erhoffte Wirkung wird aber nur dann eintreten, wenn sich der Ausführende genau an den Befehl hält, das Objekt in vorhergesehener Weise reagiert und keine weiteren Aktionen (Störungen) von anderer Seite auf das Objekt einwirken. Diese Bedingungen sind im wirklichen Leben nur selten erfüllt, so daß meist die erzielte Wirkung von der angestrebten abweichen wird. Abhilfe ist durch eine der folgenden Maßnahmen möglich:

- Formulieren der Befehle derart, daß die erhoffte Wirkung auch dann eintritt, wenn sich Ausführender und Objekt nicht in idealer Weise verhalten,
- Abschirmen des Objekts von Störeinflüssen.

Die erste Maßnahme erfordert eine genaue Kenntnis der Verhaltensweisen von Ausführendem und Objekt; da sich diese aber mit der Zeit ändern können, ist dieser Weg nur mit starken Einschränkungen gangbar. Die Abschirmung des Objekts von Störeinflüssen ist andererseits häufig nicht oder nur mit großem technischen Aufwand möglich.

Eine dritte Möglichkeit der Abhilfe wird durch den zweiten Halbsatz „... Kontrolle ist besser" gekennzeichnet (Bild **1.**2): Durch einen B e o b a c h t e r – der Begriff wird hier in einem sehr allgemeinen Sinn gebraucht – wird die erzielte Wirkung am Objekt festgestellt und an den Befehlsgeber zurückgemeldet. Dieser kann dann aufgrund der Meldung seine Befehle entsprechend ändern und trotz einwirkender Störungen die erhoffte Wirkung möglicherweise doch noch erzielen.

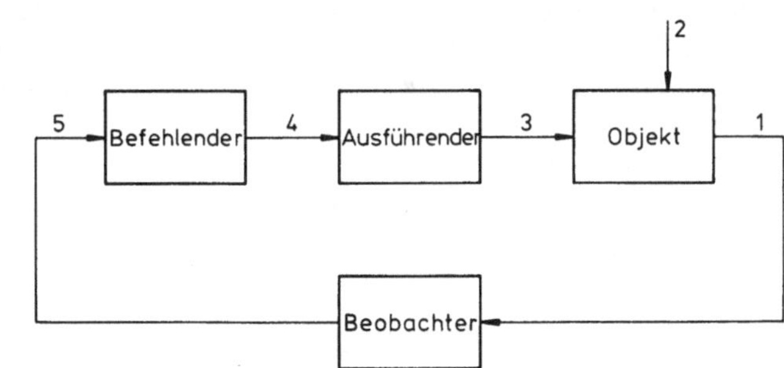

1 Wirkung
2 Störung
3 Aktion
4 Befehl
5 beobachtete Wirkung

1.2 Strukturbild des geschlossenen Wirkungsablaufs

Durch das Einführen des Beobachters entsteht eine geschlossene k r e i s f ö r m i g e   W i r k u n g s s t r u k t u r, die gegenüber der offenen Wirkungskette völlig geänderte Eigenschaften hat:

- Änderungen im Verhalten des Ausführenden und des Objekts können in gewissen Grenzen ausgeglichen werden.
- Die Wirkungen von Störungen können teilweise oder völlig beseitigt werden.

Andererseits hat die geschlossene Wirkungsstruktur auch Nachteile:

- Der Einsatz eines Beobachters ist nicht billig. Die erwünschte Kontrolle ist auch nur dann möglich, wenn der Beobachter die Wirkung genau wiedergibt; exakte Beobachter sind aber meist teurer als weniger exakte.
- Von der Befehlsausgabe bis zur Rückmeldung der erzielten Wirkung vergeht immer eine gewisse Zeit. Der Befehlende kennt daher nur die Wirkung, wie sie vor einiger Zeit ausgesehen hat, und bis zum Wirksamwerden eines neuen Befehls vergeht wieder eine gewisse Zeit. Diese Totzeiten können zu starken Schwankungen in der Wirkung, also einer Instabilität des Wirkungskreises führen, so daß die erhoffte Wirkung dann doch nicht erzielt wird.

Das Dogma des Regelungstechnikers muß daher etwas abgeschwächt werden in

„Vertrauen ist gut – Kontrolle ist meist besser".

Die Formulierung dieses Satzes ist natürlich für wissenschaftliche Anwendungen viel zu vage. In der wissenschaftlichen Literatur wird für die in der offenen Wirkungskette ablaufenden Vorgänge der Begriff Steuerung und für die in der geschlossenen Wirkungsstruktur auftretenden Vorgänge der Begriff Regelung eingeführt; diese Begriffe sind beispielsweise im Normblatt DIN 19226 genormt.[1]) Kennzeichen der Steuerung ist demnach der offene Wirkungsablauf, bei dem eine Wirkung nur in einer Richtung, nämlich vom Eingang zum Ausgang, ausgeübt werden kann. Dagegen ist eine Regelung durch einen geschlossenen Wirkungsablauf gekennzeichnet, bei dem die erzielte Wirkung (Istwert) fortlaufend oder doch hinreichend oft beobachtet und mit der gewünschten Wirkung (Sollwert) verglichen wird. Treten Abweichungen zwischen Soll- und Istwert auf, dann wird versucht, diese durch geeignete Maßnahmen zu beseitigen. Die möglichen Verhaltensweisen derartiger rückgekoppelter Systeme sind natürlich wesentlich vielfältiger und schwieriger zu durchschauen als diejenigen offener Steuerketten.

Nachfolgend sollen die eingeführten abstrakten Begriffe anhand von Beispielen verdeutlicht werden.

1.2 Beispiele für Regelungen

Die folgenden Beispiele stammen aus dem Gebiet der Biologie, Soziologie, Ökonomie und Technik und sollen einen Eindruck von der Vielfalt der auftretenden Regelungsstrukturen, aber auch von ihren Gemeinsamkeiten vermitteln. Es soll gezeigt werden, daß sich viele Verhaltensweisen komplexer Systeme nur durch geschlossene Wirkungsstrukturen sinnvoll erklären lassen.

---

[1]) Im anglo-amerikanischen Schrifttum wird als Oberbegriff das Wort control verwendet und zwischen open loop control (Steuerung) und closed loop control (Regelung) unterschieden. Der entsprechende Begriff Kontrolle hat sich im deutschsprachigen Schrifttum aber nicht durchsetzen können.

1.2.1 Biologische Regelungen

Lebewesen müssen ihre Position und Orientierung bezüglich der Umwelt verändern können, um Nahrung zu suchen, ungünstigen Umgebungsbedingungen oder Feinden auszuweichen und Partner für die Fortpflanzung zu finden. Mit der Entwicklung der Mehrzelligkeit, die eine Spezialisierung der einzelnen Körperzellen ermöglichte, war das Problem der Ver- und Entsorgung der innen liegenden Zellen, die keinen direkten Kontakt mit der Umgebung mehr hatten, zu lösen. Schließlich trat mit der Eroberung neuer Lebensräume (Flüsse, Land, Luft) das Problem auf, das innere Körpermilieu, besonders die Körpertemperatur, in gewissen Grenzen konstant zu halten, da die Reaktionsgeschwindigkeiten der chemischen Vorgänge in der Zelle hiervon abhängen. Diese Aufgaben waren nur durch das Einführen von Rückkopplungsmechanismen zu lösen, die von der Natur daher schon frühzeitig „erfunden" wurden. Regelung ist also ein fundamentales Prinzip des Lebens, ohne dessen Anwendung ein höherentwickeltes Leben nicht möglich wäre [108].

Als Beispiel soll die Beutejagd der Fledermaus aus der Sicht der Regelungstechnik dargestellt werden.

Beutejagd der Fledermaus. Um ihre aus kleinen Insekten bestehende Nahrung auch bei Dunkelheit jagen und dabei Hindernissen sowie anderen Fledermäusen ausweichen zu können, haben viele Fledermausarten ein raffiniertes Schallortungssystem, im technischem Sprachgebrauch also ein Sonar-System, entwickelt. Die jagende Fledermaus stößt hierzu kurze, häufig frequenzmodulierte Schallimpulse aus, empfängt die von Beutetieren und/oder Hindernissen reflektierten Impulse und analysiert diese bezüglich ihres Informationsgehaltes [38]. Die Jagd nach der Beute kann als Regelkreis interpretiert werden (Bild 1.3): Durch das Verhalten der Beute ist ihre Position gegenüber der Umwelt, d. h. ihre erdfeste Position, gegeben. Die Position der Beute bezüglich der erdfesten

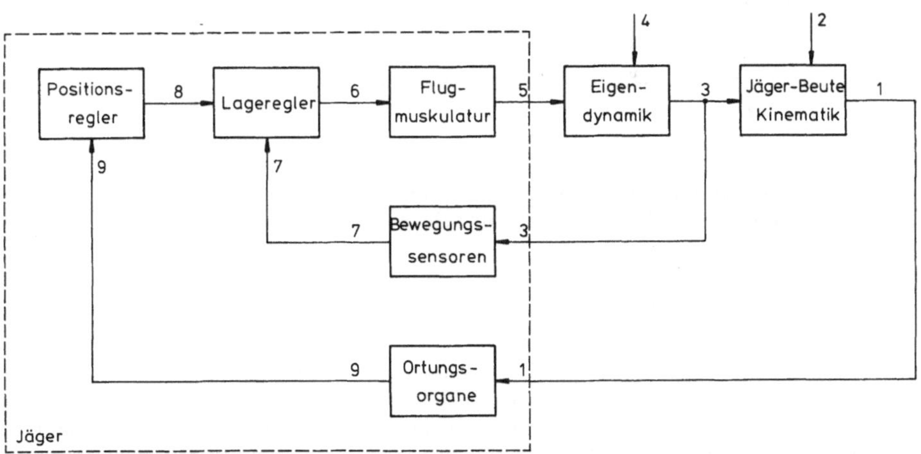

1.3 Beutejagd der Fledermaus als biologischer Regelkreis
1 Positions- und Geschwindigkeitsdifferenz, 2 Position und Geschwindigkeit der Beute, 3 Position und Geschwindigkeit des Jägers, 4 Störkräfte, 5 aerodynamische Kräfte, 6 Erregung der Flugmuskulatur, 7 erfaßte Position und Geschwindigkeit des Jägers, 8 Vorgabe des Lagesollwerts, 9 erfaßte Positions- und Geschwindigkeitsdifferenz

Position des Jägers wird durch die Jäger-Beute-Kinematik festgelegt. Der Jäger bestimmt die Entfernung und die Peilungswinkel durch Auswerten der Schallaufzeit und der Schalleinfallswinkel der von der Beute reflektierten Schallimpulse im Gehirn. Dieses verarbeitet außerdem die Informationen der Lage- und Bewegungssensoren und gibt die Sollwerte für die Flugmuskulatur vor. Da der Jäger eine gewisse Massenträgheit hat, reagiert er auf die von Körper und Flügeln aufgebrachten aerodynamischen Kräfte nicht momentan, sondern mit einer gewissen Eigendynamik.

Die Struktur dieses Folgeregelkreises zeigt zwei ineinandergeschachtelte Rückkopplungsstrukturen: Der innere Regelkreis sorgt für das Einstellen und Beibehalten einer definierten Lage und Geschwindigkeit des Jägers, während der äußere Regelkreis für die Verfolgung der Beute zuständig ist.

Einige Mottenarten, die zur bevorzugten Beute von Fledermäusen gehören, haben übrigens einen speziellen akustischen Warnempfänger entwickelt und leiten heftige Ausweichbewegungen ein, sobald sie die Schallimpulse einer Fledermaus wahrnehmen [114]. Derartige Jäger-Beute-Beziehungen kann man mit der Theorie der Differentialspiele [41] beschreiben.

1.2.2 Soziologische Regelungen

Für ein sinnvolles Zusammenwirken der Zellen in einem Organ oder einem Organismus sind, um sein Überleben sicherzustellen, eine Vielzahl von Steuerungs- und Regelungsmechanismen unabdingbar. Versagen oder Fehlfunktion dieser Mechanismen führt zur Leistungsminderung (Krankheit) oder zum Absterben (Tod) des Organismus. Derartige Steuerungs- und Regelungsmechanismen sind auch auf den höheren Ebenen lebender Systeme [59], wie

- der Gruppe,
- der Organisation,
- der staatlichen Gemeinschaft,
- dem supranationalen System,

vonnöten. Ein Ausfall dieser Mechanismen führt zum Tod des Systems und meist auch der Individuen, aus denen es zusammengesetzt ist.

Trotz der großen Bedeutung, die dem Verstehen der Verhaltensweisen gesellschaftlicher Regelmechanismen zukommt, steht die Theorie soziologischer Regelkreise noch am Anfang, da derartige Systeme meist außerordentlich komplex und einer – im Sinne der Naturwissenschaften – exakten Analyse nur schwer zugänglich sind [116].

1.2.3 Ökonomische Regelungen

Das Geschehen auf einem Markt kann als rückgekoppeltes System mit dem Marktpreis als Regelgröße aufgefaßt werden. Vernachlässigt man zunächst Eingriffe von staatlichen Stellen, kann man den Mechanismus der Preisbildung wie folgt erklären: Zu einem bestimmten Anfangszeitpunkt sei die angebotene Menge einer Ware geringer als der Bedarf. Durch diesen momentanen Mangel steigt der Preis solange, bis Angebot und Nachfrage wieder übereinstimmen, da einzelne Käufer auf andere Waren ausweichen oder Konsumverzicht leisten. Andererseits werden durch die hohen Preise die Erzeuger veranlaßt, die Produktion zu erhöhen; bei vielen Produkten dauert es aber eine gewisse Zeit, bis sich das Angebot vergrößert, so daß zunächst der Mangel weiterbesteht. Nach Ablauf dieser Totzeit kommt plötzlich ein Überangebot an Ware auf den Markt, so daß

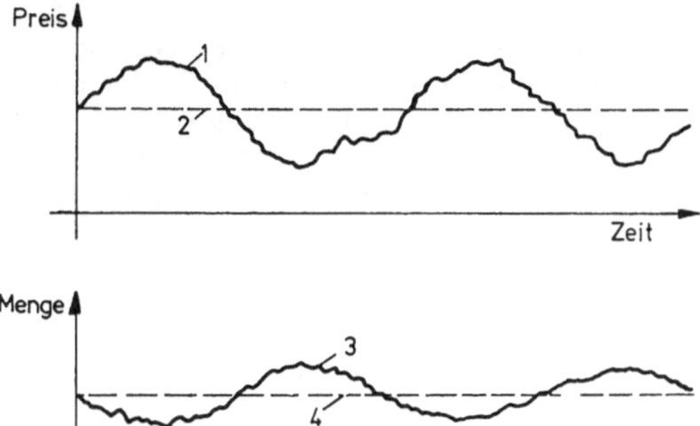

1.4
Marktmechanismus als
ökonomischer Regelkreis
a) Preis, b) angebotene Warenmenge
1 Marktpreis
2 mittlerer Marktpreis
3 Warenmenge
4 mittlerer Warenbedarf

die Preise zurückgehen, da sich die Anbieter gegenseitig unterbieten. Daraufhin verringern zwar die Erzeuger ihre Produktion; bis zum Wirksamwerden dieser Maßnahme vergeht aber wieder eine gewisse Zeit, so daß das Überangebot zunächst weiter andauert. Da anschließend das Angebot wieder zurückgeht, ergeben sich Schwingungsvorgänge für Preis und Menge einer Ware, die annähernd in Gegenphase sind (Bild **1.4**). Solche Vorgänge, die durch die im System vorhandenen Totzeiten und Rückkopplungsmechanismen hervorgerufen werden, sind in den Wirtschaftswissenschaften als Konjunkturzyklen bekannt und können erhebliche Amplituden und Periodendauern haben. Vorteil des Marktmechanismus ist es, daß die erzeugte Warenmenge langfristig mit dem mittleren Bedarf übereinstimmt, also keine größeren Überschüsse oder Mangelerscheinungen auftreten. Unangenehm sind aber die Preis- und Mengenschwankungen, die eine gewisse Größe nicht überschreiten dürfen. Zur Dämpfung derartiger Schwingungsvorgänge greift häufig der Staat ein, indem er bei einem Preisverfall Ware vom Markt nimmt und in Vorratsstellen speichert, bei einem Preisanstieg dagegen Ware aus diesem Vorrat an den Markt abgibt. Durch derartige Maßnahmen können Preis- und Mengenschwankungen wirksam verringert werden. Wenn allerdings der Staat den Erzeugern gewisse Mindestpreise für ihre Erzeugnisse garantiert, die über den Selbstkosten liegen, dann werden die Erzeuger die Produktion laufend steigern; auf diese Weise kommen beispielsweise die Agrarüberschüsse zustande. Der Verbraucher ist dann zwar ausreichend versorgt, muß aber hohe Lebensmittelpreise und Steuern in Kauf nehmen.

1.2.4 Technische Regelungen

Eine höher entwickelte Technik ist – ebenso wenig wie höher entwickelte Lebensformen – ohne Steuerungs- und Regelungsmechanismen nicht vorstellbar. So wurde die Dampfmaschine, die bei der Industrialisierung im 18. Jahrhundert eine fundamentale Rolle spielte, erst durch die Anwendung des Fliehkraftreglers zur Drehzahlregelung durch James Watt (1788) zu einer brauchbaren Antriebsmaschine. Da technische Regelungen nicht ermüden und schneller, genauer und zuverlässiger reagieren können als der Mensch, kann man mit ihrer Hilfe auch schwierige Prozesse sicher beherrschen, die Produktqualität erhöhen und gleichmäßiger gestalten sowie den Material- und Energieeinsatz verringern.

Aus der Vielzahl der technischen Regelungen seien einige Beispiele herausgegriffen:

1.2.4.1 Regelung der Raumtemperatur. Der Mensch fühlt sich als gleichwarmes Lebewesen nur in einem relativ kleinen Bereich der Umgebungstemperatur wohl. Dieser wird im Sommer häufig nach oben, im Winter nach unten verlassen, so daß Kühlung oder Heizung notwendig werden. Nachfolgend werden die wichtigsten Verfahren zur Kontrolle der Raumtemperatur beschrieben:

Die einfachste Möglichkeit, den Einfluß der Außentemperatur-Schwankungen zu verringern, besteht in der Abschirmung des Raums durch dicke Mauern und Verringern der Fensterfläche (Bild 1.5 a). Dieses Verfahren wurde von den Baumeistern der Vergangenheit angewendet, ist aber vergleichsweise teuer und entspricht nicht den heutigen Vorstellungen von hellen Räumen. Außerdem kann durch die passive Abschirmung die

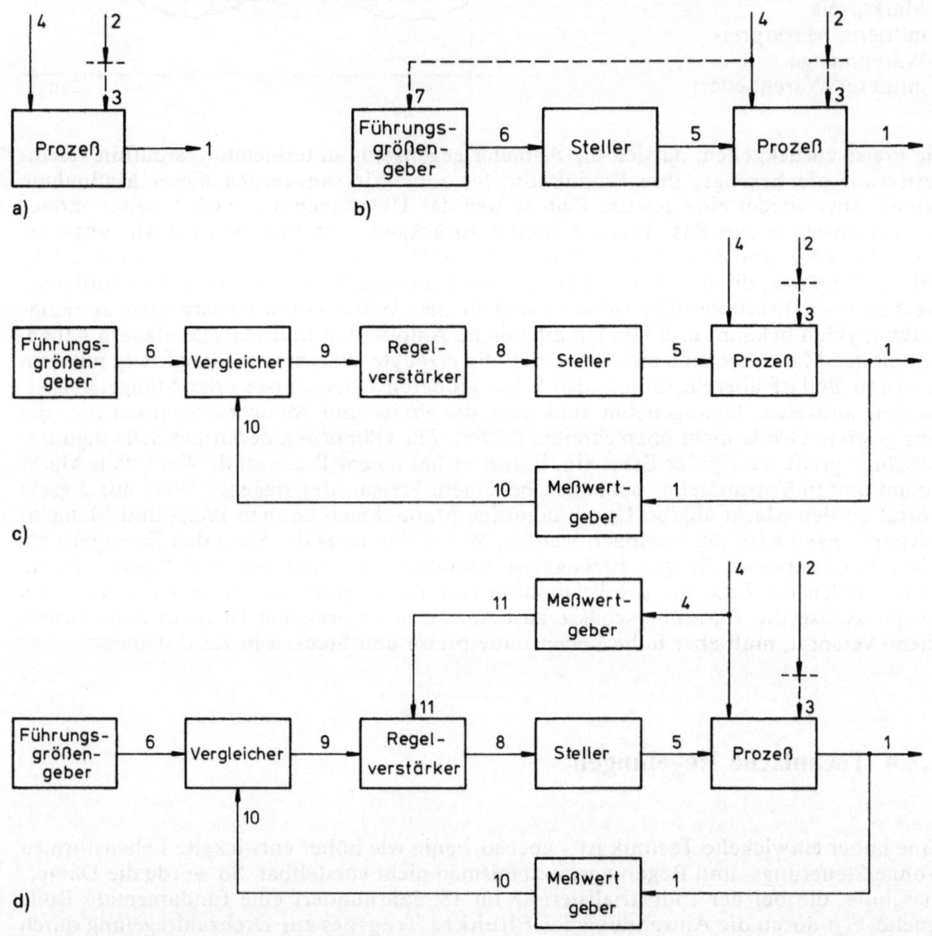

1.5 Beeinflussung der Raumtemperatur
a) Abschirmung, b) Steuerung, c) Regelung, d) Regelung mit Störgrößenaufschaltung
1 Raumtemperatur, 2 Störgröße, 3 abgeschwächte Störgröße, 4 weitere Störgröße, 5 Wärmezufuhr, 6 Sollwert, 7 geschätzte Störgröße, 8 Reglerausgangsgröße, 9 Regeldifferenz, 10 erfaßte Raumtemperatur, 11 erfaßte Störgröße

Raumtemperatur nicht den Wünschen der Bewohner angepaßt werden, da auf den Prozeß keine Steuergröße einwirkt.

Eine Kontrolle der Raumtemperatur ist auch durch eine Programmsteuerung (Bild 1.5b) möglich, bei der Kühlung oder Heizung durch einen Programmgeber in Abhängigkeit beispielsweise von der Jahres- und Tageszeit gesteuert wird. Die Außentemperatur wird nicht als aktueller Wert berücksichtigt, sondern nur als Erfahrungswert; weicht der aktuelle Wert von diesem Erfahrungswert ab, ergeben sich entsprechende Schwankungen der Raumtemperatur. Hauptvorteil der Programmsteuerung ist der günstige Preis, da kein Temperaturfühler benötigt wird.

Bei der Regelung (Bild 1.5c) wird der momentane Wert der Raumtemperatur durch einen Meßwertgeber (Temperaturfühler) erfaßt und in einem Vergleicher mit dem vom Führungsgrößengeber vorgegebenen Temperatursollwert verglichen. Die sich ergebende Regeldifferenz wird in einem Regelverstärker dynamisch bewertet und zur Steuerung des Stellglieds derart verwendet, daß die Regeldifferenz verkleinert wird. Durch die Rückführung der Isttemperatur werden auch Störgrößen wie die Außentemperatur und unterschiedliche Heizwerte der Brennstoffe erfaßt und ihr Einfluß beseitigt. Eine derartige Regelung ist allerdings wesentlich aufwendiger als eine Programmsteuerung.

Wegen der Trägheit des Prozesses, die durch die Wärmekapazitäten der Wände hervorgerufen wird, kann bei starken Schwankungen der Außentemperatur die Regelung oft nicht schnell genug folgen, da der Temperatursensor die Auskühlung der Wände nicht erfaßt. Abhilfe schafft hier ein Meßwertgeber für die Störgrößen, der die Außentemperatur fortlaufend erfaßt und in geeigneter Weise auf den Regelverstärker einwirkt (Bild 1.5d). Eine derartige steuerungstechnische Maßnahme heißt Störgrößenaufschaltung.

Eine gut ausgelegte Regelung kann die Raumtemperatur in engen Grenzen konstant halten und den Wünschen der Bewohner anpassen. Zur Energieeinsparung geht man heute allerdings verstärkt dazu über, zusätzliche Abschirmmaßnahmen durchzuführen, wie das Isolieren der Hauswände und das Mehrfachverglasen der Fenster.

1.2.4.2 Abstandsregelung im Straßenverkehr. Durch Auffahrunfälle entstehen große Personen- und Sachschäden im Straßenverkehr. Seit einigen Jahren werden daher Geräte entwickelt, die den Autofahrer warnen, wenn der Abstand zum vorausfahrenden Wagen oder zu einem festen Hindernis auf der Fahrbahn einen zulässigen Wert unterschreitet. Da diese Abstandswarngeräte auch bei Nebel funktionieren müssen, wird als Abstandssensor ein Mikrowellen-Radar eingesetzt. Neuere Entwicklungen gehen dahin, den Fahrer nicht nur zu warnen, sondern eine automatische Abstandsregelung, z.B. für den Kolonnenverkehr auf der Autobahn, durchzuführen (Bild 1.6a). Hierfür werden in einem Mikrorechner (Bild 1.6b) aufgrund der Vorgaben durch den Fahrer und der Meßwerte verschiedener Sensoren Sollbefehle für die Stellglieder (Antrieb, Bremse) berechnet. Sensoren sind das Mikrowellen-Radar zur Messung des momentanen Abstandes zum vorausfahrenden Fahrzeug und der Tachometer für die Eigengeschwindigkeit.

Das Blockschaltbild der Abstandsregelung (Bild 1.7) zeigt eine zweischleifige Struktur, bei der dem Abstandsregelkreis eine Geschwindigkeitsregelung unterlagert ist. Diese erhält ihren Sollwert vom Abstandsregler und sorgt für das Einhalten der befohlenen Geschwindigkeit. Der Abstandsregelkreis sorgt für das Beibehalten eines annähernd konstanten Abstands trotz eventueller Beschleunigungs- und Bremsmanöver des Vorausfahrenden oder auch einwirkender Störungen wie Windböen, Fahrbahngefälle usw. Hierzu wird der vom Mikrowellenradar erfaßte Istabstand mit dem Sollabstand verglichen und die Differenz vom Abstandsregler in eine Sollgeschwindigkeit umgerechnet. Durch Betätigen von Drosselklappe und Bremse wird diese Geschwindigkeit im unterlagerten Regelkreis eingestellt und trotz äußerer Störungen, die auf das Fahrzeug einwirken, beibehalten. Der momentane Abstand ergibt sich dann aus den kinematischen Beziehungen zwischen beiden Fahrzeugen.

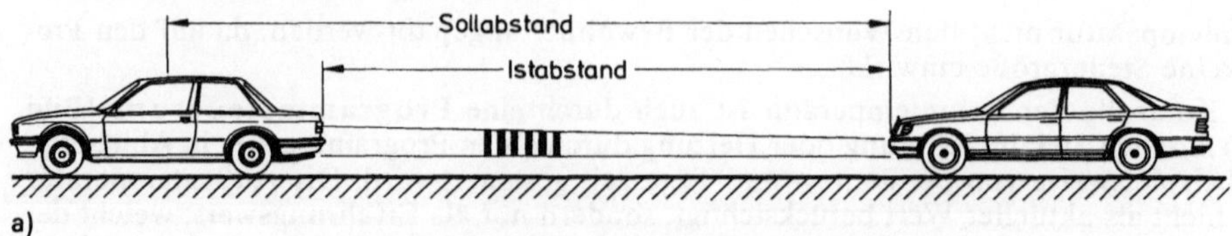

eigenes Fahrzeug / vorausfahrendes Fahrzeug

1.6 Abstandsregelung von Straßenfahrzeugen
   a) Prinzip der Abstandsregelung, b) Gerätebild der Abstandsregelung
   1 Beschleunigungskräfte, 2 Verzögerungskräfte, 3 Fahrzeuggeschwindigkeit, 4 Abstand, 5 Vorgaben des Fahrers, 6 Anzeigen

Ein Vergleich der Blockschaltbilder der Beutejagd (Bild **1.3**) und der Abstandsregelung (Bild **1.7**) läßt bemerkenswerte Ähnlichkeiten erkennen; es handelt sich in beiden Fällen um eine Abstandsregelung. Nur soll bei der Beutejagd der Abstand zur Beute minimiert

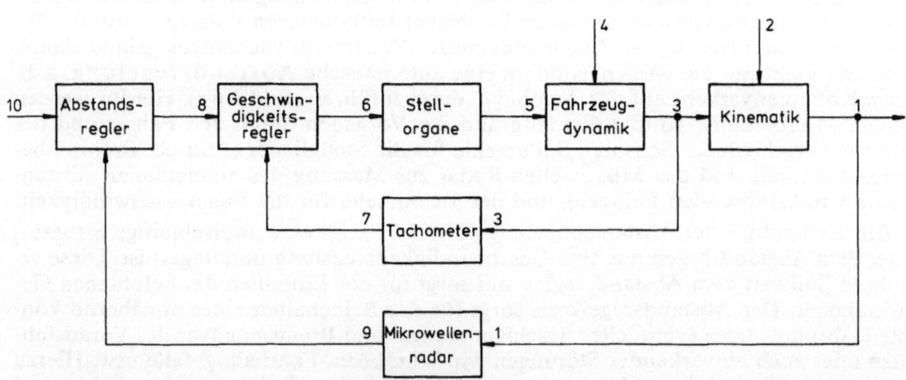

1.7 Blockstruktur des Abstandsregelkreises
   1 Abstand, 2 Geschwindigkeit des vorausfahrenden Fahrzeugs, 3 Geschwindigkeit des eigenen Fahrzeugs, 4 Störkräfte, 5 Beschleunigungs- und Verzögerungskräfte, 6 Reglerausgangsgröße, 7 erfaßte Fahrzeuggeschwindigkeit, 8 Sollgeschwindigkeit, 9 erfaßter Abstand, 10 Sollabstand

werden, während bei der Abstandsregelung der Abstand zum vorausfahrenden Fahrzeug einen bestimmten Wert nicht unterschreiten darf. Derartige Ähnlichkeiten, die durch die Darstellung im Blockschaltbild besonders deutlich werden, sind typisch für viele biologische und technische Prozesse.

1.2.4.3 Der Mensch im Regelkreis. In vielen technischen Prozessen wird trotz der Fortschritte der Mikroelektronik der M e n s c h   a l s   R e g l e r eingesetzt, da er bei komplizierten Entscheidungen der Maschine immer noch überlegen ist. Der Trend geht allerdings dahin, dem Menschen im Normalbetrieb eines Prozesses nur überwachende Funktionen zuzuordnen und ihn lediglich bei Störfällen direkt in die Regelung eingreifen zu lassen. Hierbei ist allerdings sicherzustellen, daß er dieser Aufgabe gewachsen ist, d. h. die Regelvorgänge müssen vergleichsweise langsam verlaufen. Da komplexe Prozesse meist durch eine Vielzahl von einander überlagerten Regelkreisen beeinflußt werden, wobei die Schnelligkeit der Regelvorgänge von innen nach außen fast immer abnimmt, ist der Einsatz eines menschlichen Operateurs meist auf die äußersten, d. h. langsamsten Regelschleifen beschränkt; dies wird am Beispiel des Fluges mit Stabilisierungsregler gezeigt.

Bei der Führung eines Flugzeugs kann man drei Aufgabenstellungen unterscheiden [7]:

– S t a b i l i s i e r u n g des Flugzeugs um die Hoch-, Längs- und Querachse derart, daß das Flugzeug eine definierte Lage im Raum annimmt und auf Lenkbefehle hinreichend schnell und genau reagiert.
– L e n k u n g des Flugzeugs derart, daß es eine vorgegebene Bahn im Raum verfolgt.
– N a v i g a t i o n, also das Ermitteln derjenigen Kurs- und Geschwindigkeitssollwerte, die zum Erreichen des Zielorts eingehalten werden müssen.

Das Blockschaltbild (Bild **1.**8) zeigt drei ineinandergeschachtelte Regelkreise. In der inneren Schleife für die Stabilisierung werden Flugzustandsgrößen, wie z. B. die Winkelgeschwindigkeiten um die drei Hauptachsen, durch entsprechende Sensoren erfaßt und

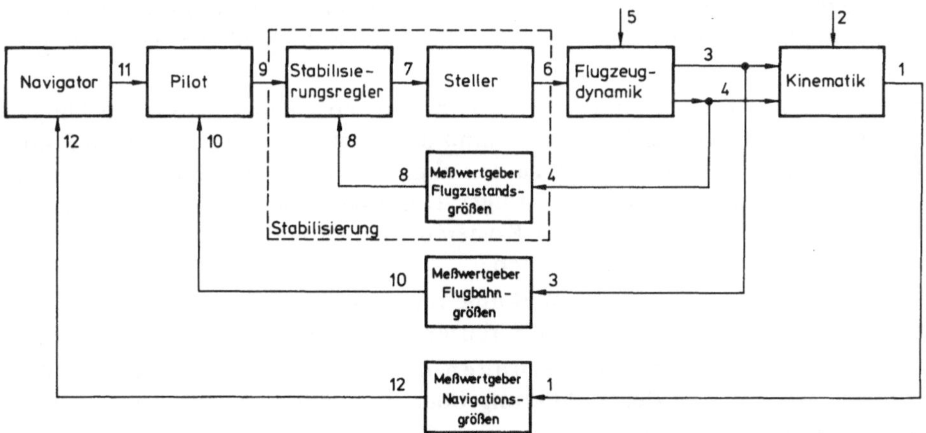

1.8 Blockstruktur des Fluges mit Stabilisierungsregler
   1 Positionsdifferenz,   2 Zielposition,   3 Flugbahngrößen,   4 Flugzustandsgrößen,
   5 Störkräfte, 6 Schub- und Ruderkräfte, 7 Reglerausgangsgröße, 8 erfaßte Flugzustandsgrößen,   9 Führungsgröße   der   Stabilisierung, 10 erfaßte   Flugbahngrößen,
   11 Sollwerte der Flugbahngrößen, 12 erfaßte Navigationsgrößen

mit einem Stabilisierungsregler ihren Sollwerten angepaßt. Viele moderne Hochleistungsflugzeuge haben ohne diesen Stabilisierungsregler sehr unangenehme oder sogar gefährliche Flugeigenschaften. In der überlagerten Lenkregelschleife werden Flugbahngrößen wie Kurs und Flughöhe durch den Piloten oder auch einen Flugbahnregler (Autopilot) auf ihren Sollwerten gehalten. In der äußersten Schleife wird die Position des Flugzeugs relativ zum Zielort oder anderen festen Punkten durch den Navigator bestimmt und die Sollflugbahn festgelegt.

Die in den drei Regelschleifen ablaufenden Vorgänge werden typischerweise von innen nach außen langsamer. Während die Stabilisierungsvorgänge einige Sekunden dauern, stehen dem Piloten für die Lenkung Minuten und dem Navigator für die Navigation einige Minuten bis Stunden zur Verfügung. Eine solche zeitliche Differenzierung ist typisch für derartige mehrschleifige Regelkreise.

1.2.5 Gemeinsamkeiten technischer und nichttechnischer Regelungen

An den vorstehenden Beispielen für technische und nichttechnische Regelungen kann man einige Gemeinsamkeiten erkennen:

Die Verhaltensweisen komplexer dynamischer Prozesse lassen sich häufig nur durch Strukturen erklären, in denen Rückkopplungen auftreten. Die wahrhaft verblüffenden Fähigkeiten höherer Lebewesen finden hierdurch zumeist eine rationale und vergleichsweise einfache Erklärung.

Allen Regelungen ist gemeinsam, daß der momentane Istzustand mit einem Sollzustand verglichen und die Abweichung dazu verwendet wird, die beiden Zustände einander anzugleichen.

Eine Regelung ist nur dann möglich, wenn der momentane Zustand der zu regelnden physikalischen Größe fortlaufend oder doch hinreichend oft gemessen werden kann.

Eine Regelung erfordert immer die Zuführung von Energie aus der Umgebung des Systems. Geregelte Systeme sind daher im thermodynamischen Sinne offene Systeme (im Gegensatz zu den abgeschlossenen Systemen, bei denen keine Energiezufuhr von außen erfolgt). Derartige Systeme sind in der Lage, ihre innere Struktur (Ordnung) auf Kosten der zunehmenden Entropie (Unordnung) der Umwelt aufrechtzuerhalten.

Geregelte Systeme können die Wirkung von Störungen, die von außen auf das System einwirken, in gewissen Grenzen verringern oder ganz beseitigen.

Geregelte Systeme können Änderungen der internen Struktur und Parameter, wie sie z. B. durch Alterung oder Beschädigung auftreten, in ihrer Wirkung teilweise auffangen.

Durch die den geregelten Systemen eigentümlichen Rückkopplungen können Schwingungsvorgänge hervorgerufen werden, die meist unerwünscht oder sogar gefährlich sind. Manchmal wird diese Eigenschaft aber auch zur Schwingungserzeugung in technischen und biologischen Systemen ausgenutzt.

Die genannten Gemeinsamkeiten technischer und nichttechnischer Regelungen eröffnen die Möglichkeit, eine übergreifende Systemtheorie für dynamische Prozesse zu entwickeln. Eine solche abstrakte Theorie, bei der nicht die spezielle Gerätetechnik bzw. der organische Aufbau, sondern die funktionalen Zusammenhänge im Vordergrund stehen, ermöglicht eine einheitliche Betrachtungsweise der unterschiedlichsten Prozesse und schlägt daher eine Brücke zwischen den verschiedenen exakten Wissenschaften. Es ist daher nicht verwunderlich, wenn regelungstechnische Begriffe heute zum Bestand vieler wissenschaftlicher Arbeitsgebiete gehören.

1.3 Komponenten und Verhaltensweisen technischer Regelungen

Die in Abschn. 1.2 beschriebenen Beispiele zeigen eine Fülle unterschiedlicher Strukturen von Regelkreisen, beispielsweise

einschleifige Regelkreise, bei denen nur die (einzige) Regelgröße zurückgeführt und mit dem Sollwert verglichen wird,

einschleifige Regelkreise mit zusätzlicher Aufschaltung der Störgröße,

mehrschleifige Regelkreise, bei denen neben der eigentlichen Regelgröße weitere Größen (Hilfsregelgrößen) in unterlagerten Regelschleifen geregelt werden,

Mehrgrößenregelungen, bei denen mehrere gleichberechtigte physikalische Größen gleichzeitig geregelt werden.

Nachfolgend sollen der innere Aufbau und das Verhalten von Regelkreisen am Beispiel des einschleifigen Regelkreises näher erläutert werden.

1.3.1 Struktur und Komponenten des einschleifigen Regelkreises

Der einschleifige Regelkreis besteht typischerweise aus einer Verknüpfung der im folgenden näher beschriebenen Systeme oder Komponenten.

1.3.1.1 Prozeß. Der Begriff Prozeß kennzeichnet im allgemeinen Sinne die zeitliche Änderung von Materie, Energie oder Information in einem System. Nachfolgend soll im engeren Sinne mit Prozeß dasjenige dynamische System bezeichnet werden, dessen Größen in einer gewünschten Weise beeinflußt werden sollen; dieses heißt auch Regelstrecke (oder Strecke). Auf die Regelstrecke (Bild 1.9 a) wirken die folgenden Größen ein:

Stellgrößen, also diejenigen Größen, mit denen das Verhalten des Prozesses gezielt beeinflußt werden kann. Bei räumlich ausgedehnten Prozessen (z. B. Gasverteilungsnetzen) ist es von Bedeutung, wo die Stellgrößen am Prozeß angreifen; diese Punkte heißen **Stellorte**. Stellgrößen werden mit $y(t)$ bezeichnet; mehrere Stellgrößen werden durch laufende Indizes unterschieden.

Störgrößen, d. h. diejenigen Größen, die das Verhalten des Prozesses in unerwünschter und nicht vorhersehbarer Weise beeinflussen. Die Eingriffsorte der Störgrößen bei räumlich verteilten Prozessen heißen **Störorte**. Störgrößen werden mit $z(t)$ bezeichnet, wobei durch Indizes zwischen mehreren Störgrößen unterschieden werden kann.

Die Ausgangsgrößen des Prozesses sind die

Regelgrößen, das sind diejenigen Prozeßgrößen, die in einer vorgegebenen Weise verändert werden sollen. Regelgrößen werden mit $x(t)$ bezeichnet; mehrere Regelgrößen werden durch einen laufenden Index unterschieden.

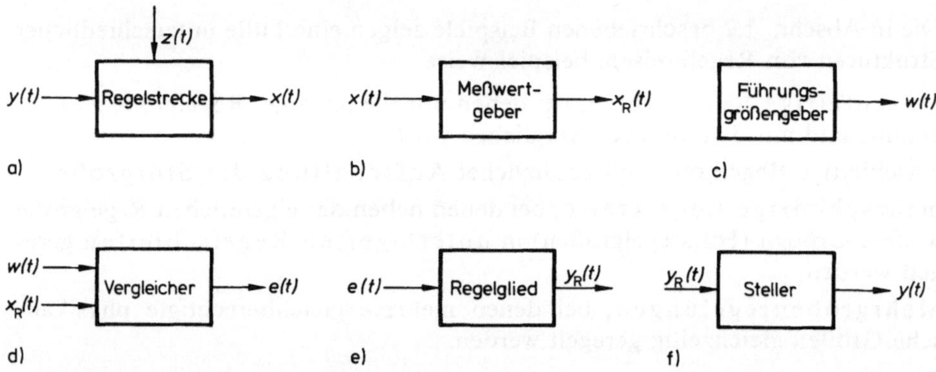

1.9 Elemente des Regelkreises
a) Regelstrecke (Prozeß), b) Meßwertgeber, c) Führungsgrößengeber (Sollwerteinsteller), d) Vergleicher, e) Regelglied, f) Steller
$e(t)$ Regeldifferenz, $w(t)$ Führungsgröße, $x(t)$ Regelgröße, $x_R(t)$ erfaßte Regelgröße, $y(t)$ Stellgröße, $y_R(t)$ Reglerausgangsgröße, $z(t)$ Störgröße

1.3.1.2 Meßwertgeber. Der **Meßwertgeber** (Meßeinrichtung – s. Bild 1.9b) erfaßt fortlaufend oder zu diskreten Zeitpunkten die Regelgröße. Der Ort des Meßabgriffs bei örtlich ausgedehnten Regelstrecken heißt **Meßort**. Häufig wird die Meßeinrichtung weiter unterteilt in

den **Meßwertaufnehmer** (Fühler, Sensor), der den momentanen Wert der Prozeßgröße, z. B. die Temperatur, mittels eines geeigneten physikalischen Effekts, etwa des thermoelektrischen Effekts, erfaßt, und

den **Meßwertumformer**, der den Meßwert in eine für die Weiterverarbeitung geeignete Form, z. B. ein genormtes Einheitssignal oder eine digital codierte Größe, umwandelt.

Eingangsgröße des Meßwertgebers ist die Regelgröße $x(t)$, Ausgangsgröße die Reglereingangsgröße (erfaßte Regelgröße) $x_R(t)$.

1.3.1.3 Führungsgrößengeber. Durch den Führungsgrößengeber (Sollwertgeber, Sollwerteinsteller – s. Bild **1.9**c) wird die Führungsgröße der Regelgröße $x(t)$ als zeitlich konstante oder veränderliche Größe $w(t)$ vorgegeben.

1.3.1.4 Vergleicher. Der Vergleicher (s. Bild **1.9**d) bildet aus den momentanen Werten von Führungsgröße $w(t)$ und erfaßter Regelgröße $x_R(t)$ die Regeldifferenz

$$e(t) = w(t) - x_R(t), \tag{1.1}$$

die ein Maß für die Abweichung der Regelgröße vom Sollwert ist.

1.3.1.5 Regelglied. Das Regelglied (Bild **1.9**e) verändert den zeitlichen Verlauf der Regeldifferenz $e(t)$ in geeigneter Weise derart, daß der Regelkreis insgesamt das geforderte Verhalten zeigt. Das Regelglied besteht meist aus einem aktiven (d. h. verstärkenden) Element, z. B. einem elektronischen Operationsverstärker, das mit passiven Elementen beschaltet wird. Neben der Aufgabe der dynamischen Kompensation des Regelkreises erfüllt das Regelglied die Aufgabe der leistungsmäßigen Entkopplung von Führungsgrößengeber bzw. Meßwertgeber und Stellglied; hierfür muß dem Regelglied Hilfsenergie zugeführt werden. In der Auslegung dieses Regelglieds besteht die Entwurfsaufgabe, die einen maßgeblichen Teil der Arbeit des Regelungstechnikers ausmacht.

Bei der digitalen Regelung mittels Prozeßrechner ist ein Regelalgorithmus zu entwerfen. An den Schnittstellen zum Prozeß sind noch Analog-Digital- und Digital-Analog-Umsetzer erforderlich.

Vergleicher und Regelglied bilden zusammen den Regler mit den Eingangsgrößen $w(t)$ und $x_R(t)$ und der Reglerausgangsgröße $y_R(t)$ (Bild **1.10**).

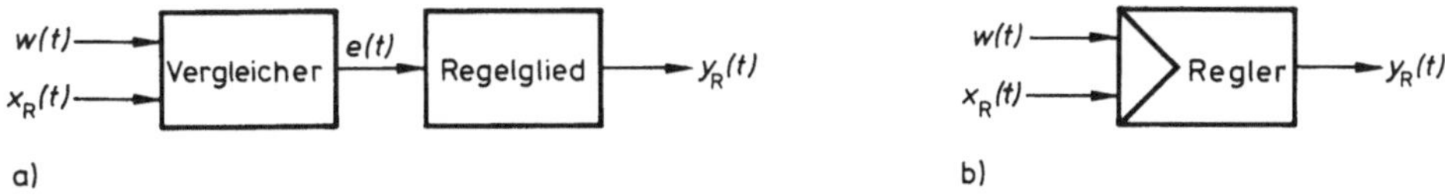

1.10 Regleraufbau und -symbol
    a) Aufbau des Reglers aus Teilsystemen, b) Reglersymbol
    $e(t)$ Regeldifferenz, $w(t)$ Führungsgröße, $x_R(t)$ erfaßte Regelgröße, $y_R(t)$ Reglerausgangsgröße

1.3.1.6 Steller. Mittels des Stellers (Stelleinrichtung – s. Bild **1.9**f) greift der Regler derart in den Prozeß ein, daß die Regelgröße den gewünschten Wert annimmt; hierfür muß dem Steller in den meisten Fällen Hilfsenergie zugeführt werden. Da die zugeführten Leistungen meist begrenzt sind, ist die Stellgröße auf den Stellbereich beschränkt. Die Stelleinrichtung wird häufig unterteilt in

- den Stellantrieb, in dem die zugeführte Hilfsenergie (z. B. elektrische) in
  eine andere Energieform (z. B. mechanische) umgesetzt wird, und
- das Stellglied, mit dem die Prozeßvariablen direkt beeinflußt werden können.

Eine derartige funktionale Trennung ist aber nicht in allen Fällen möglich.

1.3.1.7 Struktur des Regelkreises. Die genannten Komponenten des einschleifigen Regelkreises, nämlich die Regelstrecke, der Meßwertgeber, der
Führungsgrößengeber, der Regler, bestehend aus Vergleicher und Regelglied, und der Steller werden in der Struktur des einschleifigen Regelkreises
kombiniert (Bild 1.11 a). Die Komponenten Regler und Steller werden zusammenfassend als Regeleinrichtung bezeichnet (Bild 1.11 b), wobei häufig das
Stellglied zur Regelstrecke gezählt wird. Außer den genannten Einrichtungen,

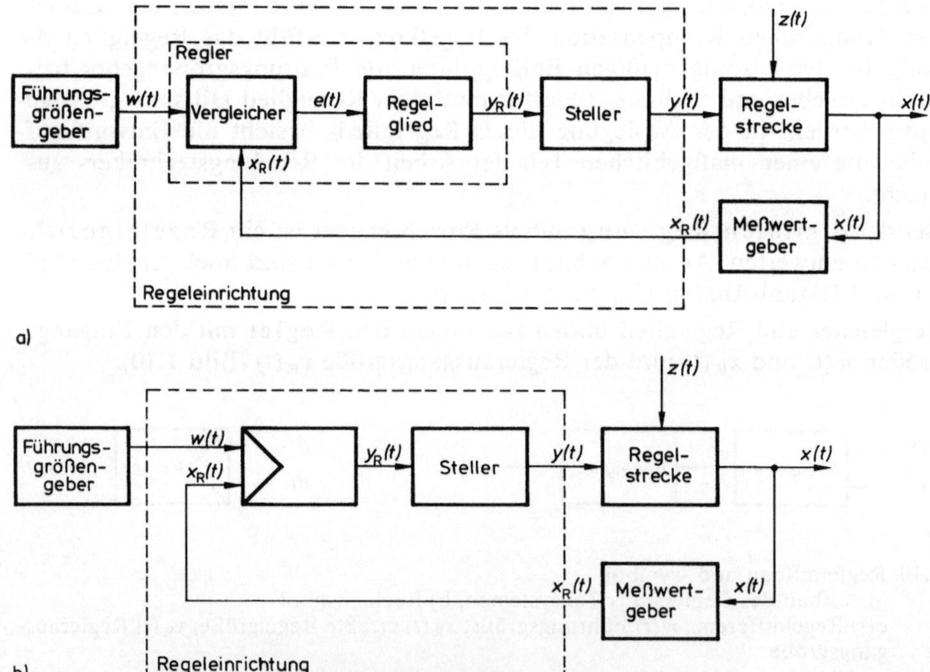

1.11 Blockstruktur des einschleifigen Regelkreises
     a) Vollständige Darstellung, b) Vereinfachte Darstellung
     $e(t)$ Regeldifferenz, $w(t)$ Führungsgröße, $x(t)$ Regelgröße, $x_R(t)$ erfaßte Regelgröße,
     $y(t)$ Stellgröße, $y_R(t)$ Reglerausgangsgröße, $z(t)$ Störgröße

die einen direkten Einfluß auf das Verhalten des Regelkreises haben, sind fast immer Hilfseinrichtungen zur Überwachung, Protokollierung und Betriebsführung vorhanden.

1.3.2 Dynamisches Verhalten des einschleifigen Regelkreises

Nachfolgend werden typische Verhaltensweisen des einschleifigen Regelkreises anhand der Reaktion auf zeitlich veränderliche Führungs- und Störgrößen gezeigt.

1.3.2.1 Führungsverhalten. Ausgehend von einem stationären Wert (hier mit 0 bezeichnet) wird die Führungsgröße $w(t)$ zum Zeitpunkt t_0 zunächst auf einen konstanten positiven Wert verstellt, zu einem späteren Zeitpunkt t_1 auf einen konstanten negativen Wert zurückgenommen und anschließend zum Zeitpunkt t_2 wieder auf den Ausgangswert 0 gebracht (Bild **1.**12 a). Die Regelgröße $x(t)$ zeigt typischerweise, d. h. bei einem gut ausgelegten Regelkreis, den in Bild **1.**12 b dargestellten Verlauf: Infolge der im System in der Regel vorhandenen Verzögerungen, die durch die notwendig werdende Umladung der im System vorhandenen Energiespeicher hervorgerufen werden, behält die Regelgröße im Zeitpunkt t_0 zunächst den Wert 0 bei, und die Regeldifferenz (Bild **1.**12 c) springt auf den Wert

$$e(t_0) = w(t_0) - x(t_0) = w(t_0). \tag{1.2}$$

Anschließend nähert sich die Regelgröße unter der Wirkung des Reglereingriffs der Führungsgröße, und die Regeldifferenz geht gegen den Wert 0. Infolge der Systemträgheit schwingt die Regelgröße über den Sollwert hinaus, so daß die Regeldifferenz zeitweise sogar negativ wird. Mit wachsender Zeit nimmt die Regelgröße den Sollwert an, und die Regeldifferenz verschwindet. Bei den folgenden

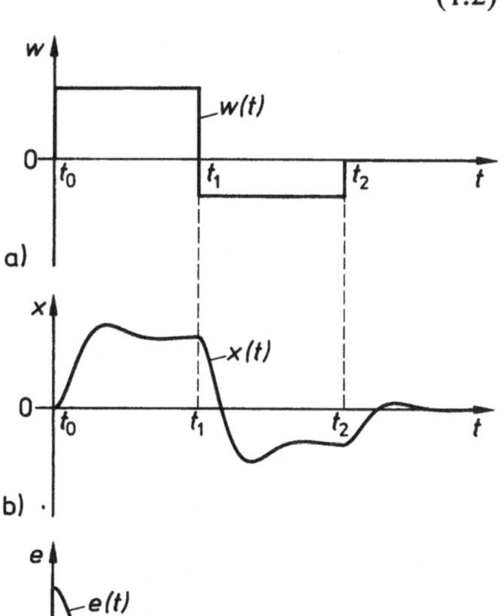

1.12
Führungsverhalten des einschleifigen Regelkreises
a) Verlauf der Führungsgröße
b) Verlauf der Regelgröße
c) Verlauf der Regeldifferenz
t_0, t_1, t_2 Schaltzeitpunkte
$e(t)$ Regeldifferenz
$w(t)$ Führungsgröße
$x(t)$ Regelgröße

Sprüngen der Führungsgröße wiederholen sich diese Ausgleichsvorgänge entsprechend.

Die Regelung gleicht also wie gefordert die Regelgröße der Führungsgröße an; diese Angleichung ist aber erst nach einer systemspezifischen Zeit abgeschlossen, da das Umladen der im System vorhandenen Energiespeicher nur mit einer begrenzten Leistung erfolgen kann und daher Zeit benötigt.

1.3.2.2 Störverhalten. Bei konstant gehaltener Führungsgröße ($w = 0$) wird die Störgröße $z(t)$ in ähnlicher Weise verändert wie vorher die Führungsgröße (Bild 1.13 a). Der Sprung der Störgröße zum Zeitpunkt t_0 bewirkt mit einer gewissen Verzögerung eine gleichgerichtete Verstellung der Regelgröße $x(t)$ (Bild 1.13 b). Diese wird vom Meßwertgeber erfaßt und dem Vergleicher zugeführt.

Wegen $w = 0$ ist die Regeldifferenz zum Zeitpunkt t (Bild 1.13 c)

$$e(t) = -x(t), \qquad (1.3)$$

d.h. gleich der negativen Regelgröße. Der Regler veranlaßt eine entsprechende Verkleinerung der Stellgröße und damit – nach einer systembedingten Verzögerung – auch der Regelgröße. Diese wird also wieder auf den Wert der Führungsgröße zurückgeführt, und der Einfluß der Störgröße beseitigt.

1.3.2.3 Stabilitätsverhalten. Häufig wird gefordert, daß die Dauer des Einschwingvorgangs bei Änderungen der Führungsgröße bzw. der Störgröße möglichst kurz sein soll. Das läßt sich beispielsweise durch eine Erhöhung der Reglerwirksamkeit und der Stelleistung erreichen, so daß schon kleine Regeldifferenzen zu starken Stelleingriffen führen. Dieses Verfahren kann man aber wegen der schon bei der Ermittlung des Führungs- und Störverhaltens festgestellten systemeigenen Verzögerungen nur in begrenztem Maße anwenden (Bild 1.14): Ändert man beispielsweise den Sollwert sprungartig, dann reagiert die Regelgröße $x(t)$ wegen des verstärkten Reglereingriffs mit einem steilen Anstieg

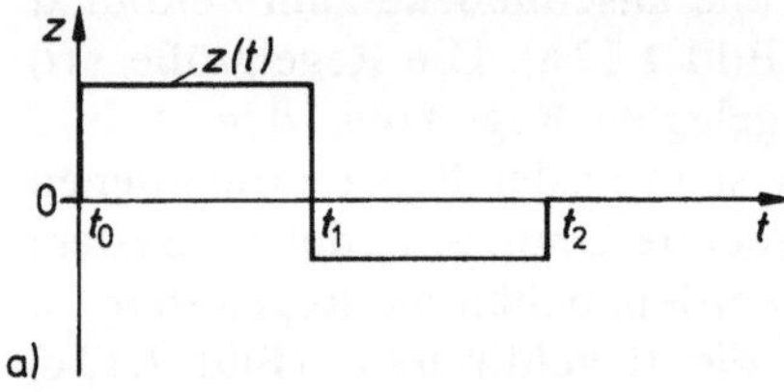
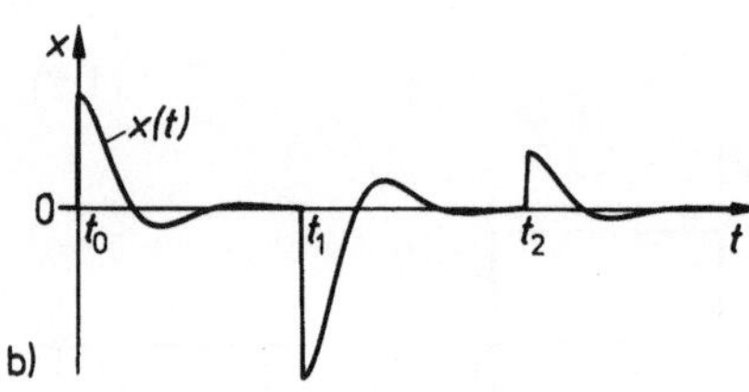
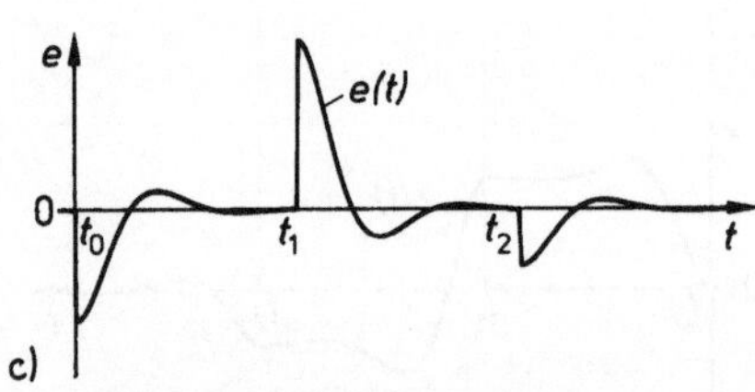

1.13 Störverhalten des einschleifigen Regelkreises
a) Verlauf der Störgröße
b) Verlauf der Regelgröße
c) Verlauf der Regeldifferenz
t_0, t_1, t_2 Schaltzeitpunkte
$e(t)$ Regeldifferenz
$x(t)$ Regelgröße
$z(t)$ Störgröße

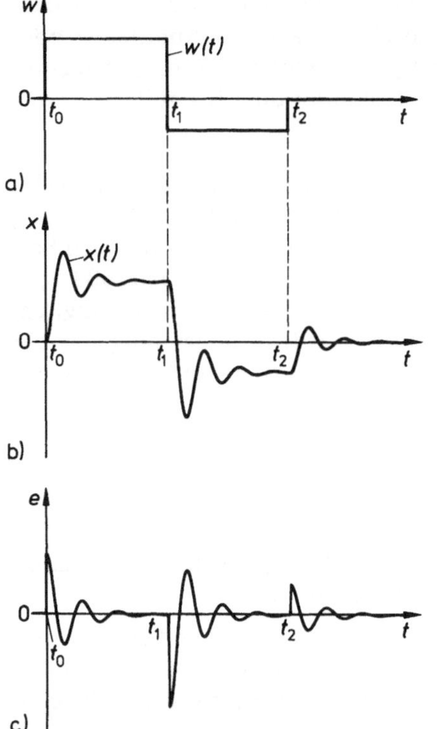

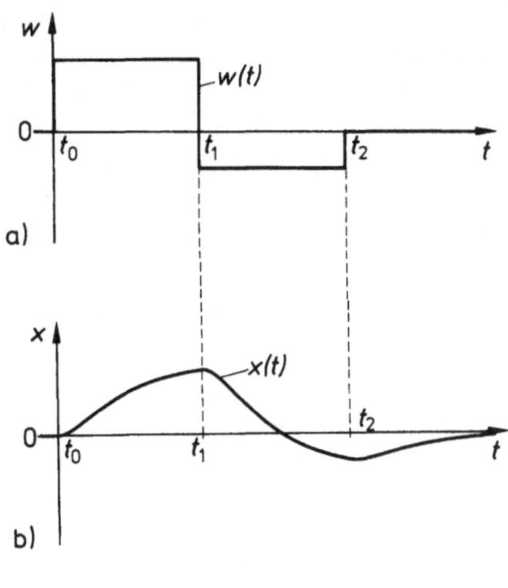

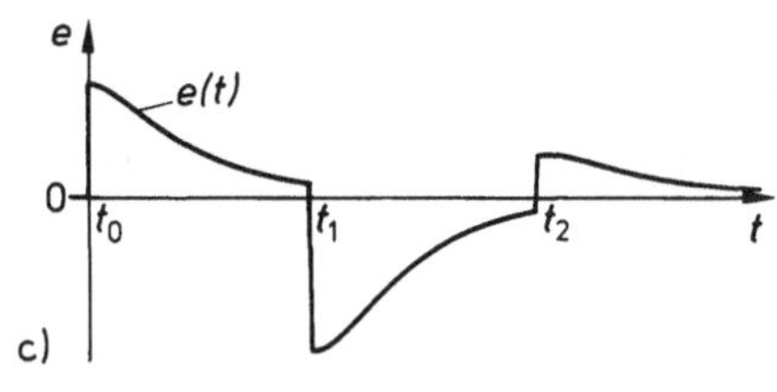

1.14 Stabilitätsverhalten des einschleifigen Regelkreises
a) Verlauf der Führungsgröße
b) Verlauf der Regelgröße
c) Verlauf der Regeldifferenz
t_0, t_1, t_2 Schaltzeitpunkte
$e(t)$ Regeldifferenz
$x(t)$ Regelgröße
$z(t)$ Störgröße

1.15 Verhalten des einschleifigen Regelkreises bei Parameteränderungen
a) Verlauf der Führungsgröße
b) Verlauf der Regelgröße
c) Verlauf der Regeldifferenz
t_0, t_1, t_2 Schaltzeitpunkte
$e(t)$ Regeldifferenz
$x(t)$ Regelgröße
$z(t)$ Störgröße

und schießt wegen der Trägheit des Systems über den Sollwert hinaus. Da jetzt die Regeldifferenz negativ wird, greift der Regler heftig in der entgegengesetzten Richtung ein, und die Regelgröße wird unter den Wert der Führungsgröße gedrückt. Im gezeigten Beispiel erhält man ein schwach gedämpftes Pendeln der Regelgröße um den Sollwert, so daß man das angestrebte Ziel eines schnellen Einschwingens nicht erreicht. Würde man die Wirkung des Reglers weiter verstärken, dann würde sich die Dämpfung des Einschwingvorgangs verringern und sich eine Schwingung mit konstanter oder sogar aufklingender Amplitude einstellen. Ein derartiges Verhalten ist aber sehr unerwünscht, da der

Sollwert erst sehr spät oder überhaupt nicht angenommen wird. Außerdem führen derartige Schwingungsbelastungen zu einer stärkeren Abnutzung oder sogar zur Zerstörung des Systems. Eine wichtige Aufgabe des Regelungstechnikers besteht also darin, das Auftreten schwach stabiler oder instabiler Zeitvorgänge zuverlässig zu verhindern.

1.3.2.4 Verhalten bei Parameteränderungen. Bei allen Systemen muß man damit rechnen, daß sich ihre Eigenschaften durch Abnutzung oder auch Alterung im Laufe der Zeit ändern, d. h. in der Regel verschlechtern. Das kann sich beispielsweise darin äußern, daß das Einschwingverhalten der Regelgröße sehr träge wird (Bild **1.**15), aber auch das entgegengesetzte Verhalten ist möglich. Derartige Änderungen der Systemeigenschaften sind fast immer unerwünscht und müssen durch eine entsprechende Auslegung des Reglers und Wartung der Anlage hinreichend klein gehalten werden.

1.3.3 Forderungen an die Regelung

Aus den vorangegangenen Betrachtungen lassen sich diejenigen Eigenschaften ableiten, die eine gut ausgelegte Regelung haben sollten:

Die Regelgröße muß Änderungen der Führungsgröße hinreichend schnell und ohne Ausführen schwach gedämpfter Schwingungen folgen können. Die nach dem Abklingen der Übergangsvorgänge verbleibende Regeldifferenz sollte eine vorgegebene Schranke nicht überschreiten.

Die Regelgröße soll auf Störungen, die von außen auf die Regelstrecke einwirken, möglichst wenig reagieren. Die nach Abklingen der Ausgleichsvorgänge zurückbleibende Regeldifferenz sollte ebenfalls eine tolerierbare Schranke nicht überschreiten.

Der Regelkreis muß stabil sein, die Regelgröße darf also keine Schwingungen mit konstanter oder aufklingender Amplitude ausführen oder einen monoton anwachsenden Verlauf haben.

Das Verhalten des Regelkreises darf sich nur innerhalb definierter Toleranzgrenzen ändern, wenn sich die Parameter des Prozesses während des Betriebs ändern; Regelkreise, die diese Eigenschaft in hinreichendem Maße zeigen, heißen **robust**.

Bis auf die Stabilität des Regelkreises, die eine unabdingbare Forderung darstellt[1]), sind alle anderen Forderungen in jedem Anwendungsfall zu quantifizieren, also in **Spezifikationen** festzulegen. Hierbei sollte man immer im Auge behalten, daß es im realen Leben nichts umsonst gibt: Übertriebene Forderungen an die Schnelligkeit und die Genauigkeit der Regelung führen meist

---

[1]) Eine Ausnahme bilden nur Prozesse mit einer endlichen Betriebsdauer, bei denen man während eines beschränkten Zeitintervalls auch Instabilität zulassen kann.

nicht zu einer wesentlichen Funktionsverbesserung, sondern zu einem überproportionalen Anstieg der Kosten und häufig auch zu einer geringeren Betriebssicherheit der Anlage. Ein schnelles Reagieren der Regelgröße auf Änderungen der Führungsgröße erfordert beispielsweise den Einsatz eines Stellers mit hoher Leistung, der sowohl in der Beschaffung wie auch im Betrieb teuer ist. Eine hochgenaue Regelung verlangt einen entsprechend genauen Meßwertgeber, der teuer und häufig weniger robust ist. Regelkreise sollten daher immer nur so schnell und genau – natürlich mit einem ausreichenden Sicherheitszuschlag – ausgelegt werden, wie es für die zu erfüllende Aufgabe unbedingt notwendig ist.

1.4 Entwurf technischer Regelungen

Die Leistungsfähigkeit moderner technischer Geräte und Anlagen hängt in entscheidendem Maß von den automatisierungstechnischen Einrichtungen ab, von denen die regelungstechnischen Komponenten eine besondere Bedeutung haben. Die Planung, Entwicklung und Inbetriebsetzung derartiger automatisierter Anlagen ist nur durch die Arbeit vieler Beteiligter möglich, deren Einsatz koordiniert und gesteuert werden muß.

1.4.1 Abwicklung regelungstechnischer Projekte

Um die Rolle des Regelungstechnikers innerhalb einer solchen Arbeitsgruppe, die sich aus Personen mit den unterschiedlichsten Vorkenntnissen und Erfahrungen zusammensetzen kann, zu definieren, werden nachfolgend kurz die bei Großprojekten typischen Arbeitsphasen erläutert:

In der Planungsphase wird vom zukünftigen Betreiber des Geräts oder der Anlage – ausgehend von einem aktuellen oder für die Zukunft erkannten Bedarf – ein Gesamtkonzept erarbeitet, in dem die globale Aufgabenstellung, die Leistungsmerkmale, die verfügbaren Finanzierungsmittel und der Termin für die Inbetriebnahme der Anlage oder den Einsatz des Geräts genannt werden. Es wird versucht, die zum Erreichen dieser Zielvorstellungen zu bearbeitenden Teilaufgaben zu isolieren. Alle Überlegungen fließen in der Formulierung der Aufgabenstellung zusammen; das entsprechende Dokument bildet die Grundlage aller weiteren Schritte. Das Hauptproblem der Planungsphase ist, daß zwischen Planung und Nutzungsbeginn mehrere Jahre liegen können; die der Planung zugrundegelegten wirtschaftlichen und technischen Daten können sich in einem solchen Zeitraum aber wesentlich ändern, so daß das Gerät oder die Anlage bei Nutzungsbeginn möglicherweise bereits veraltet ist.

Ausgehend von der Aufgabenstellung werden in der Konzeptphase Vorstellungen zur Problemlösung erarbeitet. Die verschiedenen Lösungsmöglichkeiten werden vom wirtschaftlichen und technischen Standpunkt hinsichtlich ihrer Realisierbarkeit eingehend untersucht und miteinander verglichen. Dasjenige Lösungskonzept, dessen Leistungsdaten der Forderung am besten entsprechen, wird zur Realisierung ausgewählt und in der technischen Zielsetzung festgehalten.

In der Definitionsphase wird das zur Realisierung ausgewählte Konzept weiter präzisiert, so daß die Leistungsdaten im einzelnen festgelegt werden können und ein vorläufiger Arbeits-, Zeit- und Finanzierungsplan aufgestellt werden kann. Wenn die Entwicklung nicht vom späteren Betreiber selbst durchgeführt werden kann, werden Verhandlungen mit möglichen Auftragnehmern mit dem Ziel geführt, einen Entwicklungsvertrag abzuschließen. Mit der technisch-wirtschaftlichen Forderung endet die Definitionsphase.

In der Entwicklungsphase wird zunächst das Lastenheft, in dem die vom Auftragnehmer zu erbringenden Leistungen exakt festgelegt werden, vom Auftraggeber erstellt. Es schließt sich die eigentliche Entwicklung und Erprobung durch den Auftragnehmer und den späteren Betreiber an; parallel hierzu wird die Fertigung vorbereitet. Mit der Feststellung der Funktionsfähigkeit des Geräts oder der Anlage wird die Entwicklungsphase beendet.

In der Beschaffungs- und Nutzungsphase wird das Gerät oder die Anlage gefertigt und ausgeliefert bzw. montiert und in Betrieb genommen. Parallel hierzu wird das Betriebs- und Wartungspersonal ausgebildet. Schließlich erfolgt die Abnahme und Nutzung durch den Betreiber.

Während dieser Arbeitsphasen sind die Probleme der Systemdynamik und Regelung schon frühzeitig zu berücksichtigen, da sie auf die Funktionsfähigkeit und Betriebseigenschaften des Geräts oder der Anlage entscheidenden Einfluß haben können. Ein Nichtbeachten dieser Gesichtspunkte kann zu einer zunächst nicht funktionsfähigen Anlage führen und teure Umrüstungsmaßnahmen bedingen. Andererseits kann man mit regelungstechnischen Maßnahmen häufig völlig neuartige Problemlösungen finden, die zu verbesserten Leistungen, geringeren Beschaffungs- und Betriebskosten und verminderter Umweltbelastung führen. Beispiele hierfür sind die Magnetschwebebahn, die ohne die moderne Regelungstechnik nicht realisierbar wäre, und die CCV-Technologie[1]) bei Hochleistungsflugzeugen, mit der man verbesserte Flugeigenschaften bei verringertem Gewicht und niedrigerem Treibstoffverbrauch erreichen kann. Es ist daher nicht verwunderlich, daß der Kostenanteil der Instrumentierung und Elektronik, die zu einem großen Teil für Aufgaben der Automatisierung eingesetzt wird, in vielen technischen Systemen den aller anderen Komponenten bereits übersteigt.

---

[1]) CCV: Control Configured Vehicle, d.i. ein regelungstechnisch konfiguriertes Flugzeug

1.4.2 Entwicklung regelungstechnischer Konzepte

Auch die eigentliche Entwicklungsphase sollte in mehreren aufeinander folgenden und aufbauenden Schritten durchlaufen werden. Jeder dieser Schritte sollte sorgfältig geplant und umfassend dokumentiert werden, so daß er jederzeit auch von anderen Projektbeteiligten nachvollziehbar und überprüfbar ist. Die Wichtigkeit einer vollständigen, übersichtlichen und verständlichen Dokumentation kann nicht oft genug betont werden.

Die Entwicklung eines regelungstechnischen Konzepts kann in die folgenden Teilschritte gegliedert werden:

- Leistungsbeschreibung,
- Modellbildung,
- Entwurf,
- Validierung

(Bild 1.16).

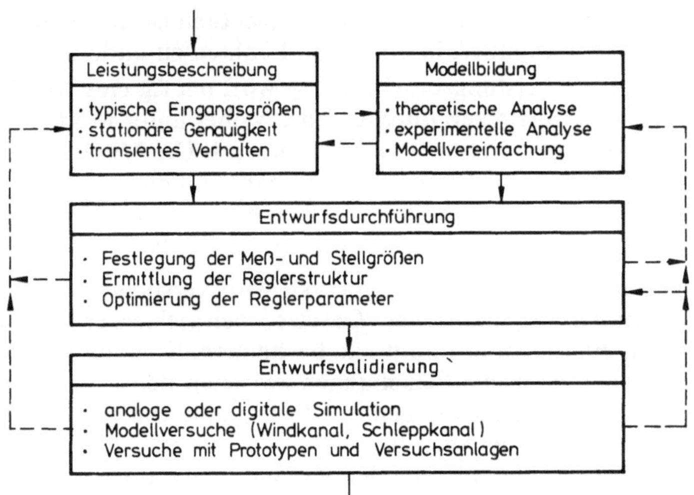

1.16
Entwicklung eines
regelungstechnischen
Konzepts

Mittels der Leistungsbeschreibung werden die – für die Entwicklung des regelungstechnischen Konzepts meist noch zu allgemein gehaltenen – Forderungen des Lastenhefts in die für die Regelung relevanten Leistungsmerkmale übersetzt. Hierzu können beispielsweise gehören:

- Ermittlung bzw. Festlegung typischer Führungs- und Störgrößenverläufe,
- Spezifikation der erforderlichen Genauigkeit, mit der die Regelgröße bei Einwirken typischer Verläufe der Führungs- und Störgröße nach dem Abklingen der transienten Vorgänge mit der Führungsgröße übereinstimmen muß,
- Festlegung der Parameter der transienten Vorgänge bei typischen Verläufen von Führungsgröße und Störgrößen. Solche Parameter können beispielsweise sein:

Maximale Überschwingweite der Regelgröße bei Aufschalten eines Sprungs der Führungsgröße,

Anschwingzeit, d.i. die Zeit, welche die Regelgröße benötigt, um nach einem Sprung der Führungsgröße einen vorgegebenen Toleranzbereich erstmalig zu erreichen,

Einschwingzeit, d.i. die Zeit, welche die Regelgröße benötigt, um nach einem Sprung der Führungsgröße in einem vorgegebenen Toleranzbereich um den Endwert endgültig zu verbleiben,

Quadratischer Mittelwert der Regeldifferenz bei Einwirken einer zufällig veränderlichen Störgröße mit vorgegebenen stochastischen Eigenschaften.

Beim Aufstellen des Leistungskatalogs ist darauf zu achten, daß keine unnötig scharfen Forderungen gestellt werden, da diese meist zu einem überproportionalen Kostenanstieg führen. Eventuell ist in Absprache mit dem Auftraggeber das Lastenheft in einzelnen Punkten zu ändern.

Parallel zur Leistungsbeschreibung wird häufig eine Modellbildung für den vorgegebenen Prozeß durchgeführt, wobei unter Modell in der Regel ein mathematisches Modell verstanden wird. Die Modellbildung umfaßt alle Verfahren, die geeignet sind, das stationäre und dynamische Verhalten des Prozesses zu erfassen und mathematisch zu beschreiben. Man unterscheidet zwei Vorgehensweisen, die sich gegenseitig ergänzen [42]:

Bei der theoretischen Analyse wird versucht, das Prozeßverhalten durch Anwenden physikalischer Gesetze, beispielsweise der Erhaltungssätze für Masse, Energie und Impuls, zu bestimmen. Ergebnis der theoretischen Analyse sind mathematische Beziehungen zwischen den Prozeßvariablen in Form von algebraischen Gleichungen, Differentialgleichungen, Differenzengleichungen usw., die eine Aussage über die Struktur des Systems ermöglichen. Die in diesen Gleichungen auftretenden Parameter, die für den betrachteten Prozeß spezifisch sind, lassen sich mit der theoretischen Analyse meist nur zum Teil bestimmen.

Bei der experimentellen Analyse werden durch Aufschalten geeigneter zeitlicher Verläufe der Eingangsgrößen auf den Prozeß oder einzelne Teilprozesse, Aufzeichnen der resultierenden Ausgangszeitverläufe und anschließendes Auswerten die noch fehlenden Systemparameter näherungsweise bestimmt.

Von allen Aufgaben, die der Regelungstechniker zu bearbeiten hat, ist die Modellbildung die schwierigste und fehleranfälligste. Sie erfordert gute mathematische und physikalische Kenntnisse sowie viel Erfahrung. Diese wird besonders dann benötigt, wenn es darum geht, die für die Regelung wichtigen Prozeßeigenschaften von den vernachlässigbaren Nebeneffekten zu trennen. Der Systemingenieur muß dabei einen Mittelweg finden zwischen einem zu einfachen Prozeßmodell, das wichtige Systemeigenschaften nicht erfaßt und zu einem unzureichenden Reglerentwurf führt, und einem zu komplexen Modell, das den Reglerentwurf unnötig erschwert und verteuert. Die Modellbildung ist daher meist durch einen iterativen Ablauf gekennzeichnet, bei dem ein zunächst abgeleitetes Prozeßmodell solange verfeinert oder vereinfacht wird, bis es das Prozeßverhalten mit hinreichender Genauigkeit beschreibt.

Nachdem die Systemleistungen festgeschrieben und ein mathematisches Modell des Prozesses erstellt wurde, folgt der eigentliche Entwurf des Reglers, der dem Regelkreis die geforderten Eigenschaften verleihen soll. Wie bei der Modellbildung geht man auch beim Entwurf meist in zwei Schritten vor:

Mittels allgemeingültiger systemtechnischer Verfahren wird die Struktur des Reglers oder des Regelalgorithmus derart festgelegt, daß die geforderten Systemeigenschaften bei der vorgegebenen Regelstrecke im Prinzip erreicht werden können.

Anschließend werden die Reglerparameter so berechnet (optimiert), daß der vollständige Regelkreis die Spezifikationen mit einer hinreichenden Sicherheitsreserve erfüllt.

Auch der Reglerentwurf zeigt meist einen iterativen Ablauf, da sich bei der Parameteroptimierung herausstellen kann, daß sich mit der zunächst vorgesehenen Reglerstruktur die Spezifikationen nicht erfüllen lassen.

Ein letzter, unabdingbarer Schritt bei der Entwicklung eines regelungstechnischen Konzepts ist die Überprüfung (Validierung) der vorangegangenen Schritte, bevor der Regler gerätemäßig realisiert werden kann. Eine solche Validierung kann durch

- analoge oder auch digitale Simulation mittels Analog-, Digital- oder Hybridrechner,
- Modellversuche, beispielsweise bei Luft-, Schienen- und Straßenfahrzeugen im Windkanal, oder
- Versuche mit Prototypen oder Pilotanlagen

erfolgen. Genauigkeit und Realitätsnähe dieser Validierungsverfahren steigen i. allg. in der Reihenfolge dieser Aufstellung an, leider aber auch der erforderliche Zeit- und Kostenaufwand. Man versucht daher heute, die Überprüfung des Reglerentwurfs zu einem überwiegenden Teil durch Simulation zu erledigen, wobei eventuell in speziellen Simulatoren Teile des realen Prozesses mit in die Simulation einbezogen werden.

Wenn die genannten Schritte der Leistungsbeschreibung, der Modellbildung, des Entwurfs und der Validierung sorgfältig durchgeführt wurden, kann der Regler gerätemäßig realisiert und im Gerät oder der Anlage eingebaut werden. Die häufig erforderlichen Feinjustierungen können dann meist mit geringem Aufwand erledigt werden.

2 Lineare kontinuierliche Prozesse

Die Verhaltensweisen realer Regelungen sind meist dermaßen komplex und vielfältig, daß sie sich einer vollständigen mathematischen Analyse in vielen Fällen entziehen. Man ist daher auf Näherungsbetrachtungen angewiesen, die mit erträglichem Aufwand hinreichend genaue Ergebnisse liefern. Häufig wird man sich auch in einem ersten Schritt mit Näherungen zufrieden geben können, die man dann in weiteren Schritten solange verfeinert, bis man die für die spezielle Aufgabenstellung geforderte Genauigkeit der Ergebnisse erreicht hat.

Wesentliche Vereinfachungen der mathematischen Beschreibung, Analyse und Synthese von Regelungen kann man durch die folgenden Annahmen erreichen:

- Zwischen den Eingangs- und Ausgangsgrößen des Prozesses sollen lineare Zusammenhänge vorliegen.
- Der vorgegebene Prozeß soll seine Eigenschaften während der Dauer der betrachteten zeitlichen Vorgänge, z. B. dem Einschwingen auf einen neuen Endwert der Regelgröße als Reaktion auf einen Sprung der Führungsgröße, beibehalten.
- Alle Prozeßgrößen sollen einen zeitkontinuierlichen Verlauf haben und fortlaufend gemessen werden.

Prozesse, die diese Eigenschaften zumindest näherungsweise haben, können mit vergleichsweise einfachen mathematischen Mitteln beschrieben werden. Sie sollen daher in den Abschn. 2 und 3 ausschließlich betrachtet werden. Im Abschn. 4 werden dann auch Prozesse behandelt, deren Prozeßgrößen nur zu diskreten Zeitpunkten erfaßt werden.

2.1 Grundbegriffe

Als Grundlage für die mathematische Beschreibung von Regelkreisen sollen zunächst einige Grundbegriffe der Theorie dynamischer Prozesse erörtert werden.

2.1.1 Übertragungsverhalten und Übertragungsglied

Die in Abschn. 1 dargestellten Beispiele zeigen, daß man Regelkreise vorteilhaft aus einzelnen Systemen zusammensetzt, die miteinander durch Wirkungsbeziehungen verknüpft sind. Nachfolgend sollen zunächst derartige Systeme für sich, d. h. aus dem Regelkreis herausgelöst betrachtet werden. Dieses Auflösen des vergleichsweise komplexen Regelkreises in Systeme und in Wirkungsbeziehungen zwischen diesen (Systemanalyse) ermöglicht es überhaupt erst, die Funktionsweise von Regelungen zu verstehen und zu berechnen.

Ein System kann auf zweierlei Weise mit anderen Teilsystemen verknüpft sein, nämlich durch

– Einflüsse, die von anderen Systemen auf das betrachtete System ausgeübt werden und als Eingangsgrößen bezeichnet werden, und
– Einflüsse, die das betrachtete System auf andere Systeme ausübt und Ausgangsgrößen genannt werden.

Die p Eingangsgrößen eines Systems werden nachfolgend mit $u_1(t)$, $u_2(t)$, ..., $u_p(t)$, die q Ausgangsgrößen mit $v_1(t)$, $v_2(t)$, ..., $v_q(t)$ bezeichnet (Bild 2.1). Bezüglich des betrachteten Systems können die Eingangsgrößen als Ursachen für die im System ablaufenden Zustandsänderungen aufgefaßt werden, während die Ausgangsgrößen die Wirkungen dieser Änderungen beschreiben. Wenn keine der Ausgangsgrößen direkt, d. h. ohne Zwischenschaltung eines anderen Systems auf eine der Eingangsgrößen zurückwirkt, dann heißt das betrachtete System rückwirkungsfrei; nachfolgend wollen wir nur derartige gerichtete Systeme betrachten.

Eine wichtige Eigenschaft realer Systeme besteht darin, daß eine Wirkung zeitlich nicht vor der Ursache eintreten kann (Bild 2.2). Ein solches System heißt

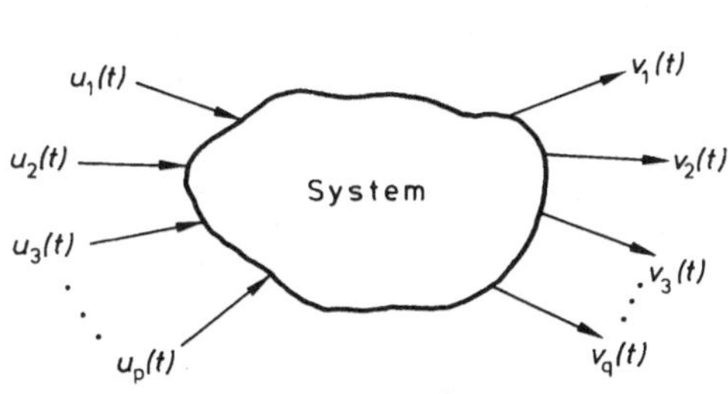

2.1 Ursache-Wirkungs-Beziehung bei einem System
$u_1(t)$, $u_2(t)$, ..., $u_p(t)$ Eingangsgrößen (Ursachen), $v_1(t)$, $v_2(t)$, ..., $v_q(t)$ Ausgangsgrößen (Wirkungen)

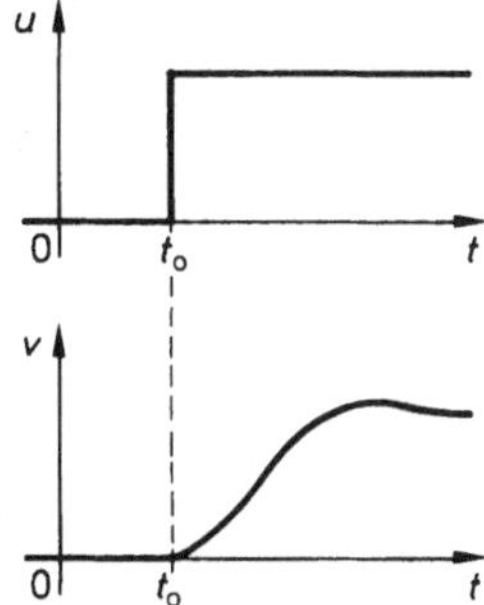

2.2 Reaktion $v(t)$ eines kausalen Prozesses auf eine zum Zeitpunkt t_0 einsetzende Eingangsgröße $u(t)$

kausal, da die Ausgangsgröße $v_j(t)$ ($j = 1, 2, \ldots, q$) nur von den momentanen und den vergangenen Werten der Eingangsgrößen $u_i(t)$ ($i = 1, 2, \ldots, p$) abhängen; nur derartige Systeme sollen behandelt werden.

Die in den Systemen ablaufenden Vorgänge, die durch die Beziehungen zwischen den Eingangs- und Ausgangsgrößen beschrieben werden, bezeichnet man als Prozeß. Wie die Erfahrung zeigt, reagieren Prozesse in unterschiedlichster Weise auf einwirkende Eingangsgrößen. Einige typische einfache Verhaltensweisen werden nachfolgend vorgestellt, wobei nur der Fall einer Eingangs- und einer Ausgangsgröße ($p = q = 1$) behandelt wird:

Proportionales Verhalten. Bei diesem einfachsten Prozeß haben die Zeitfunktionen von Eingangs- und Ausgangsgröße bis auf einen Proportionalbeiwert K_P den gleichen zeitlichen Verlauf (Bild **2.3** a). Ein Beispiel für einen derartigen Prozeß bietet der ohmsche Spannungsteiler (Bild **2.3** b) mit der Eingangsspannung $u_e(t)$ und der Ausgangsspannung $u_a(t)$, für den man den Proportionalitätsbeiwert aus dem Verhältnis des Ausgangswiderstands zur Summe der Widerstände berechnet.

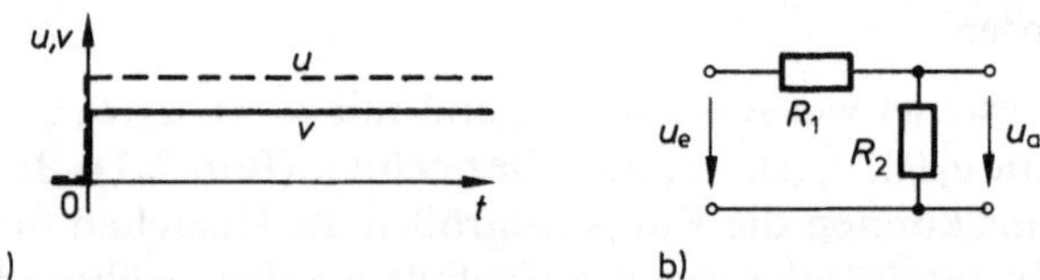

a)   b)

2.3 Proportionales Verhalten eines Prozesses
   a) Verlauf von Eingangsgröße $u(t)$ und Ausgangsgröße $v(t)$
   b) Ohmscher Spannungsteiler als Beispiel eines Prozesses mit proportionalem Verhalten
   u_e Eingangsspannung, u_a Ausgangsspannung, R_1, R_2 Wirkwiderstände

Totzeitverhalten. Hier reagiert der Prozeß auf eine Eingangsgröße $u(t)$ mit einer identischen, allerdings um die Totzeit T_t verzögerten Ausgangszeitfunktion $v(t) = u(t - T_t)$ (Bild **2.4** a). Ein solches Verhalten zeigen alle Prozesse, bei denen der Angriffspunkt der Eingangsgröße räumlich vom Austrittsort der Ausgangsgröße getrennt ist und die Wirkung der Eingangsgröße sich innerhalb des Systems mit einer endlichen Geschwindigkeit ausbreitet. Beispiele hierfür sind Transportprozesse auf Laufbändern und in Rohrleitungen – in Bild **2.4** b verdeutlicht an der Hinterbandkontrolle eines Tonbands – und die Ausbreitung mechanischer und elektromagnetischer Wellen. Die Totzeit erhält man in allen diesen Fällen als Verhältnis von zurückgelegtem Weg zu Ausbreitungs- bzw. Transportgeschwindigkeit.

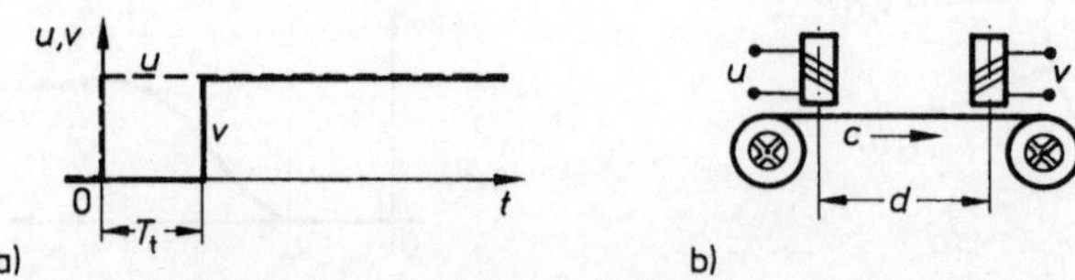

a)   b)

2.4 Totzeitverhalten eines Prozesses
   a) Verlauf von Eingangsgröße $u(t)$ und Ausgangsgröße $v(t)$
   b) Hinterbandkontrolle eines Tonbands als Beispiel für einen Prozeß mit Totzeitverhalten
   c Bandgeschwindigkeit, d Abstand der Tonköpfe

Integrierendes Verhalten. Die Ausgangsgröße erhält man hier als bewertetes Zeitintegral der Eingangsgröße, wobei die Bewertung durch die Integrierzeit T_I erfolgt (Bild 2.5a); die Änderungsgeschwindigkeit der Ausgangsgröße ist also proportional zur Eingangsgröße. Ein derartiges Verhalten zeigt z. B. der Flüssigkeitsstand $h(t)$ in einem Behälter, der mit dem Volumenstrom $Q(t)$ gefüllt wird (Bild 2.5b).

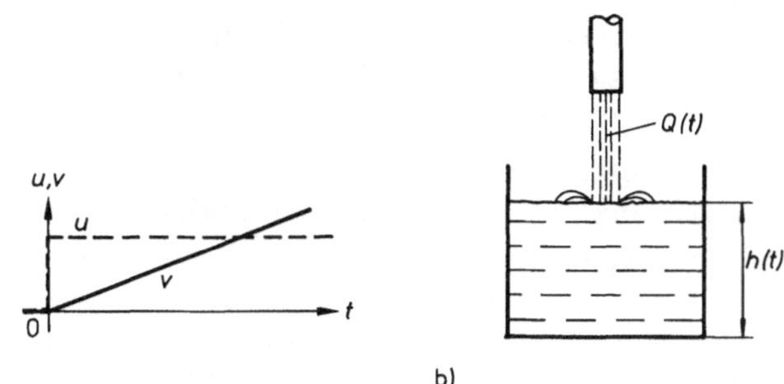

2.5 Integrierendes Verhalten eines Prozesses
  a) Verlauf von Eingangsgröße $u(t)$ und Ausgangsgröße $v(t)$
  b) Flüssigkeitsstand in einem Behälter als Beispiel für integrierendes Verhalten
  Q Volumenstrom, h Standhöhe

Differenzierendes Verhalten. Die Ausgangsgröße $v(t)$ eines Prozesses mit differenzierendem Verhalten ist gleich der zeitlichen Ableitung der Eingangsgröße $u(t)$, die mit der Differenzierzeit T_D gewichtet wird. Bei einem Sprung der Eingangsgröße erhält man am Ausgang einen – theoretisch unendlich hohen – Nadelimpuls, den man in dieser Form technisch nicht realisieren kann (Bild 2.6a). Auf eine rampenförmig ansteigende Eingangsgröße $u(t)$ reagiert dieser Prozeß mit einer sprungförmig verlaufenden Ausgangsgröße $v(t)$ (Bild 2.6b), die man meßtechnisch erfassen kann. Der in Bild 2.6c dargestellte RC-Spannungsteiler zeigt annähernd ein differenzierendes Verhalten zwischen Eingangs- und Ausgangsspannung.

Um die jedem System eigentümliche Reaktionsweise auf eine oder mehrere Eingangsgrößen zu kennzeichnen, führt man den Begriff des Übertragungs-

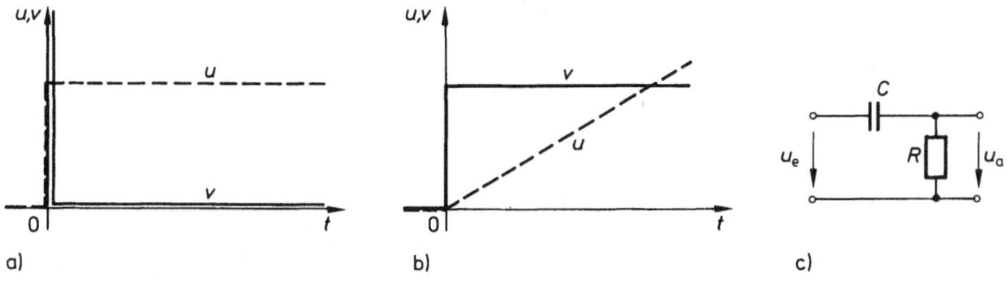

2.6 Differenzierendes Verhalten eines Prozesses
  a) Verlauf der Ausgangsgröße $v(t)$ bei sprungförmiger Eingangsgröße $u(t)$
  b) Verlauf der Ausgangsgröße $v(t)$ bei rampenförmiger Eingangsgröße $u(t)$
  c) RC-Netzwerk als Beispiel für ein System mit annähernd differenzierendem Verhalten
  u_e Eingangsspannung, u_a Ausgangsspannung, R Wirkwiderstand, C Kapazität

verhaltens ein. Zunächst werden hierzu die Eingangs- und Ausgangsgrößen einigen einschränkenden Bedingungen unterworfen:

- Alle Eingangsgrößen sollen für $t < t_0$ den Wert Null besitzen, wobei t_0 den Zeitpunkt bezeichnet, zu dem eine Testfunktion auf das betrachtete System aufgeschaltet wird.
- Keine Eingangszeitfunktion soll schneller als exponentiell anwachsen.
- Alle Ausgangsgrößen sollen konstante Werte annehmen, wenn alle Eingangsgrößen Null sind.

Diese Bedingungen sind bei den in der Regelungstechnik auftretenden Eingangszeitfunktionen und Prozessen praktisch immer erfüllt.

Als Übertragungsverhalten des Prozesses bezeichnet man jede eindeutige Zuordnung der Eingangsgrößen $u_i(t)$ zu den Ausgangsgrößen $v_j(t)$, sofern diese für den betrachteten Prozeß existiert. Die Form dieser Zuordnung ist dabei zunächst beliebig, sofern sie nur eindeutig ist, d. h. es kann sich um graphische Darstellungen, skalare oder vektorielle Differentialgleichungen, algebraische Beziehungen im Laplace-Bereich usw. handeln. Eine allgemeine Darstellung im Zeitbereich kann beispielsweise durch das Gleichungssystem

$$
\begin{aligned}
v_1(t) &= \varphi_1\{u_1(t), u_2(t), \ldots, u_p(t)\}, \\
&\;\;\vdots \qquad \vdots \\
v_q(t) &= \varphi_q\{u_1(t), u_2(t), \ldots, u_p(t)\},
\end{aligned}
\tag{2.1}
$$

gegeben sein; die Funktionen $\varphi_1\{\cdot\}$ bis $\varphi_q\{\cdot\}$ bestimmen dann das Übertragungsverhalten des Prozesses.

Der Prozeß selbst, der durch diese Zuordnung in eindeutiger Weise beschrieben wird, heißt auch Übertragungsglied. Dieser Begriff bildet die Grundlage des regelungstechnischen Denkens: Der vorgegebene physische Prozeß wird abstrahierend als Übertragungsglied aufgefaßt, dessen Eingangs-Ausgangsverhalten zunächst allein interessiert. Durch diese Abstraktion ist es möglich, Prozesse der unterschiedlichsten Art, wie sie in Abschn. 1 dargestellt wurden, mit den gleichen einfachen Begriffen zu beschreiben.

2.1.2 Darstellung von Übertragungsgliedern und ihrer Wirkungsbeziehungen

Das Konzept der Prozeßbeschreibung durch Übertragungsglieder gewinnt seine volle Wirksamkeit erst durch das Verwenden spezieller Symbole zur Darstellung von Übertragungsgliedern und den zwischen ihnen bestehenden wirkungsmäßigen Beziehungen. Diese Symbolik, die bereits in Abschn. 1 in elementarer Form zum Beschreiben regelungstechnischer Zusammenhänge verwendet wurde, ermöglicht eine übersichtliche Darstellung auch sehr komplexer Prozesse und hat sich daher auch in anderen Gebieten der Naturwissenschaften und der Technik durchgesetzt.

2.1.2.1 Elemente des Wirkungsplans. Die Darstellung des strukturellen Aufbaus eines dynamischen Prozesses durch spezielle Symbole für die Teilprozesse und die zwischen ihnen bestehenden Wirkungsbeziehungen bezeichnet man als Wirkungsplan. Die folgenden Symbole werden verwendet:

Blöcke dienen zur Darstellung von Übertragungsgliedern (Bild **2.7**a). Die Eingangsgrößen $u_1(t)$, $u_2(t)$, ..., $u_p(t)$ werden durch Pfeile gekennzeichnet, die in den Block hineindeuten, die Ausgangsgrößen $v_1(t)$, $v_2(t)$, ..., $v_q(t)$ durch Pfeile, die ihn verlassen. In den Block wird das Übertragungsverhalten in geeigneter, eindeutiger Weise eingetragen; beispielsweise durch Angabe der Funktionen $\varphi_j\{\cdot\}$.

Um die Schreibweise insbesondere bei Übertragungsgliedern mit mehreren Eingangs- und Ausgangsgrößen zu vereinfachen, faßt man die Eingangsgrößen $u_i(t)$ und die Ausgangsgrößen $v_j(t)$ sowie die funktionalen Zusammenhänge $\varphi_j\{\cdot\}$, $j=1, 2, ..., q$, in Listen zusammen, die als Vektoren bezeichnet werden.

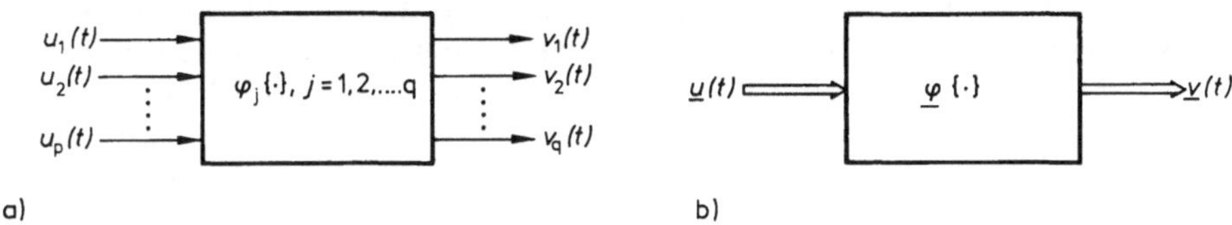

2.7 Darstellung eines Übertragungsgliedes als Block mit mehreren Eingangs- und Ausgangsgrößen
a) skalare Darstellung
b) vektorielle Darstellung

Ordnet man die Eingangsgrößen $u_i(t)$ in einem Eingangsvektor

$$\boldsymbol{u}(t) = \begin{bmatrix} u_1(t) \\ u_2(t) \\ \vdots \\ u_p(t) \end{bmatrix}, \tag{2.2}$$

die Ausgangsgrößen $v_j(t)$ in einem Ausgangsvektor

$$\boldsymbol{v}(t) = \begin{bmatrix} v_1(t) \\ v_2(t) \\ \vdots \\ v_q(t) \end{bmatrix} \tag{2.3}$$

und die funktionalen Zusammenhänge $\varphi_j\{\cdot\}$ in einem Funktionsvektor

$$\boldsymbol{\varphi}\{\cdot\} = \begin{bmatrix} \varphi_1\{\cdot\} \\ \varphi_2\{\cdot\} \\ \vdots \\ \varphi_q\{\cdot\} \end{bmatrix} \tag{2.4}$$

an, dann erhält man anstelle des Gleichungssystems (2.1) die Kurzschreibweise

$$v(t) = \boldsymbol{\varphi}\{u(t)\} \tag{2.5}$$

für den Zusammenhang zwischen den Eingangs- und Ausgangsgrößen des Teilprozesses.

Kennzeichnet man in der symbolischen Darstellung die Vektoren $u(t)$ und $v(t)$ durch Doppellinien, dann erhält man die in Bild **2.7**b gezeigte Darstellung des Übertragungsgliedes; diese ist äquivalent zu derjenigen des Bildes **2.7**a.

Wirkungslinien stellen die Wirkungsbeziehungen dar, die zwischen mehreren Übertragungsgliedern bestehen. Die Übertragung einer einzelnen physikalischen Größe wird durch eine Einfachlinie, die von mehreren Größen durch eine Doppellinie gekennzeichnet (Bild **2.8**). Die Wirkungsrichtung wird durch eine Pfeilspitze angezeigt; im Gegensatz zu Stromlaufplänen, bei denen der

$$u \longrightarrow v \qquad\qquad \underline{u} \Longrightarrow \underline{v}$$

a)   b)

2.8 Darstellung von Wirkungsbeziehungen durch Wirkungslinien
   a) Übertragung einer physikalischen Größe
   b) Übertragung mehrerer physikalischer Größen

elektrische Strom auch gegen die eingetragene Richtung fließen kann, werden Wirkungen hier immer nur in Pfeilrichtung übertragen. Durch eine Wirkungslinie wird die übertragene physikalische Größe nicht verändert, d.h. für die Eingangs- und Ausgangsgröße einer Wirkungslinie gilt in jedem Zeitpunkt

$$v(t) = u(t) \tag{2.6}$$

bei der Übertragung einer Größe und

$$v(t) = \boldsymbol{u}(t) \tag{2.7}$$

bei der Übertragung mehrerer Größen.

Wirkungslinien mit Vorzeichenumkehr übertragen Wirkungen zwischen mehreren Übertragungsgliedern, wobei sie aber das Vorzeichen der physikali-

2.9 Wirkungslinien mit Vorzeichenumkehr
   a) Übertragung einer physikalischen Größe
   b) Übertragung mehrerer physikalischer Größen

schen Größen umkehren (Bild **2.9**). Zu jedem Zeitpunkt gilt also

$$v(t) = -u(t) \tag{2.8}$$

bei einer übertragenen Größe und

$$v(t) = -\boldsymbol{u}(t) \tag{2.9}$$

bei mehreren Größen. Die Vorzeichenumkehr wird durch einen Kreis mit angeschriebenem Minuszeichen gekennzeichnet.

Verzweigungsstellen ermöglichen das Aufspalten einer Wirkungslinie in mehrere; hiermit kann man die Wirkung derselben physikalischen Größe auf mehrere Übertragungsglieder darstellen. Die Verzweigungsstelle wird durch einen Punkt am Schnittpunkt der Wirkungslinien gekennzeichnet (Bild **2.10**). Im Gegensatz zu der entsprechenden Darstellung von leitenden Verbindungen in Stromlaufplänen, bei denen sich in einem derartigen Knoten der Strom entsprechend dem Widerstandsverhältnis der angeschlossenen Netzwerke aufteilt, sind hier die Ausgangsgrößen gleich den zugehörigen Eingangsgrößen. Es gilt also in jedem Zeitpunkt

$$v_{\mathrm{a}}(t) = v_{\mathrm{b}}(t) = \ldots = u(t) \tag{2.10}$$

beim Verzweigen einer Größe bzw.

$$v_{\mathrm{a}}(t) = v_{\mathrm{b}}(t) = \ldots = \boldsymbol{u}(t) \tag{2.11}$$

beim Verzweigen mehrerer Größen.

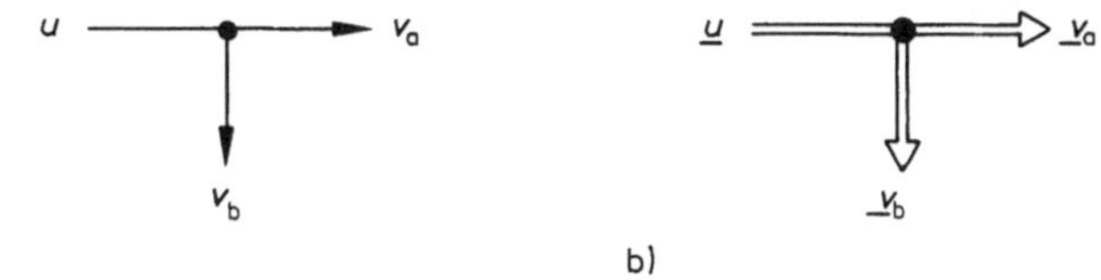

2.10 Darstellung von Verzweigungsstellen
   a) Verzweigen einer physikalischen Größe
   b) Verzweigen mehrerer physikalischer Größen

a)   b)

2.11 Darstellung von Additionsstellen
a) Addition ($+$) bzw. Subtraktion ($-$) je einer physikalischen Größe
b) Addition ($+$) bzw. Subtraktion ($-$) jeweils mehrerer physikalischer Größen

Additionsstellen ermöglichen die Addition bzw. Subtraktion von Wirkungen und werden durch Kreise dargestellt (Bild **2.11**), in die zwei oder mehr Wirkungslinien hineinlaufen. Die Vorzeichen, mit denen die Eingangsgrößen in die Summierung eingeführt werden sollen, werden an der Additionsstelle in Pfeilrichtung gesehen rechts neben der zugehörigen Pfeilspitze vermerkt.

Mit den genannten Symbolen können auch sehr komplexe Prozesse in einer übersichtlichen und sinnfälligen Form dargestellt werden.

2.1.2.2 Elementare Übertragungsglieder. Da die in Abschn. 2.1.1 genannten elementaren Übertragungsglieder mit proportionalem Verhalten, Totzeitverhalten, integrierendem und differenzierendem Verhalten zur Beschreibung komplexer dynamischer Prozesse häufig verwendet werden, hat man für sie beson-

Tafel **2.12** Elementare Übertragungsglieder

Bezeichnung	Übertragungsverhalten	Symbol
Proportionalglied (P-Glied)	$v(t) = K_\mathrm{P}u(t)$	
Totzeitglied (T_t-Glied)	$v(t) = u(t - T_\mathrm{t})$	
Integrierglied (I-Glied)	$v(t) = \dfrac{1}{T_\mathrm{I}} \displaystyle\int_0^t u(\tau)\,\mathrm{d}\tau$	
Differenzierglied (D-Glied)	$v(t) = T_\mathrm{D}\dot{u}(t)$	

$u(t)$ Eingangsgröße, $v(t)$ Ausgangsgröße, K_P Proportionalbeiwert, T_t Totzeit, T_I Integrierzeit, T_D Differenzierzeit

dere Kurzbezeichnungen und Symbole eingeführt. Man spricht also kurz von einem Proportionalglied oder P-Glied, einem Totzeitglied oder T_t-Glied, einem Integrierglied oder I-Glied und einem Differenzierglied oder D-Glied. Die ihnen zugeordneten Symbole entstehen in systematischer Weise dadurch, daß man in den das spezielle Übertragungsverhalten repräsentierenden Block die Antwort des Übertragungsglieds auf eine sprungförmige Eingangsgröße gemäß den Bildern **2.3** bis **2.6** einträgt. Die Kurzbezeichnungen, das Übertragungsverhalten und die Symbole der elementaren Übertragungsglieder sind in Tafel **2.12** zusammengestellt.

2.1.3 Grundlegende Eigenschaften von Übertragungsgliedern

Wie bereits erwähnt, kann man die Beschreibung, die Analyse und den Entwurf von Regelkreisen wesentlich vereinfachen, wenn man annimmt, daß der betrachtete Teilprozeß ein lineares Übertragungsverhalten hat und seine Eigenschaften unveränderlich (zeitinvariant) sind.

Je nachdem, ob der Teilprozeß diese Bedingungen erfüllt oder nicht, kann man ihn einer von vier Systemklassen zuordnen, die mit unterschiedlichen mathematischen Methoden behandelt werden müssen.

Nachfolgend sollen die genannten Systemeigenschaften näher betrachtet werden.

2.1.3.1 Linearität. Der Begriff der Linearität eines Übertragungsglieds soll zunächst an der Reaktion zweier vorgegebener Übertragungsglieder auf eine sinusförmige Eingangsgröße $u(t)$ eingeführt werden (Bild **2.13**). Schaltet man zum Zeitpunkt $t=0$ die Eingangszeitfunktion $u(t)=\hat{u}\sin(\omega t)$ ($\hat{u}$: Amplitude der Sinusschwingung, ω: Kreisfrequenz der Sinusschwingung) auf die beiden Übertragungsglieder, dann reagieren diese völlig gleichartig mit einer Sinusschwingung der gleichen Kreisfrequenz und zunächst aufklingender, dann konstanter Amplitude. Diese Übereinstimmung der Ausgangszeitfunktionen entfällt aber, wenn man die Amplituden der Eingangsgrößen auf $2\hat{u}$ verdoppelt: Während beim Übertragungsglied 1 die Form der Ausgangszeitfunktion erhalten bleibt und sich nur ihre Augenblickswerte verdoppeln, verändert sich beim Übertragungsglied 2 das Aussehen der Systemantwort, da die Spitzen der Sinusschwingung gekappt werden. Während also beim Übertragungsglied 1 die Form der Ausgangszeitfunktion nicht von der Amplitude abhängt, ist das beim Übertragungsglied 2 der Fall; dieses zeigt damit ein wesentlich komplizierteres Verhalten als das erste Übertragungsglied.

Diese unterschiedlichen Verhaltensweisen von Übertragungsgliedern können durch das Linearitätsprinzip erfaßt werden, das man in das Verstärkungsprinzip und das Überlagerungsprinzip gliedern kann. Diese kann man mit der in Abschn. 2.1.2.1 eingeführten symbolischen Darstellung leicht verdeutlichen.

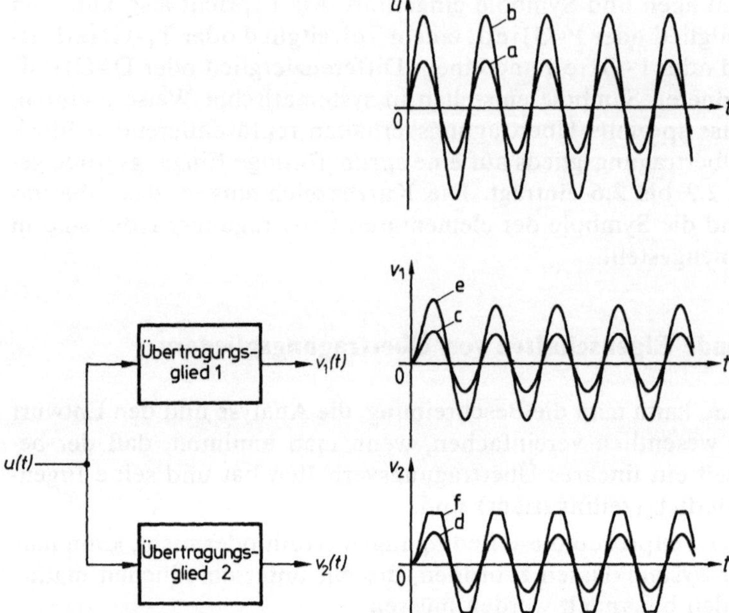

2.13 Beispiele zur Linearität von Übertragungsgliedern
  a) Eingangszeitfunktion $u_a(t) = \hat{u}\,\sin(\omega t)$
  b) Eingangszeitfunktion $u_b(t) = 2u_a(t)$
  c) Antwort von Übertragungsglied 1 auf die Eingangsgröße $u_a(t)$
  d) Antwort von Übertragungsglied 2 auf die Eingangsgröße $u_a(t)$
  e) Antwort von Übertragungsglied 1 auf die Eingangsgröße $u_b(t)$
  f) Antwort von Übertragungsglied 2 auf die Eingangsgröße $u_b(t)$

Beim **Verstärkungsprinzip** werden die Ergebnisse der folgenden, in ihrer Reihenfolge vertauschten Operationen miteinander verglichen (Bild **2.14**):

a) Zunächst wird die Eingangsgröße $u(t)$ mit einer beliebigen reellen Konstanten c multipliziert und anschließend der Übertragungsoperator $\varphi\{\cdot\}$ auf das Produkt $cu(t)$ angewendet (Bild **2.14**a). Das Ergebnis dieser Operation ist die Ausgangsgröße

$$v_a(t) = \varphi\{cu(t)\}. \tag{2.12}$$

b) Nach dem Anwenden des Übertragungsoperators $\varphi\{\cdot\}$ auf die Eingangsgröße $u(t)$ wird das Ergebnis $\varphi\{u(t)\}$ mit der reellen Konstanten c multipliziert (Bild **2.14**b). Man erhält dann die Ausgangsgröße

$$v_b(t) = c\,\varphi\{u(t)\}. \tag{2.13}$$

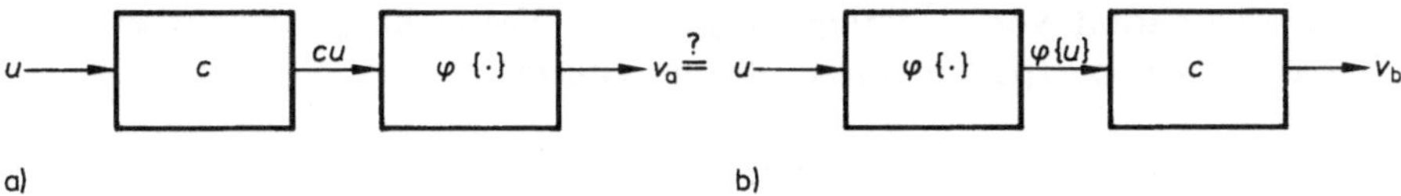

2.14 Darstellung des Verstärkungsprinzips im Wirkungsplan

Wenn beide Operationen dasselbe Ergebnis liefern, wenn also $v_a(t) = v_b(t)$ oder

$$\varphi\{c\,u(t)\} = c\,\varphi\{u(t)\} \tag{2.14}$$

für alle reellen Konstanten c gilt, dann erfüllt das durch den Operator $\varphi\{\cdot\}$ gekennzeichnete Übertragungsglied das Verstärkungsprinzip.

Beim **Überlagerungsprinzip** werden ganz entsprechend die Ausgangsgrößen bei zwei in ihrer Reihenfolge vertauschten Operationen miteinander verglichen (Bild **2.15**):

a) Zunächst Addition der beiden Eingangszeitfunktionen zur Summe $u(t) = u_1(t) + u_2(t)$ und anschließendes Anwenden des Übertragungsoperators $\varphi\{\cdot\}$ auf $u(t)$ (Bild **2.15** a). Die Ausgangsgröße wird dann

$$v_a(t) = \varphi\{u_1(t) + u_2(t)\}. \tag{2.15}$$

b) Zunächst getrenntes Anwenden des Übertragungsoperators $\varphi\{\cdot\}$ auf die Eingangszeitfunktionen $u_1(t)$ und $u_2(t)$ und anschließende Addition der Ergebnisse zu

$$v_b(t) = \varphi\{u_1(t)\} + \varphi\{u_2(t)\} \tag{2.16}$$

(Bild **2.15** b).

Erhält man identische Ergebnisse, also $v_a(t) = v_b(t)$ oder

$$\varphi\{u_1(t) + u_2(t)\} = \varphi\{u_1(t)\} + \varphi\{u_2(t)\}, \tag{2.17}$$

dann erfüllt das Übertragungsglied das Überlagerungsprinzip.

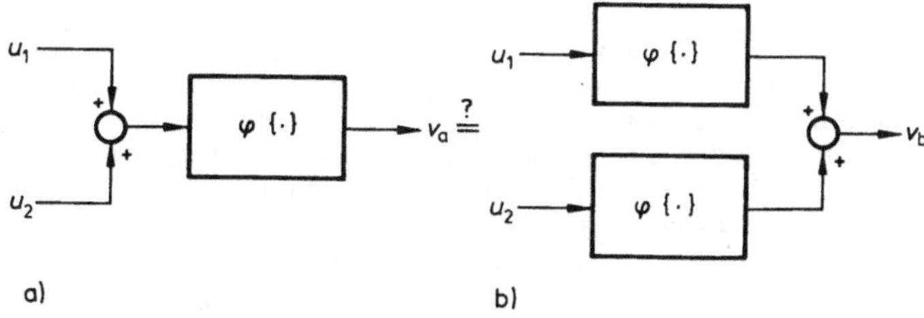

2.15 Darstellung des Überlagerungsprinzips im Wirkungsplan

Die Kombination von Überlagerungs- und Verstärkungsprinzip ergibt das Linearitätsprinzip, das durch die Beziehung

$$\varphi\{c_1 u_1(t) + c_2 u_2(t)\} = c_1 \varphi\{u_1(t)\} + c_2 \varphi\{u_2(t)\}$$

gekennzeichnet ist.

Ein Übertragungsglied, welches das Linearitätsprinzip erfüllt, heißt linear, ansonsten nichtlinear.

Beispiel 2.1. Bei einem Operationsverstärker mit direkter Gegenkopplung der Ausgangsspannung (Bild 2.16a) wird der folgende Zusammenhang zwischen Eingangsspannung $u_e(t)$ und Ausgangsspannung $u_a(t)$ gemessen (Bild 2.16b):

$$u_a(t) = \begin{cases} 12\,\text{V} & \text{für } u_e(t) > 12\,\text{V}, \\ u_e(t) & \text{für } -12\,\text{V} \le u_e(t) \le 12\,\text{V}, \\ -12\,\text{V} & \text{für } u_e(t) < -12\,\text{V}. \end{cases} \tag{2.18}$$

Man prüfe, ob dieses Übertragungsglied das Linearitätsprinzip erfüllt.

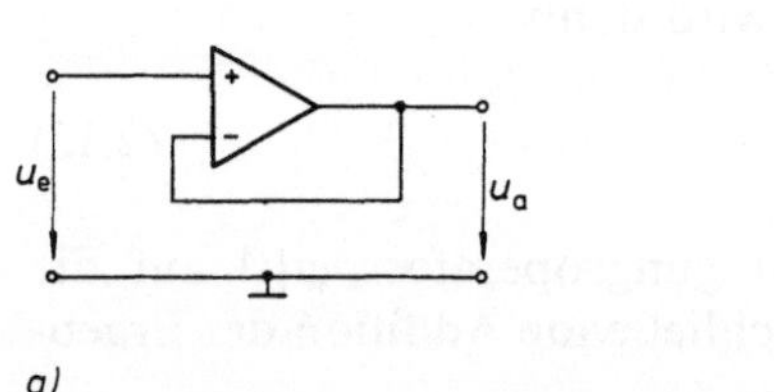
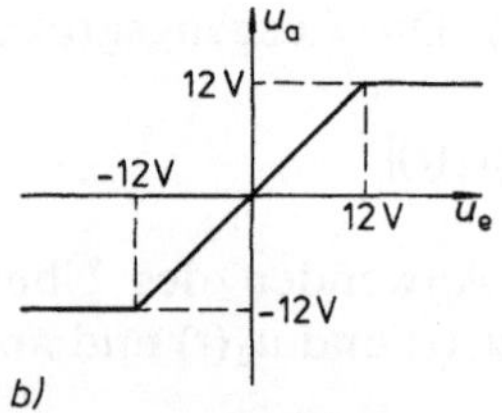

a)   b)

2.16 Anwendung des Linearitätsprinzips auf einen rückge-
     koppelten Operationsverstärker
     a) Schaltbild, b) Kennlinie
     u_e Eingangsspannung, u_a Ausgangsspannung

Für $u_{e1} = 2\,\text{V}$ und $u_{e2} = 8\,\text{V}$, also $u_e = u_{e1} + u_{e2} = 10\,\text{V}$ hat man aus Gl. (2.18) die Ausgangsspannung zu $u_a = u_e = 10\,\text{V}$. Andererseits gehört zu $u_{e1} = 2\,\text{V}$ die Ausgangsspannung $u_{a1} = 2\,\text{V}$ und zu $u_{e2} = 8\,\text{V}$ die Ausgangsspannung $u_{a2} = 8\,\text{V}$, so daß man insgesamt die Ausgangsspannung $u_a = u_{a1} + u_{a2} = 10\,\text{V}$ erhält. Da man bei beiden Verfahrensweisen das gleiche Ergebnis erhält, ist das Überlagerungsprinzip erfüllt, das Übertragungsglied also linear.

Wählt man aber $u_{e1} = 6\,\text{V}$ und $u_{e2} = 8\,\text{V}$, also $u_e = 14\,\text{V}$, dann wird aus Gl. (2.18) die Ausgangsspannung zu $u_a = 12\,\text{V}$ berechnet. Andererseits gehört zu $u_{e1} = 6\,\text{V}$ die Ausgangsspannung $u_{a1} = 6\,\text{V}$ und zu $u_{e2} = 8\,\text{V}$ die Ausgangsspannung $u_{a2} = 8\,\text{V}$, so daß man durch Überlagerung die Ausgangsspannung zu $u_a = u_{a1} + u_{a2} = 14\,\text{V}$ erhält. Da die beiden Operationen nicht dasselbe Ergebnis liefern, ist das Überlagerungsprinzip nicht erfüllt, d.h. das Übertragungsglied nichtlinear.

Eine einfache Überlegung zeigt, daß die betrachtete Schaltung solange linear ist, wie die Bedingung $|u_e(t)| \le 12\,\text{V}$ erfüllt ist, d.h. der Operationsverstärker im mittleren Bereich der Kennlinie ausgesteuert wird.

2.1.3.2 Zeitvarianz. Auch der Begriff der Zeitvarianz bzw. Zeitinvarianz von Übertragungsgliedern soll zunächst an der unterschiedlichen Reaktion zweier Übertragungsglieder verdeutlicht werden (Bild **2.**17).

Auf zwei Übertragungsglieder wird zum Zeitpunkt $t = 0$ eine konstante Eingangsgröße $u(t)$ sprungförmig aufgeschaltet und ihre Reaktion als Funktion der Zeit aufgezeichnet. Anschließend wird dieselbe Eingangsgröße um das Zeitintervall T_t verzögert auf die Übertragungsglieder gegeben und ihre Reaktion in den gleichen Diagrammen dargestellt. Durch Vergleich der Zeitfunktionen stellt man deutliche Unterschiede der Systemreaktion fest: Beim Übertragungsglied 1 sind die Verläufe der Ausgangsgrößen unter der Einwirkung der beiden Eingangsgrößen in der Form unverändert und nur um die Totzeit T_t gegeneinander verschoben. Dagegen zeigt das Übertragungsglied 2 bei der verschobenen Eingangsgröße eine andere Reaktion als bei der unverzögerten Eingangsgröße; es haben sich also die Übertragungseigenschaften dieses Prozesses während des Zeitintervalls T_t geändert.

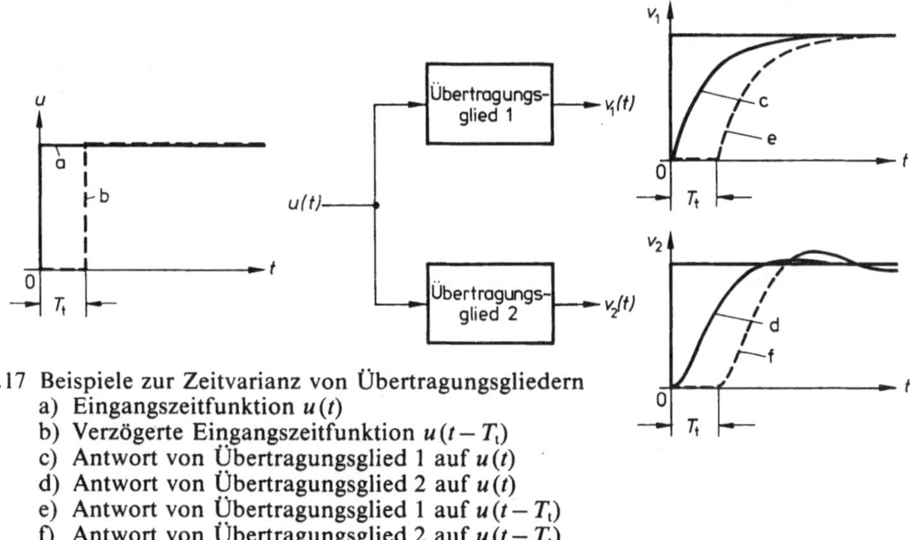

2.17 Beispiele zur Zeitvarianz von Übertragungsgliedern
    a) Eingangszeitfunktion $u(t)$
    b) Verzögerte Eingangszeitfunktion $u(t - T_t)$
    c) Antwort von Übertragungsglied 1 auf $u(t)$
    d) Antwort von Übertragungsglied 2 auf $u(t)$
    e) Antwort von Übertragungsglied 1 auf $u(t - T_t)$
    f) Antwort von Übertragungsglied 2 auf $u(t - T_t)$

Die Unterscheidung dieser abweichenden Verhaltensweisen ist mittels des Verschiebungsprinzips möglich, das sich auch in symbolischer Form darstellen läßt (Bild **2.**18). Das Verschiebungsprinzip ist dann erfüllt, wenn die folgenden Operationen die gleichen Ausgangszeitfunktionen liefern:

– Zeitliche Verschiebung der Eingangszeitfunktion um die Totzeit T_t und Anwendung des Operators $\varphi\{\cdot\}$ auf die verschobene Eingangszeitfunktion.

– Anwendung des Operators $\varphi\{\cdot\}$ auf die nicht verschobene Eingangszeitfunktion und anschließende zeitliche Verschiebung der Ausgangsgröße um die Totzeit T_t.

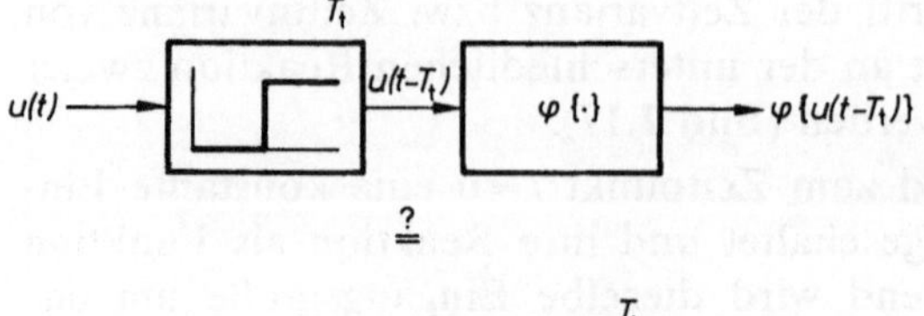

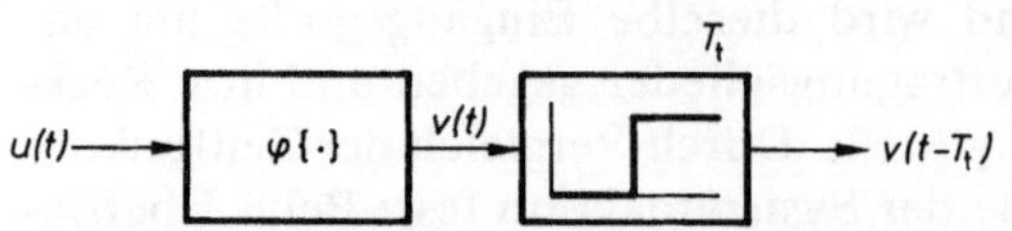

$u(t)$ Eingangsgröße
$v(t)$ Ausgangsgröße
T_t Totzeit
$\varphi\{\cdot\}$ Übertragungsverhalten
des Prozesses

2.18 Darstellung des Verschiebungsprinzips im Wirkungsplan

Ein Vergleich der Ausgangszeitfunktionen in Bild 2.17 zeigt, daß das Übertragungsglied 1 das Verschiebungsprinzip erfüllt, das Übertragungsglied 2 dagegen nicht.

Beispiel 2.2. Die Gültigkeit des Verschiebungsprinzips soll an einem RC-Spannungsteiler (Bild 2.19 a) überprüft werden, indem nacheinander zum Zeitpunkt 0 und zum Zeitpunkt T_t die konstante Eingangsspannung u_{e0} aufgeschaltet wird. Der Kondensator sei vor jedem Einschalten von u_e spannungslos.

Den Verlauf der Ausgangsspannung $u_a(t)$ erhält man mit der Zeitkonstanten $T = RC$ durch Lösen der linearen Differentialgleichung

$$T\dot{u}_a(t) + u_a(t) = u_e(t)$$

bei einem Einschalten von u_{e0} zum Zeitpunkt 0 zu

$$u_a(t) = u_{e0}\{1 - e^{-t/T}\} \tag{2.19}$$

und bei einem verzögerten Einschalten zu

$$u_a(t) = \varphi\{u_e(t - T_t)\} = u_{e0}\{1 - e^{-(t - T_t)/T}\}. \tag{2.20}$$

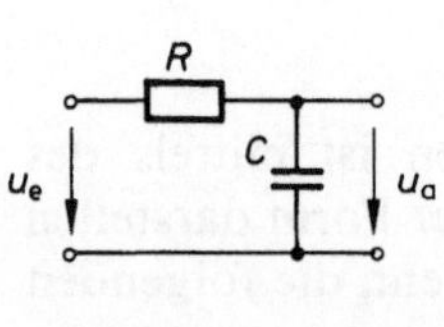

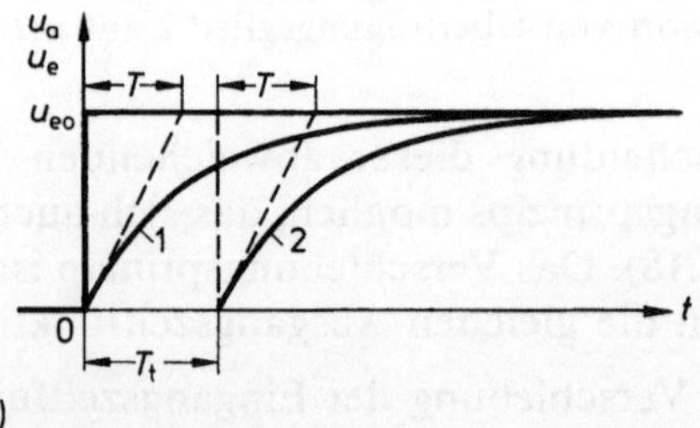

a)

b)

2.19 Anwendung des Verschiebungsprinzips auf einen RC-Spannungsteiler
  a) Schaltbild, b) Verlauf der Ausgangsspannungen $u_a(t)$ bei unverzögertem (1) und
  verzögertem (2) Aufschalten der Eingangsspannung $u_e(t)$
  R Wirkwiderstand, C Kapazität, T Verzögerungszeit, T_t Totzeit

Andererseits hat man durch Verzögern der Ausgangsspannung $u_a(t)$ nach Gl. (2.19) um das Zeitintervall T_t die Beziehung

$$u_a(t-T_t) = u_{e0}\{1 - e^{-(t-T_t)/T}\}, \tag{2.21}$$

die mit Gl. (2.20) übereinstimmt. Der betrachtete RC-Spannungsteiler ist also zeitinvariant.

Beispiel 2.3. Ein bisher nicht erwähntes elementares Übertragungsglied, auf das in Abschn. 4 noch näher eingegangen wird, ist das Abtast- und Halteglied. Seine Aufgabe besteht darin, aus einer kontinuierlichen Eingangszeitfunktion $u(t)$ zu den äquidistanten Zeitpunkten $t_k = kT$, $k = 0, 1, 2, \ldots$, die Funktionswerte $u(t_k)$ zu entnehmen und bis zum nächsten Abtastzeitpunkt t_{k+1} festzuhalten. Es ordnet also der Eingangsgröße $u(t)$ im Zeitintervall $kT \leq t < (k+1)T$ die Ausgangsgröße $v(t) = u(kT)$ zu. Bild 2.20a zeigt am Beispiel der linear mit der Zeit ansteigenden Eingangsgröße $u(t) = a + bt$ die zugehörige treppenförmige Ausgangszeitfunktion

$$v(t) = \varphi\{u(t)\} = \begin{cases} a & \text{für } 0 \leq t < T, \\ a + bT & \text{für } T \leq t < 2T, \\ \vdots & \\ a + kbT & \text{für } kT \leq t < (k+1)T. \end{cases} \tag{2.22}$$

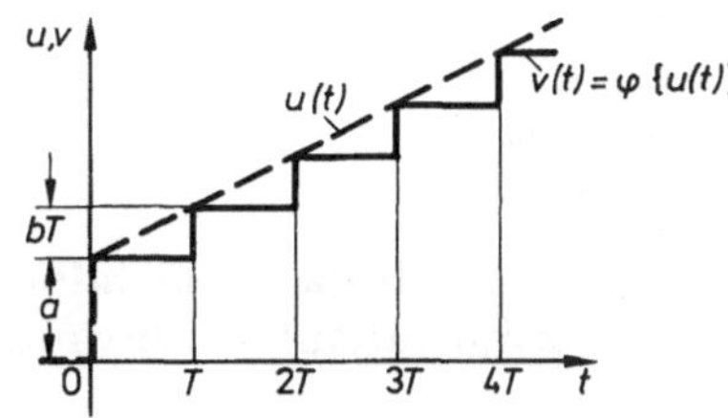

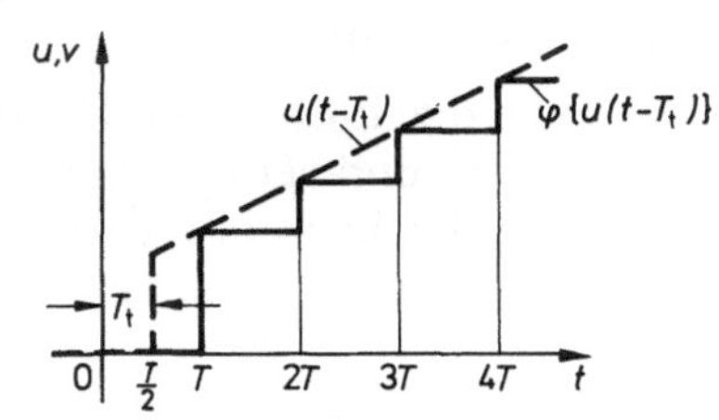

2.20
Anwendung des Verschiebungsprinzips auf ein Abtast-Halteglied
a) Verlauf der Ausgangsgröße $v(t)$ bei einem linear ansteigenden Verlauf der Eingangsgröße $u(t)$
b) Verlauf der Ausgangsgröße $v(t)$ bei einer um die halbe Abtastperiode verzögert einsetzenden Eingangsgröße $u(t-T_t)$
c) Verlauf der um die halbe Abtastperiode verzögerten Ausgangsgröße $v(t-T_t)$

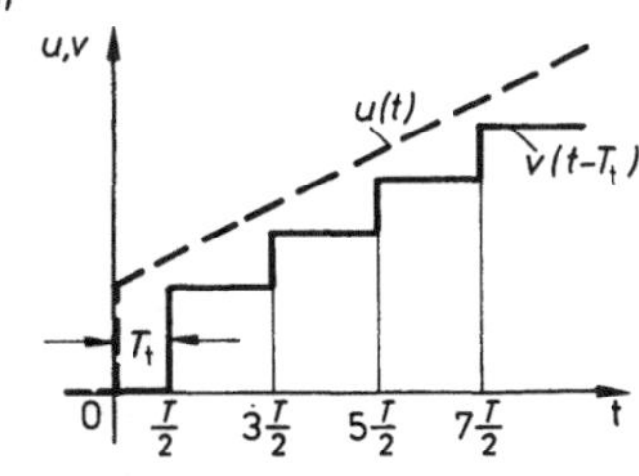

Die um die Totzeit T_t verzögerte Eingangszeitfunktion ist durch die Beziehung $u(t-T_t)=a+b(t-T_t)$ gegeben; diese ist in Bild **2.20**b für den speziellen Fall $T_t=T/2$ zusammen mit der zugehörigen Ausgangszeitfunktion

$$v(t)=\varphi\{u(t-T_t)\} = \begin{cases} 0 & \text{für } 0 \le t < T, \\ a+bT/2 & \text{für } T \le t < 2T, \\ \vdots \\ a+(2k-1)bT/2 & \text{für } kT \le t < (k+1)T \end{cases} \tag{2.23}$$

dargestellt. Verschiebt man dagegen die Ausgangszeitfunktion $v(t)$ nach Gl. (2.22) um die Totzeit $T_t=T/2$, erhält man den durch

$$v(t-T_t) = \begin{cases} 0 & \text{für } 0 \le t < T/2, \\ a & \text{für } T/2 \le t < 3T/2, \\ a+bT & \text{für } 3T/2 \le t < 5T/2, \\ \vdots \\ a+kbT & \text{für } (k+\tfrac{1}{2})T \le t < (k+\tfrac{3}{2})T \end{cases} \tag{2.24}$$

gegebenen und in Bild **2.20**c dargestellten Verlauf. Offensichtlich stimmen die Ausgangszeitfunktionen $\varphi\{u(t-T_t)\}$ nach Bild **2.20**b und $v(t-T_t)$ nach Bild **2.20**c nicht überein; das Abtast- und Halteglied erfüllt also nicht das Verschiebungsprinzip und ist daher zeitvariant.

2.1.3.3 Klassifizierung. Je nachdem, ob ein Übertragungsglied das Linearitätsprinzip oder auch das Verschiebungsprinzip erfüllt, kann es nach den Begriffspaaren

linear – nichtlinear
zeitinvariant – zeitvariant

geordnet werden (Tafel **2.21**). Es ergeben sich insgesamt vier Klassen von Übertragungsgliedern:

- lineare und zeitinvariante Übertragungsglieder,
- nichtlineare und zeitinvariante Übertragungsglieder,
- lineare und zeitvariante Übertragungsglieder,
- nichtlineare und zeitvariante Übertragungsglieder.

Tafel **2.21** Klassifizierung von Übertragungsgliedern

		Linearitätsprinzip	
		erfüllt	nicht erfüllt
Verschiebungsprinzip	erfüllt	Prozeß linear und zeitinvariant	Prozeß nichtlinear und zeitinvariant
	nicht erfüllt	Prozeß linear und zeitvariant	Prozeß nichtlinear und zeitvariant

Genaugenommen gehören praktisch alle Übertragungsglieder, die reale Prozesse beschreiben, zu der letzten Klasse. Da aber eine mathematische Behandlung derartiger Prozesse meist außerordentlich schwierig und aufwendig ist, versucht man in der Regel ihr Übertragungsverhalten durch das einer der anderen Klassen zu approximieren. Am einfachsten zu behandeln sind die linearen und zeitinvarianten Übertragungsglieder; diese sollen daher ausschließlich zugrundegelegt werden.

2.1.4 Informationsaustausch zwischen Übertragungsgliedern

Die Teilprozesse eines zusammengesetzten Prozesses sind untereinander und mit der Umwelt in einer für den Gesamtprozeß kennzeichnenden Weise durch Wirkungsbeziehungen verknüpft. Das Verhalten des Prozesses wird daher nicht nur vom Verhalten der Teilprozesse, sondern auch und in starkem Maße von diesen inneren und äußeren Einflüssen bestimmt; Bild 2.22 zeigt diese Zusammenhänge in symbolischer Form für einen aus zwei Teilprozessen bestehenden Prozeß. Ein Auftrennen einzelner oder aller Wirkungsbeziehungen, wie man es bei einer Systemanalyse regelmäßig durchführt, kann die Eigenschaften des Prozesses grundlegend verändern. Dies bedeutet aber nicht, daß man derartige Prozesse nicht analysieren kann, wie manchmal behauptet wird, sondern nur, daß man die aufgetrennten Wirkungsbeziehungen sorgfältig zu notieren hat.

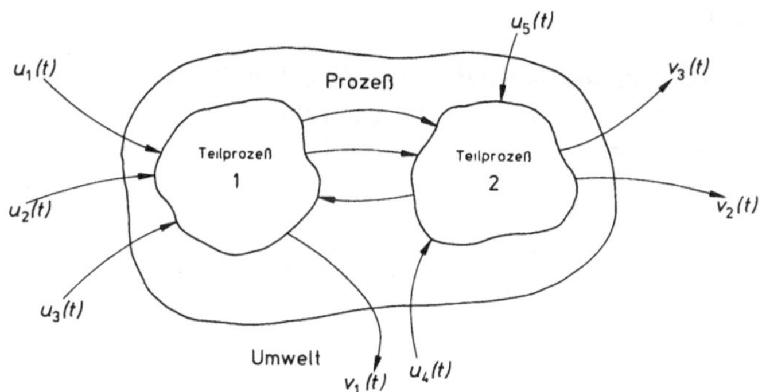

2.22 Wirkungsbeziehungen zwischen Übertragungsgliedern
$u_1(t), \ldots, u_5(t)$ Eingangsgrößen, $v_1(t), \ldots, v_3(t)$ Ausgangsgrößen

2.1.4.1 Signal und Informationsparameter. Die Wirkungsbeziehungen zwischen Teilprozessen oder auch der Umwelt bestehen in einem laufenden oder sporadischen Austausch von Materie oder auch Energie, den man durch den zeitlichen Verlauf physikalischer Größen wie Kräften, Durchflüssen, elektrischen Spannungen, Temperaturen usw. beschreiben kann. Für die Analyse von Prozessen kommt es dabei weniger auf die Art der physikalischen Größe als vielmehr auf die in ihrem zeitlichen Verlauf enthaltene Information an. Man faßt also die physikalischen Größen als Signale auf, die Informationen zwischen den Teilprozessen einerseits und den Teilprozessen und der Umwelt andererseits übertragen.

Die speziellen Merkmale eines Signals, die die Information übermitteln, bezeichnet man als Informationsparameter.

Bei der Beutejagd der Fledermaus (Abschn. 1.2.1.1) steckt beispielsweise die Information über die momentane Entfernung der Beute in der Laufzeit der Schallimpulse, und bei der Abstandsregelung von Straßenfahrzeugen (Abschn. 1.2.4.2) ist der augenblickliche Wert der Tachometerspannung ein Maß für die Geschwindigkeit des Fahrzeugs.

Die in einem System auftretenden Signale sind sowohl in der Dauer als auch im Wertebereich des Informationsparameters begrenzt. In der System- und Regelungstechnik wird häufig angenommen, daß ein Signal zu einem Anfangszeitpunkt t_0, dem man willkürlich den Wert 0 zuordnet, beginnt und dann unbegrenzt andauert. Bezeichnet man den zeitlichen Verlauf des Signals mit $p(t)$, dann erhält man mit der Festlegung, daß für $t < 0$ der Informationsparameter den Wert Null annimmt, die Darstellung

$$p(t) = \begin{cases} 0 & \text{für } t < 0, \\ f(t) & \text{für } t \geq 0. \end{cases} \tag{2.25}$$

Die reelle eindeutige Zeitfunktion $f(t)$ kennzeichnet den Verlauf des Signals für $t \geq 0$.

2.1.4.2 Signalklassifizierung. Zweckmäßigerweise ordnet man die Signale verschiedenen Klassen zu, die bezüglich der Werte des Zeitparameters t und des Informationsparameters p voneinander abweichen und mit unterschiedlichen mathematischen Verfahren beschrieben werden müssen. Hat der Informations-

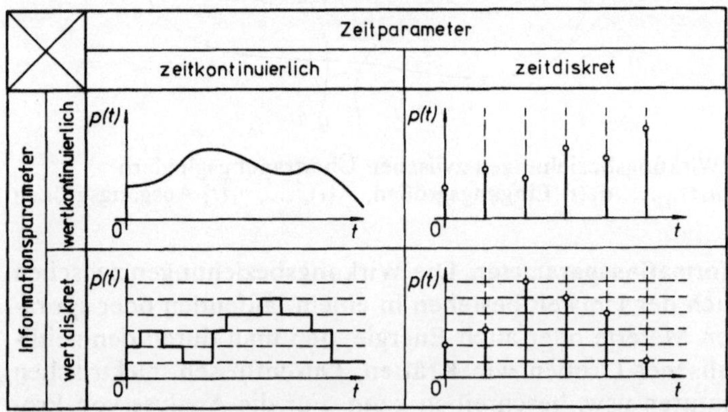

2.23 Klassifizierung von Signalen
   $p(t)$ Informationsparameter

parameter p zu jedem Zeitpunkt t einen definierten Wert, nennt man das Signal **zeitkontinuierlich**. Ist dagegen der Informationsparameter nur zu bestimmten diskreten Zeitpunkten t_i ($i = 0, 1, 2, \ldots$) definiert, liegt ein **zeitdiskretes** Signal vor, wobei die Zeitpunkte t_i in beliebigen zeitlichen Abständen aufeinanderfolgen, aber auch äquidistant sein können. Kann der Informationsparameter p innerhalb des zulässigen Wertebereichs jeden Wert annehmen, heißt das Signal **wertkontinuierlich**, ansonsten **wertdiskret**. Bild **2.23** zeigt typische Signalformen für die vier zu unterscheidenden Signalklassen.

Zunächst werden nur Systeme betrachtet, bei denen alle Signale zeit- und wertkontinuierlich sind; in Abschn. 4 werden auch zeit- und wertdiskrete Signale betrachtet.

2.1.5 Reaktion von Übertragungsgliedern auf Testsignale

Das Übertragungsverhalten eines linearen zeitinvarianten Prozesses kann durch den Verlauf seiner Ausgangsgrößen bei Einwirken vorgegebener Zeitverläufe der Eingangsgrößen eindeutig gekennzeichnet werden, sofern zu Beginn alle Energiespeicher des Systems entladen, das System also energiefrei ist. Aus der Vielzahl der möglichen Eingangszeitfunktionen wählt man einige typische **Testsignale** aus und bezeichnet die Reaktion des Prozesses hierauf als **Übergangsverhalten**:

Das Übergangsverhalten eines energiefreien linearen dynamischen Systems beschreibt den zeitlichen Verlauf der Ausgangsgrößen bei Aufschalten charakteristischer Verläufe der Eingangsgrößen.

Bild **2.24** zeigt beispielhaft das Übergangsverhalten bei einem System mit einer Eingangsgröße $u(t)$ und einer Ausgangsgröße $v(t)$.

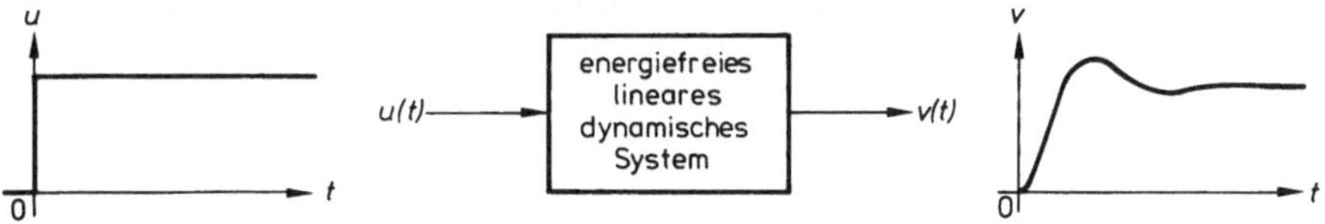

2.24 Zur Definition des Übergangsverhaltens
$u(t)$ Eingangsgröße, $v(t)$ Ausgangsgröße

2.1.5.1 Testsignale der Regelungstechnik. Die in der Regelungstechnik gebräuchlichen Testsignale kann man nach den Begriffspaaren

      deterministisch – stochastisch

und

      periodisch – nichtperiodisch

einordnen. Bei deterministischen Testsignalen ist der zeitliche Verlauf von vornherein eindeutig festgelegt und daher beliebig oft wiedergebbar. Stochastische Signale sind dagegen in ihrem zeitlichen Ablauf nicht vorbestimmt, sondern nur durch globale Parameter festgelegt, so daß man sie nicht exakt reproduzieren kann. Bei periodischen Funktionen wiederholt sich ein bestimmter Zeitverlauf immer wieder, während das bei nichtperiodischen Funktionen nicht der Fall ist. Nachfolgend sollen nur deterministische Testsignale verwendet werden. Allen Testsignalen ist gemeinsam, daß sie zu einem vorgegebenen Zeitpunkt t_0 einsetzen und vorher den Wert Null annehmen. Für die weiteren Betrachtungen wird als Zeitpunkt t_0 der Nullpunkt der Zeitzählung angenommen, d. h. es wird $t_0 = 0$ gesetzt.

Impulsfunktion. Als Impuls bezeichnet man eine einmalige, kurzzeitige und heftige Einwirkung auf einen Prozeß. Die Impulsfunktion ist also eine nichtperiodische Funktion. Die Begriffe kurzzeitig und heftig sollen zunächst näher anhand eines rechteckförmigen Impulses betrachtet werden, der zum Zeitpunkt $t_0 = 0$ einsetzt (Bild 2.25). Diesen Rechteckimpuls kann man mit der Impulsdauer T_i und der Impulshöhe u_i durch die intervallweise geltende Beziehung

$$u(t) = \begin{cases} 0 & \text{für } t < 0, \\ u_i & \text{für } 0 \le t \le T_i, \\ 0 & \text{für } t > T_i \end{cases} \qquad (2.26)$$

beschreiben.

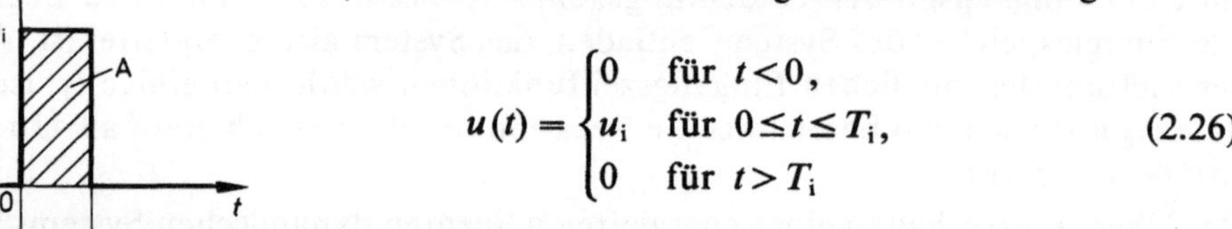

2.25 Rechteckimpuls
  A Impulszeitfläche
  T_i Impulsdauer
  u_i Impulshöhe

Die Zeitfläche, die ein solcher Rechteckimpuls einschließt, kann man durch Integration des Eingangssignals $u(t)$ zu

$$A = \int_{-\infty}^{+\infty} u(t)\, \mathrm{d}t = u_i T_i \qquad (2.27)$$

angeben. Normiert man die Zeitfläche auf den Wert $A = 1$, erhält man die Impulshöhe zu $u_i = 1/T_i$.

Es werden jetzt nacheinander die Reaktionsweisen eines Übertragungsgliedes, das eine charakteristische Reaktionszeit T hat, auf Eingangsimpulse mit der gleichen Impulsfläche $A = 1$, aber unterschiedlichen Impulsdauern und -höhen betrachtet (Bild 2.26).
a) Große Impulsdauer ($T_i \gg T$, Bild 2.26 a): Da die Eingangsgröße im Verhältnis zur Reaktionszeit des Systems lange auf das Übertragungsglied einwirkt, kann dessen Ausgangsgröße $v(t)$ auf die Impulsamplitude einschwingen. Nach dem Ende des Impulses geht $v(t)$ wieder auf den Wert Null zurück.

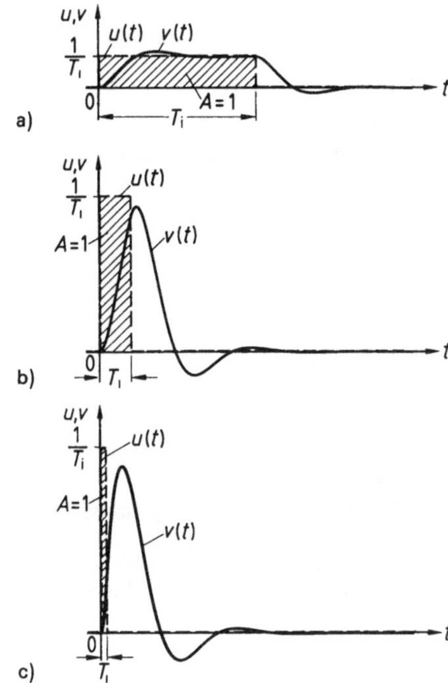

2.26
Reaktion eines Übertragungsgliedes auf
Rechteckimpulse unterschiedlicher Dauer
a) Große Impulsdauer
b) Mittlere Impulsdauer
c) Kleine Impulsdauer
$u(t)$ Eingangsgröße
$v(t)$ Ausgangsgröße
A Impulszeitfläche
T_i Impulsdauer

b) Mittlere Impulsdauer ($T_i \approx T$, Bild 2.26 b): Die Ausgangsgröße erreicht bis zum Ende des Impulses nicht den Endwert. Nach dem Ende des Impulses steigt die Ausgangsgröße $v(t)$ zunächst noch etwas an, bevor sie wieder auf den Wert Null einschwingt.

c) Kleine Impulsdauer ($T_i \ll T$, Bild 2.26 c): Verkürzt man den Impuls weiter, dann kann das Übertragungsglied während der Wirkungsdauer des Impulses nur noch schwach reagieren. Durch den Impuls wird aber das System in einen angeregten Zustand versetzt, d.h. es werden innere Energiespeicher geladen. Nach Impulsende steigt daher die Ausgangszeitfunktion noch erheblich an, bis auch sie sich dann schließlich wieder der Nulllinie nähert.

Ein weiteres Verkürzen der Impulsdauer, d.h. Durchführen des Grenzübergangs $T_i \rightarrow 0$, führt schließlich auf einen sehr kurzen und sehr hohen Nadelimpuls, der aber weiterhin die Impulsfläche A hat. Ein derartiger Nadelimpuls oder Dirac-Stoß $u_\delta(t)$ ist zwar physikalisch nicht zu erzeugen, der Grenzübergang erleichtert aber die mathematische Beschreibung linearer Übertragungsglieder. Für praktische Anwendungen reicht es aus, wenn die Impulsdauer T_i wesentlich kleiner ist als die Reaktionszeit des Systems. In diesem Fall kommt es auch auf die genaue Form des Impulses nicht weiter an, wie der Vergleich der Reaktion eines linearen Übertragungsglieds auf einen Rechteck- und einen Sinusimpuls gleicher Zeitfläche zeigt: Während sich die Systemantworten wesentlich unterscheiden, wenn die Impulsdauer in der Größenordnung der Reaktionszeit des Systems liegt (Bild 2.27 a), sind sie nahezu deckungsgleich, wenn die Impulsdauer z. B. auf ein Fünftel verkürzt wird (Bild 2.27 b).

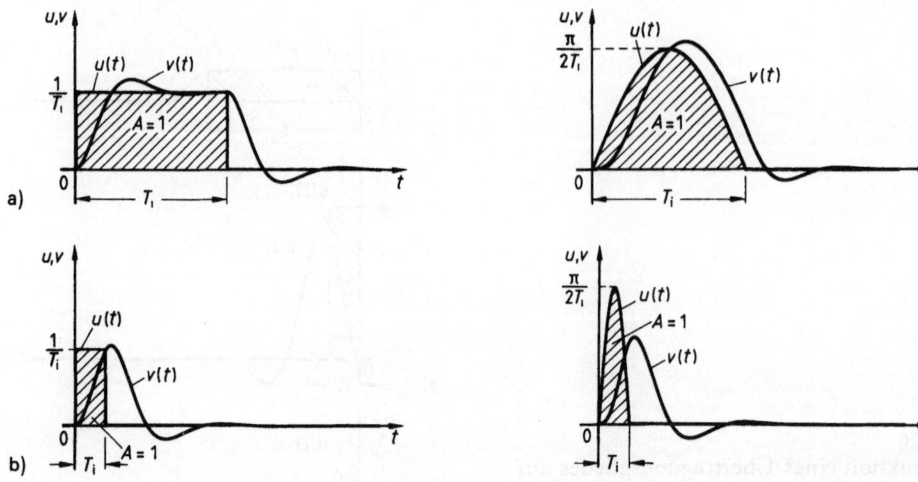

2.27 Reaktion eines Übertragungsgliedes auf Rechteck- und Sinusimpulse unterschiedlicher Dauer
a) Große Impulsdauer, b) Kleine Impulsdauer
$u(t)$ Eingangsgröße, $v(t)$ Ausgangsgröße, T_i Impulsdauer

Aus Gründen einer einheitlichen Bezeichnungsweise bezeichnet man die Impulsfläche A häufig mit u_{-1} (Einheit: $[u_{-1}] = [u] \cdot [t]$). Für $u_{-1} = 1$ erhält man die Einheitsimpulsfunktion $\delta(t)$, d.h. man kann für die Impulsfunktion auch schreiben

$$u_\delta(t) = u_{-1}\,\delta(t). \tag{2.28}$$

Sprungfunktion. Die wichtigste nichtperiodische Testfunktion der Regelungstechnik ist die Sprungfunktion $u_\sigma(t)$, bei der die Eingangsgröße $u(t)$ zum Zeitpunkt $t_0 = 0$ momentan von Null auf den konstanten Wert u_0 verstellt wird (Bild **2.28**). Die Sprungfunktion kann man intervallweise durch

$$u_\sigma(t) = \begin{cases} 0 & \text{für } t < 0, \\ u_0 & \text{für } t \geq 0 \end{cases} \tag{2.29}$$

beschreiben; für $u_0 = 1$ erhält man die Einheitssprungfunktion[1])

$$\sigma(t) = \begin{cases} 0 & \text{für } t < 0, \\ 1 & \text{für } t \geq 0, \end{cases} \tag{2.30}$$

---

[1]) Die Einheitssprungfunktion wird manchmal auch mit $\varepsilon(t)$ bezeichnet.

mit deren Hilfe man die Sprungfunktion auch durch

$$u_\sigma(t) = u_0\,\sigma(t) \tag{2.31}$$

ausdrücken kann.

Zwischen der Einheitssprungfunktion $\sigma(t)$ und der Einheitsimpulsfunktion $\delta(t)$ besteht ein einfacher Zusammenhang. Integriert man nämlich die durch

$$\delta(t) = \begin{cases} 0 & \text{für } t<0, \\ \lim\limits_{T_i \to 0} \dfrac{1}{T_i} & \text{für } 0 \le t \le T_i, \\ 0 & \text{für } t > T_i \end{cases} \tag{2.32}$$

definierte Impulsfunktion über der Zeit von $-\infty$ bis t, dann erhält man

$$\int\limits_{-\infty}^{t} \delta(\tau)\,\mathrm{d}\tau = \begin{cases} 0 & \text{für } t<0, \\ \lim\limits_{T_i \to 0} \dfrac{1}{T_i}\cdot t & \text{für } 0 \le t \le T_i, \\ 1 & \text{für } t > T_i. \end{cases} \tag{2.33}$$

Führt man den Grenzübergang $T_i \to 0$ aus, dann wird

$$\int\limits_{-\infty}^{t} \delta(\tau)\,\mathrm{d}\tau = \begin{cases} 0 & \text{für } t<0, \\ 1 & \text{für } t \ge 0, \end{cases} \tag{2.34}$$

so daß man durch Vergleich mit Gl. (2.30) erhält

$$\sigma(t) = \int\limits_{-\infty}^{t} \delta(\tau)\,\mathrm{d}\tau. \tag{2.35}$$

Die Sprungfunktion kann also als Zeitintegral der Impulsfunktion aufgefaßt werden; umgekehrt ist die Impulsfunktion die zeitliche Ableitung der Sprungfunktion.

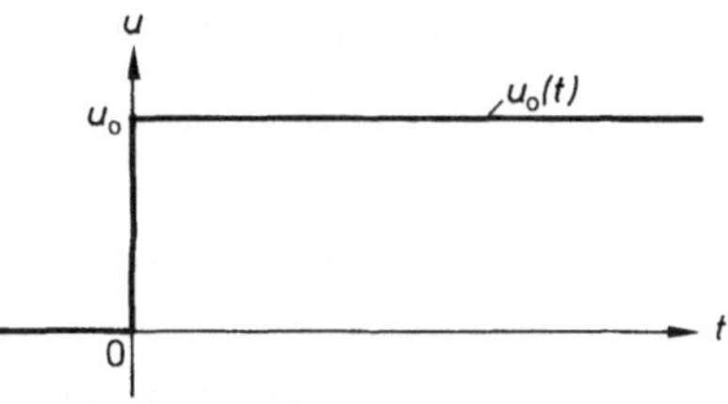

2.28 Sprungfunktion $u_\sigma(t)$
    u_0 Sprunghöhe

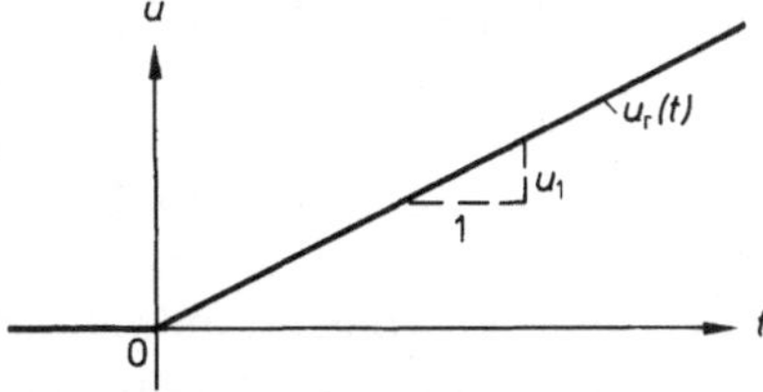

2.29 Rampenfunktion $u_r(t)$
    u_1 Anstiegsgeschwindigkeit

Rampenfunktion. Bei der Rampenfunktion $u_r(t)$ steigt die Eingangsgröße ausgehend vom Wert 0 proportional zur Zeit t an (Bild 2.29). Die Anstiegsgeschwindigkeit, also die Steigung der Geraden, wird mit u_1 (Einheit: $[u_1]=[u_r]/[t]$) bezeichnet. Für $u_1 = 1$ erhält man die Einheitsanstiegsfunktion

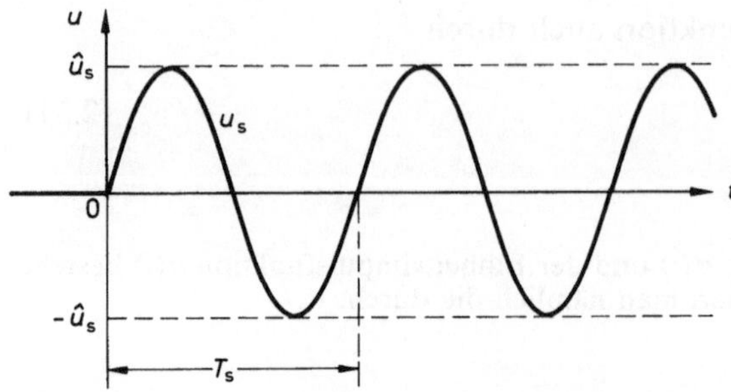

2.30 Sinusfunktion $u_s(t)$
$\hat{u}_s$ Amplitude
T_s Periodendauer

$r(t)$, die man mittels der Einheitssprungfunktion auch als $r(t) = t \cdot \sigma(t)$ schreiben kann. Die Rampenfunktion kann auch als Zeitintegral der Sprungfunktion aufgefaßt werden.

Durch weitere Integration wird man auf parabelförmige Testfunktionen geführt, die aber eine geringere Bedeutung haben.

Sinusfunktion. Die wichtigste periodische Testfunktion ist eine zum Zeitpunkt $t_0 = 0$ einsetzende Sinusschwingung $u_s(t)$ mit der Amplitude $\hat{u}_s$ und der Periode T_s bzw. der Kreisfrequenz $\omega_s = 2\pi/T_s$ (Bild **2.30**). Bezieht man $u_s(t)$ auf die Schwingungsamplitude $\hat{u}_s$, dann erhält man die (dimensionslose) Einheitssinusfunktion, die man mit der Einheitssprungfunktion auch als $u_s(t)/\hat{u}_s = \sin(\omega_s t) \cdot \sigma(t)$ schreiben kann.

Weitere gebräuchliche periodische Testsignale sind die Rechteckschwingung, die Sägezahnschwingung und ähnliche Funktionen, die aber nur bei speziellen Aufgabenstellungen verwendet werden.

2.1.5.2 Systemreaktionen auf Testsignale. Lineare zeitinvariante Übertragungsglieder reagieren auf Eingangssignale $u(t)$ in einer für sie typischen Weise, wenn sie zu Beginn energiefrei, d. h. alle Energiespeicher des Systems entladen sind. Wegen der Gültigkeit des Verstärkungsprinzips kommt es nur auf die Form, nicht aber auf die Amplitude der Eingangsgröße an. Lineare Übertragungsglieder kann man daher eindeutig und in sinnfälliger Weise durch ihre Reaktion auf die in Abschn. 2.1.5.1 genannten Testsignale beschreiben. Wegen ihrer Bedeutung haben diese Systemreaktionen besondere Bezeichnungen erhalten, die nachfolgend aufgeführt werden.

Die **Impulsantwort** eines linearen dynamischen Systems ist der zeitliche Verlauf des Ausgangssignals $v_\delta(t)$ bei einem Impuls $u_\delta(t) = u_{-1}\delta(t)$ am Eingang. Bezieht man das Ausgangssignal auf die Zeitfläche u_{-1}, erhält man die bezogene Impulsantwort oder **Gewichtsfunktion**

$$g(t) = \frac{v_\delta(t)}{u_{-1}} = \varphi\{\delta(t)\}. \tag{2.36}$$

Die Sprungantwort eines linearen dynamischen Systems ist der zeitliche Verlauf des Ausgangssignals $v_\sigma(t)$ als Reaktion auf eine Sprungfunktion $u_\sigma(t) = u_0 \sigma(t)$ am Eingang. Bezieht man das Ausgangssignal auf die Sprunghöhe u_0, erhält man die bezogene Sprungantwort oder Übergangsfunktion

$$h(t) = \frac{v_\sigma(t)}{u_0} = \varphi\{\sigma(t)\}. \tag{2.37}$$

Die Anstiegsantwort eines linearen dynamischen Systems ist der zeitliche Verlauf des Ausgangssignals $v_r(t)$, wenn als Eingangssignal die Anstiegsfunktion $u_r(t) = u_1 r(t)$ vorgegeben wird; die bezogene Anstiegsantwort erhält man zu

$$\frac{v_r(t)}{u_1} = \varphi\{r(t)\}. \tag{2.38}$$

Die Sinusantwort eines linearen dynamischen Systems ist der zeitliche Verlauf der Ausgangsgröße $v_s(t)$ bei einer Sinusfunktion $u_s(t) = \hat{u}_s \sin(\omega_s t)$ als Eingangssignal nach Abklingen aller Übergangsvorgänge. Bezieht man das Ausgangssignal auf die Amplitude $\hat{u}_s$ der Sinusfunktion, dann erhält man die bezogene Sinusantwort

$$\frac{v_s(t)}{\hat{u}_s} = \varphi\{\sin(\omega_s t)\}. \tag{2.39}$$

Während bei den nichtperiodischen Testfunktionen das transiente Verhalten der Ausgangsgröße für das Übertragungsglied kennzeichnend ist, wird bei periodischen Testfunktionen die Systemreaktion nach Abklingen der Übergangsvorgänge betrachtet. Bei periodischen Testsignalen kann man daher die Forderung nach Energiefreiheit zu Beginn fallen lassen. Das Übertragungsglied muß in diesem Fall ein stabiles Einschwingverhalten zeigen, da sonst kein eingeschwungener Zustand möglich ist.

2.2 Mathematische Beschreibung linearer Prozesse

Durch die Reaktion auf eines der in Abschn. 2.1.5.1 bezeichneten Testsignale kann man einen linearen Prozeß in eindeutiger und sinnfälliger Weise beschreiben. Für die Analyse und den Entwurf von Regelkreisen ist aber eine derartige nichtparametrische Systembeschreibung meist nicht ausreichend. Erforderlich ist vielmehr eine mathematische Beschreibungsform, die den zeitlichen Verlauf des Systemzustands bzw. der Ausgangsgrößen mit dem Verlauf der Eingangsgrößen und der Struktur und den Parametern des Prozesses verknüpft. Eine solche Darstellung sollte eine Reihe von Eigenschaften haben, um für regelungstechnische Anwendungen brauchbar zu sein; sie sollte

- exakt sein, also über die Näherungen hinaus, die beim Aufstellen des Prozeßmodells notwendig sind, keine weiteren Approximationen beinhalten,
- auf Prozesse beliebiger Komplexität – zumindest prinzipiell – anwendbar sein,
- die Behandlung aller in realen Prozessen auftretenden Signalformen ermöglichen,
- das Zusammenfassen von Teilprozessen gestatten,
- die gezielte Änderung des Prozeßverhaltens durch Parameteränderungen oder durch strukturelle Maßnahmen, wie dem Einfügen von Teilprozessen oder der Rückkopplung von Prozeßgrößen, erleichtern,
- gestatten, wichtige Systemeigenschaften wie die Stabilität auf einfache Weise zu ermitteln, und nicht zuletzt
- einfach und übersichtlich zu handhaben und leicht erlernbar sein.

Die klassische Beschreibung dynamischer Systeme durch skalare Differentialgleichungen höherer Ordnung erfüllt diese Forderungen nur unzureichend; sie wird daher in der Regelungstechnik nur selten verwendet. Geeigneter sind zwei andere Verfahren, nämlich

- die Prozeßbeschreibung im Bildbereich mittels der Laplace-Transformation, und
- die Darstellung durch Zustandsgleichungen im Zeitbereich unter Verwendung der Vektorschreibweise.

Da diese Verfahren aber auf der Systembeschreibung durch skalare Differentialgleichungen aufbauen, sollen zunächst diese kurz behandelt werden.

2.2.1 Eingangs-Ausgangs-Beschreibung im Zeitbereich

Das zeitliche Verhalten der Ausgangsgröße v für $t \geq t_0$ unter der Wirkung einer zum Zeitpunkt t_0 einsetzenden Eingangsgröße u und eventuell vorhandener Anfangszustände, die durch die Vorgeschichte des Systems festgelegt sind, kann bei den nachfolgend betrachteten linearen zeitinvarianten Prozessen durch eine gewöhnliche Differentialgleichung der Form

$$a_n v^{(n)}(t) + a_{n-1} v^{(n-1)}(t) + \ldots + a_1 \dot{v}(t) + a_0 v(t) = b_0 u(t) + b_1 \dot{u}(t) + \ldots + b_m u^{(m)}(t) \quad (2.40)$$

beschrieben werden. Eine derartige Differentialgleichung n-ter Ordnung verknüpft die Ausgangsgröße $v(t)$ und ihre zeitlichen Änderungen $\dot{v}(t), \ldots, v^{(n-1)}(t), v^{(n)}(t)$ mit der Eingangsgröße $u(t)$ und deren zeitlichen Ableitungen $\dot{u}(t), \ldots, u^{(m)}(t)$. Die Art dieser Verknüpfung wird durch die konstanten Parameter $a_0, a_1, \ldots, a_n$ und $b_0, b_1, \ldots, b_m$ bestimmt; bei technischen Prozessen ist in der Regel die Ordnungszahl n größer als oder mindestens gleich der Ordnung m der höchsten Ableitung der Eingangsgröße. Einzelne Parameter können auch den Wert Null annehmen, allerdings soll $a_n \neq 0$ sein.

2.2.1.1 Aufstellen der Differentialgleichung. Für einen vorgegebenen Prozeß kann man die Differentialgleichung durch Anwenden physikalischer Erhaltungssätze wie z. B. den Kirchhoffschen Sätzen aufstellen. Die Parameter der Differentialgleichung kann man aus den physikalischen Gegebenheiten des Prozesses berechnen oder auch durch Messung ermitteln.

Beispiel 2.4. Für den in Bild 2.31 dargestellten RC-Spannungsteiler, der über einen Schalter an die Eingangsspannung $u_q(t)$ gelegt werden kann, bestimme man die Differentialgleichungen für beide Schalterstellungen. Die folgenden Zahlenwerte seien gegeben: $R_1 = 2,6 \ \mathrm{M\Omega}$, $R_2 = 6,8 \ \mathrm{M\Omega}$, $C = 0,22 \ \mu\mathrm{F}$.

Liegt der Schalter in Stellung 1, erhält man durch den angegebenen Maschenumlauf mit $u_e(t) = 0$ die Spannungsbilanz

$$u_R(t) + u_a(t) = 0.$$

Außerdem hat man die Strombilanz

$$i_C(t) + i_R(t) = i(t).$$

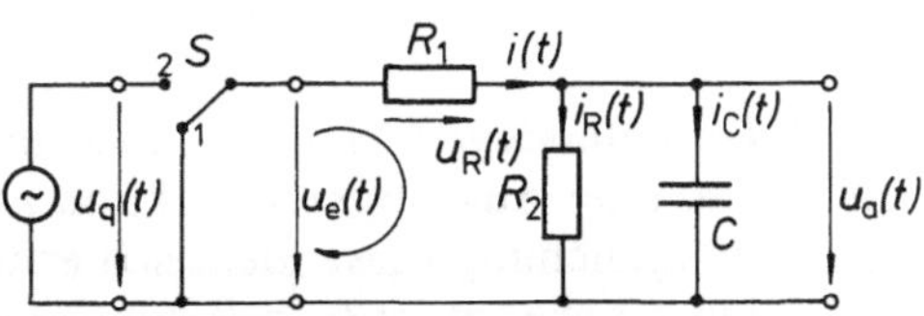

2.31 Schaltbild des RC-Spannungsteilers
$u_q(t)$ Quellenspannung
$u_e(t)$ Eingangsspannung
$u_a(t)$ Ausgangsspannung
S Schalter
R_1, R_2 ohmsche Widerstände
C Kapazität

Die Strom-Spannungsbeziehungen der Bauelemente sind

$$u_R(t) = R_1 i(t),$$
$$i_C(t) = C\dot{u}_a(t),$$
$$i_R(t) = u_a(t)/R_2.$$

Für die Spannung $u_R(t)$ erhält man mit der Strombilanzgleichung und den Beziehungen für $i_C(t)$ und $i_R(t)$ die Abhängigkeit

$$u_R(t) = R_1 C\dot{u}_a(t) + (R_1/R_2)u_a(t).$$

Durch Einsetzen in die Spannungsbilanzgleichung hat man schließlich

$$R_1 C\dot{u}_a(t) + (1 + R_1/R_2)u_a(t) = 0. \tag{2.41}$$

Liegt der Schalter S dagegen in Stellung 2, ändert sich die Beziehung für die Spannungsbilanz in

$$u_R(t) + u_a(t) = u_q(t),$$

und man erhält die Differentialgleichung

$$R_1 C\dot{u}_a(t) + (1 + R_1/R_2)u_a(t) = u_q(t). \tag{2.42}$$

Wird der Schalter S zum Zeitpunkt $t_0 = 0$ aus der Lage 1 in die Lage 2 gebracht, kann man mit der Einheitssprungfunktion $\sigma(t)$ nach Gl. (2.30) für die Gln. (2.41) und (2.42) kürzer

$$R_1 C\dot{u}_a(t) + (1 + R_1/R_2)u_a(t) = u_q(t)\sigma(t) \tag{2.43}$$

schreiben. Mit den gegebenen Zahlenwerten erhält man die Parameter der Differentialgleichung zu $a_1 = R_1 C = 2,6 \cdot 10^6 \, \Omega \cdot 0,22 \cdot 10^{-6} \, \mathrm{F} = 0,57 \, \mathrm{s}$, $a_0 = 1 + 2,6 \cdot 10^6 \, \Omega / 6,8 \cdot 10^6 \, \Omega = 1,38$ und $b_0 = 1$. Die Differentialgleichung des Spannungsteilers wird damit

$$0,57 \, \mathrm{s} \cdot \dot{u}_a(t) + 1,38 \, u_a(t) = u_q(t)\sigma(t).$$

Die Aufgabe des Systemingenieurs ist zweifach: Bei der Systemanalyse hat er die Differentialgleichung des Prozesses bezüglich ihrer allgemeinen Eigenschaften zu untersuchen und bei gegebenen Anfangswerten für die Ausgangsgröße und ihre Ableitungen für vorgegebene Eingangszeitfunktionen $u(t)$ zu lösen. Beim Systementwurf muß er dagegen die Ordnungszahl und die Parameter der Differentialgleichung des Prozesses durch geeignete Maßnahmen wie das Einfügen von Korrekturgliedern oder auch Rückkopplungen derart verändern, daß sich die Ausgangsgröße $v(t)$ für einen vorgegebenen Verlauf der Eingangsgröße $u(t)$ in einer gewünschten Weise verhält. Zunächst soll nachfolgend nur die einfachere Aufgabe der Systemanalyse bearbeitet werden.

2.2.1.2 Formelmäßige Lösung. Die Lösung der Differentialgleichung (2.40) besteht darin, eine Ausgangszeitfunktion $v(t)$ zu finden, die bei Einsetzen in die Differentialgleichung diese identisch erfüllt. Wie aus der Theorie der Differentialgleichung bekannt ist (s. z. B. [48]), setzt sich die Lösung aus zwei Anteilen zusammen, nämlich

– dem transienten (vorübergehenden) Anteil, der nur von den Anfangsbedingungen, also der Vorgeschichte des Systems, nicht aber vom Verlauf der Eingangsgröße abhängt. Diesen erhält man durch Lösen der homogenen (verkürzten) Differentialgleichung

$$a_n v^{(n)}(t) + a_{n-1} v^{(n-1)}(t) + \ldots + a_1 \dot{v}(t) + a_0 v(t) = 0, \tag{2.44}$$

und

– dem stationären (bleibenden) Anteil, der nur vom Verlauf der Eingangsgrößen, nicht aber von den Anfangswerten bestimmt wird. Diesen gewinnt man als eine spezielle (partikuläre) Lösung der Differentialgleichung (2.40).

Bei den hier betrachteten linearen Differentialgleichungen können diese Anteile additiv überlagert werden.

Nachfolgend soll die formelmäßige Lösung der Differentialgleichung für die Differentialgleichung

$$a_1 \dot{v}(t) + a_0 v(t) = b_0 u(t)$$

exemplarisch gezeigt werden; Differentialgleichungen höherer Ordnung werden in der Regelungstechnik meist mit der Laplace-Transformation (s. Abschn. 2.2.2) oder mittels Vektordifferentialgleichungen (s. Abschn. 2.2.4) gelöst.

Man reduziert die Differentialgleichung durch Division mit a_1 und den Abkürzungen $a = -a_0/a_1$ und $b = b_0/a_1$ auf die Form

$$\dot{v}(t) - a v(t) = b u(t). \tag{2.45}$$

Die homogene Differentialgleichung[1])

$$\dot{v}_\mathrm{t}(t) - a\,v_\mathrm{t}(t) = 0 \tag{2.46}$$

löst man für $t \geq 0$ durch den Ansatz

$$v_\mathrm{t}(t) = c\,\mathrm{e}^{pt} \tag{2.47}$$

für den transienten Anteil mit den noch zu bestimmenden Konstanten c und p. Differentiation nach der Zeit liefert

$$\dot{v}_\mathrm{t}(t) = cp\,\mathrm{e}^{pt}.$$

Einsetzen von $v_\mathrm{t}(t)$ und $\dot{v}_\mathrm{t}(t)$ in die Differentialgleichung erbringt nach Ausklammern von $c\,\mathrm{e}^{pt}$ den Ausdruck

$$(p - a)\,c\,\mathrm{e}^{pt} = 0.$$

Für $c \neq 0$ kann diese Gleichung nur durch $p - a = 0$ erfüllt werden, so daß man die Konstante zu $p = a$ erhält. Den Wert von c bestimmt man aus Gl. (2.47) für $t = 0$ zu $c = v_\mathrm{t}(0) \equiv v_0$, d.h. c ist durch die Anfangsbedingung v_0 festgelegt. Damit hat man den transienten Anteil zu

$$v_\mathrm{t}(t) = v_0\,\mathrm{e}^{at} \tag{2.48}$$

ermittelt.

Um die Lösung der vollständigen Differentialgleichung zu bestimmen, ersetzt man in Gl. (2.48) den konstanten Faktor v_0 durch die noch zu ermittelnde Zeitfunktion $y(t)$ und erhält

$$v(t) = y(t)\,\mathrm{e}^{at}. \tag{2.49}$$

Durch Ableiten nach der Zeit und Einsetzen von $v(t)$ und $\dot{v}(t)$ in die Differentialgleichung erhält man eine Differentialgleichung zur Berechnung von $y(t)$:

$$\dot{y}(t) = \mathrm{e}^{-at}\,b\,u(t).$$

Integration über beide Seiten von 0 bis t und Multiplikation mit dem Faktor e^{at} nach Gl. (2.49) liefert dann die vollständige Lösung zu

$$v(t) = y(0)\,\mathrm{e}^{at} + \mathrm{e}^{at} \int_0^t \mathrm{e}^{-a\tau}\,b\,u(\tau)\,\mathrm{d}\tau.$$

---

[1]) Der Index t kennzeichnet den transienten Anteil.

Schlägt man den Beiwert des Integrals zum Integranden und beachtet weiter, daß für $t=0$ die Lösung den Anfangswert $v(0)=v_0$ annehmen muß, dann erhält man mit

$$v(t)=\mathrm{e}^{at}v_0 + \int_0^t \mathrm{e}^{a(t-\tau)}bu(\tau)\,\mathrm{d}\tau \qquad (2.50)$$

die vollständige Lösung der Differentialgleichung (2.45). Diese setzt sich additiv aus der bereits in Gl. (2.48) angegebenen transienten Lösung und einem Integralterm zusammen, der die Wirkung der Eingangsgröße berücksichtigt. Das hier auftretende Integral heißt wegen seiner speziellen Form auch Faltungsintegral (s. Abschn. 2.2.2).

Beispiel 2.5. Für den RC-Spannungsteiler von Beispiel 2.4 soll der Verlauf der Ausgangsspannung $u_a(t)$ für $t \geq t_0$ berechnet werden, wenn zum Zeitpunkt $t_0=0$ eine rampenförmige Eingangsspannung

$$u_e(t)=u_{e1}\,t\,\sigma(t)$$

mit $u_{e1}=2{,}5$ V/s aufgeschaltet wird und die Ausgangsspannung zu diesem Zeitpunkt $u_a(0)=u_{a0}=1{,}6$ V beträgt.
Die vollständige Lösung wird nach Gl. (2.50) mit der Kennzeit $T=-1/a$

$$u_a(t)=\mathrm{e}^{-t/T}u_{a0} + \int_0^t \mathrm{e}^{-(t-\tau)/T}\cdot bu_{e1}\,\tau\,\sigma(\tau)\,\mathrm{d}\tau.$$

Durch Herausziehen des konstanten Faktors $\mathrm{e}^{-t/T}bu_{e1}$ und mit $\sigma(\tau)=1$ im Integrationsintervall erhält man für das Faltungsintegral

$$\int_0^t \mathrm{e}^{\tau/T}\tau\,\mathrm{d}\tau = T^2\,\mathrm{e}^{\tau/T}[(\tau/T)-1]_0^t.$$

Einsetzen der Grenzen und Zusammenfassen der Ausdrücke bringt dann die vollständige Lösung

$$u_a(t)=u_{a0}\,\mathrm{e}^{-t/T}+bT^2 u_{e1}\left[\frac{t}{T}-1+\mathrm{e}^{-t/T}\right].$$

Mit den gegebenen Zahlenwerten wird der Verlauf der Ausgangsspannung

$$u_a(t)=1{,}6\ \mathrm{V}\,\mathrm{e}^{-t/0{,}41\,\mathrm{s}}+0{,}75\ \mathrm{V}\,[t/0{,}41\ \mathrm{s}-1+\mathrm{e}^{-t/0{,}41\,\mathrm{s}}].$$

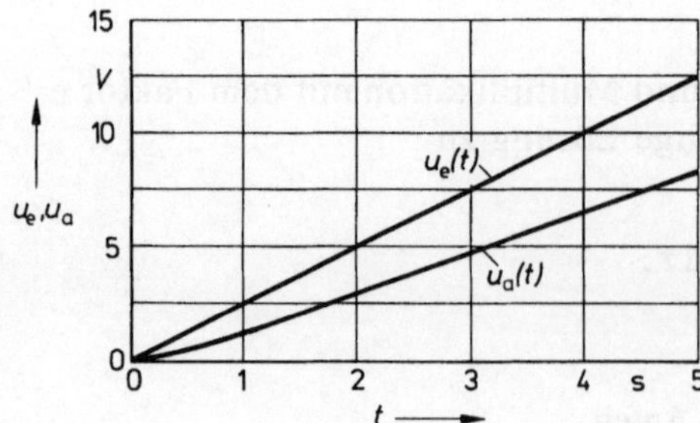

Der Verlauf dieser Spannung und der Eingangsspannung $u_e(t)$ ist in Bild 2.32 über der Zeit dargestellt.

2.32
Verlauf der Eingangs- und Ausgangsspannung beim RC-Spannungsteiler
$u_e(t)$ Eingangsspannung
$u_a(t)$ Ausgangsspannung

Das Faltungsintegral in Gl. (2.50) läßt sich mit der in Abschn. 2.1.5.2 eingeführten Gewichtsfunktion $g(t)$, also der Antwort des Übertragungsglieds auf einen Dirac-Impuls $\delta(t)$, noch in einer speziellen Weise deuten. Setzt man in Gl. (2.50) die Anfangsbedingung $v_0 = 0$ und die Eingangszeitfunktion $u(\tau) = \delta(\tau)$, dann erhält man die Gewichtsfunktion, also die Ausgangsgröße als Reaktion auf den Dirac-Impuls, zu

$$g(t) = \int_{t_0}^{t} e^{a(t-\tau)} b\,\delta(\tau)\,d\tau.$$

Zur Auswertung des Integrals zieht man den konstanten Faktor $b \cdot e^{at}$ heraus und nähert den Dirac-Impuls durch einen Rechteckimpuls der Dauer T_i und der Höhe $1/T_i$ an (Bild **2.25**). Da für $t > T_i$ der Integrand verschwindet, erhält man die Ausgangsgröße näherungsweise zu

$$g(t) \approx b\,e^{at} \int_0^{T_i} e^{-a\tau} \cdot \frac{1}{T_i}\,d\tau.$$

Durch Auswerten des Integrals wird

$$g(t) \approx b\,e^{at}\, \frac{1 - e^{-aT_i}}{aT_i}.$$

Läßt man jetzt T_i gegen Null gehen, wird der letzte Faktor zu 1, so daß man insgesamt erhält

$$g(t) = b\,e^{at}. \tag{2.51}$$

Vergleicht man diesen Ausdruck mit den Integranden des Faltungsintegrals in Gl. (2.50), dann erhält man für die vollständige Lösung die einfachere Form

$$v(t) = e^{at} v_0 + \int_{t_0}^{t} g(t-\tau) u(\tau)\,d\tau. \tag{2.52}$$

Aus den Beziehungen (2.51) und (2.52) wird jetzt die Bedeutung der Bezeichnung Gewichtsfunktion deutlich: Die Funktion $g(t-\tau)$ bewertet (wichtet) die Wirkung der Eingangszeitfunktion $u(t)$ auf die Ausgangsgröße mit einem Faktor, der exponentiell mit der Differenz zwischen der laufenden Zeit t und dem in der Vergangenheit liegenden Zeitpunkt τ abnimmt. Weiter zurückliegende Werte der Eingangszeitfunktion beeinflussen daher den momentanen Wert der Ausgangsgröße weniger als kürzlich aufgetretene; das Übertragungsglied „vergißt" also, was ihm vor längerer Zeit angetan wurde.

Schon bei der doch recht elementaren Differentialgleichung erster Ordnung zeigt sich, daß eine Systemanalyse mittels der Eingangs-Ausgangs-Beschreibung des Prozesses im Zeitbereich aufwendig und daher für technische Anwendungen, bei denen häufig Prozesse sehr hoher Ordnung und komplizierte Verläufe der Eingangsgrößen vorkommen, mit vertretbarem Aufwand meist nicht anwendbar ist. Für technische Zwecke sind daher andere Beschreibungsformen erforderlich, wie sie in den Abschn. 2.2.2 bis 2.2.4 noch behandelt werden.

2.2.1.3 Numerische Lösung. Das Ziel einer Systemanalyse ist es letztendlich, dem Ingenieur Entscheidungshilfen in Form von Zahlenwerten und graphischen Darstellungen zu geben. Bei der Analyse dynamischer Prozesse bestehen diese meist in der Darstellung des zeitlichen Verlaufs der wichtigsten Systemvariablen bei vorgegebenen Systemparametern, Anfangswerten und Eingangszeitfunktionen.

Bei den bisher betrachteten linearen Differentialgleichungen erster Ordnung können diese Darstellungen leicht durch Einsetzen der aktuellen Werte in die vollständige Lösung (Gl. 2.50) zahlenmäßig ermittelt werden, wobei ein Digitalrechner gute Dienste leistet. Bei komplizierten Eingangszeitfunktionen $u(t)$ kann es aber schon bei diesen einfachsten Prozessen aufwendig sein, eine analytische Lösung für das Faltungsintegral zu bestimmen. Mit wachsender Ordnung des Prozesses wird es zunehmend schwieriger, eine geschlossene Lösung zu finden und zahlenmäßig auszuwerten. Bei nichtlinearen Prozessen ist eine geschlossene Lösung vielfach gar nicht vorhanden, so daß man andere Hilfsmittel verwenden muß.

Sieht man von den – inzwischen veralteten – graphischen Verfahren zur Integration von Differentialgleichungen ab, stehen dem Ingenieur heute zwei leistungsfähige Methoden zur Verfügung: Bei der analogen Simulation [32], [37], [86], [89], [93] wird die zu lösende Differentialgleichung durch eine elektronische Schaltung nachgebildet, die derselben Differentialgleichung gehorcht. Das verwendete technische Hilfsmittel ist der elektronische Analogrechner, der eine größere Anzahl von standardisierten Rechenelementen zur Nachbildung der Differentialgleichung und Hilfseinrichtungen zur Steuerung des Rechenablaufs enthält. Der elektronische Analogrechner wird wegen seiner guten Bedienbarkeit, seiner hohen Rechengeschwindigkeit und der Möglichkeit, Teile des realen Prozesses in die Simulation einzubeziehen, besonders häufig in der Regelungstechnik und der Luft- und Raumfahrttechnik verwendet; er hat die Entwicklung dieser Gebiete in den letzten Jahrzehnten maßgeblich beeinflußt. Ein derartiger Rechner erfordert aber einen erheblichen Investitionsaufwand und ist daher nur an wenigen Stellen verfügbar. Demgegenüber hat durch die Entwicklung der Mikroelektronik in den letzten Jahren die digitale Simulation [32], [86], [89], d.h. die numerische Lösung der Differentialgleichung des Prozesses, erheblich an Bedeutung gewonnen. Einfache Differentialgleichungen kann man schon mit programmierbaren Taschenrechnern hinreichend einfach integrieren. Wissenschaftliche Tischrechner sind heute derart leistungsfähig und mit entsprechenden Eingabe- und Ausgabegeräten ausgestattet, daß der Systemingenieur die bei technischen Prozessen üblicherweise auftretenden numerischen Aufgaben mit ihnen schnell und effizient lösen kann.

Das Prinzip der numerischen Integration von Differentialgleichungen kann man anhand der linearen Differentialgleichung erster Ordnung besonders einfach erläutern; Differentialgleichungen höherer Ordnung kann man durch eine einfache Erweiterung (s. Abschn. 2.2.4) ganz entsprechend integrieren.

Zur numerischen Lösung der Differentialgleichung erster Ordnung geht man von der vollständigen Differentialgleichung (Gl. 2.45)

$$\dot{v}(t) - a\,v(t) = b\,u(t) \tag{2.53}$$

aus und isoliert zunächst die höchste Ableitung der Lösungsfunktion $v(t)$, also

$$\dot{v}(t) = a\,v(t) + b\,u(t). \tag{2.54}$$

Schreibt man abkürzend für die rechte Seite $f\{v(t),\,u(t)\}$, ersetzt $\dot{v}(t)$ durch den Differentialquotienten $\mathrm{d}v(t)/\mathrm{d}t$ und erweitert beide Seiten mit dem Zeitdifferential $\mathrm{d}t$, dann erhält man

$$\mathrm{d}v(t) = f\{v(t),\,u(t)\} \cdot \mathrm{d}t.$$

Man integriert über beide Seiten vom Zeitpunkt t_k bis zum Zeitpunkt t_{k+1} (Bild 2.33), bildet also

$$\int_{v(t_k)}^{v(t_{k+1})} \mathrm{d}v(t) = \int_{t_k}^{t_{k+1}} f\{v(t),\,u(t)\}\,\mathrm{d}t,$$

und erhält durch Auswerten des Integrals auf der linken Seite der Gleichung die Beziehung

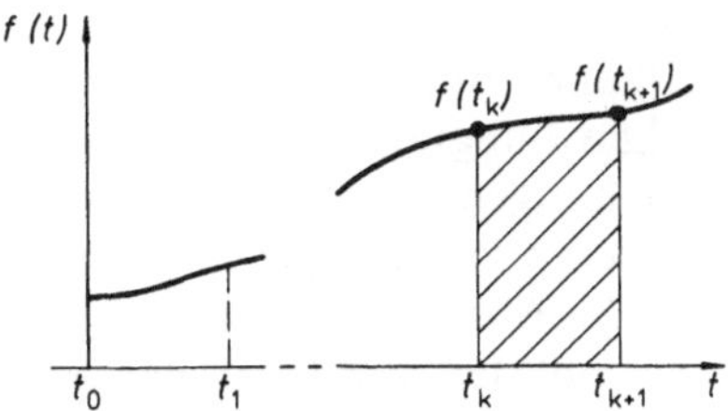

2.33 Auswertung des Integrals in der Rekursionsformel
t_k Rechenzeitpunkte
$f(t_k)$ Funktionswerte

$$v(t_{k+1}) = v(t_k) + \int_{t_k}^{t_{k+1}} f\{v(t),\,u(t)\}\,\mathrm{d}t = v(t_k) + \Delta v(t_{k+1},\,t_k). \tag{2.55}$$

Diese ist von der Form

$$\text{„Neuer Wert } v(t_{k+1}) = \text{alter Wert } v(t_k) + \text{Korrektur } \Delta v(t_{k+1},\,t_k)\text{“.}$$

Eine derartige Beziehung, die zur Berechnung eines neuen Wertes auf einen oder mehrere schon vorher berechnete Werte zurückgreift, heißt **rekursiv**.

Diese Formel wird beginnend mit $t = t_0$ und $v(t_0) \equiv v_0$ sukzessive für die Zeitpunkte $t_1, t_2, \ldots$ solange ausgewertet, bis eine vorgegebene Zeitschranke t_f erreicht ist. Auf diese Weise entsteht eine Folge von Zahlenwerten $v_k \equiv v(t_k)$, die mit der Lösungsfunktion in den Zeitpunkten $t = t_k$ übereinstimmt. Legt man diese Zeitpunkte hinreichend dicht auf die Zeitachse, dann kann man die kontinuierliche Lösungsfunktion $v(t)$ durch Interpolation mit hinreichender Genauigkeit rekonstruieren (Bild **2.34**).

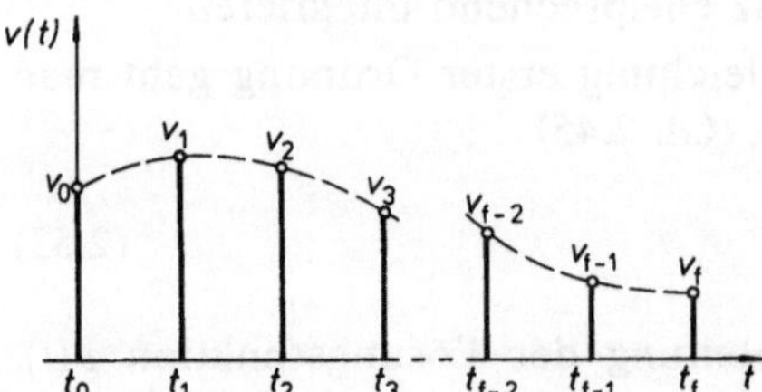

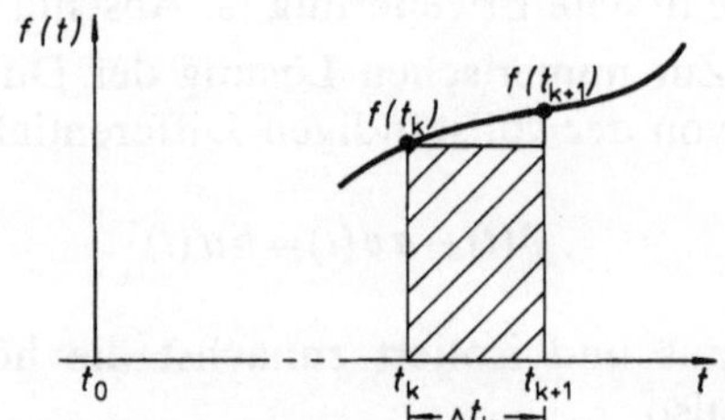

2.34 Prinzip der numerischen Integration von Differentialgleichungen
t_i Rechenzeitpunkte
v_i Funktionswerte zu den Rechenzeitpunkten

2.35 Auswertung des Integrals beim Euler-Verfahren
t_k, t_{k+1} Intervallgrenzen
Δt_k Intervallänge
f_k, f_{k+1} Funktionswerte an den Intervallgrenzen

In der Literatur zur numerischen Mathematik (z. B. [4, 35, 48, 61, 75, 84, 97, 115]) kann man eine große Anzahl von unterschiedlichen Verfahren zur numerischen Integration von Differentialgleichungen finden, die man auf rekursive Beziehungen der obengenannten Form zurückführen kann und sich nur in der Art der Auswertung des Integrals in Gl. (2.55) unterscheiden. Das einfachste Verfahren ist das **Euler-Verfahren**, bei dem man das Integral näherungsweise mit der Rechteckregel berechnet. Aus Bild **2.35** entnimmt man für die im Zeitpunkt t_{k+1} anzubringende Korrektur

$$\Delta v(t_{k+1}, t_k) = \int_{t_k}^{t_{k+1}} f\{v(t), u(t)\}\, \mathrm{d}t \approx f\{v(t_k), u(t_k)\} \cdot (t_{k+1} - t_k),$$

so daß Gl. (2.55) mit $\Delta t_k = t_{k+1} - t_k$ die spezielle Form

$$v(t_{k+1}) \approx v(t_k) + f\{v(t_k), u(t_k)\} \cdot \Delta t_k \tag{2.56}$$

erhält. Wie man anhand von Bild **2.35** erkennt, ist der neue Wert mit einem Fehler behaftet, der durch die Approximation von $f\{\cdot\}$ im Intervall t_k, t_{k+1} durch einen konstanten Wert entsteht. Dieser **lokale Verfahrensfehler** hängt vom Verlauf der Funktion $f\{\cdot\}$ und der Intervallänge Δt_k ab. Man kann zeigen, daß die Abhängigkeit von der Intervallänge quadratisch ist, also der lokale Verfahrensfehler bei einer Halbierung des Intervalls auf ein Viertel zurückgeht. Bei kleiner Intervallänge sind die mit dem Euler-Algorithmus ermittelten Werte für einfache technische Berechnungen häufig ausreichend; vergrößert man die Intervallänge aber, dann treten zunächst immer größere Fehler auf und schließlich ergeben sich unsinnige Werte; diese für numerische Integrationsverfahren typische Erscheinung bezeichnet man als **numerische Instabilität**.

Beispiel 2.6. Für den RC-Spannungsteiler nach Beispiel 2.4 soll der Verlauf der Ausgangsspannung $u_a(t)$ für $t \geq 0$ mit dem Euler-Verfahren berechnet werden. Zum Zeitpunkt $t_0 = 0$ wird der Spannungsverlauf $u_e(t) = u_{q0}\sigma(t)$ mit $u_{q0} = 10$ V aufgeschaltet; der Anfangswert der Ausgangsspannung ist zu $u_a(t) = u_{a0} = 1{,}2$ V vorgegeben.

Zur Kontrolle berechnet man zunächst die vollständige Lösung der Differentialgleichung mit Gl. (2.50) zu

$$u_a(t) = u_{a0}\,\mathrm{e}^{-t/T} + u_{q0}\,b \int\limits_0^t \mathrm{e}^{-(t-\tau)/T}\,\mathrm{d}\tau = u_{a0}\,\mathrm{e}^{-t/T} + u_{q0}\,b\,T[1 - \mathrm{e}^{-t/T}],$$

wobei $T = -1/a$ die Kennzeit des Spannungsteilers bezeichnet. Mit den gegebenen Zahlenwerten verläuft die Ausgangsspannung nach der Beziehung

$$u_a(t) = 1{,}2 \text{ V } \mathrm{e}^{-t/0{,}41\text{ s}} + 7{,}23 \text{ V }[1 - \mathrm{e}^{-t/0{,}41\text{ s}}];$$

diese Zeitfunktion ist in Bild **2.36** dargestellt.

Die numerische Lösung nach dem Euler-Verfahren erhält man durch Verknüpfen der Gln. (2.54) und (2.56) als rekursiven Algorithmus

$$u_a(t_{k+1}) \approx u_a(t_k) + [a\,u_a(t_k) + b\,u_q(t_k)] \cdot \Delta t_k.$$

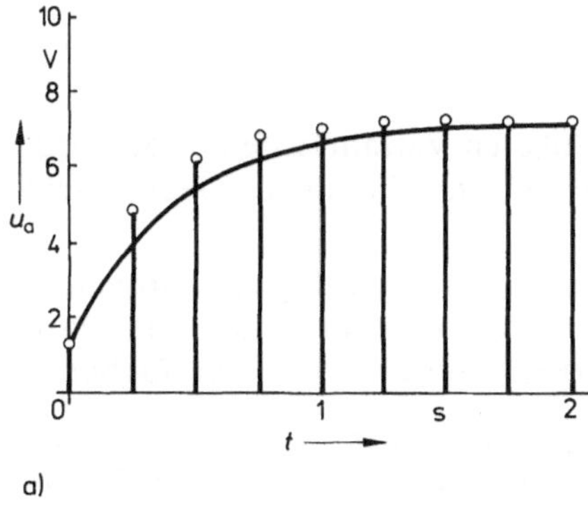

a)

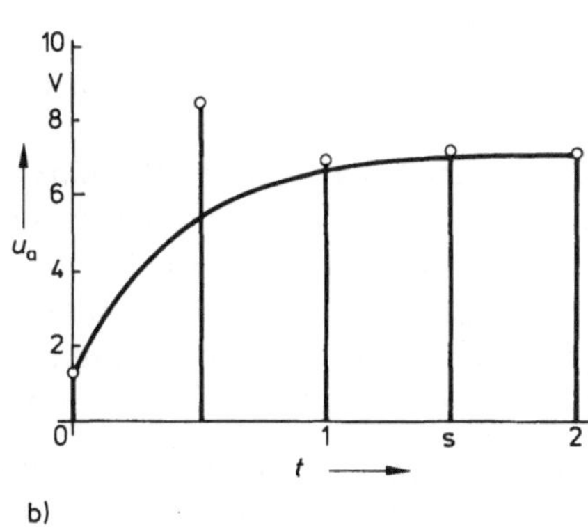

b)

2.36 Ausgangsspannung des RC-Spannungsteilers, Euler-Verfahren
   a) Intervallänge $\Delta t = 0{,}25$ s
   b) Intervallänge $\Delta t = 0{,}50$ s
   — exakte Lösung
   O numerische Lösung

Mit den genannten Zahlenwerten wird

$$u_a(t_{k+1}) \approx u_a(t_k) + [-2{,}42\, u_a(t_k) + 17{,}5] \cdot \Delta t_k,$$

wobei für $k = 0$ der Anfangswert $u_{a0} = 1{,}2$ V einzusetzen ist. Bild **2.36** zeigt die berechneten Augenblickswerte der Ausgangsspannung für zwei verschiedene konstante Schrittweiten, nämlich $\Delta t = 0{,}25$ s $\approx 0{,}5\, T$ und $\Delta t = 0{,}5$ s $\approx T$. Während bei der kleineren Schrittweite (Bild **2.36**a) die mit dem Euler-Verfahren ermittelten Werte für viele technische Aufgabenstellungen genügend genau sind, sind die Werte bei der größeren Schrittweite (Bild **2.36**b) unzureichend; es zeigt sich bereits ein oszillierendes Verhalten der numerischen Lösung, was auf eine beginnende Instabilität des Verfahrens hinweist.

Wesentlich günstigere Eigenschaften als das Euler-Verfahren hat das R u n g e -K u t t a - V e r f a h r e n   4 .   O r d n u n g; bei diesem wird das Integral derart ausgewertet, daß der berechnete Näherungswert zum Zeitpunkt t_{k+1} mit dem Wert der Taylorentwicklung der Lösungsfunktion für den Zeitpunkt t_k bis zu Potenzen 4. Ordnung übereinstimmt [75]. Zunächst werden für das Intervall (t_k, t_{k+1}) die Korrekturwerte

$$\begin{aligned}
\Delta v_{1k} &= f\{v_k, u_k\} \cdot \Delta t_k, \\
\Delta v_{2k} &= f\{v_k + \Delta v_{1k}/2, u_{k+1/2}\} \cdot \Delta t_k, \\
\Delta v_{3k} &= f\{v_k + \Delta v_{2k}/2, u_{k+1/2}\} \cdot \Delta t_k, \\
\Delta v_{4k} &= f\{v_k + \Delta v_{3k}, u_{k+1}\} \cdot \Delta t_k
\end{aligned} \tag{2.57}$$

berechnet, wobei abkürzend $v_k = v(t_k)$, $u_k = u(t_k)$, $u_{k+1/2} = u(t_k + \Delta t_k/2)$, $u_{k+1} = u(t_{k+1})$ und $\Delta v_{ik} = \Delta v_i(t_{k+1}, t_k)$ mit i = 1, 2, 3 oder 4 geschrieben wurde. Den Wert der Lösungsfunktion erhält man dann näherungsweise nach der rekursiven Beziehung

$$v(t_{k+1}) \approx v(t_k) + (\Delta v_{1k} + 2\Delta v_{2k} + 2\Delta v_{3k} + \Delta v_{4k})/6. \tag{2.58}$$

Vom Ansatz her hat dieses Verfahren einen lokalen Verfahrensfehler der Ordnung $(\Delta t_k)^5$, d.h. bei einer Verringerung der Schrittweite auf die Hälfte geht der Fehler auf 1/32stel zurück.

Das Runge-Kutta-4-Verfahren hat eine Reihe von günstigen Eigenschaften und eignet sich gut für digitale Simulationen. Es ist daher in praktisch allen Programmsystemen für die digitale Simulation zumindest als Option verfügbar.

Beispiel 2.7. Die Aufgabenstellung von Beispiel 2.6 soll mit dem Runge-Kutta-4-Verfahren gelöst werden. Man bearbeitet eine derartige Aufgabe in der Regel mit dem Digitalrechner und verwendet dabei die in den meisten Programmbibliotheken vorhandenen einschlägigen Unterprogramme. Zur Demonstration soll hier die Lösung der Differentialgleichung für das erste Zeitintervall angegeben werden.
Mit

$$f(t) = a\, u_a(t) + b\, u_{q0}$$

erhält man mit $b=1,75$, $a=-2,42$, $v_0=1,2$ V und $u_{q0}=10$ V für ein Rechenintervall $\Delta t=0,5$ s zunächst

$$f(t)=-2,42\ \text{s}^{-1}\,u_a(t)+17,5\ \text{Vs}^{-1}$$

und anschließend die Korrekturwerte nach Gl. (2.57)

$$\Delta u_{a10}=(-2,42\ \text{s}^{-1}\cdot 1,2\ \text{V}+17,5\ \text{Vs}^{-1})\cdot 0,5\ \text{s}=7,29\ \text{V},$$

$$\Delta u_{a20}=[-2,42\ \text{s}^{-1}(1,2+7,29/2)\,\text{V}+17,5\ \text{Vs}^{-1}]\cdot 0,5\ \text{s}=2,89\ \text{V},$$

$$\Delta u_{a30}=[-2,42\ \text{s}^{-1}(1,2+2,89/2)\,\text{V}+17,5\ \text{Vs}^{-1}]\cdot 0,5\ \text{s}=5,55\ \text{V},$$

$$\Delta u_{a40}=[-2,42\ \text{s}^{-1}(1,2+5,55)\,\text{V}+17,5\ \text{Vs}^{-1}]\cdot 0,5\ \text{s}=0,59\ \text{V}.$$

Der Wert der Ausgangsgröße zum Zeitpunkt t_{k+1} wird dann mit Gl. (2.58)

$$u_a(0,5)\approx 1,2\ \text{V}+(7,29+2\cdot 2,89+2\cdot 5,55+0,59)/6\ \text{V}=5,33\ \text{V}.$$

Die vollständige Lösung liefert den Wert $u_a(0,5)=5,43$ V, d. h. die numerische Integration bedingt einen absoluten Fehler von ca. 0,1 V bzw. einen relativen Fehler von 1,8%. Diese Genauigkeit ist für die meisten technischen Aufgabenstellungen völlig ausreichend. Für die konstanten Rechenintervalle $\Delta t=0,25$ s und $\Delta t=0,5$ s sind die Ergebnisse der numerischen Berechnung zusammen mit der geschlossenen Lösung in Bild **2**.37 dargestellt. Ein Vergleich mit den Ergebnissen des Euler-Verfahrens (Bild 2.36) zeigt, daß das Runge-Kutta-Verfahren bei $t=0,5$ s wesentlich genauer ist als das Euler-Verfahren bei $t=0,25$ s, den zusätzlichen Aufwand also voll rechtfertigt.

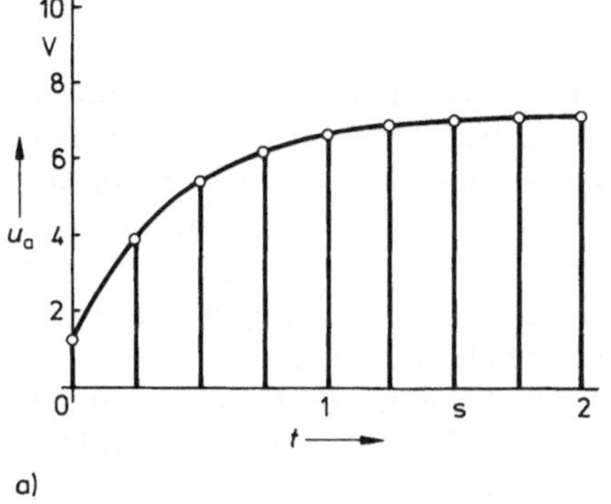

a)

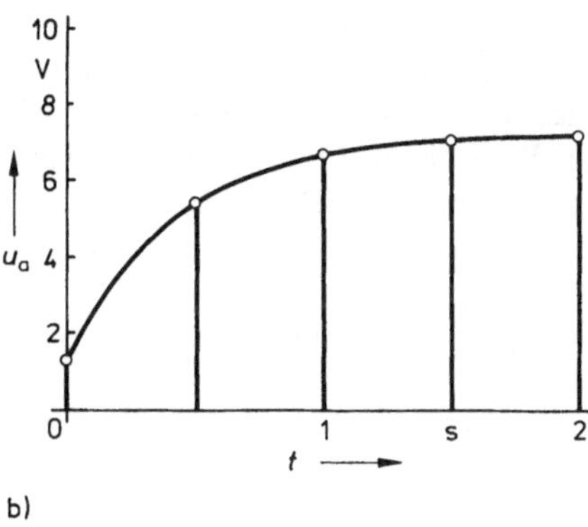

b)

2.37 Ausgangsspannung des RC-Spannungsteilers, Runge-Kutta-4-Verfahren
   a) Intervallänge $\Delta t=0,25$ s, b) Intervallänge $\Delta t=0,50$ s
   — exakte Lösung, $\bigcirc$ numerische Lösung

Allgemeingültige Regeln zur Wahl des Rechenintervalls lassen sich nicht angeben. Gute Ergebnisse erreicht man beim Runge-Kutta-Verfahren meist dann, wenn man die Intervallänge kleiner als die halbe kleinste Kennzeit des zu simulierenden Prozesses wählt. Im Zweifelsfalle führt man eine Simulation nochmals mit halbierter Schrittweite durch und vergleicht die Ergebnisse, oder aber man verwendet ein Integrationsverfahren mit automatischer Schrittweitenanpassung [75].

2.2.2 Eingangs-Ausgangs-Beschreibung im Bildbereich

Bei dem in Abschn. 2.2.1 behandelten linearen Übertragungsglied erster Ordnung war es zwar noch vergleichsweise einfach, die skalare Differentialgleichung des Übertragungsglieds mittels physikalischer Gesetze aufzustellen, das Lösen dieser Differentialgleichung kann aber bereits Schwierigkeiten bereiten. Das trifft insbesondere dann zu, wenn die Eingangszeitfunktion unstetig ist, also Sprünge oder Dirac-Impulse enthält, was bei regelungstechnischen Anwendungen durchaus häufig vorkommt. Mit wachsender Ordnung des Prozesses verschärfen sich die Probleme; hier kann bereits das Ermitteln der Eingangs-Ausgangsbeschreibung in Form einer skalaren Differentialgleichung n-ter Ordnung aus den Bilanzgleichungen und den Gleichungen der Bauelemente mühevoll und unübersichtlich werden, da man die einzelnen Systemgrößen – teilweise mehrfach – nach der Zeit differenzieren muß. Fügt man nachträglich weitere Bauelemente ein oder verändert die Systemstruktur durch Einführen von Rückkopplungen, dann muß man den ganzen Vorgang wiederholen, ohne daß man die bisherigen Ergebnisse verwerten kann. Beim Lösen der Differentialgleichung bereitet besonders das Einarbeiten der Anfangsbedingungen und unstetiger Eingangszeitfunktionen Schwierigkeiten. Für regelungstechnische Aufgabenstellungen ist also die Eingangs-Ausgangs-Beschreibung von Prozessen mittels skalarer Differentialgleichungen wenig geeignet.

Abhilfe schafft hier die Laplace-Transformation ([2], [10], [16], [24], [48], [95], [110]), mit der man das Übertragungsverhalten des Prozesses als Funktion einer komplexen Variablen $s = \sigma + j\omega$[1]) aufstellen kann; hierbei bezeichnet σ den Realteil und ω den Imaginärteil von s. Man transformiert also die Aufgabenstellung aus dem Bereich der reellen Zeitvariablen t (Zeitbereich) in den Bereich der komplexen Bildvariablen s (Bildbereich). Die erforderlichen Rechnungen führt man überwiegend in diesem Bildbereich aus, wobei man wichtige Systemeigenschaften – Stabilität, Verhalten der Ausgangszeitfunktion für $t = t_0$ und $t \rightarrow \infty$ usw. – bereits in diesem Bereich erkennen kann. Erst ganz zuletzt berechnet man den genauen Verlauf der Ausgangszeitfunktion, indem man die Ergebnisse des Bildbereichs in den Zeitbereich rücktransformiert. Diesen letzten Schritt erledigt man fast ausschließlich mittels Tabellen, in denen die Umrechnungsbeziehungen (Korrespondenzen) zwischen Bild- und Zeitbereich für die üblicherweise auftretenden Prozesse zusammengestellt sind. Man kann daher mit der Laplace-Transformation arbeiten, ohne über tiefere Kenntnisse funktionentheoretischer Methoden zu verfügen.

Der scheinbare Umweg über den Bildbereich erweist sich wegen der speziellen und den Anforderungen der Regelungstechnik geradezu ideal angepaßten Ei-

---

[1]) Dem allgemeinen Brauch in der regelungstechnischen Literatur folgend, werden komplexe Größen nachfolgend nicht besonders – z. B. durch Unterstreichen – gekennzeichnet.

genschaften der Laplace-Transformation in Wirklichkeit als eine Wegabkürzung. Die Laplace-Transformation

- ersetzt die a n a l y t i s c h e n Operationen der Differentiation und Integration im Zeitbereich durch die a l g e b r a i s c h e n Operationen der Multiplikation und Division mit der komplexen Variablen s im Bildbereich,
- überführt eine skalare Differentialgleichung in ein Polynom der komplexen Variablen s, wobei die Anfangswerte automatisch berücksichtigt werden, und
- vereinfacht die Faltungsoperation (s. Abschn. 2.2.1.2) zu einer Produktbildung von rationalen Funktionen der Bildvariablen.

Der einzige gravierende Mangel der Laplace-Transformation besteht darin, daß man sie nur auf lineare zeitinvariante Prozesse anwenden kann. Bei nichtlinearen oder auch zeitvarianten Systemen bleibt man also im Zeitbereich, kann aber auch hier durch Verwenden der Zustandsbeschreibung anstelle der Eingangs-Ausgangs-Beschreibung wesentliche Vereinfachungen erzielen (s. Abschn. 2.2.4 und 3).

2.2.2.1 Definition der Laplace-Transformation. Gegeben sei eine eindeutige reelle Funktion $f(t)$ der reellen Zeitvariablen t, wobei der Wertebereich von t zunächst nicht beschränkt ist. Bei regelungstechnischen Anwendungen interessiert nun häufig nicht der vollständige Funktionsverlauf, sondern nur der nach einem Zeitpunkt t_0 liegende Teil (Bild **2.38**). Der Zeitpunkt t_0 kann beispielsweise das Einschalten eines Geräts, die Änderung eines Sollwerts oder den Beginn einer Störung kennzeichnen; nachfolgend wird vereinfachend $t_0 = 0$ angenommen.

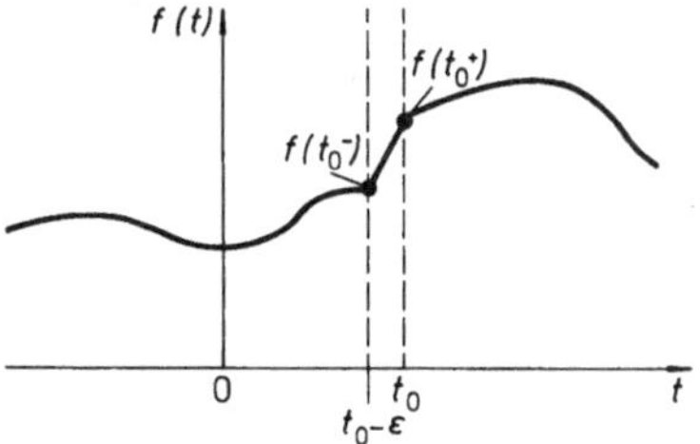

2.38
Verlauf der Zeitfunktion $f(t)$
t_0 Anfangszeitpunkt
ε inkrementales Zeitintervall
$f(t_0^-)$ linksseitiger Grenzwert
$f(t_0^+)$ rechtsseitiger Grenzwert

Als (einseitige) Laplace-Transformierte $\mathscr{L}\{f(t)\} \equiv F(s)$ [1] der Zeitfunktion $f(t)$ bezeichnet man die komplexe Funktion $F(s)$, die durch die Zuordnung

$$F(s) = \lim_{\substack{T \to \infty \\ \varepsilon \to 0}} \int_{-\varepsilon}^{T} f(t)\,\mathrm{e}^{-st}\,\mathrm{d}t \qquad (2.59)$$

---

[1] Wie in der regelungstechnischen Literatur üblich, werden Zeitfunktionen mit Kleinbuchstaben, z. B. $f(t)$, und die zugehörigen Bildfunktionen mit Großbuchstaben, also $F(s)$ bezeichnet.

mit T, $\varepsilon > 0$ aus der Zeitfunktion $f(t)$ hervorgeht. Die untere Grenze des Integrals liegt also etwas links vom Anfangszeitpunkt t_0 (Bild **2.38**), so daß eventuelle Unstetigkeiten der Zeitfunktion zum Zeitpunkt t_0 miterfaßt werden.[1]) Anstelle des vollständigen Ausdrucks (2.59) schreibt man meist kürzer

$$F(s) = \int_{0^-}^{\infty} f(t)\,e^{-st}\,dt, \tag{2.60}$$

wobei das Zeichen 0^- den linksseitigen Grenzwert bezeichnet.

Beispiel 2.8. Man berechne die Laplace-Transformierte eines Dirac-Impulses, der zum Zeitpunkt $t_0 = 0$ einsetzt.

Man nähert den Dirac-Impuls durch einen Rechteckimpuls der Dauer T_i und der Höhe $1/T_i$ an (Bild **2.39**) und erhält mit der Tatsache, daß für $t > T_i$ der Integrand verschwindet, die Laplace-Transformierte des Rechteckimpulses zu

$$F(s) = \lim_{\varepsilon \to 0} \int_{-\varepsilon}^{T_i} \frac{1}{T_i}\,e^{-st}\,dt = \lim_{\varepsilon \to 0} \left[-\frac{1}{sT_i}\,e^{-st}\,\bigg|_{-\varepsilon}^{T_i} \right] = \frac{(1 - e^{-sT_i})}{sT_i}.$$

Läßt man jetzt die Dauer des Impulses gegen Null gehen, erhält man die Laplace-Transformierte des Dirac-Impulses zu

$$\mathscr{L}\{\delta(t)\} = \lim_{T_i \to 0} \frac{1 - e^{-sT_i}}{sT_i} = 1. \tag{2.61}$$

Die Laplace-Transformierte des Dirac-Impulses hat also den Wert 1.

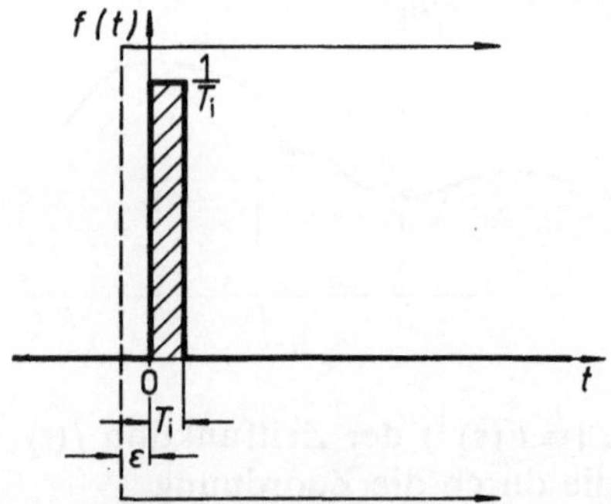

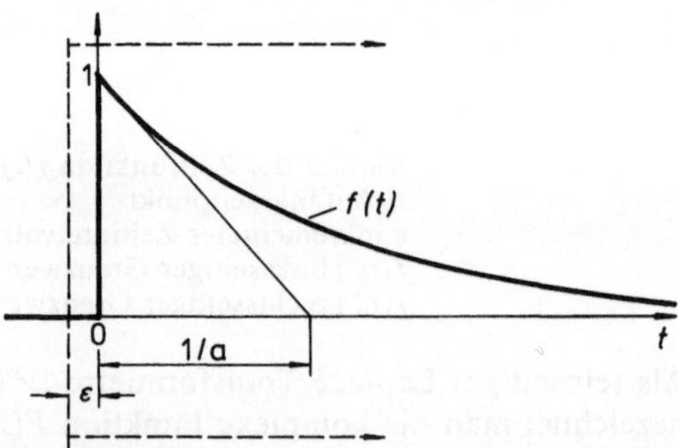

2.39 Laplace-Transformation des
Dirac-Impulses
T_i Impulsdauer
ε inkrementales Zeitintervall

2.40 Laplace-Transformation des Exponentialimpulses
a Proportionalbeiwert
ε inkrementales Zeitintervall

---

[1]) Häufig wird diese Grenze auch zu $+\varepsilon$, also rechts vom Anfangszeitpunkt, festgelegt. Eine ausführliche Darstellung dieses Problemkreises findet man beispielsweise in [24].

Beispiel 2.9. Man bestimme die Laplace-Transformierte der zum Zeitpunkt $t=0$ einsetzenden Zeitfunktion $f(t)=\mathrm{e}^{-at}\sigma(t)$ mit $a>0$ (Bild **2.40**).
Durch Anwenden der Definitionsgleichung (2.60) erhält man mit der Tatsache, daß der Integrand für $t<0$ verschwindet,

$$F(s) = \int\limits_{0^-}^{\infty} \mathrm{e}^{-at}\,\mathrm{e}^{-st}\,\mathrm{d}t = \int\limits_{0^-}^{\infty} \mathrm{e}^{-(s+a)t}\,\mathrm{d}t.$$

Auswerten des Integrals liefert den Zusammenhang

$$\mathscr{L}\{\mathrm{e}^{-at}\sigma(t)\} = \frac{1}{s+a}, \tag{2.62}$$

wenn man voraussetzt, daß der Realteil des Exponenten $(s+a)$ positiv ist.
Für $a\to 0$ gleicht sich $f(t)$ der Sprungfunktion an, so daß man aus Gl. (2.62) die Laplace-Transformierte der Sprungfunktion zu

$$\mathscr{L}\{\sigma(t)\} = \frac{1}{s} \tag{2.63}$$

erhält.

Die Laplace-Transformierten komplizierter Zeitfunktionen berechnet man meist nicht durch Anwenden der Definitionsgleichung (2.60), sondern indem man spezielle Eigenschaften der Laplace-Transformation ausnutzt.

2.2.2.2 Eigenschaften der Laplace-Transformation. Die wichtigsten Eigenschaften der Laplace-Transformation werden nachfolgend zusammengestellt und anhand von Beispielen erläutert. Man kann sie recht einfach aus der Definitionsgleichung (2.60) für die Laplace-Transformierte herleiten; näheres findet man beispielsweise in [24].

Linearität. Die Laplace-Transformation ist eine lineare Transformation, da für sie das Linearitätsprinzip (s. Abschn. 2.1.3.1) erfüllt ist. Mit den Laplace-Transformierten $F_1(s)=\mathscr{L}\{f_1(t)\}$ und $F_2(s)=\mathscr{L}\{f_2(t)\}$ und den reellen Konstanten c_1 und c_2 wird die Laplace-Transformierte der bewerteten Summe von $f_1(t)$ und $f_2(t)$

$$\begin{aligned}
\mathscr{L}\{c_1 f_1(t) + c_2 f_2(t)\} &= \mathscr{L}\{c_1 f_1(t)\} + \mathscr{L}\{c_2 f_2(t)\} \\
&= c_1 \mathscr{L}\{f_1(t)\} + c_2 \mathscr{L}\{f_2(t)\} \\
&= c_1 F_1(s) + c_2 F_2(s).
\end{aligned} \tag{2.64}$$

Diese Regel läßt sich auf mehr als zwei Funktionen erweitern und ist hilfreich bei der Laplace-Transformation von Summenausdrücken.

Beispiel 2.10. Man bilde die Laplace-Transformierte der Zeitfunktion $f(t) = (1{,}7\,\mathrm{e}^{-2{,}5\,t} + 0{,}9\,\mathrm{e}^{-0{,}6\,t})\,\sigma(t)$.

Mit $f_1(t) = \mathrm{e}^{-2{,}5\,t}\sigma(t)$, $f_2(t) = \mathrm{e}^{-0{,}6\,t}\sigma(t)$, $c_1 = 1{,}7$ und $c_2 = 0{,}9$ erhält man mit Gl. (2.64) und der Korrespondenz (2.62) den Ausdruck

$$\mathscr{L}\{f(t)\} = \frac{1{,}7}{s+2{,}5} + \frac{0{,}9}{s+0{,}6},$$

den man noch zu

$$\mathscr{L}\{f(t)\} = \frac{2{,}6\,s+3{,}27}{s^2+3{,}1\,s+1{,}5}$$

zusammenfassen kann.

Differentiation. Mit $\mathscr{L}\{f(t)\} = F(s)$ erhält man durch partielle Integration des Laplace-Integrals Gl. (2.60) die Laplace-Transformierte der zeitlichen Ableitung $\dot{f}(t)$ zu

$$\mathscr{L}\{\dot{f}(t)\} = s\,F(s) - f(0^-). \tag{2.65}$$

Für die Anwendung der Laplace-Transformation auf Differentialgleichungen ist es besonders wichtig, daß in dieser Korrespondenz der linksseitige Anfangswert $f(0^-)$ der Zeitfunktion explizit auftritt.

Beispiel 2.11. Das dynamische Verhalten des in Beispiel 2.4 behandelten RC-Spannungsteilers wird durch die lineare Differentialgleichung

$$a_1\dot{u}_\mathrm{a}(t) + a_0 u_\mathrm{a}(t) = b_0 u_\mathrm{e}(t)$$

beschrieben. Man berechne die Laplace-Transformierte der Ausgangsspannung $u_\mathrm{a}(t)$, wenn diese zum Zeitpunkt $t_0^- = 0^-$ den Anfangswert $u_\mathrm{a}(0^-)$ hat und zum Zeitpunkt $t_0 = 0$ die konstante Eingangsspannung u_e0 eingeschaltet wird.

Durch Anwenden der Laplace-Transformation auf beide Seiten der Differentialgleichung erhält man durch Ausnutzen des Linearitätsprinzips (Gl. 2.64) mit $\mathscr{L}\{\dot{u}_\mathrm{a}(t)\} = s\,U_\mathrm{a}(s) - u_\mathrm{a}(0^-)$, $\mathscr{L}\{u_\mathrm{a}(t)\} = U_\mathrm{a}(s)$ und $\mathscr{L}\{u_\mathrm{e}(t)\} = \mathscr{L}\{u_\mathrm{e0}\sigma(t)\} = u_\mathrm{e0}/s$ zunächst

$$a_1[s\,U_\mathrm{a}(s) - u_\mathrm{a}(0^-)] + a_0 U_\mathrm{a}(s) = b_0\,\frac{u_\mathrm{e0}}{s}.$$

Durch Umordnen und Zusammenfassen ergibt sich

$$(a_1 s + a_0)\,U_\mathrm{a}(s) = b_0\,\frac{u_\mathrm{e0}}{s} + a_1 u_\mathrm{a}(0^-),$$

d. h. die Laplace-Transformierte der Ausgangsgröße wird

$$U_\mathrm{a}(s) = \frac{b_0 u_\mathrm{e0}}{s(a_1 s + a_0)} + \frac{a_1 u_\mathrm{a}(0^-)}{a_1 s + a_0}. \tag{2.66}$$

2.41
Ausgangsspannung $u_a(t)$ des RC-Spannungsteilers bei sprungförmigem Verlauf der Eingangsspannung $u_e(t)$
$u_a(0^-)$ linksseitiger Grenzwert
$u_a(0^+)$ rechtsseitiger Grenzwert
a_0, b_0 Systemparameter

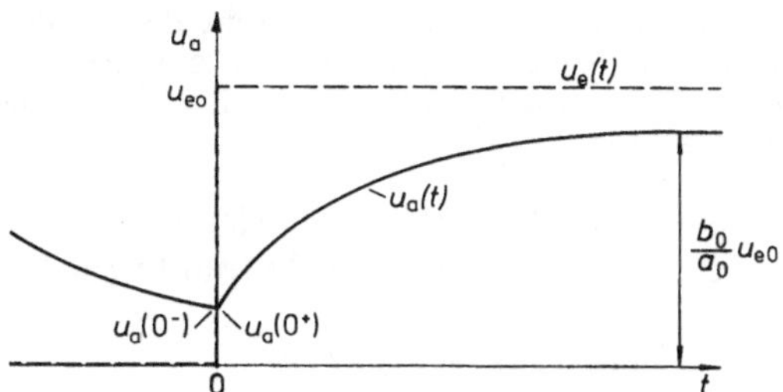

Den Anfangswert $u_a(0^-)$ hat man aus der Vergangenheit des Systems zu bestimmen; war beispielsweise die Eingangsspannung $u_e(t)$ sehr lange ausgeschaltet, dann hat sich der Kondensator über die Widerstände R_1 und R_2 entladen (Bild **2.41**), und die Ausgangsspannung zum Zeitpunkt $t_0^- = 0^-$ ist $u_a(0^-)=0$.

Die Laplace-Transformierten der höheren Ableitungen ergeben sich sukzessive zu

$$\mathscr{L}\{\ddot{f}(t)\} = s^2 F(s) - f(0^-)s - \dot{f}(0^-),$$

$$\mathscr{L}\{\dddot{f}(t)\} = s^3 F(s) - f(0^-)s^2 - \dot{f}(0^-)s - \ddot{f}(0^-),$$

$$\vdots \tag{2.67}$$

$$\mathscr{L}\{f^{(n)}(t)\} = s^n F(s) - f(0^-)s^{n-1} - \ldots - f^{(n-1)}(0^-),$$

d.h. außer dem linksseitigen Anfangswert $f(0^-)$ der Funktion selbst benötigt man auch die linksseitigen Anfangswerte der zeitlichen Ableitungen der Zeitfunktion $f(t)$. Diese muß man mittels physikalischer Überlegungen aus dem Verhalten des Prozesses für $t < 0$ bestimmen.

Integration. Für $\mathscr{L}\{f(t)\} = F(s)$ erhält man durch partielle Integration des Laplace-Integrals die Laplace-Transformierte der Funktion $h(t) = \int f(t)\,dt$ zu

$$\mathscr{L}\{h(t)\} = \frac{F(s)}{s} + \frac{h(0^-)}{s}, \tag{2.68}$$

wobei $h(0^-)$ den Wert des Integrals $\int f(t)\,dt$ zum Zeitpunkt $t_0 = 0^-$ bezeichnet.

Beispiel 2.12. Man berechne die Laplace-Transformierte des Integrals über den Dirac-Impuls $\delta(t)$.
Mit $h(t) = \int \delta(t)\,dt$ und $\mathscr{L}\{\delta(t)\} = 1$ wird

$$\mathscr{L}\{h(t)\} = \frac{1}{s} + \frac{h(0^-)}{s} = \frac{1}{s}[1 + h(0^-)].$$

Ist der linksseitige Grenzwert $h(0^-)=0$, erhält man die Korrespondenz

$$\mathscr{L}\{\int \delta(t)\,dt\} = \frac{1}{s}.$$

Da nach Beispiel 2.9 die rechte Seite dieser Gleichung gleich der Laplace-Transformierten der Einheitssprungfunktion ist, gilt also auch im Bildbereich der in Abschn. 2.1.5.1 hergeleitete Zusammenhang zwischen der Einheitssprungfunktion und der Einheitsimpulsfunktion.

Anfangswert. Für $F(s) = \mathscr{L}\{f(t)\}$ berechnet man den rechtsseitigen Grenzwert der Zeitfunktion $f(t)$ zum Zeitpunkt $t = 0^+$ zu

$$f(0^+) = \lim_{s \to \infty} [s\,F(s)], \tag{2.69}$$

wobei angenommen ist, daß dieser Grenzwert existiert.

Beispiel 2.13. Man berechne den rechtsseitigen Grenzwert $u_a(0^+)$ der Ausgangsspannung des RC-Spannungsteilers von Beispiel 2.11.
Die Laplace-Transformierte der Ausgangsspannung ist nach Gl. (2.66)

$$U_a(s) = \frac{b_0 u_{e0}}{s(a_1 s + a_0)} + \frac{a_1 u_a(0^-)}{a_1 s + a_0}. \tag{2.70}$$

Anwenden von Gl. (2.69) liefert den rechtsseitigen Grenzwert von $u_a(t)$ zu

$$u_a(0^+) = \lim_{s \to \infty} [s\,U_a(s)] = \lim_{s \to \infty} \left[\frac{b_0 u_{e0}}{a_1 s + a_0} + s\,\frac{a_1 u_a(0^-)}{a_1 s + a_0} \right] = u_a(0^-).$$

Bei einem sprungförmigen Einschalten der konstanten Spannung u_e zum Zeitpunkt $t_0 = 0$ ändert sich die Ausgangsspannung u_a also nicht ebenfalls sprungförmig (Bild 2.41), da zunächst die Ladung des Kondensators erhalten bleibt.

Beispiel 2.14. Man berechne den rechtsseitigen Grenzwert $u_a(0^+)$ der Ausgangsspannung des RC-Spannungsteilers, wenn zum Zeitpunkt $t_0 = 0$ ein Dirac-Impuls $u_e(t) = u_{-1}\delta(t)$ aufgeschaltet wird.
Anstelle von Gl. (2.43) hat man jetzt die Differentialgleichung des RC-Spannungsteilers zu

$$a_1 \dot{u}_a(t) + a_0 u_a(t) = b_0 u_{-1}\delta(t)$$

anzusetzen. Mit der Laplace-Transformierten $\mathscr{L}\{\delta(t)\} = 1$ berechnet man die Laplace-Transformierte der Ausgangsspannung analog Gl. (2.66) zu

$$U_a(s) = \frac{b_0 u_{-1}}{(a_1 s + a_0)} + \frac{a_1 u_a(0^-)}{a_1 s + a_0}. \tag{2.71}$$

Den rechtsseitigen Grenzwert $u_a(0^+)$ erhält man dann zu

$$u_a(0^+) = \lim_{s \to \infty} \left[s\,\frac{b_0 u_{-1}}{a_1 s + a_0} + s\,\frac{a_1 u_a(0^-)}{a_1 s + a_0} \right] = \frac{b_0 u_{-1}}{a_1} + u_a(0^-),$$

d. h. linksseitiger und rechtsseitiger Grenzwert stimmen nicht überein, und die Ausgangsspannung springt zum Zeitpunkt $t_0 = 0$ vom Wert $u_a(0^-)$ auf den Wert $u_a(0^+)$ (Bild 2.42). Ein derartiger Verlauf ist natürlich fiktiv, da eine sprungförmige Änderung der

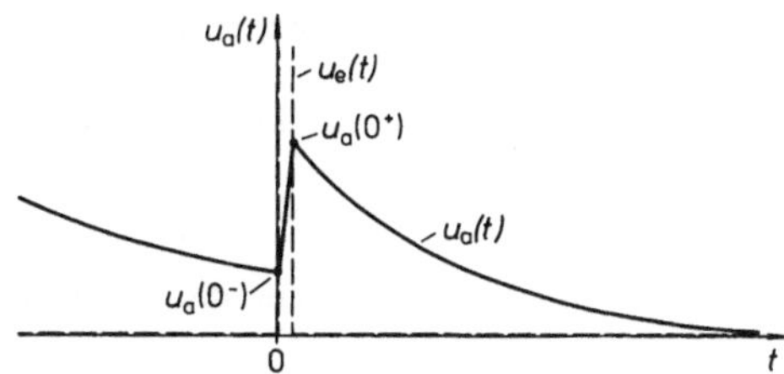

2.42
Ausgangsspannung $u_a(t)$ des RC-Spannungsteilers bei impulsförmigem Verlauf der Eingangsspannung $u_e(t)$
$u_a(0^-)$ linksseitiger Grenzwert
$u_a(0^+)$ rechtsseitiger Grenzwert

Kondensatorladung eine unendlich große momentane Leistung der Spannungsquelle erfordern würde. In Wirklichkeit steigt die Ausgangsspannung während der zwar kurzen, aber doch endlichen Impulsdauer in stetiger Weise an.

Endwert. Für $F(s) = \mathscr{L}\{f(t)\}$ berechnet man den Wert der Zeitfunktion für $t \to \infty$ zu

$$f(\infty) \equiv \lim_{t \to \infty} f(t) = \lim_{s \to 0} [s\,F(s)], \tag{2.72}$$

wobei angenommen wird, daß die Funktion $f(t)$ einem beschränkten Endwert zustrebt.

Beispiel 2.15. Man berechne die Endwerte für die in den Beispielen 2.13 und 2.14 ermittelten Verläufe der Ausgangsspannung $u_a(t)$.
Bei sprungförmiger Eingangsspannung hat man nach Gl. (2.66) mit Gl. (2.72)

$$u_{a\infty} = \lim_{s \to 0} \left[\frac{b_0 u_{e0}}{a_1 s + a_0} + s\,\frac{a_1 u(0^-)}{a_1 s + a_0} \right] = \frac{b_0}{a_0}\,u_{e0}.$$

Dagegen hat man für eine impulsförmige Eingangsspannung nach Gl. (2.71) und Gl. (2.72)

$$u_{a\infty} = \lim_{s \to 0} \left[s\,\frac{b_0 u_{-1}}{a_1 s + a_0} + s\,\frac{a_1 u_a(0^-)}{a_1 s + a_0} \right] = 0.$$

Totzeit. Ist $F(s) = \mathscr{L}\{f(t)\}$, so erhält man die Laplace-Transformierte der nach rechts um die Totzeit T_t verschobenen
Zeitfunktion $f(t - T_t)$ (Bild **2.43**) zu

$$\mathscr{L}\{f(t - T_t)\} = e^{-T_t s}\,F(s). \tag{2.73}$$

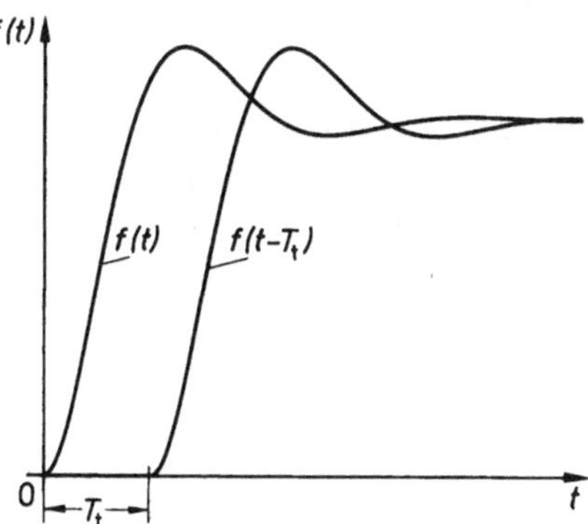

2.43
Zeitfunktion $f(t)$ und verschobene Zeitfunktion $f(t - T_t)$
T_t Totzeit

Beispiel 2.16. Man bestimme die Laplace-Transformierte des um T_t verschobenen Dirac-Impulses.

Mit $\mathscr{L}\{\delta(t)\} = 1$ und Gl. (2.73) erhält man

$$\mathscr{L}\{\delta(t - T_t)\} = e^{-T_t s}.$$

Beispiel 2.17. Man bestimme die Laplace-Transformierte der um T_t verschobenen Sprungfunktion $\sigma(t)$.

Mit $\mathscr{L}\{\sigma(t)\} = 1/s$ und Gl. (2.73) wird

$$\mathscr{L}\{\sigma(t - T_t)\} = e^{-T_t s}/s.$$

Beispiel 2.18. Man bestimme die Laplace-Transformierte des in Bild **2.44**a dargestellten Impulses der Dauer T_i und der Höhe $1/T_i$.

Nach Bild **2.44**b kann man den Impuls durch Überlagerung einer zum Zeitpunkt $t_0 = 0$ einsetzenden Sprungfunktion $\sigma(t)/T_i$ und einer zum Zeitpunkt T_i beginnenden verzögerten Sprungfunktion $-\sigma(t - T_i)/T_i$ erzeugen. Mit $\mathscr{L}\{\sigma(t)\} = 1/s$ und Gl. (2.73) wird dann

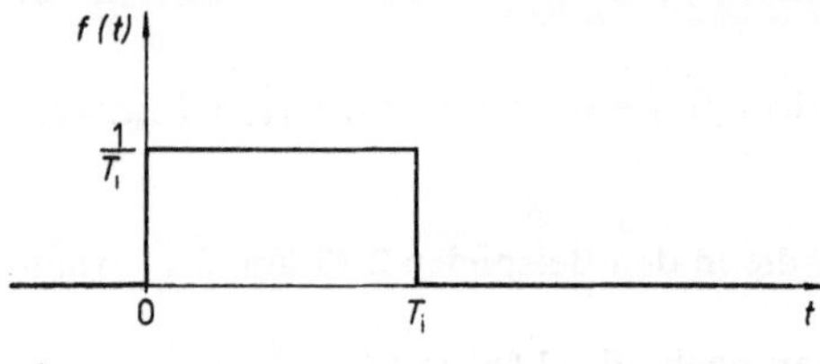

$$\mathscr{L}\{f(t)\} = \frac{1}{T_i s} - \frac{1}{T_i s}\, e^{-T_i s} = \frac{1 - e^{-T_i s}}{T_i s}.$$

Läßt man die Impulsdauer gegen 0 gehen, erhält man wieder die Laplace-Transformierte des Dirac-Impulses.

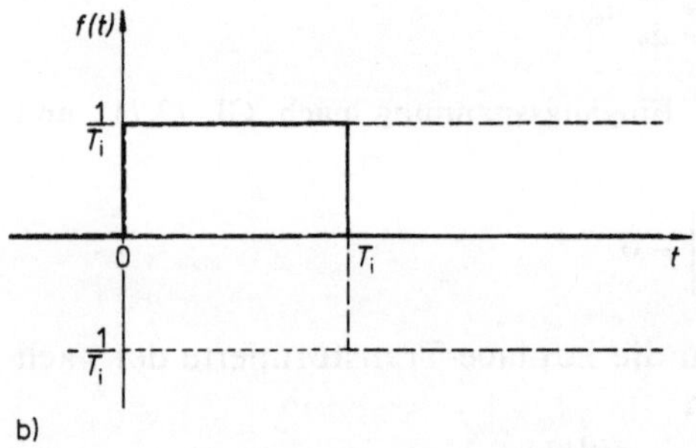

2.44
Laplace-Transformation eines Impulses der Dauer T_i
a) Zeitfunktion
b) Konstruktion der Zeitfunktion aus zwei Sprungfunktionen

Faltung. Die Reaktion eines linearen Übertragungsglieds auf eine Eingangsfunktion $u(t)$ kann nach den Überlegungen in Abschnitt 2.2.1.2 durch ein Integral der Form

$$\int_0^t g(t - \tau)\, u(\tau)\, d\tau \tag{2.74}$$

beschrieben werden, wobei g die Gewichtsfunktion bezeichnet. Dieser Faltungsoperation im Zeitbereich entspricht im Bildbereich eine Multiplikation der Laplace-Transformierten von g und u. Allgemein gilt mit $F_1(s) = \mathscr{L}\{f_1(t)\}$, $F_2(s) = \mathscr{L}\{f_2(t)\}$ die Korrespondenz

$$\mathscr{L}\left\{\int_0^t f_1(t-\tau)f_2(\tau)\,\mathrm{d}\tau\right\} = F_1(s)\cdot F_2(s). \tag{2.75}$$

Diese Beziehung vereinfacht die Berechnung des Prozeßverhaltens bei komplizierten Eingangszeitfunktionen ganz erheblich und ist einer der wesentlichen Gründe für die Verwendung der Laplace-Transformation in der Regelungstechnik.

Die genannten Eigenschaften der Laplace-Transformation sind in Tafel **2.45** zusammengefaßt. In Tafel **2.46** sind die Laplace-Transformierten einiger einfacher Zeitfunktionen aufgelistet; ausführliche Korrespondenztabellen findet man beispielsweise in [2], [16] und [24].

Tafel **2.45** Eigenschaften der Laplace-Transformation

Nr.	Eigenschaft	Beziehung zwischen Zeit- und Bildbereich	Anmerkung
1	Linearität	$\mathscr{L}\{c_1 f_1(t) + c_2 f_2(t)\} = c_1 F_1(s) + c_2 F_2(s)$	$c_1,\ c_2$ reelle Konstanten
2	Differentiation	$\mathscr{L}\{\dot{f}(t)\} = s\,F(s) - f(0^-)$	$f(0^-)$ linksseitiger Anfangswert
3	Integration	$\mathscr{L}\{h(t)\} = \dfrac{F(s)}{s} + \dfrac{h(0^-)}{s}$	$h(t) = \int f(\tau)\,\mathrm{d}\tau$
4	Anfangswert	$f(0^+) = \lim\limits_{s\to\infty}[s\,F(s)]$	$f(0^+)$ rechtsseitiger Anfangswert
5	Endwert	$f(\infty) = \lim\limits_{s\to 0}[s\,F(s)]$	sofern der Grenzwert existiert
6	Zeitverschiebung	$\mathscr{L}\{f(t-T_t)\} = \mathrm{e}^{-sT_t}\cdot F(s)$	T_t Totzeit $(T_t > 0)$
7	Faltung	$\mathscr{L}\left\{\int_0^t f_1(t-\tau)f_2(\tau)\,\mathrm{d}\tau\right\} = F_1(s)\,F_2(s)$	

Tafel **2.46** Laplace-Transformierte einfacher Zeitfunktionen

Nr.	Zeitfunktion $f(t)$, $t \geq 0$	Bildfunktion $F(s)$, $(s = \sigma + j\omega)$	Anmerkung
1	$\delta(t)$	1	Dirac-Impuls
2	$\sigma(t)$	$\dfrac{1}{s}$	Einheitssprungfunktion
3	$r(t) = t$	$\dfrac{1}{s^2}$	Einheitsanstiegsfunktion
4	$p(t) = \dfrac{1}{2}\,t^2$	$\dfrac{1}{s^3}$	Einheitsparabelfunktion
5	$\dfrac{1}{k!}\,t^k$	$\dfrac{1}{s^{k+1}}$	$k > 0$, ganzzahlig
6	e^{at}	$\dfrac{1}{s-a}$	
7	$t\,e^{at}$	$\dfrac{1}{(s-a)^2}$	
8	$\dfrac{1}{k!}\,t^k\,e^{at}$	$\dfrac{1}{(s-a)^{k+1}}$	
9	$\sin(bt)$	$\dfrac{b}{s^2+b^2}$	
10	$\cos(bt)$	$\dfrac{s}{s^2+b^2}$	
11	$e^{at}\sin(bt)$	$\dfrac{b}{(s-a)^2+b^2}$	
12	$e^{at}\cos(bt)$	$\dfrac{s-a}{(s-a)^2+b^2}$	

2.2.2.3 Anwendung auf lineare Übertragungsglieder. Das Verhalten der Ausgangsgröße $v(t)$ eines linearen zeitinvarianten Übertragungsglieds kann nach Abschn. 2.2.1 durch die skalare Differentialgleichung

$$a_n v^{(n)}(t) + a_{n-1} v^{(n-1)}(t) + \ldots + a_1 \dot{v}(t) + a_0 v(t)$$
$$= b_0 u(t) + b_1 \dot{u}(t) + \ldots + b_m u^{(m)}(t) \tag{2.76}$$

beschrieben werden. Hierin bezeichnen die a_i und b_i konstante Parameter, die mit Ausnahme von a_n auch verschwinden können; außerdem sei $m \leq n$.

Diese Differentialgleichung kann man mit dem Linearitätssatz (2.64) und den Differentiationssätzen (2.65) und (2.67) der Laplace-Transformation gliedweise in den Bildbereich überführen. Mit

$$\mathscr{L}\{v(t)\} = V(s), \qquad \mathscr{L}\{u(t)\} = U(s),$$
$$\mathscr{L}\{\dot{v}(t)\} = s\,V(s) - v(0^-), \qquad \mathscr{L}\{\dot{u}(t)\} = s\,U(s) - u(0^-),$$

usw. erhält man durch Einsetzen in Gl. (2.76) und Umordnen die Darstellung

$$(a_n s^n + a_{n-1} s^{n-1} + \ldots + a_1 s + a_0)\,V(s)$$
$$= (b_m s^m + b_{m-1} s^{m-1} + \ldots + b_1 s + b_0)\,U(s)$$
$$+ (a_n s^{n-1} + a_{n-1} s^{n-2} + \ldots + a_1)v(0^-)$$
$$+ (a_n s^{n-2} + a_{n-1} s^{n-3} + \ldots + a_2)\dot{v}(0^-)$$
$$+ \ldots$$
$$+ a_n v^{(n-1)}(0^-)$$
$$- (b_m s^{m-1} + b_{m-1} s^{m-2} + \ldots + b_1)u(0^-)$$
$$- (b_m s^{m-2} + b_{m-1} s^{m-3} + \ldots + b_2)\dot{u}(0^-)$$
$$- \ldots$$
$$- b_m u^{(m-1)}(0^-).$$

Schreibt man abkürzend

$$N(s) = a_n s^n + a_{n-1} s^{n-1} + \ldots + a_1 s + a_0, \tag{2.77}$$
$$M(s) = b_m s^m + b_{m-1} s^{m-1} + \ldots + b_1 s + b_0, \tag{2.78}$$
$$N_{i-1}(s) = a_n s^{n-i} + a_{n-1} s^{n-i-1} + \ldots + a_i \tag{2.79}$$
$$\text{und} \quad M_{j-1}(s) = b_m s^{m-j} + b_{m-1} s^{m-j-1} + \ldots + b_j \tag{2.80}$$

mit $i = 1, 2, \ldots, n$ und $j = 1, 2, \ldots, m$, dann erhält man nach Division durch den Faktor bei $V(s)$ die Laplace-Transformierte der Ausgangsgröße zu

$$V(s) = \frac{M(s)}{N(s)}\,U(s)$$
$$+ \frac{N_0(s)}{N(s)}\,v(0^-) + \frac{N_1(s)}{N(s)}\,\dot{v}(0^-) + \ldots + \frac{N_{n-1}(s)}{N(s)}\,v^{(n-1)}(0^-) \tag{2.81}$$
$$- \frac{M_0(s)}{N(s)}\,u(0^-) - \frac{M_1(s)}{N(s)}\,\dot{u}(0^-) - \ldots - \frac{M_{m-1}(s)}{N(s)}\,u^{(m-1)}(0^-).$$

Das Polynom $N(s)$ ist allen Termen gemeinsam und hat einen grundlegenden Einfluß auf das zeitliche Verhalten des Prozesses (Abschn. 2.3). Bei der praktischen Anwendung vereinfacht sich Gl. (2.81) häufig durch Wegfallen der meisten Anfangswerte ganz wesentlich. Nimmt man beispielsweise an, daß sich der Prozeß vor der Änderung der Eingangsgröße zum Zeitpunkt $t_0 = 0$ in Ruhe befunden hat, dann verschwinden die Ableitungen $\dot{v}(0^-)$, $\ddot{v}(0^-)\ldots$, $\dot{u}(0^-)$, $\ddot{u}(0^-)\ldots$ und es bleibt

$$V(s) = \frac{M(s)}{N(s)} U(s) + \frac{N_0(s)}{N(s)} v(0^-) - \frac{M_0(s)}{N(s)} u(0^-). \tag{2.82}$$

Für theoretische Untersuchungen nimmt man häufig zusätzlich an, daß die Eingangszeitfunktion für $t < t_0$ identisch Null ist, so daß man mit $u(0^-) = 0$ die weiter vereinfachte Form

$$V(s) = \frac{M(s)}{N(s)} U(s) + \frac{N_0(s)}{N(s)} v(0^-) \tag{2.83}$$

erhält. Ist auch noch die Anfangsbedingung $v(0^-) = 0$, dann bleibt

$$V(s) = \frac{M(s)}{N(s)} U(s), \tag{2.84}$$

dieser Ausdruck beschreibt im Bildbereich die Reaktion $V(s)$ des linearen Übertragungsglieds auf eine Eingangsgröße $U(s)$, wenn alle Anfangswerte Null sind.

Für den Faktor bei $U(s)$ schreibt man

$$G(s) = \frac{M(s)}{N(s)} = \frac{b_m s^m + b_{m-1} s^{m-1} + \ldots + b_1 s + b_0}{a_n s^n + a_{n-1} s^{n-1} + \ldots + a_1 s + a_0} \tag{2.85}$$

und nennt $G(s)$ die **Übertragungsfunktion** des Systems. Man kann also die Reaktion des Systems auf die Eingangsgröße $U(s)$ im Bildbereich aus der Beziehung

$$V(s) = G(s) U(s) \tag{2.86}$$

berechnen. Wählt man als Eingangsfunktion einen zum Zeitpunkt $t_0 = 0$ einsetzenden Dirac-Impuls, dann wird wegen $U(s) = \mathscr{L}\{\delta(t)\} = 1$ speziell

$$V_\delta(s) = G(s).$$

Andererseits erhält man im Zeitbereich bei der gleichen Eingangsgröße als Systemantwort die Gewichtsfunktion, also

$$v_\delta(t) = g(t).$$

Wegen $V_\delta(s) = \mathscr{L}\{v_\delta(t)\}$ muß daher auch die Beziehung

$$G(s) = \mathscr{L}\{g(t)\} \tag{2.87}$$

gelten, d.h. die Übertragungsfunktion eines linearen zeitinvarianten Übertragungsglieds ist die Laplace-Transformierte seiner Gewichtsfunktion.

Beispiel 2.19. Das Übertragungsverhalten eines linearen Übertragungsglieds wird durch die skalare Differentialgleichung

$$\dddot{a_3}v(t) + a_2\ddot{v}(t) + a_1\dot{v}(t) + a_0v(t) = b_0u(t) + b_1\dot{u}(t)$$

beschrieben. Man berechne die Laplace-Transformierte der Ausgangsgröße $v(t)$ für $t \geq 0$, wenn der Verlauf der Eingangsgröße $u(t)$ und die Anfangswerte $v(0^-)$, $\dot{v}(0^-)$, $\ddot{v}(0^-)$ und $u(0^-)$ gegeben sind.

Aus der allgemeinen Form der Differentialgleichung (Gl. 2.76) entnimmt man $n = 3$ und $m = 1$, so daß man aus den Gln. (2.77) bis (2.80) nacheinander erhält:

$$N(s) = a_3s^3 + a_2s^2 + a_1s + a_0, \quad M(s) = b_1s + b_0,$$
$$N_0(s) = a_3s^2 + a_2s + a_1, \quad N_1(s) = a_3s + a_2, \quad N_2(s) = a_3, \quad M_0(s) = b_1.$$

Einsetzen dieser Polynome in Gl. (2.81) bringt

$$V(s) = \frac{b_1s + b_0}{a_3s^3 + a_2s^2 + a_1s + a_0} U(s)$$
$$+ \frac{a_3s^2 + a_2s + a_1}{a_3s^3 + a_2s^2 + a_1s + a_0} v(0^-)$$
$$+ \frac{a_3s + a_2}{a_3s^3 + a_2s^2 + a_1s + a_0} \dot{v}(0^-)$$
$$+ \frac{a_3}{a_3s^3 + a_2s^2 + a_1s + a_0} \ddot{v}(0^-)$$
$$- \frac{b_1}{a_3s^3 + a_2s^2 + a_1s + a_0} u(0^-).$$

Damit ist die Laplace-Transformierte der Ausgangsgröße berechnet.

Beispiel 2.20. Man gebe die Übertragungsfunktion des in Beispiel 2.19 behandelten Übertragungsglieds an.

Mit den in Beispiel 2.19 gefundenen Ausdrücken für das Nennerpolynom $N(s)$ und das Zählerpolynom $M(s)$ bestimmt man nach Gl. (2.85) die Übertragungsfunktion zu

$$G(s) = \frac{M(s)}{N(s)} = \frac{b_1 s + b_0}{a_3 s^3 + a_2 s^2 + a_1 s + a_0}.$$

Offenbar kann man die Übertragungsfunktion eines Übertragungsglieds auch direkt aus der skalaren Differentialgleichung ablesen.

2.2.2.4 Rücktransformation in den Zeitbereich. Um aus der Laplace-Transformierten

$$F(s) = \mathscr{L}\{f(t)\} \tag{2.88}$$

die Zeitfunktion $f(t)$ zu ermitteln, muß man die inverse Transformation

$$f(t) = \mathscr{L}^{-1}\{F(s)\} \tag{2.89}$$

durchführen. Hierfür hat man zwei Möglichkeiten, nämlich das

- Auswerten des komplexen Umkehrintegrals der Laplace-Transformation ([2], [11], [16], [24]), oder das
- Verwenden von Korrespondenztabellen.

Das erste Verfahren ist für theoretische Untersuchungen interessant, für die praktische Anwendung aber zu unhandlich. Man wird also fast immer die Zeitfunktion $f(t)$ durch Ausnutzen der Eigenschaften der Laplace-Transformation und Nachschlagen in Tabellen bestimmen.

Beispiel 2.21. Gegeben sei die Laplace-Transformierte

$$F(s) = \mathscr{L}\{f(t)\} = \frac{7{,}26}{(s + 2{,}13)^3}.$$

Man berechne die Zeitfunktion $f(t)$ für $t \geq 0$.
Nach der Korrespondenztabelle (Tafel **2.46**) hat man die Korrespondenz

$$\mathscr{L}^{-1}\left\{\frac{1}{(s - a)^{n+1}}\right\} = \frac{1}{n!}\, t^n\, e^{at}.$$

Wegen der Linearität der Laplace-Transformation (Abschn. 2.2.2.2) wird dann mit $n = 3$ und $a = -2{,}13$

$$\mathscr{L}^{-1}\left\{\frac{7{,}26}{(s + 2{,}13)^3}\right\} = 7{,}26 \cdot \frac{1}{2!} \cdot t^2\, e^{-2{,}13\,t},$$

also $f(t) = 3{,}63\, t^2\, e^{-2{,}13\,t}$ für $t \geq 0$.

Bei komplizierten Laplace-Transformierten kann es erforderlich werden, diese zunächst in einfachere Teilausdrücke zu zerlegen, für die man die Zeitfunktionen in der Tabelle findet.

Bei regelungstechnischen Anwendungen treten meist Laplace-Transformierte der Form

$$F_t(s) = F(s)\,\mathrm{e}^{-T_t s} = \frac{Q(s)}{P(s)}\,\mathrm{e}^{-T_t s}$$

$$= \frac{q_m s^m + q_{m-1} s^{m-1} + \ldots + q_1 s + q_0}{p_n s^n + p_{n-1} s^{n-1} + \ldots + p_1 s + p_0}\,\mathrm{e}^{-T_t s} \tag{2.90}$$

mit $m \leq n$ auf, wobei die p_i und q_j konstante Parameter und T_t eine Totzeit bezeichnen. Einzelne dieser Parameter können auch den Wert Null haben, allerdings soll $p_n \neq 0$ vereinbart werden. Da nach der Verschiebungseigenschaft der Laplace-Transformation (Abschn. 2.2.2.2)

$$f_t(t) \equiv \mathscr{L}^{-1}\{F_t(s)\} = \mathscr{L}^{-1}\{F(s)\,\mathrm{e}^{-T_t s}\} = f(t - T_t) \tag{2.91}$$

ist, kann man zunächst den Faktor $\mathrm{e}^{-T_t s}$ abspalten und sich auf den gebrochen rationalen Anteil

$$F(s) = \frac{q_m s^m + q_{m-1} s^{m-1} + \ldots + q_1 s + q_0}{p_n s^n + p_{n-1} s^{n-1} + \ldots + p_1 s + p_0} \tag{2.92}$$

konzentrieren, wobei für realisierbare Systeme $m \leq n$ ist.

Den Fall $m = n$ kann man durch Division auf den Fall $m < n$ zurückführen. Man dividiert das Zählerpolynom durch das Nennerpolynom und erhält

$$F(s) = \frac{q_n}{p_n} + \frac{q'_{n-1} s^{n-1} + q'_{n-2} s^{n-2} + \ldots + q'_1 s + q'_0}{p^n s^n + p_{n-1} s^{n-1} + \ldots + p_1 s + p_0} \tag{2.93}$$

mit den neuen Zählerkoeffizienten

$$q'_i = q_i - \frac{q_n}{p_n}\, p_i \tag{2.94}$$

($i = 0, 1, \ldots, n-1$), wie man leicht durch Einsetzen der q'_i und Ausmultiplizieren nachweist. Diese neuen Koeffizienten kann man vorteilhaft mit dem Digitalrechner durch Auswerten der rekursiven Beziehung (2.94) errechnen.

Beispiel 2.22. Gegeben sei die Laplace-Transformierte

$$F(s) = \frac{3,5 s^2 + 1,7 s + 0,8}{1,2 s^2 + 0,9 s + 0,5}.$$

Man berechne die nach Gl. (2.93) zerlegte Form von $F(s)$.

Mit $n=2$ erhält man nacheinander $q_n/p_n=2{,}92$, $q_1'=1{,}7-3{,}5/1{,}2\cdot0{,}9=-0{,}93$, $q_0'=0{,}8-3{,}5/1{,}2\cdot0{,}5=-0{,}66$, d.h.

$$F(s)=2{,}92-\frac{0{,}93\,s+0{,}66}{1{,}2\,s^2+0{,}9\,s+0{,}5}\,.$$

Bei der Rücktransformation entspricht dem ersten Term in Gl. (2.93) ein Dirac-Impuls mit der Zeitfläche $u_{-1}=q_n/p_n$.

Im folgenden wird angenommen, daß diese Division bereits ausgeführt wurde und $F(s)$ als echt gebrochen rationale Funktion nach Gl. (2.92) mit $m<n$ vorliegt.

Wie ein Blick auf Tafel **2.46** zeigt, kann man Laplace-Transformierte, deren Nenner die Form $(s-a)^k$ oder $(s-a)^2+b^2$ haben, besonders einfach in den Zeitbereich transformieren. Ausdrücke dieser Form erhält man, wenn man das Nennerpolynom $P(s)$ von $F(s)$ in der faktorisierten Form

$$P(s)=(s-s_1)\,(s-s_2)\,\ldots\,(s-s_n) \tag{2.95}$$

darstellt, wobei die s_i $(i=1, 2, \ldots, n)$ die Nullstellen von $P(s)$, also die Lösungen der Gleichung

$$P(s)=p_n\,s^n+p_{n-1}\,s^{n-1}+\ldots+p_1\,s+p_0=0 \tag{2.96}$$

sind. Zur Herstellung der faktorisierten Form benötigt man also die Nullstellen des Nennerpolynoms; diese kann man für $n\le3$ noch analytisch, für $n>3$ numerisch (s. z.B. [4], [75], [97], [115]) berechnen. Für das folgende sei angenommen, daß die faktorisierte Form (2.95) von $P(s)$ vorliegt.

Beispiel 2.23. Für das Polynom $P(s)=s^3+2{,}8s^2+2{,}35s+0{,}6$ erhält man auf numerischem Wege die reellen Nullstellen $s_1=-1{,}5$, $s_2=-0{,}8$ und $s_3=-0{,}5$, also die faktorisierte Darstellung $P(s)=(s+1{,}5)\,(s+0{,}8)\,(s+0{,}5)$. Dieses Ergebnis kann man durch Ausmultiplizieren verifizieren.

Beispiel 2.24. Für das Polynom $P(s)=s^3+6{,}1s^2+14{,}7s+11{,}7$ hat man die konjugiert komplexen Nullstellen $s_{1,2}=-2{,}3\mp j\,1{,}6$ und die reelle Nullstelle $s_3=-1{,}5$. Die faktorisierte Form von $P(s)$ wird also $P(s)=(s+2{,}3+j\,1{,}6)\,(s+2{,}3-j\,1{,}6)\,(s+1{,}5)$. Faßt man die beiden ersten Faktoren zusammen, erhält man die Form $P(s)=[(s+2{,}3)^2+1{,}6^2]\,(s+1{,}5)$.

Einen Überblick über die Lage der Nullstellen von $P(s)$ verschafft man sich, indem man diese in der komplexen s-Ebene darstellt; dieses ist in Bild **2.47a** für das Beispiel 2.23 und in Bild **2.47b** für das Beispiel 2.24 geschehen.

Eine gebrochen rationale Funktion der Form

$$F(s)=\frac{Q(s)}{P(s)}=\frac{q^m\,s^m+q^{m-1}\,s^{m-1}+\ldots+q_1\,s+q_0}{(s-s_1)\,(s-s_2)\,\ldots\,(s-s_n)} \tag{2.97}$$

mit $m < n$ kann in eine Summe von n Partialbrüchen umgeformt werden:

$$F(s) = F_1(s) + F_2(s) + \ldots + F_{n-1}(s) + F_n(s) = \sum_{i=1}^{n} F_i(s). \qquad (2.98)$$

Die Form der einzelnen Summanden hängt von der Art der Nullstellen von $P(s)$ und den Koeffizienten des Zählerpolynoms $Q(s)$ ab. Für regelungstechnische Anwendungen sind drei Arten von Nullstellen besonders wichtig:

Die Nullstelle s_i von $P(s)$ ist einfach und reell, d.h. $P(s)$ enthält den Term $(s - \sigma_i)$. Für den zugehörigen Summanden $F_i(s)$ in Gl. (2.98) macht man dann den Ansatz

$$F_i(s) = \frac{A_i}{s - \sigma_i}. \qquad (2.99)$$

Die Nullstelle s_i von $P(s)$ ist mehrfach und reell, d.h. $P(s)$ schließt den Faktor $(s - \sigma_i)^{\nu}$ ein. Hierzu gehören in Gl. (2.98) die ν Summanden

$$F_i = \frac{A_i}{s - \sigma_i},$$

$$F_{i+1} = \frac{A_{i+1}}{(s - \sigma_i)^2}, \qquad (2.100)$$

$$\vdots$$

$$F_{i+\nu-1} = \frac{A_{i+\nu-1}}{(s - \sigma_i)^{\nu}}.$$

Die Nullstellen s_i und s_{i+1} von $P(s)$ sind konjugiert komplex, so daß $P(s)$ die Faktoren $(s - \sigma_i - j\omega_i)$ und $(s - \sigma_i + j\omega_i)$ enthält. Diesen entsprechen in Gl. (2.98) die Summanden

$$F_i = \frac{A_i}{(s - \sigma_i)^2 + \omega_i^2}$$

$$F_{i+1} = \frac{A_{i+1}s}{(s - \sigma_i)^2 + \omega_i^2}. \qquad (2.101)$$

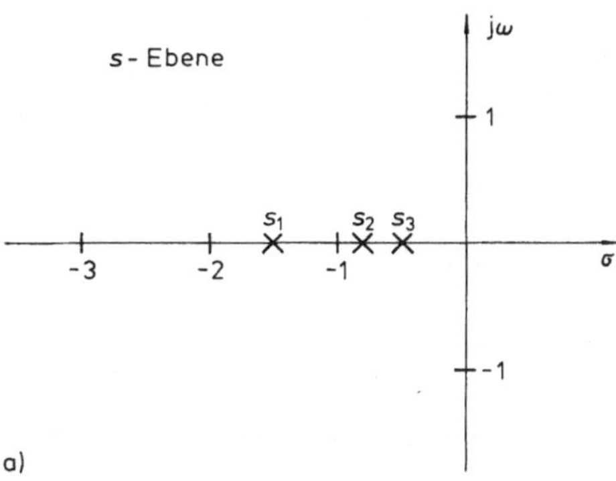

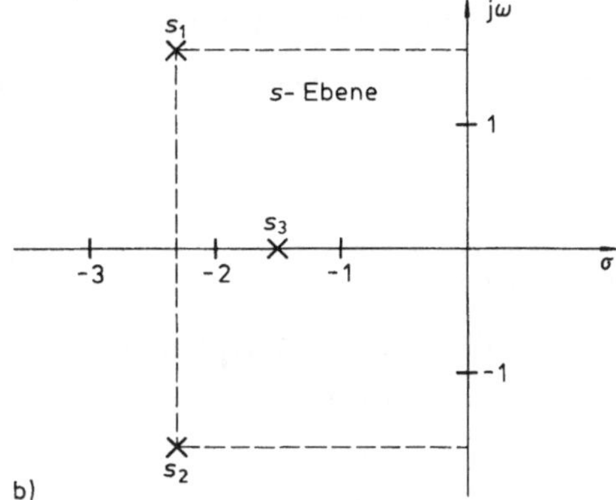

2.47 Lage der Nullstellen von $P(s)$ in der s-Ebene
a) $s_1 = -1{,}5$, $s_2 = -0{,}8$, $s_3 = -0{,}5$
   (Beispiel 2.23)
b) $s_{1,2} = -2{,}3 \mp j\,1{,}6$, $s_3 = -1{,}5$
   (Beispiel 2.24)

Der Fall mehrfacher komplexer Nullstellen kommt in den Anwendungen nur selten vor und kann durch Kombination der Gln. (2.100) und (2.101) behandelt werden.

Die in den Gleichungen für die Summanden $F_i(s)$ auftretenden konstanten Parameter (Residuen) bestimmt man am schnellsten durch Einfügen der $F_i(s)$ in Gl. (2.98), Multiplikation beider Seiten mit dem faktorisierten Polynom $P(s)$ und Vergleich der Koeffizienten gleicher Potenzen von s. Geschlossene Formeln zur Berechnung der Residuen findet man in der Literatur zur Laplace-Transformation.

Beispiel 2.25. Man bestimme die Partialbruchzerlegung der Laplace-Transformierten

$$F(s) = \frac{s+0,7}{(s+1,5)\,(s+0,8)\,(s+0,5)}.$$

Da alle Nullstellen von $P(s)$ reell sind, macht man den Ansatz

$$\frac{s+0,7}{(s+1,5)\,(s+0,8)\,(s+0,5)} = \frac{A_1}{s+1,5} + \frac{A_2}{s+0,8} + \frac{A_3}{s+0,5}.$$

Multiplikation beider Seiten mit $P(s)$ und Wegheben gleicher Ausdrücke in Zähler und Nenner bringt

$$(s+0,7)=A_1\,(s+0,8)\,(s+0,5)+A_2\,(s+1,5)\,(s+0,5)+A_3\,(s+1,5)\,(s+0,8).$$

Durch Koeffizientenvergleich gleicher Potenzen von s erhält man das lineare Gleichungssystem

$$\begin{aligned}
s^0:&\quad 0,4A_1+0,75A_2+1,2A_3=0,7\\
s^1:&\quad 1,3A_1+2,0\ A_2+2,3A_3=1\\
s^2:&\quad\ \ A_1+\ \ \ A_2+\ \ \ A_3=0,
\end{aligned}$$

das die Lösungen $A_1=-1,143$, $A_2=0,476$ und $A_3=0,667$ hat. Die Partialbruchzerlegung von $F(s)$ lautet demgemäß

$$F(s)=-\frac{1,143}{s+1,5}+\frac{0,476}{s+0,8}+\frac{0,667}{s+0,5},$$

was man durch Rekombination der Summanden leicht verifiziert.

Beispiel 2.26. Man bestimme die Partialbruchzerlegung der Laplace-Transformierten

$$F(s) = \frac{5,3}{[(s+2,3)^2+1,6^2]\,(s+1,5)}.$$

Gemäß Beispiel 2.24 hat das Nennerpolynom $P(s)$ die Nullstellen $s_{1,2}=-2,3\mp j\,1,6$ und $s_3=-1,5$. Man macht daher den Ansatz

$$\frac{5,3}{[(s+2,3)^2+1,6^2]\,(s+1,5)} = \frac{A_1+A_2 s}{(s+2,3)^2+1,6^2} + \frac{A_3}{s+1,5}.$$

Multiplikation beider Seiten mit $P(s)$ bringt

$$5,3 = (A_1 + A_2 s)\,(s + 1,5) + A_3[(s + 2,3)^2 + 1,6^2].$$

Koeffizientenvergleich gleicher Potenzen von s ergibt das lineare Gleichungssystem

$$
\begin{aligned}
s^0:&\quad 1,5\,A_1 \qquad\qquad + 7,85\,A_3 = 5,3 \\
s^1:&\quad \,A_1 + 1,5\,A_2 + 4,6\;\,A_3 = 0 \\
s^2:&\quad A_2 + \;A_3 = 0,
\end{aligned}
$$

dessen Auflösung die Residuen zu $A_1 = -5,134$, $A_2 = -1,656$ und $A_3 = 1,656$ liefert. Die Partialbruchzerlegung von $F(s)$ lautet also

$$F(s) = -\frac{5,134 + 1,656\,s}{(s + 2,3)^2 + 1,6^2} + \frac{1,656}{s + 1,5}.$$

Auch hier ist eine Überprüfung leicht möglich.

Hat man die Laplace-Transformierte $F(s)$ in die Summenform nach Gl. (2.98) gebracht, ist wegen der Gültigkeit des Linearitätsprinzips (Abschn. 2.2.2.2) eine gliedweise Transformation in den Zeitbereich und Überlagerung der einzelnen Zeitfunktionen möglich. Mit $f_i(t) = \mathscr{L}^{-1}\{F_i(s)\}$ entspricht der Bildfunktion nach Gl. (2.98) also die Zeitfunktion

$$f(t) = f_1(t) + f_2(t) + \ldots + f_{n-1}(t) + f_n(t) = \sum_{i=1}^{n} f_i(t). \tag{2.102}$$

Die den einfachen Teilausdrücken $F_i(s)$ nach den Gln. (2.99) bis (2.101) entsprechenden Zeitfunktionen entnimmt man der Korrespondenztabelle **2.46**.

Beispiel 2.27. Man bestimme die Zeitfunktion zur Laplace-Transformierten des Beispiels 2.25.
Gliedweise Rücktransformation mit Tafel **2.46**, Korrespondenz Nr. 6, liefert das Ergebnis

$$f(t) = -1,143\,e^{-1,5t} + 0,476\,e^{-0,8t} + 0,667\,e^{-0,5t}.$$

Beispiel 2.28. Man ermittle $f(t)$ für die in Beispiel 2.26 gegebene Laplace-Transformierte.
Um auf die in Tafel **2.46**, Korrespondenzen Nr. 11 und 12, enthaltenen Bildfunktionen zu kommen, addiert man im Zähler des ersten Teilausdrucks von $F(s)$ den Wert $0 = 1,656 \cdot (2,3 - 2,3)$ und erhält

$$
\begin{aligned}
F(s) &= -\frac{5,134 + 1,656\,(s + 2,3) - 1,656 \cdot 2,3}{(s + 2,3)^2 + 1,6^2} + \frac{1,656}{s + 1,5} \\
&= -\frac{1,325 + 1,656\,(s + 2,3)}{(s + 2,3)^2 + 1,6^2} + \frac{1,656}{s + 1,5}.
\end{aligned}
$$

Die zugehörige Zeitfunktion wird nach Tafel **2.46**, Korrespondenzen 6, 11 und 12

$$f(t) = -\frac{1{,}325}{1{,}6}\, e^{-2{,}3\,t}\sin 1{,}6\,t - 1{,}656\, e^{-2{,}3\,t}\cos 1{,}6\,t + 1{,}656\, e^{-1{,}5\,t}$$

$$= -e^{-2{,}3\,t}\,(0{,}828\sin 1{,}6\,t + 1{,}656\cos 1{,}6\,t) + 1{,}656\, e^{-1{,}5\,t}.$$

Damit ist die Zeitfunktion für $t \geq 0$ bekannt.

Mit der Laplace-Transformation kann man die in linearen Prozessen ablaufen-den Zeitvorgänge in systematischer und vergleichsweise wenig aufwendiger Weise berechnen. Ihre eigentliche Bedeutung für die Regelungstechnik liegt aber darin, daß man viele Systemeigenschaften auch – und teilweise sogar bes-ser – im Bildbereich erkennen kann, so daß die Rücktransformation in den Zeitbereich häufig unnötig ist; hierauf wird in Abschn. 2.3 noch näher einge-gangen.

2.2.3 Eingangs-Ausgangs-Beschreibung im Frequenzbereich

Die Reaktion eines linearen zeitinvarianten Übertragungsglieds auf eine Ein-gangszeitfunktion, die zum Zeitpunkt t_0 einsetzt, kann man mit Hilfe der ein-seitigen Laplace-Transformation (s. Abschn. 2.2.2) bestimmen. Neben diesen nichtperiodischen Eingangszeitfunktionen sind besonders periodische Zeit-funktionen von Interesse, die schon vor so langer Zeit begonnen haben, daß das Übertragungsglied die lange zurückliegenden transienten Vorgänge nach dem Einschalten längst „vergessen" hat. Am Ausgang des Übertragungsglieds liegt dann ebenfalls eine periodische Schwingung vor. Um diese Vorgänge zu beschreiben, erweitert man die einseitige Laplace-Transformation auf den ge-samten Zeitbereich $-\infty < t < +\infty$ und erhält die Definitionsgleichung der **zweiseitigen Laplace-Transformation**

$$F(s) = \lim_{\substack{T_1 \to -\infty \\ T_2 \to +\infty}} \int_{T_1}^{T_2} f(t)\, e^{-st}\,\mathrm{d}t = \int_{-\infty}^{+\infty} f(t)\, e^{-st}\,\mathrm{d}t. \tag{2.103}$$

Da diese Definition nur sinnvoll ist, wenn das Integral einen endlichen Wert annimmt, also konvergent ist, sind die transformierbaren Zeitfunktionen $f(t)$ gewissen Beschränkungen unterworfen.

Für die Anwendungen ist ein Spezialfall der zweiseitigen Laplace-Transforma-tion besonders wichtig, der nachfolgend behandelt werden soll.

2.2.3.1 Definition, Eigenschaften und Rechenregeln der Fourier-Transformation. Beschränkt man in Gl. (2.103) den Wertebereich der komplexen Variablen $s = \sigma + j\omega$ auf die imaginäre Achse, setzt also $\sigma = 0$ und $s = j\omega$, dann erhält man die **Fourier-Transformierte** $\mathscr{F}\{f(t)\} \equiv F(j\omega)$ der Zeitfunktion $f(t)$ zu

$$F(j\omega) = \int\limits_{-\infty}^{+\infty} f(t)\,e^{-j\omega t}\,dt. \tag{2.104}$$

Die Fourier-Transformierte existiert dann, wenn das Integral in Gl. (2.104) konvergiert; da der Faktor $e^{-j\omega t}$ den Betrag 1 hat, ist die Konvergenz gesichert, wenn die Zeitfunktion $f(t)$ absolut integrabel, also

$$\int\limits_{-\infty}^{+\infty} |f(t)|\,dt < +\infty \tag{2.105}$$

ist.

Beispiel 2.29. Man berechne die Fourier-Transformierte des in Bild **2.48**a dargestellten Rechteckimpulses der Dauer T_i und der Impulshöhe $1/T_i$.
Die Konvergenzprüfung nach Gl. (2.105) liefert zunächst

$$\int\limits_{-\infty}^{+\infty} |f(t)|\,dt = \int\limits_{0}^{T_i} \frac{1}{T_i}\,dt = 1 < +\infty,$$

d.h. die Fourier-Transformierte des Rechteckimpulses existiert. Diese berechnet man nach Gl. (2.104) zu

$$F(j\omega) = \int\limits_{0}^{T_i} \frac{1}{T_i}\,e^{-j\omega t}\,dt = \frac{1-e^{-j\omega T_i}}{j\omega T_i}.$$

Zieht man den Faktor $e^{-j\omega T_i/2}$ heraus und beachtet, daß $[e^{j\omega T_i/2}-e^{-j\omega T_i/2}]/2j = \sin(\omega T_i/2)$ ist, erhält man die Fourier-Transformierte des Rechteckimpulses zu

$$F(j\omega) = \frac{\sin(\omega T_i/2)}{\omega T_i/2}\,e^{-j\omega T_i/2}. \tag{2.106}$$

Über der Variablen ω aufgetragen, erhält man wegen $|e^{-j\omega T_i/2}| = 1$ den in Bild **2.48**b dargestellten Verlauf des Betrages $|F(j\omega)|$. Diesen Verlauf bezeichnet man auch als Spektraldichtefunktion des Rechteckimpulses.

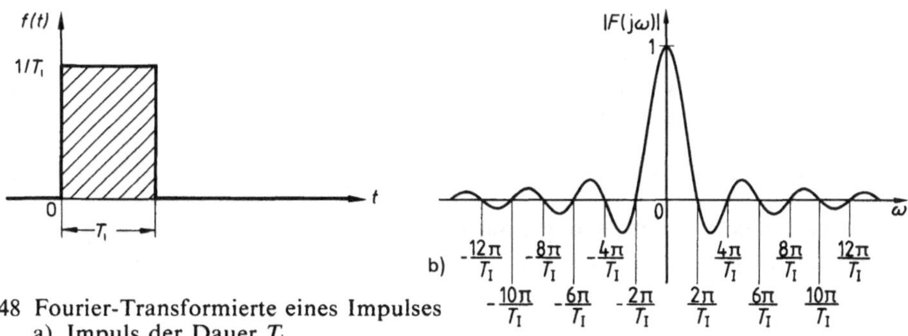

2.48 Fourier-Transformierte eines Impulses
  a) Impuls der Dauer T_i
  b) Fourier-Transformierte des Impulses

Läßt man die Impulsdauer unter Beibehaltung der Impulsfläche gegen Null gehen, erhält man wegen $\lim\limits_{T_i \to 0} [\sin(\omega T_i/2)/(\omega T_i/2)] = 1$ die Fourier-Transformierte des Dirac-Impulses zu

$$F_\delta(j\omega) = 1, \tag{2.107}$$

d.h. eine konstante Spektraldichtefunktion.

Die Fourier-Transformation hat ähnliche Eigenschaften wie die Laplace-Transformation, von denen einige in Tafel **2.49** zusammengestellt sind. Tabellen der Fourier-Transformierten der wichtigsten Zeitfunktionen findet man beispielsweise in [10], [24], [105].

Tafel **2.49** Eigenschaften der Fourier-Transformation

Nr.	Eigenschaft	Beziehung zwischen Zeit- und Frequenzbereich	Anmerkung
1	Linearität	$\mathscr{F}\{c_1 f_1(t) + c_2 f_2(t)\} = c_1 F_1(j\omega) + c_2 F_2(j\omega)$	c_1, c_2 reelle Konstanten
2	Differentiation	$\mathscr{F}\{\dot{f}(t)\} = (j\omega) F(j\omega)$	sofern $\dot{f}(t)$ absolut integrabel ist
3	Integration	$\mathscr{F}\{h(t)\} = \dfrac{1}{(j\omega)} F(j\omega) + \pi F(0)\delta(\omega)$	$h(t) = \int f(\tau)\,d\tau$
4	Zeitverschiebung	$\mathscr{F}\{f(t-T_t)\} = e^{-j\omega T_t} F(j\omega)$	$T_t > 0$
5	Faltung	$\mathscr{F}\left\{ \int\limits_{-\infty}^{\infty} f_1(t) f_2(t-\tau)\,d\tau \right\} = F_1(j\omega) F_2(j\omega)$	

2.2.3.2 Anwendung der Fourier-Transformation auf lineare Übertragungsglieder.
Wendet man die Differentiationseigenschaft der Fourier-Transformation (Tafel **2.49**, Nr. 2) auf die Differentialgleichung

$$a_n v^{(n)}(t) + \ldots + a_1 \dot{v}(t) + a_0 v(t) = b_0 u(t) + b_1 \dot{u}(t) + \ldots + b_m u^{(m)}(t) \tag{2.108}$$

eines linearen zeitinvarianten Übertragungsglieds an, dann erhält man nach Ausklammern von $V(j\omega)$ und $U(j\omega)$ die Beziehung

$$[a_n(j\omega)^n + \ldots + a_1(j\omega) + a_0] V(j\omega) = [b_0 + b_1(j\omega) + \ldots + b_m(j\omega)^m] U(j\omega).$$

Bildet man das Verhältnis der Fourier-Transformierten von Ausgangsgröße $V(j\omega)$ und Eingangsgröße $U(j\omega)$, hat man

$$\frac{V(j\omega)}{U(j\omega)} = \frac{b_m(j\omega)^m + b_{m-1}(j\omega)^{m-1} + \ldots + b_1(j\omega) + b_0}{a_n(j\omega)^n + a_{n-1}(j\omega)^{n-1} + \ldots + a_1(j\omega) + a_0}. \tag{2.109}$$

Dieses Verhältnis bezeichnet man als (komplexen) **Frequenzgang** des Übertragungsglieds und bezeichnet es mit $G(j\omega)$, d.h. es gilt

$$V(j\omega) = G(j\omega)\, U(j\omega) \tag{2.110}$$

mit

$$G(j\omega) = \frac{b_{\mathrm{m}}(j\omega)^{m} + b_{\mathrm{m}-1}(j\omega)^{m-1} + \ldots + b_{1}(j\omega) + b_{0}}{a_{\mathrm{n}}(j\omega)^{n} + a_{\mathrm{n}-1}(j\omega)^{n-1} + \ldots + a_{1}(j\omega) + a_{0}}. \tag{2.111}$$

Die Gleichung (2.110) ist in Bild **2.50** in symbolischer Form dargestellt. Vergleicht man diese Beziehungen mit den entsprechenden in Abschn. 2.2.2.3, dann erkennt man, daß der Frequenzgang eines linearen zeitinvarianten Übertragungsglieds gleich dem Wert der Übertragungsfunktion $G(s)$ für $s = j\omega$, also auf der imaginären Achse der komplexen s-Ebene, ist.

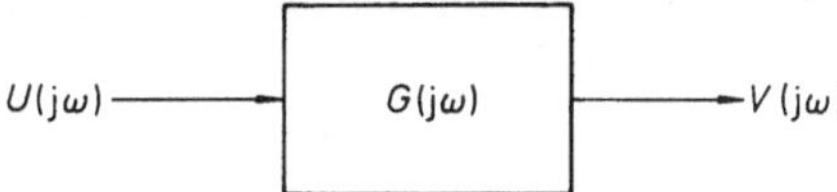

2.50
Beschreibung eines linearen zeitinvarianten Übertragungsglieds im Frequenzbereich
$U(j\omega)$ Fourier-Transformierte der Eingangsgröße, $V(j\omega)$ Fourier-Transformierte der Ausgangsgröße, $G(j\omega)$ Frequenzgang

Schaltet man einen Dirac-Impuls auf den Eingang des Übertragungsglieds, dann erhält man mit $U(j\omega) = \mathscr{F}\{\delta(t)\} = 1$ nach Gl. (2.107) und Gl. (2.110) die Fouriertransformation der Ausgangsgröße zu

$$V_{\delta}(j\omega) = G(j\omega). \tag{2.112}$$

Andererseits ist $V_{\delta}(j\omega)$ gleich der Fourier-Transformierten der Gewichtsfunktion; man hat also die Aussage, daß der Frequenzgang eines Übertragungsglieds gleich der Fourier-Transformierten seiner Gewichtsfunktion ist.

Die Zusammenhänge zwischen Gewichtsfunktion, Übertragungsfunktion und Frequenzgang linearer zeitinvarianter Übertragungsglieder sind in Bild **2.51** in symbolischer Form dargestellt.

2.51
Beziehungen zwischen Gewichtsfunktion, Übertragungsfunktion und Frequenzgang bei linearen zeitinvarianten Übertragungsgliedern

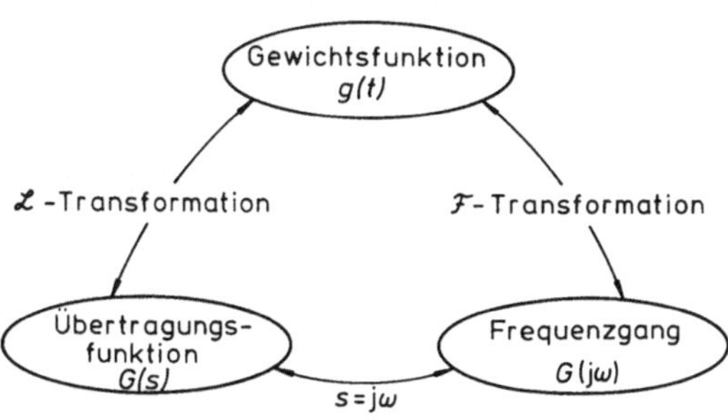

Die physikalische Bedeutung des Frequenzgangs erkennt man, wenn man ein lineares Übertragungsglied, das die Gewichtsfunktion $g(t)$ hat, mit einer Sinusschwingung $u_s(t) = \hat{u}_s \sin \omega_s t$ anregt (Bild 2.52 a). Um die Rechnung zu vereinfachen, führt man in bekannter Weise (s. Band I) das **komplexe Signal** $u_s^*(t) = \hat{u}_s \, \mathrm{e}^{\mathrm{j}\omega_s t} = \hat{u}_s[\cos \omega_s t + \mathrm{j} \sin \omega_s t]$ ein; das Signal $u_s(t)$ ist als Imaginärteil in $u_s^*(t)$ enthalten. Das zugehörige komplexe Ausgangssignal $v^*(t)$ ist dann nach Abschn. 2.2.1.2 durch das Faltungsintegral

$$v^*(t) = \int_{-\infty}^{t} g(t-\tau) u_s^*(\tau) \, \mathrm{d}\tau \tag{2.113}$$

gegeben; hierbei ist angenommen, daß die Sinusschwingung bereits vor langer Zeit eingesetzt hat und alle transienten Vorgänge abgeklungen sind. Da die Gewichtsfunktion $g(t-\tau)$ bei einem kausalen System für $t < \tau$ identisch 0 ist, kann man mit der Variablentransformation $t - \tau = \xi$ das Faltungsintegral in die äquivalente Form

$$v^*(t) = \int_{-\infty}^{+\infty} g(\xi) u_s^*(t-\xi) \, \mathrm{d}\xi \tag{2.114}$$

überführen. Einsetzen von $u_s^*(t-\xi) = \hat{u}_s \, \mathrm{e}^{\mathrm{j}\omega_s(t-\xi)} = \hat{u}_s \, \mathrm{e}^{\mathrm{j}\omega_s t} \mathrm{e}^{-\mathrm{j}\omega_s \xi}$ ergibt das komplexe Ausgangssignal

$$v^*(t) = \hat{u}_s \, \mathrm{e}^{\mathrm{j}\omega_s t} \int_{-\infty}^{+\infty} g(\xi) \mathrm{e}^{-\mathrm{j}\omega_s \xi} \mathrm{d}\xi. \tag{2.115}$$

Das hier auftretende Integral ist aber nach der Definition der Fourier-Transformierten (Gl. 2.104) und des Frequenzgangs gerade gleich dem Wert des Frequenzgangs $G(\mathrm{j}\omega)$ bei der Kreisfrequenz ω_s der anregenden Sinusschwingung, d.h. man erhält

$$v^*(t) = \hat{u}_s \, G(\mathrm{j}\omega_s) \mathrm{e}^{\mathrm{j}\omega_s t}.$$

Die komplexe Ausgangszeitfunktion ergibt sich also als Produkt aus der Amplitude $\hat{u}_s$ der Eingangsschwingung, dem komplexen Faktor $G(\mathrm{j}\omega_s)$ und der komplexen Schwingung $\mathrm{e}^{\mathrm{j}\omega_s t}$. Schreibt man $G(\mathrm{j}\omega_s)$ in der Polardarstellung als $|G(\mathrm{j}\omega_s)|\mathrm{e}^{\mathrm{j}\varphi(\mathrm{j}\omega_s)}$, wobei $|G(\mathrm{j}\omega_s)|$ der Betrag und $\varphi(\mathrm{j}\omega_s) = \arc[G(\mathrm{j}\omega_s)]$ die Phase des komplexen Faktors $G(\mathrm{j}\omega_s)$ ist, dann wird das reelle Ausgangssignal

$$\begin{aligned}
v(t) &= \mathrm{Im}\{v^*(t)\} \\
&= \mathrm{Im}\{\hat{u}_s|G(\mathrm{j}\omega_s)|[\cos(\omega_s t + \varphi(\mathrm{j}\omega_s)) + \mathrm{j}\sin(\omega_s t + \varphi(\mathrm{j}\omega_s))]\} \\
&= \hat{u}_s|G(\mathrm{j}\omega_s)|\sin(\omega_s t + \varphi(\mathrm{j}\omega_s)).
\end{aligned} \tag{2.116}$$

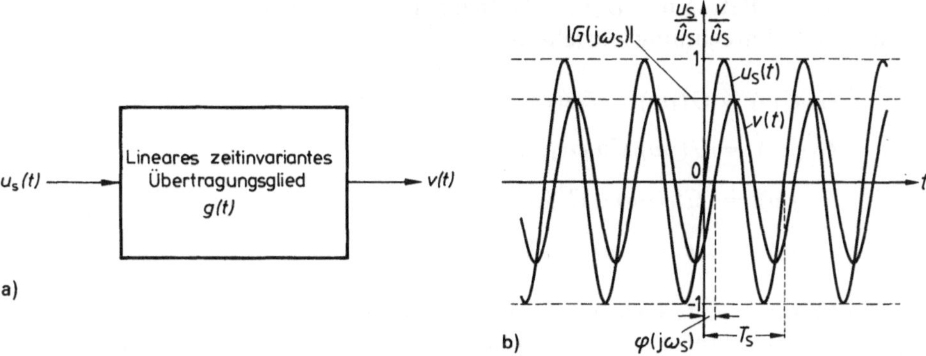

2.52 Reaktion eines linearen zeitinvarianten Übertragungsglieds auf eine Sinusschwingung
a) Wirkungsplan, b) Zeitfunktionen
$u_s(t)$ Eingangszeitfunktion, $\hat{u}_s$ Amplitude der Eingangszeitfunktion, ω_s Kreisfrequenz der Eingangszeitfunktion, $g(t)$ Gewichtsfunktion, $|G(j\omega_s)|$ Betrag des Frequenzgangs, $\varphi(j\omega_s)$ Phase des Frequenzgangs

Die Ausgangsgröße des linearen Übertragungsglieds ist also ebenfalls eine harmonische Schwingung, allerdings mit einer um den Faktor $|G(j\omega_s)|$ geänderten Amplitude und einer um $\varphi(j\omega_s)$ verschobenen Phase (Bild **2.52**b).

2.2.3.3 Berechnung und Messung des Frequenzgangs. Der Frequenzgang eines linearen Übertragungsglieds ist gemäß der Definitionsgleichung (2.111) eine komplexe Funktion der Variablen ω. Man kann daher mit $G_R(j\omega)$ als Realteil und $G_I(j\omega)$ als Imaginärteil von $G(j\omega)$ schreiben

$$G(j\omega) = G_R(j\omega) + j\,G_I(j\omega) \qquad (2.117)$$

und $G(j\omega)$ als Zeiger in der komplexen Ebene (Bild **2.53**) darstellen. In Polardarstellung erhält man andererseits

$$G(j\omega) = |G(j\omega)|e^{j\varphi(j\omega)} \qquad (2.118)$$

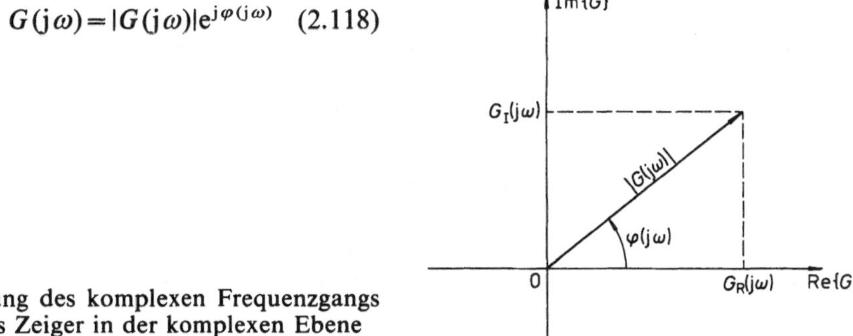

2.53
Darstellung des komplexen Frequenzgangs $G(j\omega)$ als Zeiger in der komplexen Ebene
$|G(j\omega)|$ Betrag, $\varphi(j\omega)$ Phasenwinkel, $G_R(j\omega)$ Realteil, $G_I(j\omega)$ Imaginärteil

mit $|G(j\omega)|$ als Betrag und $\varphi(j\omega)$ als Phase des Frequenzgangs. Nach Bild **2.**53 hat man die Umrechnungsbeziehungen

$$G_R(j\omega) = |G(j\omega)|\cos\varphi(j\omega), \tag{2.119}$$

$$G_I(j\omega) = |G(j\omega)|\sin\varphi(j\omega), \tag{2.120}$$

$$|G(j\omega)| = \sqrt{G_R^2(j\omega) + G_I^2(j\omega)}, \tag{2.121}$$

$$\varphi(j\omega) = \arctan[G_I(j\omega)/G_R(j\omega)]. \tag{2.122}$$

Um den Frequenzgang $G(j\omega)$ zu berechnen, muß man $G_R(j\omega)$ und $G_I(j\omega)$ oder $|G(j\omega)|$ und $\varphi(j\omega)$ für den Bereich $-\infty < \omega < +\infty$ der Variablen ω durch Auswerten der Definitionsgleichung (2.111) bestimmen. Hierzu berechnet man die Real- und Imaginärteile von Zähler- und Nennerpolynom, formt diese in die Polardarstellung um und bestimmt hieraus Betrag und Phase des Frequenzgangs. Am Beispiel des Nennerpolynoms

$$\begin{aligned} N(j\omega) &= N_R(j\omega) + j N_I(j\omega) \\ &= a_n(j\omega)^n + a_{n-1}(j\omega)^{n-1} + \ldots + a_1(j\omega) + a_0 \end{aligned} \tag{2.123}$$

sollen diese Schritte gezeigt werden.

Zunächst kann man den Wertebereich der Variablen ω auf nichtnegative Werte beschränken, da nach Gl. (2.123) offenbar $N_R(-j\omega) = N_R(j\omega)$ und $N_I(-j\omega) = -N_I(j\omega)$ ist. Analog zu Gl. (2.121) und (2.122) wird dann der Betrag des Nennerpolynoms $|N(-j\omega)| = |N(j\omega)|$ und die Phase $\varphi_N(-j\omega) = -\varphi_N(j\omega)$, so daß die Berechnung für $\omega \geq 0$ ausreicht. Real- und Imaginärteil von $N(j\omega)$ erhält man aus (2.123) wegen $j \cdot j = -1$ zu

$$N_R(j\omega) = \pm a_k\omega^k \ldots - a_6\omega^6 + a_4\omega^4 - a_2\omega^2 + a_0, \tag{2.124}$$

$$N_I(j\omega) = (\pm a_l\omega^{l-1} \ldots - a_7\omega^6 + a_5\omega^4 - a_3\omega^2 + a_1)\omega \tag{2.125}$$

mit $k = 2\,\text{int}(n/2)$ und $l = 2\,\text{int}[(n-1)/2] + 1$ [1]). Zur numerischen Berechnung setzt man $w = -\omega^2$ und schreibt N_R und N_I in der geschachtelten Form

$$N_R(j\omega) = \{\ldots[(a_k w + a_{k-2})w + a_{k-4}]w + \ldots + a_2\}w + a_0, \tag{2.126}$$

$$N_I(j\omega) = [\{\ldots[(a_l w + a_{l-2})w + a_{l-4}]w + \ldots + a_3\}w + a_1]\omega. \tag{2.127}$$

Die Ausdrücke kann man leicht rekursiv auswerten, indem man mit den innersten Klammern beginnt und sich sukzessive nach außen vorarbeitet.

---

[1]) Die Integer-Funktion $\text{int}\{\cdot\}$ bildet den ganzzahligen Anteil des Arguments.

Beispiel 2.30. Für das Polynom 7. Ordnung

$$N(j\omega) = 1{,}6\,(j\omega)^7 + 0{,}8\,(j\omega)^6 + 1{,}2\,(j\omega)^5 + 2{,}3\,(j\omega)^4$$
$$+ 0{,}3\,(j\omega)^3 + 2{,}8\,(j\omega)^2 + 1{,}3\,(j\omega) + 1$$

berechne man die Werte von Real- und Imaginärteil bei $\omega = 1{,}585$.
Mit $k = 2\operatorname{int}(7/2) = 6$ und $l = 2\operatorname{int}(6/2) + 1 = 7$ erhält man die geschachtelte Darstellung

$$N_R(j\omega) = [(0{,}8\,w + 2{,}3)\,w + 2{,}8]\,w + 1\,,$$
$$N_I(j\omega) = \{[(1{,}6\,w + 1{,}2)\,w + 0{,}3]\,w + 1{,}3\}\,\omega\,.$$

Mit $\omega = 1{,}585$ und $w = -\omega^2 = -2{,}512$ berechnet man Real- und Imaginärteil rekursiv zu

$$N_R(j\,1{,}585) = -4{,}20\,, \qquad N_I(j\,1{,}585) = -27{,}3\,.$$

Hat man den Realteil $N_R(j\omega)$ und den Imaginärteil $N_I(j\omega)$ bestimmt, dann kann man Betrag und Phase nach

$$|N(j\omega)| = \sqrt{N_R^2(j\omega) + N_I^2(j\omega)}$$

und

$$\varphi_N(j\omega) = \arctan[N_I(j\omega)/N_R(j\omega)]$$

berechnen. Ganz entsprechend bestimmt man Realteil $M_R(j\omega)$, Imaginärteil $M_I(j\omega)$, Betrag $|M(j\omega)|$ und Phase $\varphi_M(j\omega)$ des Zählerpolynoms

$$M(j\omega) = b_m(j\omega)^m + b_{m-1}(j\omega)^{m-1} + \ldots + b_1(j\omega) + b_0\,. \tag{2.128}$$

Betrag und Phase des Frequenzgangs hat man dann schließlich zu

$$|G(j\omega)| = \frac{|M(j\omega)|}{|N(j\omega)|}\,, \tag{2.129}$$

$$\varphi(j\omega) = \varphi_M(j\omega) - \varphi_N(j\omega)\,. \tag{2.130}$$

Beispiel 2.31. Für die Übertragungsfunktion

$$G(s) = \frac{M(s)}{N(s)} = \frac{3{,}5\,s^2 + 1{,}7\,s + 0{,}8}{1{,}2\,s^2 + 0{,}9\,s + 0{,}5}$$

bestimme man den Wert des Frequenzgangs bei $\omega = 0{,}251$.
Mit $s = j\omega$ erhält man die Werte von Zähler- und Nennerpolynom zu

$$M(j\omega) = (-3{,}5\,\omega^2 + 0{,}8) + j\,1{,}7\,\omega = 0{,}72\,e^{j\,36{,}4^\circ}\,,$$
$$N(j\omega) = (-1{,}2\,\omega^2 + 0{,}5) + j\,0{,}9\,\omega = 0{,}48\,e^{j\,28{,}0^\circ}\,,$$

d.h. es wird

$$|G(j\omega)| = \frac{0{,}72}{0{,}48} = 1{,}50, \qquad \varphi(j\omega) = 36{,}4° - 28° = 8{,}4°.$$

Real- und Imaginärteil von $G(j\omega)$ erhält man mit den Gln. (2.119) und (2.120) zu

$$G_R(j\omega) = 1{,}50 \cos 8{,}4° = 1{,}48, \qquad G_I(j\omega) = 1{,}50 \sin 8{,}4° = 0{,}22.$$

Hat man den Frequenzgang $G(j\omega)$ für hinreichend viele ω-Werte berechnet, stellt man ihn in geeigneter Weise graphisch dar (s. Abschn. 2.2.3.4).

Ausgehend von der physikalischen Deutung des Frequenzgangs (Abschn. 2.2.3.2) kann man den Frequenzgang eines gerätemäßig – z.B. als elektrische Schaltung – vorhandenen linearen Übertragungsglieds auch experimentell ermitteln. Hierzu legt man eine sinusförmige Größe $u_s(t) = \hat{u}_s \sin \omega_s t$ an den Eingang des Übertragungsglieds, wartet das Abklingen eventueller transienter Vorgänge ab und registriert die dann ebenfalls sinusförmige Ausgangsgröße $v(t) = \hat{v}(j\omega_s) \sin[\omega_s t + \varphi(j\omega_s)]$. Nach Gl. (2.116) ist dann der Betrag des Frequenzgangs bei der Kreisfrequenz ω_s durch $|G(j\omega_s)| = \hat{v}(j\omega_s)/\hat{u}$ und der Phasenwinkel durch $\varphi(j\omega_s)$ gegeben. Anschließend wiederholt man die Messung mit anderen Werten der Kreisfrequenz ω_s solange, bis der interessierende Bereich der Kreisfrequenzen hinreichend dicht abgedeckt ist. Bild **2.**54 zeigt das Prinzipschaltbild einer derartigen Meßanordnung, die man als **Frequenzganganalysator** bezeichnet.

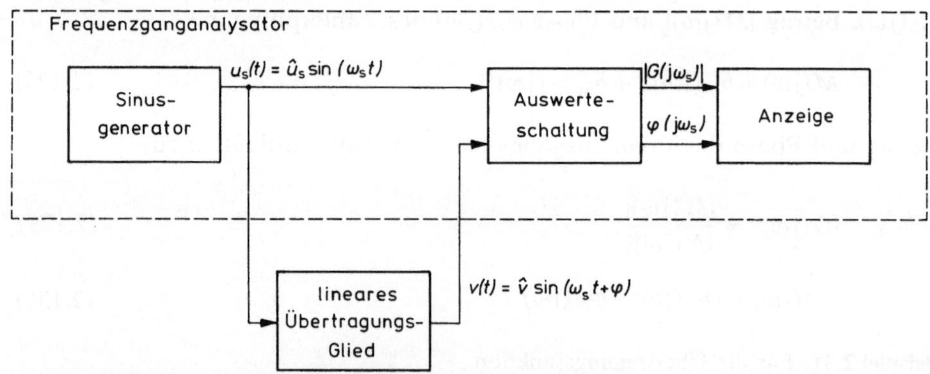

2.54 Prinzipschaltbild des Frequenzganganalysators
$u_s(t)$ sinusförmige Eingangsgröße, $v(t)$ Ausgangsgröße, $|G(j\omega)|$ Betrag, $\varphi(j\omega)$ Phasenwinkel des Frequenzgangs

2.2.3.4 Graphische Darstellung des Frequenzgangs. Erst die graphische Darstellung des Frequenzgangs erlaubt es dem Regelungstechniker, wichtige Eigenschaften des untersuchten Systems „auf einen Blick" zu erkennen und Hinweise auf mögliche Verbesserungen des Systemverhaltens zu gewinnen. Die Art der Darstellung richtet sich nach der speziellen Aufgabenstellung; in der Regelungstechnik sind drei Darstellungsformen gebräuchlich, nämlich

– die Nyquist-Ortskurve,
– das Bode-Diagramm (Frequenzkennlinien), und
– das Nichols-Diagramm.

Diese werden nachfolgend eingeführt.

Nyquist-Ortskurve. Bei einer Veränderung der Kreisfrequenz ω von $\omega = 0$ bis $\omega = \infty$ beschreibt die Spitze des durch den Betrag $|G(j\omega)|$ und die Phase $\varphi(j\omega)$ festgelegten Zeigers in der komplexen $G(j\omega)$-Ebene eine stetige Kurve (Bild 2.55), die als Ortskurve des Frequenzgangs oder Nyquist-Ortskurve bezeichnet wird[1]). Die zu den Punkten der Ortskurve gehörenden Werte der Kreisfrequenz ω werden als Skalierung angeschrieben. Außerdem wird der Ortskurve ein Durchlaufssinn in Richtung wachsender ω-Werte zugeordnet. Aus der Ortskurvendarstellung kann man für eine vorgegebene Kreisfrequenz den Betrag $|G(j\omega)|$, den Phasenwinkel $\varphi(j\omega)$[2]), den Realteil $G_R(j\omega)$ und den Imaginärteil $G_I(j\omega)$ direkt ablesen.

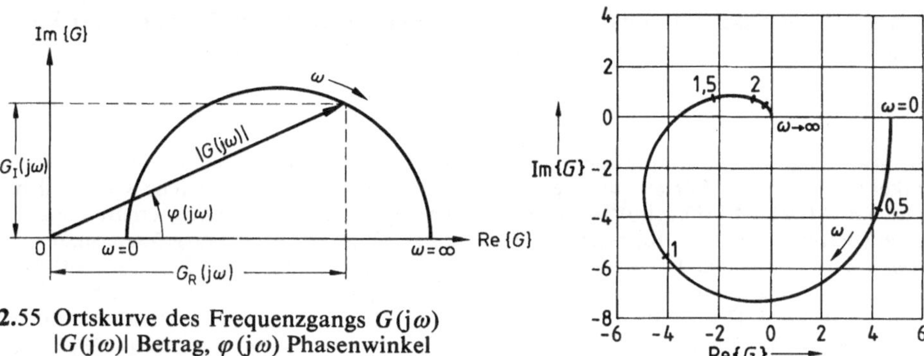

2.55 Ortskurve des Frequenzgangs $G(j\omega)$
$|G(j\omega)|$ Betrag, $\varphi(j\omega)$ Phasenwinkel
$G_R(j\omega)$ Realteil
$G_I(j\omega)$ Imaginärteil
ω Kreisfrequenz

2.56 Ortskurve des Frequenzgangs $G(j\omega)$ zu Beispiel 2.32

Beispiel 2.32. Man bestimme die Nyquist-Ortskurve des Frequenzgangs

$$G(j\omega) = \frac{4,7}{1 + 1,3\,(j\omega) + 1,52\,(j\omega)^2 + 0,76\,(j\omega)^3 + 0,1\,(j\omega)^4} \, .$$

Für $\omega = 0$ beginnt die Ortskurve bei $G(j0) = 4,7$ und endet für $\omega = \infty$ bei $G(j\infty) = 0$. Den Verlauf zwischen diesen Werten bestimmt man mit dem in Abschn. 2.2.3.3 angegebenen rekursiven Verfahren und erhält die in Bild 2.56 dargestellte Nyquist-Ortskurve.

---

[1]) Für negative Kreisfrequenzen erhält man einen Kurvenverlauf, der zur reellen Achse spiegelsymmetrisch ist.
[2]) Der Phasenwinkel $\varphi(j\omega)$ wird üblicherweise im Gradmaß angegeben und auf den Wertebereich $-180° \leq \varphi < 180°$ beschränkt.

Bode-Diagramm (Frequenzkennlinien). Häufig erstreckt sich der interessierende Bereich der Kreisfrequenz ω und des Betrags $|G(j\omega)|$ über mehrere Zehnerpotenzen. Bei einer linearen Darstellung würden sich daher unhandlich große Diagramme ergeben, wenn man eine gewisse Mindestauflösung bei kleinen Kreisfrequenzen und Beträgen fordert. Man bildet deshalb den Wert der Kreisfrequenz logarithmisch ab und trägt den Betrag des Frequenzgangs im logarithmischen Maßstab auf. Hierfür hat sich in der Regelungstechnik die Darstellung im Dezibel(dB)-Maß bewährt, bei der man anstelle des Betrags $|G(j\omega)|$ den gemäß

$$|G(j\omega)|_{dB} = 20\lg|G(j\omega)| \tag{2.131}$$

gebildeten logarithmischen Betrag im linearen Maßstab aufträgt. Man stellt den Verlauf des nach Gl. (2.131) gebildeten logarithmierten Betrags $|G(j\omega)|_{dB}$ und der Phase $\varphi(j\omega)$ des komplexen Frequenzgangs im linearen Maßstab ($|G(j\omega)|_{dB}$ in Dezibel, $\varphi(j\omega)$ in Grad) über dem logarithmisch abgebildeten Wert der Kreisfrequenz ω in einem gemeinsamen Diagramm, dem Bode-Diagramm, dar. Den Verlauf der Betragskennlinie bezeichnet man als Amplitudengang, den der Phasenkennlinie als Phasengang; Amplituden- und Phasengang zusammengenommen heißen Frequenzkennlinien.

Beispiel 2.33. Man ermittle die Frequenzkennlinien des Frequenzgangs von Beispiel 2.32.

Für $\omega \approx 0$ beginnt die Amplitudenkennlinie bei $|G(0)|_{dB} \approx 20\lg 4,7 = 13,4$ und die Phasenkennlinie bei $0°$. Für $\omega \to \infty$ überwiegt im Nenner die höchste Potenz von ω, d.h. man hat $G(j\omega) \approx 4,7/[0,1\,(j\omega)^4] = 47/(j\omega)^4$. Den logarithmierten Betrag erhält man in diesem Bereich zu $|G(j\omega)|_{dB} \approx (20\lg 47 - 80\lg\omega) = (33,4 - 80\lg\omega)$. Vergrößert man die Kreisfrequenz um den Faktor 10, nimmt $|G(j\omega)|_{dB}$ um 80 ab, d.h. $|G(j\omega)|_{dB}$ fällt mit 80 dB pro (Kreisfrequenz-)Dekade. Der Amplitudengang hat also bei hohen Kreisfrequenzen im Bode-Diagramm einen annähernd linearen Verlauf, d.h. er nähert sich einer Asymptote. Den Phasenwinkel von $G(j\omega)$ erhält man für große Kreisfrequenzen mit $G(j\omega) \approx 47/(j\omega)^4 = 47/\omega^4$ zu $\varphi(j\omega) \approx 0°$.

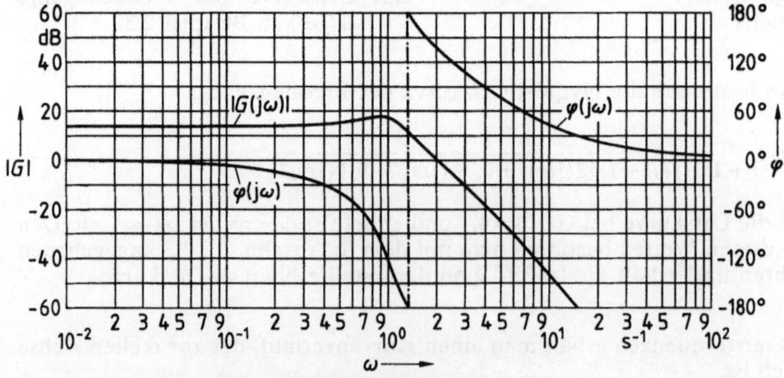

2.57 Bode-Diagramm zu Beispiel 2.32
$|G(j\omega)|$ Amplitudengang, $\varphi(j\omega)$ Phasengang des Frequenzgangs

Der vollständige Verlauf von Amplituden- und Phasengang ist für den Bereich $0,01\ \mathrm{s}^{-1} \le \omega \le 100\ \mathrm{s}^{-1}$ in Bild **2.57** im Bode-Diagramm dargestellt.

Nichols-Diagramm. Beim Nichols-Diagramm trägt man den logarithmierten Betrag $|G(\mathrm{j}\omega)|_{\mathrm{dB}}$ über der Phase (in Grad) des Frequenzgangs im linearen Maßstab auf; in Bild **2.58** ist das Ergebnis für den Frequenzgang von Beispiel 2.32 gezeigt.

Von den drei genannten Darstellungsformen hat das Bode-Diagramm in der Regelungstechnik die weitaus größte Bedeutung erlangt und wird insbesondere für die Stabilitätsprüfung und den Entwurf linearer Regelkreise häufig eingesetzt.

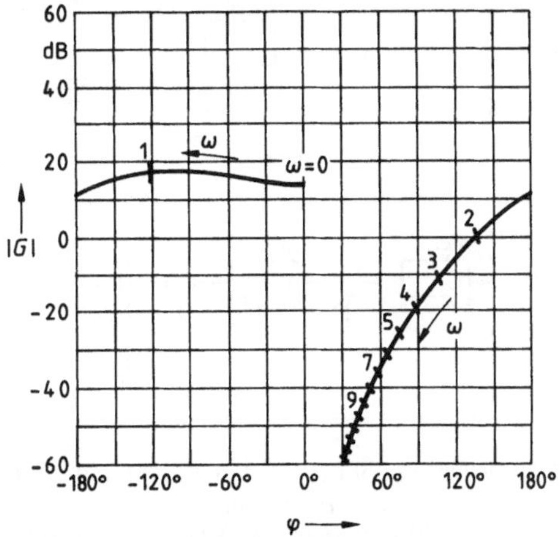

2.58 Nichols-Diagramm zu Beispiel 2.32

2.2.4 Zustandsbeschreibung linearer Übertragungsglieder

Die Beschreibung eines linearen zeitinvarianten Übertragungsgliedes durch die skalare Differentialgleichung (2.40), die Übertragungsfunktion nach Gl. (2.85) oder den Frequenzgang nach Gl. (2.111) verknüpft den Verlauf der Ausgangsgröße $v(t)$ mit dem der Eingangsgröße $u(t)$, sagt aber nichts über den inneren Aufbau des Übertragungsglieds aus. Prozesse mit unterschiedlicher innerer Struktur können also das gleiche Eingangs-Ausgangs-Verhalten haben.

Beispiel 2.34. In Bild **2.59** sind unter Verwendung der in Abschn. 2.1.2 eingeführten Elemente des Wirkungsplans zwei lineare dynamische Prozesse mit offensichtlich unterschiedlicher innerer Struktur dargestellt. Man bestimme für diese Prozesse die Übertragungsfunktionen.

Aus Bild **2.59**a liest man mit den beiden Zwischengrößen $X_1(s)$ und $X_2(s)$ die Prozeßgleichungen

$$X_1(s) = \frac{1}{s} X_2(s), \tag{2.132a}$$

$$X_2(s) = \frac{1}{s}\,[0{,}718\,U(s) - 0{,}189\,X_1(s) - 0{,}678\,X_2(s)], \tag{2.133a}$$

$$V(s) = X_1(s) \tag{2.134a}$$

ab, wenn man die Integration im Zeitbereich nach Tafel **2.45**, Zeile 3, durch die Multiplikation mit dem Faktor $1/s$ ersetzt und alle Anfangswerte zu Null setzt. Durch Kom-

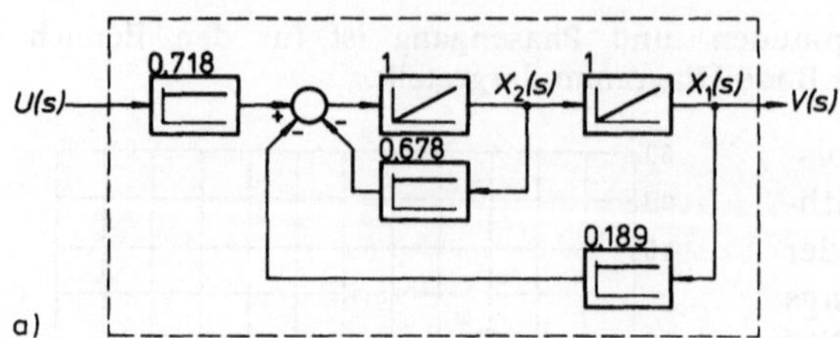

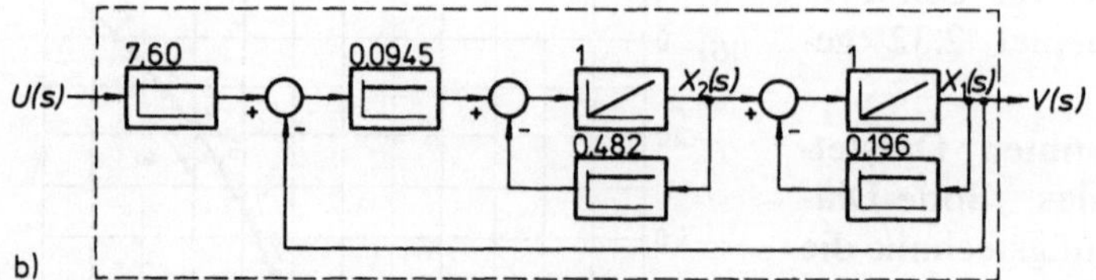

2.59 Wirkungspläne zu den Beispielen 2.34 und 2.35
a) Prozeß a, b) Prozeß b
$U(s)$ Eingangsgröße, $V(s)$ Ausgangsgröße, $X_1(s)$, $X_2(s)$ Zustandsgrößen

bination dieser Gleichungen erhält man sukzessive

$$V(s) = \frac{1}{s} X_2(s)$$

$$= \frac{1}{s^2} [0,718\, U(s) - 0,189\, X_1(s) - 0,678\, X_2(s)] \tag{2.135}$$

$$= \frac{1}{s^2} [0,718\, U(s) - 0,189\, V(s) - 0,678\, s\, V(s)].$$

Durch Umordnen, Auflösen nach $V(s)$ und Bilden von $V(s)/U(s)$ wird die Übertragungsfunktion von Prozeß a

$$G(s) = \frac{V(s)}{U(s)} = \frac{0,718}{s^2 + 0,678\, s + 0,189}. \tag{2.136}$$

Für Prozeß b hat man dagegen die Beziehungen

$$X_1(s) = \frac{1}{s} [X_2(s) - 0,196\, X_1(s)], \tag{2.132b}$$

$$X_2(s) = \frac{1}{s} \{0,0945\, [7,60\, U(s) - X_1(s)] - 0,482\, X_2(s)\}, \tag{2.133b}$$

$$V(s) = X_1(s). \tag{2.134b}$$

Kombiniert man auch diese Gleichungen miteinander und löst nach $V(s)$ auf, erhält man die gleiche Übertragungsfunktion wie für Prozeß a. Trotz des unterschiedlichen inneren Aufbaus haben also die beiden Prozesse das gleiche Eingangs-Ausgangs-Verhalten.

2.2.4.1 Systembeschreibung durch Zustandsvariable. Um die innere Struktur eines dynamischen Prozesses zu erfassen, führt man zusätzlich zu den p Eingangsgrößen $u_i(t)$ und den q Ausgangsgrößen $v_j(t)$ (s. Abschn. 2.1.1) weitere n Größen $x_k(t)$ ein, die den momentanen inneren Zustand des Prozesses in eindeutiger Weise kennzeichnen und daher Zustandsgrößen oder Zustandsvariable heißen. Anstelle der das Übertragungsverhalten des Prozesses beschreibenden Gleichungen (2.1) erhält man dann die Zustandsgleichungen

$$
\begin{aligned}
\dot{x}_1(t) &= f_1\{x_1(t), \ldots, x_n(t),\ u_1(t), \ldots, u_p(t)\},\\
\dot{x}_2(t) &= f_2\{x_1(t), \ldots, x_n(t),\ u_1(t), \ldots, u_p(t)\},\\
&\;\;\vdots\\
\dot{x}_n(t) &= f_n\{x_1(t), \ldots, x_n(t),\ u_1(t), \ldots, u_p(t)\},
\end{aligned}
\tag{2.137}
$$

$$
\begin{aligned}
v_1(t) &= g_1\{x_1(t), \ldots, x_n(t),\ u_1(t), \ldots, u_p(t)\},\\
&\;\;\vdots\\
v_q(t) &= g_q\{x_1(t), \ldots, x_n(t),\ u_1(t), \ldots, u_p(t)\}.
\end{aligned}
\tag{2.138}
$$

Die Gln. (2.137) verknüpfen in zunächst beliebiger – also z. B. auch nichtlinearer Weise – die augenblickliche Geschwindigkeit, mit der sich die Zustandsvariablen ändern, mit den momentanen Werten der Zustandsvariablen und der Eingangsgrößen und beschreiben damit das dynamische Verhalten des Prozesses. Die Gln. (2.138) stellen die Verbindung zwischen den momentanen Werten der Ausgangsgrößen $v_j(t)$ und denen der Zustandsgrößen $x_k(t)$ und der Eingangsgrößen $u_i(t)$ her.

Die unhandlichen Zustandsgleichungen (2.137) und (2.138) kann man mittels der in Abschn. 2.1.2 eingeführten Vektorschreibweise in der übersichtlichen Form

$$
\dot{x}(t) = f\{x(t), u(t)\}
\tag{2.139}
$$

und

$$
v(t) = g\{x(t), u(t)\}
\tag{2.140}
$$

anschreiben. Man bezeichnet Gl. (2.139) als Zustandsdifferentialgleichung, Gl. (2.140) als Ausgangsgleichung und den Vektor $x(t)$ als Zustandsvektor. Mit den in Abschn. 2.1.2 eingeführten Symbolen kann man diese Gleichungen durch den Wirkungsplan in Bild 2.60 darstellen.

$u(t)$ Eingangsvektor
$v(t)$ Ausgangsvektor
$x(t)$ Zustandsvektor
$f\{\cdot\}$ und $g\{\cdot\}$ Vektorfunktionen

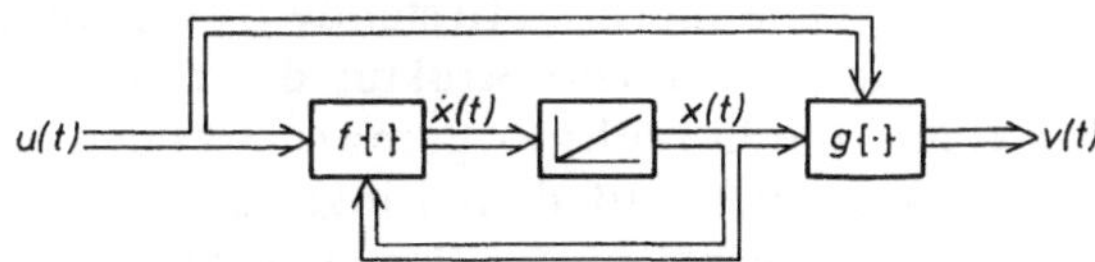

2.60 Wirkungsplan eines Prozesses in Zustandsdarstellung

Beschränkt man sich auf lineare zeitinvariante Prozesse, dann kann man die Zustandsgleichungen (2.137) und (2.138) in der speziellen Form

$$\begin{aligned}
\dot{x}_1(t) &= a_{11}x_1(t) + \ldots + a_{1n}x_n(t) + b_{11}u_1(t) + \ldots + b_{1p}u_p(t), \\
\dot{x}_2(t) &= a_{21}x_1(t) + \ldots + a_{2n}x_n(t) + b_{21}u_1(t) + \ldots + b_{2p}u_p(t), \\
&\;\;\vdots \\
\dot{x}_n(t) &= a_{n1}x_1(t) + \ldots + a_{nn}x_n(t) + b_{n1}u_1(t) + \ldots + b_{np}u_p(t)
\end{aligned} \tag{2.141}$$

und

$$\begin{aligned}
v_1(t) &= c_{11}x_1(t) + \ldots + c_{1n}x_n(t) + d_{11}u_1(t) + \ldots + d_{1p}u_p(t), \\
&\;\;\vdots \\
v_q(t) &= c_{q1}x_1(t) + \ldots + c_{qn}x_n(t) + d_{q1}u_1(t) + \ldots + d_{qp}u_p(t)
\end{aligned} \tag{2.142}$$

schreiben, da wegen der Linearität des Prozesses keine Produkte oder Potenzen von Variablen auftreten können. Bei dieser Art der Darstellung kann man die Zustandsgleichungen mit der Vektorschreibweise und den Regeln der linearen Algebra für die Addition und Multiplikation von Matrizen (s. beispielsweise [22], [25], [48], [111]) in der Form

$$\begin{bmatrix} \dot{x}_1(t) \\ \dot{x}_2(t) \\ \vdots \\ \dot{x}_n(t) \end{bmatrix} = \begin{bmatrix} a_{11} \, a_{12} \ldots a_{1n} \\ a_{21} \, a_{22} \ldots a_{2n} \\ \vdots \;\; \vdots \quad\;\; \vdots \\ a_{n1} \, a_{n2} \ldots a_{nn} \end{bmatrix} \begin{bmatrix} x_1(t) \\ x_2(t) \\ \vdots \\ x_n(t) \end{bmatrix} + \begin{bmatrix} b_{11} \, b_{12} \ldots b_{1p} \\ b_{21} \, b_{22} \ldots b_{2p} \\ \vdots \;\; \vdots \quad\;\; \vdots \\ b_{n1} \, b_{n2} \ldots b_{np} \end{bmatrix} \begin{bmatrix} u_1(t) \\ u_2(t) \\ \vdots \\ u_p(t) \end{bmatrix} \tag{2.143}$$

und

$$\begin{bmatrix} v_1(t) \\ v_2(t) \\ \vdots \\ v_q(t) \end{bmatrix} = \begin{bmatrix} c_{11} \, c_{12} \ldots c_{1n} \\ c_{21} \, c_{22} \ldots c_{2n} \\ \vdots \;\; \vdots \quad\;\; \vdots \\ c_{q1} \, c_{q2} \ldots c_{qn} \end{bmatrix} \begin{bmatrix} x_1(t) \\ x_2(t) \\ \vdots \\ x_n(t) \end{bmatrix} + \begin{bmatrix} d_{11} \, d_{12} \ldots d_{1p} \\ d_{21} \, d_{22} \ldots d_{2p} \\ \vdots \;\; \vdots \quad\;\; \vdots \\ d_{q1} \, d_{q2} \ldots d_{qp} \end{bmatrix} \begin{bmatrix} u_1(t) \\ u_2(t) \\ \vdots \\ u_p(t) \end{bmatrix} \tag{2.144}$$

schreiben. Diese Gleichungen kann man dann noch in die Vektorform

$$\dot{x}(t) = A x(t) + B u(t), \tag{2.145}$$

$$v(t) = C x(t) + D u(t) \tag{2.146}$$

überführen. Die hierin auftretende Systemmatrix A und Eingangsmatrix B bestimmen die innere Struktur des Prozesses, während die Ausgangsmatrix C und die Durchgangsmatrix D den Ausgangsvektor $v(t)$ mit dem Zustandsvektor $x(t)$ und dem Eingangsvektor $u(t)$ verknüpfen und damit das Übertragungsverhalten des Prozesses mitbestimmen; Bild 2.61 zeigt den zugehörigen Wirkungsplan eines derartigen linearen Prozesses.

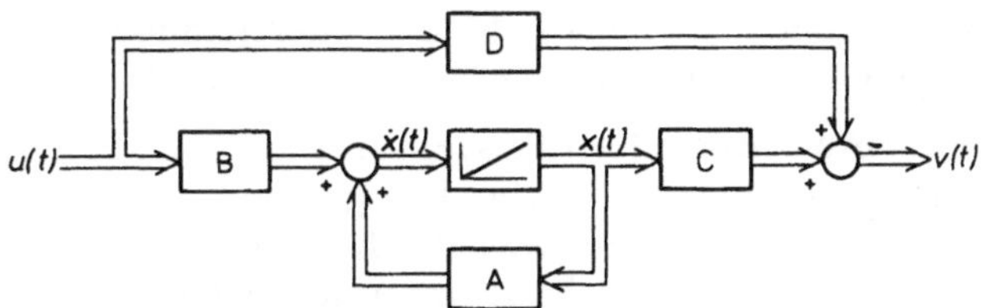

2.61 Wirkungsplan eines linearen Prozesses in Zustandsdarstellung
$u(t)$ Eingangsvektor, $v(t)$ Ausgangsvektor, $x(t)$ Zustandsvektor,
A, B, C, D Systemmatrizen

Beispiel 2.35. Man bestimme die Zustandsgleichungen der in Bild 2.59 a) und b) dargestellten Prozesse.
Wenn man beachtet, daß am Eingang eines Integrierglieds die zeitliche Ableitung der Ausgangsgröße liegt, kann man für Prozeß a am Bild 2.59 die folgenden Zustandsgleichungen ablesen:

$$\dot{x}_1(t) = x_2(t),$$
$$\dot{x}_2(t) = -0{,}189\,x_1(t) - 0{,}678\,x_2(t) + 0{,}718\,u(t),$$
$$v(t) = x_1(t).$$

Die Zustandsdarstellung dieses Prozesses ist also mit $n=2$, $p=q=1$:

$$\begin{bmatrix} \dot{x}_1(t) \\ \dot{x}_2(t) \end{bmatrix} = \begin{bmatrix} 0 & 1 \\ -0{,}189 & -0{,}678 \end{bmatrix} \begin{bmatrix} x_1(t) \\ x_2(t) \end{bmatrix} + \begin{bmatrix} 0 \\ 0{,}718 \end{bmatrix} u(t),$$

$$v(t) = \begin{bmatrix} 1 & 0 \end{bmatrix} \begin{bmatrix} x_1(t) \\ x_2(t) \end{bmatrix} + 0 \cdot u(t).$$

Dagegen erhält man für Prozeß b die Zustandsdarstellung

$$\begin{bmatrix} \dot{x}_1(t) \\ \dot{x}_2(t) \end{bmatrix} = \begin{bmatrix} -0{,}196 & 1 \\ -0{,}0945 & -0{,}482 \end{bmatrix} \begin{bmatrix} x_1(t) \\ x_2(t) \end{bmatrix} + \begin{bmatrix} 0 \\ 0{,}718 \end{bmatrix} u(t),$$

$$v(t) = \begin{bmatrix} 1 & 0 \end{bmatrix} \begin{bmatrix} x_1(t) \\ x_2(t) \end{bmatrix} + 0 \cdot u(t).$$

Die unterschiedliche Struktur der beiden Prozesse macht sich hier in der unterschiedlichen Besetzung der Systemmatrix A bemerkbar. Dennoch haben beide Prozesse das gleiche Übertragungsverhalten, wie in Beispiel 2.34 gezeigt wurde.

Welche Prozeßgrößen oder lineare Kombination von Prozeßgrößen man als Zustandsgrößen wählt, ist zunächst freigestellt, solange die Zustandsvariablen bei Kenntnis ihrer Anfangswerte zum Zeitpunkt t_0 und der Eingangsgrößen $u_i(t)$ das dynamische Verhalten des Prozesses für $t>t_0$ in eindeutiger Weise festlegen. Bei einem Prozeß, der n unabhängige Energiespeicher enthält, benötigt man genau n Zustandsgrößen $x_1(t) \dots x_n(t)$. Diese müssen voneinander linear unabhängig sein, d. h. keine der Zustandsgrößen darf sich als Linearkombination der anderen Zustandsgrößen darstellen lassen. Bei der Analyse dynamischer Prozesse empfiehlt es sich, diejenigen physikalischen Größen als Zustandsgrößen zu wählen, die den Energieinhalt des Systems beschreiben. Derartige Größen sind beispielsweise (Tafel 2.62)

- bei **mechanischen Systemen** Positionen bzw. Drehwinkel der Massen als Maß für die potentielle Energie und Geschwindigkeiten bzw. Winkelgeschwindigkeiten als Maß für die kinetische Energie,
- bei **elektrischen Systemen** der Strom in einer Induktivität als Maß für die im magnetischen Feld und die Spannung an einer Kapazität als Maß für die im elektrischen Feld gespeicherte Energie.

Für diese Zustandsgrößen hat man die Systemgleichungen durch Anwenden der physikalischen Gesetze aufzustellen (s. beispielsweise die Bände im Moeller-Leitfaden der Elektrotechnik und [9], [42], [56], [63], [66], [94], [107]).

Tafel **2.62** Zustandsgrößen bei linearen mechanischen und elektrischen Prozessen

physikalischer Prozeß	Energieart	Gespeicherte Energie W	Zustands- größe	Parameter
Mechanisch (translatorisch)	Potentielle Energie	$\frac{1}{2}cx^2$	Position x	c Federsteifig-keit
	Kinetische Energie	$\frac{1}{2}mv^2$	Geschwindig-keit v	m Masse
Mechanisch (rotatorisch)	Potentielle Energie	$\frac{1}{2}c\varphi^2$	Drehwinkel φ	c Drehsteifig-keit
	Kinetische Energie	$\frac{1}{2}J\omega^2$	Winkelgeschwin-digkeit ω	J Trägheits-moment
Elektrisch	magnetische Feldenergie	$\frac{1}{2}Li^2$	Strom i	L Induktivität
	elektrische Feldenergie	$\frac{1}{2}Cu^2$	Spannung u	C elektr. Kapazität

Beispiel 2.36. Für das in Bild **2.63** dargestellte RC-Netzwerk sollen die Systemgleichungen in Zustandsform berechnet werden.

Man verwendet als Zustandsvariable die Spannungen $u_1(t)$, $u_2(t)$ und $u_3(t)$ an den Kondensatoren und erhält die Gleichungen für die Knoten 1 bis 3 zu

$$C_1\dot{u}_1(t) = i_1(t) = \frac{u_2(t) - u_1(t)}{R_1},$$

$$C_2\dot{u}_2(t) = i_2(t) - i_1(t) = \frac{u_3(t) - u_2(t)}{R_2} - \frac{u_2(t) - u_1(t)}{R_1},$$

$$C_3\dot{u}_3(t) = i_3(t) - i_2(t) = \frac{u_e(t) - u_3(t)}{R_3} - \frac{u_3(t) - u_2(t)}{R_2}.$$

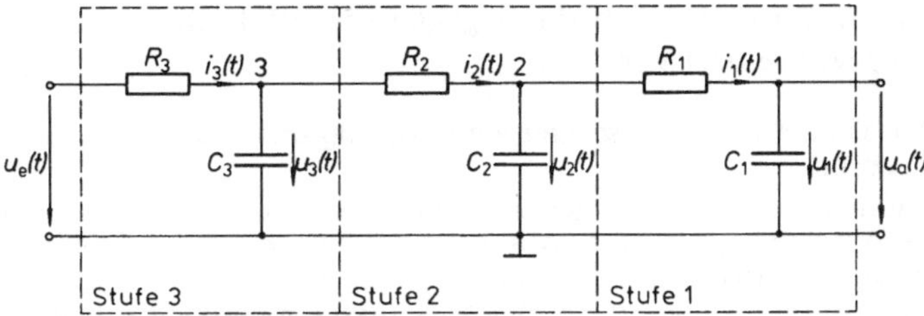

2.63 Schaltbild zu den Beispielen 2.36 und 2.37
$u_e(t)$ Eingangsspannung, $u_a(t)$ Ausgangsspannung, $u_1(t)$, $u_2(t)$, $u_3(t)$ Kondensatorspannungen, $i_1(t)$, $i_2(t)$, $i_3(t)$ Zweigströme, R_1, R_2, R_3 Wirkwiderstände, C_1, C_2, C_3 Kapazitäten

Außerdem hat man die Ausgangsgleichung $u_a(t) = u_1(t)$. Nach Division durch C_1, C_2 und C_3 bestimmt man die Zustandsgleichungen zu

$$
\begin{bmatrix} \dot{u}_1(t) \\[1mm] \dot{u}_2(t) \\[1mm] \dot{u}_3(t) \end{bmatrix} =
\begin{bmatrix}
-\dfrac{1}{R_1 C_1} & \dfrac{1}{R_1 C_1} & 0 \\[3mm]
\dfrac{1}{R_1 C_2} & -\dfrac{1}{C_2}\left(\dfrac{1}{R_1}+\dfrac{1}{R_2}\right) & \dfrac{1}{R_2 C_2} \\[3mm]
0 & \dfrac{1}{R_2 C_3} & -\dfrac{1}{C_3}\left(\dfrac{1}{R_2}+\dfrac{1}{R_3}\right)
\end{bmatrix}
\begin{bmatrix} u_1(t) \\[1mm] u_2(t) \\[1mm] u_3(t) \end{bmatrix} +
\begin{bmatrix} 0 \\[2mm] 0 \\[2mm] \dfrac{1}{R_3 C_3} \end{bmatrix} u_e(t),
$$

$$
u_a(t) = [1 \quad 0 \quad 0]\begin{bmatrix} u_1(t) \\ u_2(t) \\ u_3(t) \end{bmatrix} + 0 \cdot u_e(t).
$$

Diese Gleichungen sind in der gewünschten Zustandsform; durch Vergleich mit Gl. (2.145) und (2.146) erhält man die Parameter der Systemmatrizen A, B, C und D zu

$$a_{11} = -1/(R_1 C_1), \quad a_{12} = 1/(R_1 C_1), \quad a_{13} = 0,$$
$$a_{21} = 1/(R_1 C_2), \quad a_{22} = -(1/R_1 + 1/R_2)/C_2, \quad a_{23} = 1/(R_2 C_2), \quad a_{31} = 0,$$
$$a_{32} = 1/(R_2 C_3), \quad a_{33} = -(1/R_2 + 1/R_3)/C_3, \quad b_{11} = b_{21} = 0,$$
$$b_{31} = 1/(R_3 C_3), \quad c_{11} = 1, \quad c_{12} = c_{13} = d_{11} = 0.$$

Die Struktur eines in Zustandsvariablen-Darstellung beschriebenen Prozesses kann man in übersichtlicher und sinnfälliger Weise mit den in Abschn. 2.1.2 eingeführten Bauelementen des Wirkungsplans verdeutlichen. Hierbei erscheinen die Zustandsgrößen $x_1(t) \dots x_n(t)$ als Ausgangsgrößen und ihre zeitlichen Ableitungen $\dot{x}_1(t) \dots \dot{x}_n(t)$ als Eingangsgrößen von Integriergliedern, während die in den Matrizen A bis D enthaltenen Systemparameter durch Proportionalglieder darzustellen sind. Diese Blöcke werden in der durch die Zustandsgleichungen gegebenen systemspezifischen Form durch Wirkungslinien, Verzweigungspunkte und Additionsstellen miteinander verknüpft. Beim Aufstellen des Wirkungsplans beginnt man zweckmäßigerweise bei der Ausgangsgröße

$v(t)$ und arbeitet sich dann gegen die Pfeilrichtungen sukzessive bis zur Eingangsgröße $u(t)$ vor.

Beispiel 2.37. Man bestimme den Wirkungsplan für das in Bild **2.63** dargestellte RC-Netzwerk.

Mit den Systemgleichungen und -parametern nach Beispiel **2.36** und den Bauelementen des Wirkungsplans nach Abschnitt **2.1.2** kann man den Wirkungsplan des RC-Netzwerks schrittweise konstruieren; das Ergebnis zeigt Bild **2.64**. Neben der dreistufigen Struktur der Schaltung läßt der Wirkungsplan besonders deutlich die Rückwirkung von Stufe 1 auf Stufe 2 (über Block a_{21}) und von Stufe 2 auf Stufe 3 (über Block a_{32}) erkennen.

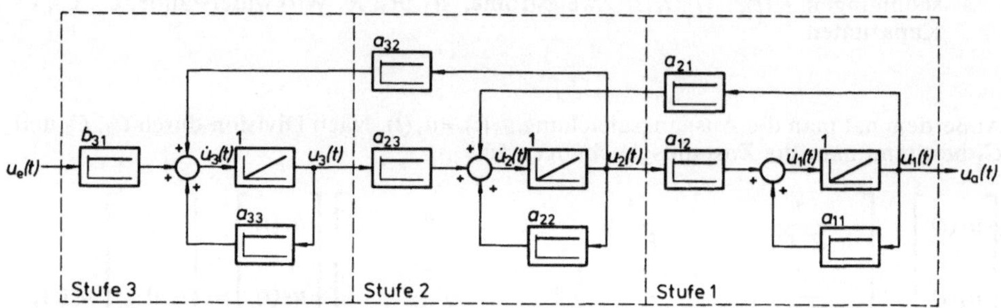

2.64 Wirkungsplan zu Beispiel 2.37
$u_e(t)$ Eingangsspannung, $u_a(t)$ Ausgangsspannung, $u_1(t)$, $u_2(t)$, $u_3(t)$ Kondensatorspannungen, a_{ij}, b_{ij} Systemparameter

Die Zustandsbeschreibung dynamischer Prozesse vermittelt – insbesonders in Verbindung mit der bildlichen Darstellung im Wirkungsplan – erheblich mehr Information über den Prozeß als die Eingangs-Ausgangs-Beschreibung durch Übertragungsfunktionen. Für die Analyse und die Simulation komplexer, auch nichtlinearer und zeitvarianter, Systeme hat diese Darstellungsform daher grundlegende Vorteile. Andererseits kann für den Entwurf von Regelungen die in der Übertragungsfunktion enthaltene Informationsreduktion durchaus von Vorteil sein. Da man – zumindest bei linearen Systemen – die beiden Darstellungsformen mit geringer Mühe, die man auch noch dem Digitalrechner übertragen kann, ineinander umrechnen kann (Abschn. **2.2.4.5**), sollte man beide Darstellungsformen gleichberechtigt nebeneinander verwenden.

2.2.4.2 Lösung der Vektordifferentialgleichung. Die Vektordifferentialgleichung

$$\dot{x}(t) = A\,x(t) + B\,u(t)$$

hat eine formale Ähnlichkeit mit der skalaren Differentialgleichung

$$\dot{v}(t) = a\,v(t) + b\,u(t), \tag{2.147}$$

für die in Abschn. 2.2.1.1, Gl. (2.50), die vollständige Lösung

$$v(t) = e^{at} v_0 + \int_0^t e^{a(t-\tau)} b u(\tau) \, d\tau \qquad (2.148)$$

mit $v_0 = v(t_0)$ bestimmt wurde. Diese Ähnlichkeit legt einen Ansatz der Form

$$x(t) = e^{A(t-t_0)} x(t_0) + \int_{t_0}^t e^{A(t-\tau)} B u(\tau) \, d\tau \qquad (2.149)$$

nahe. Die hier auftretende Matrizenfunktion $e^{A(t-t_0)}$ wird in Anlehnung an den skalaren Fall durch die unendliche Reihe

$$e^{A(t-t_0)} = I + A \frac{(t-t_0)}{1!} + A^2 \frac{(t-t_0)^2}{2!} + \cdots \qquad (2.150)$$

definiert; I bezeichnet eine n,n-Einheitsmatrix und die Potenzen der Systemmatrix A sind durch die Matrizenprodukte $A \cdot A$, $A \cdot A \cdot A$ usw. definiert. Da die rechte Seite der Definitionsgleichung (2.150) aus einer Summe quadratischer Matrizen mit der Dimension $n \times n$ besteht, hat die Matrix $e^{A(t-t_0)}$ ebenfalls diese Dimension. Wegen ihrer grundlegenden Bedeutung für die Lösung der Vektordifferentialgleichung bezeichnet man sie als **Fundamentalmatrix** oder – aufgrund ihrer speziellen Eigenschaften – auch als **Transitionsmatrix** und führt vereinfachend die Schreibweise

$$\boldsymbol{\Phi}(t, t_0) = e^{A(t-t_0)} \qquad (2.151)$$

ein. Hiermit erhält man die allgemeine Lösung der Vektordifferentialgleichung zu

$$x(t) = \boldsymbol{\Phi}(t, t_0) x(t_0) + \int_{t_0}^t \boldsymbol{\Phi}(t, \tau) B u(\tau) \, d\tau. \qquad (2.152)$$

Diese besteht wie im skalaren Fall aus zwei Anteilen, nämlich dem Teil $\boldsymbol{\Phi}(t, t_0) x(t_0)$, der die Reaktion des Systems auf die Anfangswerte $x(t_0)$ wiedergibt, und dem Faltungsintegral, das die Wirkung der Eingangsgrößen beschreibt.

Beispiel 2.38. Die Beschleunigung $a(t)$, die eine konstante Masse m unter der Wirkung einer Kraft $F(t)$ erfährt, ist nach dem Newtonschen Grundgesetz $a(t) = F(t)/m$. Man berechne den von der Masse zurückgelegten Weg $s(t)$, wenn diese zum Zeitpunkt t_0 die Anfangsgeschwindigkeit $v_0 = v(t_0)$ und bereits den Weg $s_0 = s(t_0)$ zurückgelegt hat.
Da die Geschwindigkeit als zeitliche Ableitung des Weges und die Beschleunigung als zeitliche Ableitung der Geschwindigkeit definiert ist, hat man das Differentialgleichungssystem

$$\dot{s}(t) = v(t),$$
$$\dot{v}(t) = a(t) = F(t)/m\,;$$

$$F(t)\longrightarrow \boxed{\tfrac{1}{m}}\ a(t)\ \longrightarrow \boxed{\quad}\ v(t)\ \longrightarrow \boxed{\quad}\ \longrightarrow s(t)$$

2.65 Wirkungsplan zu Beispiel 2.38
   m Masse
   $F(t)$ Kraft
   $a(t)$ Beschleunigung
   $v(t)$ Geschwindigkeit
   $s(t)$ Weg

den zugehörigen Wirkungsplan zeigt Bild 2.65. Mit der Matrizenschreibweise gewinnt man die Zustandsform zu

$$\begin{bmatrix} \dot{s}(t) \\ \dot{v}(t) \end{bmatrix} = \begin{bmatrix} 0 & 1 \\ 0 & 0 \end{bmatrix} \begin{bmatrix} s(t) \\ v(t) \end{bmatrix} + \begin{bmatrix} 0 \\ \dfrac{1}{m} \end{bmatrix} F(t),$$

aus der man die Systemmatrix und die Eingangsmatrix mit $n=2$ und $p=1$ zu

$$A = \begin{bmatrix} 0 & 1 \\ 0 & 0 \end{bmatrix}, \qquad B = \begin{bmatrix} 0 \\ \dfrac{1}{m} \end{bmatrix}$$

abliest. Setzt man A in die Reihenentwicklung (2.150) ein, dann erhält man die Transitionsmatrix wegen $A^2 = A^3 = \ldots = 0$ zu

$$\boldsymbol{\Phi}(t, t_0) = \begin{bmatrix} 1 & 0 \\ 0 & 1 \end{bmatrix} + \begin{bmatrix} 0 & 1 \\ 0 & 0 \end{bmatrix} \frac{t - t_0}{1!} = \begin{bmatrix} 1 & (t - t_0) \\ 0 & 1 \end{bmatrix},$$

und die vollständige Lösung der Vektordifferentialgleichung nach Gl. (2.152) zu

$$\begin{bmatrix} s(t) \\ v(t) \end{bmatrix} = \begin{bmatrix} 1 & (t - t_0) \\ 0 & 1 \end{bmatrix} \begin{bmatrix} s_0 \\ v_0 \end{bmatrix} + \int_{t_0}^{t} \begin{bmatrix} 1 & (t - \tau) \\ 0 & 1 \end{bmatrix} \begin{bmatrix} 0 \\ \dfrac{1}{m} \end{bmatrix} F(\tau)\,\mathrm{d}\tau$$

$$= \begin{bmatrix} s_0 + v_0(t - t_0) \\ v_0 \end{bmatrix} + \int_{t_0}^{t} \begin{bmatrix} (t - \tau)/m \\ 1/m \end{bmatrix} F(\tau)\,\mathrm{d}\tau.$$

Der Wert des Faltungsintegrals ist vom zeitlichen Verlauf der Kraft für $t \geq t_0$ abhängig. Hat man beispielsweise eine konstante Kraft ($F(t) = F_0 = \mathrm{konstant}$), dann erhält man die vollständige Lösung mit $a_0 = F_0/m$ zu

$$\begin{bmatrix} s(t) \\ v(t) \end{bmatrix} = \begin{bmatrix} s_0 + v_0(t - t_0) + \tfrac{1}{2} a_0 (t - t_0)^2 \\ v_0 + a_0(t - t_0) \end{bmatrix},$$

die die Bewegung einer Masse unter der Wirkung einer konstanten Beschleunigung beschreibt.

Bei komplizierteren Prozessen ist das Berechnen der Transitionsmatrix und das Auffinden der vollständigen Lösung natürlich wesentlich aufwendiger.

2.2.4.3 Eigenschaften der Transitionsmatrix. Die Transitionsmatrix $\boldsymbol{\Phi}(t, t_0)$ hat einige interessante Eigenschaften, die für die Berechnung des Verlaufs von $x(t)$ und für systemtheoretische Untersuchungen vorteilhaft verwendet werden können; diese sollen nachfolgend erläutert werden.

Anfangswerteigenschaft. Setzt man in Gl. (2.150) $t = t_0$, dann erhält man in Verbindung mit Gl. (2.151) die Beziehung

$$\boldsymbol{\Phi}(t_0, t_0) = I, \tag{2.153}$$

die für beliebige Zeitpunkte t_0 gilt. Die Transitionsmatrix mit zwei identischen Argumenten ist also gleich der Einheitsmatrix.

Produkteigenschaft. Schreibt man für das Zeitintervall $(t - t_0)$ in Gl. (2.150) formal $(t - t_0) = (t - t_1) + (t_1 - t_0)$, was offenbar für jeden beliebigen Zeitpunkt t_1 möglich ist, dann erhält man wegen

$$e^{A(t-t_0)} = e^{A[(t-t_1)+(t_1-t_0)]} = e^{A(t-t_1)} \cdot e^{A(t_1-t_0)}$$

mit Gl. (2.151) die Produkteigenschaft der Transitionsmatrix

$$\boldsymbol{\Phi}(t, t_0) = \boldsymbol{\Phi}(t, t_1)\,\boldsymbol{\Phi}(t_1, t_0) \tag{2.154}$$

für alle Werte von t, t_0 und t_1. Eine Erweiterung auf mehrere Zeitintervalle ist ebenfalls möglich.

Potenzeigenschaft. Unterteilt man das Intervall $(t - t_0)$ in k gleiche Teilintervalle der Dauer T, dann erhält man mit der Produkteigenschaft (2.154) die Beziehung

$$\boldsymbol{\Phi}(kT) = \boldsymbol{\Phi}(T)\,\boldsymbol{\Phi}(T) \ldots \boldsymbol{\Phi}(T) = \boldsymbol{\Phi}^{k}(T) \tag{2.155}$$

für ganzzahlige Werte von k. Die Potenzeigenschaft ist besonders für die Behandlung von zeitdiskreten Prozessen (s. Abschn. 4) von Bedeutung.

Inversionseigenschaft. Setzt man in Gl. (2.154) $t = t_0$, dann wird in Verbindung mit Gl. (2.153)

$$\boldsymbol{\Phi}(t_0, t_0) = I = \boldsymbol{\Phi}(t_0, t_1)\,\boldsymbol{\Phi}(t_1, t_0).$$

Multipliziert man beide Seiten dieser Gleichung von links mit der Inversen $\boldsymbol{\Phi}^{-1}(t_0, t_1)$, dann erhält man die Inversionseigenschaft

$$\boldsymbol{\Phi}^{-1}(t_0, t_1) = \boldsymbol{\Phi}(t_1, t_0). \tag{2.156}$$

Vertauscht man also die Reihenfolge der Argumente von $\boldsymbol{\Phi}(t_1, t_0)$, dann entspricht das der Inversion der Transitionsmatrix.

Differentiationseigenschaft. Aus der Definitionsgleichung $\boldsymbol{\Phi}(t, t_0) = \exp[A(t - t_0)]$ erhält man durch Differentiation nach der Zeit

$$\dot{\boldsymbol{\Phi}}(t, t_0) = A\,\mathrm{e}^{A(t - t_0)} = A\,\boldsymbol{\Phi}(t, t_0). \tag{2.157}$$

Diese Matrizendifferentialgleichung entspricht n^2 skalaren homogenen Differentialgleichungen erster Ordnung, deren Lösungsfunktionen die Elemente der Transitionsmatrix sind; als Anfangswerte ist nach Gl. (2.153) die Beziehung $\boldsymbol{\Phi}(t_0, t_0) = I$ zu verwenden.

Die genannten Eigenschaften der Transitionsmatrix, die in Tafel **2.66** zusammengestellt sind, kann man zu ihrer Berechnung und zur Bestimmung der vollständigen Lösung nach Gl. (2.152) vorteilhaft einsetzen.

Tafel **2.66** Eigenschaften der Transitionsmatrix

Nr.	Bezeichnung	Mathem. Beziehung
1	Anfangswerteigenschaft	$\boldsymbol{\Phi}(t_0, t_0) = I$
2	Produkteigenschaft	$\boldsymbol{\Phi}(t, t_0) = \boldsymbol{\Phi}(t, t_1)\,\boldsymbol{\Phi}(t_1, t_0)$
3	Potenzeigenschaft	$\boldsymbol{\Phi}(kT) = \boldsymbol{\Phi}^k(T)$
4	Inversionseigenschaft	$\boldsymbol{\Phi}(t_1, t_0) = \boldsymbol{\Phi}^{-1}(t_0, t_1)$
5	Differentiationseigenschaft	$\dot{\boldsymbol{\Phi}}(t, t_0) = A\,\boldsymbol{\Phi}(t, t_0)$

$\boldsymbol{\Phi}$ Transitionsmatrix, A Systemmatrix

2.2.4.4 Berechnung der Transitionsmatrix. Man kann die Transitionsmatrix nach einer ganzen Reihe von Verfahren berechnen (s. z. B. [14], [17], [22], [25], [79], [99], [111]), von denen hier nur die analytische Berechnung mittels der Differentiationseigenschaft (2.157) und die numerische Ermittlung durch Auswerten der Reihendarstellung gezeigt werden sollen. In der Regel kann man davon ausgehen, daß eine analytische Berechnung der Transitionsmatrix für Systemordnungen $n > 3$ zu aufwendig wird um praktikabel zu sein, so daß man in der Praxis meist auf numerische Verfahren angewiesen ist.

Analytische Lösung. Bezeichnet man die Elemente der Transitionsmatrix $\boldsymbol{\Phi}(t, t_0)$ mit $\varphi_{ik}(t, t_0)$ $(i = 1, 2, \ldots, n,\ k = 1, 2, \ldots, n)$, erhält man mit der Definition des Matrizenprodukts anstelle von Gl. (2.157) die Komponentendarstellung

$$\dot{\varphi}_{ik}(t, t_0) = \sum_{j=1}^{n} a_{ij}\,\varphi_{jk}(t, t_0). \tag{2.158}$$

Diese n^2 skalaren Differentialgleichungen sind mit der Anfangsbedingung

$$\varphi_{ik}(t_0, t_0) = \begin{cases} 0 & \text{für } i \neq k \\ 1 & \text{für } i = k \end{cases} \tag{2.159}$$

zu lösen, was man direkt im Zeitbereich durchführen kann. Eine andere Möglichkeit besteht darin, Gl. (2.158) der Laplace-Transformation zu unterwerfen; mit dem Differentiationssatz nach Tafel **2.45**, Nr. 2, hat man

$$s\,\varphi_{ik}(s) = \sum_{j=1}^{n} a_{ij}\,\varphi_{jk}(s) + \varphi_{ik}(t_0, t_0), \tag{2.160}$$

wobei die Anfangswerte nach Gl. (2.159) schon eingearbeitet sind.
Für $n = 2$ hat man beispielsweise die vier Gleichungen

$$s\,\varphi_{11}(s) = a_{11}\,\varphi_{11}(s) + a_{12}\,\varphi_{21}(s) + 1\,,$$
$$s\,\varphi_{12}(s) = a_{11}\,\varphi_{12}(s) + a_{12}\,\varphi_{22}(s)\,,$$
$$s\,\varphi_{21}(s) = a_{21}\,\varphi_{11}(s) + a_{22}\,\varphi_{21}(s)\,,$$
$$s\,\varphi_{22}(s) = a_{21}\,\varphi_{12}(s) + a_{22}\,\varphi_{22}(s) + 1\,,$$

die man in die folgende Form bringen kann:

$$\begin{aligned}
\varphi_{11}(s) &= \frac{a_{12}}{s - a_{11}}\,\varphi_{21}(s) + \frac{1}{s - a_{11}}\,, \\[2mm]
\varphi_{12}(s) &= \frac{a_{12}}{s - a_{11}}\,\varphi_{22}(s)\,, \\[2mm]
\varphi_{21}(s) &= \frac{a_{21}}{s - a_{22}}\,\varphi_{11}(s)\,, \\[2mm]
\varphi_{22}(s) &= \frac{a_{21}}{s - a_{22}}\,\varphi_{12}(s) + \frac{1}{s - a_{22}}\,.
\end{aligned} \tag{2.161}$$

Diese Gleichungen kann man ineinander einsetzen und nach den Elementen der Transitionsmatrix auflösen.

Beispiel 2.39. Man berechne die Transitionsmatrix für den in Beispiel 2.38 dargestellten Fall einer beschleunigten Masse.

Mit $a_{11} = a_{21} = a_{22} = 0$ und $a_{12} = 1$ erhält man durch Einsetzen in Gl. (2.161) $\varphi_{11}(s) = \varphi_{21}(s)/s + 1/s$, $\varphi_{12}(s) = \varphi_{22}(s)/s$, $\varphi_{21}(s) = 0$, $\varphi_{22}(s) = 1/s$. Diese Gleichungen reduzieren sich auf $\varphi_{11}(s) = 1/s$, $\varphi_{12}(s) = 1/s^2$, $\varphi_{21}(s) = 0$ und $\varphi_{22}(s) = 1/s$. Durch Rücktransformation in den Zeitbereich mit den in Tafel 2.46 angegebenen Korrespondenzen hat man wieder die schon in Beispiel 2.38 angegebene Transitionsmatrix.

Man kann die Laplace-Transformation aber auch direkt auf die Matrizendifferentialgleichung (2.157) anwenden und erhält mit dem Differentiationssatz der Laplace-Transformation zunächst

$$s\boldsymbol{\Phi}(s) - \boldsymbol{\Phi}(t_0, t_0) = A\,\boldsymbol{\Phi}(s)$$

und nach Umstellen mit der Einheitsmatrix I

$$(sI - A)\,\boldsymbol{\Phi}(s) = \boldsymbol{\Phi}(t_0, t_0).$$

Wegen $\boldsymbol{\Phi}(t_0, t_0) = I$ hat man schließlich nach Multiplikation mit der Inversen von $(sI - A)$ von links die Laplace-Transformierte der Transitionsmatrix

$$\boldsymbol{\Phi}(s) = (sI - A)^{-1}; \tag{2.162}$$

diese Gleichung entspricht Gl. (2.60). Die Transitionsmatrix erhält man schließlich durch Rücktransformation zu

$$\boldsymbol{\Phi}(t, t_0) = \mathscr{L}^{-1}\{(sI - A)^{-1}\}. \tag{2.163}$$

Wegen der in dieser Beziehung auftretenden Inversion einer n, n-Matrix ist eine analytische Auswertung für $n > 3$ allerdings sehr aufwendig.

Numerische Lösung. Die numerische Berechnung liefert den Wert der Transitionsmatrix $\boldsymbol{\Phi}(t, t_0)$ nur für einzelne Werte der Zeitdifferenz $(t - t_0)$. Um den zeitlichen Verlauf der Elemente von $\boldsymbol{\Phi}$ zu verfolgen, muß man die Berechnung also für hinreichend viele Zeitpunkte wiederholen, was mit dem Digitalrechner aber keine Schwierigkeiten bereitet.

Ausgangspunkt der numerischen Rechnung ist die Reihenentwicklung der Transitionsmatrix gemäß Gl. (2.150). Setzt man abkürzend $\boldsymbol{\psi} = A(t - t_0)$, dann erhält man zunächst

$$\boldsymbol{\Phi}(t, t_0) = I + \frac{\boldsymbol{\psi}}{1!} + \frac{\boldsymbol{\psi}^2}{2!} + \ldots + \frac{\boldsymbol{\psi}^k}{k!} + \ldots + \frac{\boldsymbol{\psi}^N}{N!} + \ldots. \tag{2.164}$$

Diese unendliche Reihe wird nach N Termen abgebrochen, wobei N derart zu wählen ist, daß die geforderte Genauigkeit erzielt wird. Eine Term-für-Term-Auswertung der Reihe wäre sehr aufwendig und numerisch ungenau; man stellt daher erst eine rekursive Form wie folgt her:

Bezeichnet man den k-ten Summanden der Reihe (2.164) mit Δ_k, also $\Delta_k = \boldsymbol{\psi}^k / k!$ mit $k = 0, 1, \ldots, N$, dann kann man für diesen Term eine rekursive Beziehung zu

$$\Delta_k = \frac{\boldsymbol{\psi}^k}{k!} = \frac{\boldsymbol{\psi}^{k-1}}{(k-1)!} \cdot \frac{\boldsymbol{\psi}}{k} = \Delta_{k-1}\,\frac{\boldsymbol{\psi}}{k} \tag{2.165}$$

angeben. Jeder Summand geht also aus dem vorhergehenden durch Multiplikation mit der Matrix ψ und Division durch den skalaren Faktor k hervor, wobei das Startelement $\Delta_0 = I$ ist. Mit diesen Summanden nimmt Gl. (2.164) die Form

$$\boldsymbol{\Phi}(t, t_0) \approx \Delta_0 + \Delta_1 + \ldots + \Delta_k + \ldots + \Delta_N = \sum_{i=0}^{N} \Delta_i$$

an. Bezeichnet man die Summe der ersten k Summanden mit $\boldsymbol{\Phi}_k$, also

$$\boldsymbol{\Phi}_k = \sum_{i=0}^{k} \Delta_i,$$

dann kann man auch diese rekursiv durch

$$\boldsymbol{\Phi}_k = \sum_{i=0}^{k-1} \Delta_i + \Delta_k = \boldsymbol{\Phi}_{k-1} + \Delta_k \tag{2.166}$$

ausdrücken, wobei $\boldsymbol{\Phi}_0 = \Delta_0 = I$ ist. Den Näherungswert $\boldsymbol{\Phi}(t, t_0) \approx \boldsymbol{\Phi}_N$ erhält man also durch sukzessive Berechnung der Δ_k und $\boldsymbol{\Phi}_k$ nach Gl. (2.165) und (2.166) für $k = 1$ bis N. Bei jedem Schritt überprüft man, ob jedes Element der Zuwachsmatrix Δ_k betragsmäßig kleiner als eine vorgegebene Genauigkeitsschranke ε ist, und bricht die Berechnung ab, wenn diese Prüfung ein positives Ergebnis liefert.

Die Konvergenz der Reihe (2.164) ist allerdings nicht sonderlich gut, besonders dann, wenn die Zeitdifferenz $(t - t_0)$ groß ist. In derartigen Fällen können die unvermeidlichen Rundungsfehler sogar zur numerischen Instabilität des Verfahrens führen. Man muß dann die Transitionsmatrix mit einem effizienteren Algorithmus (siehe z. B. [22]) berechnen.

2.2.4.5 Übertragungsfunktion und Zustandsdarstellung. Mit der Eingangs-Ausgangs-Beschreibung durch die Übertragungsfunktion $G(s)$ nach Gl. (2.85) und der Darstellung durch die Zustandsgleichungen nach Gl. (2.145) und (2.146) stehen zwei prinzipiell gleichwertige Verfahren zur mathematischen Beschreibung linearer zeitinvarianter Prozesse zur Verfügung. Eine Umrechnung zwischen den beiden Darstellungsformen muß also möglich sein. Hierbei ist allerdings zu beachten, daß die Zustandsdarstellung auch Informationen über den inneren Aufbau des Systems enthält, die in der Eingangs-Ausgangs-Beschreibung nicht enthalten sind. Man erhält daher zu einer vorgegebenen Zustandsdarstellung eine einzige Übertragungsfunktion, zu einer gegebenen Übertragungsfunktion aber beliebig viele Zustandsdarstellungen (s. Abschn. 2.2.4). Diese Vielzahl schränkt man häufig dadurch ein, daß man eine spezielle (kanonische) Form der Zustandsdarstellung vorgibt und deren Parameter aus der Übertragungsfunktion berechnet; allerdings haben dann meist die so bestimmten Zustandsdarstellungen eine andere innere Struktur als der wirkliche Prozeß.

Umrechnung der Zustandsdarstellung in die Übertragungsfunktion. Die Übertragungsfunktion $G(s)$ verknüpft nach Gl. (2.86) die Eingangsgröße $U(s)$ und die Ausgangsgröße $V(s)$ eines linearen, zeitinvarianten und energiefreien Systems durch

$$V(s) = G(s)\, U(s).$$
(2.167)

Unterwirft man andererseits die Zustandsgleichungen (2.145) und (2.146) der Laplace-Transformation, wobei alle Anfangswerte zu Null zu setzen sind, erhält man die Darstellung

$$sX(s) = AX(s) + BU(s),$$
(2.168)

$$V(s)\ \ = CX(s) + DU(s).$$
(2.169)

Aus Gl. (2.168) gewinnt man mit der Einheitsmatrix I den transformierten Zustandsvektor zu

$$X(s) = (sI - A)^{-1} BU(s)$$
(2.170)

und stellt durch Einsetzen dieses Ausdrucks in Gl. (2.169) und Ausklammern von $U(s)$ den Zusammenhang

$$V(s) = [C(sI - A)^{-1} B + D] U(s)$$
(2.171)

her. Für ein System mit einer Eingangs- und einer Ausgangsgröße ($p = q = 1$) wird[1])

$$V(s) = [C(sI - A)^{-1} B + D] U(s),$$
(2.172)

so daß man durch Vergleich mit Gl. (2.167) die Übertragungsfunktion zu

$$G(s) = C(sI - A)^{-1} B + D$$
(2.173)

---

[1]) Für $p = q = 1$ reduziert sich die Matrix B auf den Spaltenvektor b, die Matrix C auf den Zeilenvektor c^{T} und die Matrix D auf den Skalar d. Man schreibt daher häufig die Zustandsgleichungen für Eingrößensysteme mit diesen Bezeichnungen an.

abliest. Bei Mehrgrößensystemen $(p > 1, q > 1)$ hat man statt einer einzelnen Übertragungsfunktion eine Matrix von $p \times q$ Übertragungsfunktionen, d. h. es wird

$$G(s) = \begin{bmatrix} G_{11}(s) & G_{12}(s) \ldots G_{1p}(s) \\ G_{21}(s) & G_{22}(s) \ldots G_{2p}(s) \\ \vdots \\ G_{q1}(s) & G_{q2}(s) \ldots G_{qp}(s) \end{bmatrix}, \tag{2.174}$$

wobei die Übertragungsfunktion $G_{ij}(s)$ die Beziehung zwischen der i-ten Ausgangsgröße $V_i(s)$ und der j-ten Eingangsgröße $U_j(s)$ herstellt. Die Übertragungsmatrix $G(s)$ entnimmt man der Gl. (2.171) zu

$$G(s) = C(sI - A)^{-1} B + D. \tag{2.175}$$

Beispiel 2.40. Man berechne die Übertragungsfunktion des beschleunigten Körpers der Masse m nach Beispiel 2.38. Eingangsgröße ist die auf den Körper wirkende äußere Kraft $F(t)$, Ausgangsgrößen die momentane Position $s(t)$ und die Geschwindigkeit $v(t)$ des Körpers.

Mit $u(t) = F(t)$, $v_1(t) = s(t)$, $v_2(t) = v(t)$ hat man nach Beispiel 2.38 die Systemmatrizen

$$A = \begin{bmatrix} 0 & 1 \\ 0 & 0 \end{bmatrix}, \quad B = \begin{bmatrix} 0 \\ \dfrac{1}{m} \end{bmatrix}, \quad C = \begin{bmatrix} 1 & 0 \\ 0 & 1 \end{bmatrix}, \quad D = 0.$$

Die Übertragungsmatrix wird also nach Gl. (2.175)

$$G(s) = \begin{bmatrix} 1 & 0 \\ 0 & 1 \end{bmatrix} \left\{ \begin{bmatrix} s & 0 \\ 0 & s \end{bmatrix} - \begin{bmatrix} 0 & 1 \\ 0 & 0 \end{bmatrix} \right\}^{-1} \begin{bmatrix} 0 \\ \dfrac{1}{m} \end{bmatrix} = \begin{bmatrix} \dfrac{1}{ms^2} \\ \dfrac{1}{ms} \end{bmatrix},$$

d. h. es ist $G_{11}(s) = 1/(ms^2)$ und $G_{21}(s) = 1/(ms)$.

Umrechnung der Übertragungsfunktion in die Zustandsdarstellung. Von den vielen möglichen Darstellungsformen einer gegebenen Übertragungsfunktion $G(s)$ durch Zustandsvariable soll hier nur eine spezielle kanonische Form für Systeme mit einer Eingangs- und einer Ausgangsgröße angegeben werden; diese bezeichnet man als Regelungsnormalform oder Frobenius-Form.

Zur Ableitung der Regelungsnormalform geht man von der Eingangs-Ausgangs-Darstellung des Prozesses nach Gl. (2.85) und Gl. (2.86) aus und schreibt mit $m = n$ das Übertragungsverhalten zu

$$V(s) = \frac{b_0 + b_1 s + b_2 s^2 + \ldots + b_n s^n}{a_0 + a_1 s + a_2 s^2 + \ldots + a_n s^n} \, U(s) \tag{2.176}$$

mit $a_n \neq 0$. Man kürzt den Nenner mit $N(s)$ ab, zerlegt den Zähler in seine Summanden und erhält die Darstellung

$$V(s) = b_0 \frac{U(s)}{N(s)} + b_1 s \frac{U(s)}{N(s)} + \ldots + b_{n-1} s^{n-1} \frac{U(s)}{N(s)} + b_n s^n \frac{U(s)}{N(s)}. \qquad (2.177)$$

Man führt nun Zustandsvariablen im Bildbereich durch

$$X_1(s) = \frac{U(s)}{N(s)}, \quad X_2 = s \frac{U(s)}{N(s)}, \ldots, X_n(s) = s^{n-1} \frac{U(s)}{N(s)} \qquad (2.178)$$

ein; offenbar sind diese durch die rekursive Beziehung

$$s X_i(s) = X_{i+1}(s) \qquad (2.179)$$

für $i = 1, 2, \ldots, n-1$ miteinander verknüpft. Schreibt man die Gleichung für $X_1(s)$ nach $N(s) X_1(s) = U(s)$ um und verwendet den Nenner $N(s)$ nach Gl. (2.176), dann wird

$$a_n s^n X_1(s) + a_{n-1} s^{n-1} X_1(s) + \ldots + a_1 s X_1(s) + a_0 X_1(s) = U(s). \qquad (2.180)$$

Diesen Zusammenhang kann man durch Verwenden der Rekursionsformel umschreiben in

$$a_n s X_n(s) + a_{n-1} X_n(s) + \ldots + a_1 X_2(s) + a_0 X_1(s) = U(s).$$

Aus dieser Gleichung gewinnt man den in Gl. (2.179) nicht enthaltenen Term für $s X_n(s)$ zu

$$s X_n(s) = -\frac{a_0}{a_n} X_1(s) - \frac{a_1}{a_n} X_2(s) - \ldots - \frac{a_{n-1}}{a_n} X_n(s) + \frac{1}{a_n} U(s). \qquad (2.181)$$

Für die Ausgangsgröße $V(s)$ erhält man durch Einsetzen der Zustandsgrößen nach Gl. (2.178) zunächst

$$V(s) = b_0 X_1(s) + b_1 X_2(s) + \ldots + b_{n-1} X_n(s) + b_n s X_n(s)$$

und schließlich durch Ersetzen des letzten Terms durch Gl. (2.181) und Sammeln entsprechender Ausdrücke

$$V(s) = \left(b_0 - a_0 \frac{b_n}{a_n} \right) X_1(s) + \left(b_1 - a_1 \frac{b_n}{a_n} \right) X_2(s)$$

$$+ \left(b_{n-1} - a_{n-1} \frac{b_n}{a_n} \right) X_n(s) + \frac{b_n}{a_n} U(s). \qquad (2.182)$$

Den Gleichungen (2.179), (2.181) und (2.182) entsprechen im Zeitbereich die Beziehungen

$$\dot{x}_i(t) = x_{i+1}(t) \qquad (i = 1, 2, \ldots, n-1), \tag{2.183}$$

$$\dot{x}_n(t) = -\frac{a_0}{a_n} x_1(t) - \frac{a_1}{a_n} x_2(t) - \frac{a_{n-1}}{a_n} x_n(t) + \frac{1}{a_n} u(t) \tag{2.184}$$

und

$$v(t) = \left(b_0 - a_0 \frac{b_n}{a_n}\right) x_1(t) + \left(b_1 - a_1 \frac{b_n}{a_n}\right) x_2(t)$$

$$+ \left(b_{n-1} - a_{n-1} \frac{b_n}{a_n}\right) x_n(t) + \frac{b_n}{a_n} u(t). \tag{2.185}$$

In Matrizenschreibweise reduzieren sich diese auf die Zustandsdifferentialgleichung

$$\begin{bmatrix} \dot{x}_1(t) \\ \dot{x}_2(t) \\ \vdots \\ \dot{x}_{n-1}(t) \\ \dot{x}_n(t) \end{bmatrix} = \begin{bmatrix} 0 & 1 & 0 & \cdots & 0 \\ 0 & 0 & 1 & \cdots & 0 \\ \vdots & & & & \\ 0 & 0 & 0 & \cdots & 1 \\ -\dfrac{a_0}{a_n} & -\dfrac{a_1}{a_n} & -\dfrac{a_2}{a_n} & \cdots & -\dfrac{a_{n-1}}{a_n} \end{bmatrix} \begin{bmatrix} x_1(t) \\ x_2(t) \\ \vdots \\ x_{n-1}(t) \\ x_n(t) \end{bmatrix} + \begin{bmatrix} 0 \\ 0 \\ \vdots \\ 0 \\ \dfrac{1}{a_n} \end{bmatrix} u(t) \tag{2.186}$$

und die Ausgangsgleichung

$$v(t) = \left[\left(b_0 - a_0 \frac{b_n}{a_n}\right) \cdots \left(b_{n-1} - a_{n-1} \frac{b_n}{a_n}\right)\right] \begin{bmatrix} x_1(t) \\ \vdots \\ x_n(t) \end{bmatrix} + \frac{b_n}{a_n} u(t). \tag{2.187}$$

Diese spezielle Form der Darstellung eines linearen Systems mit einer Eingangs- und einer Ausgangsgröße heißt Regelungsnormalform. Es läßt sich zeigen (s. z. B. [22]), daß man unter sehr allgemeinen Voraussetzungen[1]) eine beliebige Form der Systemdarstellung durch eine Lineartransformation in diese kanonische Form umrechnen kann; allerdings geht die Information über die innere Struktur des Prozesses hierbei verloren. Der Vorteil der Regelungsnormalform, deren Wirkungsplan im Bild 2.67 dargestellt ist, besteht in dem einfachen und übersichtlichen Aufbau der Systemmatrizen und der Möglichkeit, ihre Elemente direkt aus den Parametern der Übertragungsfunktion angeben zu können.

---

[1]) Das System muß steuerbar sein.

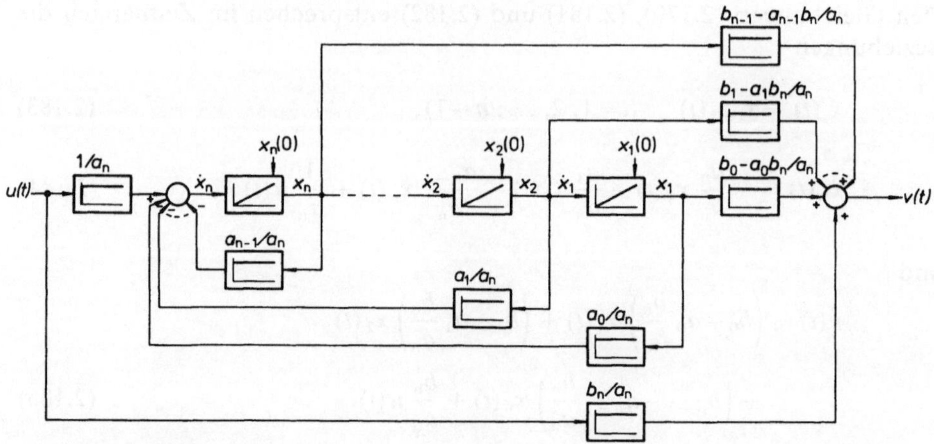

2.67 Wirkungsplan eines linearen Eingrößensystems in Regelungsnormalform
  $u(t)$ Eingangsgröße
  $v(t)$ Ausgangsgröße
  $x_i(t)$ Zustandsgrößen
  a_i, b_i Parameter

Beispiel 2.41. Die Zustandsgleichungen der beschleunigten Masse (Beispiel 2.38 und 2.40) sind bereits in Regelungsnormalform. Mit $n = 2$ erhält man durch Vergleich der Systemmatrizen des Übertragungsglieds mit der allgemeinen Form die Parameter des Nennerpolynoms von $G(s)$ zu $a_0 = a_1 = 0$, $a_2 = m$ und die Parameter des Zählerpolynoms, wenn der Weg $s(t)$ als Ausgangsgröße angesehen wird, zu $b_0 = 1$, $b_1 = b_2 = 0$. Die Übertragungsfunktion zwischen der Eingangsgröße $F(t)$ und der Ausgangsgröße $s(t)$ wird damit

$$G(s) = \frac{b_0 + b_1 s + b_2 s^2}{a_0 + a_1 s + a_2 s^2} = \frac{1}{m s^2} \; ;$$

diese stimmt mit der entsprechenden Übertragungsfunktion $G_{11}(s)$ in Beispiel 2.40 überein.

Beispiel 2.42. Für die in Beispiel 2.34 angegebene Übertragungsfunktion $G(s) = 0{,}718/(s^2 + 0{,}678 s + 0{,}189)$ bestimme man die Regelungsnormalform.

Mit $b_0 = 0{,}718$, $b_1 = b_2 = 0$ und $a_0 = 0{,}189$, $a_1 = 0{,}678$, $a_2 = 1$ erhält man zunächst die Matrizen A und B zu

$$A = \begin{bmatrix} 0 & 1 \\ -0{,}189 & -0{,}678 \end{bmatrix}, \quad B = \begin{bmatrix} 0 \\ 1 \end{bmatrix}.$$

Da die Ausgangsgröße $v(t)$ gleich der Zustandsvariablen $x_1(t)$ ist, nehmen die Matrizen in der Ausgangsgleichung die Form

$$C = [1 \quad 0], \quad D = 0$$

an. Diese Form wurde bereits in Beispiel 2.35 verwendet.

2.2.4.6 Digitale Simulation. Die Zustandsdarstellung ermöglicht einen besonders einfachen Zugang zur Simulation komplexer dynamischer Systeme mit dem Analog- oder Digitalrechner. Für eine **analoge Simulation** (s. z. B. [32], [37], [86], [89], [93]) kann man die Zustandsgleichungen direkt in einen Koppelplan übersetzen, da die Zustandsvariablen $x_1(t)$, ..., $x_n(t)$ den Integriererausgängen, ihre Ableitungen $\dot{x}_1(t)$, ..., $\dot{x}_n(t)$ also den Integierereingängen entsprechen. Die Elemente der Systemmatrizen können durch Potentiometereinstellungen oder auch Verstärkungsfaktoren der Integrierer nachgebildet werden. Die Ausgangsgrößen $v_1(t)$, ..., $v_q(t)$ lassen sich dann entweder direkt im Koppelplan abgreifen oder durch Linearkombination von Integriererausgängen in Summierverstärkern gewinnen.

Auch für eine **digitale Simulation** kann man die Zustandsgleichungen derart umformen, daß man die für den Digitalrechner benötigten rekursiven Beziehungen erhält ([32], [61], [86], [89]). Analog zur Integration der Differentialgleichung 1. Ordnung (s. Abschn. 2.2.1.3) geht man von der Zustandsdifferentialgleichung (2.145) aus und bildet das Differential

$$\mathrm{d}x(t) = [Ax(t) + Bu(t)]\mathrm{d}t ,$$

das man durch Integration über die Zeit vom Zeitpunkt t_k bis zum Zeitpunkt t_{k+1} in die rekursive Form

$$x(t_{k+1}) = x(t_k) + \int\limits_{t_k}^{t_{k+1}} [Ax(t) + Bu(t)]\mathrm{d}t \tag{2.188}$$

überführt. Das Integral wertet man wieder mit einem der bekannten Integrationsverfahren aus. Für das Euler-Verfahren, bei dem das Integral mit der Rechteckregel berechnet wird, erhält man die einfache rekursive Beziehung

$$x(t_{k+1}) = x(t_k) + \dot{x}(t_k)\Delta t = x(t_k) + [Ax(t_k) + Bu(t_k)]\Delta t ; \tag{2.189}$$

die Rechenschrittweite $\Delta t = t_{k+1} - t_k$ gibt man in der Regel als konstante Größe vor.

Den Ablauf einer digitalen Simulation kann man anhand eines Struktogramms (Tafel 2.68) besonders einfach erläutern: Nach Vorgabe der Systemdaten (Ordnungszahlen n, p, q, Systemmatrizen A, B, C, D), der Anfangswerte $x(t_0) = x_0$ und der Ablaufparameter (Rechenschrittweite Δt, Endzeitpunkt t_f) berechnet man die Zahl der Rechenschritte nach $k_{max} = \mathrm{int}[t_f/\Delta t]$, wobei die Integerfunktion $\mathrm{int}[\cdot]$ den ganzzahligen Teil des Arguments bildet. Alle Eingabewerte druckt man zur Kontrolle aus. Nach dem Eintritt in die Zeitschleife, deren Laufindex k bei jedem Durchlauf von $k = 0$ bis $k = k_{max}$ um 1 erhöht wird, werden zunächst der Zeitpunkt $t_k = k\Delta t$, der aktuelle Wert des Eingangsvektors $u(t_k)$ und des Ausgangsvektors $v(t_k)$ berechnet. Anschließend werden k, t_k, $u(t_k)$, $x(t_k)$ und $v(t_k)$ ausgedruckt oder für eine spätere Ausgabe abgespeichert, beim ersten Durchlauf ($k = 0$) also die Anfangswerte t_0, $u(t_0)$, $x(t_0)$ und $v(t_0)$. Nachfolgend wird der Wert der Zustandsänderung zum Zeitpunkt t_k nach $\dot{x}(t_{k+1}) = Ax(t_k) + Bu(t_k)$ berechnet und

Tafel 2.68 Struktogramm zur Euler-Integration

<table>
<tr><td colspan="2" align="center">

Euler-Integration des Differentialgleichungssystems
$$\dot{x}(t) = Ax(t) + Bu(t)$$
$$v(t) = Cx(t) + Du(t)$$

</td></tr>
<tr><td></td><td>

Ein/Ausgabe der Systemdaten (n, p, q, A, B, C, D), der Anfangswerte $x(t_0)$ und der Ablaufparameter Δt, t_f

Berechne: Zahl der Rechenschritte: $k_{max} \leftarrow \text{int}(t_f/\Delta t)$

$k = 0, 1, 2, \ldots, k_{max}$

Berechne: $t_k \leftarrow k \cdot \Delta t$, $u(t_k)$, $v(t_k) \leftarrow Cx(t_k) + Du(t_k)$

Ausgabe/Speicherung: k, t_k, $u(t_k)$, $x(t_k)$, $v(t_k)$

Berechne: $\dot{x}(t_k) \leftarrow Ax(t_k) + Bu(t_k)$

Integration mit Euler-Verfahren:
$$x(t_{k+1}) \leftarrow x(t_k) + \dot{x}(t_k)\Delta t$$

Setze: $x(t_k) \leftarrow x(t_{k+1})$, $k \leftarrow k+1$

</td></tr>
</table>

die Integration mit dem Eulerverfahren nach Gl. (2.189) durchgeführt. Zuletzt überschreibt man den bisherigen Zustand $x(t_k)$ durch den neu berechneten Wert $x(t_{k+1})$ und erhöht den Schleifenzähler k um 1, bevor man zum Schleifenanfang zurückspringt.

Beim Entwerfen des Rechenprogramms kann man die Möglichkeiten der meisten problemorientierten Formelsprachen wie FORTRAN und BASIC zur Verarbeitung ein- und zweidimensionaler Felder (Vektoren und Matrizen) vorteilhaft ausnutzen. Die benötigten Grundoperationen wie Matrizenaddition und -multiplikation sind in der Standardsoftware der meisten wissenschaftlichen Rechner als Unterprogramme verfügbar.

In Abschn. 2.2.1.2 wurde bereits erwähnt, daß das Euler-Verfahren wegen seiner Ungenauigkeit und Neigung zur numerischen Instabilität für praktische Anwendungen wenig geeignet ist. Wesentlich effizienter ist das Runge-Kutta-4-Verfahren, jedoch ändert die Verwendung dieses Verfahrens den prinzipiellen Ablauf der digitalen Simulation nicht.

Beispiel 2.43. Für die RC-Schaltung von Beispiel 2.36 und Bild **2.63** berechne man numerisch die Ausgangsspannung $u_a(t)$, wenn die Eingangsspannung durch $u_e(t) = 15{,}8 \text{ V} \cdot \sigma(t)$ gegeben ist und die Kondensatoren zu Beginn entladen sind. Die Bauelemente sollen die folgenden Werte haben: $C_1 = C_2 = C_3 = 4{,}7 \text{ μF}$, $R_1 = 185 \text{ kΩ}$, $R_2 = 96 \text{ kΩ}$ und $R_3 = 51 \text{ kΩ}$.

Die Systemmatrizen der RC-Schaltung erhält man nach Beispiel 2.36 mit den angegebenen Parameterwerten zu

$$A = \begin{bmatrix} -1{,}15 & 1{,}15 & 0 \\ 1{,}15 & -3{,}37 & 2{,}22 \\ 0 & 2{,}22 & -6{,}39 \end{bmatrix}, \quad B = \begin{bmatrix} 0 \\ 0 \\ 4{,}17 \end{bmatrix}, \quad C = [1 \quad 0 \quad 0], \quad D = 0.$$

Die angegebenen Elemente der Matrizen A und B haben die Dimension s^{-1}; die Elemente von C und D sind dimensionslos.

Um die digitale Berechnung der Ausgangsspannung $u_a(t)$ durchführen zu können, benötigt man eine zumindest grobe Abschätzung für die Rechenschrittweite Δt und den Endzeitpunkt t_f der Simulation. Im vorliegenden Fall kann man derartige Näherungswerte mittels der Annahme gewinnen, daß die drei RC-Stufen (Bild **2.65**) sich nicht gegenseitig beeinflussen. Man erhält dann die drei einfacheren Differentialgleichungen

$$T_1 \dot{u}_1(t) + u_1(t) = u_2(t)$$

$$T_2 \dot{u}_2(t) + u_2(t) = u_3(t)$$

$$T_3 \dot{u}_3(t) + u_3(t) = u_e(t)$$

mit den Verzögerungszeiten $T_1 = R_1 C_1$, $T_2 = R_2 C_2$, $T_3 = R_3 C_3$. Beim Hinzutreten weiterer Stufen würde sich die Zahl dieser Differentialgleichungen entsprechend erhöhen. Verwendet man das Runge-Kutta-4-Verfahren zur Integration dieser Differentialgleichungen, dann kann man Δt und t_f nach den folgenden Faustregeln festlegen:

- Wähle die Rechenschrittweite Δt kleiner als die halbe kleinste Zeitkonstante: $\Delta t < T_{min}/2$,
- Wähle den Endzeitpunkt größer als das Fünffache der Summe der Zeitkonstanten: $t_f > 5 T_\Sigma$.

Im vorliegenden Fall ist $T_1 = 0{,}87$ s, $T_2 = 0{,}45$ s und $T_3 = 0{,}24$ s, also $T_{min} = T_3 = 0{,}24$ s. Eine sinnvolle Rechenschrittweite ist dann $\Delta t = 0{,}1$ s $< 0{,}24$ s$/2$, während man den Endzeitpunkt auf $t_f = 10$ s $> 5(0{,}87 + 0{,}45 + 0{,}24)$ s $= 7{,}8$ s festlegt. Das Ergebnis der Simulation des vollständigen Systems mit diesen Daten (Bild **2.69**) zeigt, daß diese Abschätzungen zu brauchbaren Ergebnissen führen. Hat man Zweifel an der Genauigkeit der berechneten Übergangsvorgänge, halbiert man die Schrittweite und führt die Simulation nochmals durch.

Mit Hilfe der digitalen Simulation kann man das dynamische Verhalten sehr komplexer Prozesse, die auch nichtlinear und zeitvariant sein können, ermitteln. Simulationsverfahren gehören daher zum Grundwissen des System- und Regelungstechnikers.

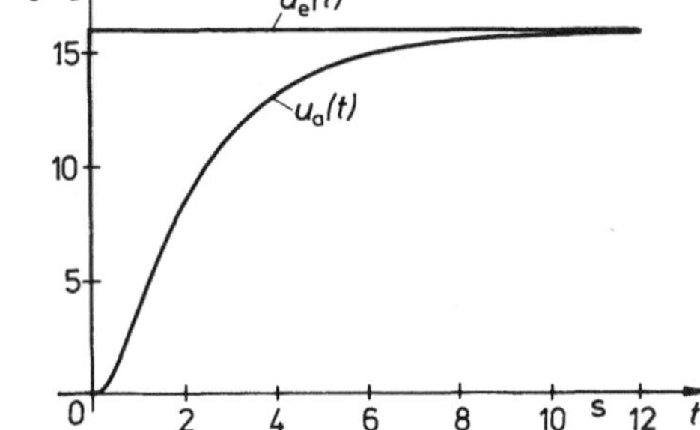

2.69
Sprungantwort der RC-Schaltung nach Bild **2.65**
$u_e(t)$ Eingangsspannung
$u_a(t)$ Ausgangsspannung

2.3 Lineare Übertragungsglieder der Regelungstechnik

Die in Abschn. 2.2 zusammengestellten Verfahren zur mathematischen Beschreibung linearer Prozesse sollen nachfolgend auf die in regelungstechnischen Anwendungen typischerweise auftretenden Übertragungsglieder angewendet werden. Hierbei kann man sich auf Übertragungsglieder niedriger Ordnung beschränken, da man beliebig komplizierte Prozesse in derartige, als rückwirkungsfrei angenommene Teilprozesse und die zwischen ihnen bestehenden Wirkungsbeziehungen zerlegen kann.

2.3.1 Elementare Übertragungsglieder

In Abschn. 2.1 wurden bereits mit dem Proportionalglied, dem Totzeitglied, dem Integrierglied und dem Differenzierglied die elementaren Übertragungsglieder, die in der Regelungstechnik eine wesentliche Rolle spielen, vorgestellt. Diese kann man nach der Form der ihnen zugeordneten Übertragungsfunktion $G(s)$ in rationale und nichtrationale Übertragungsglieder unterteilen.

2.3.1.1 Rationale Übertragungsglieder. Diejenigen Übertragungsglieder, deren Übertragungsfunktion $G(s)$ man als Polynom oder als Quotient zweier Polynome der Bildvariablen s mit konstanten Koeffizienten darstellen kann, heißen **rationale Übertragungsglieder.** Von den elementaren Übertragungsgliedern gehören das P-Glied, das I-Glied und das D-Glied zu dieser Klasse, während das T_t-Glied ein nichtrationales Übertragungsglied ist.

Proportionalglied (P-Glied). Nach Abschn. 2.1 wird das Proportionalglied durch das Übertragungsverhalten

$$v(t) = K_P u(t) \tag{2.190}$$

beschrieben; der Proportionalbeiwert K_P hat die Dimension $[v]/[u]$. Die Antwort des P-Glieds auf einen zum Zeitpunkt $t_0 = 0$ einsetzenden Einheitssprung, d.h. für $u(t) = \sigma(t)$, ist demnach

$$v(t) = K_P \sigma(t) = \begin{cases} 0 & \text{für} \quad t < 0, \\ K_P & \text{für} \quad t \geq 0. \end{cases} \tag{2.191}$$

Durch Laplace-Transformation der Gl. (2.190) erhält man zunächst $V(s) = K_P U(s)$ und daraus die Übertragungsfunktion des P-Glieds zu

$$G(s) = K_P, \tag{2.192}$$

die keine Singularität hat.

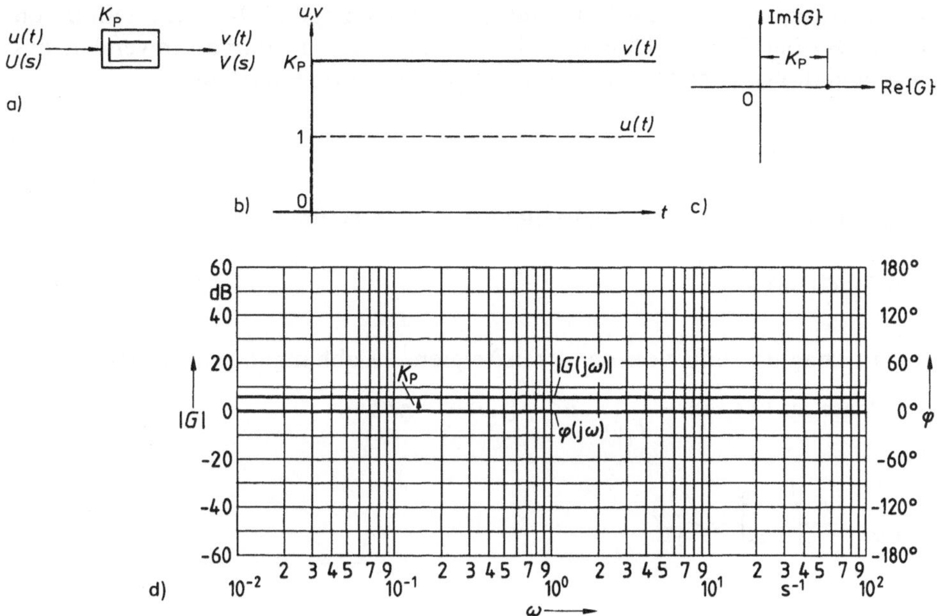

2.70 Proportionalglied (P-Glied)
a) Symbol, b) Sprungantwort, c) Nyquist-Ortskurve, d) Bode-Diagramm
$u(t)$, $U(s)$ Eingangsgröße, $v(t)$, $V(s)$ Ausgangsgröße, K_P Proportionalbeiwert,
$G(s)$ Übertragungsfunktion, $|G(j\omega)|$ Amplitudengang, $\varphi(j\omega)$ Phasengang

Mit $s = j\omega$ wird der Frequenzgang

$$G(j\omega) = K_P, \tag{2.193}$$

dieser ist reell und von der Kreisfrequenz ω unabhängig.

In Bild **2.70** sind das Symbol, die bezogene Sprungantwort, die Nyquist-Ortskurve und das Bode-Diagramm des P-Glieds dargestellt.

Integrierglied (I-Glied). Dieses Übertragungsglied ist nach Abschn. 2.1 durch
die Differentialgleichung

$$T_I \dot{v}(t) = u(t) \tag{2.194}$$

mit der Integrierzeit T_I gegeben. Seine Reaktion auf einen Einheitssprung erhält man durch Integration mit dem Anfangswert $v(t_0) = 0$ für $t \geq 0$

$$v(t) = \frac{1}{T_I} \int_0^t u(\tau)\,d\tau = \frac{t}{T_I}, \tag{2.195}$$

d.h. die Ausgangsgröße steigt zeitproportional an.

Die Übertragungsfunktion bestimmt man durch Laplace-Transformation von Gl. (2.194) bei Vernachlässigung des Anfangswerts v_0 durch Anwenden des Differentiationssatzes (Tafel **2.45**, Nr. 2) aus $s\,T_1\,V(s) = U(s)$ zu

$$G(s) = \frac{1}{T_1 s}, \tag{2.196}$$

diese hat eine Singularität (Polstelle) bei $s = 0$. Der Frequenzgang

$$G(j\omega) = \frac{1}{T_1 j\omega} \tag{2.197}$$

ist rein imaginär und von der Kreisfrequenz ω abhängig, man erhält Betrag und Phase zu $|G(j\omega)| = \dfrac{1}{T_1 \omega}$ und $\varphi(j\omega) = -\pi/2$.

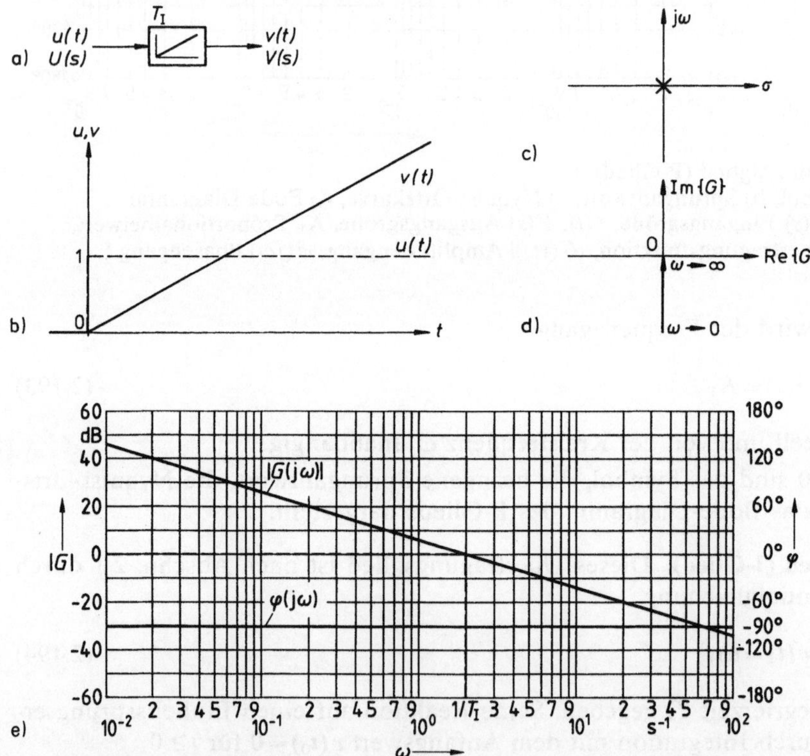

2.71 Integrierglied (I-Glied)
a) Symbol, b) Sprungantwort, c) Pol-Nullstellen-Plan, d) Nyquist-Ortskurve, e) Bode-Diagramm
$u(t)$, $U(s)$ Eingangsgröße, $v(t)$, $V(s)$ Ausgangsgröße, T_1 Integrierzeit, $G(s)$ Übertragungsfunktion, $|G(j\omega)|$ Amplitudengang, $\varphi(j\omega)$ Phasengang

Das Symbol, die bezogene Sprungantwort, der Pol-Nullstellen-Plan, die Nyquist-Ortskurve und das Bode-Diagramm sind in Bild **2.71** zusammengestellt. Die Betragskennlinie $|G(\mathrm{j}\omega)|_{\mathrm{dB}}$ schneidet die 0-dB-Linie bei der Kreisfrequenz $\omega_1 = 1/T_1$.

Differenzierglied (D-Glied). Dieses nicht exakt realisierbare Übertragungsglied wird durch die Eingangs-Ausgangs-Beziehung

$$v(t) = T_{\mathrm{D}}\,\dot{u}(t) \tag{2.198}$$

beschrieben. Die Sprungantwort ist nach den Überlegungen in Abschnitt 2.1.5

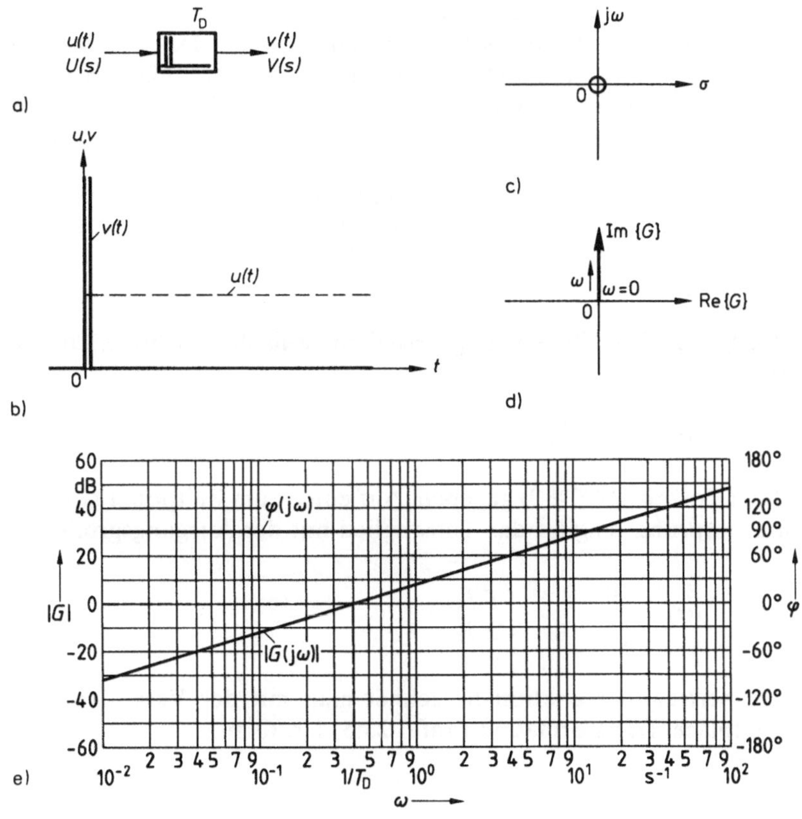

2.72 Differenzierglied (D-Glied)
 a) Symbol, b) Sprungantwort, c) Pol-Nullstellen-Plan
 d) Nyquist-Ortskurve, e) Bode-Diagramm
 $u(t)$, $U(s)$ Eingangsgröße, $v(t)$, $V(s)$ Ausgangsgröße
 T_{D} Differenzierzeit, $G(s)$ Übertragungsfunktion
 $|G(\mathrm{j}\omega)|$ Amplitudengang, $\varphi(\mathrm{j}\omega)$ Phasengang

$$v(t) = T_\mathrm{D}\delta(t),\tag{2.199}$$

also ein Impuls mit der Zeitfläche T_D.

Die Übertragungsfunktion gewinnt man durch Anwenden des Differentiationssatzes der Laplace-Transformation auf Gl. (2.198) zu

$$G(s) = T_\mathrm{D}\,s\;;\tag{2.200}$$

diese hat eine Singularität (Nullstelle) bei $s = 0$. Der Frequenzgang

$$G(\mathrm{j}\omega) = T_\mathrm{D}\,\mathrm{j}\omega\tag{2.201}$$

ist rein imaginär und hängt von der Kreisfrequenz ω ab; Betrag und Phase bestimmt man zu $|G(\mathrm{j}\omega)| = T_\mathrm{D}\,\omega$ und $\varphi(\mathrm{j}\omega) = 90°$. Das Symbol, die bezogene Sprungantwort, den Pol-Nullstellen-Plan, die Nyquist-Ortskurve und das Bode-Diagramm des D-Glieds findet man in Bild **2.72**. Die Betragskennlinie $|G(\mathrm{j}\omega)|_\mathrm{dB}$ schneidet die 0-dB-Linie bei der Kreisfrequenz $\omega_\mathrm{D} = 1/T_\mathrm{D}$.

2.3.1.2 Nichtrationale Übertragungsglieder. Von den vielen möglichen nichtrationalen Übertragungsfunktionen (s. z. B. [2], [10]) hat nur das Totzeitglied für die Regelungstechnik eine größere Bedeutung; es soll daher ausschließlich behandelt werden.

Totzeitglied. Das Übertragungsverhalten ist nach Abschn. 2.1 durch die Beziehung

$$v(t) = u(t - T_\mathrm{t})\tag{2.202}$$

mit der Totzeit T_t $(T_\mathrm{t} \geq 0)$ gegeben. Auf einen zum Zeitpunkt $t_0 = 0$ einsetzenden Einheitssprung reagiert das Totzeitglied mit der Ausgangsgröße

$$v(t) = \begin{cases} 0 & \text{für} \quad t < T_\mathrm{t}, \\ 1 & \text{für} \quad t \geq T_\mathrm{t}. \end{cases}\tag{2.203}$$

Die Übertragungsfunktion berechnet man mit der Verschiebungseigenschaft der Laplace-Transformation (Tafel **2.45**, Nr. 6) zu

$$G(s) = \mathrm{e}^{-T_\mathrm{t}s},\tag{2.204}$$

diese hat keine Singularitäten für endliche Werte der Variablen s.
Der Frequenzgang

$$G(\mathrm{j}\omega) = \mathrm{e}^{-T_\mathrm{t}\mathrm{j}\omega}\tag{2.205}$$

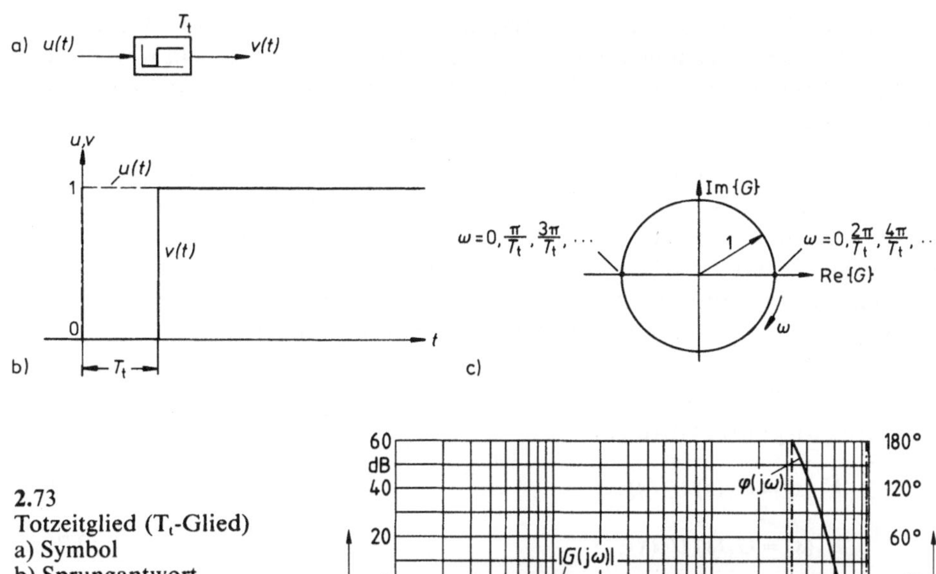

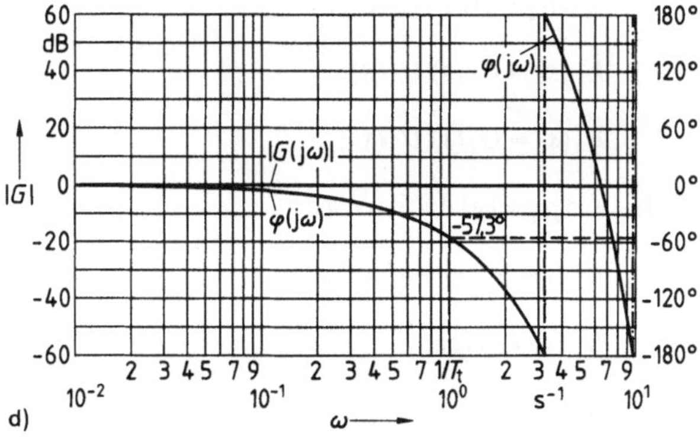

2.73
Totzeitglied (T_t-Glied)
a) Symbol
b) Sprungantwort
c) Nyquist-Ortskurve
d) Bode-Diagramm
$u(t)$, $U(s)$ Eingangsgröße
$v(t)$, $V(s)$ Ausgangsgröße
T_t Totzeit
$G(s)$ Übertragungsfunktion
$|G(\mathrm{j}\omega)|$ Amplitudengang
$\varphi(\mathrm{j}\omega)$ Phasengang

ist periodisch von der Kreisfrequenz ω abhängig; mit der Beziehung $e^{-T_t \mathrm{j}\omega} = \cos(T_t\omega) - \mathrm{j}\sin(T_t\omega)$ erhält man den Betrag zu $|G(\mathrm{j}\omega)| = [\cos^2(T_t\omega) + \sin^2(T_t\omega)]^{1/2} = 1$ und die Phase zu $\varphi(\mathrm{j}\omega) = \arctan[-\sin(T_t\omega)/\cos(T_t\omega)] = -T_t\omega$. Die Nyquist-Ortskurve ist also ein Kreis mit dem Radius 1, der periodisch durchlaufen wird.

Bild **2.73** zeigt das Symbol, die bezogene Sprungantwort, die Nyquist-Ortskurve und das Bode-Diagramm des Totzeitglieds.

2.3.2 Zusammenschalten von Übertragungsgliedern

Das Übertragungsverhalten beliebig komplizierter Prozesse kann man durch Kombination der in Abschn. 2.3.1 beschriebenen elementaren Übertragungsglieder synthetisieren. Hierbei erweist sich der in Abschn. 2.1 eingeführte Wirkungsplan als ein besonders geeignetes Hilfsmittel, da er die innere Struktur des Prozesses in einer sinnfälligen und – zumindest bei nicht zu komplizierten Prozessen – übersichtlichen Weise wiedergibt. Nachfolgend sollen die für das

Zusammenschalten von zwei Übertragungsgliedern im Zeit- und Bildbereich geltenden Regeln zusammengestellt und an Beispielen verdeutlicht werden; die hierbei auftretenden Grundstrukturen bilden häufig anzutreffende Teilsysteme komplizierterer Prozesse.

2.3.2.1 Parallelstruktur. Bei der Parallelschaltung werden zwei Teilprozesse φ_1 und φ_2 mit dem Übertragungsverhalten $\varphi_1\{u_1(t)\}$ und $\varphi_2\{u_2(t)\}$ mit der gleichen Eingangsgröße $u(t)$ beaufschlagt. Ihre Ausgangsgrößen $v_1(t)$ und $v_2(t)$ werden additiv überlagert und bilden so die Ausgangsgröße $v=\varphi\{u(t)\}$. Mit den in Abschn. 2.1 eingeführten Elementen des Wirkungsplans kann man diese Operation durch die Schaltung in Bild **2.74**a symbolisch darstellen.

Das Übertragungsverhalten der Parallelschaltung bestimmt man vorteilhaft im Bildbereich (Bild **2.74**b). Mit $U(s)=\mathscr{L}\{u(t)\}$, $V(s)=\mathscr{L}\{v(t)\}$ usf. hat man die Übertragungsgleichungen

$$V_1(s)=G_1(s)\,U_1(s),\tag{2.206}$$

$$V_2(s)=G_2(s)\,U_2(s),\tag{2.207}$$

und die Koppelgleichungen

$$V(s)=V_1(s)+V_2(s),\tag{2.208}$$

$$U_1(s)=U(s),\tag{2.209}$$

$$U_2(s)=U(s),\tag{2.210}$$

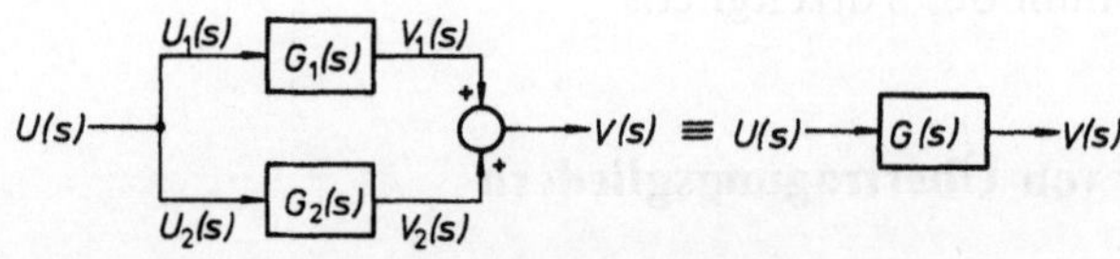

2.74 Parallelschaltung zweier Übertragungsglieder
   Kennzeichnung der Übertragungsglieder durch
   a) ihr Übertragungsverhalten, b) ihre Übertragungsfunktionen
   $u(t), u_1(t), u_2(t)$ Eingangsgrößen, $v(t), v_1(t), v_2(t)$ Ausgangsgrößen, $\varphi(t), \varphi_1(t), \varphi_2(t)$ Übertragungsverhalten, $U(s), U_1(s), U_2(s), V(s), V_1(s), V_2(s)$ Eingangs- und Ausgangsgrößen im Bildbereich, $G(s), G_1(s), G_2(s)$ Übertragungsfunktionen

die man – beginnend mit Gl. (2.208) – wie folgt miteinander kombiniert:

$$V(s) = V_1(s) + V_2(s) = G_1(s)\, U_1(s) + G_2(s)\, U_2(s)$$
$$= [G_1(s) + G_2(s)]\, U(s). \tag{2.211}$$

Hieraus bestimmt man die Gesamtübertragungsfunktion der Parallelschaltung zu

$$G(s) = G_1(s) + G_2(s). \tag{2.212}$$

Den Frequenzgang der Parallelschaltung erhält man, indem man in der Übertragungsfunktion $G(s)$ die Variable s durch $j\omega$ ersetzt:

$$G(j\omega) = G_1(j\omega) + G_2(j\omega). \tag{2.213}$$

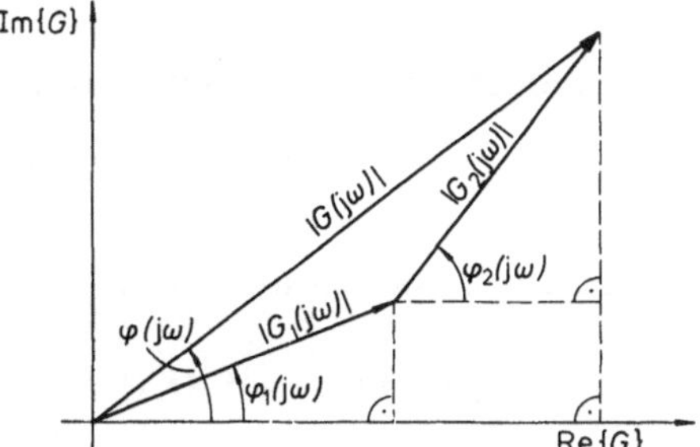

2.75
Addition von Teilfrequenzgängen
$|G(j\omega)|$, $|G_1(j\omega)|$, $|G_2(j\omega)|$ Beträge
$\varphi(j\omega)$, $\varphi_1(j\omega)$, $\varphi_2(j\omega)$ Phasenwinkel des
Gesamtfrequenzgangs und der
Teilfrequenzgänge

Aus dem Zeigerdiagramm (Bild **2.**75) liest man für die Gesamtschaltung den Betrag $|G(j\omega)|$ und die Phase $\varphi(j\omega)$ zu

$$|G(j\omega)| = \sqrt{|G_1(j\omega)|^2 + |G_2(j\omega)|^2 + 2\,|G_1(j\omega)|\,|G_2(j\omega)|\cos[\varphi_2(j\omega) - \varphi_1(j\omega)]} \tag{2.214}$$

$$\varphi(j\omega) = \arctan\left\{\frac{|G_1(j\omega)|\sin\varphi_1(j\omega) + |G_2(j\omega)|\sin\varphi_2(j\omega)}{|G_1(j\omega)|\cos\varphi_1(j\omega) + |G_2(j\omega)|\cos\varphi_2(j\omega)}\right\} \tag{2.215}$$

ab. Bei regelungstechnischen Anwendungen überwiegt häufig der eine Summand den anderen betragsmäßig in einzelnen Frequenzbereichen. In diesen Fällen kann man dann Betrag und Phase des Gesamtfrequenzgangs durch Betrag und Phase des betragsmäßig überwiegenden Teilfrequenzgangs näherungsweise ersetzen.

Für die Parallelschaltung von mehr als zwei Übertragungsgliedern kann man Gl. (2.212) entsprechend erweitern.

2.3.2.2 Kettenstruktur. Bei der Kettenschaltung sind zwei Übertragungsglieder $G_1(s)$ und $G_2(s)$ derart hintereinandergeschaltet, daß die Ausgangsgröße des ersten Übertragungsglieds die Eingangsgröße des zweiten ist (Bild **2.**76). Mit den Übertragungsgleichungen $V_1(s) = G_1(s) U_1(s)$ und $V_2(s) = G_2(s) U_2(s)$ und den Koppelgleichungen $V(s) = V_2(s)$, $U_2(s) = V_1(s)$ und $U_1(s) = U(s)$ berechnet man die Gesamtübertragungsfunktion der Kettenschaltung durch sukzessives Einsetzen zu

$$G(s) = G_1(s)\, G_2(s). \tag{2.216}$$

2.76 Kettenschaltung zweier Übertragungsglieder
   $U(s)$, $U_1(s)$, $U_2(s)$ Eingangsgrößen
   $V(s)$, $V_1(s)$, $V_2(s)$ Ausgangsgrößen im Bildbereich
   $G_1(s)$, $G_2(s)$ Teilübertragungsfunktionen

Den Frequenzgang bestimmt man mit $s = \mathrm{j}\omega$ zu

$$G(\mathrm{j}\omega) = G_1(\mathrm{j}\omega)\, G_2(\mathrm{j}\omega), \tag{2.217}$$

und erhält für Betrag und Phase von $G(\mathrm{j}\omega)$ die Beziehungen

$$|G(\mathrm{j}\omega)| = |G_1(\mathrm{j}\omega)|\,|G_2(\mathrm{j}\omega)|, \qquad \varphi(\mathrm{j}\omega) = \varphi_1(\mathrm{j}\omega) + \varphi_2(\mathrm{j}\omega). \tag{2.218}$$

Für die logarithmischen Beträge kann man mit Gl. (2.131) und den Eigenschaften des Logarithmus die Beziehung

$$|G(\mathrm{j}\omega)|_{\mathrm{dB}} = |G_1(\mathrm{j}\omega)|_{\mathrm{dB}} + |G_2(\mathrm{j}\omega)|_{\mathrm{dB}} \tag{2.219}$$

angeben. Im Bode-Diagramm addiert man also die Amplitudengänge der Teilfrequenzgänge direkt zum Amplitudengang der Kettenschaltung auf; diese Vereinfachung ist ein wesentlicher Vorzug des Frequenzkennlinienverfahrens.

Beispiel 2.44. Für die Kettenschaltung eines P-Glieds $G_1(\mathrm{j}\omega) = K_\mathrm{P}$ und eines I-Glieds $G_2(\mathrm{j}\omega) = 1/(T_1\mathrm{j}\omega)$ (Bild **2.**77a) mit $K_\mathrm{P} = 0{,}24$ und $T_1 = 0{,}0641$ bestimme man die Frequenzkennlinien.
Man zeichnet zunächst mit $K_\mathrm{P} = -12{,}4$ dB und $\omega_1 = 1/T_1 = 15{,}6$ s^{-1} analog zu Bild **2.**70d und Bild **2.**71e die Frequenzkennlinien der Teilfrequenzgänge (Bild **2.**77b). Anschließend addiert man die Amplituden- und Phasengänge punktweise, was im vorliegenden Fall besonders einfach ist. Insgesamt erhält man die Frequenzkennlinien eines I-Glieds mit der Integrierzeit $T_1' = 0{,}267$ s.

Auch bei der Kettenschaltung von mehr als zwei Übertragungsgliedern ist die Gesamtübertragungsfunktion das Produkt der Teilübertragungsfunktionen.

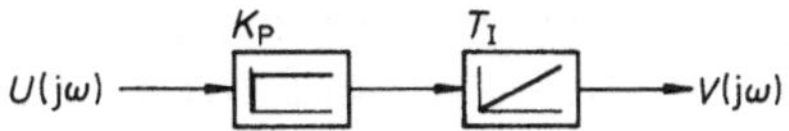

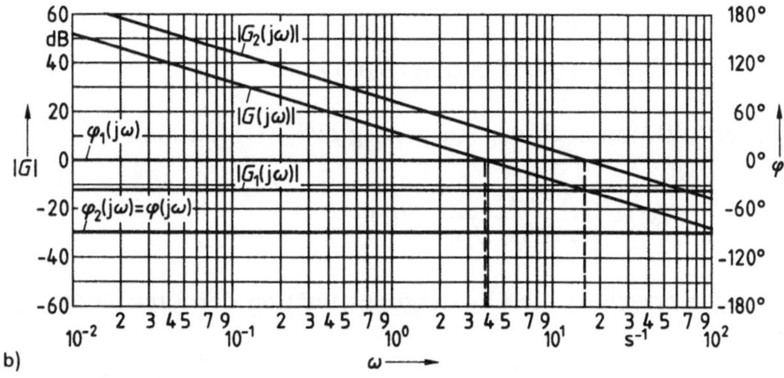

2.77 Kettenschaltung eines P- und eines I-Glieds
   a) Signalflußplan, b) Bode-Diagramm
   $U(j\omega)$, $V(j\omega)$ Eingangs- und Ausgangsgröße im Frequenzbereich,
   K_P Proportionalbeiwert, T_I Integrierzeit

Einen Sonderfall der Kettenschaltung zweier Übertragungsglieder erhält man, wenn man die Gesamtübertragungsfunktion zu $G(s) = 1$ setzt; aus $G(s) \doteq G_1(s)\,G_2(s) = 1$ folgt dann $G_2(s) = 1/G_1(s)$. Man bezeichnet $G_2(s)$ als das zu $G_1(s)$ **inverse Übertragungsglied** und hat für Betrag und Phase des Frequenzgangs $G_2(j\omega)$ die Beziehungen $|G_2(j\omega)| = 1/|G_1(j\omega)|$ und $\varphi_2(j\omega) = -\varphi_1(j\omega)$. Den logarithmischen Amplitudengang von $G_2(j\omega)$ bestimmt man mit Gl. (2.131) zu $|G_2(j\omega)|_{dB} = -|G_1(j\omega)|_{dB}$; die Frequenzkennlinien des inversen Übertragungsgliedes $G_2(j\omega)$ kann man also durch Spiegelung des Amplituden- und Phasengangs von $G_1(j\omega)$ an der 0-dB- bzw. 0°-Linie konstruieren.

2.3.2.3 Kreisstruktur. Bei der Kreisstruktur (Bild 2.78) wird die Ausgangsgröße des Übertragungsglieds $G_1(s)$ über das Übertragungsglied $G_2(s)$ zurückgeführt und zum Eingangssignal addiert oder von ihm subtrahiert. Mit den

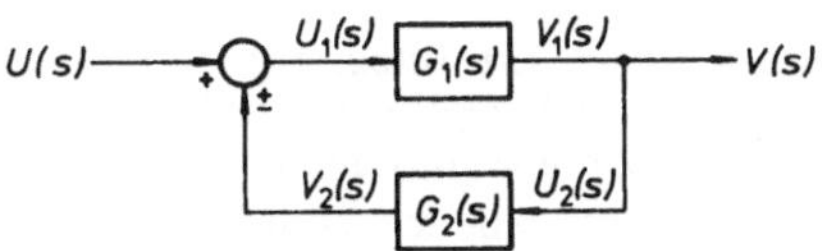

2.78 Kreisschaltung zweier Übertragungsglieder
   $U(s)$, $U_1(s)$, $U_2(s)$ Eingangsgrößen
   $V(s)$, $V_1(s)$, $V_2(s)$ Ausgangsgrößen im Bildbereich
   $G_1(s)$, $G_2(s)$ Teilübertragungsfunktionen

Übertragungsgleichungen $V_1(s) = G_1(s)\,U_1(s)$ und $V_2(s) = G_2(s)\,U_2(s)$ und den Koppelgleichungen $V(s) = V_1(s)$, $U_2(s) = V(s)$ und $U_1(s) = U(s) \pm V_2(s)$ erhält man durch sukzessives Einsetzen in die Koppelgleichung für die Ausgangsgröße:

$$V(s) = G_1(s)\,U_1(s) = G_1(s)\,[U(s) \pm V_2(s)]$$

$$= G_1(s)\,U(s) \pm G_1(s)\,G_2(s)\,V(s).$$

Durch Auflösen nach der Ausgangsgröße $V(s)$ hat man

$$V(s) = \frac{G_1(s)}{1 \mp G_1(s)\,G_2(s)}\,U(s), \tag{2.220}$$

d. h. man errechnet die Übertragungsfunktion der Kreisschaltung zu

$$G(s) = \frac{1}{\dfrac{1}{G_1(s)} \mp G_2(s)}. \tag{2.221}$$

Hierbei gilt das obere (negative) Vorzeichen im Nennerausdruck für eine additive Überlagerung von $U(s)$ und $V_2(s)$ (positive Rückkopplung, Mitkopplung) und das untere (positive) Vorzeichen für eine subtraktive Überlagerung (negative Rückkopplung, Gegenkopplung). Den Frequenzgang

$$G(j\omega) = \frac{1}{\dfrac{1}{G_1(j\omega)} \mp G_2(j\omega)} \tag{2.222}$$

der Kreisschaltung kann man durch Inversion von $G_1(j\omega)$, Subtraktion bzw. Addition von $G_2(j\omega)$ und Inversion des Nennerausdrucks aus den Teilfrequenzgängen $G_1(j\omega)$ und $G_2(j\omega)$ konstruieren. Für praktische Erfordernisse ist diese Vorgehensweise aber zu aufwendig und zu ungenau; man berechnet daher $G(j\omega)$ zunächst analytisch nach Gl. (2.222) und ermittelt dann die Nyquist-Ortskurve numerisch mit dem Digitalrechner.

Beispiel 2.45. Ein Integrierglied $G_1(s) = 1/(T_1 s)$ ist über ein Proportionalglied $G_2(s) = K_P$ negativ zurückgekoppelt (Bild 2.79 a). Man bestimme für $T_1 = 0{,}366$ s und $K_P = 0{,}85$ den Frequenzgang $G(j\omega)$ der Kreisschaltung und stelle ihn in der komplexen Ebene dar.
Mit den angegebenen Teilübertragungsfunktionen hat man nach Gl. (2.222)

$$G(j\omega) = \frac{1}{T_1 j\omega + K_P} = \frac{1}{K_P}\,\frac{1}{1 + \dfrac{T_1}{K_P}\,j\omega}.$$

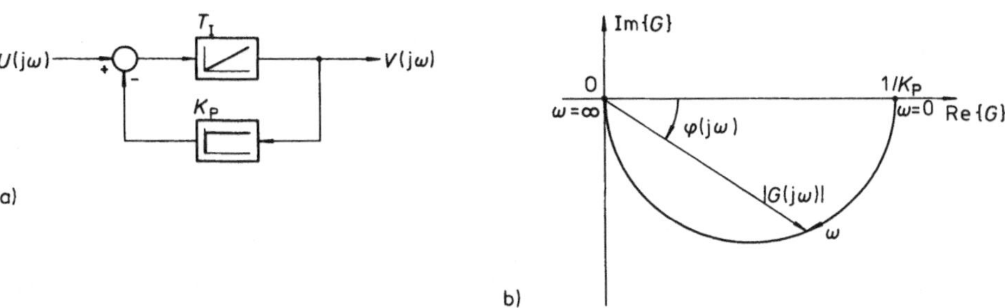

2.79 Rückkopplung eines I-Glieds über ein P-Glied
a) Wirkungsplan, b) Nyquist-Ortskurve
$U(\mathrm{j}\omega)$, $V(\mathrm{j}\omega)$ Eingangs- und Ausgangsgröße im Bildbereich, K_P Proportionalbeiwert, K_I Integrierbeiwert, $|G(\mathrm{j}\omega)|$, $\varphi(\mathrm{j}\omega)$ Betrag und Phase des Frequenzgangs

Betrag und Phase des Frequenzgangs bestimmt man zu $|G(\mathrm{j}\omega)| = 1/\sqrt{K_\mathrm{P}^2 + T_\mathrm{I}^2\omega^2}$ und $\varphi(\mathrm{j}\omega) = -\arctan[T_\mathrm{I}\omega/K_\mathrm{P}]$. Mit den angegebenen Zahlenwerten wird $|G(\mathrm{j}\omega)| = 1/\sqrt{0{,}723 + 0{,}134\,\omega^2}$ und $\varphi(\mathrm{j}\omega) = -\arctan[0{,}431\,\omega]$. Für die Grenzwerte $\omega = 0$ und $\omega \to \infty$ ermittelt man $|G(0)| = 1/K_\mathrm{P} = 1{,}18$, $\varphi(0) = 0°$, $|G(\infty)| = 0$ und $\varphi(\infty) = -90°$. Die Nyquist-Ortskurve ist ein Halbkreis (Bild **2.79**b), der mit wachsenden ω-Werten in der angegebenen Richtung durchlaufen wird.

2.3.2.4 Umformen von Wirkungsplänen. Bei der Modellerstellung für komplexe Prozesse erhält man entsprechend komplizierte Wirkungspläne, die man häufig erst geeignet zusammenfassen muß, bevor man mit der Untersuchung der Prozeßeigenschaften beginnen kann. Hierzu formt man den Wirkungsplan zunächst so um, daß in ihm die Grundstrukturen (Parallelstruktur, Kettenstruktur und Kreisstruktur) erkennbar werden, und faßt dann diese nach den Gleichungen (2.212), (2.216) und (2.221) zusammen. Durch eventuell mehrfaches Wiederholen dieser Schritte gelangt man schließlich zu der gewünschten Übertragungsfunktion des Prozesses.

Häufig erleichtern die nachfolgend angegebenen Regeln für das Umstellen von Blöcken und Additionsstellen bzw. Verzweigungsstellen das Umformen von Wirkungsplänen.

Verschieben von Additionsstellen. Eine hinter einem Übertragungsglied $G(s)$ (s. Bild **2.80**a) liegende Additionsstelle kann vor den Block gezogen werden, indem man die Gleichung für die Ausgangsgröße

$$V(s) = G(s)\,U_1(s) + U_2(s) \tag{2.223}$$

durch Herausziehen von $G(s)$ in die Form

$$V(s) = G(s)[U_1(s) + G^{-1}(s)\,U_2(s)] \tag{2.224}$$

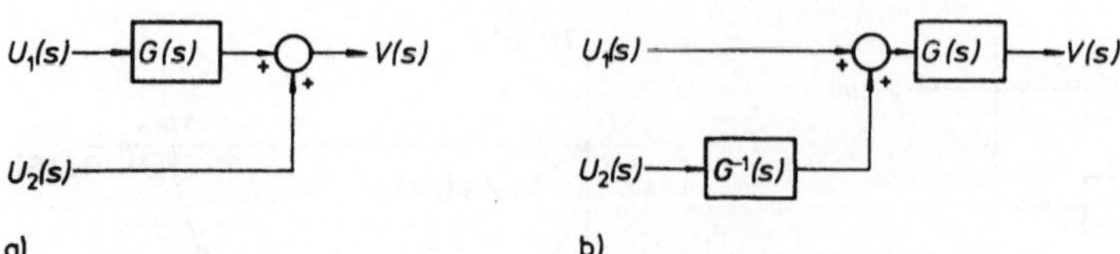

a)   b)

2.80 Verschieben einer Additionsstelle gegen die Wirkungsrichtung
  a) Gegebener Wirkungsplan, b) Modifizierter Wirkungsplan
  $U_1(s)$, $U_2(s)$ Eingangsgrößen, $V(s)$ Ausgangsgröße, $G(s)$ Übertragungsfunktion,
  $G^{-1}(s)$ inverse Übertragungsfunktion

bringt, wobei $G^{-1}(s)$ den in Abschn. 2.3.2.2 eingeführten zu $G(s)$ inversen Operator kennzeichnet. Der zu Gl. (2.224) gehörende Wirkungsplan (Bild **2.80** b) zeigt die Additionsstelle wie gewünscht vor dem Übertragungsglied.

Umgekehrt kann man eine vor dem Block $G(s)$ liegende Additionsstelle (Bild **2.81** a) hinter den Block verschieben. Man formt hierfür die Gleichung für die Ausgangsgröße

$$V(s) = G(s)[U_1(s) + U_2(s)] \tag{2.225}$$

in

$$V(s) = G(s)\,U_1(s) + G(s)\,U_2(s) \tag{2.226}$$

um und erhält den Wirkungsplan in der gewünschten Darstellung (Bild **2.81** b).

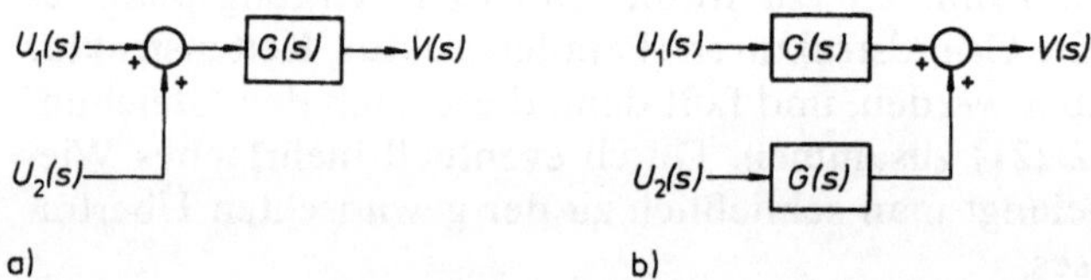

a)   b)

2.81 Verschieben einer Additionsstelle in Wirkungsrichtung
  a) Gegebener Wirkungsplan, b) Modifizierter Wirkungsplan
  $U_1(s)$, $U_2(s)$ Eingangsgrößen, $V(s)$ Ausgangsgröße, $G(s)$ Übertragungsfunktion

Verschieben von Verzweigungsstellen. Für das Verschieben von Verzweigungsstellen über ein Übertragungsglied in Wirkungsrichtung bzw. gegen die Wirkungsrichtung gelten analoge Regeln; diese sind in den Bildern **2.82** und **2.83** im Wirkungsplan dargestellt.

Nachdrücklich sei angemerkt, daß alle in Abschn. 2.3.2 genannten Regeln für das Zusammenschalten von Übertragungsgliedern, die man auch als die Regeln der Wirkungsplan-Algebra bezeichnet, nur für lineare Prozesse gelten.

2.82 Verschieben einer Verzweigungsstelle gegen die Wirkungsrichtung
a) Gegebener Wirkungsplan, b) Modifizierter Wirkungsplan
$U(s)$ Eingangsgröße, $V_1(s)$, $V_2(s)$ Ausgangsgrößen, $G(s)$ Übertragungsfunktion

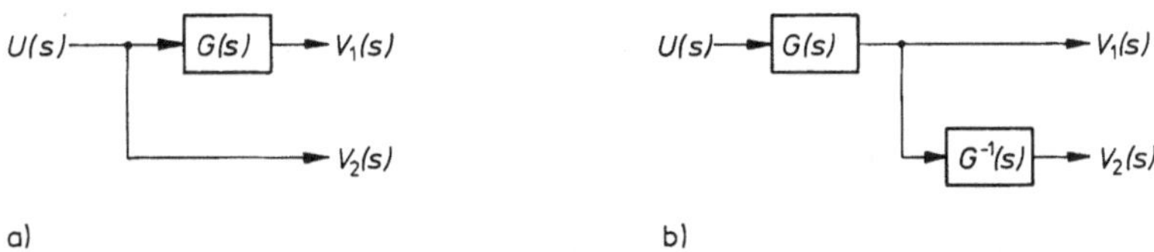

2.83 Verschieben einer Verzweigungsstelle in Wirkungsrichtung
a) Gegebener Wirkungsplan, b) Modifizierter Wirkungsplan
$U(s)$ Eingangsgröße, $V_1(s)$, $V_2(s)$ Ausgangsgrößen, $G(s)$ Übertragungsfunktion, $G^{-1}(s)$ inverse Übertragungsfunktion

Beispiel 2.46. Man bestimme die Übertragungsfunktion $G(s) = V(s)/U(s)$ des in Bild 2.84a durch seinen Wirkungsplan gegebenen linearen Prozesses.

Man bearbeitet die Aufgabe, indem man sich von innen nach außen vorarbeitet, d. h. durch geeignete Umformungen Grundschaltungen erzeugt und diese zusammenfaßt. Zunächst verschiebt man den Verzweigungspunkt vor G_2 über diesen Block in Wirkungsrichtung und erhält den Wirkungsplan b. Die Kettenschaltung von G_1 und G_2 faßt man zum Block $G_a(s) = G_1(s)\,G_2(s)$ zusammen. Die Parallelschaltung von G_2^{-1} und des direkten Übertragungswegs ergibt den Block $G_b(s) = 1 + G_2^{-1}(s) = [1 + G_2(s)]/G_2(s)$ (Wirkungsplan c). Für die Kreisschaltung von G_a und G_5 erhält man $G_c(s) = G_a(s)/[1 + G_a(s)\,G_5(s)]$ und für die Kettenschaltung von G_b und G_3 die Übertragungsfunktion $G_d(s) = G_b(s)\,G_3(s)$ (Wirkungsplan d). Man faßt G_c und G_d zu $G_e(s) = G_c(s)\,G_d(s)$ zusammen (Wirkungsplan e) und bestimmt die Übertragungsfunktion der Gesamtschaltung schließlich zu $G(s) = G_4(s)\,G_e(s)/[1 + G_e(s)]$. Setzt man die berechneten Teilübertragungsfunktionen sukzessive ineinander ein und vereinfacht den entstehenden Ausdruck, erhält man die Gesamtübertragungsfunktion zu

$$G(s) = \frac{V(s)}{U(s)} = \frac{G_1(s)[1 + G_2(s)]\,G_3(s)\,G_4(s)}{1 + G_1(s)\,G_2(s)\,G_5(s) + G_1(s)[1 + G_2(s)]\,G_3(s)}.$$

Es empfiehlt sich, die Rechnung für einige Sonderfälle zu überprüfen, indem man einzelne Übertragungsfunktionen zu Null setzt und die entstehende Gesamtübertragungsfunktion mit dem vereinfachten Wirkungsplan vergleicht. Setzt man beispielsweise $G_5(s) = 0$, dann entfällt im Wirkungsplan a die innere Rückführung und man kann sofort die Übertragungsfunktion zu

$$G(s) = \frac{G_1(s)\,[1 + G_2(s)]\,G_3(s)\,G_4(s)}{1 + G_1(s)\,[1 + G_2(s)]\,G_3(s)}$$

angeben, die man mit $G_5(s) = 0$ auch aus der vollständigen Übertragungsfunktion erhält.

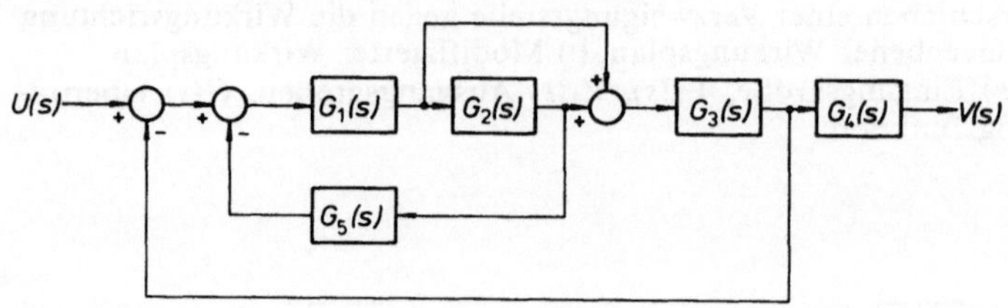

a)

b)

c)

d)

e)

f)

2.84 **Vereinfachung eines Wirkungsplans**
a) bis f): Verschiedene Stufen
der Zusammenfassung
$U(s)$ Eingangsgröße
$V(s)$ Ausgangsgröße
$G_1(s) \dots G_5(s)$, $G_a(s) \dots G_e(s)$
Teilübertragungsfunktionen
$G(s)$ Gesamtübertragungsfunktion

2.3.3 Nichtelementare rationale Übertragungsglieder

Rationale Übertragungsglieder erster und zweiter Ordnung treten in den Anwendungen als Regelstrecke oder als Reglernetzwerk so häufig auf, daß man für sie und ihre Spezialfälle besondere Bezeichnungen und Symbole vereinbart hat. Nachfolgend sollen diese zwar noch einfachen, aber nicht mehr elementaren rationalen Übertragungsglieder mit ihren Eigenschaften im Zeit- und Bildbereich vorgestellt werden.

2.3.3.1 Rationale Übertragungsglieder erster Ordnung. Derartige Übertragungsglieder werden durch die Übertragungsfunktion

$$G(s) = \frac{b_0 + b_1 s}{a_0 + a_1 s} \tag{2.227}$$

mit den konstanten nichtnegativen Beiwerten a_0, a_1, b_0 und b_1 beschrieben; der Beiwert a_1 sei als ungleich Null vorausgesetzt. Wegen der in $G(s)$ in Zähler und Nenner auftretenden linearen Funktion der Bildvariablen s werden sie auch als **bilineare Übertragungsglieder** bezeichnet. Mit dem in Abschn. 2.2.4.5 angegebenen Verfahren kann man mit der Zustandsvariablen $x_1(t)$ anstelle der Übertragungsfunktion die Zustandsgleichungen in Regelungsnormalform wie folgt angeben (vgl. Gl. 2.186 und 2.187 für $n = 1$):

$$\dot{x}_1(t) = -\frac{a_0}{a_1} x_1(t) + \frac{1}{a_1} u(t), \tag{2.228}$$

$$v(t) = \left(b_0 - a_0 \frac{b_1}{a_1}\right) x_1(t) + \frac{b_1}{a_1} u(t). \tag{2.229}$$

Den zugehörigen Wirkungsplan zeigt Bild **2.85**.

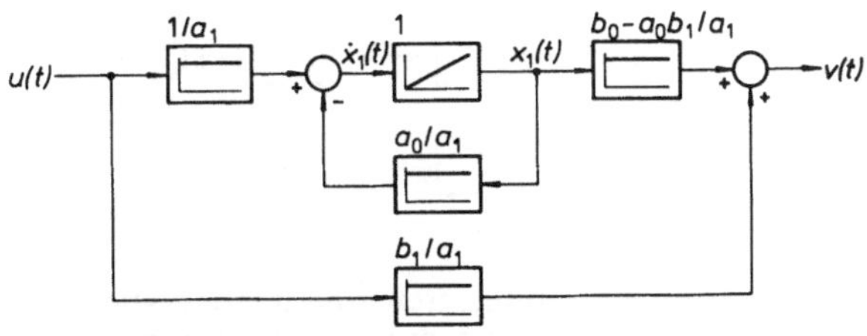

2.85 Wirkungsplan des bilinearen Übertragungsglieds
in Regelungsnormalform
$u(t)$ Eingangsgröße, $v(t)$ Ausgangsgröße
$x_1(t)$ Zustandsgröße, a_0, a_1, b_0, b_1 Systemparameter

Durch Nullsetzen einzelner Beiwerte in der Übertragungsfunktion $G(s)$ erhält man die in Bild **2.86** zusammengestellten Sonderfälle des bilinearen Übertragungsglieds, nämlich

– für $b_1 = 0$, b_0, a_0, $a_1 \neq 0$ das proportional verzögernde Übertragungsglied erster Ordnung (P-T_1-Glied, Bild **2.86**a) mit der Übertragungsfunktion

$$G(s) = \frac{b_0}{a_0 + a_1 s}, \tag{2.230}$$

– für $b_0 = 0$, b_1, a_0, $a_1 \neq 0$ das verzögernd differenzierende Übertragungsglied (D-T_1-Glied, Bild **2.86**b) mit der Übertragungsfunktion

$$G(s) = \frac{b_1 s}{a_0 + a_1 s}, \tag{2.231}$$

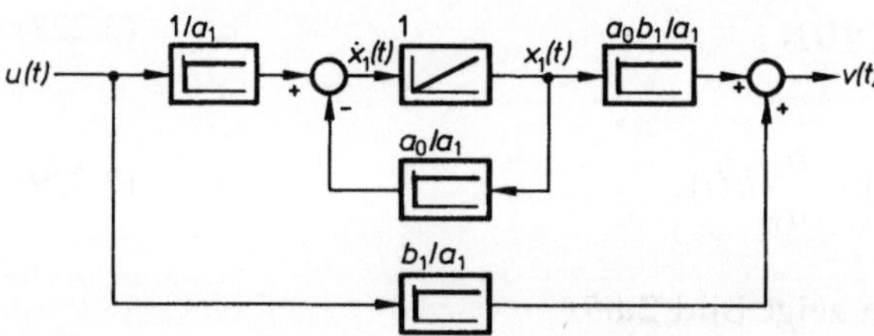

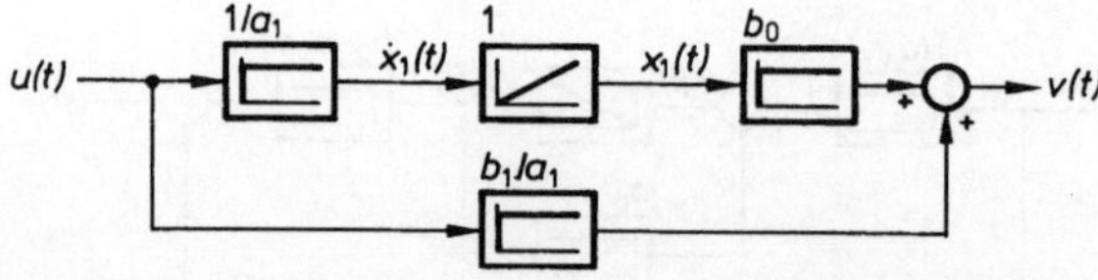

2.86 Sonderfälle des bilinearen Übertragungsglieds
    a) Proportional verzögerndes Übertragungsglied (P-T_1-Glied)
    b) Verzögernd differenzierendes Übertragungsglied (D-T_1-Glied)
    c) Proportional integrierendes Übertragungsglied (PI-Glied)
    $u(t)$ Eingangsgröße, $v(t)$ Ausgangsgröße, $x_1(t)$ Zustandsgröße
    a_0, a_1, b_0, b_1 Systemparameter

– und für $a_0=0$, b_0, b_1, $a_1 \neq 0$ das proportional und integrierend wirkende Übertragungsglied (PI-Glied, Bild **2.86**c) mit der Übertragungsfunktion

$$G(s) = \frac{b_0 + b_1 s}{a_1 s}. \tag{2.232}$$

Diese und das vollständige bilineare Übertragungsglied werden anschließend ausführlicher behandelt.

Proportional-verzögerndes Übertragungsglied. Die Übertragungsfunktion des P-T_1-Glieds (Gl. 2.230) formt man durch Herausziehen von a_0 in die Standardform

$$G(s) = \frac{K}{1 + T_1 s} \tag{2.233}$$

mit dem Proportionalbeiwert $K = b_0/a_0$ und der Verzögerungszeit $T_1 = a_1/a_0$ um. Die bezogene Sprungantwort oder Übergangsfunktion bestimmt man aus $V(s) = G(s)/s$ durch Partialbruchzerlegung und Verwenden der Korrespondenztabelle **2.46** zu

$$v(t) = \begin{cases} 0 & \text{für} \quad t < 0, \\ K\{1 - e^{-t/T_1}\} & \text{für} \quad t \geq 0; \end{cases} \tag{2.234}$$

den Verlauf dieser Funktion zeigt Bild **2.87**b.

Beispiel 2.47. Für einen zum Zeitpunkt $t_0 = 0$ einsetzenden Einheitssprung bestimme man die Übergangsfunktion des durch die Übertragungsfunktion $G(s) = K/(1 + T_1 s)$ mit $K = 17{,}2$ und $T_1 = 0{,}78$ s beschriebenen P-T_1-Glieds.

Mit $U(s) = 1/s$ hat man die Laplace-Transformierte der Ausgangsgröße $V(s) = 17{,}2/[s(1 + 0{,}78\,s)]$. Zur Partialbruchzerlegung setzt man mit den zu bestimmenden Residuen A_1 und A_2 an:

$$V(s) = \frac{17{,}2}{s(1 + 0{,}78\,s)} = \frac{A_1}{s} + \frac{A_2}{1 + 0{,}78\,s}.$$

Multiplikation mit dem Nenner der linken Seite bringt die Gleichung

$$17{,}2 = A_1(1 + 0{,}78\,s) + A_2 s,$$

die für alle Werte von s erfüllt sein muß. Durch Koeffizientenvergleich der Potenzen von s bestimmt man zunächst A_1 zu 17,2 und hiermit aus der Beziehung $0 = 0{,}78\,A_1 + A_2$ das Residuum A_2 zu $-13{,}4$, d.h. die Ausgangsfunktion zu

$$V(s) = \frac{17{,}2}{s} - \frac{13{,}4}{1 + 0{,}78\,s}.$$

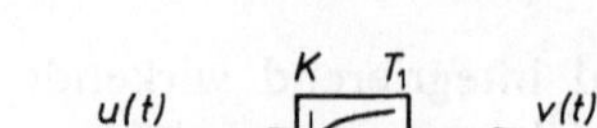

a)

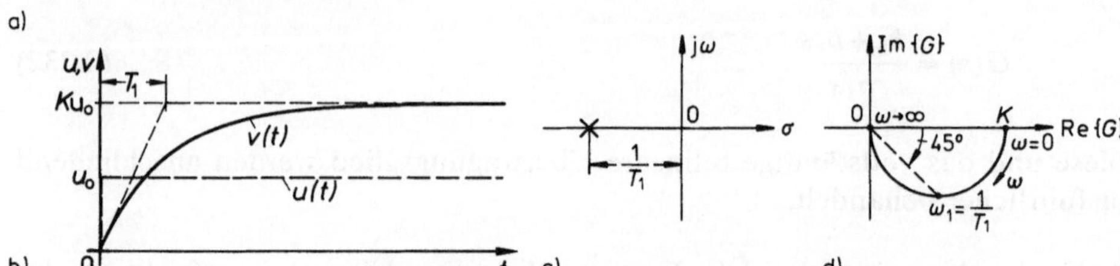

b)   c)   d)

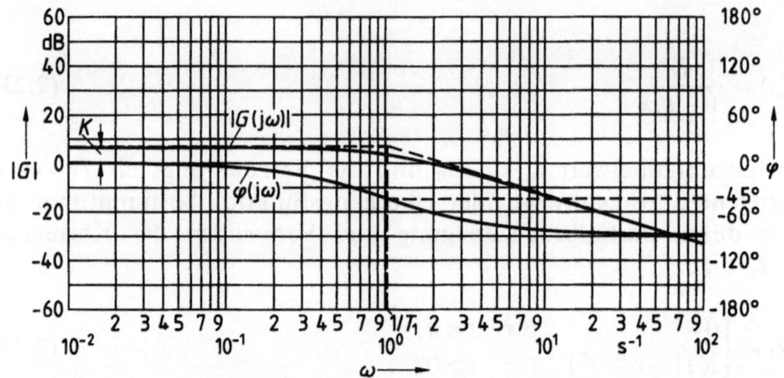

e)

2.87 Proportional verzögerndes Übertragungsglied (P-T_1-Glied)
  a) Symbol
  b) Bezogene Sprungantwort
  c) Pol-Nullstellenplan
  d) Nyquist-Ortskurve
  e) Bode-Diagramm (Frequenzkennlinien)
  $u(t)$, $U(s)$ Eingangsgröße, $v(t)$, $V(s)$ Ausgangsgröße, K Proportionalbeiwert,
  T_1 Verzögerungszeit, ω_1 Bezugskreisfrequenz (Eckkreisfrequenz)

Nach Tafel **2.46** (Zeilen 2 und 6) hat man die Übergangsfunktion für $t > 0$

$$v(t) = 17{,}2 - \frac{13{,}4}{0{,}78}\, e^{-t/0{,}78} = 17{,}2[1 - e^{-t/0{,}78}],$$

was der in Gl. (2.234) angegebenen Lösung für $K = 17{,}2$ und $T_1 = 0{,}78$ s entspricht.

Aus Gl. (2.234) ermittelt man leicht, daß die Sprungantwort des P-T_1-Glieds zum Zeitpunkt $t = T_1$ etwa 63% und zum Zeitpunkt $t = 3\,T_1$ etwa 95% des Endwerts $v_\infty = K$ erreicht hat. Das Symbol des P-T_1-Glieds (Bild **2.87** a) verdeutlicht diesen verzögerten Übergang auf den Endwert.

Die Übertragungsfunktion des P-T_1-Glieds hat eine Polstelle, d. h. eine Nullstelle des Nenners, bei $s_1 = -1/T_1$ und demgemäß einen Pol-Nullstellen-Plan gemäß Bild **2.**87 c. Den Frequenzgang bestimmt man aus Gl. (2.233) zu

$$G(j\omega) = \frac{K}{1 + j\,T_1\omega},$$

(2.235)

den man in den Betrag

$$|G(j\omega)| = \frac{K}{\sqrt{1 + (T_1\omega)^2}}$$

(2.236)

und die Phase

$$\varphi(j\omega) = -\arctan(T_1\omega)$$

(2.237)

auflösen kann. Für $\omega \to 0$ verhält sich das P-T_1-Glied wie ein P-Glied mit $|G(j\omega)| = K$ und $\varphi(j\omega) = 0$, für $\omega \to \infty$ wird $|G(j\omega)| = 0$ und $\varphi(j\omega) = -90°$. Die Nyquist-Ortskurve ist ein Halbkreis mit dem Radius $K/2$, der im 4. Quadranten der Nyquist-Ebene liegt (Bild **2.**87 d). Der im dB-Maß aufgetragene Amplitudengang schmiegt sich für $\omega \to 0$ einer Geraden im Abstand $20\lg K$ parallel zur ω-Achse an und nähert sich für $\omega \to \infty$ der mit 20 dB pro Dekade abfallenden Geraden $20\lg K - 20\lg(T_1\omega)$ (Bild **2.**87 e). Die beiden Asymptoten treffen sich bei der Eckkreisfrequenz $\omega_1 = 1/T_1$; an dieser Stelle hat der Amplitudengang den Wert $|G(j\omega_1)|_{dB} = 20\lg(K/\sqrt{2}) = (20\lg K - 3)$, d. h. bei ω_1 ist der Wert des Amplitudengangs um etwa 3 dB gegenüber dem Wert bei $\omega = 0$ zurückgegangen. Der Phasengang beginnt für kleine Kreisfrequenzen bei $0°$, erreicht bei der Eckkreisfrequenz den Wert $-45°$ und nähert sich für $\omega \to \infty$ dem Endwert $-90°$.

Verzögernd differenzierendes Übertragungsglied. Man bringt die Übertragungsfunktion des D-T_1-Glieds nach Gl. (2.231) durch Herausziehen von a_0 in die Standardform

$$G(s) = \frac{T_D s}{1 + T_1 s}$$

(2.238)

mit der Differenzierzeit $T_D = b_1/a_0$ und der Verzögerungszeit $T_1 = a_1/a_0$. Die Sprungantwort erhält man durch Multiplikation mit $1/s$ und Nachschlagen in Tafel **2.**46 (Zeile 6) für $t > 0$ zu

$$v(t) = \frac{T_D}{T_1}\,e^{-t/T_1}.$$

(2.239)

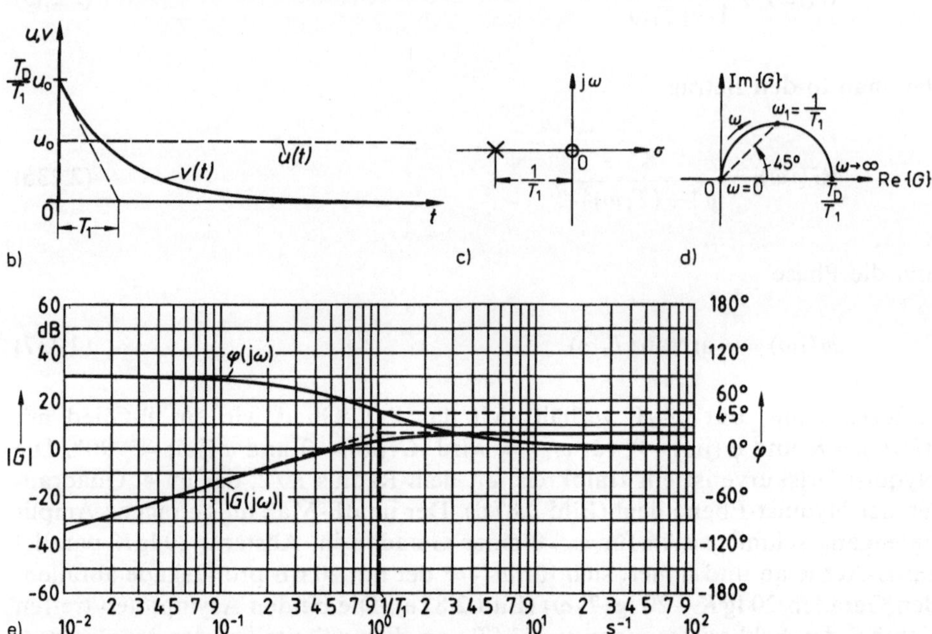

2.88 Verzögernd differenzierendes Übertragungsglied
a) Symbol, b) Bezogene Sprungantwort, c) Pol-Nullstellenplan
d) Nyquist-Ortskurve, e) Bode-Diagramm (Frequenzkennlinien)
$u(t)$, $U(s)$ Eingangsgröße, $v(t)$, $V(s)$ Ausgangsgröße, T_D Differenzierzeit
T_1 Verzögerungszeit, ω_1 Bezugskreisfrequenz (Eckkreisfrequenz)

Diese Zeitfunktion ist in Bild 2.88b dargestellt und liefert das Vorbild für das Symbol des D-T_1-Glieds (Bild 2.88a). Die Singularitäten des D-T_1-Glieds liegen bei $s_D = 0$ (Nullstelle) und $s_1 = -1/T_1$ (Polstelle), was den Pol-Nullstellen-Plan nach Bild 2.88c liefert.

Den Frequenzgang bestimmt man für $s = j\omega$ zu

$$G(j\omega) = \frac{T_D j\omega}{1 + T_1 j\omega}. \tag{2.240}$$

Betrag und Phase von $G(j\omega)$ werden

$$|G(j\omega)| = \frac{T_D \omega}{\sqrt{1 + (T_1 \omega)^2}} \tag{2.241}$$

und

$$\varphi(j\omega) = 90° - \arctan(T_1\omega).\tag{2.242}$$

Für $\omega = 0$ wird $|G(j\omega)| = 0$ und $\varphi(j\omega) = 90°$, und für $\omega \to \infty$ $|G(j\omega)| = T_D/T_1$ und $\varphi(j\omega) = 0$. Bei der Eckkreisfrequenz $\omega_1 = 1/T_1$ haben Betrag und Phase die Werte $|G(j\omega)| = T_D/(\sqrt{2}\,T_1)$ und $\varphi(j\omega) = 45°$. Die Nyquist-Ortskurve des D-T$_1$-Glieds ist ein Halbkreis mit dem Durchmesser T_D/T_1, der im 1. Quadranten der Nyquist-Ebene liegt (Bild **2.88 d**).

Der Amplitudengang des D-T$_1$-Glieds (Bild **2.88 e**) nähert sich für kleine ω-Werte der Geraden $20\,\lg(T_D\omega)$, steigt also mit 20 dB pro Dekade an. Für große ω-Werte schmiegt sich der Amplitudengang der Geraden $20\,\lg(T_D/T_1)$ an. Die Asymptoten treffen sich bei der Eckkreisfrequenz $\omega_1 = 1/T_1$, an dieser Stelle hat der Amplitudengang einen um etwa 3 dB gegenüber dem Endwert verringerten Betrag. Der Phasengang beginnt für $\omega = 0$ bei $G(j0) = 90°$, erreicht bei der Eckkreisfrequenz ω_1 den Wert $45°$ und nähert sich für $\omega \to \infty$ dem Wert $0°$.

Proportional integrierendes Übertragungsglied. Die Übertragungsfunktion des PI-Glieds nach Gl. (2.232) überführt man in eine der Standardformen

$$G(s) = K_P + \frac{1}{T_I s}\tag{2.243}$$

oder

$$G(s) = K_P\left(1 + \frac{1}{T_n s}\right)\tag{2.244}$$

mit $K_P = b_1/a_1$ als Proportionalbeiwert, $T_I = a_1/b_0$ als Integrierzeit und $T_n = K_P T_I = b_1/b_0$ als **Nachstellzeit**. Nach Bild **2.86 c** besteht das PI-Glied aus der Parallelschaltung eines P- und eines I-Glieds, so daß man die Sprungantwort

$$v(t) = \begin{cases} 0 & \text{für } t < 0, \\ K_P[1 + t/T_n] & \text{für } t \geq 0 \end{cases}\tag{2.245}$$

leicht durch Überlagern der Sprungantworten dieser Übertragungsglieder gewinnen kann (Bild **2.89 b**); das zugehörige Symbol des PI-Glieds zeigt Bild **2.89 a**.

Der Pol-Nullstellen-Plan zeigt einen Pol bei $s_I = 0$ und eine Nullstelle bei $s_n = -1/T_n$ (Bild **2.89 c**). Den Frequenzgang bestimmt man zu

$$G(j\omega) = K_P\left(1 - j\,\frac{1}{T_n\omega}\right),\tag{2.246}$$

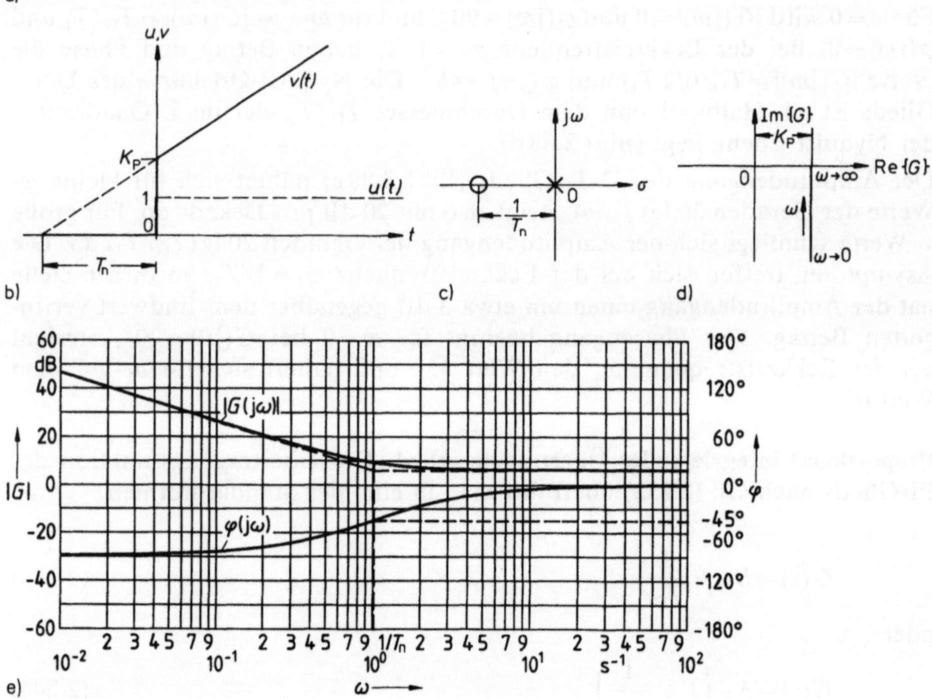

2.89 Proportional integrierendes Übertragungsglied
   a) Symbol, b) Bezogene Sprungantwort, c) Pol-Nullstellenplan
   d) Nyquist-Ortskurve, e) Bode-Diagramm (Frequenzkennlinien)
   $u(t)$, $U(s)$ Eingangsgröße, $v(t)$, $V(s)$ Ausgangsgröße, K_P Proportionalbeiwert,
   T_n Nachstellzeit

also den Betrag zu

$$|G(j\omega)| = K_P \sqrt{1 + \left(\frac{1}{T_n\omega}\right)^2} \qquad (2.247)$$

und die Phase zu

$$\varphi(j\omega) = -\arctan\left(\frac{1}{T_n\omega}\right). \qquad (2.248)$$

Die Nyquist-Ortskurve ist eine Parallele zur imaginären Achse im Abstand K_P
(Bild **2.89** d), die im 4. Quadranten verläuft.

Amplituden- und Phasengang des PI-Glieds nähern sich für kleine Kreisfrequenzen denen eines I-Glieds, für große Kreisfrequenzen denen eines P-Glieds (Bild **2.89**e). Bei der Bezugskreisfrequenz $\omega_n = 1/T_n$ liegt der Betrag um ca. 3 dB über dem Endwert K_P und die Phase bei $-45°$.

Bilineares Übertragungsglied. Die Standardform dieses Übertragungsglieds bestimmt man aus Gl. (2.227) durch Herausziehen von b_0/a_0 zu

$$G(s) = K_P \frac{1 + T_{v1}s}{1 + T_1 s} \tag{2.249}$$

mit dem Proportionalbeiwert $K_P = b_0/a_0$, der Vorhaltzeit $T_{v1} = b_1/b_0$ und der Verzögerungszeit $T_1 = a_1/a_0$.

Das bilineare Übertragungsglied hat die bezogene Sprungantwort

$$v(t) = \begin{cases} 0 & \text{für} \quad t < 0, \\ K_P\{1 - (1 - T_{v1}/T_1)\,e^{-t/T_1}\} & \text{für} \quad t \geq 0; \end{cases} \tag{2.250}$$

für $t = 0$ bestimmt man den Anfangswert zu $v(0) = K_P T_{v1}/T_1$ und für $t \to \infty$ den Endwert zu $v(\infty) = K_P$. Der Pol-Nullstellen-Plan weist Singularitäten bei $s_{v1} = -1/T_{v1}$ (Nullstelle) und $s_1 = -1/T_1$ (Polstelle) auf. Der Frequenzgang

$$G(j\omega) = K_P \frac{1 + T_{v1}j\omega}{1 + T_1 j\omega} \tag{2.251}$$

kann in den Betrag

$$|G(j\omega)| = K_P \sqrt{\frac{1 + (T_{v1}\omega)^2}{1 + (T_1\omega)^2}} \tag{2.252}$$

und die Phase

$$\varphi(j\omega) = \arctan(T_{v1}\omega) - \arctan(T_1\omega) \tag{2.253}$$

zerlegt werden.

Für die weitere Behandlung ist es sinnvoll, die Fälle $T_{v1} > T_1$ (PD-T_1-Glied) und $T_{v1} < T_1$ (PP-T_1-Glied) zu unterscheiden; bei $T_{v1} = T_1$ erhält man ein proportionales (P-)Verhalten. Beim PD-T_1-Glied (Bild **2.90**) überwiegt der differenzierende Einfluß, d. h. die bezogene Sprungantwort schießt zunächst über den Endwert hinaus und nähert sich diesem mit einer abklingenden e-Funktion (Bild **2.90**b), das entsprechende Symbol zeigt Bild **2.90**a. Im Pol-Nullstellen-Plan (Bild **2.90**c) liegt die Nullstelle näher an der imaginären Achse als die Polstelle. Die Nyquist-Ortskurve (Bild **2.90**d) ist ein Halbkreis im ersten Qua-

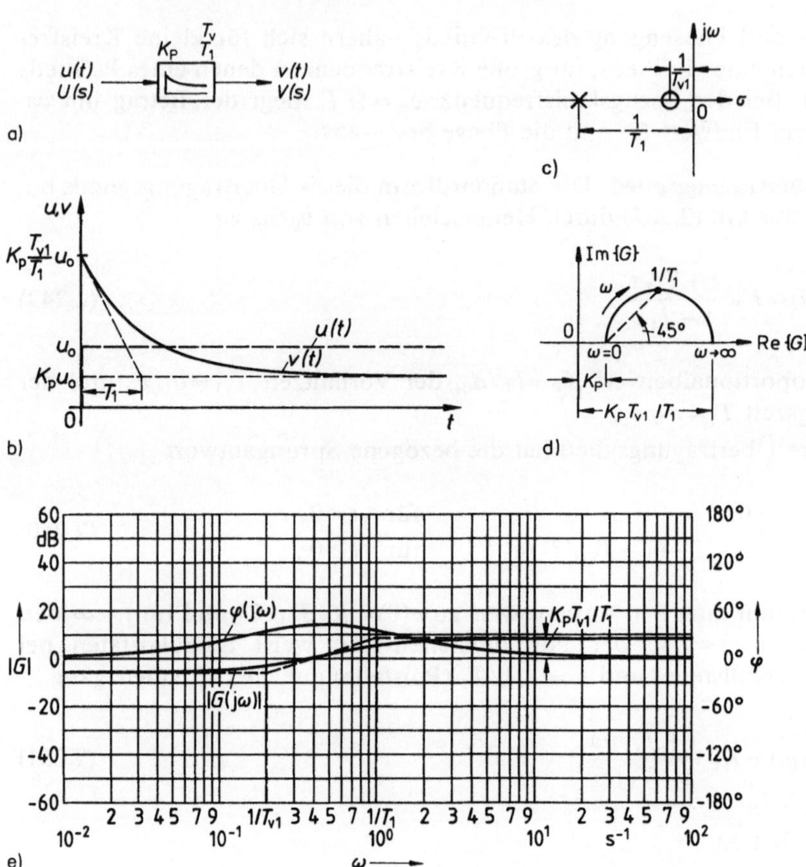

2.90 Bilineares Übertragungsglied (PD-T_1-Glied)
a) Symbol, b) Bezogene Sprungantwort, c) Pol-Nullstellenplan
d) Nyquist-Ortskurve, e) Bode-Diagramm (Frequenzkennlinien)
$u(t)$, $U(s)$ Eingangsgröße, $v(t)$, $V(s)$ Ausgangsgröße, K_P Proportionalbeiwert,
T_{v1} Vorhaltzeit, T_1 Verzögerungszeit

dranten, der auf der reellen Achse bei K_P für $\omega = 0$ beginnt und bei $K_P T_{v1}/T_1$
für $\omega \to \infty$ endet. Der Amplitudengang (Bild **2.90**e) schmiegt sich für kleine
ω-Werte der Geraden K_P, für große ω-Werte der Geraden $K_P T_{v1}/T_1$ an. Im
Bereich $1/T_{v1} < \omega < 1/T_1$ nähert sich der Amplitudengang einer mit 20 dB/
Dekade ansteigenden Geraden. Der Phasengang ist insgesamt positiv und
nimmt für große und kleine ω-Werte den Wert Null an.

Für das durch $T_{v1} < T_1$ gekennzeichnete PP-T_1-Glied sind das Symbol, die
Sprungantwort, der Pol-Nullstellen-Plan, die Nyquist-Ortskurve und die Frequenzkennlinien in Bild **2.91** dargestellt.

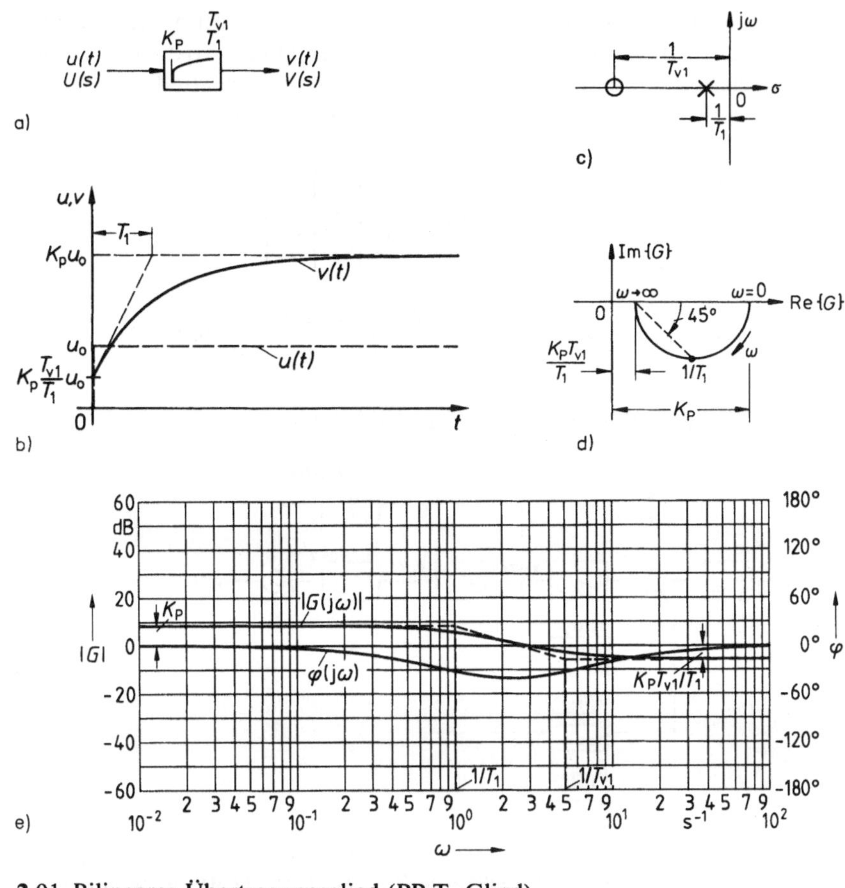

2.91 Bilineares Übertragungsglied (PP-T$_1$-Glied)
a) Symbol, b) Bezogene Sprungantwort, c) Pol-Nullstellenplan
d) Nyquist-Ortskurve, e) Bode-Diagramm (Frequenzkennlinien)
$u(t)$, $U(s)$ Eingangsgröße, $v(t)$, $V(s)$ Ausgangsgröße
K_P Proportionalbeiwert, T_{v1} Vorhaltzeit, T_1 Verzögerungszeit

2.3.3.2 Rationale Übertragungsglieder zweiter Ordnung.

Diese Klasse von Übertragungsgliedern ist durch die allgemeine rationale Übertragungsfunktion

$$G(s) = \frac{b_0 + b_1 s + b_2 s^2}{a_0 + a_1 s + a_2 s^2} \tag{2.254}$$

mit den konstanten nichtnegativen Beiwerten b_0, b_1, b_2, a_0, a_1, a_2 gekennzeichnet; der Beiwert a_2 sei wieder als ungleich Null vorausgesetzt. Da in Zähler und Nenner von $G(s)$ quadratische Funktionen der komplexen Variablen s auftreten, nennt man diese Übertragungsglieder auch **biquadratisch**. Die Zustandsgleichungen des biquadratischen Übertragungsgliedes in Regelungsnormalform sind nach Gl. (2.186) und (2.187) mit $n = 2$

$$\begin{bmatrix} \dot{x}_1(t) \\ \dot{x}_2(t) \end{bmatrix} = \begin{bmatrix} 0 & 1 \\ -\dfrac{a_0}{a_2} & -\dfrac{a_1}{a_2} \end{bmatrix} \begin{bmatrix} x_1(t) \\ x_2(t) \end{bmatrix} + \begin{bmatrix} 0 \\ \dfrac{1}{a_2} \end{bmatrix} u(t), \tag{2.255}$$

$$v(t) = \left[\left(b_0 - a_0 \frac{b_2}{a_2} \right) \left(b_1 - a_1 \frac{b_2}{a_2} \right) \right] \begin{bmatrix} x_1(t) \\ x_2(t) \end{bmatrix} + \frac{b_2}{a_2} u(t) ; \tag{2.256}$$

den zugehörigen Wirkungsplan zeigt Bild **2.92**.

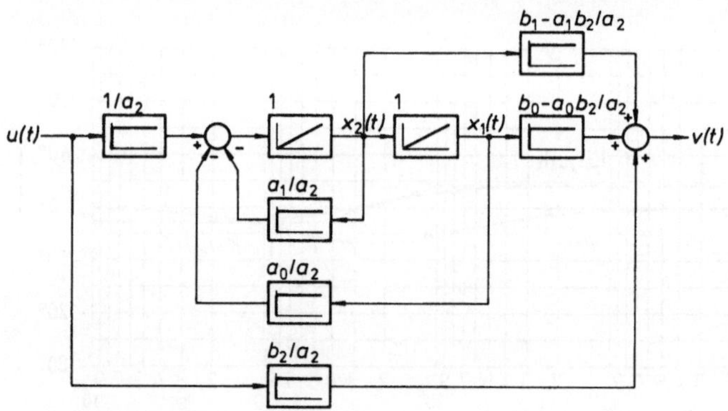

2.92 Wirkungsplan des biquadratischen Übertragungsglieds in Regelungsnormalform
$u(t)$ Eingangsgröße, $v(t)$ Ausgangsgröße, $x_1(t)$, $x_2(t)$ Zustandsgrößen, a_0, a_1, a_2, b_0, b_1, b_2 Systemparameter

Durch Vorgabe einzelner Beiwerte des biquadratischen Übertragungsglieds erhält man wieder die verschiedenen Sonderfälle, von denen zwei eine besondere Bedeutung haben. Man erhält

- für $a_0 = b_1 = b_2 = 0$ das verzögernd integrierende Übertragungsglied (I-T_1-Glied, Bild **2.93** a) mit der Übertragungsfunktion

$$G(s) = \frac{b_0}{a_1 s + a_2 s^2}, \tag{2.257}$$

- und für $b_1 = b_2 = 0$ das proportional verzögernde Übertragungsglied 2. Ordnung (P-T_2-Glied, Bild **2.93** b) mit der Übertragungsfunktion

$$G(s) = \frac{b_0}{a_0 + a_1 s + a_2 s^2}. \tag{2.258}$$

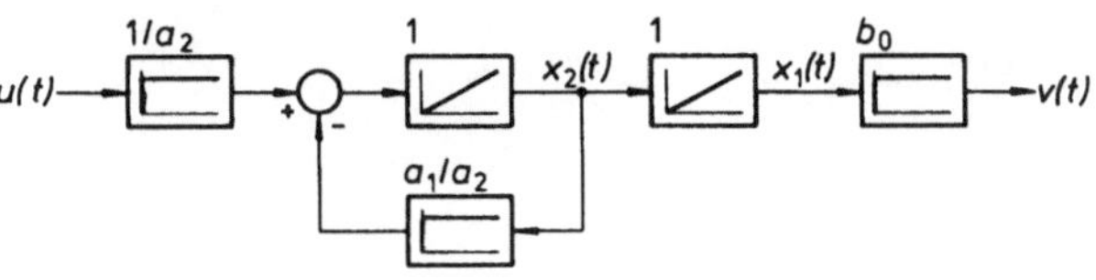

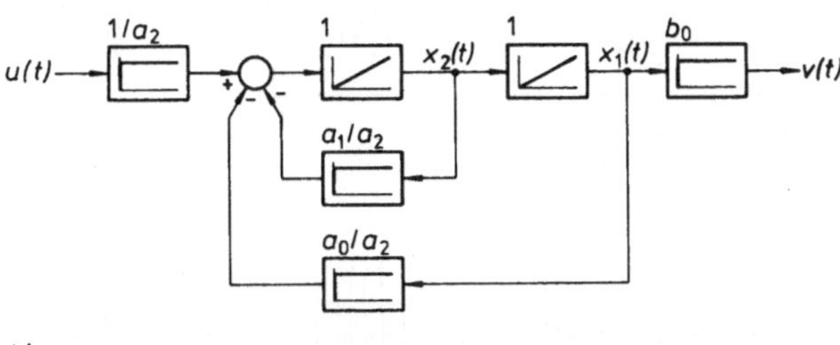

2.93 Sonderfälle des biquadratischen Übertragungsglieds
a) Verzögernd integrierendes Übertragungsglied (I-T_1-Glied)
b) Proportional verzögerndes Übertragungsglied 2. Ordnung (P-T_2-Glied)
$u(t)$ Eingangsgröße, $v(t)$ Ausgangsgröße, $x_1(t)$, $x_2(t)$ Zustandsgrößen
a_0, a_1, a_2, b_0, b_1, b_2 Systemparameter

Diese beiden Sonderfälle des biquadratischen Übertragungsgliedes werden anschließend ausführlicher behandelt.

Verzögernd integrierendes Übertragungsglied. Ausgehend von der Übertragungsfunktion nach Gl. (2.257) stellt man die Standardform des I-T_1-Glieds mit der Integrierzeit $T_1 = a_1/b_0$ und der Verzögerungszeit $T_1 = a_2/a_1$ zu

$$G(s) = \frac{1}{T_1 s (1 + T_1 s)} \tag{2.259}$$

her. Die Sprungantwort berechnet man durch Partialbruchzerlegung und Nachschlagen in der Korrespondenztabelle (Tafel **2.46**, Zeilen 2, 3 und 6) für $t \geq 0$ zu

$$v(t) = \frac{t}{T_1} - \frac{T_1}{T_1} (1 - e^{-t/T_1}). \tag{2.260}$$

Diese beginnt bei $t = 0$ mit $v(0) = 0$ und nähert sich für $t \to \infty$ einer mit $1/T_1$ ansteigenden Asymptoten (Bild **2.94**b); das Symbol des I-T_1-Glieds (Bild **2.94**a) ist aus der Sprungantwort abgeleitet. Der Pol-Nullstellen-Plan (Bild **2.94**c) weist zwei Polstellen bei $s_1 = 0$ und $s_1 = -1/T_1$ auf, wie man durch Nullsetzen des Nenners von $G(s)$ leicht nachrechnet. Den Frequenzgang erhält man

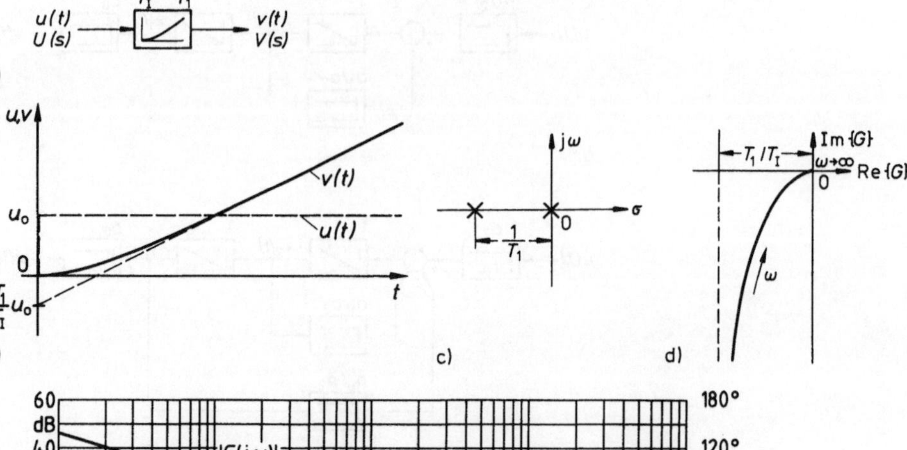

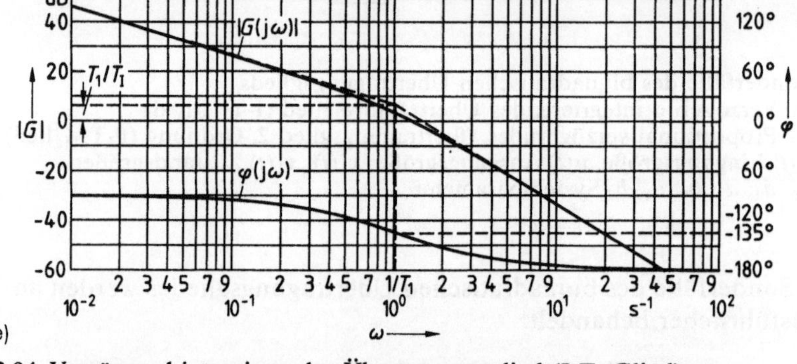

2.94 Verzögernd integrierendes Übertragungsglied (I-T$_1$-Glied)
a) Symbol, b) Bezogene Sprungantwort, c) Pol-Nullstellen-Plan
d) Nyquist-Ortskurve, e) Bode-Diagramm (Frequenzkennlinien)
$u(t)$, $U(s)$ Eingangsgröße, $v(t)$, $V(s)$ Ausgangsgröße, T_I Integrierzeit,
T_1 Verzögerungszeit

aus Gl. (2.259) mit $s = j\omega$ zu

$$G(j\omega) = \frac{1}{T_I j\omega(1 + T_1 j\omega)},\tag{2.261}$$

also den Betrag zu

$$|G(j\omega)| = \frac{1}{(T_I\omega)\sqrt{1 + (T_1\omega)^2}}\tag{2.262}$$

und die Phase zu

$$\varphi(j\omega) = -90° - \arctan(T_1\omega).\tag{2.263}$$

Die Nyquist-Ortskurve (Bild **2.94 d**) liegt im 3. Quadranten und verläuft für kleine Werte der Kreisfrequenz ω in der Nähe einer Asymptote parallel zur imaginären Achse im Abstand T_1/T_I; für große ω-Werte geht sie in den Nullpunkt der Nyquist-Ebene. Die Amplitudenkennlinie (Bild **2.94 e**) fällt bei kleinen Kreisfrequenzen mit 20 dB/Dekade und entspricht der eines I-Glieds, für große Kreisfrequenzen fällt sie mit 40 dB/Dekade. Die Asymptoten der beiden Frequenzbereiche schneiden sich bei der Eckkreisfrequenz $\omega_1 = 1/T_1$; gegenüber dem Asymptotenwert hat $|G(j\omega_1)|$ einen um 3 dB verringerten Betrag. Die Phasenkennlinie beginnt für $\omega = 0$ bei $-90°$, erreicht bei der Eckkreisfrequenz ω_1 den Wert $-135°$ und nähert sich für $\omega \to \infty$ dem Wert $-180°$.

Beispiel 2.48. Das Übertragungsverhalten eines ankergesteuerten Gleichstrommotors [69] mit der Ankerspannung $u_\mathrm{A}(t)$ als Eingangsgröße und dem Drehwinkel $\theta(t)$ der Motorwelle als Ausgangsgröße wird näherungsweise durch die Differentialgleichung $T_\mathrm{I} T_1 \ddot{\theta}(t) + T_1 \dot{\theta}(t) = K_\mathrm{P} u_\mathrm{A}(t)$ mit der Integrierzeit $T_\mathrm{I} = 1$ s, der Verzögerungszeit $T_1 = 0{,}183$ s und dem Proportionalitätsbeiwert $K_\mathrm{P} = 2{,}46 \cdot 10^{-3}$ V^{-1} beschrieben. Der Motor werde an einer sinusförmigen Eingangsspannung $u_\mathrm{A}(t) = \hat{u}_\mathrm{A} \sin \omega_\mathrm{s} t$ mit der Amplitude $\hat{u}_\mathrm{A} = 185$ V und der Signalkreisfrequenz $\omega_\mathrm{s} = 2{,}5$ s^{-1} betrieben. Man bestimme die Frequenzkennlinien des Motors und aus ihnen die Amplitude $\hat{\theta}$ und die Phase φ des sich einstellenden sinusförmigen Verlaufs des Drehwinkels.

Für den Amplitudengang zeichnet man zunächst die Asymptoten für niedrige und hohe Kreisfrequenzen, die sich bei $\omega_1 = 1/T_1 = 5{,}46$ s^{-1} und $K_\mathrm{P} T_1/T_\mathrm{I} = -66{,}9$ dB treffen, und ermittelt dann nach Gl. (2.262) im mittleren Kreisfrequenzbereich einige Werte von $|G(j\omega)|$, mit denen man den Amplitudengang mit genügender Genauigkeit zeichnen kann (Bild **2.95**). Anschließend berechnet man im interessierenden Frequenzbereich hinreichend viele Werte des Phasengangs nach Gl. (2.263) und zeichnet die Phasenkennlinien. Bei der Signalfrequenz ω_s erhält man den Betrag $|G(j\omega_\mathrm{s})| = -60{,}3$ dB $\triangleq 0{,}96 \cdot 10^{-3}$ V^{-1} und die Phase $\varphi(j\omega_\mathrm{s}) = -115° = -2{,}01$ rad, so daß man mit $\hat{\theta} = |G(j\omega_\mathrm{s})| \cdot \hat{u}_\mathrm{A} = 0{,}178$ rad den Verlauf des Drehwinkels zu $\theta(t) = 0{,}178 \sin[2{,}5\,(t/s) - 2{,}01]$ bestimmt.

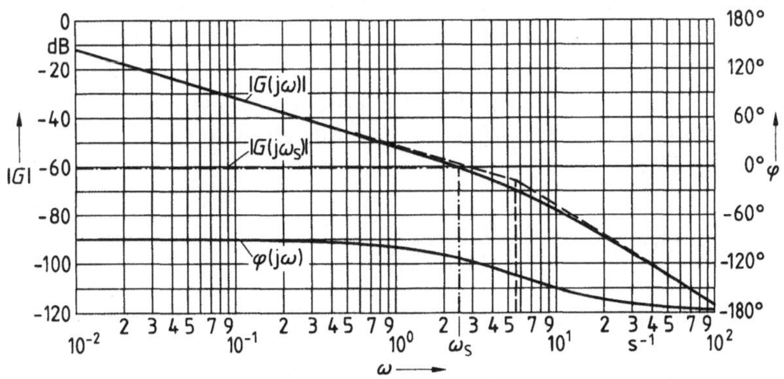

2.95 Frequenzkennlinien zu Beispiel 2.48
$|G(j\omega)|$ Amplitudengang, $\varphi(j\omega)$ Phasengang, ω_s Signalkreisfrequenz

Verzögerungsglied zweiter Ordnung, P-T$_2$-Glied. Dieses Übertragungsglied hat in der Regelungstechnik eine besondere Bedeutung, da man bei der Auslegung von Regelkreisen häufig versucht, das Verhalten des geschlossenen Regelkreises dem eines P-T$_2$-Glieds anzunähern (s. Abschn. 3). Seine Standardform wird meist mit

$$G(s) = \frac{K}{1 + 2\vartheta T_0 s + T_0^2 s^2} \tag{2.264}$$

angegeben, worin K den Proportionalbeiwert, ϑ den Dämpfungsgrad und T_0 die Kennzeit bezeichnen. Durch Vergleich der Darstellungsformen (2.258) und (2.264) erhält man die Beziehungen $b_0/a_0 = K$, $a_1/a_0 = 2\vartheta T_0$ und $a_2/a_0 = T_0^2$, die man nach den Beiwerten K, ϑ und T_0 auflösen kann. Man erhält diese zu $K = b_0/a_0$, $\vartheta = \sqrt{a_1^2/(a_0 a_2)}/2$ und $T_0 = \sqrt{a_2/a_0}$.

Die weitere Behandlung des P-T$_2$-Glieds erfordert eine Fallunterscheidung in Abhängigkeit von der Lage der Singularitäten (Polstellen) von $G(s)$, die man durch Nullsetzen des Nenners von Gl. (2.264) zu

$$s_{1,2} = \frac{1}{T_0} [-\vartheta \pm \sqrt{\vartheta^2 - 1}] \tag{2.265}$$

ermittelt. Je nach der Größe des Dämpfungsgrads ϑ erhält man einen der folgenden drei Fälle:

Für $\vartheta > 1$ zwei reelle unterschiedliche Pole nach Gl. (2.265),
für $\vartheta = 1$ zwei reelle gleiche Pole bei $s_{1,2} = -1/T_0$, und
für $\vartheta < 1$ ein konjugiert komplexes Polpaar bei

$$s_{1,2} = \frac{1}{T_0} [-\vartheta \pm j\sqrt{1 - \vartheta^2}]. \tag{2.266}$$

Diese drei Fälle, von denen insbesondere der letzte Fall ($\vartheta < 1$) für regelungstechnische Anwendungen von großer Bedeutung ist, sollen nachfolgend behandelt werden.

a) Dämpfungsgrad $\vartheta > 1$. Da die Pole von $G(s)$ nach Gl. (2.265) reell sind, kann man die Übertragungsfunktion anstelle von Gl. (2.264) auch in der faktorisierten Form

$$G(s) = \frac{K}{(1 + T_1 s)(1 + T_2 s)} \tag{2.267}$$

mit den Verzögerungszeiten

$$\begin{aligned} T_1 &= T_0(\vartheta + \sqrt{\vartheta^2 - 1}), \\ T_2 &= T_0(\vartheta - \sqrt{\vartheta^2 - 1}) \end{aligned} \tag{2.268}$$

anschreiben, wie man durch Einsetzen von T_1 und T_2 und Vergleich mit Gl. (2.264) leicht nachweist. Das P-T_2-Glied kann man in diesem Fall also als Kettenschaltung zweier P-T_1-Glieder auffassen. Die bezogene Sprungantwort erhält man durch Multiplikation von $G(s)$ mit $U(s) = 1/s$ und Rücktransformation in den Zeitbereich zu

$$v(t) = \begin{cases} 0 & \text{für} \quad t < 0, \\[2mm] K\left\{ 1 - \dfrac{T_1 e^{-t/T_1} - T_2 e^{-t/T_2}}{T_1 - T_2} \right\} & \text{für} \quad t \geq 0. \end{cases} \qquad (2.269)$$

Diese beginnt bei $t = 0$ mit $v(0) = 0$ und einer waagerechten Tangenten (d.h. $\dot{v}(0) = 0$) und nähert sich für $t \to \infty$ dem Endwert $v(\infty) = K$ (Bild **2.96**b). Da die Übergangsfunktion zu keinem Zeitpunkt den Endwert K überschreitet, wird das P-T_2-Glied mit $\vartheta > 1$ häufig als a p e r i o d i s c h oder nicht s c h w i n g u n g s f ä h i g bezeichnet.

Der Pol-Nullstellen-Plan dieses Übertragungsglieds zeigt zwei reelle Pole bei $s_1 = -1/T_1$ und $s_2 = -1/T_2$ (Bild **2.96**c). Der Frequenzgang wird mit $s = j\omega$

$$G(j\omega) = \frac{K}{[1 + (T_1 j\omega)][1 + (T_2 j\omega)]}, \qquad (2.270)$$

was dem Betrag

$$|G(j\omega)| = \frac{K}{\sqrt{1 + (T_1\omega)^2}\,\sqrt{1 + (T_2\omega)^2}} \qquad (2.271)$$

und der Phase

$$\varphi(j\omega) = -\arctan(T_1\omega) - \arctan(T_2\omega) \qquad (2.272)$$

entspricht. Die Nyquist-Ortskurve (Bild **2.96**d) durchläuft den 3. und 4. Quadranten der Nyquist-Ebene; sie beginnt für $\omega = 0$ im Punkt $(K, 0)$ und geht für $\omega \to \infty$ in den Nullpunkt der Ebene. Den Amplitudengang (Bild **2.96**e) kann man für kleine Kreisfrequenzen durch eine Parallele zur ω-Achse im Abstand K, für große Kreisfrequenzen durch eine mit 40 dB/Dekade abfallende Gerade annähern; diese Asymptoten treffen sich bei der Kennkreisfrequenz $\omega_0 = 1/T_0 = 1/\sqrt{T_1 T_2}$. Im Bereich zwischen $\omega_1 = 1/T_1$ und $\omega_2 = 1/T_2$ kann man den Verlauf des Amplitudengangs etwas besser durch eine bei ω_1 ansetzende Gerade mit einer Steigung von -20 dB/Dekade approximieren. Der Phasengang beginnt bei $\omega = 0$ mit $\varphi(0) = 0°$, erreicht bei ω_0 den Wert $-90°$ und nähert sich für $\omega \to \infty$ dem Wert $-180°$.

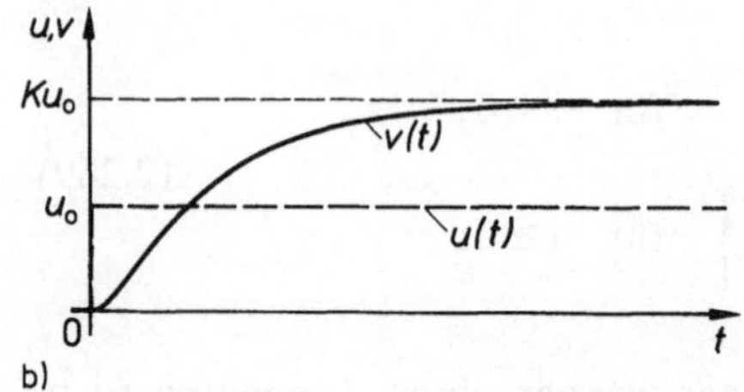

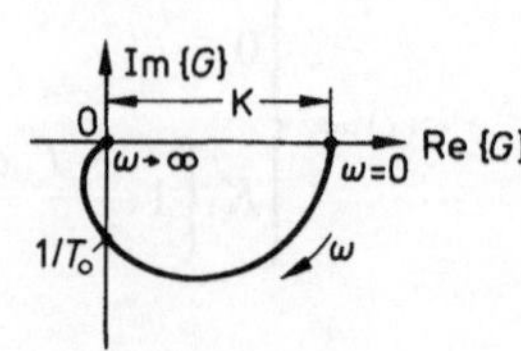

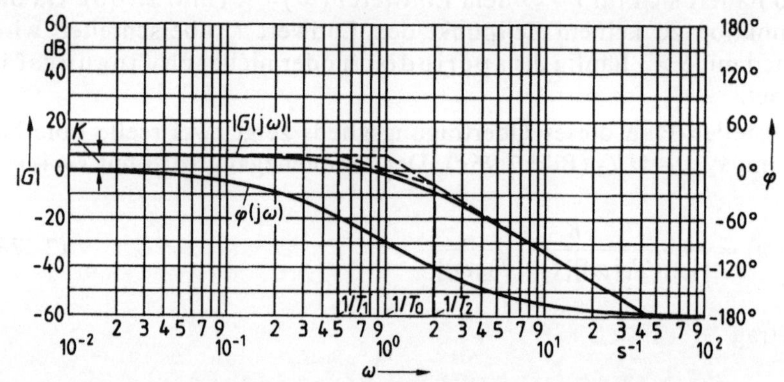

2.96 Nicht schwingungsfähiges Verzögerungsglied 2. Ordnung (P-T$_2$-Glied)
a) Symbol, b) Bezogene Sprungantwort, c) Pol-Nullstellen-Plan
d) Nyquist-Ortskurve, e) Bode-Diagramm (Frequenzkennlinien)
$u(t)$, $U(s)$ Eingangsgröße, $v(t)$, $V(s)$ Ausgangsgröße, K Proportionalbeiwert, ϑ Dämpfungsgrad, T_0 Kennzeit, T_1, T_2 Verzögerungszeiten

b) Dämpfungsgrad $\vartheta = 1$. Bei diesem (als **aperiodischen Grenzfall** bezeichneten) Sonderfall reduziert sich die Übertragungsfunktion auf

$$G(s) = \frac{K}{1 + 2\,T_0 s + T_0^2 s^2} = \frac{K}{(1 + T_0 s)^2}, \tag{2.273}$$

d.h. die Pole von $G(s)$ vereinigen sich zu einem doppelten Pol bis $s_{1,2} = -1/T_0$.
Die bezogene Sprungantwort erhält man jetzt zu

$$v(t) = \begin{cases} 0 & \text{für} \quad t < 0, \\ K\{1 - [1 + t/T_0]\,e^{-t/T_0}\} & \text{für} \quad t \geq 0. \end{cases} \tag{2.274}$$

Der Frequenzgang

$$G(j\omega) = \frac{K}{(1+T_0 j\omega)^2}$$
(2.275)

zerfällt in den Betrag

$$|G(j\omega)| = \frac{K}{1+(T_0\omega)^2}$$
(2.276)

und die Phase

$$\varphi(j\omega) = -2\arctan(T_0\omega).$$
(2.277)

Den Verlauf von Amplituden- und Phasengang im Bode-Diagramm erhält man, wenn man in Bild **2.96**e die Eckkreisfrequenzen ω_1 und ω_2 auf ω_0 zusammenführt.

c) Dämpfungsgrad $\vartheta < 1$. Das schwingungsfähige Übertragungsglied 2. Ordnung ist durch ein konjugiert komplexes Polpaar in der s-Ebene (Bild **2.97**c) gemäß Gl. (2.266) gekennzeichnet. Die Sprungantwort bestimmt man nach Tafel **2.46** (Zeile 11 und 12) zu

$$v(t) = \begin{cases} 0 \quad \text{für} \quad t<0, \\[2mm] K\left\{ 1 - \frac{1}{\sqrt{1-\vartheta^2}}\, e^{-\vartheta\omega_0 t} \sin[\sqrt{1-\vartheta^2}\,\omega_0 t + \psi] \right\} \end{cases}$$
(2.278)

mit der **Kennkreisfrequenz** $\omega_0 = 1/T_0$ und der Anfangsphase $\psi = \arcsin\sqrt{1-\vartheta^2}$. Anstelle der Kennkreisfrequenz ω_0 führt man auch die **Eigenkreisfrequenz** $\omega_e = \omega_0\sqrt{1-\vartheta^2}$ und anstelle des Dämpfungsgrads ϑ die **Abklingkonstante** $\delta = \vartheta\omega_0$ ein und schreibt die Sprungantwort für $t > 0$ in der Form

$$v(t) = K\left\{ 1 - \frac{\omega_0}{\omega_e}\, e^{-\delta t} \sin(\omega_e t + \psi) \right\}$$
(2.279)

mit der Anfangsphase $\psi = \arcsin(\omega_e/\omega_0)$ an. Die Werte von Eigenkreisfrequenz und Abklingkonstante kann man dem Pol-Nullstellen-Diagramm (Bild **2.97**c) entnehmen. Die Sprungantwort setzt sich aus einem konstanten Term und einer gedämpften Schwingung zusammen; den prinzipiellen Verlauf zeigt Bild **2.97**b. Aus dieser Übergangsfunktion ist das Symbol des schwingungsfähigen P-T$_2$-Glieds (Bild **2.97**a) abgeleitet.

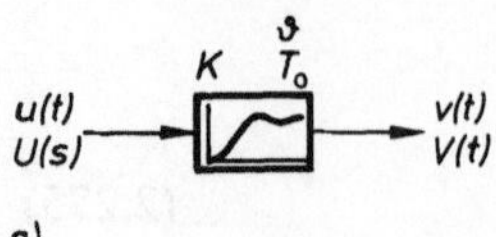

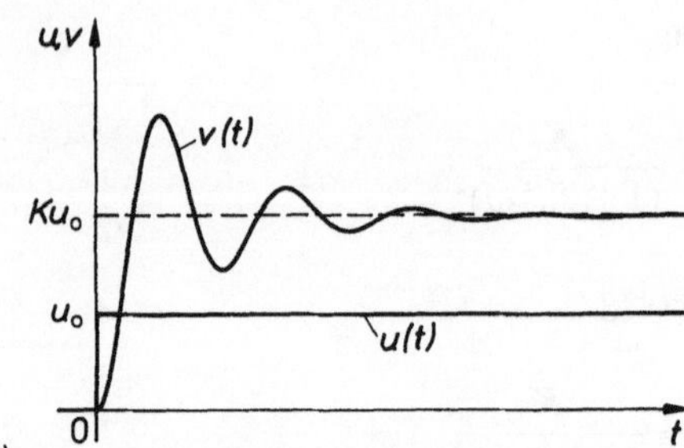

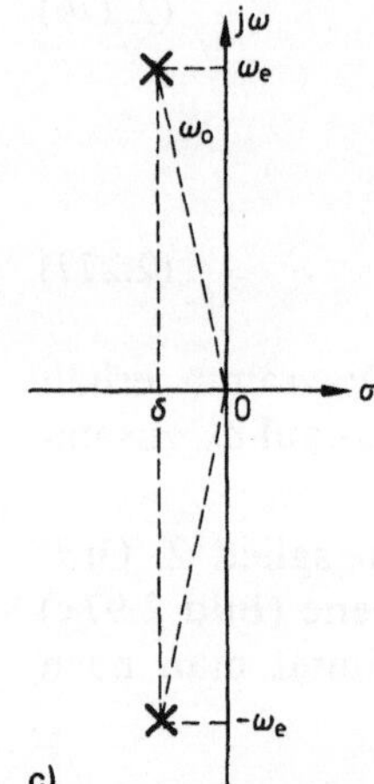

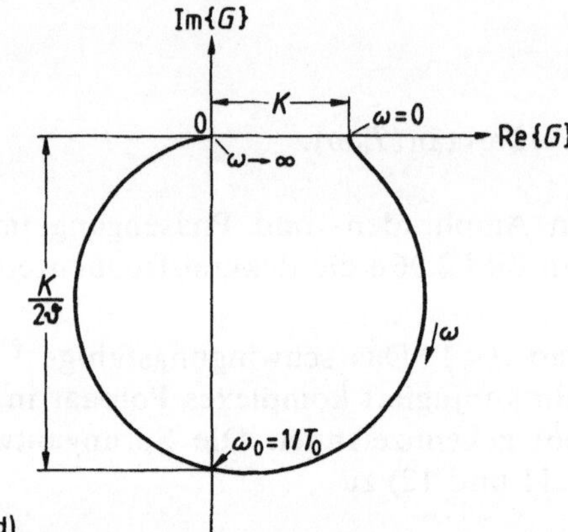

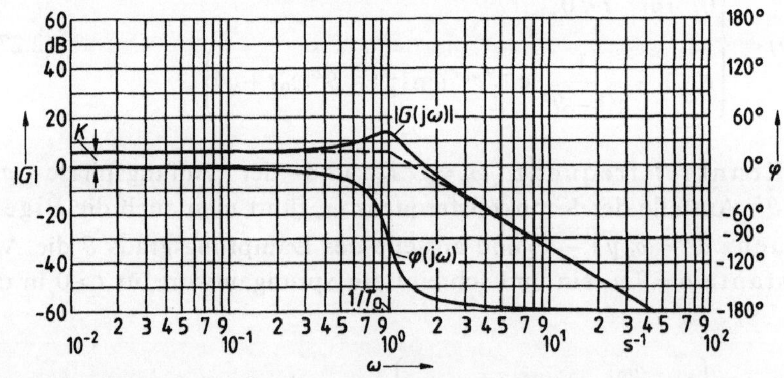

2.97 Schwingungsfähiges Verzögerungsglied 2. Ordnung (P-T₂-Glied)
  a) Symbol
  b) Bezogene Sprungantwort
  c) Pol-Nullstellenplan
  d) Nyquist-Ortskurve
  e) Bode-Diagramm (Frequenzkennlinien)
$u(t)$, $U(s)$ Eingangsgröße, $v(t)$ $V(s)$ Ausgangsgröße, K Proportionalbeiwert,
ϑ Dämpfungsgrad, T_0 Kennzeit, ω_0 Kennkreisfrequenz, ω_e Eigenkreisfrequenz,
δ Abklingkonstante

Den Frequenzgang

$$G(j\omega) = \frac{K}{[1-(T_0\omega)^2]+2\vartheta T_0 j\omega} \qquad (2.280)$$

zerlegt man in den Betrag

$$|G(j\omega)| = \frac{K}{\sqrt{[1-(T_0\omega)^2]^2+4\vartheta^2(T_0\omega)^2}} \qquad (2.281)$$

und die Phase

$$\varphi(j\omega) = -\arctan\left[\frac{2\vartheta T_0\omega}{1-(T_0\omega)^2}\right], \qquad (2.282)$$

und erhält die in Bild **2.97** d gezeigte Nyquist-Ortskurve. Die Amplitudenkennlinie (Bild **2.97** e) entspricht für kleine ω-Werte der eines P-Glieds. Im mittleren Kreisfrequenzbereich steigt sie für $\vartheta<\sqrt{2}/2$ über den Wert bei kleinen Kreisfrequenzen an und erreicht bei der Resonanzkreisfrequenz

$$\omega_r = \omega_0\sqrt{1-2\vartheta^2} \qquad (2.283)$$

den Maximalwert

$$|G(j\omega_r)| = K/(2\vartheta\sqrt{1-\vartheta^2}). \qquad (2.284)$$

Oberhalb der Resonanzkreisfrequenz fällt die Amplitudenkennlinie mit etwa 40 dB/Dekade ab. Die Phasenkennlinie beginnt für kleine Kreisfrequenzen bei $\varphi(j0)=0°$, erreicht bei der Kennkreisfrequenz den Wert $\varphi(j\omega_0)=-90°$ und nähert sich für $\omega\to\infty$ dem Wert $\varphi(j\infty)=-180°$.

Beispiel 2.49. Ein Meßwertgeber für Beschleunigungen besteht aus einem Gehäuse mit einer federnd aufgehängten Masse, deren Bewegung durch geschwindigkeitsproportionale Reibungskräfte bedämpft wird [9]. Mit dem Reibbeiwert b und der Federkonstanten k wird die momentane Position $x(t)$ der Masse m in bezug auf das Gehäuse unter dem Einfluß einer zeitlich veränderlichen Beschleunigung $a(t)$ durch die Differentialgleichung

$$m\ddot{x}(t)+b\dot{x}(t)+kx(t)=ma(t)$$

beschrieben. Die Position wird durch einen induktiven Meßumformer erfaßt und in einem elektrischen Verstärker proportional, d.h. nach der Beziehung

$$u_a(t)=Vx(t)$$

verstärkt. Für die Parameterwerte $m=10^{-2}$ kg, $b=0{,}891$ kg s^{-1}, $k=39{,}4$ kg s^{-2} und

$V = 200$ V/m berechne man den Verlauf der Ausgangsspannung $u_a(t)$, wenn zum Zeitpunkt $t_0 = 0$ sprungförmig eine konstante Beschleunigung a_0 vom Zehnfachen der Erdbeschleunigung einsetzt.

Man berechnet die Gesamtübertragungsfunktion des Meßwertgebers durch Anwenden der Laplace-Transformation auf die Systemgleichungen zu

$$G(s) = \frac{U_a(s)}{A(s)} = \frac{U_a(s)}{X(s)} \cdot \frac{X(s)}{A(s)} = V \frac{m}{k + bs + ms^2}.$$

Durch Vergleich mit der Standardform des P-T$_2$-Glieds (Gl. 2.265) hat man den Proportionalbeiwert $K = Vm/k = 0{,}0508$ V/ms^{-2}, den Dämpfungsgrad $\vartheta = b/(2\sqrt{km}) = 0{,}710$ und die Kennzeit $T_0 = \sqrt{m/k} = 0{,}0159$ s. Mit der Kennkreisfrequenz $\omega_0 = 1/T_0 = 62{,}8$ s^{-1}, der Abklingkonstanten $\delta = \vartheta\omega_0 = 44{,}6$ s^{-1}, der Eigenkreisfrequenz $\omega_e = \sqrt{1 - \vartheta^2}\,\omega_0 = 44{,}2$ s^{-1}, der Anfangsphase $\psi = \arcsin\sqrt{1 - \vartheta^2} = 0{,}781$ und dem Endwert $u_{a0} = Ka_0 = 4{,}98$ V erhält man den Verlauf der Ausgangsspannung für $t \geq 0$ nach Gl. (2.279) zu

$$u_a(t) = 4{,}98\ \text{V}[1 - 1{,}42\,e^{-44{,}6t}\sin(44{,}2t + 0{,}781)];$$

der Verlauf dieser Zeitfunktion ist in Bild **2.98** dargestellt. Die Ausgangsspannung des Beschleunigungsgebers folgt also dem Beschleunigungssprung mit einem gut gedämpften Einschwingvorgang.

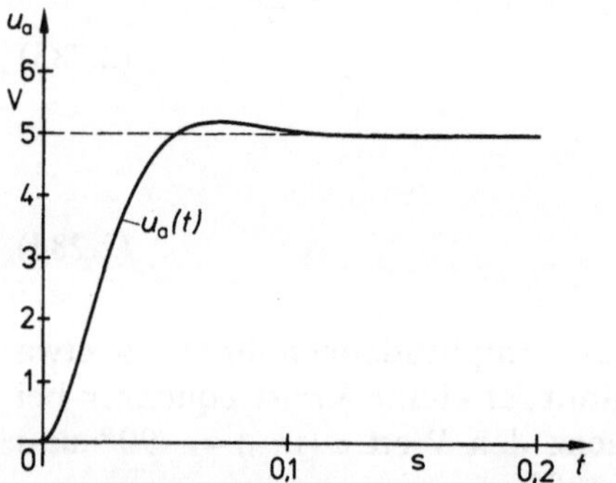

2.98
Übergangsfunktion
des Beschleunigungsgebers
$u_a(t)$ Ausgangsspannung

Mit den rationalen Übertragungsgliedern 1. und 2. Ordnung kann man komplizierte Prozesse häufig aus einfachen Teilprozessen zusammensetzen, deren Eigenschaften man kennt. Häufig versucht man auch, den Gesamtprozeß durch derartige Übertragungsglieder anzunähern und hierdurch den Reglerentwurf zu vereinfachen; hiermit beschäftigt sich der folgende Abschnitt.

2.3.4 Approximation linearer Übertragungsglieder

Bei der Modellbildung technischer Prozesse wird man häufig auf Übertragungsglieder sehr hoher Ordnung geführt, die einer regelungstechnischen Analyse oder Synthese nur schwer zugänglich sind. Man versucht daher meist das Prozeßmodell in geeigneter Weise in der Ordnung soweit zu verringern, daß zwar die für die Regelung maßgeblichen Eigenschaften des Prozesses auch im reduzierten Modell enthalten sind, die unwesentlichen Eigenschaften aber entfallen.

Für diese Aufgabe gibt es eine große Zahl von Verfahren, die sich bezüglich Rechenaufwand und Approximationsgüte wesentlich unterscheiden. Man kann diese in die Gruppen

Zeitbereichsverfahren und Bildbereichsverfahren

einteilen. Bei den Zeitbereichsverfahren nimmt man die Approximation anhand gemessener oder berechneter Zeitverläufe der Ausgangsgröße bei vorgegebener Eingangsgröße (Impulsantwort, Sprungantwort, Sinusantwort, s. Abschn. 2.1.5.2) vor oder approximiert die skalare oder vektorielle Systemdifferentialgleichung. Bei den Bildbereichsverfahren wird die Übertragungsfunktion $G(s)$ oder der Frequenzgang $G(j\omega)$ mit geeigneten Verfahren angenähert.

Nachfolgend sollen einige einfach anzuwendende und dennoch leistungsfähige Verfahren zur Approximation von Übertragungsgliedern vorgestellt werden.

2.3.4.1 Approximation im Zeitbereich. Behandelt werden nur Verfahren, die von der Übergangsfunktion des Prozesses ausgehen. Diese kann man sich entweder durch Aufnahme der Sprungantwort am Prozeß oder durch Lösung der Systemdifferentialgleichung für eine sprungförmige Eingangsgröße besorgen; einen typischen Verlauf zeigt Bild **2.99**. Es sei angenommen, daß der Zeitverlauf nicht wesentlich durch zufällige oder deterministische Störungen verfälscht wird.

Um die Eigenschaften der Übergangsfunktion zu kennzeichnen, unterteilt man das durch den Vorgang vorgegebene Zeitintervall grob in drei Teilintervalle (Bild **2.99**), die man als Anfangsbereich (I), Mittenbereich (II) und Endbereich (III) kennzeichnet. Interessierende Eigenschaften der Zeitfunktion in diesen Teilintervallen sind beispielsweise:

Anfangsbereich: Stetigkeit für $t=0$, Anfangssteigung, Anfangskrümmung.

Mittenbereich: Anstiegsgeschwindigkeit, Monotonität, Wert des Maximums, Zeit bis zum endgültigen Einhalten eines Toleranzfeldes um den Endwert.

Endbereich: Asymptotisches Verhalten für $t \to \infty$, z. B. konstant, linear ansteigend usw.

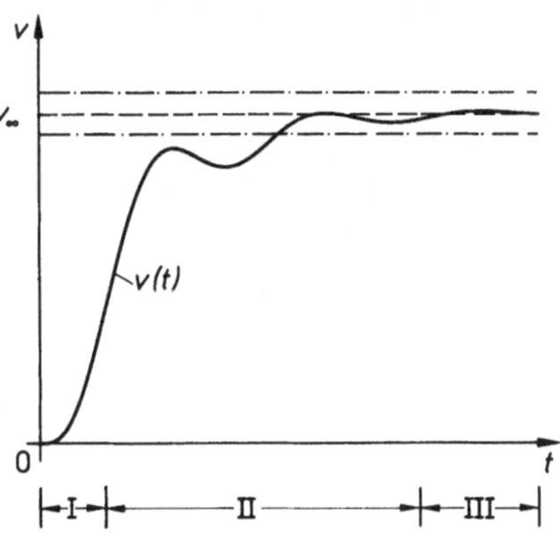

2.99 Eigenschaften der Sprungantwort eines linearen Prozesses
I: Anfangsbereich
II: Mittenbereich
III: Endbereich
$v(t)$ Ausgangsgröße
v_∞ Endwert der Ausgangsgröße

Wie in Abschn. 3 noch näher gezeigt wird, ist für regelungstechnische Aufgabenstellungen insbesondere das Verhalten im Endbereich und dann im Mittenbereich von Bedeutung, während der Verlauf im Anfangsbereich häufig von geringerem Interesse ist. Geeignete Approximationsverfahren müssen daher hauptsächlich den End- und Mittenbereich genau nachbilden können.

Nachfolgend sollen zwei einfache Verfahren zur Approximation von aperiodischen Übertragungsgliedern angegeben werden, deren Sprungantwort monoton in den konstanten Endwert v_∞ einläuft.

Totzeit-Verzögerungs-Näherung. Bei sehr trägen Prozessen, wie sie z. B. in der Verfahrenstechnik häufig vorkommen, kann die Approximation durch eine Totzeit mit zusätzlicher Verzögerung erster Ordnung, also durch die Übertragungsfunktion

$$G_{\mathrm{a}}(s) = \frac{K_{\mathrm{a}}}{1 + T_{1\mathrm{a}}s}\, \mathrm{e}^{-T_{\mathrm{ta}}s}, \tag{2.285}$$

zu brauchbaren Ergebnissen führen (Bild 2.100); der Index a kennzeichnet die approximierte Übertragungsfunktion. Die Parameter von $G_{\mathrm{a}}(s)$ bestimmt man wie folgt:

Man zeichnet die Parallele zur Zeitachse, die sich der Übergangsfunktion $v(t)$ für $t \to \infty$ anschmiegt, bestimmt den Endwert v_∞ und mit dem Wert u_0 des Eingangssprungs den Proportionalbeiwert zu $K_{\mathrm{a}} = v_\infty / u_0$.

Nach Augenmaß bestimmt man den Wendepunkt der Sprungantwort und legt hier die Tangente an. Diese schneidet die Zeitachse bei der Verzugszeit T_{u} und die Parallele zur Zeitachse im Abstand v_∞ zum Zeitpunkt $T_{\mathrm{u}} + T_{\mathrm{g}}$, wobei T_{g} die Ausgleichszeit bezeichnet.

Abschließend ersetzt man in Gl. (2.285) die Totzeit T_{ta} durch die Verzugszeit T_{u} und die Verzögerungszeit $T_{1\mathrm{a}}$ durch die Ausgleichszeit T_{g} und erhält die Übertragungsfunktion der Näherung zu

$$G_{\mathrm{a}}(s) = \frac{v_\infty / u_0}{1 + T_{\mathrm{g}}s}\, \mathrm{e}^{-T_{\mathrm{u}}s}. \tag{2.286}$$

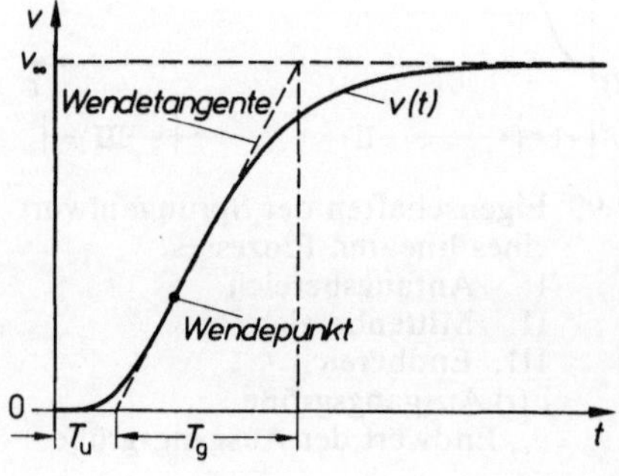

2.100
Totzeit-Verzögerungs-Näherung
der Sprungantwort
$v(t)$ Ausgangsgröße
v_∞ Endwert der Ausgangsgröße
T_{u} Verzugszeit
T_{g} Ausgleichszeit

Bei einer vorgegebenen Sprungantwort kann man diese Schritte schnell und ohne besondere Hilfsmittel durchführen. Die so gewonnene Näherung ist allerdings nur für Überschlagsrechnungen hinreichend. Störend ist auch das Auftreten des nichtrationalen Faktors $\mathrm{e}^{-T_{\mathrm{ta}}s}$ in der Übertragungsfunktion der Näherung.

Beispiel 2.50. Die in Bild 2.101 dargestellte Antwort eines linearen aperiodischen Übertragungsglieds auf einen zum Zeitpunkt $t_0 = 0$ einsetzenden Sprung $u(t) = 2{,}5\,\sigma(t)$ der Eingangsgröße soll durch ein Übertragungsglied der Form $G_{\mathrm{a}}(s) = K_{\mathrm{a}}\mathrm{e}^{-T_{\mathrm{ta}}s}/(1 + T_{\mathrm{1a}}s)$ approximiert werden. Die Totzeit T_{ta} soll durch die Verzugszeit T_{u} und die Verzögerungszeit T_{1a} durch die Ausgleichszeit T_{g} ersetzt werden.

Aus der Zeitfunktion liest man den Endwert zu $v_\infty \approx 3{,}8$ ab und berechnet damit den Proportionalbeiwert zu $K_{\mathrm{a}} \approx v_\infty/u_0 = 3{,}8/2{,}5 = 1{,}52$. Anschließend bestimmt man näherungsweise den Wendepunkt der Sprungantwort und legt die Wendetangente an; diese schneidet die Zeitachse bei der Verzugszeit $T_{\mathrm{u}} \approx 1{,}1$ s und die Parallele zur Zeitachse bei v_∞ bei $T_{\mathrm{u}} + T_{\mathrm{g}} = 4{,}4$ s, so daß man die Ausgleichszeit zu $T_{\mathrm{g}} = 3{,}3$ s ermittelt. Die Approximation ist also durch die Übertragungsfunktion $G_{\mathrm{a}}(s) = 3{,}8\,\mathrm{e}^{-1{,}1s}/(1 + 3{,}3s)$ gekennzeichnet; der Vergleich von $v(t)$ und $v_{\mathrm{a}}(t)$ (Bild 2.101) zeigt die doch recht grobe Näherung.

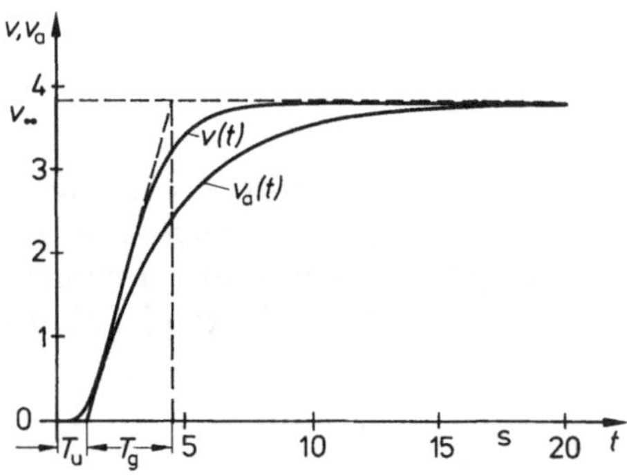

2.101
Zeitfunktionen zu Beispiel 2.50
$v(t)$ Sprungantwort des Prozesses
$v_{\mathrm{a}}(t)$ Sprungantwort des Prozeßmodells
v_∞ Endwert der Ausgangsgröße
T_{u} Verzugszeit
T_{g} Ausgleichszeit

Zeitprozentkennwert-Methode. Bei diesem Verfahren wird das Übertragungsglied durch ein $(\text{P-}T_1)^n$-Glied, d.h. durch eine Übertragungsfunktion der Form

$$G_{\mathrm{a}}(s) = \frac{K_{\mathrm{a}}}{(1 + T_{\mathrm{1a}}s)^{n_{\mathrm{a}}}} \qquad (2.287)$$

angenähert. Der Proportionalitätsbeiwert K_{a}, die Verzögerungszeit T_{1a} und die Ordnung n_{a} von $G_{\mathrm{a}}(s)$ werden aus der gemessenen oder berechneten Sprungantwort des Prozesses wie folgt bestimmt:

Die zur Übertragungsfunktion $G_{\mathrm{a}}(s)$ gehörende Antwort auf einen zum Zeitpunkt $t_0 = 0$ einsetzenden Sprung der Höhe u_0 berechnet man durch Multiplikation mit u_0/s, Partialbruchzerlegung und Rücktransformation in den Zeitbereich nach Tafel 2.46 (Zeile 2 und 8) mit dem Endwert $v_{\mathrm{a}\infty} = K_{\mathrm{a}}u_0$ zu

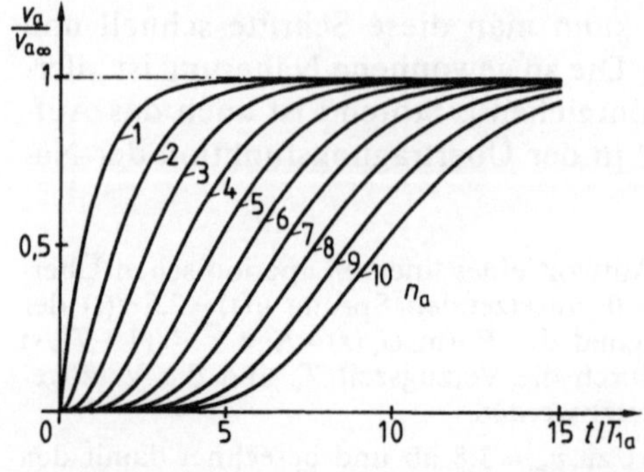

2.102
Sprungantworten des $(P\text{-}T_1)^n$-Glieds
$v_a(t)$ Ausgangsgröße
$v_{a\infty}$ Endwert der Ausgangsgröße
T_{1a} Verzögerungszeit
n_a Ordnungszahl

$$v_a(t) = v_{a\infty}\left[1 - e^{-t/T_{1a}} \sum_{\nu=0}^{n_a-1} \frac{1}{\nu!}\left(\frac{t}{T_{1a}}\right)^\nu\right]. \tag{2.288}$$

Die zugehörigen Zeitverläufe sind in Bild **2.**102 für $n_a = 1, 2, \ldots, 10$ gezeigt.
Bezeichnet man mit t_{am} die Zeit, die die Sprungantwort bis zum Erreichen von
m Prozent des Endwerts benötigt, und mit $v_{am} = v_a(t_{am}) = m v_{a\infty}/100$ den ent-
sprechenden Wert der Ausgangsgröße, dann wird nach Gl. (2.288)

$$e^{-t_{am}/T_{1a}} \sum_{\nu=0}^{n_a-1} \frac{1}{\nu!}\left(\frac{t_{am}}{T_{1a}}\right)^\nu = 1 - \frac{m}{100}.$$

Für einen vorgegebenen Prozentwert m kann man aus dieser Gleichung die
benötigte Zeit t_{am} berechnen; eine geschlossene Lösung ist allerdings nur für
$n_a = 1$ möglich, so daß man auf numerische Verfahren, beispielsweise das New-
tonsche Näherungsverfahren [4, 35, 75, 84, 97, 115], zurückgreifen muß.
In Tafel 2.103 sind als Ergebnis einer solchen Berechnung für $m = 10$, $m = 50$
und $m = 90$ die reziproken Werte $\alpha_{10} = T_{1a}/t_{a10}$, $\alpha_{50} = T_{1a}/t_{a50}$ und $\alpha_{90} = T_{1a}/t_{a90}$
der auf die Verzögerungszeit T_{1a} bezogenen Zeitprozentwerte sowie das Ver-
hältnis $\mu_a = \alpha_{90}/\alpha_{10}$ für $n_a = 1, 2, \ldots, 10$ aufgelistet.

Tafel **2.**103 Bestimmung der Ordnungszahl und der Verzögerungszeiten des Prozeßmodells

n_a	α_{10}	α_{50}	α_{90}	μ_a
1	9,491	1,443	0,434	0,046
2	1,880	0,596	0,257	0,137
3	0,907	0,374	0,188	0,207
4	0,573	0,272	0,150	0,261
5	0,411	0,214	0,125	0,304
6	0,317	0,176	0,108	0,340
7	0,257	0,150	0,095	0,370
8	0,215	0,130	0,085	0,396
9	0,184	0,115	0,077	0,418
10	0,161	0,103	0,070	0,438

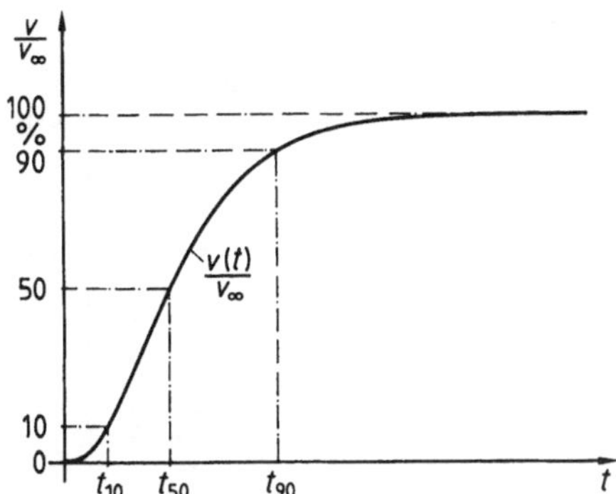

2.104
Bestimmung der Zeitkennwerte
aus der Sprungantwort
$v(t)$ Ausgangsgröße
v_∞ Endwert der Ausgangsgröße
t_{10}, t_{50}, t_{90} Zeitprozentkennwerte

Mit Hilfe dieser Tafel kann man ein zwar heuristisches, aber einfach anzuwendendes und häufig recht genaues Verfahren zur Approximation aperiodischer Übertragungsglieder angeben.

Aus der gemessenen oder berechneten Übergangsfunktion (Bild **2.104**) bestimmt man zunächst den Endwert v_∞ und ermittelt mit der Sprunghöhe u_0 den Proportionalbeiwert $K_{Pa} = v_\infty/u_0$ der Näherung. Anschließend zeichnet man Parallelen zur Zeitachse im Abstand von 10%, 50% und 90% des Endwerts, bestimmt die zugehörigen Zeitkennwerte t_{10}, t_{50} und t_{90}, und berechnet das Verhältnis $\mu = t_{10}/t_{90}$. In der Tafel **2.103** ermittelt man den Wert μ_a, für den die Differenz $|\mu - \mu_a|$ minimal wird, und findet in dieser Zeile die Ordnungszahl n_a der Approximation. In der gleichen Zeile liest man die Werte α_{10}, α_{50} und α_{90} ab und bestimmt die Verzögerungszeit T_{1a} der Näherung nach der Beziehung

$$T_{1a} = \frac{1}{3}\,[\alpha_{10}\,t_{10} + \alpha_{50}\,t_{50} + \alpha_{90}\,t_{90}]. \tag{2.289}$$

Die Approximation wird um so genauer, je besser die Zeitkennwerte des Prozesses und des approximierenden Übertragungsglieds nach Gl. (2.287) übereinstimmen. Bei völliger Übereinstimmung ist nämlich $\mu = \mu_a$, und aus Gl. (2.289) bestimmt man mit den Definitionen der α-Werte die Verzögerungszeit zu $T_{1a} = [T_{1a} + T_{1a} + T_{1a}]/3$. Durch die in Gl. (2.289) enthaltene Mittelwertbildung, die man auch auf weitere Zeitprozentwerte erstrecken kann, werden die Fehler der Approximation fast immer vermindert.

Beispiel 2.51. Die in Bild **2.105a** dargestellte Antwort eines linearen aperiodischen Übertragungsglieds auf einen zum Zeitpunkt $t_0 = 0$ einsetzenden Sprung $u = 2{,}5\,\sigma(t)$ der Eingangsgröße soll mit der Methode der Zeitprozentkennwerte durch ein Übertragungsglied der Form $G_a(s) = K_a/(1 + T_{1a}s)^{n_a}$ approximiert werden.

Zunächst zeichnet man die Asymptote für $t \to \infty$ an die Sprungantwort, bestimmt den Endwert zu $v_\infty = 3{,}8$ und daraus den Proportionalbeiwert zu $K_a = v_\infty/u_0 = 3{,}8/2{,}5 = 1{,}52$.

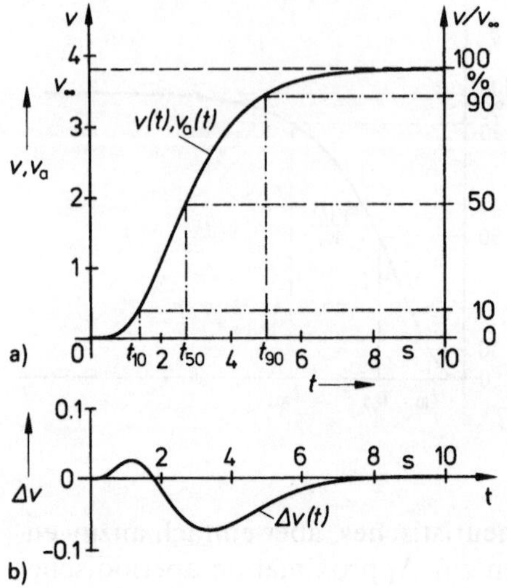

2.105
Zeitfunktionen zu Beispiel 2.51
a) Sprungantwort von Prozeß
    und Prozeßmodell
b) Verlauf des Modellfehlers
$v(t)$ Ausgangsgröße
$\Delta v(t)$ Modellfehler
v_∞ Endwert der Ausgangsgröße
t_{10}, t_{50}, t_{90} Zeitprozentkennwerte

Anschließend liest man aus der Sprungantwort die Zeitprozentkennwerte zu $t_{10} = 1{,}4$ s, $t_{50} = 2{,}7$ s und $t_{90} = 5{,}0$ s ab und berechnet das Zeitverhältnis $\mu = t_{10}/t_{90} = 0{,}280$. Aus Tafel **2.**103 entnimmt man die passende Systemordnung zu $n = 4$ und berechnet die Verzögerungszeit T_{1a} mit den für $n = 4$ zutreffenden Parametern α_{10}, α_{50} und α_{90} zu

$$T_{1a} = [(0{,}573 \cdot 1{,}4 + 0{,}272 \cdot 2{,}7 + 0{,}150 \cdot 5{,}0)/3]\, s = 0{,}76\ s.$$

Die approximierende Übertragungsfunktion ist also $G_a(s) = 1{,}52/(1 + 0{,}76\ s)^4$; ihre Sprungantwort $v_a(t)$ ist mit dem Zeitverlauf $v(t)$ praktisch deckungsgleich. Der zeitliche Verlauf des Approximationsfehlers $\Delta v(t) = v(t) - v_a(t)$ (Bild **2.**105 b) läßt die Güte der erreichten Approximation erkennen: Der Fehler übersteigt zu keinem Zeitpunkt den Wert von 2% des Endwerts der Sprungantwort.

Die Übertragungsfunktion des Prozesses wurde – wie auch im Beispiel 2.52 – willkürlich als Verzögerungsglied 5. Ordnung mit den Verzögerungszeiten $T_1 = 1$ s, $T_2 = 0{,}8$ s, $T_3 = 0{,}6$ s, $T_4 = 0{,}4$ s und $T_5 = 0{,}2$ s vorgegeben. Die genaue Approximation durch ein (P-T$_1$)^4-Glied mit der Verzögerungszeit T_{1a} ist also durchaus nicht selbstverständlich.

2.3.4.2 Approximation im Bildbereich. Bei diesen Verfahren geht man von der Übertragungsfunktion $G(s) = V(s)/U(s)$ des linearen Übertragungsglieds aus. Für einen Sprung der Eingangsgröße $u(t) = u_0 \sigma(t)$ zum Zeitpunkt $t_0 = 0$ bestimmt man mit $U(s) = u_0/s$ die Laplace-Transformierte der Sprungantwort zu

$$V(s) = G(s) \cdot \frac{u_0}{s}. \tag{2.290}$$

Den Endwert der Sprungantwort erhält man – sofern er existiert – mittels des Endwertsatzes der Laplace-Transformation (Tafel **2.**45, Zeile 5) zu

$$v_\infty = \lim_{s \to 0} [s\, V(s)],$$

also mit Gl. (2.290)

$$v_\infty = u_0 \lim_{s \to 0} [G(s)].$$
(2.291)

Nach den Überlegungen in Abschn. 2.3.4.1 ist die Sprungantwort im Zeitbereich möglichst gut für $t \to \infty$ auszunähern; nach Gl. (2.291) ist die Approximation im Bildbereich also für $s \to 0$ durchzuführen. Einige hierfür geeignete einfache Verfahren werden nachfolgend vorgestellt.

Approximation durch ein Verzögerungsglied 1. Ordnung. Aperiodische Übertragungsglieder, die in der Produktform

$$G(s) = \frac{K}{(1 + T_1 s)(1 + T_2 s)(1 + T_3 s) \dots (1 + T_n s)}$$
(2.292)

mit dem Proportionalbeiwert K und den Verzögerungszeiten $T_1, T_2, \dots, T_n$ gegeben sind, kann man durch ein Verzögerungsverhalten

$$G_a(s) = \frac{K_a}{1 + T_{1a} s}$$
(2.293)

mit guter Genauigkeit approximieren, wenn eine Verzögerungszeit (beispielsweise T_1) wesentlich größer ist als die restlichen Verzögerungszeiten. Die Verzögerungszeit T_{1a} der P-T$_1$-Näherung berechnet man dann entweder zu $T_{1a} = T_1$ oder zu $T_{1a} = T_1 + T_2 + \dots T_n$; während die erste Approximation nur für $T_1 \gg (T_2 + T_3 + \dots T_n)$ gute Ergebnisse liefert, kann der zweite Ansatz auch dann gemacht werden, wenn die Summe der restlichen Verzögerungszeiten in der Größenordnung von T_1 liegt. Die genannten Beziehungen für die Verzögerungszeit des Prozeßmodells kann man aus Gl. (2.292) durch Ausmultiplizieren des Nenners und Durchführen des Grenzübergangs $s \to 0$ leicht ableiten.

Beispiel 2.52. Das lineare aperiodische Übertragungsglied

$$G(s) = \frac{K}{(1 + T_1 s)(1 + T_2 s)(1 + T_3 s)(1 + T_4 s)}$$

mit dem Proportionalbeiwert $K = 2,7$ und den Verzögerungszeiten $T_1 = 1,3$ s, $T_2 = 0,25$ s, $T_3 = 0,20$ s und $T_4 = 0,18$ s soll durch ein Verzögerungsglied erster Ordnung approximiert werden.

Da die Verzögerungszeiten T_2 bis T_4 wesentlich kleiner sind als die Verzögerungszeit T_1, ihre Summe aber in die Größenordnung von T_1 kommt, ist die Näherung durch

$$G_a(s) = \frac{K_a}{1 + T_{1a} s}$$

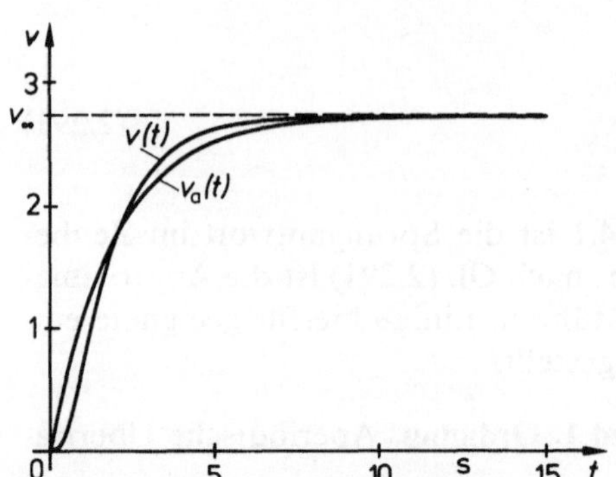

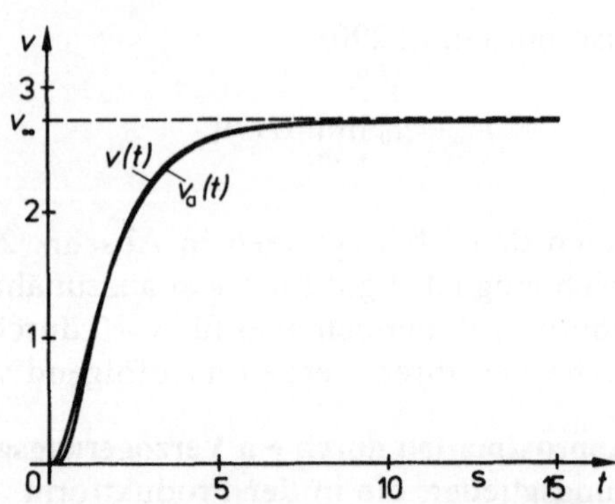

2.106 Zeitfunktionen zu Beispiel 2.52
$v(t)$ Sprungantwort des Prozesses
$v_a(t)$ Sprungantwort des Prozeß-
modells

2.107 Zeitfunktionen zu Beispiel 2.53
$v(t)$ Sprungantwort des Prozesses
$v_a(t)$ Sprungantwort des Prozeß-
modells

mit $K_a = K = 2{,}7$ und der Summenzeit $T_{1a} = T_1 + T_2 + T_3 + T_4 = 1{,}93$ s vorzunehmen. Bild
2.106 zeigt die Sprungantworten von Prozeß und Modell.

Approximation durch ein Verzögerungsglied 2. Ordnung. Eine genauere Angleichung aperiodischer Übertragungsglieder, besonders auch im Anfangsbereich
der Sprungantwort, erhält man durch den Ansatz

$$G_a(s) = \frac{K_a}{(1 + T_{1a}s)(1 + T_{2a}s)} \tag{2.294}$$

mit dem Proportionalbeiwert K_a und den Verzögerungszeiten T_{1a} und T_{2a}. Man
setzt $K_a = K$, T_{1a} gleich der dominanten Verzögerungszeit T_1 und T_{2a} gleich der
Summe der verbleibenden Verzögerungszeiten.

Beispiel 2.53. Das Übertragungsglied von Beispiel 2.52 soll durch eine Übertragungsfunktion nach Gl. (2.294) approximiert werden.
Die Parameter der Näherung bestimmt man zu $K_a = K = 2{,}7$, $T_{1a} = T_1 = 1{,}3$ s und
$T_{2a} = T_2 + T_3 + T_4 = 0{,}63$ s. Die Sprungantworten vom Prozeß und Modell (Bild 2.107)
zeigen nur geringe Abweichungen.

Kettenbruch-Approximation. Bei diesem Verfahren, das auch auf schwingungsfähige Übertragungsglieder anwendbar ist, entwickelt man die vorgegebene
Übertragungsfunktion

$$G(s) = \frac{b_0 + b_1 s + b_2 s^2 + \ldots + b_m s^m}{a_0 + a_1 s + a_2 s^2 + \ldots + a_n s^n} \tag{2.295}$$

$(m \leq n)$ in einen Kettenbruch der Form

$$G(s) = \cfrac{1}{h_0 + \cfrac{1}{\cfrac{h_1}{s} + \cfrac{1}{h_2 + \cfrac{1}{\cfrac{h_3}{s} + \ldots}}}} \qquad (2.296)$$

mit den Kettenbruchkoeffizienten $h_0, h_1, \ldots, h_N$. Der letzte in der Entwicklung auftretende Koeffizient hat den Index $N = 2n - 1$ für $m < n$ und $N = 2n$ für $n = m$. Bricht man diesen Kettenbruch nach dem Glied h_K ab ($K < N$) und entwickelt den so entstehenden **verkürzten Kettenbruch** in eine gebrochen rationale Funktion zurück, dann erhält man die Übertragungsfunktion

$$G_a(s) = \frac{q_0 + q_1 s + q_2 s^2 + \ldots + q_l s^l}{p_0 + p_1 s + p_2 s^2 + \ldots + p_k s^k}. \qquad (2.297)$$

Die Ordnung des Nenners von $G_a(s)$ wird $k = K/2$ für gerade und $k = (K+1)/2$ für ungerade Werte von K; die Zählerordnung ist im ersten Fall $l = k$ und im zweiten $l = k - 1$. Diese Übertragungsfunktion approximiert die vorgegebene Übertragungsfunktion $G(s)$ für kleine Werte der Variablen s.

Um rekursive, also für die numerische Auswertung mit dem Digitalrechner geeignete, Formeln für die Kettenbruchkoeffizienten zu erhalten, benennt man die Koeffizienten der Übertragungsfunktion $G(s)$ um und schreibt mit $a_{0i} \equiv a_i$ und $a_{1i} \equiv b_i$ anstelle von Gl. (2.295)

$$G(s) = \frac{a_{10} + a_{11} s + a_{12} s^2 + \ldots + a_{1n} s^n}{a_{00} + a_{01} s + a_{02} s^2 + \ldots + a_{0n} s^n}. \qquad (2.298)$$

Um die Darstellung zu vereinfachen, wird nachfolgend $m = n$ gesetzt; wenn der Zählergrad kleiner ist als der Nennergrad, setzt man $a_{1i} = 0$ für $i > m$. In einem ersten Schritt dividiert man $G(s)$ durch den Zählerausdruck und hat zunächst

$$G(s) = \cfrac{1}{\cfrac{a_{00} + a_{01} s + a_{02} s^2 + \ldots + a_{0n} s^n}{a_{10} + a_{11} s + a_{12} s^2 + \ldots + a_{1n} s^n}}. \qquad (2.299)$$

Ausführen der Division liefert den Ausdruck

$$G(s) = \cfrac{1}{h_0 + s\, \cfrac{a_{20} + a_{21} s + \ldots a_{2,n-1} s^{n-1}}{a_{10} + a_{11} s + \ldots a_{1n} s^n}} \qquad (2.300)$$

mit dem Kettenbruch-Koeffizienten $h_0 = a_{00}/a_{10}$ und den Zählerparametern $a_{2j} = a_{0,j+1} - a_{00}/a_{10} \cdot a_{1,j+1}$ $(j = 0, 1, \ldots, n-1)$ des neu entstehenden Teilbruchs. Auf diesen wendet man den gleichen Algorithmus an, d. h. man dividiert durch den Zählerausdruck, spaltet durch Division den Term h_1/s ab und erhält

$$G(s) = \cfrac{1}{h_0 + \cfrac{1}{\cfrac{h_1}{s} + \cfrac{a_{30} + a_{31}s + \ldots + a_{3,n-1}s^{n-1}}{a_{20} + a_{21}s + \ldots + a_{2,n-1}s^{n-1}}}} \qquad (2.301)$$

mit dem Kettenbruch-Koeffizienten $h_1 = a_{10}/a_{20}$ und den neuen Parametern $a_{3j} = a_{1,j+1} - a_{10}/a_{20} \cdot a_{2,j+1}$. Der hier auftretende Teilbruch hat dieselbe Form wie der Bruch in Gl. (2.299), seine Ordnung ist aber um eins reduziert.

Setzt man das Verfahren bis zum Auftreten des Kettenbruchkoeffizienten h_N fort, erhält man den vollständigen Kettenbruch zu $G(s)$, den man beispielsweise zur Realisierung von $G(s)$ durch RC-Kettenschaltungen verwenden kann [103]. Für die Approximation von $G(s)$ durch ein Übertragungsglied k-ter Ordnung $(k < n)$ benötigt man nur $K = 2k$ Kettenbruch-Koeffizienten für ein sprungfähiges Prozeßmodell $(l = k)$ bzw. $K = 2k - 1$ Koeffizienten für ein nicht sprungfähiges Modell $(l = k - 1)$. Man braucht daher die Berechnung nicht über alle $2n$ Prozeßparameter zu erstrecken, sondern jeweils nur die Koeffizienten der Teilbrüche

$$a_{ij} = a_{i-2,j+1} - \frac{a_{i-2,0}}{a_{i-1,0}} a_{i-1,j+1} \qquad (2.302)$$

für $i = 2, 3, \ldots, (K+1)$ und $j = 0, 1, \ldots, (K+1-i)$ zu bestimmen. Anschließend ermittelt man die Kettenbruch-Koeffizienten zu

$$h_i = \frac{a_{i0}}{a_{i+1,0}} \qquad (2.303)$$

für $i = 0, 1, \ldots, K$. Den verkürzten Kettenbruch rechnet man abschließend in die gebrochen rationale Übertragungsfunktion $G_a(s)$ zurück; auch hierfür lassen sich rekursive Beziehungen angeben.

Beispiel 2.54. Das gebrochen rationale Übertragungsglied 6. Ordnung

$$G(s) = \frac{b_0 + b_1 s + b_2 s^2 + b_3 s^3 + b_4 s^4 + b_5 s^5}{a_0 + a_1 s + a_2 s^2 + a_3 s^3 + a_4 s^4 + a_5 s^5 + a_6 s^6}$$

mit den Beiwerten $a_0 = 1{,}37 \cdot 10^4$, $a_1 = 1{,}49 \cdot 10^4$, $a_2 = 1{,}65 \cdot 10^4$, $a_3 = 7{,}70 \cdot 10^3$, $a_4 = 7{,}12 \cdot 10^2$, $a_5 = 6{,}76 \cdot 10^1$, $a_6 = 1$, $b_0 = 1{,}35 \cdot 10^4$, $b_1 = 1{,}13 \cdot 10^4$, $b_2 = 1{,}49 \cdot 10^3$, $b_3 = -6{,}66 \cdot 10^{-1}$, $b_4 = 8{,}49 \cdot 10^{-3}$, $b_5 = -7{,}85 \cdot 10^{-5}$ soll mit der Kettenbruchmethode durch ein Übertra-

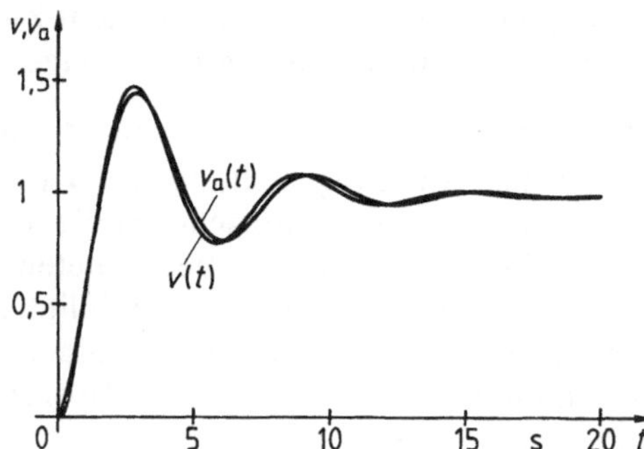

2.108
Zeitfunktionen zu Beispiel 2.54
$v(t)$ Sprungantwort des Prozesses
$v_\mathrm{a}(t)$ Sprungantwort des Prozeßmodells

gungsglied 2. Ordnung approximiert werden. Man bestimme die Beiwerte des Prozeßmodells und ermittle die Approximationsgüte durch Vergleich der Sprungantworten von
Prozeß und Modell.

Für die geforderte Approximation von $G(s)$ durch ein Übertragungsglied 2. Ordnung
benötigt man nur die vier Kettenbruch-Koeffizienten h_0, h_1, h_2 und h_3, die man mittels
der Rekursionsformeln (2.302) und (2.303) zu $h_0 = 1{,}01$, $h_1 = 3{,}93$, $h_2 = -7{,}20 \cdot 10^{-2}$ und
$h_3 = -3{,}69$ berechnet. Durch Zurückentwickeln des verkürzten Kettenbruchs erhält man
die Übertragungsfunktion des Prozeßmodells zu

$$G_\mathrm{a}(s) = \frac{1{,}05 + 0{,}243\,s}{1{,}06 + 0{,}513\,s + s^2}.$$

Die Sprungantworten zu $G(s)$ und $G_\mathrm{a}(s)$ bestimmt man am besten durch eine digitale
Simulation. Hierzu überführt man die Übertragungsfunktion in die Regelungsnormalform (s. Abschn. 2.2.4.5) und wendet das Runge-Kutta-Verfahren (Abschn. 2.2.1.3) auf
die entstehenden Zustandsgleichungen an. Bild **2.**108 zeigt die derart berechneten
Sprungantworten von Prozeß und Prozeßmodell im Vergleich; trotz der starken Vereinfachung der Übertragungsfunktion wird die Sprungantwort des Prozesses für viele regelungstechnische Zwecke hinreichend genau nachgebildet.

Bei allen angeführten Approximationsverfahren handelt es sich um heuristische Verfahren, die zwar bei den meisten regelungstechnischen Anwendungen
brauchbare Näherungen liefern, über deren Gültigkeitsbereich und Genauigkeit aber keine allgemeingültigen Aussagen möglich sind. Man sollte sich daher im Einzelfall immer durch Vergleich der Sprungantwort oder auch der Frequenzkennlinien von Prozeß und Modell vergewissern, daß die für die Aufgabenstellung benötigte Approximationsgüte erreicht wurde.

2.3.5 Stabilität linearer Übertragungsglieder

In Abschnitt 1.3.2.3 wurde bereits das Stabilitätsverhalten des einschleifigen
Regelkreises kurz beschrieben und die Stabilität als eine grundlegende Eigenschaft eines funktionstüchtigen Regelkreises erkannt. Die Regeldifferenz –
aber auch innere Zustandsgrößen – dürfen während des Betriebs der Regelung
keine unzulässig großen Werte annehmen oder auch Dauerschwingungen aus-

führen, da ein solches Verhalten dem Zweck der Regelung widersprechen und eventuell zur Beschädigung der Anlage führen würde.

2.3.5.1 Stabilitätsdefinitionen. Die Theorie der Stabilität dynamischer Systeme ist zunächst aus Fragestellungen der theoretischen Mechanik entstanden und später auf regelungstechnische Probleme übertragen worden (s. z. B. [67], [113]). Für die hier ausschließlich betrachteten linearen zeitinvarianten Prozesse sind eine Reihe von Verfahren zur Stabilitätsprüfung bekannt, die man sich leicht einprägen und vergleichsweise einfach anwenden kann. Die Grundlage der Verfahren bildet der Begriff der Übertragungsstabilität, der zunächst eingeführt werden soll.

Betrachtet wird hierzu ein lineares zeitinvariantes Übertragungsglied (Bild 2.109) mit einer Eingangsgröße $u(t)$ und einer Ausgangsgröße $v(t)$; wie üblich sollen diese Zeitfunktionen nur für den Zeitraum $t \geq 0$ betrachtet werden. Ein derartiges Übertragungsglied heißt übertragungsstabil, wenn es auf jede beschränkte Eingangsgröße $u(t)$ mit einer ebenfalls beschränkten Ausgangsgröße reagiert. Man spricht auch kurz von BIBO-Stabilität; dieser Begriff wurde aus der entsprechenden englischen Bezeichnung „bounded input – bounded output stability" abgeleitet.

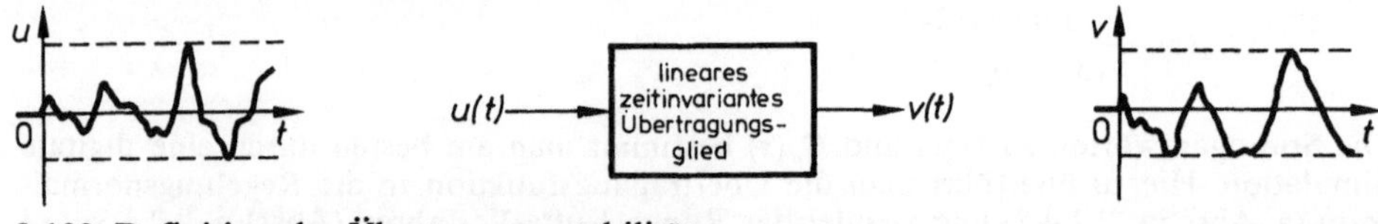

2.109 Definition der Übertragungsstabilität
　　$u(t)$ Eingangsgröße, $v(t)$ Ausgangsgröße

Eine direkte Anwendung dieses Stabilitätsbegriffs auf die Stabilitätsprüfung linearer zeitinvarianter Systeme ist nicht möglich, da die Klasse der zulässigen Eingangszeitfunktionen $u(t)$ zu groß ist. Man engt daher die Vielfalt auf ein Standardtestsignal (s. Abschn. 2.1.5.1) ein. So erhält man beispielsweise für einen sprungförmigen Verlauf der Eingangsgröße $u(t) = u_0 \sigma(t)$ (Bild 2.110) mit der beschränkten Sprunghöhe u_0 durch Anwenden des Begriffs der Übertragungsstabilität die Aussage, daß das System sprungantwortstabil ist, wenn die Ausgangsgröße $v(t)$ schließlich einem endlichen Grenzwert zustrebt. Man kann zeigen, daß bei linearen zeitinvarianten Prozessen die Begriffe der Übertra-

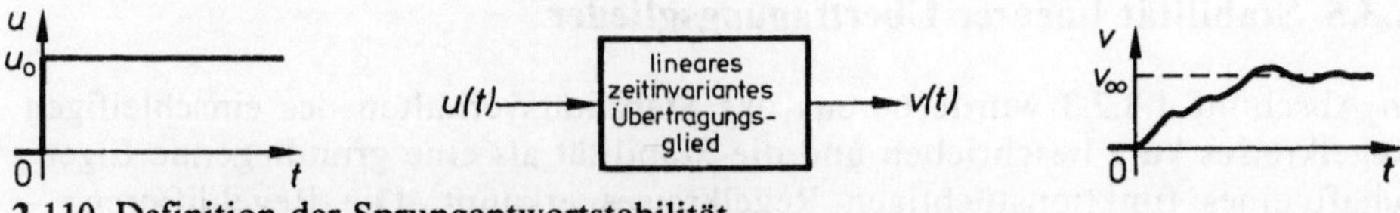

2.110 Definition der Sprungantwortstabilität
　　$u(t)$ Eingangsgröße, u_0 Sprunghöhe, $v(t)$ Ausgangsgröße
　　v_∞ Endwert der Ausgangsgröße

gungsstabilität und der Sprungantwortstabilität gleichwertig sind, d. h. immer identische Aussagen liefern; man läßt daher häufig die unterscheidenden Zusätze weg und spricht von der Stabilität bzw. Instabilität eines Systems.

Beispiel 2.55. Ein Integrierglied (I-Glied) wird nach Abschn. 2.3.1.1 durch die Differentialgleichung $T_I \dot{v}(t) = u(t)$ beschrieben, wobei T_I die Integrierzeit bezeichnet. Man prüfe dieses Übertragungsglied auf Sprungantwortstabilität.

Nach Abschn. 2.3.1.1, Gl. (2.195), wird die Reaktion des I-Glieds auf einen Sprung der Eingangsgröße für $t \geq 0$ durch $v(t) = u_0 t / T_I$ beschrieben. Da die Ausgangsgröße zeitlinear ansteigt, also keinem endlichen Grenzwert zustrebt, ist das Übertragungsglied nicht sprungantwortstabil, also instabil.

Beispiel 2.56. Ein schwingungsfähiges Übertragungsglied 2. Ordnung (P-T$_2$-Glied) reagiert nach Abschn. 2.3.3.2 auf eine sprungförmige Führungsgröße mit der Sprunghöhe u_0 für $t \geq 0$ mit der Ausgangszeitfunktion

$$v(t) = u_0 K \left\{ 1 - \frac{1}{\sqrt{1 - \vartheta^2}}\, e^{-\vartheta \omega_0 t} \sin\left(\sqrt{1 - \vartheta^2}\, \omega_0 t + \psi\right)\right\}, \tag{2.304}$$

wobei K den Proportionalbeiwert, ϑ den Dämpfungsgrad, ω_0 die Kennkreisfrequenz und ψ die Anfangsphase bezeichnet. Der Dämpfungsgrad ist auf Werte $\vartheta < 1$ beschränkt. Man prüfe das Übertragungsglied auf Stabilität.

Die Sprungantwort besteht nach Gl. (2.304) aus der Überlagerung eines konstanten Terms und einer mit dem zeitabhängigen Dämpfungsfaktor $e^{-\vartheta \omega_0 t}$ bewerteten harmonischen Schwingung. Diese klingt ab, wenn der Dämpfungsfaktor abnimmt, was für $\vartheta > 0$ der Fall ist. Da die Ausgangsgröße dann für $t \to \infty$ dem endlichen Grenzwert $u_0 K$ zustrebt, ist das P-T$_2$-Glied für $\vartheta > 0$ stabil. Für $\vartheta = 0$ erhält man dagegen eine Schwingung mit konstanter und für $\vartheta < 0$ mit zunehmender Amplitude, so daß kein endlicher Grenzwert erreicht wird. Für $\vartheta \leq 0$ ist daher das schwingungsfähige P-T$_2$-Glied instabil.

2.3.5.2 Stabilitätsprüfung mittels der Übertragungsfunktion. Die Stabilitätsprüfung anhand der Sprungantwort wird bei komplizierten Prozessen sehr aufwendig, sofern man nicht die Sprungantwort auf experimentellem oder numerischem Wege ermittelt. Vorteilhaft wäre hier ein Verfahren, das die Stabilität eines Systems aus der Kenntnis der Differentialgleichung oder der Übertragungsfunktion anzugeben gestattet. Um eine solche Methode abzuleiten, betrachtet man ein Übertragungsglied mit der Übertragungsfunktion $G(s)$, die der Einfachheit halber nur einfache Pole habe, also von der Form

$$G(s) = \frac{M(s)}{N(s)} = \frac{M(s)}{(s - s_1)(s - s_2)\ldots(s - s_n)} \tag{2.305}$$

sei. Hierbei bezeichnen die s_i die Nullstellen des Nennerpolynoms $N(s)$ und $M(s)$ ein Polynom in der komplexen Variablen s, dessen Nullstellen nicht mit denen des Nennerpolynoms zusammenfallen sollen. Die Laplace-Transformierte der Sprungantwort dieses Übertragungsglieds ist mit der Eingangsfunktion $U(s) = u_0/s$

$$H(s) = G(s)\,\frac{u_0}{s} = \frac{M(s)}{s\,(s-s_1)(s-s_2)\dots(s-s_\text{n})}\cdot u_0.\tag{2.306}$$

Nach Abschn. 2.2.2.4 kann man $H(s)$ durch eine Partialbruchzerlegung der Form

$$H(s) = \frac{A_0}{s} + \frac{A_1}{s-s_1} + \frac{A_2}{s-s_2} + \dots + \frac{A_\text{n}}{s-s_\text{n}}\tag{2.307}$$

darstellen, sofern keine Nullstelle von $G(s)$ im Koordinatensprung liegt; die Residuen $A_1, A_2, \dots, A_\text{n}$ haben konstante Werte. Zu $H(s)$ gehört dann für $t \geq 0$ die Zeitfunktion

$$h(t) = A_0 + A_1\,\mathrm{e}^{s_1 t} + A_2\,\mathrm{e}^{s_2 t} + \dots + A_\text{n}\,\mathrm{e}^{s_\text{n} t};\tag{2.308}$$

diese besteht aus dem konstanten Wert A_0 und einer Summe von gewichteten e-Funktionen. Die Sprungantwortstabilität des Übertragungsglieds fordert, daß alle Summanden außer dem ersten für $t \to \infty$ betragsmäßig gegen den Wert Null streben. Für einen einzelnen Summanden gilt aber mit $s_\text{i} = \sigma_\text{i} \pm \mathrm{j}\omega_\text{i}$

$$|A_\text{i}\,\mathrm{e}^{s_\text{i} t}| = |A_\text{i}|\,|\mathrm{e}^{\sigma_\text{i} t}|\,|\mathrm{e}^{\pm\mathrm{j}\omega_\text{i} t}|.\tag{2.309}$$

Da der erste Faktor konstant ist und der letzte Faktor den Wert Eins annimmt, strebt der Summand nur dann gegen Null, wenn der Realteil σ_i der Nullstelle s_i negativ ist. Da das für alle Nullstellen der Fall sein muß, ist das Übertragungsglied nur dann sprungantwortstabil, wenn alle Nullstellen s_i des Nennerpolynoms $N(s)$, d.h. alle Pole der Übertragungsfunktion $G(s)$, einen negativen Realteil haben, also in der linken s-Halbebene liegen.

Hat die Übertragungsfunktion $G(s)$ einen Pol im Koordinatensprung, ist also z. B. $s_1 = 0$, dann enthält die Sprungantwort einen zeitlinear ansteigenden Summanden, d.h. das Übertragungsglied ist instabil.

Beispiel 2.57. Ein lineares Übertragungsglied hat die Übertragungsfunktion $G(s) = K(1 + T_\text{v}s)/[(1 + T_1 s)(1 + T_2 s)]$ mit $K = 2{,}5$, $T_\text{v} = 0{,}4$ s, $T_1 = 0{,}8$ s und $T_2 = 0{,}3$ s. Man untersuche das System auf Stabilität.

Für die Stabilität des Übertragungsglieds ist nur die Lage der Nullstellen des Nenners der Übertragungsfunktion von Bedeutung, die man zu $s_1 = -1/T_1 = -1{,}25\ \text{s}^{-1}$ und $s_2 = -1/T_2 = -3{,}33\ \text{s}^{-1}$ bestimmt. Da beide einen negativen Realteil haben, ist das Übertragungsglied stabil.

Beispiel 2.58. Ein lineares Übertragungsglied hat die Übertragungsfunktion $G(s) = 1/[T_1 s(1 + T_1 s)(1 + T_2 s)]$ mit $T_1 = 4$ s, $T_1 = 0{,}75$ s und $T_2 = 0{,}6$ s. Man prüfe die Stabilität des Systems.

Die Pole der Übertragungsfunktion bzw. die Nullstellen des Nenners erhält man zu $s_1 = 0$, $s_2 = -1/T_1 = -1,33\ \mathrm{s}^{-1}$ und $s_3 = -1/T_2 = -1,67\ \mathrm{s}^{-1}$. Da dem Pol bei s_1 ein zeitlinear ansteigender Anteil in der Sprungantwort entspricht, ist das System instabil.

2.3.5.3 Algebraische Stabilitätskriterien. Die Stabilitätsprüfung mittels der Übertragungsfunktion $G(s)$ ist sehr einfach, wenn man den Nenner von $G(s)$ in der faktorisierten Form von Gl. (2.305) vorliegen hat. Bei der Prozeßanalyse erhält man aber häufig eine nichtfaktorisierte Darstellung des Nennerpolynoms. Diese muß man zunächst in die faktorisierte Form überführen, indem man die Nullstellen des Nennerpolynoms ermittelt, also die charakteristische Gleichung

$$N(s) = a_n s^n + a_{n-1} s^{n-1} + \ldots + a_2 s^2 + a_1 s + a_0 = 0 \qquad (2.310)$$

löst. Für Nennerpolynome 1. und 2. Ordnung ($n = 1, 2$) kann man diese Nullstellen sehr einfach analytisch berechnen. Für höhere Ordnungen ($n \geq 3$) wird man zu einem der üblichen numerischen Verfahren zur Nullstellenbestimmung von Polynomen (Band VII und [4], [13], [35], [75], [84], [97], [115]) greifen; entsprechende Unterprogramme gehören zur Standardsoftware jedes wissenschaftlichen Taschenrechners und Digitalrechners.

Benötigt man nur eine Ja/Nein-Aussage, ob ein Übertragungsglied stabil ist oder nicht, kann man ein einfacheres algebraisches Verfahren verwenden, welches von E. J. Routh (1877) – und in ähnlicher Form von A. Hurwitz (1895) – angegeben wurde. Dieses geht von den Koeffizienten des Nennerpolynoms aus und ermöglicht die Feststellung, ob – und, wenn ja, wie viele – Pole der Übertragungsfunktion $G(s)$ in der rechten s-Halbebene und auf der imaginären Achse liegen.

Während die Herleitung des Verfahrens recht aufwendig ist (s. z. B. [113]) und daher hier nicht dargelegt werden soll, ist seine Anwendung denkbar einfach. Man geht vom Nennerpolynom

$$N(s) = a_n s^n + a_{n-1} s^{n-1} + \ldots + a_2 s^2 + a_1 s + a_0 \qquad (2.311)$$

aus und überprüft zunächst, ob alle Koeffizienten a_i vorhanden sind und das gleiche Vorzeichen haben. Fehlt beispielsweise der Koeffizient a_0, dann kann man das Nennerpolynom durch Herausziehen des Faktors s auch als

$$N(s) = (a_n s^{n-1} + a_{n-1} s^{n-2} + \ldots + a_2 s + a_1) s \qquad (2.312)$$

schreiben und hat eine Nullstelle von $N(s)$ bei $s = 0$, also ein instabiles System vorliegen. Fehlen andere Koeffizienten oder haben die Koeffizienten unterschiedliche Vorzeichen, dann ist das Übertragungsglied mit Sicherheit instabil.

Die Erfüllung dieser Bedingungen ist für die Stabilität des Systems aber nur notwendig und nicht hinreichend, d.h. das Übertragungsglied kann instabil sein, obwohl es die Bedingungen erfüllt. Die Stabilitätsprüfung führt man in diesem Fall wie folgt durch: Um auf eine für die numerische Auswertung günstige Form zu kommen, führt man für die Koeffizienten des Nennerpolynoms $N(s)$ gemäß der Zuordnung

$$p_{ij} = a_{n-l} \tag{2.313}$$

mit $l = 0, 1, \ldots, n$, $i = l - 2\,\mathrm{int}\,(l/2)$ und $j = \mathrm{int}\,(l/2)$ die doppeltindizierten Parameter p_{ij} ein. Diese ordnet man in den ersten beiden Zeilen ($i = 0$ und 1) der Routh-Tabelle (Tafel 2.111) an, d.h. in der ersten Spalte die Koeffizienten $p_{00} = a_n$ und $p_{10} = a_{n-1}$, in der zweiten Spalte $p_{01} = a_{n-2}$ und $p_{11} = a_{n-3}$ usf. In die letzte Spalte mit dem Index $k = \mathrm{int}\,(n/2)$ fallen für ungerade Ordnungszahlen n die Elemente $p_{0k} = a_1$ und $p_{1k} = a_0$, für gerade wird $p_{0k} = a_0$ und $p_{1k} = 0$ gesetzt. Anschließend berechnet man die Elemente der folgenden Zeilen ($i = 2, 3, \ldots, n$) nach dem Algorithmus

$$p_{ij} = \frac{p_{i-1,0}\,p_{i-2,j+1} - p_{i-2,0}\,p_{i-1,j+1}}{p_{i-1,0}} \tag{2.314}$$

mit $j = 0, 1, \ldots, (k-\mathrm{int}\,(i/2))$ und trägt diese in die Tabelle ein; die Routh-Tabelle nimmt damit die in Tafel 2.111 gezeigte Dreiecksform an. Das Routh-Kriterium sagt dann zur Stabilität des Übertragungsglieds folgendes aus: Die Zahl der Nullstellen des Nennerpolynoms $N(s)$, die einen positiven Realteil haben, also in der rechten Halbebene liegen, ist gleich der Zahl der Vorzeichenwechsel der Elemente p_{i0} in der ersten Spalte der Routh-Tabelle. Tritt also kein Vorzeichenwechsel auf, dann ist das System stabil.

Tafel **2.111** Routh-Tabelle

i \ j	0	1	2	...	$k-2$	$k-1$	k
0	p_{00}	p_{01}	p_{02}	...	$p_{0,k-2}$	$p_{0,k-1}$	p_{0k}
1	p_{10}	p_{11}	p_{12}	...	$p_{1,k-2}$	$p_{1,k-1}$	p_{1k}
2	p_{20}	p_{21}	p_{22}	...	$p_{2,k-2}$	$p_{2,k-1}$	0
3	p_{30}	p_{31}	p_{32}		$p_{3,k-2}$	$p_{3,k-1}$	0
4	p_{40}	p_{41}	p_{42}		$p_{4,k-2}$	0	0
5	p_{50}	p_{51}	p_{52}		$p_{5,k-2}$	0	0
⋮							
$n-1$	$p_{n-1,0}$	0	0		0	0	0
n	$p_{n,0}$	0	0		0	0	0

Ist man nur an einer Aussage über die Stabilität eines vorgegebenen Systems interessiert, kann man die Berechnung der Routh-Tabelle beim ersten Auftreten eines Vorzeichenwechsels in der ersten Spalte abbrechen.

Beispiel 2.59. Das Nennerpolynom eines linearen Übertragungsglieds ist durch $N(s) = 1 + 6,1\,s + 18,1\,s^2 + 29,2\,s^3 + 28,8\,s^4 + 19,2\,s^5 + 7,6\,s^6 + 1,2\,s^7$ gegeben. Man bestimme die Stabilität des Systems mit dem Routh-Verfahren.

Mit der Ordnungszahl $n = 7$ wird die größte Spaltenkennziffer der Routh-Tabelle $k = \text{int}(n/2) = 3$. Die Elemente p_{ij} der ersten beiden Zeilen erhält man mit der Zuordnung nach Gl. (2.313) zu $p_{00} = a_7 = 1,2$, $p_{10} = a_6 = 7,6$, $p_{01} = a_5 = 19,2$, $p_{11} = a_4 = 28,8$, $p_{02} = a_3 = 29,2$, $p_{12} = a_2 = 18,1$, $p_{03} = a_1 = 6,1$ und $p_{13} = a_0 = 1$. Man berechnet jetzt zeilenweise die Elemente der Routh-Tabelle nach Gl. (2.314); beispielsweise wird $p_{20} = (p_{10}p_{01} - p_{00}p_{11})/p_{10} = (7,6 \cdot 19,2 - 1,2 \cdot 28,8)/7,6 = 14,7$. Man erhält schließlich die Routh-Tabelle der Tafel 2.112. Da in der ersten Spalte ($j = 0$) der Tabelle alle Koeffizienten positive Vorzeichen haben, also kein Vorzeichenwechsel auftritt, ist das Übertragungsglied stabil. Dieses Ergebnis wird durch die Lage der Nullstellen von $N(s)$ bestätigt, die man auf numerischem Wege zu $s_1 = -0,799$, $s_2 = -1,479$, $s_3 = -2,758$, $s_{4,5} = -0,303 \pm \text{j}\,0,302$, $s_{6,7} = -0,346 \pm \text{j}\,1,132$ berechnet.

Tafel **2**.112 Routh-Tabelle zu Beispiel 2.59

i \ j	0	1	2	3
0	1,2	19,2	29,2	6,1
1	7,6	28,8	18,1	1,0
2	14,7	26,3	5,9	0
3	15,1	15,0	1,0	0
4	11,8	5,0	0	0
5	8,6	1,0	0	0
6	3,6	0	0	0
7	1,0	0	0	0

Beispiel 2.60. In Beispiel 2.59 wird der Parameter a_0 von $a_0 = 1$ auf $a_0 = 8,3$ vergrößert. Man bestimme die Stabilität der geänderten Übertragungsfunktion.

Mit dem geänderten Wert berechnet man die in Tafel 2.113 dargestellte Routh-Tabelle. In der ersten Spalte der Tabelle tritt vom Übergang von p_{50} auf p_{60} und von p_{60} auf p_{70} je ein Vorzeichenwechsel auf. Die Übertragungsfunktion hat demnach zwei Pole mit positivem Realteil und beschreibt daher ein instabiles System. Die Lage der Pole ergeben sich hier numerisch zu $s_1 = -2,807$, $s_{2,3} = 0,230 \pm \text{j}\,0,606$, $s_{4,5} = -0,403 \pm \text{j}\,1,343$ und $s_{6,7} = -1,590 \pm \text{j}\,0,677$; die Pole 2 und 3 haben einen positiven Realteil und sind für die Instabilität des Übertragungsglieds verantwortlich.

Einer der wesentlichen Vorzüge des Routh-Verfahrens besteht in der Möglichkeit, bei Übertragungsgliedern nicht zu hoher Ordnung algebraische Ausdrücke für den zulässigen Wertebereich einzelner Koeffizienten des Nennerpolynoms anzugeben.

Tafel 2.113 Routh-Tabelle zu Beispiel 2.60

i \ j	0	1	2	3
0	1,2	19,2	29,2	6,1
1	7,6	28,8	18,1	8,3
2	14,7	26,3	4,8	0
3	15,1	15,6	8,3	0
4	11,2	−3,2	0	0
5	20,0	8,3	0	0
6	−7,9	0	0	0
7	8,3	0	0	0

Beispiel 2.61. Das Nennerpolynom eines linearen Übertragungsglieds sei durch $N(s) = a_0 + s + 2{,}20\,s^2 + 1{,}10\,s^3$ gegeben. Man berechne den Wertebereich des Parameters a_0, für den das Übertragungsglied stabil ist.

Mit der Ordnungszahl $n = 3$ erhält man die größte Spaltenkennziffer $k = \mathrm{int}\,(n/2) = 1$ und die Zuordnung $p_{00} = a_3 = 1{,}10$, $p_{10} = a_2 = 2{,}20$, $p_{01} = a_1 = 1$ und $p_{11} = a_0$. Die Routh-Tabelle nimmt dann die in Tafel 2.114 dargestellte Form an. Da p_{00} und p_{10} positiv sind, müssen für Stabilität die Elemente $p_{20} = (2{,}20 - 1{,}10\,a_0)/2{,}20$ und $p_{30} = a_0$ ebenfalls positiv sein. Man erhält damit als zulässigen Wertebereich $0 < a_0 < 2$.

Tafel 2.114 Routh-Tabelle zu Beispiel 2.61

i \ j	0	1
0	1,10	1
1	2,20	a_0
2	$\dfrac{2{,}20 - 1{,}10\,a_0}{2{,}20}$	0
3	a_0	0

Das Routh-Kriterium liefert mit vergleichsweise geringem Aufwand auch für Systeme höherer Ordnung Ja/Nein-Aussagen über die Stabilität bzw. Instabilität eines Übertragungsglieds und zulässige Parameterbereiche der Übertragungsfunktion. Allerdings erhält man keine Aussagen über den Grad der Stabilität, was für regelungstechnische Anwendungen häufig von wesentlicher Bedeutung ist. In Abschn. 3 wird daher noch ein speziell für die Stabilitätsprüfung linearer Regelkreise geeignetes Verfahren angeführt, das im Frequenzbereich angesiedelt ist und auch Auskunft über den Grad der Stabilität geben kann.

2.3.6 Parameterempfindlichkeit linearer Übertragungsglieder

Bei den vorstehenden Überlegungen zu den Eigenschaften der Übertragungsglieder wurde davon ausgegangen, daß man die Struktur und die Parameter des betrachteten Prozesses exakt kennt. Dieser Idealfall liegt aber in der Realität selten vor, d.h. das wirkliche Verhalten eines Übertragungsglieds wird mehr oder weniger vom idealen Verhalten abweichen. Derartige Ungenauigkeiten können mehrere Ursachen haben, die wichtigsten sind

- Strukturfehler des Prozeßmodells wegen der beim Aufstellen der Modellgleichungen gemachten vereinfachenden Annahmen (s. Abschn. 1.4.2),
- Struktur- und Parameterfehler, verursacht durch die sich bei einer eventuellen Approximation des wirklichen Verhaltens im Zeit- oder Bildbereich (s. Abschn. 2.3.4) ergebenden Abweichungen,
- Parameterfehler des Prozeßmodells infolge unvermeidlicher Ungenauigkeiten bei der meßtechnischen Ermittlung der Prozeßparameter oder der seit der Inbetriebnahme der Anlage durch Abnutzung oder Alterung aufgetretenen Änderungen der Prozeßparameter.

Die Empfindlichkeitsanalyse ([14], [15], [17], [27]) untersucht das Verhalten dynamischer Systeme, bei denen die Struktur oder auch die Parameter von einer nominalen Struktur oder von den Nominalwerten abweichen. Die nachfolgenden Betrachtungen beschränken sich auf den vergleichsweise einfach zu behandelnden Fall kleiner Abweichungen der Systemparameter von ihren Nominalwerten. Auch wird angenommen, daß sich diese Abweichungen im Vergleich zu den im Prozeß ablaufenden transienten Vorgängen so langsam ändern, daß man sie bei der Untersuchung des Übergangsverhaltens als konstant ansehen kann.

Betrachtet wird also ein lineares zeitinvariantes Übertragungsglied, dessen Übertragungsfunktion nicht nur von der komplexen Variablen s, sondern auch von den m Parametern $p_1, p_2, \ldots, p_m$ abhängt; diese werden im Parametervektor $\boldsymbol{p} = [p_1, p_2, \ldots, p_m]^T$ zusammengefaßt. Der Zusammenhang zwischen Eingangsgröße $U(s)$ und Ausgangsgröße $V(s, \boldsymbol{p})$ des Übertragungsglieds ist gegeben durch

$$V(s, \boldsymbol{p}) = G(s, \boldsymbol{p})\, U(s). \tag{2.315}$$

Nachfolgend soll ermittelt werden, wie sich die Ausgangsgröße $V(s, \boldsymbol{p})$ verändert, wenn einzelne oder alle Parameter von $G(s, \boldsymbol{p})$ von ihren Nominalwerten $\boldsymbol{p}_N = [p_{1N}, p_{2N}, \ldots, p_{mN}]^T$ abweichen. Die Eingangsgröße $U(s)$ soll dabei unverändert bleiben.

Man schreibt für die Ausgangsgröße des Übertragungsglieds

$$V(s, \boldsymbol{p}) = V(s, \boldsymbol{p}_N) + \Delta V(s, \boldsymbol{p}) \tag{2.316}$$

und für die Übertragungsfunktion

$$G(s,p) = G(s,p_N) + \Delta G(s,p),\tag{2.317}$$

wobei $V(s,p_N)$ und $G(s,p_N)$ die Nominalwerte und $\Delta V(s,p)$ und $\Delta G(s,p)$ die Abweichungen bezeichnen. Durch Einsetzen von Gl. (2.316) und (2.317) in (2.315) wird

$$V(s,p) = V(s,p_N) + \Delta V(s,p) = [G(s,p_N) + \Delta G(s,p)]\, U(s)\tag{2.318}$$

oder

$$V(s,p) = V(s,p_N)\left[1 + \frac{\Delta V(s,p)}{V(s,p_N)}\right]$$

$$= G(s,p_N)\left[1 + \frac{\Delta G(s,p)}{G(s,p_N)}\right] U(s).\tag{2.319}$$

Die Änderung der Übertragungsfunktion infolge Abweichungen der Parameter von ihren Nominalwerten berechnet man für nicht zu große Abweichungen näherungsweise durch Taylorentwicklung der Übertragungsfunktion $G(s,p)$ nach den Parametern und Abbruch nach dem linearen Glied. Es ist

$$G(s,p) \approx G(s,p_N) + \left.\frac{\partial G(s,p)}{\partial p_1}\right|_{p_N} \cdot (p_1 - p_{1N}) + \ldots$$

$$+ \left.\frac{\partial G(s,p)}{\partial p_m}\right|_{p_N} \cdot (p_m - p_{mN}),\tag{2.320}$$

wobei die partiellen Ableitungen der Übertragungsfunktion für die Nominalwerte $p_N = [p_{1N}, p_{2N}, \ldots, p_{mN}]^T$ der Parameter auszuwerten sind. Mit $\Delta G(s,p) = G(s,p) - G(s,p_N)$ und $\Delta p_i = p_i - p_{iN}$ $(i = 1, 2, \ldots, m)$ wird aus Gl. (2.320)

$$\Delta G(s,p) \approx \left.\frac{\partial G(s,p)}{\partial p_1}\right|_{p_N} \cdot \Delta p_1 + \ldots + \left.\frac{\partial G(s,p)}{\partial p_m}\right|_{p_N} \cdot \Delta p_m.\tag{2.321}$$

Nach Division durch den Nominalwert $G(s,p_N)$ der Übertragungsfunktion und Erweiterung der rechten Seite mit den Nominalwerten p_{iN} der Parameter hat man

$$\frac{\Delta G(s,p)}{G(s,p_N)} \approx \left.\frac{\partial G(s,p)}{\partial p_1}\right|_{p_N} \cdot \frac{p_{1N}}{G(s,p_N)} \cdot \frac{\Delta p_1}{p_{1N}} + \ldots$$

$$+ \left.\frac{\partial G(s,p)}{\partial p_m}\right|_{p_N} \cdot \frac{p_{mN}}{G(s,p_N)} \cdot \frac{\Delta p_m}{p_{mN}}.\tag{2.322}$$

Man bezeichnet nach H. W. Bode als Empfindlichkeit (Sensitivity) der Übertragungsfunktion $G(s,p)$ bezüglich ihres i-ten Parameters p_i den Ausdruck

$$S_{\mathrm{p_i}}^{\mathrm{G}}(s,p_{\mathrm{N}}) \equiv \left.\frac{\partial G(s,p)}{\partial p_i}\right|_{p_{\mathrm{N}}} \cdot \frac{p_{i\mathrm{N}}}{G(s,p_{\mathrm{N}})}. \tag{2.323}$$

Mit dieser Definition erhält man die auf den Nominalwert bezogene Änderung der Übertragungsfunktion nach Gl. (2.322) zu

$$\frac{\Delta G(s,p)}{G(s,p_{\mathrm{N}})} \approx S_{\mathrm{p_1}}^{\mathrm{G}}(s,p_{\mathrm{N}}) \cdot \frac{\Delta p_1}{p_{1\mathrm{N}}} + \ldots + S_{\mathrm{p_m}}^{\mathrm{G}}(s,p_{\mathrm{N}}) \frac{\Delta p_{\mathrm{m}}}{p_{\mathrm{m}\mathrm{N}}}. \tag{2.324}$$

Mit der Empfindlichkeits-Übertragungsfunktion

$$P_i(s,p_{\mathrm{N}}) = S_{\mathrm{p_i}}^{\mathrm{G}}(s,p_{\mathrm{N}}) \cdot \frac{\Delta p_i}{p_{i\mathrm{N}}} \tag{2.325}$$

erhält man schließlich die Ausgangsgröße $V(s)$ nach Gl. (2.319) zu

$$\begin{aligned}V(s,p) &= G(s,p_{\mathrm{N}})[1 + P_1(s,p_{\mathrm{N}}) + \ldots + P_{\mathrm{m}}(s,p_{\mathrm{N}})]\, U(s) \\ &= G(s,p_{\mathrm{N}}) \left[1 + \sum_{i=1}^{m} P_i(s,p_{\mathrm{N}})\right] U(s).\end{aligned} \tag{2.326}$$

Diese Beziehung kann man durch den in Bild 2.115 dargestellten Wirkungsplan verdeutlichen. Die Abweichungen der Parameter von ihren Nominalwerten erzeugen zusätzliche Übertragungswege, die parallel zu dem direkten Über-

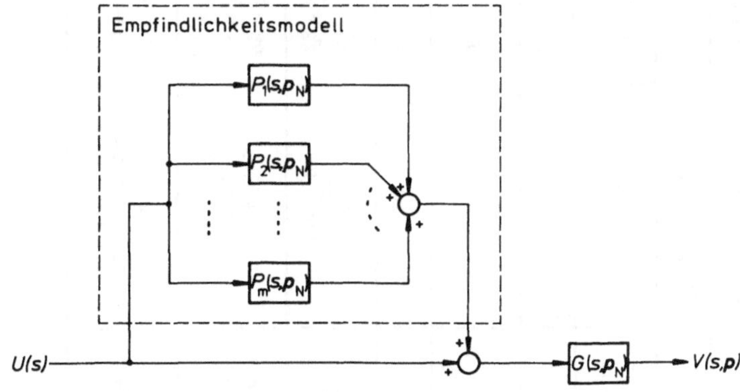

2.115 Wirkungsplan des Empfindlichkeitsmodells
$P_i(s,p_{\mathrm{N}})$ Empfindlichkeits-Übertragungsfunktionen
$U(s)$ Eingangsgröße, $V(s,p)$ Ausgangsgröße

Tafel 2.116 Empfindlichkeits-Übertragungsfunktionen rationaler Übertragungsglieder

	Übertragungsglied		Empfindlichkeits-Übertragungsfunktion		
Kurz-zeichen	$G(s,p)$	Para-meter	$P_1(s,p_N)$	$P_2(s,p_N)$	$P_3(s,p_N)$
P	K_P	$p_1=K_P$	$\Delta K_P/K_{PN}$	—	—
I	$\dfrac{1}{T_I s}$	$p_1=T_I$	$-\Delta T_I/T_{IN}$	—	—
D	$T_D s$	$p_1=T_D$	$\Delta T_D/T_{DN}$	—	—
P-T$_1$	$\dfrac{K}{1+T_1 s}$	$p_1=K$ $p_2=T_1$	$\Delta K/K_N$	$-\dfrac{\Delta T_1}{T_{1N}}\cdot\dfrac{T_{1N}s}{1+T_{1N}s}$	—
PP-T$_1$ PD-T$_1$	$K_P\dfrac{1+T_{v1}s}{1+T_1 s}$	$p_1=K_P$ $p_2=T_1$ $p_3=T_{v1}$	$\Delta K_P/K_{PN}$	$-\dfrac{\Delta T_1}{T_{1N}}\dfrac{T_{1N}s}{1+T_{1N}s}$	$\dfrac{\Delta T_{v1}}{T_{v1N}}\dfrac{T_{v1N}s}{1+T_{v1N}s}$
P-T$_2$	$\dfrac{K}{1+2\vartheta T_0 s+T_0^2 s^2}$	$p_1=K$ $p_2=\vartheta$ $p_3=T_0$	$\Delta K/K_N$	$-\dfrac{\Delta\vartheta}{\vartheta_N}\dfrac{2\vartheta_N T_{0N}s}{1+2\vartheta_N T_{0N}s+T_{0N}^2 s^2}$	$-\dfrac{\Delta T_0}{T_{0N}}\dfrac{2T_{0N}s(\vartheta+T_{0N}s)}{1+2\vartheta_N T_{0N}s+T_{0N}^2 s^2}$

tragungsweg des nominalen Prozeßmodells liegen. Für Parameter p_i, die nicht von ihren Nominalwerten p_{iN} abweichen, wird wegen $\Delta p_i = p_i - p_{iN} = 0$ die zugehörige Empfindlichkeits-Übertragungsfunktion zu Null.

Die Empfindlichkeits-Übertragungsfunktionen einiger einfacher Übertragungsglieder sind in Tafel **2.**116 zusammengestellt. Abweichungen des Proportionalitätsbeiwerts vom Nominalwert entsprechen demnach konstante Empfindlichkeits-Übertragungsfunktionen, also auch konstante Fehler in der Ausgangsgröße. Abweichungen der Zeitkonstanten (bzw. des Dämpfungsgrades beim P-T$_2$-Glied) haben dagegen Empfindlichkeits-Übertragungsfunktionen mit differenzierendem Anteil zur Folge, so daß ihre Wirkung auf die Ausgangsgröße für $t \to \infty$ verschwindet.

Beispiel 2.62. Gegeben sei das PD-T$_1$-Glied mit der Übertragungsfunktion $G(s,p)$ $= K_P(1 + T_{v1}s)/(1 + T_1 s)$ und den Nominalwerten der Parameter $K_{PN} \equiv p_{1N} = 1$, $T_{1N} \equiv p_{2N} = 1$ s und $T_{v1N} \equiv p_{3N} = 2$ s. Für eine positive zehnprozentige Abweichung der Parameter von ihren Nominalwerten berechne man das Empfindlichkeitsmodell.

Mit

$$\left. \frac{\partial G(s,p)}{\partial K_P} \right|_{p_N} = \frac{1 + T_{v1N}s}{1 + T_{1N}s} = \frac{G(s,p_N)}{K_{PN}},$$

$$\left. \frac{\partial G(s,p)}{\partial T} \right|_{p_N} = -K_{PN}s \frac{1 + T_{v1N}s}{(1 + T_{1N}s)^2} = -\frac{s}{1 + T_{1N}s} G(s,p_N),$$

$$\left. \frac{\partial G(s,p)}{\partial T_v} \right|_{p_N} = K_{PN} \frac{s}{1 + T_{1N}s} = \frac{s}{1 + T_{v1N}s} G(s,p_N)$$

und $\Delta K_P / K_{PN} = \Delta T / T_{1N} = T_{v1} / T_{v1N} = 0{,}1$ erhält man die Empfindlichkeits-Übertragungsfunktionen

$$P_1(s,p_N) = \Delta K_P / K_{PN} = 0{,}1,$$

$$P_2(s,p_N) = -\Delta T / T_{1N} \frac{T_{1N}s}{1 + T_{1N}s} = -0{,}1 \frac{s}{1 + s},$$

$$P_3(s,p_N) = T_{v1} / T_{v1N} \frac{T_{v1N}s}{1 + T_{v1N}s} = 0{,}1 \frac{2s}{1 + 2s}.$$

Der Wirkungsplan des Empfindlichkeitsmodells (Bild **2.**117) zeigt die erwähnte Parallelstruktur mit einem proportionalen Übertragungsglied infolge K_P-Abweichungen und zwei verzögert differenzierenden Übertragungsgliedern infolge Abweichungen der Verzögerungszeiten T_1 und T_{v1}. Die Sprungantworten der Zwischengrößen $v_1(t)$, $v_2(t)$ und $v_3(t)$ sind in Bild **2.**118a und die Sprungantworten der Ausgangsgröße $v(t)$ und der nominalen Ausgangsgröße in Bild **2.**118b dargestellt.

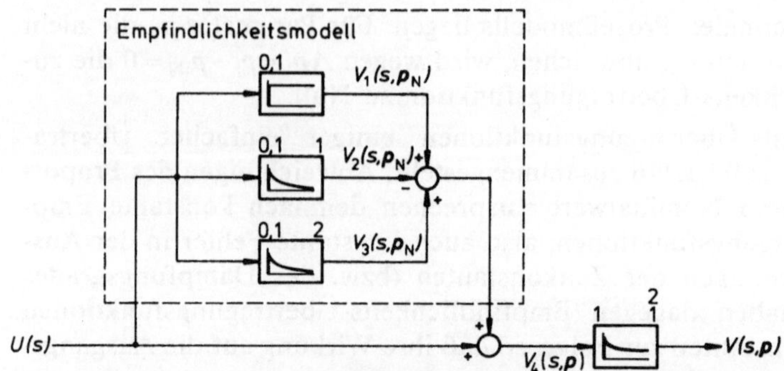

2.117 Wirkungsplan des Empfindlichkeitsmodells zu Beispiel 2.62
$P_1(s, p_N)$, $P_2(s, p_N)$, $P_3(s, p_N)$ Empfindlichkeits-Übertragungsfunktionen
$U(s)$ Eingangsgröße, $V(s, p)$ Ausgangsgröße
$V_1(s, p)$, $V_2(s, p)$, $V_3(s, p)$, $V_4(s, p)$ Zwischengrößen

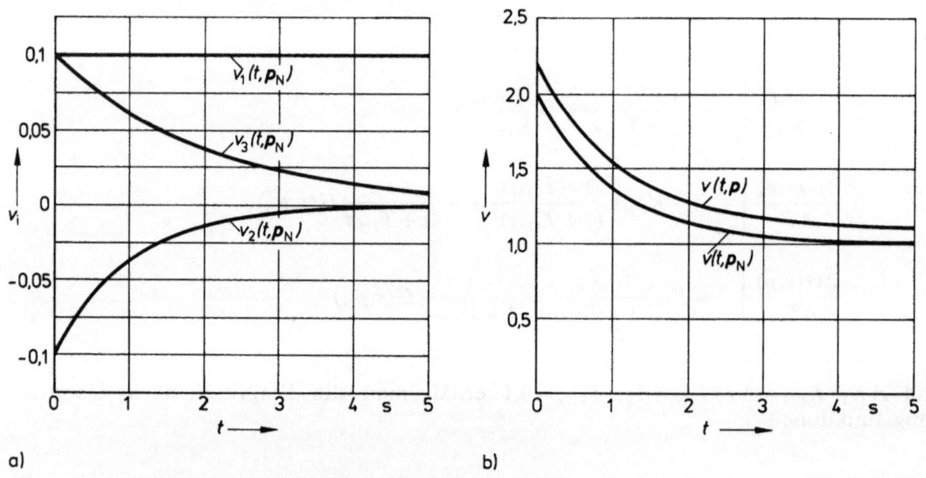

2.118 Sprungantworten des Empfindlichkeitsmodells
  a) Verlauf der Zwischengrößen
  b) Verlauf der Ausgangsgröße $v(t, p)$ und der nominalen Ausgangsgröße $v(t, p_N)$

Wie sich bei der Behandlung des einschleifigen Regelkreises (Abschn. 3.1.2.4) noch zeigen wird, kann man die Empfindlichkeit einer Übertragungsfunktion bezüglich Parameterabweichungen durch Einführen einer Rückkopplung wesentlich verringern; hierin besteht einer der wesentlichen Vorteile einer Regelung gegenüber einer Steuerung.

3 Lineare kontinuierliche Regelkreise

In Abschn. 2 wurden die mathematischen Verfahren zur Beschreibung linearer zeitinvarianter Prozesse, deren Eingangs- und Ausgangsgrößen zeit- und amplitudenkontinuierliche Zeitfunktionen sind, zusammengestellt. Nachfolgend sollen mit diesen Verfahren die linearen kontinuierlichen Regelkreise – also Prozesse, die eine Rückkopplungsstruktur haben – bezüglich ihrer Eigenschaften untersucht (Systemanalyse) und ihr Verhalten durch geeignete Maßnahmen verbessert werden (Systemsynthese).

3.1 Struktur und Eigenschaften des einschleifigen Regelkreises

Die einfachste Struktur eines Regelkreises erhält man, wenn nur eine physikalische Größe, die Regelgröße, gemessen und auf den Eingang des Reglers zurückgeführt wird. Die Struktur und die prinzipielle Funktionsweise derartiger einschleifiger Regelkreise wurde bereits in Abschn. 1.3.1 vorgestellt. Zunächst wird nur diese einfachste Klasse von Regelungen behandelt; die hierbei gewonnenen Erkenntnisse bilden aber die Grundlage für die mathematische Behandlung einschleifiger Regelkreise mit erweiterter Struktur in Abschn. 3.3 und mehrschleifiger Regelkreise in Abschn. 3.4.

3.1.1 Struktur und Übertragungsverhalten

Um das Übertragungsverhalten des Regelkreises, also die Reaktion der Regelgröße $x(t)$ oder der Ausgangsgröße (Aufgabengröße) $v(t)$ bei Einwirken einer zeitlich veränderlichen Führungsgröße $w_R(t)$ oder Störgröße $z(t)$, zu berechnen, geht man von der bereits in Abschn. 1.3.1 (Bild 1.11a) dargestellten allgemeinen Struktur des einschleifigen Regelkreises (Bild 3.1) aus. Da voraussetzungsgemäß lineare Verhältnisse vorliegen, kann man die einzelnen Blöcke durch die zugehörigen Übertragungsfunktionen und die Zeitfunktionen durch ihre Laplace-Transformierten ersetzen (Bild 3.2a). Man erhält damit die fol-

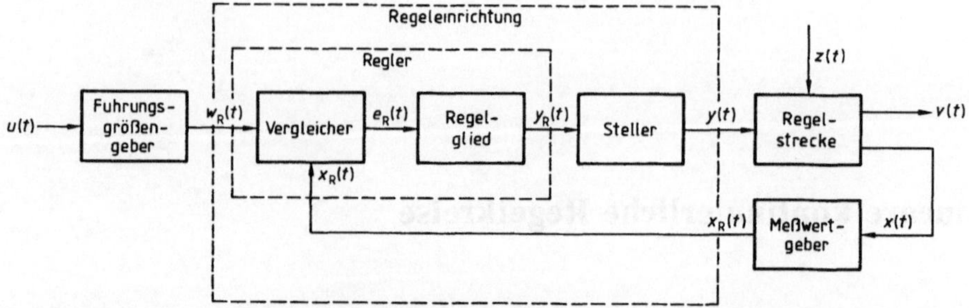

3.1 Blockstruktur des einschleifigen Regelkreises
$e_R(t)$ erfaßte Regeldifferenz, $u(t)$ Eingangsgröße, $v(t)$ Ausgangsgröße, $w_R(t)$ erfaßte Führungsgröße, $x(t)$ Regelgröße, $x_R(t)$ erfaßte Regelgröße, $y(t)$ Stellgröße, $y_R(t)$ Reglerausgangsgröße, $z(t)$ Störgröße

genden Übertragungsgleichungen des Regelkreises:

Regelstrecke:
$$V(s) = G_A(s)\,X(s),\tag{3.1}$$

$$X(s) = G_S(s)\,Y(s) + G_{Sz}(s)\,Z(s).\tag{3.2}$$

Steller:
$$Y(s) = G_{St}(s)\,Y_R(s).\tag{3.3}$$

Regelglied:
$$Y_R(s) = G_{Rv}(s)\,E_R(s).\tag{3.4}$$

Vergleicher:
$$E_R(s) = W_R(s) - X_R(s).\tag{3.5}$$

Meßwertgeber:
$$X_R(s) = G_M(s)\,X(s).\tag{3.6}$$

Führungsgrößengeber:
$$W_R(s) = G_F(s)\,U(s).\tag{3.7}$$

Die in diesen Gleichungen in Form ihrer Laplace-Transformierten auftretenden Zeitfunktionen sind die Ausgangs- oder Aufgabengröße $v(t)$, die Regelgröße $x(t)$, die Stellgröße $y(t)$, die Störgröße $z(t)$, die Reglerausgangsgröße $y_R(t)$, die erfaßte Regeldifferenz $e_R(t)$, die erfaßte Führungsgröße $w_R(t)$, die erfaßte Regelgröße $x_R(t)$ und die Eingangsgröße $u(t)$.

Mit den Mitteln der Wirkungsplan-Algebra (s. Abschn. 2.3.2) kann man den Wirkungsplan in einfachere Formen überführen. Zunächst stellt man eine Einheitsrückführung her, indem man die Übertragungsfunktion $G_M(s)$ des Meßwertgebers in den Vorwärtszweig verschiebt; durch Kombination der Gln. (3.5) bis (3.7) bestimmt man nacheinander

$$\begin{aligned}E_R(s) &= W_R(s) - X_R(s) \\ &= G_F(s)\,U(s) - G_M(s)\,X(s) = G_M(s)\left[\frac{G_F(s)}{G_M(s)}\,U(s) - X(s)\right].\end{aligned}\tag{3.8}$$

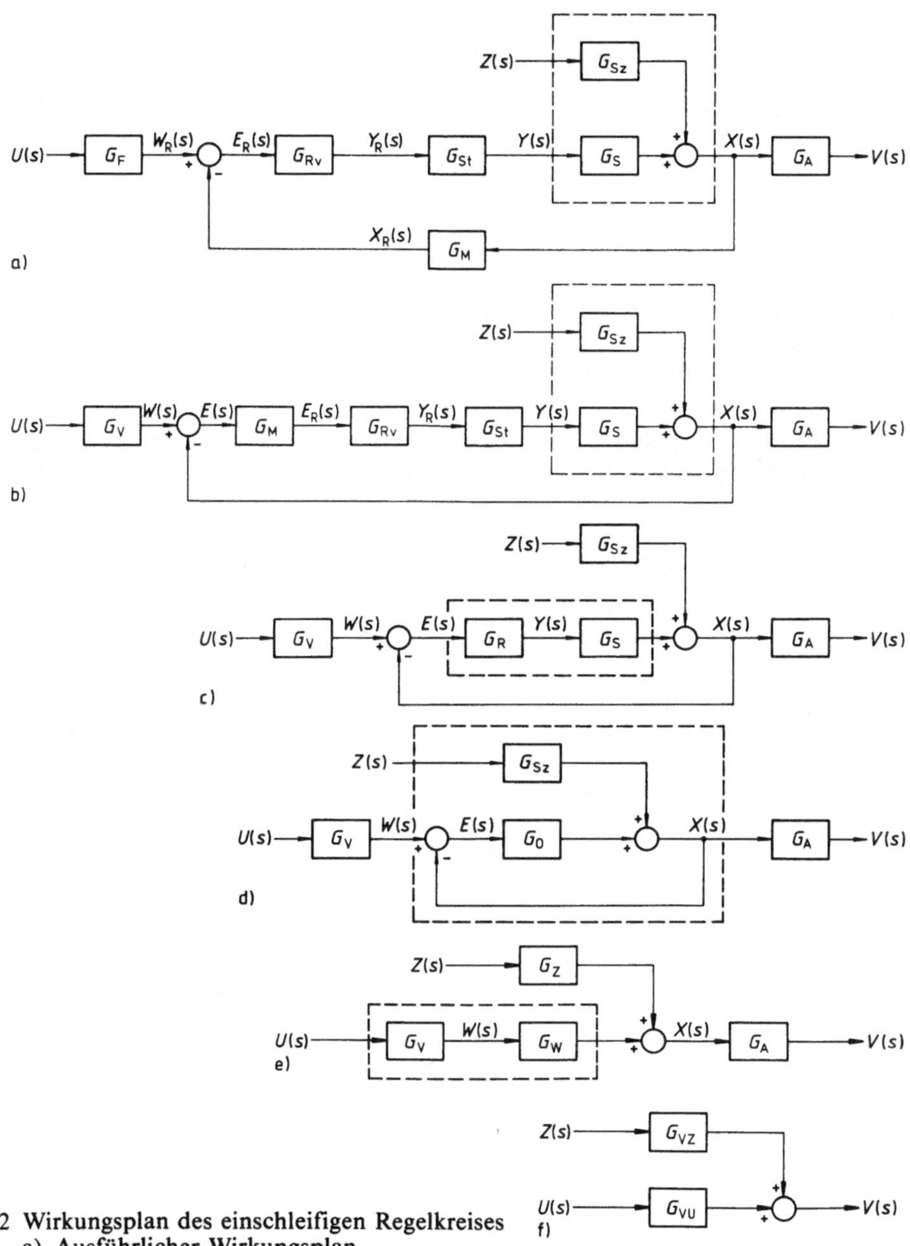

3.2 Wirkungsplan des einschleifigen Regelkreises
  a) Ausführlicher Wirkungsplan
  b) bis f) fortlaufende Vereinfachungen des Wirkungsplans
  $E(s)$ Regeldifferenz, $E_R(s)$ erfaßte Regeldifferenz, $U(s)$ Eingangsgröße, $V(s)$ Ausgangsgröße, $W(s)$ Führungsgröße, $W_R(s)$ erfaßte Führungsgröße, $X(s)$ Regelgröße, $X_R(s)$ erfaßte Regelgröße, $Y(s)$ Stellgröße, $Y_R(s)$ Reglerausgangsgröße, $Z(s)$ Störgröße

Setzt man abkürzend $G_V(s) = G_F(s)/G_M(s)$, dann erhält man den Wirkungsplan **3.2**b und anstelle von Gl. (3.5) bis (3.7) die Gleichungen

$$E_R(s) = G_M(s)\,E(s),\tag{3.9}$$

$$E(s) = W(s) - X(s),\tag{3.10}$$

$$W(s) = G_V(s)\,U(s).\tag{3.11}$$

Die hier in Form ihrer Laplace-Transformierten neu auftretenden Zeitfunktionen sind die Regeldifferenz $e(t)$ und die Führungsgröße $w(t)$; $G_V(s)$ wird als Übertragungsfunktion des Vorfilters bezeichnet.

Der nächste Schritt besteht im Zusammenfassen der im Vorwärtszweig liegenden Blöcke G_M, G_{Rv} und G_{St} zur Übertragungsfunktion G_R der Regeleinrichtung. Da diese Blöcke in Kettenschaltung angeordnet sind, erhält man mit den Regeln der Wirkungsplan-Algebra G_R zu

$$G_R(s) = Y(s)/E(s) = G_M(s)\,G_{Rv}(s)\,G_{St}(s)\tag{3.12}$$

und hat damit eine einfachere Struktur (Bild **3.2**c). In einem weiteren Schritt faßt man G_R mit der Übertragungsfunktion G_S der Regelstrecke bezüglich der Stellgröße zusammen und erhält das als Übertragungsfunktion des offenen Kreises bezeichnete Produkt

$$G_O(s) = G_R(s)\,G_S(s)\tag{3.13}$$

und den Wirkungsplan des Bildes **3.2**d.

Das Übertragungsverhalten der in Bild **3.2**d hervorgehobenen Kreisschaltung kann man nach Abschn. 2.3.2 mit

$$X(s) = \frac{G_O(s)}{1 + G_O(s)}\,W(s) + \frac{G_{Sz}(s)}{1 + G_O(s)}\,Z(s)\tag{3.14}$$

angeben. Mit der Führungsübertragungsfunktion

$$G_W(s) = \frac{G_O(s)}{1 + G_O(s)}\tag{3.15}$$

und der Störübertragungsfunktion

$$G_Z(s) = \frac{G_{Sz}(s)}{1 + G_O(s)}\tag{3.16}$$

hat man dann kürzer

$$X(s) = G_{\mathrm{W}}(s)\,W(s) + G_{\mathrm{Z}}(s)\,Z(s). \qquad (3.17)$$

Einarbeiten dieser Beziehung in Bild **3.2**d erbringt den Wirkungsplan von Bild **3.2**e, der keine Kreisschaltung mehr enthält. Ein letzter Schritt überführt die Struktur in eine Parallelschaltung zweier Übertragungsglieder gemäß Bild **3.2**f mit der Übertragungsgleichung

$$V(s) = G_{\mathrm{VU}}(s)\,U(s) + G_{\mathrm{VZ}}(s)\,Z(s), \qquad (3.18)$$

in der

$$G_{\mathrm{VU}}(s) = G_{\mathrm{A}}(s)\,G_{\mathrm{W}}(s)\,G_{\mathrm{V}}(s) \qquad (3.19)$$

die Eingangs-Ausgangs-Übertragungsfunktion und

$$G_{\mathrm{VZ}}(s) = G_{\mathrm{A}}(s)\,G_{\mathrm{Z}}(s) \qquad (3.20)$$

die Gesamtstörübertragungsfunktion bezeichnet. Die Aufgabe des Regelungstechnikers ist es letztendlich, durch geeignete Maßnahmen – insbesondere eine geschickte Wahl der Übertragungsfunktion G_{Rv} des Regelgliedes – dafür zu sorgen, daß der zeitliche Verlauf der Ausgangsgröße $v(t)$ bei den in Betrieb der Anlage zu erwartenden Verläufen der Eingangsgröße $u(t)$ und der Störgröße $z(t)$ die vorgegebenen Spezifikationen einhält. Hierzu ist es zunächst erforderlich, die Eigenschaften des Regelkreises zu analysieren, wobei man nach den Überlegungen von Abschn. 1.3.2 das dynamische Verhalten einer Regelung nach den Kriterien

– der Stabilität,
– der stationären Genauigkeit,
– des transienten Verhaltens und
– der Empfindlichkeit gegenüber Parameteränderungen

zu beurteilen hat. Die Zusammenhänge zwischen diesen Systemeigenschaften und der Struktur und den Parametern des Regelkreises sollen nachfolgend untersucht werden.

3.1.2 Stabilität

Grundvoraussetzung für eine funktionierende Regelung ist die Stabilität des Regelkreises. Nachfolgend werden Kriterien für diese Systemeigenschaft und Methoden zu ihrer Überprüfung abgeleitet.

3.1.2.1 Stabilitätskriterien. Die Kriterien für die Stabilität linearer Übertragungsglieder, die in Abschn. 2.3.5 angegeben wurden, sollen nun auf die Stabilitätsuntersuchung linearer einschleifiger Regelkreise angewendet werden. Hierfür geht man von der in Bild **3.2**d dargestellten vereinfachten Struktur des Regelkreises mit Einheitsrückführung aus, die durch die Übertragungsgleichungen

$$V(s) = G_A(s)\,X(s),\tag{3.21}$$

$$X(s) = \frac{G_O(s)}{1 + G_O(s)}\,W(s) + \frac{G_{Sz}(s)}{1 + G_O(s)}\,Z(s)\tag{3.22}$$

und

$$W(s) = G_V(s)\,U(s)\tag{3.23}$$

beschrieben wird. Setzt man voraus, daß die Übertragungsfunktionen $G_A(s)$ und $G_V(s)$ stabile Teilsysteme repräsentieren, dann kann man den Regelkreis anhand der Gl. (3.22) bzw. des Wirkungsplans Bild **3.3** auf Stabilität untersuchen. Man schreibt die Übertragungsfunktionen $G_O(s)$ und $G_{Sz}(s)$ als gebrochen rationale Funktionen in der Form $G_O(s) = M_O(s)/N_O(s)$ und $G_{Sz}(s) = M_{Sz}(s)/N_{Sz}(s)$ mit den Zählerpolynomen $M_O(s)$ und $M_{Sz}(s)$ und den Nennerpolynomen $N_O(s)$ und $N_{Sz}(s)$ an, und erhält anstelle von Gl. (3.22) die Beziehung

$$X(s) = \frac{M_O(s)}{N_O(s) + M_O(s)}\,W(s) + \frac{M_{Sz}(s)}{N_{Sz}(s)} \cdot \frac{N_O(s)}{N_O(s) + M_O(s)}\,Z(s).\tag{3.24}$$

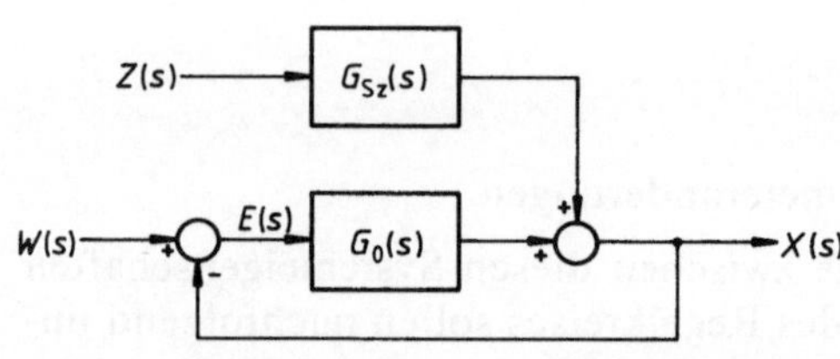

3.3 Wirkungsplan des einschleifigen Regelkreises für Stabilitätsuntersuchungen
$E(s)$ Regeldifferenz
$W(s)$ Führungsgröße
$X(s)$ Regelgröße
$Z(s)$ Störgröße
$G_O(s)$ Übertragungsfunktion des offenen Kreises
$G_{Sz}(s)$ Störübertragungsfunktion der Regelstrecke

Die Stabilität des Regelkreises wird nach dem in Abschn. 2.3.5 angegebenen Stabilitätskriterium durch die Lage der Nullstellen der Nennerausdrücke bestimmt, d. h. man hat die Gleichungen

$$N_O(s) + M_O(s) = 0\tag{3.25}$$

und

$$N_{Sz}(s)[N_O(s) + M_O(s)] = 0\tag{3.26}$$

zu lösen. Die zweite Gleichung ist äquivalent zu Gl. (3.25) und der Gleichung

$$N_{Sz}(s) = 0.\tag{3.27}$$

Setzt man voraus, daß das Polynom $N_{Sz}(s)$ nur Nullstellen mit negativem Realteil hat, also die Übertragungsfunktion $G_{Sz}(s)$ ein stabiles Teilsystem beschreibt, dann reduziert sich die Stabilitätsprüfung des einschleifigen Regelkreises auf die Lösung der charakteristischen Gleichung (3.25). Man hat also die Nullstellen des charakteristischen Polynoms

$$N(s) = N_O(s) + M_O(s) \tag{3.28}$$

zu berechnen und ihre Lage in der komplexen s-Ebene zu überprüfen.

3.1.2.2 Algebraische Stabilitätsprüfung. Benötigt man nur eine Ja/Nein-Aussage bezüglich der Stabilität des Regelkreises oder will man den zulässigen Wertebereich eines noch freien Parameters ermitteln, dann kann man das in Abschn. 2.3.5.3 angegebene Routh-Kriterium auf das charakteristische Polynom anwenden.

Beispiel 3.1. Ein linearer Prozeß mit dem Übertragungsverhalten

$$G_S(s) = \frac{K_S}{(1+T_1 s)(1+T_2 s)(1+T_3 s)},$$

dem Proportionalbeiwert $K_S = 17,8$ und den Verzögerungszeiten $T_1 = 1,26$ s, $T_2 = 0,87$ s und $T_3 = 0,24$ s soll durch einen Proportionalregler mit der Übertragungsfunktion $G_R(s) = K_P$ stabilisiert werden; den zugehörigen Wirkungsplan zeigt Bild **3.4**. Man bestimme die kritischen Proportionalbeiwerte des Reglers, bei denen der Regelkreis an der Stabilitätsgrenze ist.

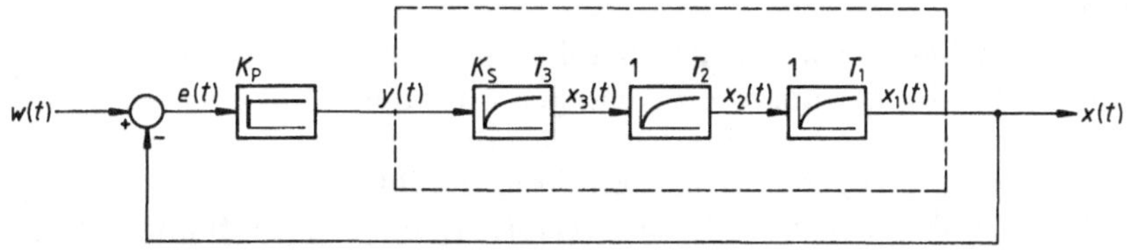

3.4 Wirkungsplan zu Beispiel 3.1
$e(t)$ Regeldifferenz, $w(t)$ Führungsgröße, $x(t)$ Regelgröße
$x_1(t)$, $x_2(t)$, $x_3(t)$ Zustandsgrößen, $y(t)$ Stellgröße, K_S Proportionalbeiwert der Regelstrecke, T_1, T_2, T_3 Verzögerungszeiten der Regelstrecke

Mit der Übertragungsfunktion $G_O(s) = G_R(s) G_S(s)$ des offenen Kreises nach Gl. (3.13) bestimmt man das charakteristische Polynom des Regelkreises zu

$$N(s) = N_O(s) + M_O(s) = (1+T_1 s)(1+T_2 s)(1+T_3 s) + K_P K_S.$$

Durch Auflösen der Klammern und Einsetzen der Zahlenwerte erhält man

$$N(s) = (1 + 17,8\, K_P) + 2,370\, s + 1,607\, s^2 + 0,263\, s^3$$

und kann damit nach Abschn. 2.3.5 die Routh-Tabelle wie folgt aufstellen (Tafel **3.5**):

Tafel 3.5 Routh-Tabelle zu Beispiel 3.1

i \\ j	0	1
0	0,263	2,370
1	1,607	$1 + 17,8\,K_\mathrm{P}$
2	$\dfrac{3,546 - 4,681\,K_\mathrm{P}}{1,607}$	0
3	$1 + 17,8\,K_\mathrm{P}$	0

Aus der Bedingung, daß für Stabilität des Regelkreises alle Koeffizienten der ersten Spalte ($j=0$) der Tabelle das gleiche (positive) Vorzeichen haben müssen, erhält man die beiden kritischen Werte des Reglerbeiwerts aus $3,546 - 4,681\,K^*_{\mathrm{P}1} = 0$ und $1 + 17,8\,K^*_{\mathrm{P}2} = 0$ zu $K^*_{\mathrm{P}1} = 0,757$ und $K^*_{\mathrm{P}2} = -0,056$. Der Regelkreis ist daher stabil, solange der Reglerbeiwert im Bereich $-0,056 < K_\mathrm{P} < 0,757$ liegt.

3.1.2.3 Stabilitätsprüfung mittels der Ortskurve des Frequenzgangs. Häufig reicht die Ja/Nein-Aussage zur Stabilität, die man durch Anwenden des Routh-Kriteriums erhält, nicht aus, um die Stabilitätseigenschaften des Regelkreises zu beurteilen. So ist man beispielsweise auch daran interessiert, wie weit der Regelkreis von der Stabilitätsgrenze entfernt ist, da man beim längeren Betrieb einer Anlage immer mit gewissen Änderungen der Prozeß- oder Reglerparameter rechnen muß. Solche kleinen Abweichungen von den Referenzwerten dürfen natürlich nicht zu einem instabilen Verhalten der Regelung führen.

Ein einfaches Verfahren zur Stabilitätsprüfung linearer einschleifiger Regelkreise, das die gewünschten Aussagen über den Grad der Stabilität liefert und keine Lösung der charakteristischen Gleichung erfordert, wurde von H. Nyquist (1932) angegeben. Das Verfahren beruht auf den Abbildungseigenschaften der Funktionen komplexer Variabler ([10], [67], [113]) und soll nachfolgend verdeutlicht werden.

Nach den bisherigen Überlegungen zur Stabilität des einschleifigen Regelkreises ist zu prüfen, ob der Nennerausdruck $1 + G_\mathrm{O}(s)$ in Gl. (3.22) Nullstellen mit positivem Realteil hat, die also in der rechten s-Halbebene liegen. Bevor diese Frage beantwortet wird, sollen zunächst die Eigenschaften der durch den Ausdruck $G(s) = 1 + G_\mathrm{O}(s)$ vermittelten Abbildung der s-Ebene in die G-Ebene betrachtet werden.

Mit $G_\mathrm{O}(s) = M_\mathrm{O}(s)/N_\mathrm{O}(s)$ als der Übertragungsfunktion des offenen Kreises berechnet man die Funktion $G(s) = 1 + G_\mathrm{O}(s)$ zu

$$G(s) = 1 + \frac{M_\mathrm{O}(s)}{N_\mathrm{O}(s)} = \frac{N(s)}{N_\mathrm{O}(s)} \tag{3.29}$$

mit dem charakteristischen Polynom $N(s) = N_\mathrm{O}(s) + M_\mathrm{O}(s)$ nach Gl. (3.28). Bezeichnet man mit s_i die Nullstellen von $N(s)$ und mit p_i diejenigen von $N_O(s)$, dann erhält man für $G(s)$ die faktorisierte Form

$$G(s) = K \frac{\prod\limits_{i=1}^{n} (s - s_i)}{\prod\limits_{i=1}^{n} (s - p_i)}, \tag{3.30}$$

wobei K einen positiven Proportionalbeiwert bezeichnet. Den Betrag und die Phase von $G(s)$ erhält man hieraus zu

$$|G(s)| = K \frac{\prod\limits_{i=1}^{n} |s - s_i|}{\prod\limits_{i=1}^{n} |s - p_i|} \tag{3.31}$$

und

$$\varphi(s) = \sum_{i=1}^{n} \mathrm{arc}\,(s - s_i) - \sum_{i=1}^{n} \mathrm{arc}\,(s - p_i). \tag{3.32}$$

Jedem Wert der komplexen Variablen $s = \sigma + j\omega$ werden durch diese Beziehungen Werte für den Betrag $|G(s)|$ und die Phase $\varphi(s)$ zugewiesen; diese kann man als Zeiger in der komplexen G-Ebene darstellen. Durchläuft die komplexe Variable s insbesondere eine geschlossene Kontur Γ_s in der s-Ebene, dann beschreibt die Spitze des Zeigers ebenfalls eine geschlossene Kurve Γ_G in der G-Ebene.

Beispiel 3.2. Gegeben sei die Funktion

$$G(s) = \frac{(s - s_1)(s - s_2)}{(s - p_1)(s - p_2)}$$

mit den Zählernullstellen $s_1 = -1{,}2 + j\,1{,}4$ und $s_2 = -1{,}2 - j\,1{,}4$ und den Nennernullstellen $p_1 = -0{,}5$ und $p_2 = -2$. Die komplexe Variable s durchlaufe die in Bild 3.6a angegebene kreisförmige Kontur Γ_s mit den Mittelpunktskoordinaten $\sigma_M = -1$, $\omega_M = 1$ und dem Radius $r = 0{,}7$ im Uhrzeigersinn. Man bestimme das Bild der zugehörigen Kontur Γ_G in der G(s)-Ebene.

Der Wert der komplexen Variablen $s_\Gamma = \sigma_\Gamma + j\omega_\Gamma$ auf der Kontur Γ_s ist nach Bild 3.6a durch die Beziehungen $\sigma_\Gamma = -1 + 0{,}7 \cos\varphi$ und $\omega_\Gamma = 1 - 0{,}7 \sin\varphi$ gegeben, wobei φ den Mittelpunktswinkel des Kreises bezeichnet. Verändert man φ stetig von $0°$ bis $360°$, dann wird die Kontur Γ_s einmal im Uhrzeigersinn durchlaufen. Den Betrag und die Phase von $G(s)$ berechnet man nach Gl. (3.31) und (3.32) mit $n = 2$ zu

$$|G(s_\Gamma)| = \frac{|s_\Gamma - s_1|\,|s_\Gamma - s_2|}{|s_\Gamma - p_1|\,|s_\Gamma - p_2|}$$

und

$$\varphi(s) = \mathrm{arc}\,(s_\Gamma - s_1) + \mathrm{arc}\,(s_\Gamma - s_2) - \mathrm{arc}\,(s_\Gamma - p_1) - \mathrm{arc}\,(s_\Gamma - p_2);$$

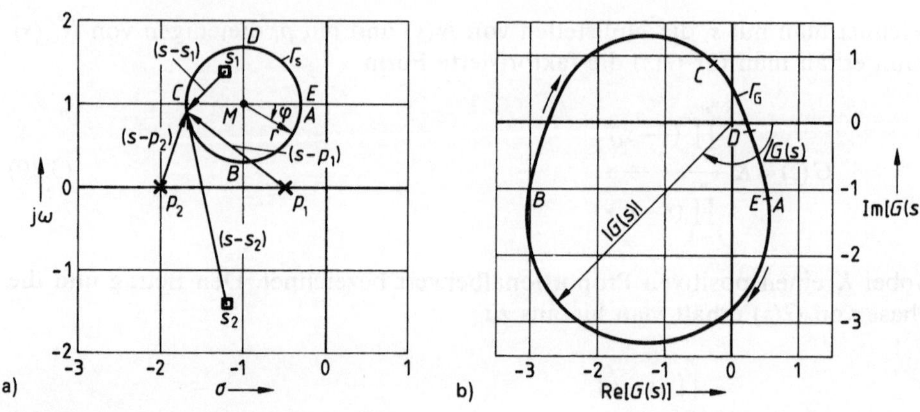

3.6 Pol-Nullstellenplan zu Beispiel 3.2
   a) Kontur in der s-Ebene
   b) Kontur in der G-Ebene
   p_1, p_2 Polstellen von $G(s)$, r Radius der Kontur, s_1, s_2 Nullstellen von $G(s)$
   Γ_s Kontur, φ Mittelpunktswinkel der Kontur
   A, B, C, D, E ausgezeichnete Punkte der Kontur

die geometrische Bedeutung der Teilausdrücke entnimmt man Bild **3.6** a. Für die Nullstelle s_1 erhält man beispielsweise wegen $(s_\Gamma - s_1) = (\sigma_\Gamma + j\omega_\Gamma + 1{,}2 - j\,1{,}4)$ $= (-1 + 0{,}7\cos\varphi + j\,1 - j\,0{,}7\sin\varphi + 1{,}2 - j\,1{,}4) = [(0{,}2 + 0{,}7\cos\varphi) - j(0{,}4 + 0{,}7\sin\varphi)]$ den Betrag zu

$$|s_\Gamma - s_1| = \sqrt{(0{,}2 + 0{,}7\cos\varphi)^2 + (0{,}4 + 0{,}7\sin\varphi)^2}$$

und den Phasenwinkel zu

$$\mathrm{arc}(s_\Gamma - s_1) = -\arctan\left[\frac{0{,}4 + 0{,}7\sin\varphi}{0{,}2 + 0{,}7\cos\varphi}\right].$$

Ähnliche Ausdrücke leitet man für die Beiträge der Nullstelle s_2 und der Pole p_1 und p_2 ab.

Berechnet man Betrag und Phase von $G(s)$ für einen von $0°$ bis $360°$ stetig veränderlichen Winkel φ und stellt die Ergebnisse in der G-Ebene graphisch dar, dann erhält man die in Bild **3.6** b gezeigte geschlossene Kontur Γ_G, die das Abbild der Γ_s-Kontur in der s-Ebene ist. Den Punkten A bis E in Bild **3.6** a entsprechen die gleichnamigen Punkte in Bild **3.6** b. Für die folgenden Überlegungen ist von Bedeutung, daß der Nullpunkt der G-Ebene von der Kontur Γ_G einmal vollständig im Uhrzeigersinn umfahren wird.

Die in Beispiel 3.2 gefundene Abbildungseigenschaft wird durch einen Satz von Cauchy wie folgt verallgemeinert:

Gegeben sei eine geschlossene Kontur Γ_s in der s-Ebene, die in ihrem Inneren n_S Nullstellen und n_P Polstellen einer Funktion $G(s)$ der komplexen Variablen s einschließt. Durchläuft man die Kontur Γ_s einmal im Uhrzeigersinn, dann umschließt die entsprechende Kontur Γ_G den Nullpunkt der G-Ebene genau $n_N = n_S - n_P$ mal. Für $n_N > 0$ erfolgt der Umlauf auf der Kontur Γ_G im Uhrzeigersinn, für $n_N < 0$ in Gegenrichtung.

Beispiel 3.3. Man wende den Satz von Cauchy auf die in Beispiel 3.2 gegebene Kontur Γ_s und Funktion $G(s)$ an.

Durch die Kontur Γ_s wird nur die Nullstelle s_1 umschlossen. Die Zahl der Umschließungen des Nullpunkts der G(s)-Ebene ergibt sich daher mit $n_S = 1$ und $n_P = 0$ zu $n_N = 1$, was dem in Beispiel 3.2 gewonnenen Ergebnis entspricht.

Den Satz von Cauchy kann man sich z. B. in Bild 3.6a geometrisch veranschaulichen, indem man den Verlauf der Phasenbeiträge der einzelnen Singularitäten von $G(s)$ bei einem vollständigen Umlauf auf der Kontur Γ_s verfolgt. Nur der Zeiger von der Nullstelle s_1 zur Kontur führt eine volle Drehung aus, während die Zeiger der außenliegenden Singularitäten s_2, p_1 und p_2 nur kleine Winkelbereiche überstreichen.

Mit dem Satz von Cauchy kann man jetzt die Frage nach der Stabilität des geschlossen einschleifigen Regelkreises beantworten. Hierzu legt man die Kontur Γ_s in der s-Ebene so fest, daß sie die gesamte rechte s-Halbebene umschließt (Bild 3.7a). Diese Nyquist-Kontur verläuft also zunächst auf der imaginären Achse in Richtung wachsender ω-Werte und kehrt dann auf einem Halbkreis mit dem Radius r zurück; für den Grenzfall $r \to \infty$ umschließt diese Kontur wie gewünscht die gesamte rechte Halbebene. Liegen einzelne Pole p_i von $G(s)$ auf der imaginären Achse, dann werden sie der rechten s-Halbebene zugeschlagen und durch kleine Halbkreise mit infinitesimalem Radius umgangen (Bild 3.7b); dieses ist notwendig, um die Voraussetzung des Cauchy-Kriteriums zu erfüllen, daß keine Singularitäten auf der Kontur Γ_s selbst liegen.

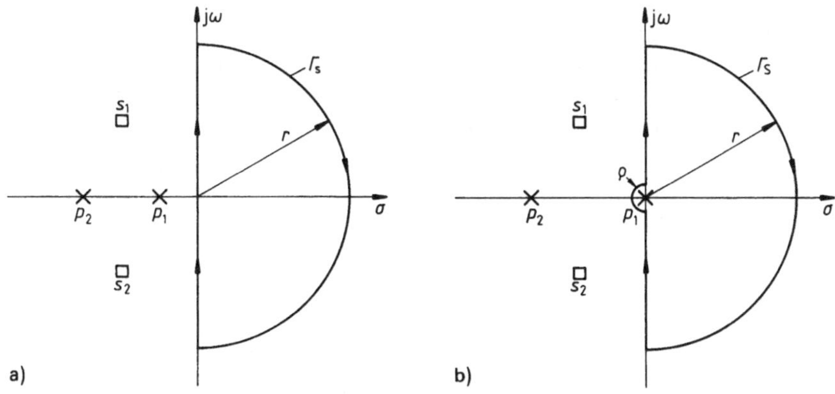

3.7 Kontur in der s-Ebene
   a) keine Polstellen auf der imaginären Achse
   b) eine Polstelle auf der imaginären Achse
   p_1, p_2 Pole von $G(s)$, r äußerer Radius der Kontur
   s_1, s_2 Nullstellen von $G(s)$, Γ_s Kontur, ρ innerer Radius der Kontur

Nach den vorausgegangenen Überlegungen ist der Regelkreis stabil, wenn der Ausdruck $G(s) = 1 + G_O(s)$ keine Nullstellen mit positivem Realteil hat, also $n_S = 0$ ist. Durchläuft man daher die in Bild **3.7** gezeigte Kontur Γ_s im Uhrzeigersinn, dann muß die zugehörige Kontur Γ_G den Nullpunkt der G-Ebene genau $n_N = -n_P$ mal und, wegen des negativen Vorzeichens, im Gegenuhrzeigersinn umkreisen. Eine weitere Vereinfachung ergibt sich dadurch, daß $G(s)$ und $G_O(s)$ das gleiche Nennerpolynom $N_O(s)$, also auch die gleichen Polstellen p_i haben. Beschreibt daher die Übertragungsfunktion $G_O(s)$ ein für sich genommen stabiles Übertragungsglied, dessen Polstellen p_i alle in der linken s-Halbebene liegen, dann ist $n_P = 0$ und die Zahl der Umkreisungen des Nullpunkts $G(s)$ der s-Ebene reduziert sich auf $n_N = 0$; dieser Sonderfall liegt in den regelungstechnischen Anwendungen sehr häufig vor.

Beispiel 3.4. Für die in Beispiel 3.2 gegebene Funktion $G(s)$ berechne man die Kontur Γ_G, die zu der Nyquist-Kontur Γ_s in Bild **3.8**a gehört.

Den Wert der komplexen Variablen $s_\Gamma = \sigma_\Gamma + j\omega_\Gamma$ auf der Kontur Γ_s erhält man mit dem Kreisradius r und dem Mittelpunktswinkel φ zu

$$s_\Gamma = \begin{cases} r[\cos\varphi - j\sin\varphi] & \text{für} \quad 0 \le \varphi < 90°, \; 270° \le \varphi < 360°, \\ j\omega & \text{für} \quad -r \le \omega < r \quad \text{und} \quad 90° \le \varphi < 270°. \end{cases}$$

Einsetzen dieser Werte in die Amplitudenbeziehung (3.31) und die Phasenbeziehung (3.32) und Auswerten der entstehenden Gleichungen für hinreichend viele Werte von φ und ω und einen Radius $r = 5$ liefert die in Bild **3.8**b dargestellte Kontur Γ_G in der G-Ebene; die hervorgehobenen Punkte A bis D entsprechen den gleichnamigen Punkten auf der Nyquist-Kontur. Da die Kontur Γ_G den Nullpunkt der G-Ebene nicht umschließt, ist der Regelkreis stabil.

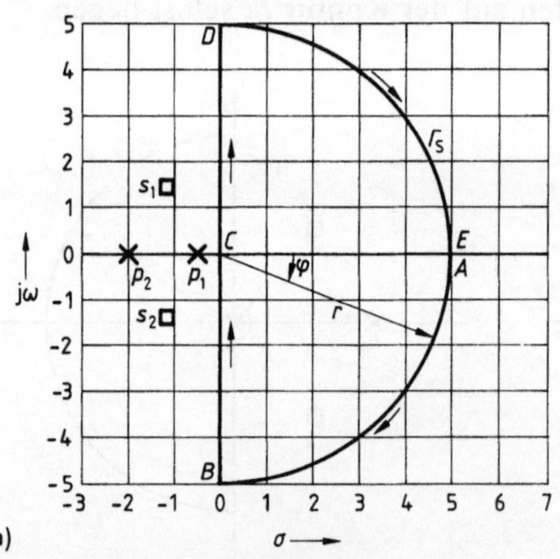
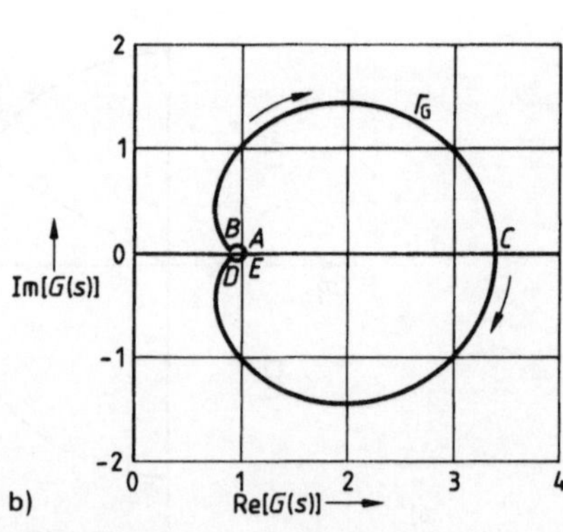

3.8 Konturen zu Beispiel 3.4
  a) Kontur in der s-Ebene, b) Kontur in der $G(s)$-Ebene
  A, B, C, D, E korrespondierende Punkte der Konturen, p_1, p_2 Polstellen von $G(s)$, r Radius der Kontur, s_1, s_2 Nullstellen von $G(s)$, Γ_s Kontur in der s-Ebene, Γ_G Kontur in der $G(s)$-Ebene, φ Mittelpunktswinkel der Kontur

Die Kontur Γ_G weist zwei Besonderheiten auf, die ihre Konstruktion erleichtern: Zum einen ist sie symmetrisch zur reellen Achse, und zum zweiten reduziert sich für $r \to \infty$ das Bild des Halbkreises in der s-Ebene auf einen Punkt der G-Ebene. Es reicht also im Prinzip aus, nur den zwischen den Punkten C und D liegenden Abschnitt der Kontur Γ_s in die G-Ebene abzubilden. Da hier $s = j\omega$ mit $\omega \geq 0$ gilt, erhält man die Teilkontur $G(j\omega)$ in der G-Ebene, also nach Abschn. 2.2.3.2 den Frequenzgang von $G(s)$.

Ein Mangel der Stabilitätsprüfung anhand der Funktion $G(s) = 1 + G_O(s)$ besteht darin, daß man den Frequenzgang $G(j\omega)$ nicht ohne weiteres am Regelkreis messen kann und auch die Berechnung vergleichsweise aufwendig ist. Dagegen kann man den Frequenzgang $G_O(j\omega)$ des offenen Kreises recht einfach meßtechnisch oder numerisch ermitteln, so daß eine Stabilitätsprüfung anhand dieses Frequenzgangs meist vorteilhaft ist. Eine entsprechende Umformulierung des Stabilitätskriteriums ist aber leicht möglich: Wegen des Zusammenhangs $G(s) = 1 + G_O(s)$ kann man der G-Ebene die G_O-Ebene überlagern, die sich nur durch eine Verschiebung um den Wert 1 nach rechts von der G-Ebene unterscheidet (Bild 3.9). Überträgt man die Ortskurve des Frequenz-

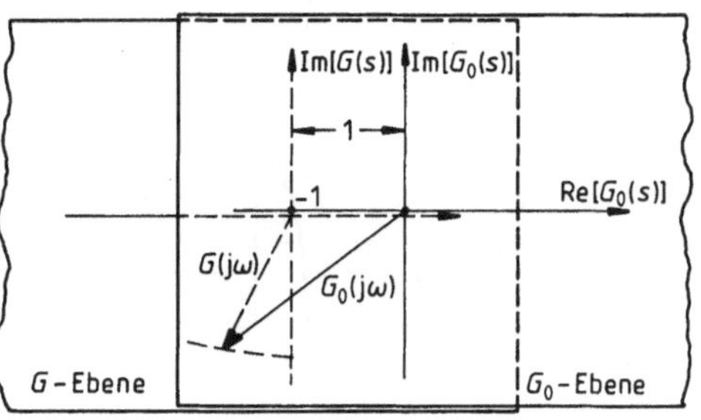

3.9
Zusammenhang zwischen $G(s)$- und $G_O(s)$-Ebene
$G(s)$ Nennerausdruck der Führungsübertragungsfunktion
$G_O(s)$ Übertragungsfunktion des offenen Kreises

gangs $G(j\omega)$ in diese Ebene, dann erhält man für jeden Wert der Ortskurve die Zeigersumme $G(j\omega) = 1 + G_O(j\omega)$. Umgekehrt ist also die auf die G_O-Ebene übertragene Ortskurve der Frequenzgang $G_O(j\omega) = G(j\omega) - 1$ des offenen Regelkreises. In der G_O-Ebene ist dann aber zur Stabilitätsprüfung nicht die Zahl der Umkreisungen des Nullpunkts zu notieren, sondern die Zahl der Umkreisungen des kritischen Punkts $-1 + j0$ auf der negativen reellen Achse. Das Nyquist-Stabilitätskriterium kann daher wie folgt formuliert werden:

Der geschlossene Einheitsregelkreis mit der Übertragungsfunktion $G_O(s)$ des offenen Kreises ist stabil, wenn die Ortskurve des Frequenzgangs $G_O(j\omega)$ bei einer stetigen Änderung der Kreisfrequenz ω von $-\infty$ bis $+\infty$ den kritischen Punkt $-1 + j0$ der G_O-Ebene genau n_P mal im Gegenuhrzeigersinn umkreist, wobei n_P die Anzahl der Polstellen von $G_O(s)$ mit nichtnegativem Realteil ist. Beschreibt $G_O(s)$ ein für sich stabiles Übertragungsglied ($n_P = 0$), dann darf für Stabilität der kritische Punkt nicht umschlungen werden.

Beispiel 3.5. Die Übertragungsfunktion $G_O(s)$ eines linearen einschleifigen Regelkreises ist $G_O(s) = 1/[T_1 s(1 + T_1 s)(1 + T_2 s)]$ mit der Integrierzeit $T_1 = 0{,}4$ s und den Verzögerungszeiten $T_1 = 1{,}2$ s und T_2. Man überprüfe die Stabilität des geschlossenen Regelkreises für die beiden Werte $T_2 = 0{,}12$ s und $T_2 = 3{,}0$ s.

Da $G_O(s)$ einen Pol im Ursprung hat ($n_P = 1$), muß eine Kontur Γ_s entsprechend Bild 3.7b gewählt werden, die den Pol umfährt. Das System ist stabil, wenn der kritische Punkt $-1 + j0$ der G_O-Ebene einmal im Gegenuhrzeigersinn umlaufen wird.

Die der Kontur Γ_s mit einem inneren Radius $\rho = 0{,}2$ und einem äußeren Radius $r = 10$ entsprechenden Konturen in der G_O-Ebene sind im Bild 3.10 für (a) $T_2 = 0{,}12$ s und (b) $T_2 = 3{,}0$ s gezeigt. Im ersten Fall wird der kritische Punkt einmal im Gegenuhrzeigersinn umschlungen, so daß der Regelkreis stabil ist. Für $T_2 = 3{,}0$ s wird dagegen der kritische Punkt einmal im Uhrzeigersinn umlaufen, d.h. es ist $n_N = 1$. Die Zahl der Nullstellen von $G(s)$ mit positivem Realteil ist also $n_S = n_N + n_P = 2$; der geschlossene Regelkreis ist daher instabil. Dieses Ergebnis wird durch eine Berechnung des Wertes der Zeitkonstante T_2 an der Stabilitätsgrenze mit dem Routh-Kriterium bestätigt, den man mit den angegebenen Zahlenwerten zu $T_2^* = 0{,}6$ s erhält.

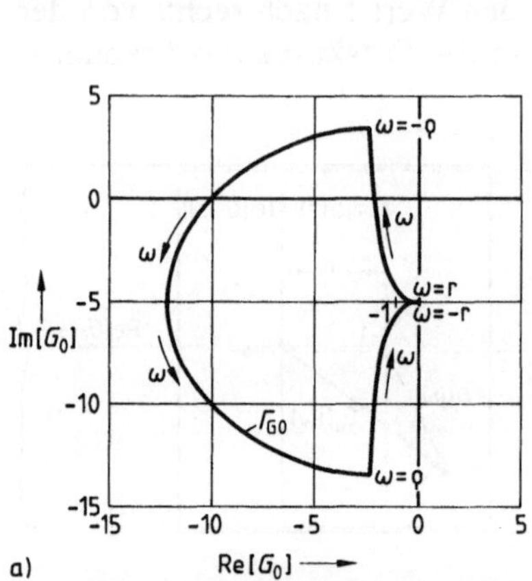

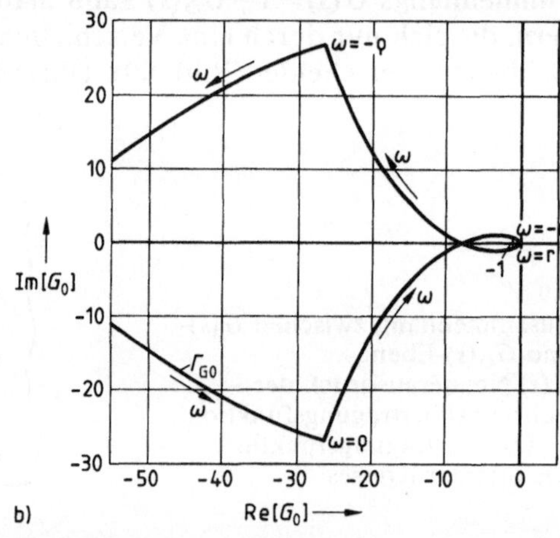

3.10 Konturen in der $G_O(s)$-Ebene zu Beispiel 3.5
a) Verzögerungszeit $T_2 = 0{,}12$ s, b) Verzögerungszeit $T_2 = 3{,}0$ s
Γ_{GO} Kontur in der $G_O(s)$-Ebene, r äußerer Radius der Kontur Γ_s, ρ innerer Radius der Kontur Γ_s

Vereinfachtes Nyquist-Kriterium. Das vollständige Nyquist-Kriterium ist für die in der Regelungstechnik üblicherweise auftretenden Fälle unnötig kompliziert. Geht man davon aus, daß die Übertragungsfunktion $G_O(s)$ des offenen Regelkreises üblicherweise stabil ist oder eine bzw. höchstens zwei Polstellen im Nullpunkt der s-Ebene hat (integrierendes bzw. doppeltintegrierendes Verhalten), dann kann man eine vereinfachte Fassung des Nyquist-Kriteriums angeben, welche die Symmetrieeigenschaften der Ortskurve des Frequenzgangs von $G_O(j\omega)$ ausnutzt. Sie lautet:

Der geschlossene Standardregelkreis mit der Übertragungsfunktion $G_O(s)$ des offenen Kreises ist stabil, wenn der kritische Punkt $-1 + j0$ der G_O-Ebene bei

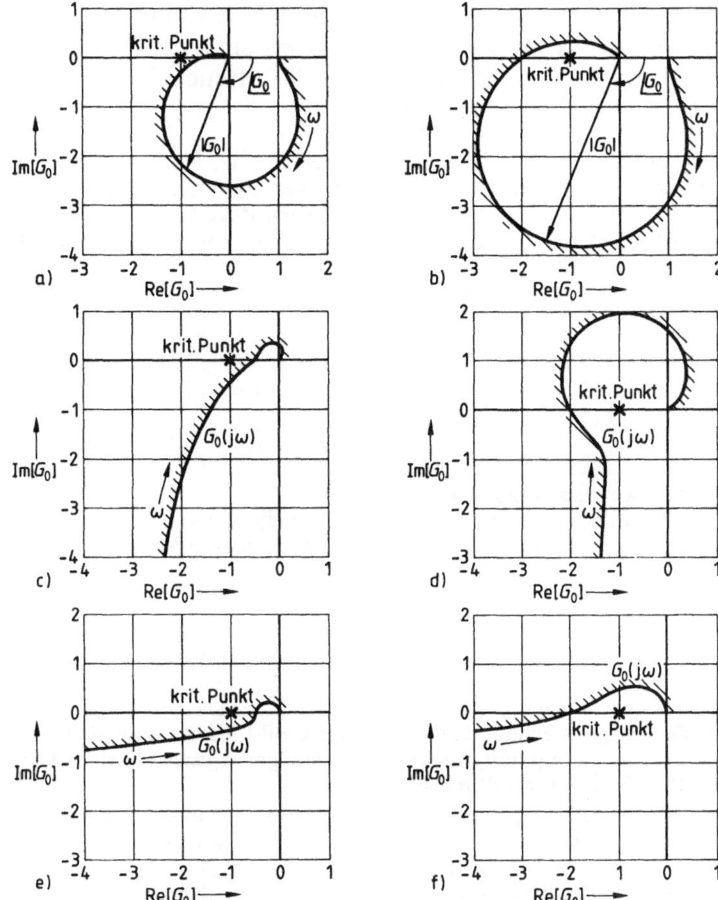

3.11 Ortskurven des Frequenzgangs $G_O(j\omega)$ des offenen Kreises
    a), b) Proportionales Verhalten des offenen Kreises
    c), d) Integrierendes Verhalten des offenen Kreises
    e), f) Zweifach integrierendes Verhalten des offenen Kreises

einer stetigen Veränderung der Kreisfrequenz von $\omega = 0$ bis $\omega \to +\infty$ immer links von der Ortskurve des Frequenzgangs $G_O(j\omega)$ liegt.

Bild 3.11 zeigt die Ortskurve des Frequenzgangs $G_O(j\omega)$ in der Nähe des kritischen Punkts für einige typische Fälle; die linke Seite der Ortskurven ist jeweils durch Schraffur hervorgehoben. Nach dem vereinfachten Nyquist-Kriterium bezeichnen die Bilder 3.11a, 3.11c und 3.11e stabile und die Bilder 3.11b, 3.11d und 3.11f instabile Regelkreise.

Grad der Stabilität. Mit dem Nyquist-Stabilitätskriterium kann man nun nicht nur feststellen, ob der geschlossene Regelkreis stabil ist oder nicht, sondern auch Aussagen über den Grad der Stabilität, die Stabilitätsgüte, machen.

Nach den Überlegungen zum Nyquist-Kriterium kann man nämlich erwarten, daß der stabile geschlossene Regelkreis um so stabiler wird, je weiter die Ortskurve des Frequenzgangs $G_O(j\omega)$ des offenen Kreises vom kritischen Punkt $-1+j0$ der G_O-Ebene entfernt bleibt.

Beispiel 3.6. Für einen Einheitsregelkreis mit der Übertragungsfunktion $G_O(s)$ des offenen Kreises nach Beispiel 3.5 ermittle man die Ortskurven des Frequenzgangs $G_O(j\omega)$ und die Sprungantworten des geschlossenen Regelkreises, wenn die Verzögerungszeit T_2 nacheinander die Werte 0,12 s, 0,3 s und 0,6 s annimmt. Den Wirkungsplan des Regelkreises zeigt Bild 3.12.

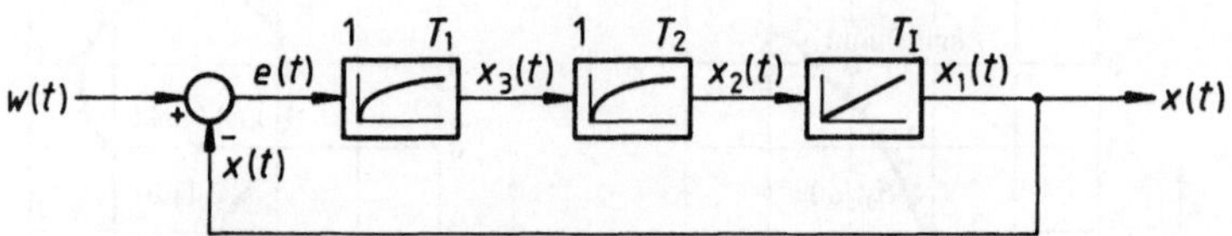

3.12 Wirkungsplan zu Beispiel 3.6
T_I Integrierzeit, T_1, T_2 Verzögerungszeiten, $e(t)$ Regeldifferenz
$x(t)$ Regelgröße, $x_1(t)$, $x_2(t)$, $x_3(t)$ Zustandsgrößen, $w(t)$ Führungsgröße

Mit der in Beispiel 3.5 angegebenen Übertragungsfunktion $G_O(s)$, der Integrierzeit $T_I = 0{,}4$ s und den Verzögerungszeiten $T_1 = 1{,}2$ s und T_2 hat man den Frequenzgang nach $G_O(j\omega) = 1/[0{,}4\,j\omega\,(1+1{,}2\,j\omega)(1+T_2\,j\omega)]$ mit den in der Aufgabenstellung angegebenen Werten der Verzögerungszeit T_2 zu berechnen. Das Ergebnis der Berechnung, die man mit dem Digitalrechner durchführt, zeigt Bild 3.13 a; man sieht, wie sich die Ortskurve des Frequenzgangs mit wachsender Verzögerungszeit T_2 dem kritischen Punkt nähert und ihn für $T_2 = 0{,}6$ s durchsetzt.

Die Antwort des geschlossenen Regelkreises auf einen Sprung der Führungsgröße bestimmt man am schnellsten, indem man Zustandsgrößen gemäß Abschn. 2.2.4.1 einführt, die Zustandsdifferentialgleichungen aufstellt und diese mit einem numerischen Integrationsverfahren (Abschn. 2.2.4.6) löst. Mit den Bezeichnungen nach Bild 3.12 hat man die Zustandsdifferentialgleichungen $\dot{x}_1(t) = x_2(t)/T_I$, $\dot{x}_2(t) = [-x_2(t)+x_3(t)]/T_2$ und $\dot{x}_3(t) = [-x_1(t)-x_3(t)+w(t)]/T_1$ sowie die Ausgangsgleichung $x(t) = x_1(t)$. Die Antworten auf einen Sprung der Führungsgröße $w(t) = w_0\sigma(t)$ für die angegebenen Werte der Verzögerungszeit T_2 zeigt Bild 3.13 b; die Anfangswerte der Zustandsgrößen wurden dabei zu Null angenommen.

Wie man dem Verlauf der Sprungantworten entnimmt, hat der geschlossene Regelkreis für $T_2 = 0{,}12$ s eine hinreichend und für $T_2 = 0{,}3$ s eine schlecht gedämpfte Übergangsfunktion. Für den kritischen Wert $T_2^* = 0{,}6$ s der Verzögerungszeit führt der Regelkreis Dauerschwingungen aus, ist also an der Stabilitätsgrenze.

Es ist nun noch ein Maß für die Entfernung der Ortskurve des Frequenzgangs $G_O(j\omega)$ vom kritischen Punkt $-1+j0$ der G_O-Ebene einzuführen; dieses soll die Stabilitätsgüte des Regelkreises hinreichend charakterisieren und außerdem einfach aus der Ortskurvendarstellung ablesbar sein. Es bieten sich zwei Maße an: Zum einen kann man den Abstand zwischen dem Nullpunkt der G_O-Ebene und dem Schnittpunkt der Ortskurve von $G_O(j\omega)$ mit der negativen reellen Achse (Bild 3.14) bei der Kreisfrequenz ω_π verwenden, sofern ein sol-

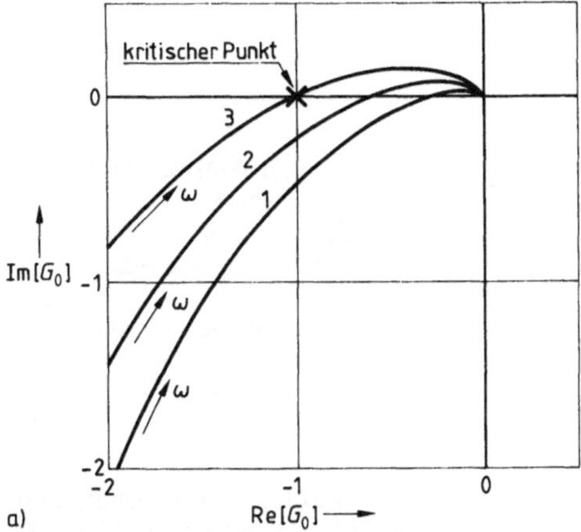

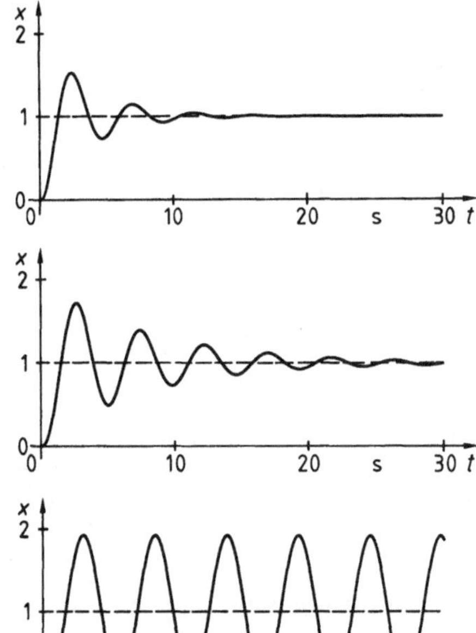

3.13
Ortskurven des Frequenzgangs und
Übergangsfunktionen zu Beispiel 3.6
a) Ortskurven des Frequenzgangs $G_O(j\omega)$
b) Sprungantworten der Regelgröße $x(t)$
$G_O(j\omega)$ Frequenzgang des offenen Kreises
$x(t)$ Regelgröße
1 Verlauf für $T_2 = 0{,}12$ s
2 Verlauf für $T_2 = 0{,}3$ s
3 Verlauf für $T_2 = 0{,}6$ s

cher Schnittpunkt vorhanden ist. Ist dieser Abstand betragsmäßig kleiner als 1,
dann ist der Kreis stabil, und zwar um so besser, je kleiner der Wert ist. Üblicherweise verwendet man den Kehrwert dieses Abstands und definiert als
Amplitudenreserve A_r den reziproken Wert des Betrags von $G_O(j\omega_\pi)$ bei
einem Phasenwinkel $\varphi_O(j\omega_\pi) = -180°$, also

$$A_r = \frac{1}{|G_O(j\omega_\pi)|}. \tag{3.33}$$

Die Amplitudenreserve ist also eine positive Zahl, die für einen stabilen Regelkreis Werte größer als eins annimmt.

Beispiel 3.7. Mit den in Beispiel 3.6 angegebenen Daten berechne man die Amplitudenreserve des einschleifigen Regelkreises mit der Übertragungsfunktion $G_O(s)$
$= 1/[T_1 s(1 + T_1 s)(1 + T_2 s)]$.
Den Frequenzgang $G_O(j\omega)$ erhält man aus $G_O(s)$, indem man $s = j\omega$ setzt. Nach Auflösen der Klammern und Umordnen des Nenners erhält man den Ausdruck $G_O(j\omega)$
$= 1/[-(T_1 + T_2)T_1\omega^2 + j\omega T_1(1 - T_1 T_2\omega^2)]$. Beim gesuchten Schnittpunkt der Ortskurve
von $G_O(j\omega)$ mit der negativ reellen Achse, der bei der Kreisfrequenz ω_π auftritt, muß der
Imaginärteil verschwinden, d.h. es muß $1 - T_1 T_2\omega_\pi^2 = 0$ sein. Hieraus berechnet man
die Kreisfrequenz des Schnittpunkts zu $\omega_\pi = 1/\sqrt{T_1 T_2}$ und erhält damit den gesuchten
Betrag von $G_O(j\omega_\pi)$ zu $|G_O(j\omega_\pi)| = T_1 T_2/[T_1(T_1 + T_2)]$. Nach Gl. (3.33) wird also die Am-

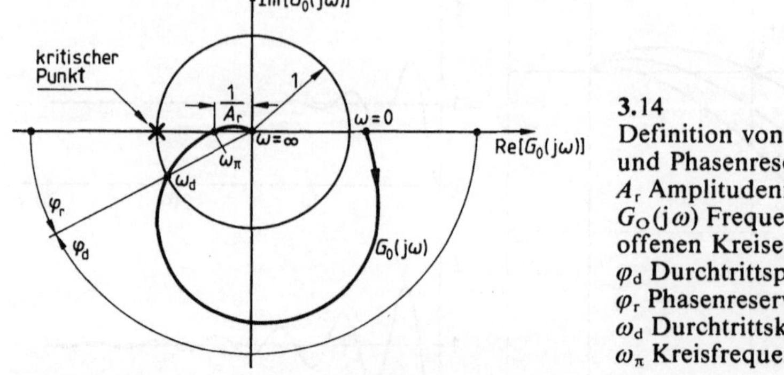

3.14
Definition von Amplitudenreserve
und Phasenreserve
A_r Amplitudenreserve
$G_O(j\omega)$ Frequenzgang des
offenen Kreises
φ_d Durchtrittsphasenwinkel
φ_r Phasenreserve
ω_d Durchtrittskreisfrequenz
ω_π Kreisfrequenz bei $\varphi_O = -180°$

plitudenreserve $A_r = T_1(T_1 + T_2)/(T_1 T_2)$. Mit den gegebenen Zahlenwerten erhält man die Amplitudenreserve nacheinander zu $A_r = 3,67$ für $T_2 = 0,12$ s, $A_r = 1,67$ für $T_2 = 0,3$ s und $A_r = 1$ für $T_2 = 0,6$ s. In den ersten beiden Fällen ist die Amplitudenreserve größer als eins und das System stabil, während es für die Zeitkonstante $T_2 = 0,6$ s an der Stabilitätsgrenze ist.

Die Erfahrung zeigt, daß ein gut gedämpftes Einschwingverhalten des Regelkreises (s. Abschn. 3.1.4.1) zu erwarten ist, wenn die Amplitudenreserve größer als etwa 2,5 ist.

Das zweite – und gebräuchlichere – Maß ist die Phasenreserve φ_r, die wie folgt definiert ist: Man zeichnet den Einheitskreis um den Mittelpunkt der G_O-Ebene (Bild 3.14); dieser durchsetzt gerade den kritischen Punkt $-1 + j0$. Dann bestimmt man den Punkt, an dem die Ortskurve des Frequenzgangs $G_O(j\omega)$ den Einheitskreis schneidet. Dieses ist bei der Durchtrittskreisfrequenz ω_d der Fall, die durch die Bedingung $|G_O(j\omega_d)| = 1$ festgelegt ist; der Phasenwinkel von $G_O(j\omega)$ ist an dieser Stelle $\varphi_O(j\omega_d)$. Als Phasenreserve definiert man den Komplementärwinkel φ_r, der von der negativen Achse aus positiv im Gegenuhrzeigersinn gemessen wird. Es ist also

$$\varphi_r = 180° + \varphi_O(j\omega_d) \tag{3.34}$$

die Phasenreserve des Regelkreises. Diese ist positiv, wenn der Schnittpunkt von Ortskurve und Einheitskreis im 3. oder 4. Quadranten der G_O-Ebene liegt, der geschlossene Regelkreis also stabil ist.

Beispiel 3.8. In Bild 3.15 sind noch einmal die Ortskurven des Frequenzgangs von $G_O(j\omega)$ nach Beispiel 3.6 und Bild 3.13 eingetragen. Man bestimme die Werte der Phasenreserve für die vorgegebenen Werte der Verzögerungszeit T_2.
Aus der Darstellung liest man näherungsweise die folgenden Werte ab:

$$\varphi_r = 180° + (-157°) = 23° \quad \text{für} \quad T_2 = 0,12 \text{ s},$$

$$\varphi_r = 180° + (-168°) = 12° \quad \text{für} \quad T_2 = 0,3 \text{ s},$$

$$\varphi_r = 180° + (-180°) = 0° \quad \text{für} \quad T_2 = 0,6 \text{ s}.$$

Die Stabilitätsgrenze ist also durch $\varphi_r = 0°$ gekennzeichnet.

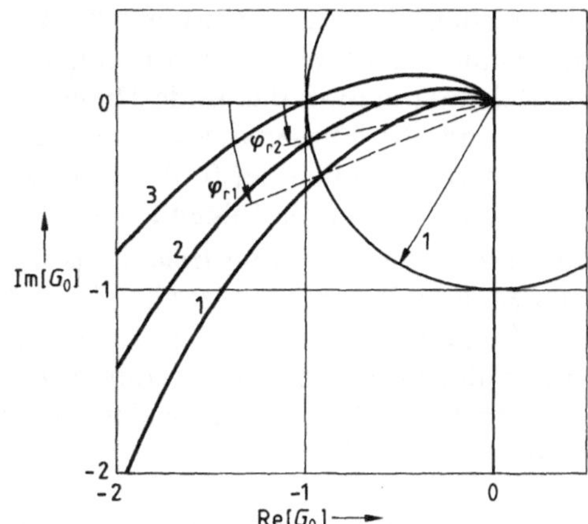

3.15
Ortskurven des Frequenzgangs $G_O(j\omega)$
des offenen Kreises zu Beispiel 3.8
φ_{r1} Phasenreserve für $T_2 = 0,12$ s
φ_{r2} Phasenreserve für $T_2 = 0,3$ s
1 Ortskurve für $T_2 = 0,12$ s
2 Ortskurve für $T_2 = 0,3$ s
3 Ortskurve für $T_2 = 0,6$ s

Die Erfahrung zeigt, daß ein gut gedämpftes Einschwingverhalten des geschlossenen Regelkreises erzielt wird, wenn die Phasenreserve zwischen 40° und 70° liegt.

Man kann die Phasenreserve φ_r besonders einfach bestimmen, wenn man den Frequenzgang $G_O(j\omega)$ mit Frequenzkennlinien (s. Abschn. 2.2.3.4) darstellt; hiermit befaßt sich der folgende Abschnitt.

3.1.2.4 Stabilitätsprüfung im Bode-Diagramm.

Man kann das vereinfachte Nyquist-Stabilitätskriterium und die Stabilitätsmaße der Amplitudenreserve und Phasenreserve mit geringem Aufwand in das Bode-Diagramm (s. Abschn. 2.2.3.4) übertragen. Zunächst überlegt man sich anhand von Bild 3.16, wie sich der kritische Punkt $-1+j0$ der G_O-Ebene im Bode-Diagramm abbildet. Der Zeiger $Z = -1+j0$ vom Ursprung der G_O-Ebene zum kritischen Punkt hat gemäß Bild 3.16a die Länge $|Z| = 1$ und den Phasenwinkel $\varphi_Z = -180°$. Im logarithmischen Maß entspricht dem Betragswert $|Z|$ der logarithmische Betrag $20\lg|Z| = 0$; dieser Wert bildet sich im Bode-Diagramm als Nullinie des Betrags (0-dB-Linie) ab. Der Phasenwinkel $\varphi_Z = -180°$ wird auf die durch $-180°$ verlaufende Parallele zur Nullinie ($-180°$-Linie) abgebildet. Insgesamt

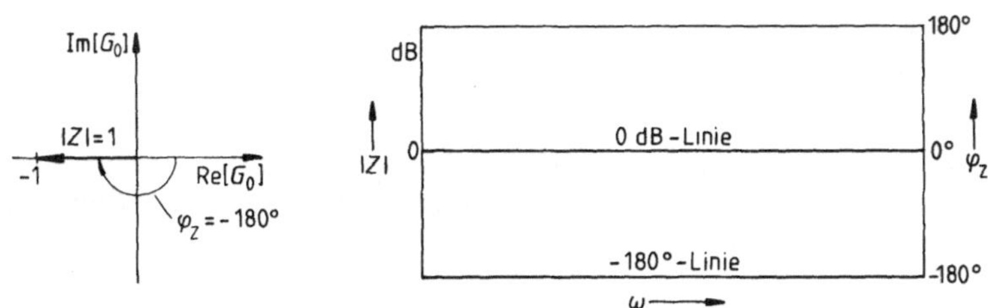

3.16 Bild des kritischen Punktes im Bode-Diagramm
$|Z|$ Betrag, φ_Z Phasenwinkel des komplexen Zeigers $Z = -1+j0$

entsprechen also dem kritischen Punkt $-1+j0$ der G_O-Ebene im Bode-Diagramm die 0-dB-Linie für den Betrag und die $-180°$-Linie für den Phasenwinkel. Zeichnet man in das Bode-Diagramm die logarithmische Betragskennlinie $|G_O|_{dB}$ und die Phasenkennlinie φ_O ein, dann kann man aus der Lage der Kennlinien bezüglich der 0-dB-Linie bzw. $-180°$-Linie mit dem vereinfachten Nyquist-Kriterium die folgenden Aussagen zur Stabilität machen:

Der geschlossene Standardregelkreis mit der Übertragungsfunktion $G_O(s)$ des offenen Regelkreises ist stabil, wenn die Betragskennlinie $|G_O(j\omega)|$ bei der Kreisfrequenz ω_π, bei der die Phasenkennlinie die $-180°$-Linie schneidet, unterhalb der 0-dB-Linie liegt. Hierbei ist angenommen, daß die Übertragungsfunktion $G_O(s)$ keine Pole in der rechten Hälfte und maximal zwei Pole im Ursprung der s-Ebene hat.

Beispiel 3.9. Für die im Beispiel 3.5 angegebene Übertragungsfunktion $G_O(s)$ zeichne man die Frequenzkennlinien und überprüfe die Stabilität des geschlossenen Regelkreises.

Die Frequenzkennlinien bestimmt man vorteilhaft mit dem Digitalrechner, wobei man zur Kontrolle die Asymptotennäherung für den Amplitudengang einzeichnet; die Ergebnisse sind in Bild 3.17 für die Verzögerungszeit (a) $T_2 = 0,12$ s und (b) $T_2 = 3,0$ s dargestellt. Im ersten Fall ist $|G_O(j\omega_\pi)| < 0$, der Regelkreis also stabil, während im zweiten Fall wegen $|G_O(j\omega_\pi)| > 0$ der Regelkreis instabil ist.

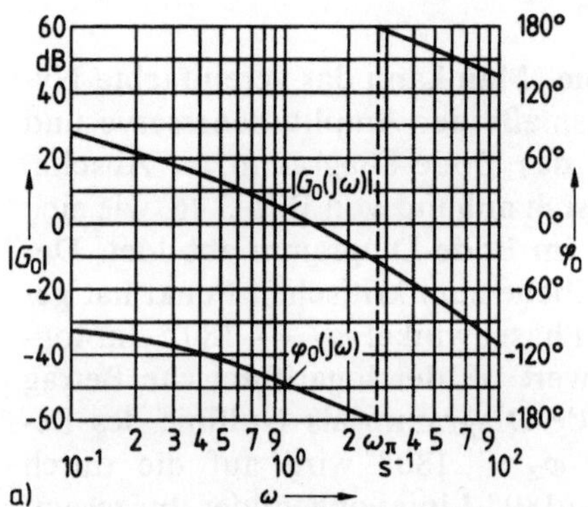

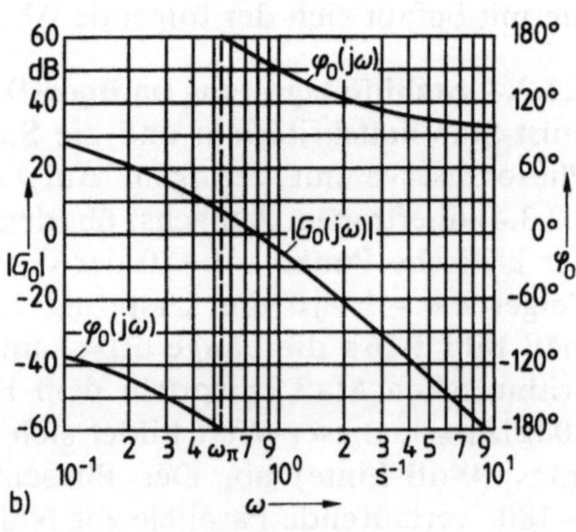

3.17 Frequenzkennlinien zu Beispiel 3.9
a) Kennlinien für $T_2 = 0,12$ s, b) Kennlinien für $T_2 = 3,0$ s
$|G_O|$ Betragskennlinie, φ_O Phasenkennlinie des offenen Kreises
ω_π Kreisfrequenz bei $\varphi_O = -180°$

Die Stabilitätsmaße Amplitudenreserve A_r und Phasenreserve φ_r lassen sich besonders einfach aus dem Bode-Diagramm ermitteln. Nach Gl. (3.33) ist die Amplitudenreserve definiert durch

$$A_r = \frac{1}{|G_O(j\omega_\pi)|}; \qquad (3.35)$$

im logarithmischen Maß ist also

$$A_r|_{dB} = 20 \log \frac{1}{|G_O(j\omega_\pi)|}$$
$$= -20 \log |G_O(j\omega_\pi)| = -|G_O(j\omega_\pi)|_{dB} \; ; \tag{3.36}$$

häufig läßt man die Kennzeichnung dB bei der Amplitudenreserve fort. Um die Amplitudenreserve zu bestimmen, müßte man also nach Abschn. 2.3.2.2 die Betragskennlinie $|G_O(j\omega)|$ an der 0-dB-Linie spiegeln und den Wert der gespiegelten Funktion bei der Kreisfrequenz ω_π ablesen. Einfacher ist es aber, bei der Kreisfrequenz ω_π einen Zeiger von der nicht gespiegelten Betragskennlinie bis zur 0-dB-Linie zu zeichnen (Bild 3.18 a). Ein nach oben (unten) gerichteter Zeiger kennzeichnet eine positive (negative) Amplitudenreserve.

Ganz ähnlich bestimmt man die Phasenreserve, indem man bei der Durchtrittskreisfrequenz ω_d, bei der die Betragskennlinie die 0-dB-Linie schneidet, einen Zeiger von der $-180°$-Linie zur Phasenkennlinie zeichnet. Ein nach oben (unten) gerichteter Zeiger kennzeichnet eine positive (negative) Phasenreserve.

Beispiel 3.10. Für die in Beispiel 3.9 ermittelten Betrags- und Phasenkennlinien des Frequenzgangs $G_O(j\omega)$ des offenen Kreises bestimme man die Amplituden- und Phasenreserve.

Aus Bild 3.18 a liest man für die Verzögerungszeit $T_2 = 0{,}12$ s die Amplitudenreserve bei der Kreisfrequenz $\omega_\pi = 2{,}6$ s^{-1} zu $A_r = 11$ dB und die Phasenreserve bei der Durchtrittsfrequenz $\omega_d = 1{,}3$ s^{-1} zu $\varphi_r = 23°$ ab. Für die Verzögerunszeit $T_2 = 3{,}0$ s (Bild 3.18 b) sind die entsprechenden Werte $\omega_\pi = 0{,}53$ s^{-1}, $A_r = -7$ dB, $\omega_d = 0{,}75$ s^{-1} und $\varphi_r = -18°$.

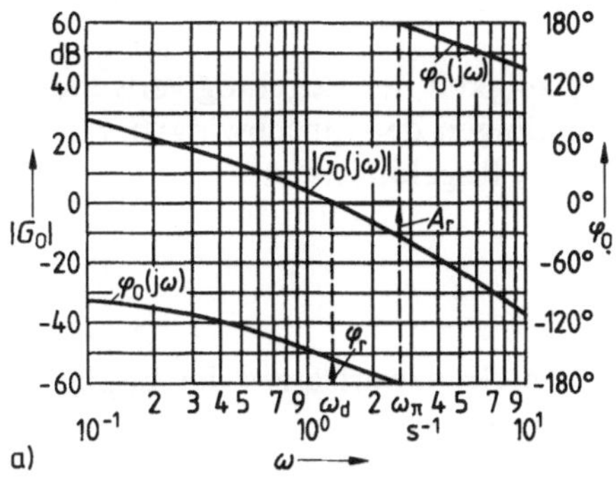

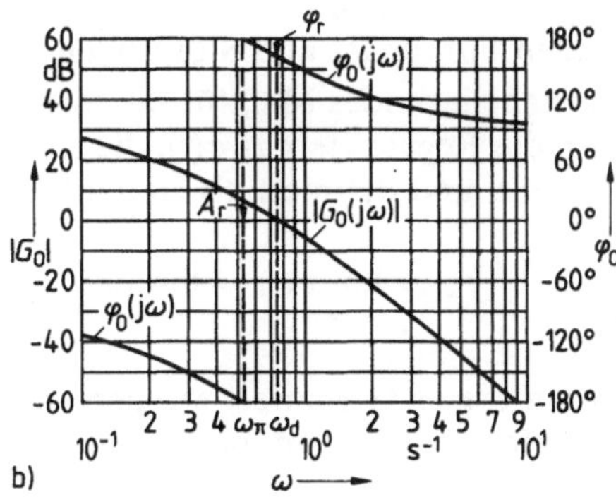

3.18 Frequenzkennlinien zu Beispiel 3.10
A_r Amplitudenreserve
$|G_O|$ Betragskennlinie
φ_O Phasenkennlinie des offenen Kreises
φ_r Phasenreserve

3.1.3 Stationäre Genauigkeit

Die grundlegende Aufgabe einer Regelung ist es, den zeitlichen Verlauf der Regelgröße $x(t)$ mit hinreichender Genauigkeit dem der Führungsgröße $w(t)$ anzugleichen und den Einfluß von Störgrößen zu unterdrücken. Diese Aufgabe kann der Regelkreis wegen der bei jeder Änderung von Führungsgröße und Störgröße auftretenden Umladevorgänge der Energiespeicher des Prozesses und der immer begrenzten Leistung des Stellglieds naturgemäß nicht zu jedem Zeitpunkt erfüllen. Eine augenblickliche Anpassung an einen sich beispielsweise sprungförmig ändernden Wert der Führungsgröße wäre auch unerwünscht oder sogar gefährlich, da er zur Beschädigung oder Zerstörung von Komponenten des Prozesses führen könnte. Man gesteht daher der Regelung einen gewissen Zeitraum zur Anpassung an die neuen Gegebenheiten zu (s. Abschn. 3.1.4) und verlangt das Einhalten von Genauigkeitsschranken erst nach dem Abklingen der in diesem Zeitraum ablaufenden transienten Vorgänge. Die Genauigkeit, mit der die Regelgröße dann schließlich dem Verlauf der Führungsgröße folgt, bezeichnet man als stationäre Genauigkeit des Regelkreises.

Bei den betrachteten linearen zeitinvarianten Prozessen hängt die stationäre Genauigkeit der Regelung nicht nur von den Eigenschaften des Prozesses und des Reglers, sondern auch von den zeitlichen Verläufen der Führungsgröße und der Störgröße ab.

Da die beim Betrieb der Anlage auftretenden Verläufe meist nicht vorab festgelegt sind – in diesem Fall wäre eine Regelung überflüssig –, verwendet man für die Berechnung der stationären Genauigkeit die in Abschn. 2.1.5.1 zusammengestellten nichtperiodischen Testfunktionen. Ausgehend von der Reaktion der Regelung auf diese einfachen Eingangszeitfunktionen schließt man dann auf das Verhalten des Prozesses unter der Wirkung der betriebsmäßig auftretenden Führungs- und Störgrößenverläufe.

Als naheliegendes Maß für die stationäre Genauigkeit der Regelung verwendet man die Regeldifferenz $e(t)$, die sich nach Abklingen der Einschwingvorgänge einstellt, und definiert als stationäre (bleibende) Regeldifferenz

$$e_\infty \equiv \lim_{t\to\infty} e(t) = \lim_{t\to\infty} [w(t) - x(t)], \qquad (3.37)$$

sofern dieser Grenzwert existiert. Mit Hilfe des Grenzwertsatzes der Laplace-Transformation kann man e_∞ im Bildbereich durch

$$e_\infty \equiv \lim_{t\to\infty} e(t) = \lim_{s\to 0} s\, E(s) \qquad (3.38)$$

ausdrücken, d. h. man hat im Bildbereich den Grenzübergang $s \to 0$ durchzuführen. Für den einschleifigen Standardregelkreis (Bild 3.19) berechnet man die

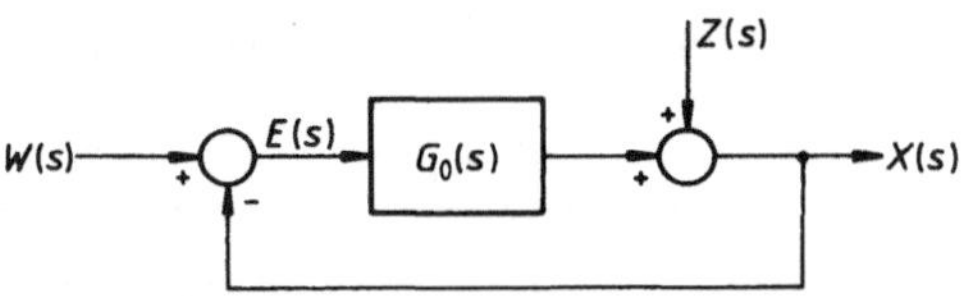

3.19 Wirkungsplan des einschleifigen Standardregelkreises
$E(s)$ Regeldifferenz, $X(s)$ Regelgröße
$G_O(s)$ Übertragungsfunktion des offenen Regelkreises
$W(s)$ Führungsgröße, $Z(s)$ Störgröße

Regeldifferenz $E(s)$ im Bildbereich mit der Übertragungsfunktion $G_O(s)$ des offenen Kreises zu

$$E(s) = \frac{W(s)}{1 + G_O(s)} - \frac{Z(s)}{1 + G_O(s)}. \tag{3.39}$$

Da die Führungsgröße $W(s)$ und die Störgröße $Z(s)$ mit dem gleichen Nennerausdruck $1 + G_O(s)$ bewertet werden, kann man sich auf die Untersuchung des Führungsverhaltens beschränken, d.h. die Störgröße $Z(s)$ zu Null setzen.

Setzt man für die Führungsgröße $w(t)$ eine zum Zeitpunkt $t_0 = 0$ einsetzende nichtperiodische Testfunktion (s. Abschn. 2.1.5.1) an, dann erhält man im Bildbereich die Führungsgröße

$$W(s) = \frac{w_{k-1}}{s^k}, \quad k = 1,\ 2,\ 3, \tag{3.40}$$

wobei $k = 1$ die Sprungfunktion $\sigma(t)$, $k = 2$ die Anstiegsfunktion $r(t)$ und $k = 3$ die Parabelfunktion $p(t)$ kennzeichnet. Für die Übertragungsfunktion des offenen Kreises setzt man die Form

$$G_O(s) = \frac{K_O}{(T_I s)^l} \frac{1 + b_1' s + b_2' s^2 + \ldots + b_m' s^m}{1 + a_1' s + a_2' s^2 + \ldots + a_{n-1}' s^{n-l}} \tag{3.41}$$

mit $m \le n$ und $l = 0$, 1 oder 2 an; für $l = 0$ erhält man ein proportionales, für $l = 1$ ein (einfach) integrierendes und für $l = 2$ ein doppelt integrierendes Verhalten des offenen Regelkreises.

Einsetzen von $Z(s) = 0$, $W(s)$ nach Gl. (3.40) und $G_O(s)$ nach Gl. (3.41) in die Beziehung (3.39) bringt für die Regeldifferenz

$$E(s) = \frac{w_{k-1}}{s^k} \frac{1}{1 + \dfrac{K_O}{(T_I s)^l} \dfrac{1 + b_1' s + b_2' s^2 + \ldots + b_m' s^m}{1 + a_1' s + a_2' s^2 + \ldots + a_{n-1}' s^{n-l}}}. \tag{3.42}$$

Die bleibende Regeldifferenz ist dann nach Gl. (3.38) gemäß

$$e_\infty = \lim_{s \to 0} \left[s\, \frac{w_{k-1}}{s^k} \, \frac{1}{1 + \dfrac{K_O}{(T_I s)^l}\, \dfrac{1 + b_1' s + b_2' s^2 + \ldots + b_m' s^m}{1 + a_1' s + a_2' s^2 + \ldots + a_{n-l}' s^{n-l}}} \right]$$

zu berechnen. Wegheben des Faktors s, Erweitern des Nennerausdrucks mit s^l und Herausziehen von w_{k-1} führt auf den Ausdruck

$$e_\infty = w_{k-1} \lim_{s \to 0} \left[\frac{1}{s^{k-1-l} \left(s^l + \dfrac{K_O}{T_I^l}\, \dfrac{1 + b_1' s + b_2' s^2 + \ldots + b_m' s^m}{1 + a_1' s + a_2' s^2 + \ldots + a_{n-l}' s^{n-l}} \right)} \right]. \qquad (3.43)$$

Für kleine Werte der Variablen s kann man die von s abhängenden Summanden des gebrochen rationalen Ausdrucks vernachlässigen und erhält

$$e_\infty = w_{k-1} \lim_{s \to 0} \left[\frac{1}{s^{k-1-l} \left(s^l + \dfrac{K_O}{T_I^l} \right)} \right]. \qquad (3.44)$$

Setzt man $l = 0$, 1 oder 2 und vernachlässigt für kleine Werte von s die Potenzen von s gegenüber dem Proportionalbeiwert K_O, erhält man näherungsweise

$$e_\infty = w_{k-1} \lim_{s \to 0} \begin{cases} \dfrac{1}{s^{k-1}(1 + K_O)} & \text{für} \quad l = 0, \\[2ex] \dfrac{T_I}{s^{k-2} K_O} & \text{für} \quad l = 1, \\[2ex] \dfrac{T_I^2}{s^{k-3} K_O} & \text{für} \quad l = 2. \end{cases} \qquad (3.45)$$

Diese Beziehung ist in Tafel **3.20** für $k = 1$, 2 und 3 ausgewertet; dieser Aufstellung entnimmt man die folgenden Aussagen:

Hat der offene Kreis P-Verhalten ($l = 0$), dann tritt bei Sprunganregung eine endliche bleibende Regeldifferenz auf, während bei Anregung durch eine Anstiegs-(Rampen-) oder Parabelfunktion die bleibende Regeldifferenz (theoretisch) unendlich groß wird.

Bei einem I-Verhalten des offenen Kreises ($l = 1$) tritt für Sprunganregung keine und für Anstiegsanregung eine endliche bleibende Regeldifferenz auf. Für Parabelanregung wächst auch hier die bleibende Regeldifferenz über alle Grenzen.

Tafel 3.20 Bleibende Regeldifferenzen

	$w(t)$	Sprung	Rampe	Parabel
Typ $\quad l \diagdown \, k$		1	2	3
P	0	$\dfrac{w_0}{1+K_\mathrm{O}}$	$\infty\,(\sim t)$	$\infty\,(\sim t^2)$
I	1	0	$w_1\dfrac{T_\mathrm{I}}{K_\mathrm{O}}$	$\infty\,(\sim t)$
I^2	2	0	0	$w_2\dfrac{T_\mathrm{I}^2}{K_\mathrm{O}}$

Für ein I^2-Verhalten ($l=2$) des offenen Kreises hat man für Sprung- und Anstiegsanregung keine und für Parabelanregung eine endliche bleibende Regeldifferenz.

Eine weitergehende Analyse zeigt, daß bei P-Verhalten und Rampenanregung ($l=0$, $k=2$) sowie bei I-Verhalten und Parabelanregung ($l=1$, $k=3$) die Regeldifferenz $e(t)$ nach Abklingen der transienten Vorgänge zeitlinear, bei P-Verhalten und Parabelanregung ($l=0$, $k=3$) zeitquadratisch anwächst; diese asymptotischen Zeitverläufe sind in Tafel 3.20 in den zugehörigen Feldern vermerkt. Meist sind allerdings rampen- und parabelförmige Verläufe der Führungsgröße zeitlich begrenzt, so daß auch in diesen Fällen die Regeldifferenz auf endliche Werte beschränkt bleibt.

Die spezielle Abhängigkeit der bleibenden Regeldifferenz vom Proportionalbeiwert K_O legt den Gedanken nahe, man könne durch Vergrößern dieses Beiwerts die Regeldifferenz beliebig klein machen. Einem solchen Vorgehen setzen aber die im System vorhandenen Verzögerungen und die hierdurch hervorgerufene Instabilität des Regelkreises eine enge Grenze.

Beispiel 3.11. Ein linearer Prozeß mit dem Übertragungsverhalten (vgl. Beispiel 3.1)

$$G_\mathrm{S}(s) = \frac{K_\mathrm{S}}{(1+T_1 s)(1+T_2 s)(1+T_3 s)}$$

mit $K_\mathrm{S}=17{,}8$, $T_1=1{,}26$ s, $T_2=0{,}87$ s und $T_3=0{,}24$ s soll durch einen Proportionalregler $G_\mathrm{R}(s)=K_\mathrm{P}$ geregelt werden. Für die Reglerbeiwerte $K_\mathrm{P}=0{,}3$ und $K_\mathrm{P}=0{,}6$ bestimme man die bleibenden Regeldifferenzen und die Zeitverläufe der Regeldifferenz bei einer sprungförmigen Verstellung der Führungsgröße.

Die Übertragungsfunktion des offenen Kreises berechnet man mit den gegebenen Daten zu

$$G_\mathrm{O}(s)=G_\mathrm{R}(s)\,G_\mathrm{S}(s) = \frac{K_\mathrm{P}K_\mathrm{S}}{(1+T_1 s)(1+T_2 s)(1+T_3 s)},$$

diese hat ein proportionales Verhalten $(l=0)$. Für eine sprungförmige Anregung $w(t)=w_0\sigma(t)$ liest man für $l=0$ und $k=1$ aus Tafel 3.20 die auf die Sprunghöhe w_0 bezogene bleibende Regeldifferenz zu $e_\infty/w_0=1/(1+K_O)=1/(1+K_P K_S)$ ab und bestimmt diese mit den gegebenen Zahlenwerten zu $e_\infty/w_0=0,158$ für den Reglerbeiwert $K_P=0,3$ und $e_\infty/w_0=0,086$ für $K_P=0,6$.

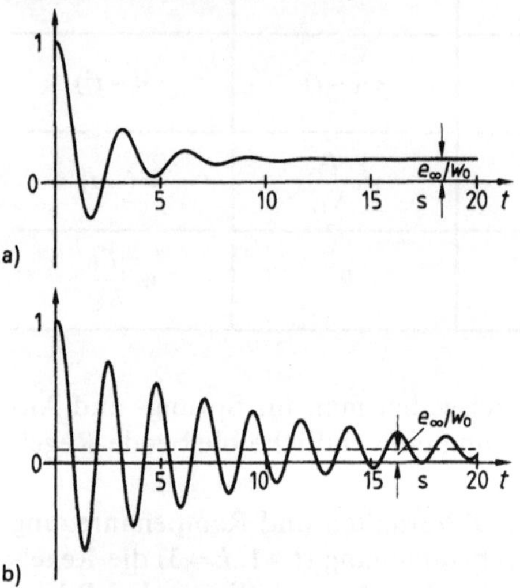

3.21 Übergangsfunktionen der bezogenen Regeldifferenz zu Beispiel 3.11
$e(t)$ Regeldifferenz
e_∞ bleibende Regeldifferenz
w_0 Sprunghöhe der Führungsgröße
a) Übergangsfunktion für $K_P=0,3$
b) Übergangsfunktion für $K_P=0,6$

Für die numerische Berechnung der Sprungantwort des Regelkreises führt man an den Ausgängen der P-T$_1$-Glieder die Zustandsvariablen $x_1(t)$, $x_2(t)$ und $x_3(t)$ ein (Bild 3.4) und entnimmt dem Wirkungsplan die Systemgleichungen $\dot{x}_1(t)=[-x_1(t)+x_2(t)]/T_1$, $\dot{x}_2(t)=[-x_2(t)+x_3(t)]/T_2$, $\dot{x}_3(t)=[-x_3(t)+K_S y(t)]/T_3$, $y(t)=K_P e(t)$ und $e(t)=w(t)-x_1(t)$. Diese Gleichungen kann man für die gegebenen Zahlenwerte mit einem der üblichen numerischen Integrationsverfahren (s. Abschn. 2.2.4.6) für die Eingangsgröße $w(t)=w_0\sigma(t)$ und die Anfangswerte $x_1(t_0)=x_2(t_0)=x_3(t_0)=0$ integrieren; Bild 3.21 zeigt die entstehenden Zeitverläufe der bezogenen Regeldifferenz $e(t)/w_0$. Man erkennt, daß durch die Verdopplung des Reglerbeiwerts die bleibende Regeldifferenz zwar verkleinert wird, der Regelkreis aber dann schwach gedämpfte Pendelungen ausführt. Eine weitere Vergrößerung des Reglerbeiwerts würde den Regelkreis völlig destabilisieren; wie in Beispiel 3.1 berechnet wurde, liegt die Stabilitätsgrenze bei $K_P^*=0,757$ als kritischem Reglerbeiwert.

3.1.4 Transientes Verhalten

Die Stabilität und eine hinreichend kleine bleibende Regeldifferenz reichen meist nicht aus, um ein befriedigendes Verhalten des Regelkreises zu erzielen. Ein weiteres wesentliches Kriterium ist das transiente Verhalten des Kreises, also die Weise, wie er auf eine Änderung von Führungsgröße oder Störgröße reagiert, wobei meist eine sprungförmige Verstellung der Führungsgröße zugrundegelegt wird. Einige typische Verhaltensweisen sind in Bild 3.22 anhand des zeitlichen Verlaufs der Regelgröße $x(t)$ als Reaktion auf einen zum Zeitpunkt t_0 einsetzenden Sprung der Führungsgröße dargestellt. Die gezeigten Übergangsvorgänge kann man anhand von zwei Kriterien beurteilen, nämlich der Schnelligkeit des Einschwingens auf den neuen Endwert und der Dämpfung des Einschwingvorgangs. Der Verlauf der Regelgröße in Bild 3.22a ist gut gedämpft, d.h. er enthält keine Schwingungsanteile, ist aber auch recht langsam. In Bild 3.22b ist ein schneller, aber schlecht gedämpfter

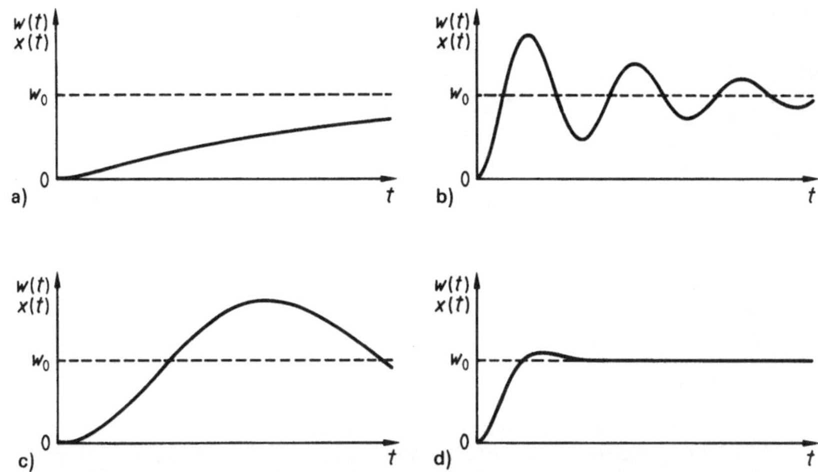

3.22 Typische Übergangsfunktionen der Regelgröße bei einem Sprung der Führungsgröße

$x(t)$ Regelgröße, $w(t)$ Führungsgröße, w_0 Sprunghöhe der Führungsgröße
a) langsame, stark gedämpfte Übergangsfunktion
b) schnelle, schwach gedämpfte Übergangsfunktion
c) langsame, schwach gedämpfte Übergangsfunktion
d) schnelle, gut gedämpfte Übergangsfunktion

(schwingender) Zeitverlauf, und in Bild **3.22c** ein langsamer und schlecht gedämpfter Vorgang zu sehen. Bild **3.22d** zeigt schließlich einen im Vergleich hierzu schnellen und gut gedämpften Einschwingvorgang.

3.1.4.1 Kenngrößen der Übergangsfunktion. Zur zahlenmäßigen Charakterisierung der Schnelligkeit und der Dämpfung des transienten Verhaltens des Regelkreises führt man anhand der in Bild **3.23** dargestellten typischen Übergangsfunktion spezielle Systemkenngrößen ein. Zu der vorgegebenen Übergangsfunktion $h(t)$, die man beispielsweise durch Messung ermittelt hat und eventuell etwas glätten muß, bestimmt man zunächst den Endwert $h_\infty = \lim_{t \to \infty} h(t)$ und den Maximalwert $h(T_m)$. Außerdem zeichnet man die obere und untere Toleranzgrenze bei $h_\infty \pm \Delta h_p$ ein, wobei man Δh_p in den Spezifikationen der Regelung – meist in Prozenten des Endwerts (z. B. 2% oder 5% von h_∞) – angegeben findet. Schließlich legt man nach Augenmaß die Wendetangente an die Übergangsfunktion und verlängert diese bis zu ihren Schnittpunkten mit der Zeitachse und der Geraden für den Endwert h_∞. Anhand von Bild **3.23** definiert man die folgenden Systemgrößen:

Die Verzugszeit T_u ist das Zeitintervall zwischen dem Anfangszeitpunkt t_0 und dem Schnittpunkt der Wendetangente mit der Zeitachse.

Die Ausgleichszeit T_g ist das Intervall zwischen den Schnittpunkten der Wendetangente mit der Zeitachse und der Endwertgeraden h_∞.

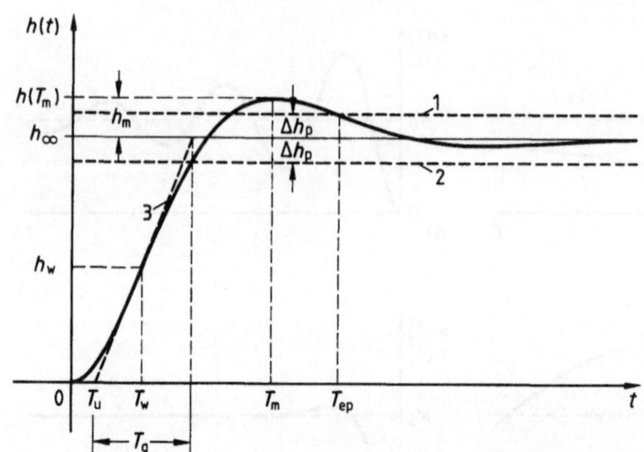

3.23 Definition von Kenngrößen der Übergangsfunktion
$h(t)$ Übergangsfunktion, $h(T_\mathrm{m})$ Maximum der Übergangsfunktion, h_w Wert der Übergangsfunktion am Wendepunkt, h_∞ Endwert der Übergangsfunktion, h_m Überschwingweite, Δh_p halbe Breite des Toleranzstreifens, T_ap Anschwingzeit, T_ep Einschwingzeit, T_m Zeit bis zum Maximum der Übergangsfunktion, T_g Ausgleichszeit, T_u Verzugszeit, T_w Zeit bis zum Wendepunkt der Übergangsfunktion, 1 obere Toleranzgrenze, 2 untere Toleranzgrenze, 3 Wendetangente

Die Anschwingzeit T_ap ist das Zeitintervall zwischen dem Anfangszeitpunkt t_0 und dem Zeitpunkt, zu dem die Übergangsfunktion erstmalig in den Toleranzstreifen der Breite $2\Delta h_\mathrm{p}$ eintritt. Der Parameter p kennzeichnet die halbe Breite des Toleranzstreifens in Prozenten des Endwerts h_∞.

Die Einschwingzeit T_ep ist das Zeitintervall zwischen dem Anfangszeitpunkt t_0 und dem Zeitpunkt, zu dem die Übergangsfunktion letztmalig in den Toleranzstreifen der Breite $2\Delta h_\mathrm{p}$ eintritt.

Die Überschwingweite h_m ist die größte Abweichung der Übergangsfunktion vom Endwert, die nach dem erstmaligen Durchsetzen einer der Toleranzgrenzen erreicht wird.

Neben diesen Kenngrößen werden manchmal auch andere verwendet.

3.1.4.2 Kenngrößen der Übergangsfunktion des Verzögerungsglieds 2. Ordnung.
Die obengenannten Kenngrößen der Übergangsfunktion sollen jetzt für ein schwingungsfähiges Verzögerungsglied 2. Ordnung (P-T$_2$-Glied) in Abhängigkeit von den Parametern der Übertragungsfunktion formelmäßig bestimmt werden. Da der geschlossene Regelkreis häufig so ausgelegt wird, daß er annähernd ein P-T$_2$-Verhalten zeigt, kann man diese Zusammenhänge als Grundlage für einen zumindest überschlägigen Reglerentwurf verwenden.

Die Übertragungsfunktion des schwingungsfähigen P-T$_2$-Glieds ist nach Abschn. 2.3.3.2 durch

$$G(s) = \frac{X(s)}{W(s)} = \frac{K}{1 + 2\vartheta T_0 s + T_0^2 s^2} \tag{3.46}$$

mit dem Proportionalbeiwert K, dem Dämpfungsgrad ϑ und der Kennzeit T_0 gegeben; der Dämpfungsgrad ist auf den Bereich $0 \le \vartheta < 1$ begrenzt. Die Antwort des Übertragungsglieds auf einen Sprung der Führungsgröße mit der Sprunghöhe w_0 ist nach Abschn. 2.3.3.2 für $t > 0$

$$h(t) = h_\infty \left\{ 1 - \frac{1}{\sqrt{1-\vartheta^2}}\, e^{-\vartheta t/T_0} \sin[\sqrt{1-\vartheta^2}\, t/T_0 + \psi] \right\} \tag{3.47}$$

mit dem Phasenwinkel $\psi = \arcsin\sqrt{1-\vartheta^2}$ und dem Endwert $h_\infty = K w_0$. Durch Ableiten der Sprungantwort $h(t)$ erhält man nacheinander die Impulsantwort

$$\dot h(t) = \frac{h_\infty}{T_0\sqrt{1-\vartheta^2}}\, e^{-\vartheta t/T_0} \sin[\sqrt{1-\vartheta^2}\, t/T_0] \tag{3.48}$$

und die differenzierte Impulsantwort

$$\ddot h(t) = \frac{h_\infty}{T_0^2\sqrt{1-\vartheta^2}}\, e^{-\vartheta t/T_0} \{ -\vartheta \cdot \sin[\sqrt{1-\vartheta^2}\, t/T_0]$$

$$+ \sqrt{1-\vartheta^2} \cdot \cos[\sqrt{1-\vartheta^2}\, t/T_0]\}. \tag{3.49}$$

Notwendige Bedingung für den Wendepunkt von $h(t)$ ist das Verschwinden der 2. Ableitung, also $\ddot h(t_\mathrm{w}) = 0$. Aus Gl. (3.49) berechnet man damit die bezogene Zeit T_w bis zum Wendepunkt zu

$$\frac{T_\mathrm{w}}{T_0} = \frac{1}{\sqrt{1-\vartheta^2}} \arctan\left[\frac{\sqrt{1-\vartheta^2}}{\vartheta} \right]; \tag{3.50}$$

diese ist nur vom Dämpfungsgrad ϑ abhängig. Einsetzen dieser Beziehung in die Impulsantwort bringt die Steigung der Wendetangente zu

$$\dot h_\mathrm{w} = \frac{h_\infty}{T_0} \exp\left[-\frac{\vartheta}{\sqrt{1-\vartheta^2}} \arctan\left(\frac{\sqrt{1-\vartheta^2}}{\vartheta} \right) \right]. \tag{3.51}$$

Den Wert der Sprungantwort am Wendepunkt erhält man durch Einsetzen von Gl. (3.50) in Gl. (3.47) zu

$$h_\mathrm{w} = h_\infty \left\{ 1 - 2\vartheta \exp\left[-\frac{\vartheta}{\sqrt{1-\vartheta^2}} \arctan \frac{\sqrt{1-\vartheta^2}}{\vartheta} \right] \right\}. \tag{3.52}$$

Die bezogene Verzugszeit berechnet man nach Bild 3.23 wegen $T_\mathrm{u} = T_\mathrm{w} - h_\mathrm{w}/\dot h_\mathrm{w}$ zu

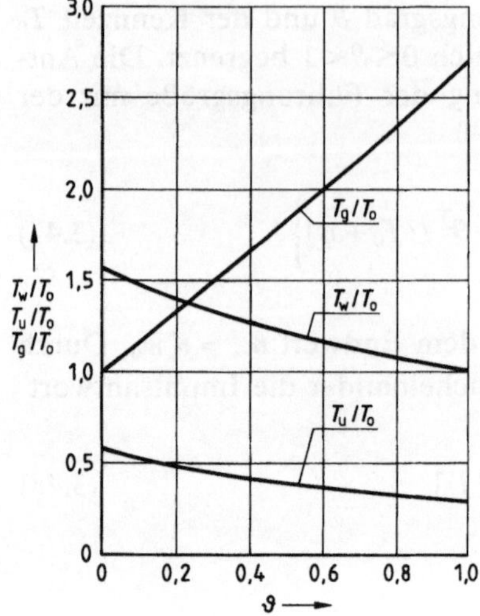

3.24
Abhängigkeit der Kenngrößen der
Übertragungsfunktion vom Dämpfungsgrad
ϑ Dämpfungsgrad
T_g Ausgleichszeit
T_u Verzugszeit
T_w Zeit bis zum Wendepunkt der
Übergangsfunktion
T_0 Kennzeit

$$\frac{T_u}{T_0} = \frac{T_w}{T_0} + 2\vartheta - \exp(\vartheta\, T_w/T_0) \tag{3.53}$$

und die bezogene Ausgleichszeit wegen $T_g/T_0 = h_\infty/(T_0\,\dot{h}_w)$ zu

$$\frac{T_g}{T_0} = \exp(\vartheta\, T_w/T_0) \tag{3.54}$$

mit T_w/T_0 nach Gl. (3.50). Der Verlauf der Zeit bis zum Wendepunkt nach Gl. (3.50), der Verzugszeit nach Gl. (3.53) und der Ausgleichszeit nach Gl. (3.54) ist in Bild **3.24** über dem Dämpfungsgrad ϑ aufgetragen. Mit wachsendem Dämpfungsgrad nehmen also T_w und T_u ab, während die Ausgleichszeit T_g zunimmt.

Die Einschwingzeit T_{ep} ist die Zeit bis zum endgültigen Eintreten in einen Streifen

$$h_\infty \pm \Delta h_p = h_\infty \left(1 \pm \frac{p}{100}\right)$$

um den Endwert h_∞. Eine Berechnung der Einschwingzeit anhand der vollständigen Übergangsfunktion Gl. (3.47) ist aufwendig, da man hierzu eine transzendente Gleichung iterativ lösen müßte. Man ermittelt stattdessen den Zeitpunkt, bei dem die Einhüllende der Übergangsfunktion letztmalig in das Toleranzband eintritt. Die so berechneten Werte sind größer oder gleich der wirklichen Einschwingzeit, so daß man beim Entwurf der Regelung immer auf der sicheren Seite liegt.

Die Einhüllende $h^*(t)$ der Sprungantwort erhält man aus Gl. (3.47) mit der Überlegung, daß die Sinusfunktion auf den Wertebereich -1 bis $+1$ begrenzt ist, zu

$$h^*(t) = h_\infty \left[1 \pm \frac{1}{\sqrt{1-\vartheta^2}} \, e^{-\vartheta t/T_0} \right].$$
(3.55)

Ihre Abweichung vom Endwert ist daher dem Betrage nach

$$|\Delta h^*(t)| = |h^*(t) - h_\infty| = \frac{h_\infty}{\sqrt{1-\vartheta^2}} \, e^{-\vartheta t/T_0}.$$
(3.56)

Diese Zeitfunktion tritt zum Zeitpunkt T_{ep} in den Toleranzstreifen ein, d. h. es ist $|\Delta h^*(T_{ep})| = \Delta h_p$ oder

$$\frac{h_\infty}{\sqrt{1-\vartheta^2}} \, e^{-\vartheta T_{ep}/T_0} = \frac{p}{100} \, h_\infty.$$
(3.57)

Auflösen nach der bezogenen Einschwingzeit T_{ep}/T_0 liefert die Beziehung

$$\frac{T_{ep}}{T_0} = \frac{1}{\vartheta} \ln \left(\frac{100}{p} \cdot \frac{1}{\sqrt{1-\vartheta^2}} \right),$$
(3.58)

die ebenfalls nur vom Dämpfungsgrad ϑ abhängt. Für einen vorgegebenen Prozentsatz p kann man diese Funktion auswerten; so erhält man beispielsweise für $p=10$ die bezogene Einschwingzeit zu $T_{e10}/T_0 = 1/\vartheta \cdot \ln(10/\sqrt{1-\vartheta^2})$, für $p=5$ zu $T_{e5}/T_0 = 1/\vartheta \cdot \ln(20/\sqrt{1-\vartheta^2})$ und für $p=2$ zu $T_{e2}/T_0 = 1/\vartheta \cdot \ln(50/\sqrt{1-\vartheta^2})$. Diese Funktionen sind in Bild 3.25 über dem Dämpfungsgrad dargestellt.

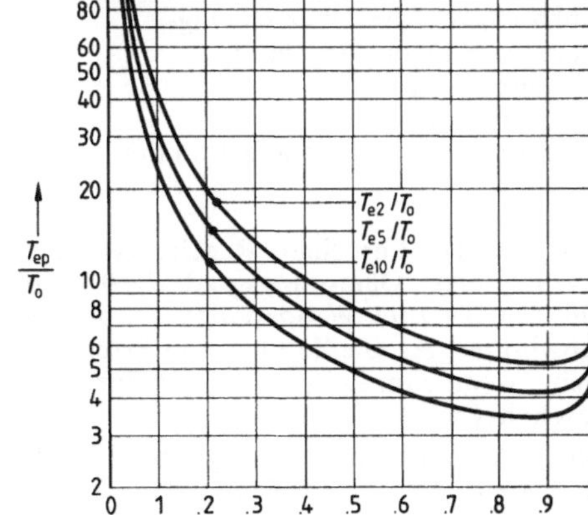

3.25
Abhängigkeit der Einschwingzeit
vom Dämpfungsgrad
ϑ Dämpfungsgrad
T_{ep} Einschwingzeit
T_0 Kennzeit

Die Überschwingweite h_m berechnet man, indem man zunächst die Zeit T_m bis zum 1. Maximum der Übergangsfunktion bestimmt. Hierzu setzt man die Gewichtsfunktion (Gl. 3.48) zu Null und erhält aus der notwendigen Bedingung $\dot h(T_\mathrm{m})=0$ die bezogene Zeit bis zum Maximum zu

$$\frac{T_\mathrm{m}}{T_0} = \frac{\pi}{\sqrt{1-\vartheta^2}}\,. \tag{3.59}$$

Einsetzen dieses Wertes in die Sprungantwort $h(t)$ nach Gl. (3.47) und Abziehen des Endwerts h_∞ erbringt die Überschwingweite zu

$$h_\mathrm{m}=h(T_\mathrm{m})-h_\infty=h_\infty \exp\left(-\pi\frac{\vartheta}{\sqrt{1-\vartheta^2}}\right). \tag{3.60}$$

Bild **3.26** zeigt diese Funktion in der auf den Endwert bezogenen Form über dem Dämpfungsgrad ϑ.

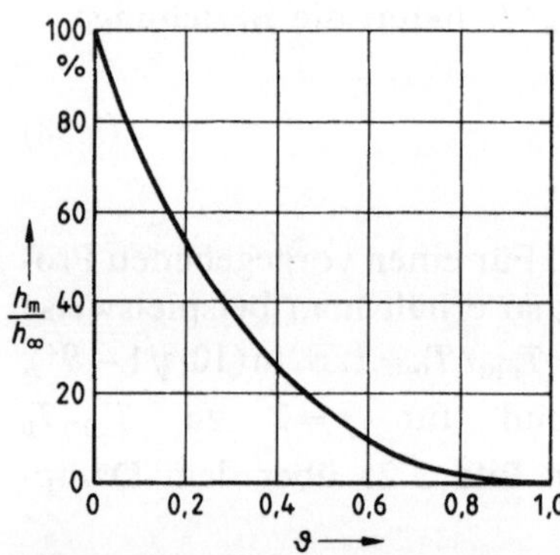

3.26
Abhängigkeit der Überschwing-
weite vom Dämpfungsgrad
ϑ Dämpfungsgrad
h_m Überschwingweite
h_∞ Endwert der Übergangsfunktion

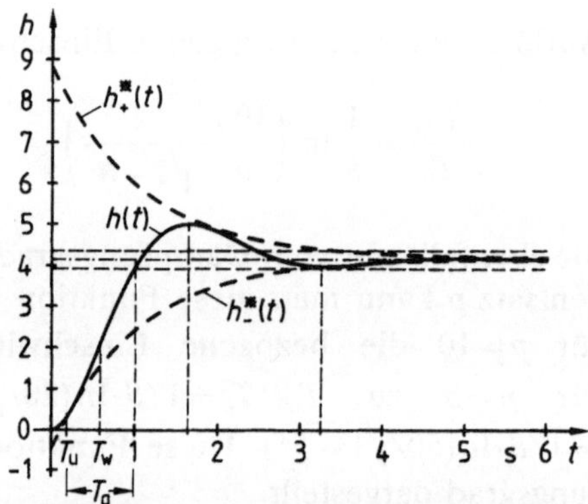

3.27 Übergangsfunktion zu Beispiel 3.12
$h(t)$ Übergangsfunktion, $h_+^*(t)$ obere
Einhüllende, $h_-^*(t)$ untere Einhüllende
T_g Ausgleichszeit, T_e5 Einschwingzeit
T_u Verzugszeit, T_w Zeit bis zum
Wendepunkt

Beispiel 3.12. Für einen Regelkreis mit P-T$_2$-Verhalten und dem Proportionalbeiwert $K=3{,}2$, dem Dämpfungsgrad $\vartheta=0{,}45$ und der Kennzeit $T_0=0{,}47$ s berechne man die Zeit bis zum Wendepunkt T_w, die Verzugszeit T_u, die Ausgleichszeit T_g, die Einschwingzeit T_e5, die Zeit bis zum Erreichen des ersten Maximums und die Überschwingweite, wenn zum Zeitpunkt t_0 ein Sprung der Führungsgröße mit der Höhe $w_0=1{,}3$ aufgeschaltet wird.

Mit den gegebenen Daten berechnet man zunächst den Endwert zu $h_\infty=Kw_0=3{,}2\cdot1{,}3=4{,}16$ und dann nacheinander die Zeit bis zum Wendepunkt nach Gl. (3.50) zu $T_\mathrm{w}=0{,}47$ s$/\sqrt{1-0{,}45^2}\cdot\arctan(\sqrt{1-0{,}45^2}/0{,}45)=0{,}581$ s, die Verzugszeit nach Gl. (3.53) zu $T_{\mathrm{u}} = 0{,}581$ s $+ 2 \cdot 0{,}45 \cdot 0{,}47$ s $- 0{,}47$ s $\exp(0{,}45 \cdot 0{,}581/0{,}47) = 0{,}184$ s, die Ausgleichszeit nach Gl. (3.54) zu $T_{\mathrm{g}} = 0{,}47$ s $\exp(0{,}45 \cdot 0{,}581/0{,}47) = 0{,}820$ s. Die Einschwingzeit ist mit $p = 5$ nach Gl. (3.58) gleich $T_{e5} = 0{,}47$ s$/0{,}45 \cdot \ln(20/\sqrt{1-0{,}45}) = 3{,}25$ s und die Zeit bis zum ersten Maximum nach Gl. (3.59) $T_{\mathrm{m}} = 0{,}47$ s $\cdot \pi/\sqrt{1-0{,}45^2} = 1{,}65$ s. Die Überschwingweite erhält man schließlich zu $h_{\mathrm{m}} = 4{,}16 \exp(-\pi \cdot 0{,}45/\sqrt{1-0{,}45^2})$ $= 0{,}854$ oder 20,5% des Endwerts. Die zugehörige Übergangsfunktion zeigt Bild **3.27**.

3.1.5 Parameterempfindlichkeit

Das transiente und stationäre Verhalten des realen Prozesses weicht häufig von dem des Prozeßmodells ab; die Gründe hierfür wurden bereits in Abschn. 2.3.6 genannt. Funktionstüchtige Regelungen müssen gegenüber derartigen Fehlereinflüssen möglichst unempfindlich sein, d. h. sie müssen die in den Spezifikationen festgelegten Leistungen bezüglich der Stabilität, der bleibenden Regeldifferenz und des transienten Verhaltens auch dann einhalten, wenn sich die Prozeßparameter innerhalb vorgegebener Toleranzen ändern. Bei Überschreiten der Toleranz muß durch geeignete Notprogramme oder durch Abschalten der Anlage diese in einen sicheren Zustand überführt werden, der eine Gefährdung der Anlage und der Umwelt ausschließt.

Nachfolgend soll die Empfindlichkeit des einschleifigen Regelkreises gegenüber Parameteränderungen der Regelstrecke berechnet und mit der Empfindlichkeit einer offenen Steuerkette verglichen werden, die dasselbe Führungsverhalten hat. Man betrachtet hierzu den in Bild **3**.28 dargestellten einschleifigen Regelkreis, der im Vorwärtszweig die Reglerübertragungsfunktion $G_{\mathrm{R}}(s)$ und die vom Parametervektor p abhängige Streckenübertragungsfunktion $G_{\mathrm{S}}(s,p)$ enthält. Die Führungsübertragungsfunktion des Regelkreises ist nach Abschn. 3.1.1

$$G_{\mathrm{W}}(s,p) = \frac{X(s,p)}{W(s)} = \frac{G_{\mathrm{R}}(s)\,G_{\mathrm{S}}(s,p)}{1 + G_{\mathrm{R}}(s)\,G_{\mathrm{S}}(s,p)}. \tag{3.61}$$

Für einen vorgegebenen Verlauf der Führungsgröße erhält man die Regelgröße also zu

$$X(s,p) = G_{\mathrm{W}}(s,p)\,W(s). \tag{3.62}$$

3.28 Einschleifiger Regelkreis mit parameterabhängiger Übertragungsfunktion der Regelstrecke
$E(s,p)$ Regeldifferenz, $G_{\mathrm{R}}(s)$ Übertragungsfunktion des Reglers, $G_{\mathrm{S}}(s,p)$ Übertragungsfunktion der Regelstrecke, p Parametervektor, $X(s,p)$ Regeldifferenz, $W(s)$ Führungsgröße

Weichen die Werte der Prozeßparameter von ihren Nominalwerten p_N $=[p_{1N}, p_{2N}, \ldots, p_{mN}]^T$ ab (s. Abschn. 2.3.6), dann ergeben sich korrespondierende Abweichungen in der Streckenübertragungsfunktion $G_S(s, p)$, der Führungsübertragungsfunktion $G_W(s, p)$ und nach Gl. (3.62) auch im Verlauf der Regelgröße $X(s, p)$. Mit den Nominalwerten $G_W(s, p_N)$ und $X(s, p_N)$ und den Abweichungen $\Delta G_W(s, p)$ und $\Delta X(s, p)$ erhält man für eine unveränderte Führungsgröße aus Gl. (3.62) die Beziehung

$$X(s, p_N) + \Delta X(s, p) = [G_W(s, p_N) + \Delta G_W(s, p)] \, W(s).$$

Beachtet man, daß Gl. (3.62) auch für die Nominalwerte gilt, erhält man die Abweichungen der Regelgröße zu

$$\Delta X(s, p) = \Delta G_W(s, p) \, W(s). \tag{3.63}$$

Für nicht zu große Abweichungen der Parameter kann man näherungsweise

$$\Delta G_W(s, p) \approx \left. \frac{\partial G_W(s, p)}{\partial G_S(s, p)} \right|_{p_N} \cdot \Delta G_S(s, p) \tag{3.64}$$

schreiben, wobei $\Delta G_S(s, p)$ die Abweichung der Streckenübertragungsfunktion von ihrem Nominalwert bezeichnet und der Wert der partiellen Ableitung für die Nominalwerte zu ermitteln ist. Damit wird die Abweichung der Regelgröße

$$\Delta X(s, p) \approx \left. \frac{\partial G_W(s, p)}{\partial G_S(s, p)} \right|_{p_N} \cdot \Delta G_S(s, p) \, W(s). \tag{3.65}$$

Bezieht man diese auf den Nominalwert $X(s, p_N) = G_W(s, p_N) \, W(s)$, dann wird nach Erweiterung der rechten Seite mit dem Nominalwert der Streckenübertragungsfunktion

$$\frac{\Delta X(s, p)}{X(s, p_N)} \approx \left. \frac{\partial G_W(s, p)}{\partial G_S(s, p)} \right|_{p_N} \cdot \frac{G_S(s, p_N)}{G_W(s, p_N)} \cdot \frac{\Delta G_S(s, p)}{G_S(s, p_N)}.$$

Analog zu Gl. (2.323) führt man hier die Empfindlichkeit

$$S_{G_S}^{G_W}(s, p_N) = \left. \frac{\partial G_W(s, p)}{\partial G_S(s, p)} \right|_{p_N} \cdot \frac{G_S(s, p_N)}{G_W(s, p_N)} \tag{3.66}$$

der Führungsübertragungsfunktion $G_W(s, p)$ gegenüber Abweichungen der Streckenübertragungsfunktion $G_S(s, p)$ ein und erhält die bezogene Abweichung der Regelgröße zu

$$\frac{\Delta X(s,p)}{X_{\mathrm{N}}(s,p_{\mathrm{N}})} \approx S_{G_{\mathrm{S}}}^{G_{\mathrm{W}}}(s,p_{\mathrm{N}}) \cdot \frac{\Delta G_{\mathrm{S}}(s,p)}{G_{\mathrm{S}}(s,p_{\mathrm{N}})}. \tag{3.67}$$

Den Anteil $\Delta G_{\mathrm{S}}(s,p)/G_{\mathrm{S}}(s,p_{\mathrm{N}})$ kann man nach den in Abschn. 2.3.6 angegebenen Beziehungen berechnen. Die Empfindlichkeit selbst bestimmt man nach Gl. (3.66) mit Gl. (3.61) zu

$$S_{G_{\mathrm{S}}}^{G_{\mathrm{W}}}(s,p_{\mathrm{N}}) = \frac{G_{\mathrm{R}}(s)}{[1+G_{\mathrm{R}}(s)\,G_{\mathrm{S}}(s,p_{\mathrm{N}})]^2} \cdot \frac{G_{\mathrm{S}}(s,p_{\mathrm{N}})[1+G_{\mathrm{R}}(s)\,G_{\mathrm{S}}(s,p_{\mathrm{N}})]}{G_{\mathrm{R}}(s)\,G(s,p_{\mathrm{N}})}$$

$$= \frac{1}{1+G_{\mathrm{R}}(s)\,G_{\mathrm{S}}(s,p_{\mathrm{N}})} = \frac{1}{1+G_{\mathrm{O}}(s,p_{\mathrm{N}})} \tag{3.68}$$

mit $G_{\mathrm{O}}(s,p_{\mathrm{N}})=G_{\mathrm{R}}(s)\,G_{\mathrm{S}}(s,p_{\mathrm{N}})$ als der Übertragungsfunktion des offenen Kreises im Nominalfall. Nach einer weiteren Umformung wird

$$S_{G_{\mathrm{S}}}^{G_{\mathrm{W}}}(s,p_{\mathrm{N}}) = [1 - G_{\mathrm{W}}(s,p_{\mathrm{N}})]. \tag{3.69}$$

Die Empfindlichkeit der Führungsübertragungsfunktion bzw. der Regelgröße gegenüber Parameteränderungen der Regelstrecke ist also gering, solange die Führungsübertragungsfunktion ungefähr den Betrag Eins hat.

Zum Vergleich soll die Empfindlichkeit der offenen Steuerkette nach Bild **3**.29 bestimmt werden. Diese besteht aus derselben Streckenübertragungsfunktion $G_{\mathrm{S}}(s,p)$ und einem Kompensationsglied $G_{\mathrm{C}}(s)$, dessen Übertragungsfunktion so gewählt wird, daß die Kettenschaltung im Nominalfall das gleiche Führungsverhalten $G_{\mathrm{W}}(s,p)$ hat wie der Regelkreis in Bild **3**.28. Mit $G_{\mathrm{W}}(s,p)=G_{\mathrm{C}}(s)\,G_{\mathrm{S}}(s,p)$ wird die Empfindlichkeit dieser Steuerkette nach Gl. (3.66)

$$*S_{G_{\mathrm{S}}}^{G_{\mathrm{W}}}(s,p) = \frac{\partial G_{\mathrm{W}}(s,p)}{\partial G_{\mathrm{S}}(s,p)}\Bigg|_{p_{\mathrm{N}}} \cdot \frac{G_{\mathrm{S}}(s,p_{\mathrm{N}})}{G_{\mathrm{W}}(s,p_{\mathrm{N}})}$$

$$= G_{\mathrm{C}}(s) \cdot \frac{G_{\mathrm{S}}(s,p_{\mathrm{N}})}{G_{\mathrm{C}}(s)\,G_{\mathrm{S}}(s,p_{\mathrm{N}})} = 1\,; \tag{3.70}$$

diese ist also unabhängig von der Variablen s und den Werten der Prozeßparameter.

3.29 Steuerkette mit parameterabhängiger Übertragungsfunktion der Regelstrecke
$G_{\mathrm{C}}(s)$ Übertragungsfunktion des Steuerglieds
$G_{\mathrm{S}}(s,p)$ Übertragungsfunktion der Regelstrecke
p Parametervektor, $W(s)$ Führungsgröße
$X(s,p)$ Regelgröße

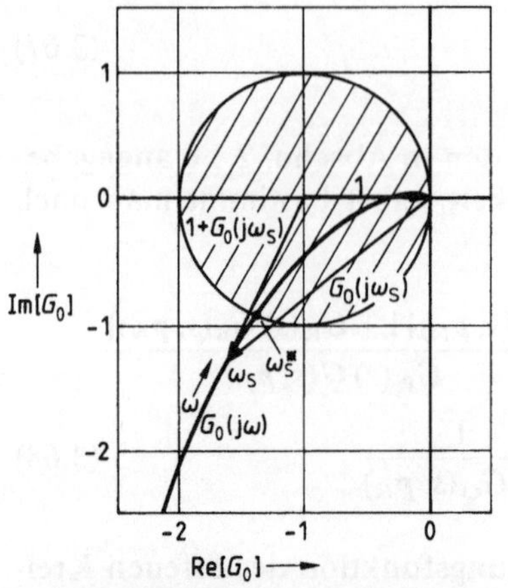

3.30 Empfindlichkeitsvergleich von
Regelkreis und Steuerkette
$G_O(j\omega)$ Frequenzgang des
offenen Regelkreises
ω_s Signalkreisfrequenz
ω_s^* kritische Signalkreisfrequenz

Die Ergebnisse interpretiert man, indem man in den Frequenzbereich übergeht, also $s = j\omega$ setzt. Man stellt hierfür die Nyquist-Ortskurve (s. Abschn. 3.1.2.3) $G_O(j\omega, p_N) = G_R(j\omega) G_S(j\omega, p_N)$ des offenen Regelkreises für die nominellen Streckenparameter in der komplexen G_O-Ebene dar und zeichnet für eine beliebige Signalkreisfrequenz ω_s den Zeiger $G_O(j\omega_s)$ vom Nullpunkt der komplexen Ebene zum entsprechenden Punkt der Ortskurve (Bild **3.30**). Den Zeiger $1 + G_O(j\omega_s)$ erhält man dann, indem man den Punkt $-1 + j0$ der G_O-Ebene mit demselben Punkt der Ortskurve verbindet. Nach Gl. (3.68) ist die Empfindlichkeit des geschlossenen Regelkreises dann kleiner als 1 (und damit geringer als die Empfindlichkeit der äquivalenten Steuerkette), wenn der Betrag des Nenners größer als 1

ist, wenn also

$$|1 + G_O(j\omega_s, p_N)| > 1 \tag{3.71}$$

gilt. Diese Bedingung ist nach Bild **3.30** dann erfüllt, wenn der zu der Signalkreisfrequenz ω_s gehörende Punkt der Nyquist-Ortskurve außerhalb des Kreises mit den Mittelpunktskoordinaten $-1 + j0$ und dem Radius 1 liegt. In dem in Bild **3.30** gezeigten Fall ist die Bedingung für alle Kreisfrequenzen $\omega_s < \omega_s^*$ erfüllt, d. h. die Empfindlichkeit der Regelgröße ist für Kreisfrequenzen $\omega_s < \omega_s^*$ geringer, für Kreisfrequenzen $\omega_s > \omega_s^*$ dagegen größer als die der Ausgangsgröße der Steuerkette. Eine derartige Abhängigkeit der Empfindlichkeit von der Kreisfrequenz ist typisch für alle Prozesse mit verzögerndem Verhalten höherer Ordnung.

3.2 Entwurf einschleifiger Regelkreise

Der Entwurf der Reglereinrichtung, die dem Prozeß das gewünschte Verhalten bezüglich vorgegebener Führungs- und Störgrößen aufprägt, ist die eigentliche Aufgabe des Regelungstechnikers. Diese soll nachfolgend für den elementaren einschleifigen Regelkreis bearbeitet werden; die hierbei gewonnenen Erkenntnisse kann man leicht auf komplexere Regelungen übertragen.

3.2.1 Grundlagen des Reglerentwurfs

Bevor mehrere typische Entwurfsverfahren vorgestellt werden, soll auf einige allgemeinere Fragen eingegangen werden.

3.2.1.1 Allgemeine Aspekte des Reglerentwurfs.

Bei der Auslegung der Regeleinrichtung hat der Regelungstechniker eine Vielzahl von Forderungen und Randbedingungen zu beachten, die nur zu einem Teil technischer Art sind; häufig spielen nichttechnische Belange wie Entwicklungs- und Betriebskosten sowie terminliche Zwänge eine zumindest ebenso wichtige Rolle. Ein brauchbarer Entwurf kann daher nur unter Einbeziehung dieser Gesichtspunkte und unter Mitwirkung aller Beteiligten, insbesondere des späteren Betreibers der Anlage, entstehen. Wegen der vielen und sich häufig widersprechenden Forderungen wird man den Entwurf daher meist iterativ durchführen müssen, indem man zunächst mit einem vergleichsweise groben Entwurf beginnt und diesen solange verfeinert, bis er alle Wünsche erfüllt. Die folgenden allgemeinen Gesichtspunkte sollten während des Entwurfsprozesses beachtet werden:

Kosten/Termine. Eine noch so leistungsfähige Regeleinrichtung ist meist wertlos, wenn sie nicht innerhalb des – häufig sehr eng gesteckten – Kosten- und Terminrahmens fertiggestellt wird.

Systemleistungen. Der geregelte Prozeß sollte die in den Spezifikationen festgelegten Anforderungen erfüllen, aber auch nicht wesentlich übererfüllen, sofern hierzu ein höherer Aufwand notwendig ist. In die Systemspezifikationen sollten auch nur solche Forderungen aufgenommen werden, die für die eigentliche Funktion des Prozesses unabdingbar sind. Insbesondere sollte man sich davor hüten, die Regelung auf einige spezielle, beim Betrieb der Anlage aber selten auftretende Betriebszustände hin zu „optimieren".

Systemstruktur. Die Regeleinrichtung sollte einfach und übersichtlich aufgebaut sein; erprobte Standardlösungen sind zu bevorzugen. Wenn möglich, sollte man Steuerungen anstelle von Regelungen vorsehen, da diese keine Stabilitätsprobleme aufwerfen. Alle Regelungen sollten möglichst dezentral ausgeführt sein, d.h. man sollte die in einem Prozeß auftretenden Regelaufgaben weitgehend dort erledigen, wo sie auftreten. Nach Möglichkeit sollte man diejenigen Prozeßgrößen regeln, die sich einfach und genau messen lassen.

Dokumentation. Alle Überlegungen und Berechnungen sind durch Kontrollrechnungen oder auch Simulationen zu bestätigen und so zu dokumentieren, daß sie auch von anderen nachzuvollziehen sind. Man sollte hierbei bedenken, daß viele Anlagen noch nach Jahren betrieben, gewartet und eventuell erweitert werden müssen, wenn die an der Entwicklung der Anlage Beteiligten längst nicht mehr greifbar sind.

3.2.1.2 Entwurfsforderungen. Die Forderungen an das Verhalten des geregelten Prozesses beziehen sich auf die in Abschn. 3.1 zusammengestellten Eigenschaften, die Stabilität, die bleibende Regeldifferenz, das transiente Verhalten (Dämpfung, Schnelligkeit) und die Robustheit der Regelung.

Stabilität. Die Stabilität eines Regelkreises, also seine Eigenschaft, auf eine begrenzte Eingangsgröße mit einer begrenzten Ausgangsgröße zu reagieren, ist eine unabdingbare Eigenschaft jeder Regelung. Durch den Entwurf ist sicherzustellen, daß diese Bedingung in allen zulässigen Betriebszuständen erfüllt ist, was insbesondere dann schwierig sein kann, wenn der Prozeß oder die Regeleinrichtung nichtlineare Funktionsgruppen enthält.

Bleibende Regeldifferenz. Die Regelung muß im stationären Betriebszustand hinreichend genau sein, d. h. der Betrag der bleibenden Regeldifferenz

$$e_\infty = \lim_{t \to \infty} e(t)$$

darf für vorgegebene – meist sprungförmige – Zeitverläufe der Führungsgröße oder der Störgrößen eine in den Spezifikationen festgelegte Schranke nicht überschreiten. Beim Festlegen der Genauigkeitsschranke ist zu beachten, daß eine Regelung nicht genauer sein kann als der zur Erfassung der Regelgröße verwendete Sensor. Übertriebene Forderungen an die Genauigkeit führen daher in der Regel zu einer unnötigen Kostensteigerung für die Instrumentierung und häufig zu einer geringeren Betriebssicherheit der Anlage.

Transientes Verhalten. Die Regelung muß die Spezifikationen bezüglich der Dämpfung und Schnelligkeit des Übergangsverhaltens erfüllen. Diese Spezifikationen sind anhand der beim Betrieb der Anlage üblicherweise auftretenden Eingangszeitfunktionen (Führungsgröße, Störgrößen) aufzustellen, wobei man sich auch hier vor übertriebenen Anforderungen hüten sollte. Lassen sich derartige typische Zeitverläufe nicht definieren, spezifiziert man das gewünschte transiente Verhalten meist dadurch, daß man für den Verlauf der Regelgröße $x(t)$ oder auch der Regeldifferenz $e(t)$ einen „Zielkorridor" vorschreibt, der bei einer sprungförmigen Verstellung der Führungsgröße $w(t)$ oder der Störgröße $z(t)$ nicht verlassen werden darf. Dieser kann beispielsweise das in Bild 3.31 dargestellte Aussehen haben, wobei die einzelnen Begrenzungen die folgenden Aufgaben haben:

Grenze a verhindert, daß der Regelkreis auf eine Zunahme der Führungsgröße zunächst mit einer Abnahme der Regelgröße reagiert.

Grenze b verhindert ein zu schnelles Folgen der Regelgröße und die damit häufig verbundene starke Beanspruchung der Anlage.

Grenze c beschränkt die zulässige Überschwingweite und stellt damit eine Mindestdämpfung des Einschwingvorgangs sicher.

Grenze d verhindert ein zu träges Einschwingen auf den Endwert.

Die Grenzen e und f schränken den zulässigen stationären Fehler ein.

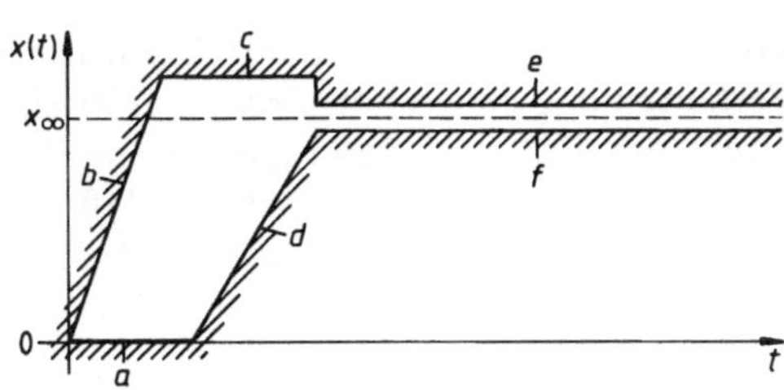

3.31
Spezifikation der Sprungantwort
des Regelkreises
a, b, c, d, e, f Begrenzungsgeraden
$x(t)$ Regelgröße
x_∞ Endwert der Regelgröße

In Bild **3.32** sind einige typische Sprungantworten der Regelgröße dargestellt, von denen nur die in Bild **3.32** e gezeigte Übergangsfunktion die Spezifikationen erfüllt. Auch für wichtige innere Zustandsgrößen des Prozesses kann man erforderlichenfalls derartige Beschränkungen festlegen, ist dann allerdings meist gezwungen, diese Zustandsgrößen durch zusätzliche Hilfsregelungen (s. Abschn. 3.4) zu beeinflussen.

Robustheit. Durch geeignete Auslegung des Reglers ist sicherzustellen, daß sich die bisher genannten Eigenschaften des geregelten Prozesses bezüglich der beim Betrieb der Anlage üblicherweise auftretenden Eingangszeitfunktionen nicht wesentlich ändern, wenn die Parameter der Regeleinrichtung oder der Regelstrecke innerhalb vorgegebener Grenzen schwanken.

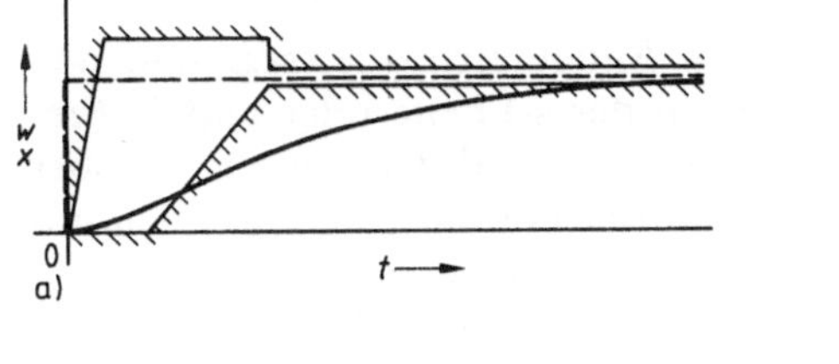

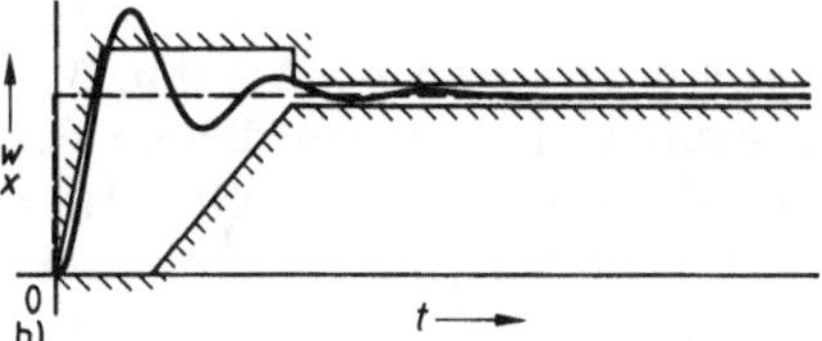

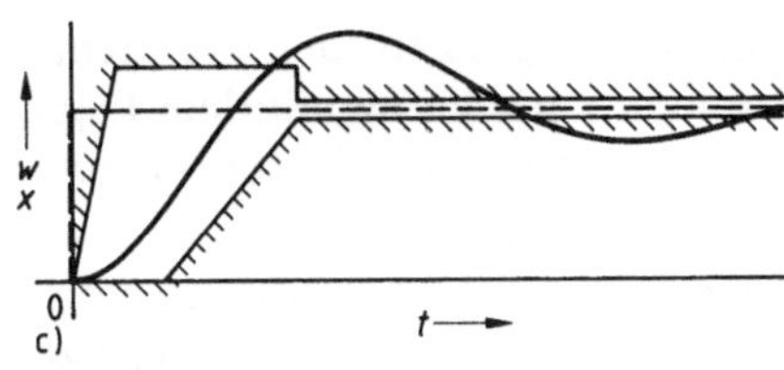

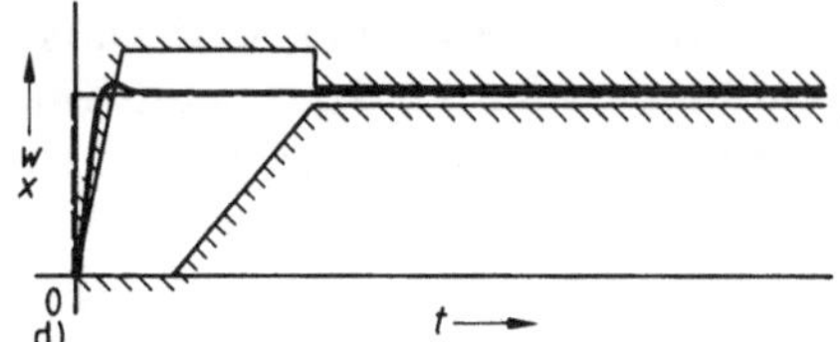

3.32
Typische Sprungantworten des Regelkreises
$w(t)$ Führungsgröße, $x(t)$ Regelgröße
a) kriechender Übergangsvorgang
b) schwach bedämpfter Übergangsvorgang
c) schwach bedämpfter und langsamer
   Übergangsvorgang
d) sehr schneller Übergangsvorgang
e) gut bedämpfter und schneller
   Übergangsvorgang

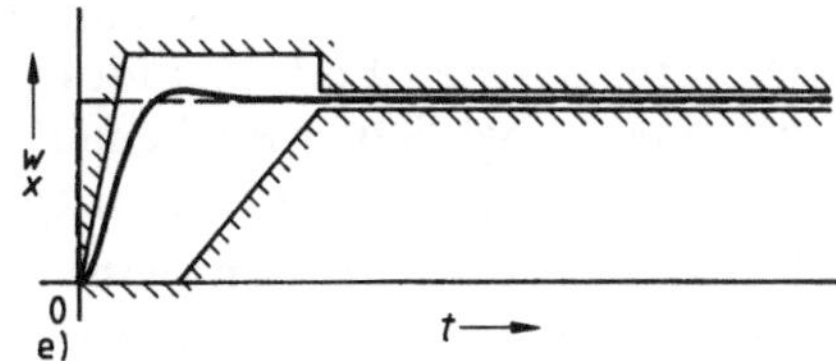

Vor Beginn der Entwurfsdurchführung sollte man alle Forderungen an das Verhalten des geregelten Prozesses in einer übersichtlichen und auch für nicht direkt am Entwurf Beteiligte verständlichen Form dokumentieren und festschreiben. Nochmals sei betont, daß man nur solche Forderungen in diesen Katalog aufnehmen sollte, die für die eigentliche Funktion der Anlage von wesentlicher Bedeutung sind.

3.2.1.3 Entwurfsverfahren. Der Vielfalt von Aufgabenstellungen stehen eine fast ebenso große Vielzahl von Entwurfsverfahren gegenüber, die sich bezüglich der Vorgehensweise, des mathematischen Aufwandes und der erzielten Ergebnisse wesentlich voneinander unterscheiden. Man kann diese Verfahren in zwei große Klassen einteilen, nämlich in

– Verfahren, die ohne ein explizit formuliertes Gütekriterium auskommen („heuristische Verfahren"), und

– Verfahren, die dem Entwurf ein solches Gütekriterium zugrundelegen („optimale Verfahren").

Von diesen beiden Verfahrensklassen haben die Verfahren der ersten die weitaus größte Bedeutung für den Entwurf von Regelkreisen, da sie dem ingenieurmäßigen Denken und dem iterativen Charakter des Entwurfsprozesses am besten entsprechen. Außerdem liefern sie in fast allen praxisrelevanten Fällen brauchbare Entwürfe erheblich schneller und mit geringerem Aufwand. Man geht hier so vor, daß man die überwiegend im Zeitbereich formulierten Entwurfsforderungen (s. Abschn. 3.2.1.2) in den Bildbereich überträgt und den Entwurf vollständig in diesem Bereich, z. B. in der s-Ebene oder mittels Frequenzkennlinien, durchführt. Hierzu setzt man aufgrund der Kenntnisse über die Eigenschaften der Regelstrecke ein Reglernetzwerk mit zunächst noch unbekannten Parametern an und verändert diese Parameter anschließend in systematischer Weise solange, bis alle Entwurfsforderungen an das Verhalten des geschlossenen Regelkreises erfüllt werden. Die hierbei anfallenden Arbeiten – wie z. B. das Berechnen und Darstellen der Stabilitätsgrenzen, der Frequenzkennlinien oder der Sprungantwort – führt man heute im Dialog mit dem Digitalrechner durch und beschränkt sich auf die Interpretation der Ergebnisse und die Vorgabe der Parameter der Regeleinrichtung.

Die Verfahren der zweiten Klasse gehen von einem Gütekriterium aus, das der Entwickler zu Beginn des Entwicklungsprozesses explizit formuliert hat. Dieses bewertet meist den zeitlichen Verlauf der Regeldifferenz und eventuell der Stellgröße oder auch die Länge des Zeitintervalls, das bis zum Erreichen eines vorgegebenen Endzustandes benötigt wird. Diese Entwurfsverfahren, die meist einen erheblichen Rechenaufwand und damit den Einsatz eines Digitalrechners erfordern, kann man in zwei Teilklassen unterteilen: Bei der

– Parameteroptimierung gibt der Entwickler die Struktur des Reglers vor und überläßt es dem Digitalrechner, die bezüglich des Gütekriteriums optimalen Parameter zu berechnen, während bei der

– Strukturoptimierung sowohl Struktur als auch Parameter automatisch bestimmt werden.

Die Hauptschwierigkeit bei den „optimalen Verfahren" besteht darin, ein Gütekriterium anzugeben, das einerseits die meist nur unscharf formulierten und sich häufig widersprechenden Entwurfsforderungen „unter einen Hut" bringt, das andererseits mathematisch so einfach ist, daß der Berechnungsaufwand in überschaubaren und handhabbaren Grenzen bleibt. Häufig muß man hier Abstriche in Kauf nehmen, wobei man nicht vergessen sollte, daß ein optimaler Entwurf bezüglich eines unbrauchbaren Gütekriteriums keinen optimalen, sondern einen unbrauchbaren Regler liefert. Derartige „optimale" Reglerentwürfe haben sich daher trotz ihrer theoretischen Vorzüge in der Praxis auch nicht so recht durchsetzen können.

In den beiden nachfolgenden Abschnitten werden einige Entwurfsverfahren aus den genannten Verfahrensklassen dargestellt.

3.2.2 Reglerentwurf bei vorgegebenem Übertragungsverhalten des Regelkreises

Die in Abschn. 3.2.1.2 geforderten Eigenschaften der Regelung beziehen sich zunächst auf das zeitliche Verhalten der Regelgröße bei vorgegebenen Verläufen von Führungs- und Störgrößen. Für den Entwurf von Regelkreisen ist es vorteilhaft, diese Spezifikationen in den Bereich der Bildvariablen s bzw. der Kreisfrequenz ω zu überführen und den Regler hier zu dimensionieren. Als besonders geeignetes Werkzeug für den Reglerentwurf hat sich das Frequenzkennlinien-Verfahren erwiesen, da es die wesentlichen Eigenschaften des Regelkreises hervorhebt und die Entwurfsarbeit damit erheblich vereinfacht. Mit der Umsetzung der Spezifikationen vom Zeitbereich in den Frequenzbereich beschäftigt sich der nachfolgende Abschnitt.

3.2.2.1 Entwurfsspezifikationen. Zunächst sollen die Anforderungen an die Frequenzkennlinien des geschlossenen Regelkreises zusammengestellt werden, wobei der Wirkungsplan nach Bild 3.33 zugrundegelegt wird. Da man meist

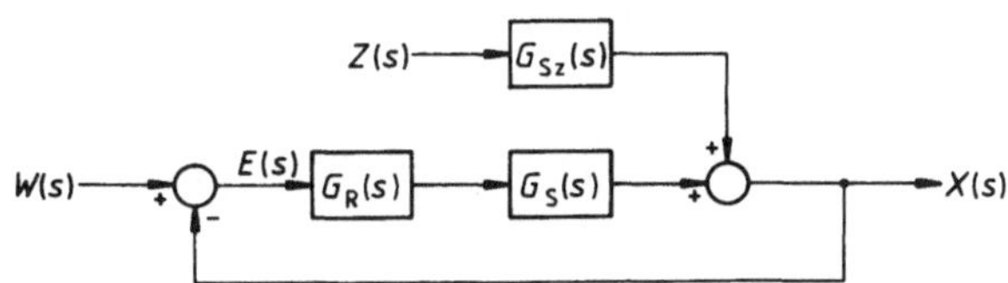

3.33 Wirkungsplan des einschleifigen Regelkreises
$E(s)$ Regeldifferenz, $G_R(s)$ Übertragungsfunktion des Reglers
$G_S(s)$, $G_{Sz}(s)$ Übertragungsfunktionen der Regelstrecke
$W(s)$ Führungsgröße, $X(s)$ Regelgröße, $Z(s)$ Störgröße

anstrebt, das Führungsverhalten des Regelkreises so auszulegen, daß es zumindest näherungsweise einem Verzögerungsverhalten 2. Ordnung (P-T$_2$-Glied, s. Abschn. 2.3.3.2) mit vorgegebener Überschwingweite und Einstellzeit entspricht, werden die Spezifikationen für ein P-T$_2$-Führungsverhalten explizit angegeben. Die hierbei gewonnenen Zusammenhänge kann man dann häufig auch auf Regelkreise mit komplizierterem Verhalten anwenden.

Stabilität. Nach Abschn. 3.1 hängt die Regelgröße $X(s)$ mit der Führungsgröße $W(s)$ und der Störgröße $Z(s)$ über

$$X(s) = G_{\mathrm{W}}(s)\, W(s) + G_{\mathrm{Z}}(s)\, Z(s)$$

$$= \frac{G_{\mathrm{O}}(s)}{1 + G_{\mathrm{O}}(s)}\, W(s) + \frac{G_{\mathrm{Sz}}(s)}{1 + G_{\mathrm{O}}(s)}\, Z(s) \tag{3.72}$$

zusammen, wobei $G_{\mathrm{W}}(s)$ die Führungsübertragungsfunktion, $G_{\mathrm{Z}}(s)$ die Störübertragungsfunktion, $G_{\mathrm{O}}(s)$ die Übertragungsfunktion des offenen Kreises und $G_{\mathrm{Sz}}(s)$ die Störübertragungsfunktion der Regelstrecke bezeichnet. Nach den Aussagen von Abschn. 3.1.2.1 ist der Regelkreis stabil, wenn alle Pole von $G_{\mathrm{W}}(s)$ bzw. alle Nullstellen der charakteristischen Gleichung $N(s) = 0$ negative Realteile haben. Ist insbesondere die Führungsübertragungsfunktion durch

$$G_{\mathrm{W}}(s) = \frac{K}{1 + 2\vartheta T_0 s + T_0^2 s^2} \tag{3.73}$$

(P-T$_2$-Verhalten) mit dem Proportionalbeiwert K, der Kennzeit T_0 und dem Dämpfungsgrad ϑ gegeben, dann erhält man mit der Festlegung $T_0 > 0$ die Stabilitätsbedingung, daß der Dämpfungsgrad $\vartheta > 0$ sein muß.

Bleibende Regeldifferenz. Die bleibende Regeldifferenz berechnet man nach Abschn. 3.1.3 für vorgegebene Eingangszeitfunktionen nach der Beziehung

$$e_\infty = \lim_{t \to \infty} e(t) = \lim_{s \to 0} [s\, E(s)]. \tag{3.74}$$

Ersetzt man die Regeldifferenz $E(s)$ durch $W(s) - X(s)$ und die Regelgröße $X(s)$ durch $G_{\mathrm{W}}(s)\, W(s) + G_{\mathrm{Z}}(s)\, Z(s)$ nach Gl. (3.72), erhält man den Zusammenhang

$$e_\infty = \lim_{s \to 0} \{s\,[(1 - G_{\mathrm{W}}(s))\, W(s) - G_{\mathrm{Z}}(s)\, Z(s)]\}. \tag{3.75}$$

Unabhängig von der Form der Eingangsgrößen wird die bleibende Regeldifferenz zu Null, wenn $\lim\limits_{s \to 0} G_{\mathrm{W}}(s) = 1$ und $\lim\limits_{s \to 0} G_{\mathrm{Z}}(s) = 0$ ist. Im Frequenzbereich erhält man mit $s = \mathrm{j}\omega$ die Bedingungen $\lim\limits_{\omega \to 0} |G_{\mathrm{W}}(\mathrm{j}\omega)| \equiv |G_{\mathrm{W}}(0)| = 1$ und

$\lim\limits_{\omega \to 0} |G_Z(j\omega)| \equiv |G_Z(0)| = 0$. Im Bode-Diagramm muß sich daher die Betragskennlinie des Führungsfrequenzgangs für kleine Werte der Kreisfrequenz ω der 0-dB-Linie anschmiegen, während die Betragskennlinie des Störungsfrequenzgangs sehr große negative Werte annehmen muß. Für das P-T$_2$-Führungsverhalten nach Gl. (3.73) erhält man mit $s = j\omega$ die Bedingung

$$\lim_{\omega \to 0} |G_W(j\omega)| = \lim_{\omega \to 0} \frac{K}{\sqrt{[1-(\omega T_0)^2]^2 + 4\vartheta^2 (\omega T_0)^2}} = 1 ,$$

also nach Durchführen des Grenzübergangs $K = 1$.

Transientes Verhalten. Die Dämpfung des Übergangsvorgangs hängt eng mit der Resonanzüberhöhung der Amplitudenkennlinie des Führungsfrequenzgangs zusammen; ein typischer Fall ist für $|G_W(0)| = 1$ in Bild **3.34** dargestellt.

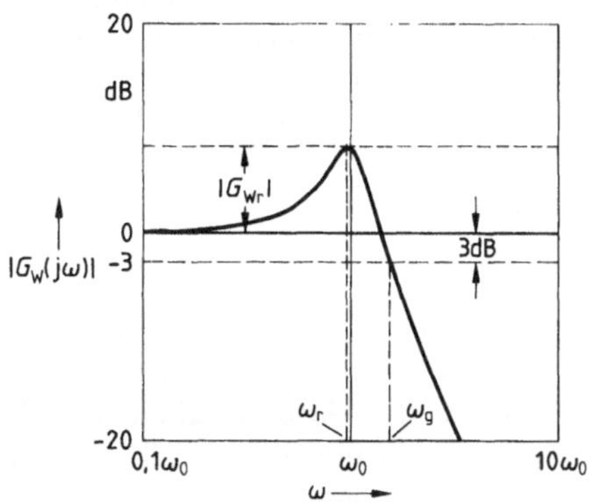

3.34
Amplitudenkennlinie des
Führungsfrequenzgangs für $K = 1$
ω_0 Kennkreisfrequenz
ω_g Grenzkreisfrequenz
ω_r Resonanzkreisfrequenz
$|G_{Wr}|$ Resonanzüberhöhung

Für P-T$_2$-Verhalten des Regelkreises kann dieser Zusammenhang ermittelt werden, indem man zunächst aus der Extremwertbedingung $d|G_W(j\omega)|/d\omega = 0$ die Resonanzkreisfrequenz ω_r berechnet und für diese den Betrag $|G_{Wr}| \equiv |G_W(j\omega_r)|$ ermittelt. Mit der Kennkreisfrequenz $\omega_0 = 1/T_0$ erhält man für die Resonanzkreisfrequenz die Beziehung

$$\omega_r = \omega_0 \sqrt{1 - 2\vartheta^2} . \tag{3.76}$$

Eine Resonanz tritt nur auf, wenn der Radikand positiv, d. h. $\vartheta < \sqrt{2}/2 \approx 0{,}707$ ist. Einsetzen von ω_r in die Betragsgleichung führt auf

$$|G_{Wr}| = \frac{1}{2\vartheta \sqrt{1 - \vartheta^2}} . \tag{3.77}$$

Geht der Dämpfungsgrad ϑ gegen Null, nähert sich die Resonanzkreisfrequenz ω_r der Kennkreisfrequenz ω_0, und die Resonanzüberhöhung wächst stark an.

Beachtet man, daß nach Abschn. 3.1.4 die bezogene Überschwingweite h_m/h_∞ der Sprungantwort des P-T$_2$-Glieds durch die Beziehung

$$\frac{h_\mathrm{m}}{h_\infty} = \exp\left(-\pi\,\frac{\vartheta}{\sqrt{1-\vartheta^2}}\right) \tag{3.78}$$

gegeben ist, also nur vom Dämpfungsgrad ϑ abhängt, dann kann man einen direkten Zusammenhang zwischen h_m und der Resonanzüberhöhung $|G_\mathrm{Wr}|$ angeben. Aus Gl. (3.78) erhält man durch Umstellen nach dem Dämpfungsgrad ϑ zunächst die Abhängigkeit

$$\vartheta = -\frac{\dfrac{1}{\pi}\ln\left(\dfrac{h_\mathrm{m}}{h_\infty}\right)}{\sqrt{1+\left[\dfrac{1}{\pi}\ln\left(\dfrac{h_\mathrm{m}}{h_\infty}\right)\right]^2}}, \tag{3.79}$$

die man in Gl. (3.77) einsetzen kann. Nach kurzer Zwischenrechnung erhält man die Resonanzüberhöhung zu

$$|G_\mathrm{Wr}| = \frac{1+\left[\dfrac{1}{\pi}\ln\left(\dfrac{h_\infty}{h_\mathrm{m}}\right)\right]^2}{\dfrac{2}{\pi}\ln\left(\dfrac{h_\infty}{h_\mathrm{m}}\right)}. \tag{3.80}$$

Der zulässige Bereich der bezogenen Überschwingweite h_m/h_∞ ist durch die Bedingung $0<\vartheta<\sqrt{2}/2$ nach Gl. (3.78) auf $0{,}043<h_\mathrm{m}/h_\infty<1$ beschränkt; Bild 3.35 zeigt die Abhängigkeit der Resonanzüberhöhung von der bezogenen Überschwingweite beim P-T$_2$-Glied. Läßt man beispielsweise eine maximale Überschwingweite von 20% des Endwerts zu, dann entspricht das einer Resonanzüberhöhung von weniger als 2 dB. Der Forderung nach einer geringen Überschwingweite der Sprungantwort entspricht also im Frequenzbereich die Spezifikation, daß die Amplitudenkennlinie des Führungsfrequenzgangs keine oder nur eine geringe Resonanzüberhöhung aufweisen darf. Diese Aussage gilt auch für Regelkreise, die nur angenähert ein P-T$_2$-Verhalten haben.

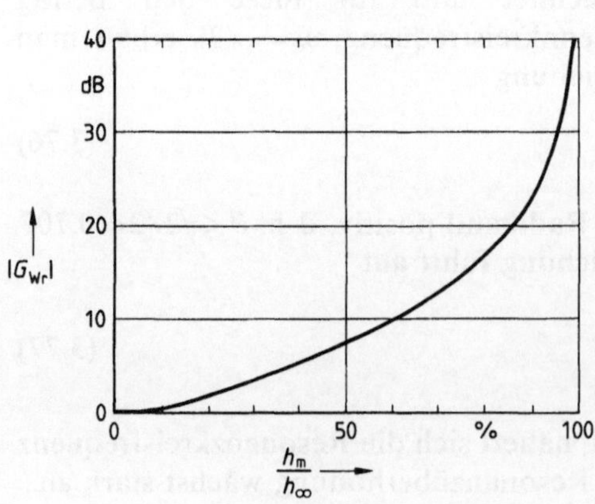

3.35
Abhängigkeit der Resonanzüberhöhung von der Überschwingweite beim P-T$_2$-Glied
$|G_\mathrm{Wr}|$ Resonanzüberhöhung
h_m/h_∞ bezogene Überschwingweite

Die **Schnelligkeit** des Einschwingens auf einen neuen Endwert, für die in Abschn. 3.1.4 die Einstellzeit T_{ep} als kennzeichnender Parameter eingeführt wurde, kann im Frequenzbereich durch die Grenzkreisfrequenz ω_g charakterisiert werden. Diese ist nach Bild **3.34** als diejenige Kreisfrequenz definiert, bei der der Wert des Amplitudengangs im Bode-Diagramm um 3 dB unterhalb des Werts bei der Kreisfrequenz $\omega = 0$ liegt. Im linearen Maßstab entspricht das einem Absinken des Amplitudengangs auf den Wert $\sqrt{2}/2$.

Für ein P-T_2-Verhalten des Regelkreises kann man einen formelmäßigen Zusammenhang zwischen der Einstellzeit T_{ep} und der Grenzkreisfrequenz ω_g wie folgt angeben: Aus der Definition der Grenzkreisfrequenz ω_g erhält man mit der Übertragungsfunktion des P-T_2-Glieds mit $K = 1$ den Zusammenhang

$$|G_W(j\omega_g)| = \frac{1}{\sqrt{[1-(\omega_g T_0)^2]^2 + 4\vartheta^2(\omega_g T_0)^2}} = \frac{1}{2}\sqrt{2}.$$

Auflösen dieses Ausdrucks nach der bezogenen Grenzkreisfrequenz $\omega_g/\omega_0 = \omega_g T_0$ führt auf eine biquadratische Gleichung, die die Lösung

$$\omega_g T_0 = \sqrt{-(2\vartheta^2 - 1) + \sqrt{(2\vartheta^2 - 1)^2 + 1}} \tag{3.81}$$

hat. Setzt man voraus, daß der Dämpfungsgrad des P-T_2-Verhaltens bereits durch die Forderung nach hinreichender Dämpfung des Übergangsvorgangs festgelegt ist, hat das Produkt $\omega_g T_0$ einen festen Wert. Andererseits ist nach Abschn. 3.1.4.2 die Einschwingzeit näherungsweise durch

$$\frac{T_{ep}}{T_0} = \frac{1}{\vartheta}\ln\left(\frac{100}{p}\cdot\frac{1}{\sqrt{1-\vartheta^2}}\right) \tag{3.82}$$

gegeben. Eliminiert man in Gl. (3.81) und (3.82) die Kennzeit T_0, dann erhält man die Grenzkreisfrequenz in Abhängigkeit von der Einschwingzeit zu

$$\omega_g = c_g(\vartheta, p)\cdot\frac{1}{T_{ep}}, \tag{3.83}$$

wobei der vom Dämpfungsgrad ϑ und der halben Breite der Einschwingtoleranz (s. Abschn. 3.1.4.1) abhängende Faktor durch

$$c_g(\vartheta, p) = \frac{1}{\vartheta}\ln\left(\frac{100}{p}\cdot\frac{1}{\sqrt{1-\vartheta^2}}\right)\sqrt{-(2\vartheta^2 - 1) + \sqrt{(2\vartheta^2 - 1)^2 + 1}} \tag{3.84}$$

gegeben ist; Bild **3.36** zeigt den Verlauf dieses Faktors bzw. der bezogenen Grenzkreisfrequenz $\omega_g T_{ep}$ über dem Dämpfungsgrad ϑ mit dem Toleranzfaktor p als Parameter.

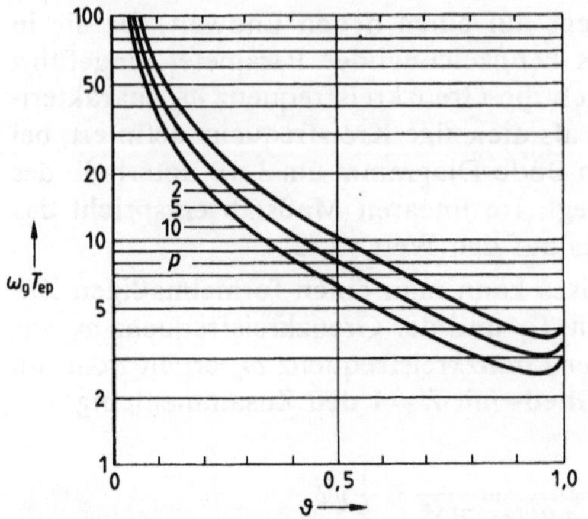

3.36
Produkt von Grenzkreisfrequenz
und Einschwingzeit des P-T$_2$-
Glieds als Funktion des Dämp-
fungsgrads
ϑ Dämpfungsgrad
p Toleranzfaktor
T_{ep} Einschwingzeit
ω_g Grenzkreisfrequenz

Der für ein P-T$_2$-Verhalten des geschlossenen Regelkreises abgeleitete Zusammenhang zwischen Grenzkreisfrequenz ω_g und Einschwingzeit T_{ep} gilt näherungsweise auch für Regelkreise, deren Übertragungsfunktion durch ein P-T$_2$-Verhalten approximiert werden kann.

Beispiel 3.13. Ein linearer einschleifiger Regelkreis habe das P-T$_3$-Führungsübertragungsverhalten $G_W(s) = 1/[(1 + 2\vartheta T_0 s + T_0^2 s^2)(1 + T_1 s)]$ mit der Verzögerungszeit $T_1 = T_0/(k\vartheta)$, wobei k einen positiven Faktor bezeichnet. Der Dämpfungsgrad sei zu $\vartheta = 0{,}5$ und die Kennzeit zu $T_0 = 1$ s vorgegeben; der zugehörige Polplan ist in Bild 3.37 gezeigt. Man bestimme für einige Werte des Faktors k die Resonanzüberhöhung und die Grenzkreisfrequenz des P-T$_3$-Verhaltens und vergleiche diese Werte mit denen eines P-T$_2$-Verhaltens mit den gleichen Werten für Dämpfungsgrad ϑ und Kennzeit T_0.

Aus der Übertragungsfunktion $G_W(s)$ liest man ab, daß sich das P-T$_3$-Übertragungsverhalten für $k \to \infty$ dem des P-T$_2$-Glieds nähert. Umgekehrt unterscheiden sich die Übertragungsglieder um so stärker, je kleiner der Faktor k wird, d.h. je näher der reelle Pol bei $\omega_1 = 1/T_1$ der imaginären Achse rückt. Bestimmt man für einige Werte von k die Frequenzkennlinien, liest aus ihnen die Resonanzüberhöhung und die Grenzkreisfrequenz ab und bezieht diese Werte auf die für $k \to \infty$ resultierenden Werte des P-T$_2$-Glieds, erhält man die in Tafel 3.38 zusammengestellten Werte. Wie man sieht, hat für $k \geq 5$ der Pol bei $\omega_1 = 1/T_1$ nur noch geringen Einfluß auf die Resonanzüberhöhung und die Grenzkreisfrequenz des Führungsfrequenzgangs.

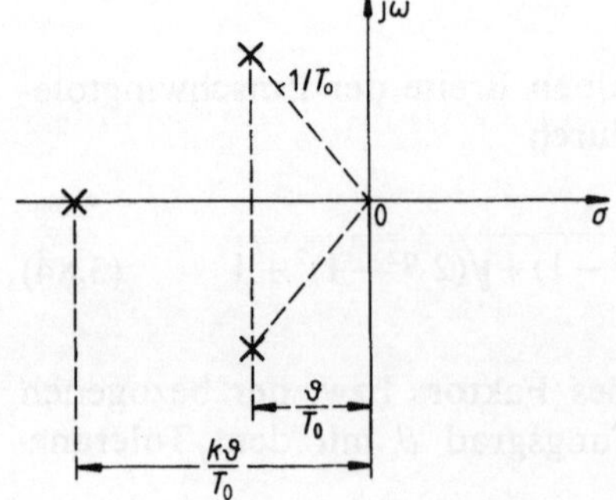

3.37
Polplan des P-T$_3$-Verhaltens (zu Beispiel 3.13)
ϑ Dämpfungsgrad
k positiver Faktor
T_0 Kennzeit

Tafel 3.38 Differenz der Resonanzüberhöhung und Verhältnis der Grenzkreisfrequenzen von $P\text{-}T_2\text{-}$ und $P\text{-}T_3\text{-}$Glied

k	0,5	1	2	5	–
$\lvert G_{Wr}\rvert - \lvert G_{Wr\infty}\rvert$	$-1{,}25$	$-1{,}25$	$-1{,}25$	$-0{,}32$	dB
$\omega_g/\omega_{g\infty}$	0,209	0,503	0,786	0,942	–

Beispiel 3.13 zeigt, daß man die für ein $P\text{-}T_2\text{-}$Verhalten des geschlossenen Regelkreises abgeleiteten Zusammenhänge zwischen Überschwingweite bzw. Einschwingzeit und Resonanzüberhöhung bzw. Grenzkreisfrequenz näherungsweise auf das $P\text{-}T_3\text{-}$Verhalten übertragen kann. Auch weitere Pole haben nur einen geringen Einfluß, solange sie nur weit genug von der imaginären Achse entfernt sind.

Robustheit. Nach Abschn. 3.1.5, Gl. (3.69), ist die Empfindlichkeit der Führungsübertragungsfunktion bezüglich Änderungen der Regelstreckenparameter gering, solange sie annähernd den Wert $\lvert G_W(j\omega, p_N)\rvert = 1$ hat.

Sorgt man also durch geeignete Auslegung des Reglers dafür, daß diese Bedingung bis zur Grenzkreisfrequenz ω_g hinreichend genau erfüllt ist, ist die Parameterempfindlichkeit in diesem Frequenzbereich gering. Oberhalb von ω_g steigt sie dann üblicherweise steil an, was man aber meist tolerieren kann, da in diesem Bereich die Führungsgröße wegen der ebenfalls zunehmenden Dämpfung nur noch geringen Einfluß auf den Verlauf der Regelgröße hat.

Die Forderungen an den Führungsfrequenzgang des geschlossenen Regelkreises kann man daher wie folgt zusammenfassen:

Die Führungsübertragungsfunktion $G_W(s)$ muß ein stabiles System beschreiben, d.h. alle Pole von $G_W(s)$ müssen in der linken s-Halbebene liegen.

Bei kleinen Kreisfrequenzen muß sich der Führungsfrequenzgang zur Vermeidung bleibender Regeldifferenzen der 0-dB-Linie anschmiegen.

Um eine hinreichende Dämpfung des Einschwingvorgangs sicherzustellen, darf der Führungsfrequenzgang keine oder nur eine geringe Resonanzüberhöhung haben.

Die Schnelligkeit des Einschwingens wird durch die Grenzkreisfrequenz ω_g bestimmt; diese ist nach Abschn. 3.1.4.1 so zu wählen, daß die in den Spezifikationen vorgegebene Einstellzeit zwar erreicht, aber auch nicht wesentlich unterschritten wird.

Bis zur Grenzkreisfrequenz ω_g sollte der Führungsfrequenzgang annähernd den Wert $\lvert G_W(j\omega, p_N)\rvert = 1$ haben, sich also möglichst gut der 0-dB-Linie anschmiegen.

Im folgenden Abschnitt wird ein Verfahren zum Reglerentwurf vorgestellt, mit dem sich diese Forderungen erfüllen lassen.

3.2.2.2 Entwurf auf vorgegebenes Führungsverhalten. Nachfolgend soll angenommen werden, daß das Übertragungsverhalten des geschlossenen Regelkreises im Frequenzbereich vorgegeben ist. Die Entwurfsaufgabe bestehe also darin, den Frequenzgang bzw. die Übertragungsfunktion des Reglers derart zu berechnen, daß das Führungs- oder auch das Störverhalten des Regelkreises vorgegebene Spezifikationen einhält. Diese Aufgabe soll in zwei Schritten gelöst werden: Zunächst soll ein Regler für den einfacheren Sonderfall ausgelegt werden, daß nur das Führungsverhalten spezifiziert ist. Anschließend soll überlegt werden, wie man einen Regler berechnen kann, der gleichzeitig unterschiedliche Forderungen an das Führungs- und Störverhalten befriedigt.

Häufig hat die Regelung die Aufgabe, die Regelgröße $x(t)$ einer zeitlich veränderlichen Führungsgröße $w(t)$ nachzuführen, gleichzeitig aber zufällige Störungen, die dem Führungssignal überlagert sind, zu unterdrücken. So muß man beispielsweise bei der Verfolgung von Flugzielen mittels Radar die Antenne des Radargeräts in Azimuth und Elevation derart nachführen, daß das Ziel jederzeit innerhalb der Hauptkeule der Abstrahlcharakteristik der Antenne bleibt. Diese Aufgabe wird wesentlich dadurch erschwert, daß dem empfangenen Radarsignal zufällige Störungen überlagert sind, die eine Bewegung des Ziels vortäuschen. Eine teilweise Unterdrückung des Störsignals, und damit eine Verbesserung des Verhältnisses von Nutzsignal zu Störsignal, ist möglich, wenn Nutzsignal und Störsignal unterschiedliche Charakteristiken im Frequenzbereich haben: Während sich das Nutzsignal meist nur vergleichsweise langsam ändert, im Frequenzbereich also nur spektrale Anteile bei kleinen Kreisfrequenzen enthält, fluktuiert das Störsignal in der Regel wesentlich schneller, ist also breitbandiger als das Nutzsignal. Man kann daher den Einfluß des Störsignals reduzieren, indem man den Regelkreis bezüglich des Führungsverhaltens als Tiefpaßfilter auslegt. Eine vollständige Trennung von Nutzsignal und Störsignal ist auf diese Weise natürlich nicht möglich, solange sich ihre Frequenzbereiche überlappen.

Dem Entwurf auf vorgegebenes Führungsübertragungsverhalten wird ein einschleifiger Regelkreis mit Einheitsrückführung, dem Streckenfrequenzgang $G_S(j\omega)$ und dem zu bestimmenden Reglerfrequenzgang $G_R(j\omega)$ zugrundegelegt (Bild **3.39**). Durch Umstellen der Beziehung für den Führungsfrequenzgang

$$G_W(j\omega) = \cfrac{1}{\cfrac{1}{G_R(j\omega)\,G_S(j\omega)} + 1} \qquad (3.85)$$

bestimmt man den Reglerfrequenzgang zu

$$G_R(j\omega) = \frac{1}{G_S(j\omega)}\,\cfrac{1}{\cfrac{1}{G_W(j\omega)} - 1}. \qquad (3.86)$$

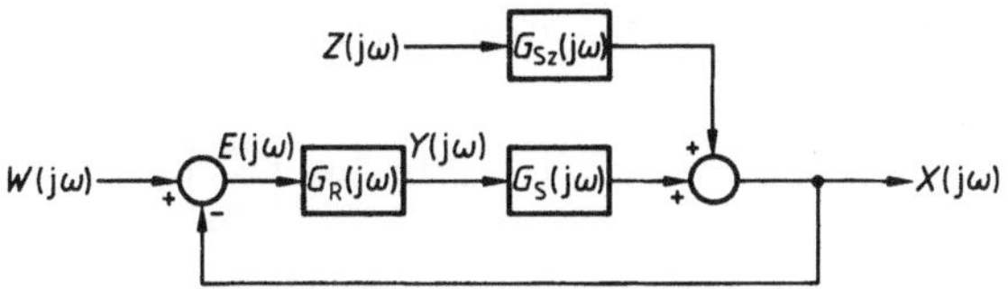

3.39 Wirkungsplan des einschleifigen Führungsregelkreises
$E(j\omega)$ Regeldifferenz, $G_R(j\omega)$ Reglerfrequenzgang, $G_S(j\omega)$ Streckenfrequenzgang,
$W(j\omega)$ Führungsgröße, $X(j\omega)$ Regelgröße, $Y(j\omega)$ Stellgröße, $Z(j\omega)$ Störgröße

Hat man also den Führungsfrequenzgang aufgrund der vorangegangenen Überlegungen festgelegt, dann kann man bei bekanntem Streckenfrequenzgang den Frequenzgang $G_R(j\omega)$ des Reglers analytisch bestimmen.

In der weiterführenden regelungstechnischen Literatur (s. beispielsweise [14], [22], [26], [104]) werden verschiedene Verfahren zur Festlegung des Führungsfrequenzgangs bzw. der Pole der Führungsübertragungsfunktion angegeben. Stellvertretend für diese Verfahren soll hier nur der Reglerentwurf nach dem Butterworth-Kriterium behandelt werden, der für die oben gestellte Aufgabe besonders gut geeignet ist.

Der Führungsfrequenzgang wird beim Butterworth-Entwurf durch die folgenden Forderungen spezifiziert:

1. Bei der Kreisfrequenz Null soll die Regelgröße exakt mit der Führungsgröße übereinstimmen, d.h. es soll $|G_W(0)|_{dB} = 0$ und $\varphi_W(0) = 0°$ sein.

2. Bis zu einer vorgegebenen Grenzkreisfrequenz ω_g soll der Betrag des Führungsfrequenzgangs möglichst konstant („maximal geebnet") sein und nicht mehr als um ± 3 dB von der 0-dB-Linie abweichen.

3. Für Kreisfrequenzen oberhalb der Grenzkreisfrequenz ω_g soll der Betrag des Führungsfrequenzgangs mit $n \cdot 20$ dB/Dekade abfallen, wobei $n = 1, 2, 3, \ldots$ ein noch freier Entwurfsparameter ist.

Durch diese Entwurfsforderungen wird erreicht, daß der Regelkreis einerseits der Führungsgröße im Bereich $0 \leq \omega < \omega_g$ gut folgen kann, andererseits höherfrequente Störsignale gut unterdrückt werden. Der Regelkreis reagiert dann bezüglich des Eingangs-Ausgangsverhaltens wie ein Butterworth-Filter (s. beispielsweise [66], [106]).

Die Forderungen können durch Führungsfrequenzgänge mit dem Amplitudengang

$$|G_{Wn}(j\omega)| = \frac{1}{\sqrt{\left[1 + \left(\dfrac{\omega}{\omega_g}\right)^{2n}\right]}} \tag{3.87}$$

mit $n = 1, 2, \ldots$ erfüllt werden. Im logarithmischen Maßstab ist nämlich

$$|G_{Wn}(j\omega)|_{dB} = -10 \log\left[1 + \left(\dfrac{\omega}{\omega_g}\right)^{2n}\right],$$

also $|G_{\text{Wn}}(0)|_{\text{dB}} = 0$ und $|G_{\text{Wn}}(j\omega_g)|_{\text{dB}} = -10\log(2) \approx -3$. Für $\omega > \omega_g$ ist

$$|G_{\text{Wn}}(j\omega)|_{\text{dB}} \approx -20n \cdot \log\left(\frac{\omega}{\omega_g}\right),$$

d.h. der Betrag fällt wie gefordert mit $20n$ dB/Dekade ab.

Um den Frequenzgang $G_{\text{Wn}}(j\omega)$ zum Amplitudengang $|G_{\text{Wn}}(j\omega)|$ nach Gl. (3.87) zu bestimmen, quadriert man diese Gleichung und erhält mit dem allgemeingültigen Zusammenhang $|G(j\omega)|^2 = G(j\omega)\,G(-j\omega)$

$$|G_{\text{Wn}}(j\omega)|^2 \equiv G_{\text{Wn}}(j\omega)\,G_{\text{Wn}}(-j\omega) = \frac{1}{1+\left(\dfrac{\omega}{\omega_g}\right)^{2n}}. \tag{3.88}$$

Man setzt abkürzend $s = j\omega$, also $\omega = -js$, und überführt diese Gleichung mit $(-j)^{2n} = (-1)^n$ in die Form

$$|G_{\text{Wn}}(j\omega)|^2 \equiv G_{\text{Wn}}(s)\,G_{\text{Wn}}(-s) = \frac{1}{1+(-1)^n\left(\dfrac{s}{\omega_g}\right)^{2n}}. \tag{3.89}$$

Führt man mittels der Beziehung $B_n(s) \equiv 1/G_{\text{Wn}}(s)$ das **Butterworth-Polynom** n-ter Ordnung ein, dann kann man den Nenner dieser Gleichung zu

$$B_n(s) \cdot B_n(-s) = 1 + (-1)^n\left(\frac{s}{\omega_g}\right)^{2n} \tag{3.90}$$

anschreiben. Um $B_n(s)$ zu bestimmen, faktorisiert man den Ausdruck $B_n(s)\,B_n(-s)$, d.h. stellt ihn als Produkt seiner Linearfaktoren dar. Die Nullstellen s_k $(k = 1, 2, \ldots, 2n)$ von $B_n(s)\,B_n(-s)$ erhält man aus der Gleichung

$$1 + (-1)^n\left(\frac{s_k}{\omega_g}\right)^{2n} = 0$$

mit der komplexen Darstellung $-1 = e^{j(2k-1)\pi}$ zu

$$\left(\frac{s_k}{\omega_g}\right) = e^{j[(2k+n-1)\pi/(2n)]}. \tag{3.91}$$

Für $k = 1, 2, \ldots, n$ liegen die Argumente im Bereich $\pi/2 < \text{arc}(s_k) < 3\pi/2$, die Nullstellen also in der linken s-Halbebene, während sich für $k = n+1$, $n+2, \ldots, 2n$ die Nullstellen in der rechten s-Halbebene befinden. Die Nullstellen von $B_n(s)\,B_n(-s)$ liegen also auf einem Kreis mit dem Radius ω_g sym-

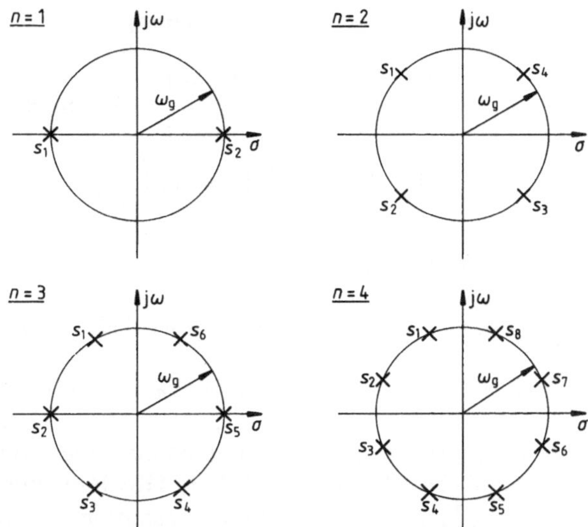

3.40 Polstellen der Führungsübertragungsfunktion des einschleifigen Regelkreises mit
Butterworth-Verhalten
n Ordnung der Führungsübertragungsfunktion, s_i Pole der Führungsübertragungs-
funktion, ω_g Grenzkreisfrequenz

metrisch zur reellen und zur imaginären Achse in einem Winkelabstand
$\mathrm{arc}(s_{k+1}) - \mathrm{arc}(s_k) = \pi/n$; Bild 3.40 zeigt die Verhältnisse für $n = 1$ bis 4.
Eine stabile Führungsübertragungsfunktion $G_{Wn}(s)$ darf nur Pole in der linken
s-Halbebene haben (s. Abschn. 2.3.5). Man muß also dem Butterworth-Polynom $B_n(s)$ die Nullstellen s_k von $B_n(s)B_n(-s)$ zuweisen, die in der linken
Halbebene liegen, d. h. also die Nullstellen $s_1, s_2, \ldots, s_n$. Damit wird das Polynom $B_n(s)$ in faktorisierter Form

$$B_n(s) = \prod_{k=1}^{n} \left[\left(\frac{s}{\omega_g}\right) - \left(\frac{s_k}{\omega_g}\right) \right] \tag{3.92}$$

mit den Polstellen s_k nach Gl. (3.91). Diesen Zusammenhang kann man noch
einfacher schreiben, wenn man die Symmetrieeigenschaften der Polstellen ausnutzt und konjugiert komplexe Polpaare zusammenfaßt. Mit $s_k = s_{n+1-k}^*$, also
dem Realteil $\sigma_k = \sigma_{n+1-k}$ und dem Imaginärteil $\omega_k = -\omega_{n+1-k}$, erhält man für
ein solches Polpaar

$$\left[\left(\frac{s}{\omega_g}\right) - \left(\frac{s_k}{\omega_g}\right) \right]\left[\left(\frac{s}{\omega_g}\right) - \left(\frac{s_{n+1-k}}{\omega_g}\right) \right] = \left(\frac{s}{\omega_g}\right)^2 + 2\vartheta_k \left(\frac{s}{\omega_g}\right) + 1$$

mit der Grenzkreisfrequenz $\omega_g = \sqrt{\sigma_k^2 + \omega_k^2}$ und dem Dämpfungsgrad $\vartheta_k = -\sigma_k/\omega_g$.

Insgesamt ermittelt man die Darstellung

$$B_n(s) = \begin{cases} \prod\limits_{k=1}^{n/2}\left[1+2\vartheta_k\left(\dfrac{s}{\omega_g}\right)+\left(\dfrac{s}{\omega_g}\right)^2\right] & \text{für } n \text{ gerade} \\[2ex] \left[1+\left(\dfrac{s}{\omega_g}\right)\right]\cdot\prod\limits_{k=1}^{(n-1)/2}\left[1+2\vartheta_k\left(\dfrac{s}{\omega_g}\right)+\left(\dfrac{s}{\omega_g}\right)^2\right] & \text{für } n \text{ ungerade} \end{cases} \qquad (3.93)$$

mit dem Dämpfungsgrad

$$\vartheta_k = -\sigma_k/\omega_g = -\cos[(2k+n-1)\pi/(2n)] \qquad (3.94)$$

nach Gl. (3.91). Die Führungsübertragungsfunktion $G_{Wn}(s)\equiv 1/B_n(s)$ hat also höchstens einen reellen Pol $s_{(n+1)/2}=-\omega_g$, ansonsten lauter konjugiert komplexe Polpaare, sie besteht demnach aus einer Kettenschaltung von höchstens einem P-T_1-Glied und $[n/2]$ P-T_2-Gliedern mit den Eigenkreisfrequenzen $\omega_{ek}=\sqrt{1-\vartheta_k^2}\,\omega_g$ und den Abklingkonstanten $\delta_k=\vartheta_k\omega_g$ (s. Abschn. 2.3.3.2). Die in Bild 3.41 für $n=1$ bis 5 als Funktion der bezogenen Zeit $\omega_g t$ dargestellte

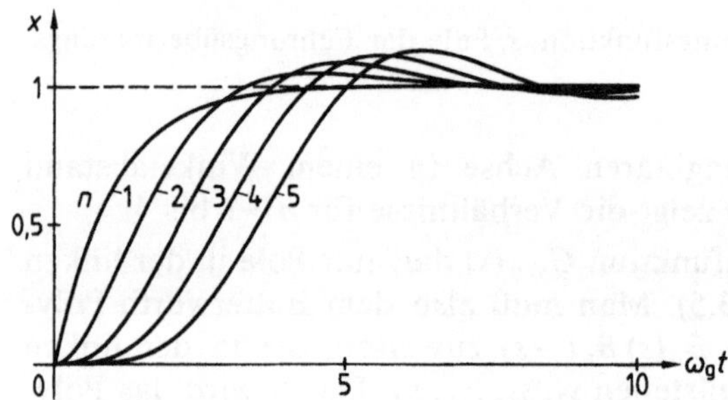

3.41
Sprungantworten des
einschleifigen Regelkreises
mit Butterworth-Verhalten
n Ordnung der Führungsüber-
tragungsfunktion
$x(t)$ Regelgröße
ω_g Grenzkreisfrequenz

Sprungantwort des Regelkreises entsteht also durch Überlagerung gedämpfter Schwingungen. Die wichtigsten Kenngrößen, nämlich die Überschwingweite h_m, die bezogene Zeit $\omega_g T_m$ bis zum 1. Maximum und die bezogenen Einschwingzeiten $\omega_g T_{e5}$ und $\omega_g T_{e2}$ sind in Tafel 3.42 zusammengestellt. Mit wach-

Tafel 3.42 Kenndaten der Führungssprungantworten des nach dem Butterworth-Kriterium ausgelegten Regelkreises

n	1	2	3	4	5
h_m	–	4,3%	8,2%	10,8%	12,8%
$\omega_g T_m$	–	4,44	4,92	5,60	6,32
$\omega_g T_{e5}$	3,00	2,93	5,97	6,86	7,66
$\omega_g T_{e2}$	3,91	5,96	6,64	9,87	10,84

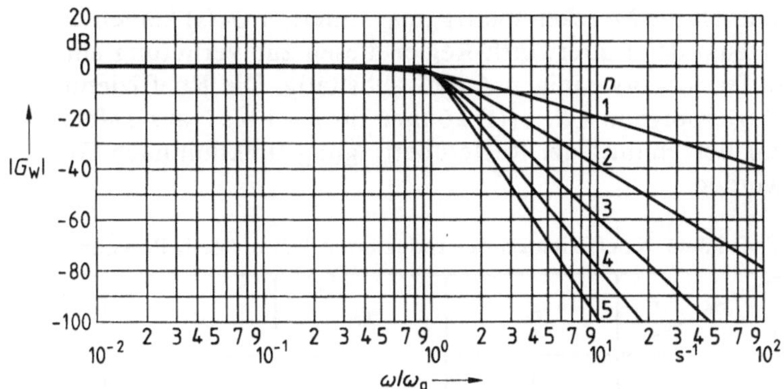

3.43 Betragskennlinien des Führungsfrequenzgangs des einschleifi-
gen Regelkreises mit Butterworth-Verhalten
n Ordnung des Führungsfrequenzgangs, $|G_W|$ Betrag des
Führungsfrequenzgangs, ω_g Grenzkreisfrequenz

sender Ordnungszahl nimmt hiernach die Überschwingweite zu und die
Schnelligkeit des Einschwingens ab. Die Betragskennlinien des Führungsfrequenzgangs (Bild **3.43**) liegen wie gefordert für kleine Kreisfrequenzen nahe
der 0-dB-Linie, durchsetzen alle bei $\omega = \omega_g$ den -3 dB-Punkt und fallen für
$\omega \gg \omega_g$ mit $n \cdot 20$ dB/Dekade ab.

Die Übertragungsfunktion $G_R(s)$ des Reglers, der dem geschlossenen Regelkreis die gewünschte Butterworth-Übertragungscharakteristik gibt, berechnet
man aus Gl. (3.86) mit $s = j\omega$ und $B_n(s) \equiv 1/G_{Wn}(s)$ zu

$$G_{Rn}(s) = \frac{1}{G_S(s)} \cdot \frac{1}{B_n(s) - 1}. \tag{3.95}$$

Entwickelt man $B_n(s)$ nach Gl. (3.93) in ein Polynom in der komplexen Variablen s, d.h.

$$B_n(s) = \left(\frac{s}{\omega_g}\right)^n + r_{n-1}\left(\frac{s}{\omega_g}\right)^{n-1} + \ldots + r_1\left(\frac{s}{\omega_g}\right) + 1,$$

dann bestimmt man den Nennerausdruck $B_n(s) - 1$ zu

$$B_n(s) - 1 = \left(\frac{s}{\omega_g}\right)\left[\left(\frac{s}{\omega_g}\right)^{n-1} + r_{n-1}\left(\frac{s}{\omega_g}\right)^{n-2} + \ldots + r_1\right] = \left(\frac{s}{\omega_g}\right) \cdot R_{n-1}(s),$$

wobei $R_{n-1}(s)$ ein Polynom $(n-1)$ter Ordnung bezeichnet. Die Übertragungsfunktion des Reglers wird damit endgültig

$$G_{Rn}(s) = \frac{1}{\left(\dfrac{s}{\omega_g}\right) R_{n-1}(s)\, G_S(s)}. \tag{3.96}$$

Enthält die Streckenübertragungsfunktion $G_S(s)$ keinen eigenen I-Anteil, dann erzeugt der Butterworth-Regler diesen zur Verhütung einer bleibenden Regeldifferenz notwendigen Anteil selbsttätig. Die Koeffizienten $r_1, r_2, \ldots, r_{n-1}$ des Reglerpolynoms $R_{n-1}(s)$ können für $n = 1$ bis 5 aus Tafel 3.44 entnommen und zur Berechnung der Reglerübertragungsfunktion nach Gl. (3.96) herangezogen werden.

Tafel 3.44 Koeffizienten des reduzierten Butterworth-Polynoms R_{n-1}

n $\diagdown$ r_i	r_1	r_2	r_3	r_4	r_5
1	1	–	–	–	–
2	1,414	1	–	–	–
3	2,000	2,000	1	–	–
4	2,613	3,414	2,613	1	–
5	3,236	5,236	5,236	3,236	1

Beispiel 3.14. Gegeben ist eine P-T$_3$-Regelstrecke mit der Übertragungsfunktion

$$G_S(s) = \frac{K_S}{(1 + T_1 s)(1 + T_2 s)(1 + T_3 s)}.$$

Man bestimme den Butterworth-Regler, wenn der geschlossene Regelkreis die Grenzkreisfrequenz ω_g haben soll.

Nach Gl. (3.96) ist die Übertragungsfunktion des Reglers mit $n = 3$ nach Tafel 3.44

$$G_{R3}(s) = \frac{(1 + T_1 s)(1 + T_2 s)(1 + T_3 s)}{\left(\dfrac{s}{\omega_g}\right)\left[\left(\dfrac{s}{\omega_g}\right)^2 + 2\left(\dfrac{s}{\omega_g}\right) + 2\right] K_S}.$$

Die Übertragungsfunktion des offenen Kreises wird also

$$G_{O3}(s) = G_S(s)\, G_{R3}(s) = \frac{1}{\left(\dfrac{s}{\omega_g}\right)\left[\left(\dfrac{s}{\omega_g}\right)^2 + 2\left(\dfrac{s}{\omega_g}\right) + 2\right]},$$

d.h. der Butterworth-Regler kompensiert die Zeitkonstanten der Regelstrecke und führt stattdessen Pole des offenen Kreises bei $s_1 = 0$ und $s_{2,3} = (-1 \pm \mathrm{j}1)\omega_g$ ein. Der geschlossene Regelkreis hat dann die Führungsübertragungsfunktion

$$G_{W3}(s) = \frac{1}{1 + \dfrac{1}{G_{O3}(s)}} = \frac{1}{1 + 2\left(\dfrac{s}{\omega_g}\right) + 2\left(\dfrac{s}{\omega_g}\right)^2 + \left(\dfrac{s}{\omega_g}\right)^3},$$

die von den Parametern der Regelstrecke unabhängig ist.

Bei Regelstrecken höherer Ordnung kann die Realisierung des Butterworth-Reglers zu aufwendig werden. Man wird dann die Regelstrecke zunächst nach einem der in Abschn. 2.3.4 angegebenen Verfahren durch einen einfacheren Prozeß approximieren und den Reglerentwurf für die genäherte Übertragungsfunktion $G_{Sa}(s)$ durchführen.

Beispiel 3.15. Die Parameter der Regelstrecke in Beispiel 3.14 seien durch den Proportionalitätsbeiwert $K_S = 23{,}8$ und die Verzögerungszeiten $T_1 = 0{,}363$, $T_2 = 0{,}205$ und $T_3 = 0{,}062$ gegeben. Man approximiere die Regelstrecke durch eine Übertragungsfunktion zweiter Ordnung und berechne den Butterworth-Regler, mit dem der geschlossene Regelkreis eine Grenzkreisfrequenz $\omega_g = 5\ \mathrm{s}^{-1}$ hat.

Da die Verzögerungszeit T_3 vergleichsweise klein ist, bietet sich die Approximation durch die Übertragungsfunktion

$$G_{Sa}(s) = \frac{K_{Sa}}{(1 + T_{1a}s)(1 + T_{2a}s)}$$

mit dem Proportionalbeiwert $K_{Sa} = K_S = 23{,}8$ und den Verzögerungszeiten $T_{1a} = T_1 = 0{,}363$ s und $T_{2a} = T_2 + T_3 = 0{,}267$ s an. Mit der Systemordnung $n_a = 2$ erhält man die Übertragungsfunktion des Butterworth-Reglers zu

$$G_{R2}(s) = \frac{(1 + T_{1a}s)(1 + T_{2a}s)}{\left(\dfrac{s}{\omega_g}\right)\left[\left(\dfrac{s}{\omega_g}\right) + r_1\right] \cdot K_S},$$

mit $r_1 = 1{,}414$ nach Tafel **3.44**.

Man hat also einen Regler mit der Übertragungsfunktion

$$G_{R2}(s) = K'_{PP}\,\frac{1 + (T'_{nP} + T'_{vP})s + T'_{nP}T'_{vP}s^2}{T'_{nP}s(1 + T_d s)}$$

mit dem Proportionalbeiwert $K'_{PP} = \omega_g T_{1a}/(K_S r_1) = 0{,}0539$, und den Reglerkennzeiten $T'_{nP} = T_{1a} = 0{,}363$ s, $T'_{vP} = T_{2a} = 0{,}267$ s und $T_d = 1/(r_1\omega_g) = 0{,}141$ s. Bild **3.45** zeigt das Übergangsverhalten des geschlossenen Regelkreises mit diesem Regler (Kurve a) im Vergleich zu dem des Regelkreises mit dem vollständigen Regler nach Beispiel 3.14 (Kurve b) bei sonst gleichen Verhältnissen. Durch die Approximation und Ordnungsreduktion der Regelstrecke wird das transiente Verhalten der Regelung sogar verbessert, die Rauschdämpfung bei höheren Frequenzen allerdings verschlechtert.

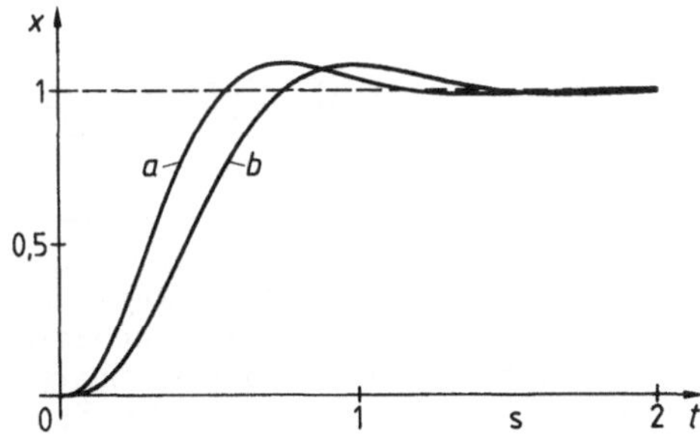

3.45
Sprungantworten des geschlossenen Regelkreises (zu Beispiel 3.15)
a) Butterworth-Entwurf für die approximierte Übertragungsfunktion $G_{Sa}(s)$
b) Butterworth-Entwurf für die vollständige Übertragungsfunktion $G_S(s)$
$x(t)$ Regelgröße

3.2.2.3 Entwurf auf vorgegebenes Führungs- und Störverhalten.

Der in Abschn. 3.2.2.2 vorgestellte Entwurf auf ein vorgegebenes Führungsverhalten liefert zuweilen unzureichende Ergebnisse; das ist insbesondere dann der Fall, wenn nicht nur die Führungsgröße von Störeinflüssen überlagert ist, sondern weitere Störgrößen auf die Regelstrecke selbst einwirken. Bei der einfachen Regelkreisstruktur von Bild 3.39 ist die Störübertragungsfunktion

$$G_Z(s) = \frac{G_{Sz}(s)}{1 + G_R(s)\,G_S(s)} \tag{3.97}$$

mit der Führungsübertragungsfunktion

$$G_W(s) = \frac{G_R(s)\,G_S(s)}{1 + G_R(s)\,G_S(s)} \tag{3.98}$$

durch

$$G_Z(s) = G_{Sz}(s)\,[1 - G_W(s)] \tag{3.99}$$

verknüpft. Da die Streckenübertragungsfunktionen $G_S(s)$ und $G_{Sz}(s)$ vorgegeben sind, kann man durch alleinige Vorgabe der Reglerübertragungsfunktion $G_R(s)$ das Führungs- und das Störverhalten nicht unabhängig voneinander festlegen.

Sind also gleichzeitig Spezifikationen für das Führungs- und das Störverhalten zu erfüllen, muß man die in Bild 3.46 dargestellte Struktur des Regelkreises verwenden, bei der die Führungsgröße $W(s)$ durch ein Vorfilter mit der Übertragungsfunktion $G_V(s)$ aus der Eingangsgröße $U(s)$ erzeugt wird. Mit den Bezeichnungen von Abschn. 3.1 erhält man jetzt die Regelgröße $X(s)$ in Abhängigkeit von der Eingangsgröße $U(s)$ und der Störgröße $Z(s)$ zu

$$X(s) = \frac{G_R(s)\,G_S(s)}{1 + G_R(s)\,G_S(s)}\,G_V(s)\,U(s) + \frac{1}{1 + G_R(s)\,G_S(s)}\,G_{Sz}(s)\,Z(s) \tag{3.100}$$

oder

$$X(s) = G_{XU}(s)\,U(s) + G_Z(s)\,Z(s). \tag{3.101}$$

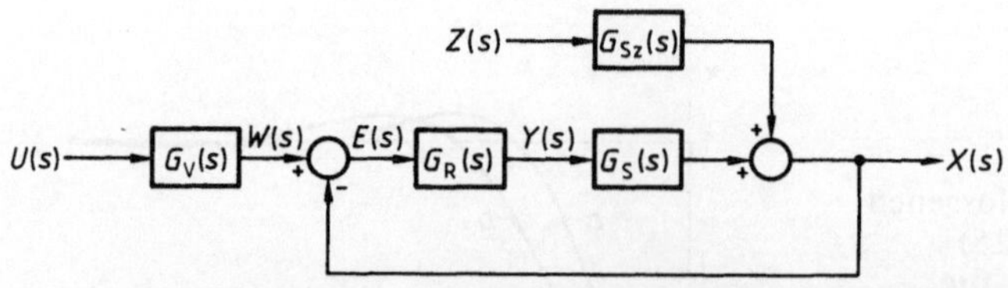

3.46 Wirkungsplan des einschleifigen Regelkreises mit zwei Freiheitsgraden
$E(s)$ Regeldifferenz, $G_R(s)$ Reglerübertragungsfunktion, $G_S(s)$ Streckenübertragungsfunktion, $G_{Sz}(s)$ Streckenübertragungsfunktion bezüglich Störung, $G_V(s)$ Übertragungsfunktion des Vorfilters, $U(s)$ Eingangsgröße, $W(s)$ Führungsgröße, $X(s)$ Regelgröße, $Y(s)$ Stellgröße, $Z(s)$ Störgröße

Durch Einführen des Vorfilters gewinnt man eine größere Freiheit bei der Entwurfsdurchführung, allerdings nur – wie Gl. (3.100) zeigt – bezüglich der Reaktion auf die Eingangsgröße $U(s)$. Man führt daher den Entwurf in zwei Schritten durch:

1. Zunächst legt man die Übertragungsfunktion $G_R(s)$ des Kompensationsreglers so aus, daß der Regelkreis die Spezifikationen bezüglich der Stabilität, der bleibenden Regeldifferenz, der Reaktion auf die Störgrößen der Regelstrecke und der Robustheit erfüllt. Für eine gewünschte Störübertragungsfunktion $G_Z(s)$ erhält man die Reglerübertragungsfunktion durch Umstellen von Gl. (3.99) zu

$$G_R(s) = \frac{1}{G_S(s)} \left[\frac{G_{Sz}(s)}{G_Z(s)} - 1 \right].$$ (3.102)

Bei der Vorgabe von $G_Z(s)$ ist die Realisierbarkeitsbedingung zu beachten, nach der die Ordnung des Nenners der Reglerübertragungsfunktion mindestens gleich der Ordnung des Zählers sein muß.

2. Anschließend berechnet man die Übertragungsfunktion $G_V(s)$ des Vorfilters mit der unter Punkt 1 bestimmten Reglerübertragungsfunktion $G_R(s)$ so, daß das Eingangsverhalten den Anforderungen bezüglich der Schnelligkeit und der Dämpfung des Einschwingvorgangs genügt. Für eine vorgegebene Eingangsübertragungsfunktion $G_{XU}(s)$ erhält man die Filterübertragungsfunktion aus Gl. (3.100) und Gl. (3.101) zu

$$G_V(s) = \frac{G_{XU}(s)}{G_W(s)} = \frac{1 + G_R(s)\,G_S(s)}{G_R(s)\,G_S(s)}\, G_{XU}(s).$$ (3.103)

Durch diesen Entwurf mit zwei Freiheitsgraden kann man das Führungs- und Störübertragungsverhalten des Regelkreises weitgehend unabhängig voneinander vorgeben.

Beispiel 3.16. Eine P-T_3-Regelstrecke (Bild **3.47**) mit der Übertragungsfunktion $G_S(s) = K_S/[(1 + T_1 s)(1 + T_2 s)(1 + T_3 s)]$ wird durch einen Regler mit der Übertragungsfunktion $G_R(s) = K_P(1 + T_n s)/(T_n s)$ geregelt. Die Eingangsübertragungsfunktion $G_{XU}(s)$ soll eine Butterworth-Charakteristik mit der Grenzfrequenz $\omega_g = 2\ \mathrm{s}^{-1}$ haben. Die Daten

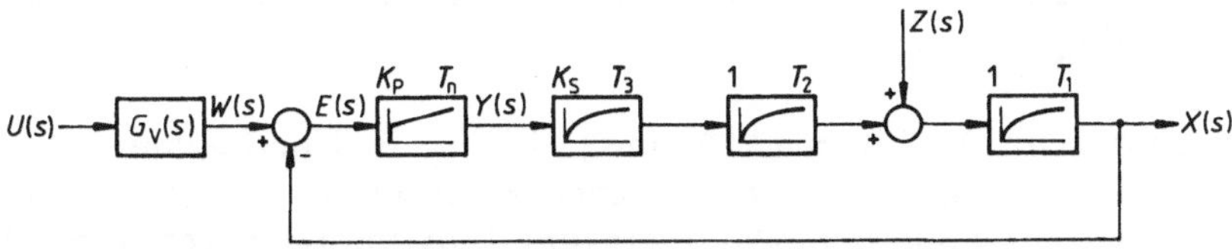

3.47 Wirkungsplan des einschleifigen Regelkreises (zu Beispiel 3.16)
   $E(s)$ Regeldifferenz, $G_V(s)$ Übertragungsfunktion des Vorfilters, K_P, K_S Proportionalbeiwerte von Regler und Strecke, T_1, T_2, T_3 Verzögerungszeiten der Strecke, T_n Vorhaltzeit des Reglers, $U(s)$ Eingangsgröße, $W(s)$ Führungsgröße, $X(s)$ Regelgröße, $Y(s)$ Stellgröße, $Z(s)$ Störgröße

von Strecke und Regler sind wie folgt gegeben: Proportionalbeiwerte $K_S = 23{,}8$ und $K_P = 0{,}102$, Verzögerungszeiten $T_1 = T_n = 0{,}363$ s, $T_2 = 0{,}205$ s und $T_3 = 0{,}062$ s.

Zunächst berechnet man die Übertragungsfunktion des offenen Kreises zu $G_O(s) = K_P K_S/[T_1 s(1 + T_2 s)(1 + T_3 s)] = 2{,}44/[0{,}363\,s(1 + 0{,}205\,s)(1 + 0{,}062\,s)]$. Die Führungsübertragungsfunktion $G_W(s)$ wird damit $G_W(s) = G_O(s)/(1 + G_O(s)) = 1/[1 + 0{,}149\,s + 0{,}0397\,s^2 + 0{,}00189\,s^3] = 529/[(s + 18{,}3)(s + 1{,}37 - j\,5{,}21)(s + 1{,}37 + j\,5{,}21)]$. Die Führungsübertragungsfunktion hat also einen bei $s_1 = -18{,}3$ liegenden reellen Pol und ein dominierendes komplexes Polpaar bei $s_{2,3} = -1{,}37 \pm j\,5{,}21$ mit der Eigenkreisfrequenz $\omega_0 = \sqrt{1{,}37^2 + 5{,}21^2}\ \text{s}^{-1} = 5{,}39\ \text{s}^{-1}$ und dem niedrigen Dämpfungsgrad $\vartheta = 1{,}37/5{,}21 = 0{,}263$. Setzt man die Eingangsübertragungsfunktion $G_{XU}(s)$ als Butterworth-Tiefpaßfilter 3. Ordnung mit der Grenzkreisfrequenz $\omega_g = 2\ \text{s}^{-1}$ an, gibt also $G_{XU}(s) = 1/B_3(s) = 1/[(1 + s/\omega_g)(1 + s/\omega_g + (s/\omega_g)^2)] = 1/[(1 + 0{,}5\,s)(1 + 0{,}5\,s + 0{,}25\,s^2)] = 8/[(s + 2)(s + 1 - j\,1{,}73)(s + 1 + j\,1{,}73)]$ vor, erhält man die Übertragungsfunktion des Vorfilters nach Gl. (3.103) zu

$$G_V(s) = \frac{G_{XU}(s)}{G_W(s)} = \frac{8}{529} \cdot \frac{(s + 18{,}3)(s + 1{,}37 - j\,5{,}21)(s + 1{,}37 + j\,5{,}21)}{(s + 2)(s + 1 - j\,1{,}73)(s + 1 + j\,1{,}73)} ;$$

diese kompensiert die Pole der Führungsübertragungsfunktion $G_W(s)$ und führt neue Polstellen bei $s_1 = -2$ und $s_{2,3} = -1 \pm j\,1{,}73$ ein. Die Antworten des Regelkreises auf einen Sprung der Eingangsgröße (a) und einen Sprung der Störgröße (b) sind in Bild 3.48 dargestellt; diese zeigen die vergleichsweise schnelle und schwach gedämpfte Reaktion auf die Störgröße und die langsamere und wesentlich besser bedämpfte Reaktion auf die Eingangsgröße.

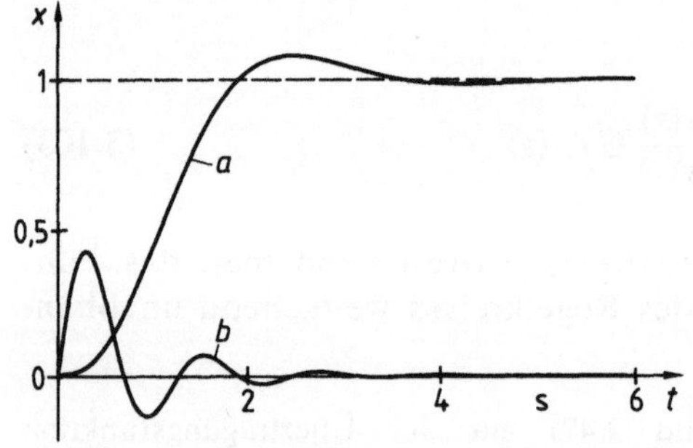

3.48
Sprungantworten des einschleifigen Regelkreises (zu Beispiel 3.16)
a) Eingangssprungantwort
b) Störantwort
$x(t)$ Regelgröße

3.2.3 Reglerentwurf mit der Übertragungsfunktion des offenen Regelkreises

Nach Abschn. 3.1.1, Gln. (3.15) und (3.16), ist die Übertragungsfunktion $G_O(s)$ des offenen Regelkreises in einfacher Weise mit der Führungsübertragungsfunktion $G_W(s)$ und der Störübertragungsfunktion $G_Z(s)$ verknüpft. Man kann daher die Forderungen an $G_W(s)$ bzw. $G_Z(s)$ in entsprechende Spezifikationen von $G_O(s)$ überführen. Auch hier kann man für ein P-T$_2$-Verhalten des geschlossenen Regelkreises analytische Beziehungen zwischen den Parametern des Zeitbereichs und denen des Bildbereichs angeben.

3.2.3.1 Entwurfspezifikationen. Nachfolgend sollen die Spezifikationen für das Führungsverhalten des geschlossenen Regelkreises in entsprechende Forderungen an den Frequenzgang $G_O(j\omega)$ des offenen Regelkreises umgesetzt werden.

Stabilität. In fast allen technischen Anwendungen hat die Übertragungsfunktion $G_O(s)$ des offenen Kreises Polstellen nur in der linken s-Halbebene oder maximal zwei Polstellen im Ursprung der s-Ebene, so daß man zur Bestimmung der Stabilität des geschlossenen Kreises das vereinfachte Nyquist-Kriterium (Abschn. 3.1.2.3) heranziehen kann. Verwendet man die Formulierung dieses Kriteriums im Bode-Diagramm, dann muß der Frequenzgang $G_O(j\omega)$ des offenen Kreises für einen stabilen Regelkreis eine positive Amplituden- bzw. Phasenreserve haben.

Bleibende Regeldifferenz. Für die bleibende Regeldifferenz $e_\infty = \lim\limits_{t\to\infty} e(t)$ wurde in Abschn. 3.1.3 für nichtperiodische Führungsgrößen $W(s) = w_{k-1}/s^k$ und eine Übertragungsfunktion des offenen Kreises der Form

$$G_O(s) = \frac{K_O}{(T_I s)^l} \cdot \frac{1 + b_1' s + \ldots + b_m' s^m}{1 + a_1' s + \ldots + a_{n-l}' s^{n-l}} \tag{3.104}$$

der allgemeine Zusammenhang

$$e_\infty = w_{k-1} \lim_{s\to 0} \frac{(T_I s)^l}{s^{k-1}[(T_I s)^l + K_O]} \tag{3.105}$$

angegeben. Die Auswertung dieser Beziehung für ganzzahlige Werte von k (Tafel **3.20**) zeigt, daß die bleibende Regeldifferenz e_∞ nur dann zu Null wird, wenn $l \geq k$ ist. Die Vielfachheit des Pols von $G_O(s)$ im Ursprung der s-Ebene muß also mindestens gleich der Vielfachheit des Pols der Führungsgröße sein. Im Bode-Diagramm entspricht das mit $s = j\omega$ einem Anstieg der Amplitudenkennlinie $|G_O(j\omega)|$ von $20 \cdot l$ dB/Dekade, wenn die Kreisfrequenz ω gegen Null strebt. Der offene Regelkreis muß also für $l \geq 1$ bei niedrigen Kreisfrequenzen eine sehr hohe Verstärkung haben. Legt man beispielsweise dem Entwurf eine sprungförmige Führungsgröße $W(s) = w_0/s$ zugrunde, muß die Übertragungsfunktion $G_O(s)$ mindestens einen Pol im Ursprung der s-Ebene haben, was einem Anstieg von $|G_O(j\omega)|$ von 20 dB/Dekade für $\omega \to 0$ entspricht.

Transientes Verhalten. Die Dämpfung des Einschwingvorgangs ist eng mit der Phasenreserve des offenen Regelkreises verknüpft. Diesen Zusammenhang kann man für ein P-T_2-Führungsverhalten des geschlossenen Regelkreises wie folgt angeben:

Aus dem allgemeinen Zusammenhang (s. Abschn. 3.1.1)

$$G_W(s) = \frac{G_O(s)}{1 + G_O(s)}$$

erhält man durch Umstellen die Übertragungsfunktion des offenen Kreises zu

$$G_O(s) = \frac{G_W(s)}{1 - G_W(s)}. \tag{3.106}$$

Setzt man für $G_W(s)$ ein P-T$_2$-Verhalten mit dem Dämpfungsgrad ϑ und der Kennzeit T_0, also

$$G_W(s) = \frac{1}{1 + 2\vartheta T_0 s + T_0^2 s^2} \tag{3.107}$$

an, dann berechnet man $G_O(s)$ zu

$$G_O(s) = \frac{1}{2\vartheta T_0 s + T_0^2 s^2}. \tag{3.108}$$

Mit $s = j\omega$ ist der Frequenzgang des offenen Kreises

$$G_O(j\omega) = \frac{1}{j\omega T_0 (2\vartheta + j\omega T_0)}, \tag{3.109}$$

Betrag und Phase sind also durch

$$|G_O(j\omega)| = \frac{1}{(\omega T_0)\sqrt{4\vartheta^2 + (\omega T_0)^2}} \tag{3.110}$$

und

$$\varphi_O(j\omega) = -\pi/2 - \arctan\left[\frac{\omega T_0}{2\vartheta}\right] \tag{3.111}$$

gegeben. Die Durchtrittskreisfrequenz ω_d, die in Abschn. 3.1.2.3 durch die Bedingung $|G_O(j\omega_d)| = 1$ definiert wurde, erhält man aus Gl. (3.110) in bezogener Form zu

$$\omega_d T_0 = \sqrt{-2\vartheta^2 + \sqrt{4\vartheta^4 + 1}}. \tag{3.112}$$

Die Phasenreserve

$$\varphi_r = \pi + \varphi_O(\omega_d) \tag{3.113}$$

bestimmt man durch Einsetzen von Gl. (3.112) in Gl. (3.111) zu

$$\varphi_\mathrm{r} = \pi/2 - \arctan\left[\frac{1}{2\vartheta}\sqrt{-2\vartheta^2 + \sqrt{4\vartheta^4 + 1}}\right]. \tag{3.114}$$

Dieser Zusammenhang ist für $0 \leq \vartheta \leq 2$ in Bild **3.49** dargestellt. Geht man von der auf den Endwert bezogenen Überschwingweite h_m/h_∞ aus, kann man den zugehörigen Dämpfungsgrad ϑ nach Gl. (3.79) ermitteln und erhält damit die in Bild **3.49** oberhalb des Diagramms angebrachte Skalierung. Üblicherweise läßt man bezogene Überschwingweiten zwischen 30% und 2% entsprechend Dämpfungsgraden zwischen 0,37 und 0,78 zu. Dieser Wertung entspricht im Diagramm eine Phasenreserve des offenen Kreises zwischen 40° und 70°. Diese Abschätzung gilt auch für ein angenähertes P-T$_2$-Führungsverhalten des geschlossenen Regelkreises.

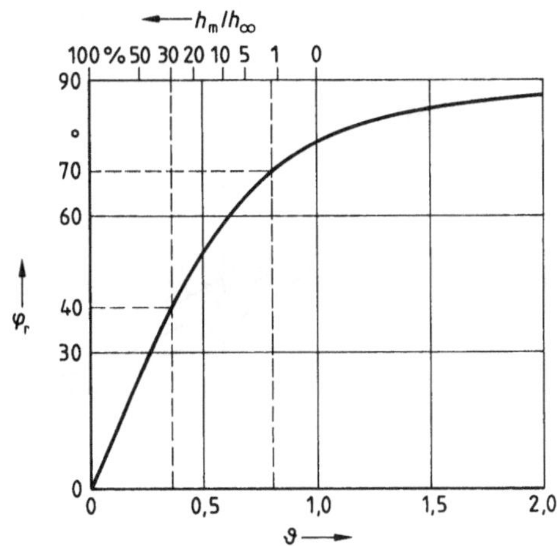

3.49 Phasenreserve in Abhängigkeit vom Dämpfungsgrad bzw. der Überschwingweite beim P-T$_2$-Glied
ϑ Dämpfungsgrad
h_m/h_∞ bezogene Überschwingweite
φ_r Phasenreserve

Die Schnelligkeit des Einschwingvorgangs wurde in Abschn. 3.1.4.1 durch die Einschwingzeit T_ep gekennzeichnet. Der entsprechende Parameter im Frequenzgang des offenen Kreises ist die Durchtrittskreisfrequenz ω_d, wobei einer großen Durchtrittskreisfrequenz ein schneller Einschwingvorgang entspricht und umgekehrt. Für ein P-T$_2$-Führungsverhalten des geschlossenen Regelkreises kann man den Zusammenhang zwischen T_ep und ω_d in geschlossener Form angeben: Man geht davon aus, daß der Dämpfungsgrad ϑ des P-T$_2$-Glieds bereits durch die Forderung nach ausreichender Dämpfung festgelegt ist. Die bezogene Durchtrittskreisfrequenz $\omega_\mathrm{d} T_0$ ist damit nach Gl. (3.112) eine bestimmte Größe. Andererseits ist die bezogene Einschwingzeit T_ep/T_0 durch Gl. (3.82) als Funktion des Dämpfungsgrads ϑ und des Toleranzfaktors p gegeben. Kombination dieser beiden Beziehungen liefert den formelmäßigen Zusammenhang

$$\omega_\mathrm{d} = c_\mathrm{d}(\vartheta, p) \cdot \frac{1}{T_\mathrm{ep}} \tag{3.115}$$

zwischen der Durchtrittskreisfrequenz ω_d und der Einschwingzeit T_{ep}, wobei der Proportionalitätsfaktor durch

$$c_d(\vartheta, p) = \frac{1}{\vartheta} \ln \left(\frac{100}{p} \cdot \frac{1}{\sqrt{1-\vartheta^2}} \right) \cdot \sqrt{-2\vartheta^2 + \sqrt{4\vartheta^4 + 1}} \qquad (3.116)$$

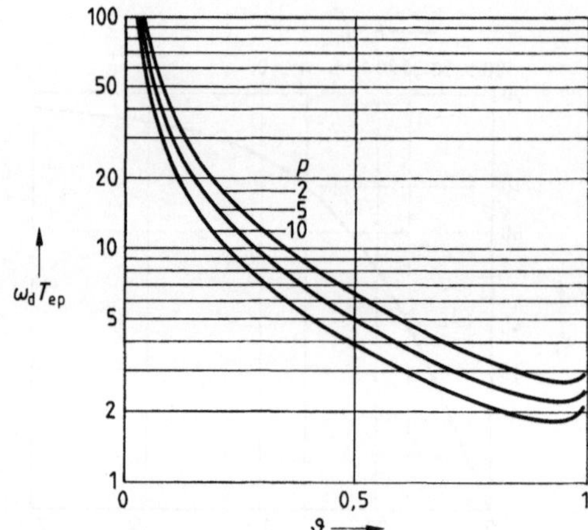

gegeben ist. Dieser bzw. das Produkt $\omega_d T_{ep}$ ist in Bild **3.50** als Funktion des Dämpfungsgrads ϑ mit dem Toleranzfaktor p als Scharparameter aufgetragen.

3.50
Bezogene Durchtrittskreisfrequenz des P-T$_2$-Glieds als Funktion des Dämpfungsgrads
ϑ Dämpfungsgrad
p Toleranzfaktor
T_{ep} Einschwingzeit
ω_d Durchtrittskreisfrequenz

Robustheit. Nach Abschn. 3.1.5, Gl. (3.69), wirken sich Änderungen der Systemparameter nur wenig auf das Führungsverhalten des Regelkreises aus, solange die nominale Führungsübertragungsfunktion $G_W(j\omega, p_N) \approx 1$ ist. Wegen

$$G_W(j\omega) = \frac{1}{\dfrac{1}{G_O(j\omega)} + 1} \qquad (3.117)$$

wird diese Forderung erfüllt, wenn $G_O(j\omega)$ betragsmäßig sehr groß ist ($|G_O(j\omega)| \gg 1$), was für kleine Kreisfrequenzen der Forderung nach einer kleinen bleibenden Regeldifferenz entspricht. Sorgt man außerdem für eine hinreichende Dämpfung des Einschwingvorgangs, kann man eine geringe Parameterempfindlichkeit bis zur Durchtrittskreisfrequenz ω_d erreichen.

Die Forderungen an den Frequenzgang $G_O(j\omega)$ des offenen Regelkreises kann man wie folgt zusammenfassen:

Der Frequenzgang $G_O(j\omega)$ muß die Stabilitätsbedingungen des Nyquist-Kriteriums (s. Abschn. 3.1.2.3) erfüllen.

Bei kleinen Kreisfrequenzen muß der Betrag des Frequenzgangs $G_O(j\omega)$ sehr große Werte annehmen, um bei einer Verstellung der Führungs- oder der Störgröße die bleibende Regeldifferenz unter einer tolerierbaren Schranke zu halten.

Um eine ausreichende Dämpfung des Einschwingvorgangs zu erzielen, muß die Phasenreserve von $G_O(j\omega)$ etwa im Bereich $40° < \varphi_r < 70°$ liegen. Geringe Phasenreserven haben schlecht gedämpfte, große Phasenreserven stark gedämpfte Einschwingvorgänge zur Folge.

Die Schnelligkeit des Einschwingvorgangs wird bei vorgegebenem Dämpfungsgrad von der Durchtrittskreisfrequenz ω_d bestimmt. Diese ist so zu wählen, daß die Einschwingzeit T_{ep} innerhalb der Toleranzen liegt.

Eine hinreichende Robustheit im Bereich $0 \leq \omega < \omega_d$ kann man erreichen, indem man die Forderungen nach geringer bleibender Regeldifferenz und hinreichender Dämpfung des Einschwingvorgangs erfüllt. Im folgenden Abschnitt wird gezeigt, wie sich diese Forderungen erfüllen lassen.

3.2.3.2 Entwurf von Kompensationsreglern. Der Regler, der dem geschlossenen Regelkreis das gewünschte Führungs- oder Störübertragungsverhalten gibt, wird in einer iterativen Vorgehensweise entworfen. Man schreitet meist wie folgt voran: Zunächst wählt man, ausgehend von den Spezifikationen und den Kenntnissen über die Regelstrecke, eine Reglerstruktur (z. B. PI- oder PID-Struktur) aus, die geeignet erscheint, die Forderungen an die Stabilität, die stationäre Genauigkeit, das transiente Verhalten und die Robustheit der Regelung zu erfüllen. Der ausgewählte Regler enthält einen oder mehrere freie Parameter, die man im nächsten Schritt mittels geeigneter Methoden, hier also mit dem Frequenzkennlinien-Verfahren, bestimmt. Anschließend verifiziert man den Entwurf, indem man das Übergangsverhalten des Regelkreises bei Einwirken der in den Spezifikationen festgelegten Führungs- oder Störungsgrößenverläufe auf analytischem Wege oder durch eine analoge oder digitale Simulation ermittelt und auf Einhalten der Vorgaben überprüft. Häufig wird man feststellen, daß die genannten Schritte mehrfach durchlaufen werden müssen, bis der Entwurf allen Anforderungen gerecht wird; die hierbei anfallenden Berechnungen wird man meist im Dialog mit dem Digitalrechner erledigen. Allerdings sollte man die Genauigkeitsanforderungen in der Entwurfsphase nicht zu hoch ansetzen: Da das Modell der Regelstrecke praktisch nie exakt mit dem realen Prozeß übereinstimmt, wird man die Reglerparameter endgültig erst an der Anlage selbst einstellen können.

Da das dynamische Verhalten der in der Praxis vorkommenden Prozesse und die Anforderungen an das Verhalten der Regelung sehr verschiedenartig sein können, lassen sich keine allgemeingültigen „Kochrezepte" für das Durchführen des Entwurfs angeben. Die sich vielfach widersprechenden Entwurfsforderungen und die häufig komplexen Beziehungen zwischen den Reglerparametern und den Eigenschaften des geschlossenen Regelkreises verlangen vom entwickelnden Ingenieur vielmehr ein hohes Maß an Erfahrung und Urteilsvermögen. Nachfolgend soll der Entwurfsvorgang für die klassischen Standardregler und einen proportional wirkenden Prozeß mit verzögerndem Verhalten höherer Ordnung (P-T_n-Strecke) exemplarisch dargestellt werden.

Dem Entwurf wird der einschleifige Standardregelkreis nach Bild 3.51 zugrundegelegt; die Übertragungsfunktion der Regelstrecke sei durch

$$G_S(s) = \frac{K_S}{(1+T_1 s)(1+T_2 s)\dots(1+T_k s)} \tag{3.118}$$

mit dem Proportionalbeiwert K_S und den Verzögerungszeiten T_1 bis T_k vorgegeben. Die Übertragungsfunktion $G_R(s)$ des Kompensationsreglers sei so zu bestimmen, daß der geschlossene Regelkreis für eine sprungförmig veränderliche Führungsgröße die in Abschn. 3.2.3.1 zusammengestellten Entwurfsforderungen erfüllt; dies wird nacheinander für den P-Regler, den I-Regler, den PI-Regler und den PID-Regler durchgeführt.

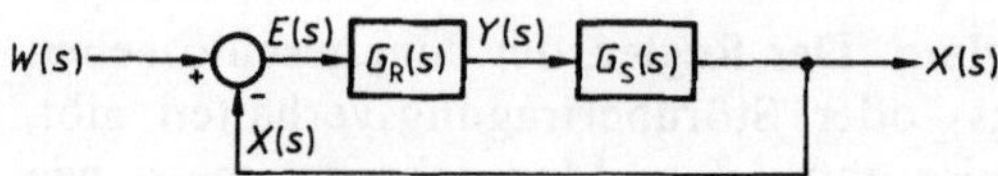

3.51 Wirkungsplan des einschleifigen Standardregelkreises
$G_R(s)$ Übertragungsfunktion des Reglers, $G_S(s)$ Übertragungsfunktion der Regelstrecke, $W(s)$ Führungsgröße, $E(s)$ Regeldifferenz, $Y(s)$ Stellgröße, $X(s)$ Regelgröße

P-Regler. Mit $G_R(s) = K_P$ erhält man die Übertragungsfunktion des offenen Regelkreises zu

$$G_O(s) = \frac{K_P K_S}{(1+T_1 s)(1+T_2 s)\dots(1+T_k s)}, \tag{3.119}$$

also den Amplituden- und Phasengang zu

$$|G_O(j\omega)| = \frac{K_P K_S}{\sqrt{1+(\omega T_1)^2}\,\sqrt{1+(\omega T_2)^2}\dots\sqrt{1+(\omega T_k)^2}} \tag{3.120}$$

und

$$\varphi_O(j\omega) = -\arctan(\omega T_1) - \arctan(\omega T_2) - \dots - \arctan(\omega T_k). \tag{3.121}$$

Gibt man zur Sicherung der Stabilität und einer hinreichenden Dämpfung des transienten Vorgangs eine Phasenreserve φ_r von 40° bis 70° vor, ist die Durchtrittskreisfrequenz ω_d durch die Beziehung (s. Abschn. 3.1.2.3)

$$\varphi_O(j\omega_d) = \varphi_r - 180° \tag{3.122}$$

mit $\varphi_O(j\omega)$ nach Gl. (3.121) festgelegt. Gleichzeitig ist damit auch der Proportionalbeiwert K_P des P-Reglers durch $|G_O(j\omega_d)| = 1$ bestimmt. Da der P-Regler nur den einen freien Parameter K_P hat, kann man zwar die Phasenreserve φ_r, also die Stabilität und die Dämpfung, nicht aber gleichzeitig noch die Durchtrittskreisfrequenz ω_d und damit die Schnelligkeit der Sprungantwort vorgeben.

Außerdem tritt nach Abschn. 3.1.3 bei den hier vorliegenden Verhältnissen eine bleibende Regeldifferenz

$$e_\infty = \frac{w_0}{1+K_O} = \frac{w_0}{1+K_P K_S} \tag{3.123}$$

auf; da K_P aus Stabilitätsgründen meist nicht sehr groß ist, dürften sich die Vorgaben nur in den wenigsten Fällen durch einen P-Regler erfüllen lassen.

Beispiel 3.17. Für einen Prozeß mit der Übertragungsfunktion $G_S(s) = K_S/$ $[(1+T_1 s)(1+T_2 s)(1+T_3 s)]$, dem Proportionalbeiwert $K_S = 23{,}8$ und den Zeitkonstanten $T_1 = 0{,}363$ s, $T_2 = 0{,}205$ s und $T_3 = 0{,}062$ s soll ein P-Regler derart entworfen werden, daß der geschlossene Regelkreis stabil ist und der offene Regelkreis eine Phasenreserve $\varphi_r = 60°$ hat.

Man bestimmt zunächst die Frequenzkennlinien $G_O^*(j\omega)$ des offenen Kreises für den Proportionalbeiwert $K_P = 1$ (Bild 3.52 a) und liest für eine Phasenreserve $\varphi_r = 60°$ die Durchtrittskreisfrequenz $\omega_d = 4{,}70$ s^{-1} und den Betrag $|G_O^*(j\omega_d)| = 18{,}4$ dB $\triangleq 8{,}32$ ab.

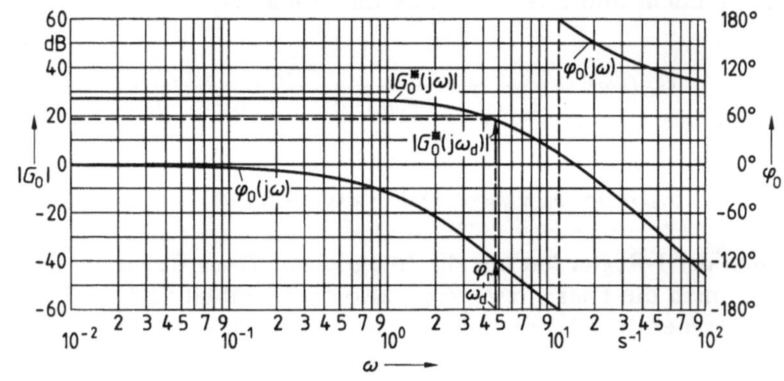

a)

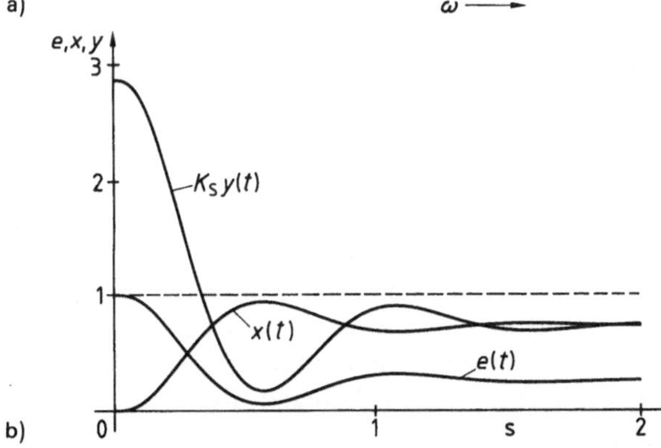

b)

3.52 Auslegung eines P-Reglers für eine P-T$_3$-Regelstrecke
a) Bode-Diagramm, b) Sprungantworten des geschlossenen Kreises
$G_O(j\omega)$ Frequenzgang des offenen Regelkreises, φ_r Phasenreserve
ω_d Durchtrittskreisfrequenz, e Regeldifferenz, x Regelgröße, y Stellgröße
K_S Proportionalbeiwert der Regelstrecke

Wegen $|G_{\mathrm{O}}(j\omega_{\mathrm{d}})| = K_{\mathrm{P}}|G_{\mathrm{O}}^*(j\omega_{\mathrm{d}})| \overset{!}{=} 1$ erhält man den Reglerbeiwert zu $K_{\mathrm{P}} = 1/|G_{\mathrm{O}}^*(j\omega_{\mathrm{d}})|$ $= 0,120 \overset{\wedge}{=} -18,4$ dB; die Reglerübertragungsfunktion ist also $G_{\mathrm{R}}(s) = 0,120$. Die digitale Simulation der Führungssprungantwort des geschlossenen Kreises (Bild 3.52b) zeigt einen zunächst schnellen Einschwingvorgang, der aber nicht dem gewünschten Endwert zustrebt. Wie zu erwarten, bleibt für $t \to \infty$ eine Regeldifferenz $e_\infty = w_0/(1 + K_{\mathrm{O}})$ $= w_0/(1 + 0,120 \cdot 23,8) = 0,26\,w_0$ erhalten, was nur in den seltensten Fällen tragbar sein dürfte.

I-Regler. Die bei einer sprungförmigen Änderung der Führungsgröße stationär auftretende Regeldifferenz kann man für den vorgegebenen Typ der Regelstrecke nach Tafel 3.20 beseitigen, indem man dem Regler ein integrierendes Verhalten gibt. Mit $G_{\mathrm{R}}(s) = 1/(T_{\mathrm{I}}s)$ wird die Übertragungsfunktion des offenen Kreises

$$G_{\mathrm{O}}(s) = \frac{K_{\mathrm{S}}}{T_{\mathrm{I}}s(1 + T_1 s)(1 + T_2 s)\ldots(1 + T_k s)}\,; \tag{3.124}$$

Amplituden- und Phasengang bestimmt man zu

$$|G_{\mathrm{O}}(j\omega)| = \frac{K_{\mathrm{S}}}{T_{\mathrm{I}}\omega\,\sqrt{1 + (T_1\omega)^2}\,\sqrt{1 + (T_2\omega)^2}\ldots\sqrt{1 + (T_k\omega)^2}} \tag{3.125}$$

und

$$\varphi_{\mathrm{O}}(j\omega) = \varphi_{\mathrm{R}} + \varphi_{\mathrm{S}} = -90° - \arctan(T_1\omega)\ldots - \arctan(T_k\omega). \tag{3.126}$$

Auch der I-Regler hat nur die Integrierzeit T_{I} als freien Parameter; mit dieser kann man die Phasenreserve φ_{r}, also die Stabilität und die Dämpfung des geschlossenen Regelkreises, nicht aber gleichzeitig die Durchtrittskreisfrequenz ω_{d} festlegen. Da durch den integrierenden Regler bereits eine Phasennacheilung von $-90°$ hervorgerufen wird, bleibt für den Phasengang der Regelstrecke nur noch ein geringer Spielraum bis zum Erreichen der durch die Phasenreserve gegebenen Grenze übrig. Diesen erhält man mit Gl. (3.122) und (3.126) zu

$$\varphi_{\mathrm{S}}(j\omega_{\mathrm{d}}) = \varphi_{\mathrm{r}} - 180° + 90° = \varphi_{\mathrm{r}} - 90°\,; \tag{3.127}$$

bei einer Phasenreserve von $\varphi_{\mathrm{r}} = 60°$ also gerade noch $\varphi_{\mathrm{S}}(j\omega_{\mathrm{d}}) = -30°$. Im Vergleich zu dem mit einem P-Regler ausgestatteten Regelkreis wird die Durchtrittskreisfrequenz ω_{d} daher hier deutlich kleiner sein. Den Vorteil einer stationär genauen Regelung erkauft man beim I-Regler also durch ein verschlechtertes transientes Verhalten.

Beispiel 3.18. Für den in Beispiel 3.17 gegebenen Prozeß soll ein I-Regler angegeben werden, der im offenen Regelkreis eine Phasenreserve $\varphi_{\mathrm{r}} = 60°$ erzeugt.

Man bestimmt zunächst für $T_{\mathrm{I}} = 1$ die Frequenzkennlinien des offenen Kreises (Bild 3.53a) und liest für $\varphi_{\mathrm{r}} = 60°$ die Durchtrittskreisfrequenz $\omega_{\mathrm{d}} = 0,85\ \mathrm{s}^{-1}$ und den Betrag

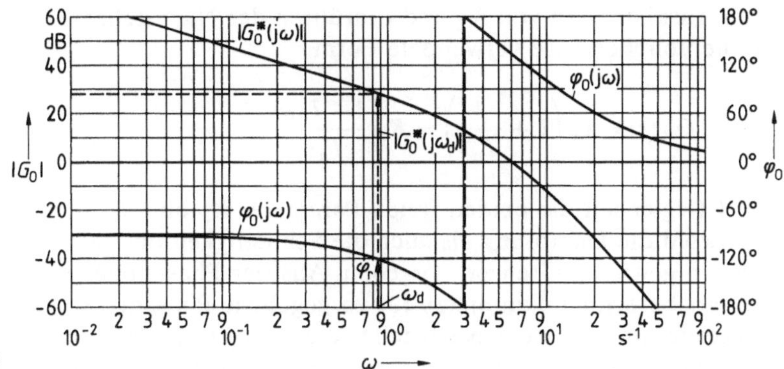

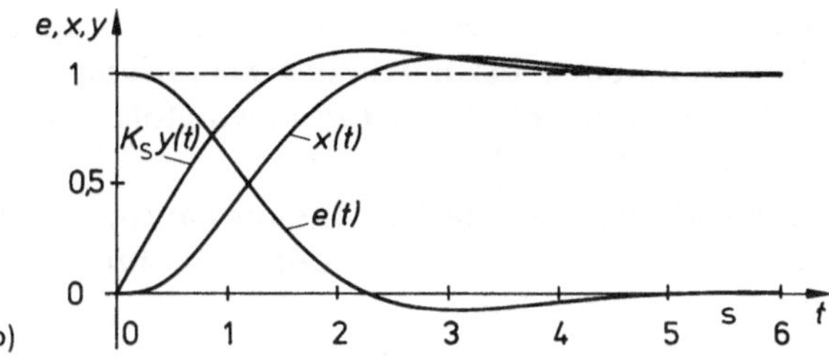

3.53 Auslegung eines I-Reglers für eine P-T$_3$-Regelstrecke
a) Bode-Diagramm
b) Sprungantworten des geschlossenen Kreises
$G_O(j\omega)$ Frequenzgang des offenen Regelkreises, φ_r Phasenreserve
ω_d Durchtrittskreisfrequenz, e Regeldifferenz
x Regelgröße, y Stellgröße
K_S Proportionalbeiwert der Regelstrecke

des Amplitudengangs $|G_0^*(j\omega_d)| = 28{,}4\ \text{dB} \triangleq 26{,}3$ ab. Den erforderlichen Reglerbeiwert erhält man aus der Bedingung $|G_O(j\omega_d)| = |G_0^*(j\omega_d)|/T_I \overset{!}{=} 1$ zu $T_I = 26{,}3$ s. Der gesuchte I-Regler hat also die Übertragungsfunktion $G_R(s) = 1/(26{,}3\,s)$. Bild **3.53**b zeigt die Sprungantworten des geschlossenen Regelkreises für die Regelgröße, die Regeldifferenz und die mit der Streckenverstärkung K_S multiplizierte Stellgröße. Da sich diese nach Auftreten des Sprungs der Führungsgröße nur langsam aufbaut, ist das transiente Verhalten des Regelkreises mit I-Regler ausgesprochen träge und wird nur bei geringen Ansprüchen an die Dynamik der Regelung befriedigen können.

PI-Regler. Die schnelle Reaktion des P-Reglers und die günstigen stationären Eigenschaften des I-Reglers kann man im PI-Regler miteinander verknüpfen. Dieser besteht, wie seine Kurzbezeichnung bereits kennzeichnet, aus der Parallelschaltung eines P- und eines I-Reglers, hat also die Übertragungsfunktion

$$G_R(s) = K_P + \frac{1}{T_I s}. \tag{3.128}$$

Durch Ausklammern von K_P und Einführen der Nachstellzeit $T_n = K_P T_I$ erhält man die üblicherweise verwendete Form

$$G_R(s) = K_P\left(1 + \frac{1}{T_n s}\right) = K_P \frac{1 + T_n s}{T_n s}. \qquad (3.129)$$

Der PI-Regler hat die beiden freien Parameter K_P und T_n, d.h. man kann mit ihm sowohl die Dämpfung als auch die Schnelligkeit des geschlossenen Regelkreises in gewissen Grenzen vorgeben. Aus der Phasenbilanz des offenen Regelkreises berechnet man hierzu für vorgegebene Phasenreserve φ_r und Durchtrittskreisfrequenz ω_d die Nachstellzeit des Reglers, ermittelt für diesen Wert von T_n die Frequenzkennlinien von $G_0^*(j\omega)$ und bestimmt den Proportionalbeiwert K_P des Reglers aus der Bedingung $|G_O(j\omega_d)| = K_P |G_0^*(j\omega_d)| = 1$. Es zeigt sich aber, daß man bei dieser Vorgehensweise Übergangsvorgänge erhält, die zwar meist die Spezifikationen bezüglich der Dämpfung und der Einschwingzeit einhalten, sich aber innerhalb der Einschwingtoleranzen dem Endwert nur sehr zögernd („kriechend") nähern.

Ein einfacheres Entwurfsverfahren, das darüber hinaus häufig auch bessere Ergebnisse liefert, besteht darin, daß man die größte („dominante") Verzögerungszeit der Regelstrecke durch die Nachstellzeit T_n des Reglers kompensiert. Für die vorgegebene P-T_k-Regelstrecke erhält man die Übertragungsfunktion mit $G_R(s)$ nach Gl. (3.129) zu

$$G_O(s) = K_P \frac{1 + T_n s}{T_n s} \cdot \frac{K_S}{(1 + T_1 s)(1 + T_2 s) \dots (1 + T_k s)}. \qquad (3.130)$$

Ist beispielsweise T_1 die größte Verzögerungszeit der Strecke, vereinfacht sich die Übertragungsfunktion des offenen Kreises mit der Festlegung $T_n = T_1$ zu

$$G_O(s) = \frac{K_P K_S}{T_1 s} \cdot \frac{1}{(1 + T_2 s) \dots (1 + T_k s)}. \qquad (3.131)$$

Man hat jetzt nur noch den Proportionalbeiwert K_P des PI-Reglers als freien Parameter, den man analog zur Festlegung der Integrierzeit T_I des I-Reglers aus der vorgegebenen Phasenreserve mittels der Frequenzkennlinie des offenen Kreises bestimmt.

Den Entwurf des PI-Reglers führt man also in den folgenden Schritten durch:

Aus den Spezifikationen für die Dämpfung und die Schnelligkeit des geschlossenen Regelkreises leitet man Forderungen an die Phasenreserve φ_r und die Durchtrittskreisfrequenz ω_d des Frequenzgangs des offenen Regelkreises ab.

Man bestimmt die größte Verzögerungszeit der Strecke und fixiert die Nachstellzeit des Reglers auf diesen Wert.

Für den derart festgelegten Wert von T_n und $K_P = 1$ zeichnet man die Frequenzkennlinien des offenen Kreises und stellt den Wert des Amplitudengangs $|G_O^*(j\omega_d)|$ bei der Durchtrittskreisfrequenz ω_d fest. Den einzustellenden Reglerbeiwert erhält man dann aus der Bedingung $|G_O(j\omega_d)| = K_P|G_O^*(j\omega_d)| = 1$ zu $K_P = 1/|G_O^*(j\omega_d)|$. Die Integrierzeit T_I bestimmt man abschließend zu $T_I = T_n/K_P = T_1/K_P$.

Durch eine Simulation überprüft man die Reglereinstellung auf Einhalten der Spezifikationen.

Beispiel 3.19. Für den in Beispiel 3.17 genannten Prozeß soll ein PI-Regler derart entworfen werden, daß er die größte Verzögerungszeit der Strecke kompensiert und der geschlossene Regelkreis eine Phasenreserve von $\varphi_r = 60°$ hat.

Mit den vorgegebenen Parametern bestimmt man die Nachstellzeit des Reglers zu $T_n = 0,363$ s und erhält den Frequenzgang des offenen Kreises zu $G_O(j\omega) = 23,8\,K_P/$ $[0,363\,j\omega(1 + 0,205\,j\omega)(1 + 0,062\,j\omega)]$. Die Frequenzkennlinien des offenen Kreises sind für $K_P = 1$ in Bild 3.54a dargestellt; man entnimmt ihnen für eine Phasenreserve $\varphi_r = 60°$

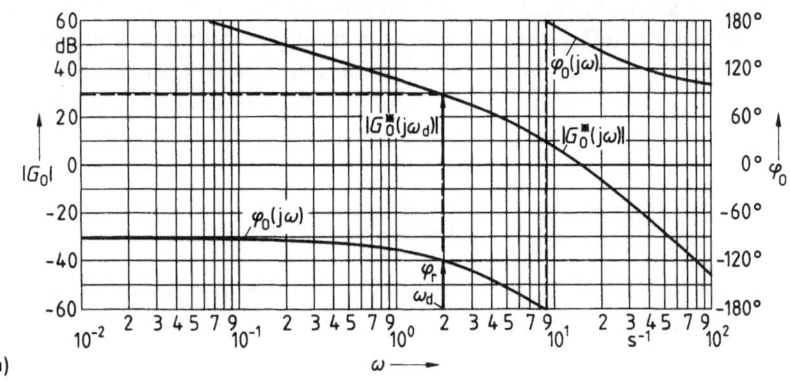

a)

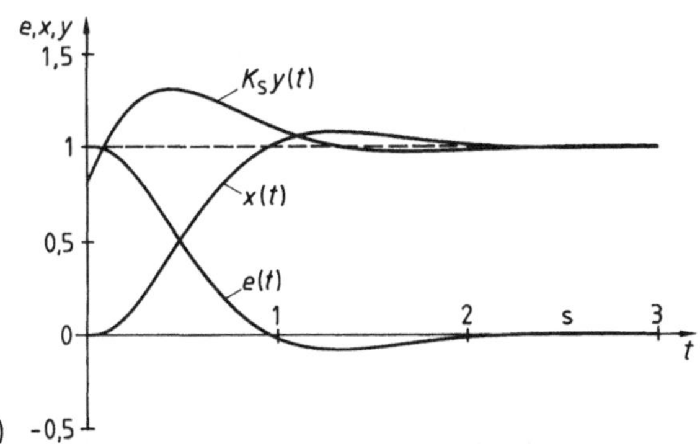

b)

3.54 Auslegung eines PI-Reglers für eine P-T$_3$-Regelstrecke
    a) Bode-Diagramm, b) Sprungantworten des geschlossenen Kreises
    $G_O(j\omega)$ Frequenzgang des offenen Regelkreises, φ_r Phasenreserve
    ω_d Durchtrittskreisfrequenz, e Regeldifferenz, x Regelgröße, y Stellgröße
    K_S Proportionalbeiwert der Regelstrecke

die Durchtrittskreisfrequenz $\omega_d = 2{,}05$ s^{-1} und den Betrag $|G_0^*(j\omega_d)| = 29{,}3$ dB. Der erforderliche Reglerbeiwert ist also $K_P = -29{,}3$ dB $= 0{,}0343$ und die Integrierzeit $T_1 = T_1/K_P = 10{,}6$ s. Der PI-Regler hat also die Übertragungsfunktion $G_R(s)$ $= 0{,}0343 + 1/(10{,}6\,s) = 0{,}0343\,(1 + 0{,}363\,s)/(0{,}363\,s)$.

Da die Verzögerungszeit T_3 wesentlich kleiner als T_2 ist, kann man für den offenen Regelkreis annähernd ein I-T_1-Verhalten, für den geschlossenen Regelkreis daher ein P-T_2-Verhalten ansetzen. Nach Bild 3.49 ist damit für $\varphi_r = 60°$ ein Dämpfungsgrad von $\vartheta \approx 0{,}62$ und eine bezogene Überschwingweite $h_m/h_\infty \approx 8\%$, und nach Bild 3.50 eine Einschwingzeit von $T_{e5} \approx 4/\omega_d \approx 2$ s zu erwarten. Diese Abschätzungen werden durch die in Bild 3.54b dargestellte Sprungantwort des geschlossenen Regelkreises bestätigt, die gegenüber den Regelkreisen mit P-Regler (Bild 3.52b) und I-Regler (Bild 3.53b) ein erheblich verbessertes Verhalten zeigt.

Die für das Auslegen des PI-Reglers verwendete Methode der Kompensation der größten Verzögerungszeit der Regelstrecke hat den Vorteil der Einfachheit und bringt in den meisten Anwendungsfällen befriedigende oder gute Resultate. Schwierigkeiten können sich dann ergeben, wenn die verbleibenden Verzögerungszeiten der Regelstrecke wesentlich kleiner als die dominante Verzögerungszeit sind, da dann der Regelkreis eventuell zu breitbandig wird und auf Störungen zu heftig reagiert. Um die damit verbundene Belastung der Anlage zu reduzieren, führt man im Nenner der Übertragungsfunktion die Dämpfungszeit T_d ein und erhält die modifizierte Übertragungsfunktion des PI-Reglers zu

$$G_R(s) = K_P \,\frac{1 + T_n s}{T_n s\,(1 + T_d s)}. \tag{3.132}$$

Mit der Festlegung $T_n = T_1$ wird dann die Übertragungsfunktion des offenen Regelkreises mit P-T_3-Strecke

$$G_O(s) = \frac{K_P K_S}{T_1 s} \cdot \frac{1}{(1 + T_d s)(1 + T_2 s) \ldots (1 + T_k s)}. \tag{3.133}$$

Die Dämpfungszeit T_d des Reglers bestimmt man für eine vorgegebene Phasenreserve φ_r und Durchtrittskreisfrequenz ω_d aus der Phasenbilanz

$$-90° - \arctan(\omega_d T_d) - \arctan(\omega_d T_2) - \ldots - \arctan(\omega_d T_k) = \varphi_r - 180° \tag{3.134}$$

des offenen Kreises zu

$$T_d = \frac{1}{\omega_d}\,\tan[90° - \arctan(\omega_d T_2) - \ldots - \arctan(\omega_d T_k)]. \tag{3.135}$$

Die Dämpfungszeit T_d des Reglers begrenzt dann die Bandbreite des geschlossenen Regelkreises in der gewünschten Weise.

PID-Regler. Ist die geforderte Einschwingzeit mit dem PI-Regler nicht zu erzielen, kann man den Regelkreis durch Hinzufügen eines differenzierenden Anteils schneller machen. Man erhält dann den PID-Regler, der aus der Parallelschaltung eines proportionalen, eines integrierenden und eines differenzierenden Gliedes besteht, also die Übertragungsfunktion

$$G_R(s) = K_P + \frac{1}{T_I s} + T_D s \tag{3.136}$$

hat; T_D bezeichnet die Differenzierzeit des Reglers. Mit der Nachstellzeit $T_n = K_p T_I$ und der Vorhaltzeit $T_v = T_D / K_P$ rechnet man $G_R(s)$ in die Form

$$G_R(s) = K_P \left[1 + \frac{1}{T_n s} + T_v s \right] = K_P \frac{1 + T_n s + T_n T_v s^2}{T_n s} \tag{3.137}$$

um. Für den Entwurf verwendet man meist die für $T_v \leq T_n/4$ äquivalente Form

$$G_R(s) = K_{PP} \frac{(1 + T_{nP} s)(1 + T_{vP} s)}{T_{nP} s}. \tag{3.138}$$

Hat man deren Parameter K_{PP}, T_{nP} und T_{vP} bestimmt, kann man die Beiwerte der Gl. (3.137) sukzessive nach den Beziehungen $T_n = T_{nP} + T_{vP}$, $T_v = T_{nP} T_{vP}/T_n$ und $K_P = K_{PP} T_n/T_{nP}$ berechnen.

Der PID-Regler hat in der hier vorgestellten idealen Form die drei freien Parameter K_{PP}, T_{nP} und T_{vP}, mit denen man das dynamische Verhalten des geschlossenen Regelkreises in weiten Grenzen beeinflussen kann. Will man beispielsweise den Kreis möglichst schnell machen, bietet sich die Kompensation der beiden größten Verzögerungszeiten der Strecke an. Sind dies bei einer P-T_k-Regelstrecke die Verzögerungszeiten T_1 und T_2 mit $T_1 > T_2$, erhält man mit der Festlegung $T_{nP} = T_1$ und $T_{vP} = T_2$ die Übertragungsfunktion des offenen Regelkreises zu

$$G_O(s) = \frac{K_{PP}}{T_1 s} \cdot \frac{K_S}{(1 + T_3 s) \dots (1 + T_k s)}. \tag{3.139}$$

Den einzigen noch freien Parameter K_{PP} des PID-Reglers bestimmt man dann aus der Forderung nach einer hinreichenden Dämpfung des Übergangsvorgangs, im Bode-Diagramm also durch Festlegen einer ausreichenden Phasenreserve.

Beispiel 3.20. Für den Prozeß nach Beispiel 3.17 soll ein PID-Regler angegeben werden, der die beiden größten Verzögerungszeiten der Regelstrecke kompensiert und im offenen Regelkreis eine Phasenreserve $\varphi_r = 60°$ erzeugt.

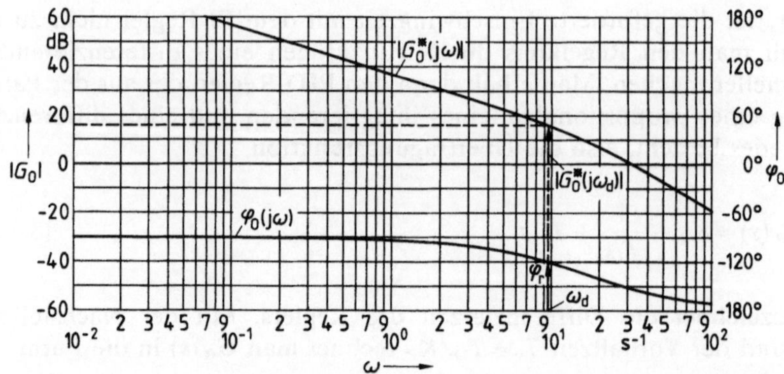

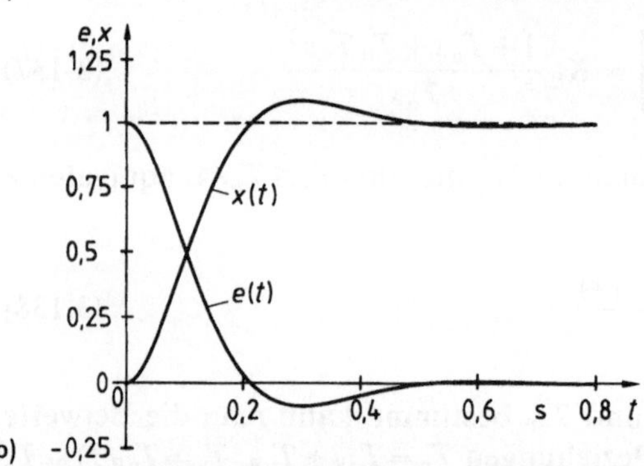

3.55 Auslegung eines PID-Reglers für eine P-T$_3$-Regelstrecke
a) Bode-Diagramm, b) Sprungantworten des geschlossenen Kreises
$G_O(j\omega)$ Frequenzgang des offenen Regelkreises, φ_r Phasenreserve
ω_d Durchtrittskreisfrequenz, e Regeldifferenz, x Regelgröße, y Stellgröße
K_S Proportionalbeiwert der Regelstrecke

Mit den vorgegebenen Parametern $K_S = 23{,}8$, $T_1 = 0{,}363$ s, $T_2 = 0{,}205$ s und $T_3 = 0{,}062$ s fixiert man die Reglerkennzeiten von $T_{nP} = T_1 = 0{,}363$ s und $T_{vP} = T_2 = 0{,}205$ s. Der offene Regelkreis hat dann die Übertragungsfunktion $G_O(s) = K_{PP} K_S/[T_1 s (1 + T_3 s)]$. Für $K_{PP} = 1$ zeichnet man die Frequenzkennlinien $G_O^*(j\omega)$ (Bild **3.55**a) und liest für eine Phasenreserve $\varphi_r = 60°$ die Durchtrittskreisfrequenz $\omega_d \approx 9{,}3$ s^{-1} und den Betrag $|G_O^*(j\omega_d)| \approx 15{,}7$ dB ab. Der erforderliche Reglerbeiwert ist also $K_{PP} = -15{,}7$ dB $\hat{=} 0{,}164$, d. h. die Übertragungsfunktion des Reglers ergibt sich zu $G_R(s) = 0{,}164(1 + 0{,}363 s)(1 + 0{,}205 s)/(0{,}363 s)$. Die Parameter des Reglers nach Gl. (3.127) bestimmt man daraus sukzessive zu $T_n = T_{nP} + T_{vP} = 0{,}568$ s, $T_v = T_{nP} T_{vP}/T_n = 0{,}131$ s und $K_P = K_{PP} T_n/T_{nP} = 0{,}257$ und den P-, I- und D-Anteil des Reglers in Parallelstruktur zu $K_P = 0{,}257$, $T_I = T_n/K_P = 2{,}21$ s und $T_D = T_v K_P = 0{,}0337$ s. Die Sprungantworten der Regelgröße $x(t)$ und der Regeldifferenz $e(t)$ des geschlossenen Regelkreises mit dem so entworfenen PID-Regler (Bild **3.55**b) zeigen ein bei etwa gleicher Dämpfung etwa viermal schnelleres Einschwingen auf den Endwert als beim Regelkreis mit PI-Regler (Bild **3.54**b).

Der PID-Regler ist in der bisher vorgestellten idealen Form allerdings nicht realisierbar, da seine Übertragungsfunktion zwei Nullstellen, aber nur eine

Polstelle hat (Gl. 3.137). Wie Gl. (3.136) auch deutlich zeigt, würde er auf eine sprungförmige Regeldifferenz mit einer impulsförmigen Reglerausgangsgröße reagieren, die vom nachgeschalteten Stellglied mit seiner begrenzten Stelleistung nicht aufgebracht werden könnte. Auch würden zufällige Störungen, die auf die Regelgröße wirken, durch den differenzierenden Anteil des Reglers hervorgehoben werden und zu einer dauernden Anregung des Regelkreises führen. Schließlich würde, wenn die nichtkompensierten Verzögerungszeiten der Regelstrecke sehr klein sind, das Führungsverhalten des Regelkreises insgesamt zu schnell werden, was im Interesse eines schonenden Betriebs der Anlage häufig unerwünscht ist. Aus allen diesen Gründen führt man im D-Kanal des Reglers ein Verzögerungsglied erster Ordnung mit der kleinen Dämpfungszeit T_d ($T_d < T_{vP}$) ein, realisiert also anstelle eines D-Glieds ein D-T$_1$-Glied. Die Übertragungsfunktion dieses PID-T$_1$-Reglers wird damit

$$G_R(s) = K_P + \frac{1}{T_I s} + \frac{T_D s}{1 + T_d s} = K_P \left[1 + \frac{1}{T_n s} + \frac{T_v s}{1 + T_d s} \right] \qquad (3.140)$$

mit der Nachstellzeit $T_n = K_P K_I$ und der Vorhaltzeit $T_v = T_D / K_P$. Hierfür kann man die zu Gl. (3.138) äquivalente Form

$$G_R(s) = K'_{PP} \frac{(1 + T'_{nP} s)(1 + T'_{vP} s)}{T'_{nP} s (1 + T_d s)} \qquad (3.141)$$

angeben, die man dem Entwurf zugrundelegt. Hat man die Parameter K'_{PP}, T'_{nP}, T'_{vP} und T_d bestimmt, erhält man die Beiwerte des Reglers nach Gl. (3.140) nacheinander zu $T_n = T'_{nP} + T'_{vP} - T_d$, $T_v = T'_{nP} T'_{vP} / T_n - T_d$, $K_P = T_n K'_{PP} / T'_{nP}$, $T_I = T_n / K_P$ und $T_D = K_P T_v$.

Die Dämpfungszeit T_d des PID-T$_1$-Reglers kann man nach unterschiedlichen Gesichtspunkten festlegen. Treten beispielsweise breitbandige Störungen auf oder will man die Schnelligkeit der Führungssprungantwort begrenzen, legt man T_d so fest, daß die Bandbreite des geschlossenen Regelkreises auf einen zulässigen Wert beschränkt wird. Ist andererseits die Leistung des Stellglieds die kritische Größe, wird man T_d so fixieren, daß das Stellglied gerade seine maximale Stellamplitude erreicht, wenn als Führungsgröße ein Sprung mit der in den Spezifikationen festgelegten maximalen Höhe e_{max} auftritt. Auf einen derartigen Sprung reagiert der PID-T$_1$-Regler nach Gl. (3.141) mit der maximalen Ausgangsgröße

$$y^*_{max} = K'_{PP} \frac{T'_{vP}}{T_d} e_{max}, \qquad (3.142)$$

wenn der Regelkreis vorher in Ruhe war. Kann das Stellglied die maximale Stellgröße y_{max} aufbringen, erhält man bei vorgegebenen Reglerparametern

K'_{PP} und T'_{vP} die zulässige minimale Dämpfungszeit

$$T_{d\,min} = K'_{PP}\, T'_{vP}\, \frac{e_{max}}{y_{max}}. \tag{3.143}$$

Um den Stellbereich des Stellglieds auszunutzen, legt man $T_d = T_{d\,min}$ fest; für ein hinreichend leistungsfähiges Stellglied ist dann $T_d \ll T'_{vP}$, so daß die zusätzliche Polstelle des Reglers bei $-1/T_d$ nur einen geringen Einfluß auf das dynamische Verhalten des Regelkreises hat.

Beispiel 3.21. Für den Prozeß nach Beispiel 3.17 lege man einen PID-T_1-Regler derart aus, daß er die beiden größten Verzögerungszeiten der Strecke kompensiert, und der offene Regelkreis eine Durchtrittskreisfrequenz $\omega_d = 5\,\text{s}^{-1}$ und eine Phasenreserve $\varphi_r = 60°$ hat.

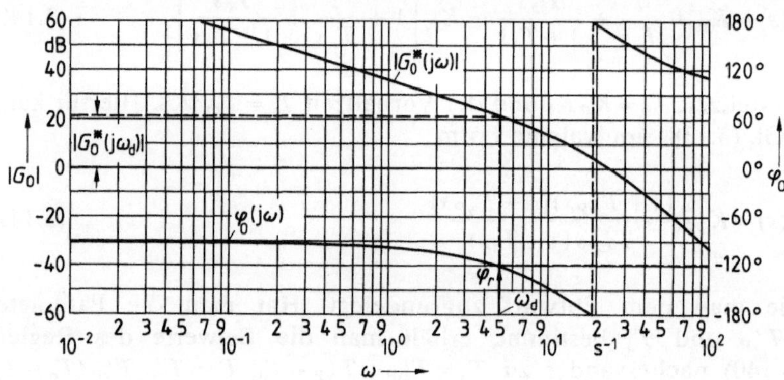

a)

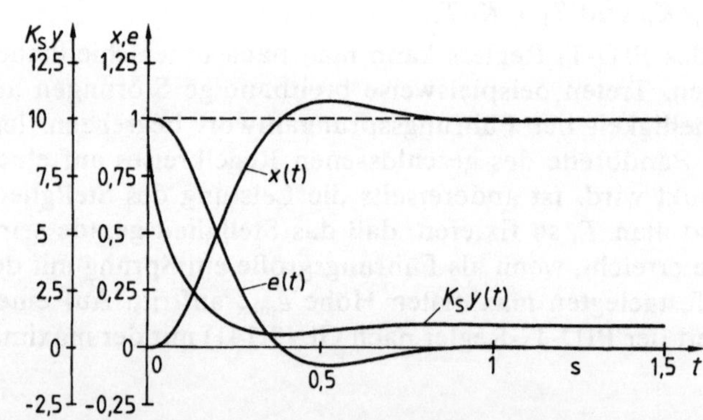

b)

3.56 Auslegung eines PID-T_1-Reglers für eine P-T_3-Regelstrecke
   a) Bode-Diagramm
   b) Sprungantworten des geschlossenen Kreises
$G_O(j\omega)$ Frequenzgang des offenen Regelkreises, φ_r Phasenreserve, ω_d Durchtrittskreisfrequenz, e Regeldifferenz, x Regelgröße, y Stellgröße, K_S Proportionalbeiwert der Regelstrecke

Mit den vorgegebenen Verzögerungszeiten $T_1 = 0{,}363$ s und $T_2 = 0{,}205$ s der Strecke sind die Reglerkennzeiten zu $T'_{nP} = T_1 = 0{,}363$ s und $T'_{vP} = 0{,}205$ s festgelegt. Der offene Regelkreis hat nach Wegheben gleicher Terme in Zähler und Nenner die Übertragungsfunktion $G_O(s) = K'_{PP} K_S / [T_1 s (1 + T_d s)(1 + T_3 s)]$. Bei der Durchtrittskreisfrequenz $\omega_d = 5$ s^{-1} soll die Phasenreserve $\varphi_r = 60°$ betragen; aus der Phasenbilanz $\varphi_O(j\omega_d) = \varphi_r - 180°$ erhält man mit $\varphi_O(j\omega_d) = -90° - \arctan(T_d \omega_d) - \arctan(T_3 \omega_d)$ die Dämpfungszeit zu $T_d = 0{,}0454$ s. Mit diesem Wert zeichnet man die Frequenzkennlinien für $G_0^*(j\omega) = G_O(j\omega)/K'_{PP}$ (Bild 3.56a) und ermittelt aus der Amplitudenkennlinie bei der Durchtrittskreisfrequenz $|G_0^*(j\omega_d)| = 21{,}7$ dB. Der Proportionalbeiwert des Reglers wird daher $K'_{PP} = -21{,}7$ dB $\hat{=}\, 0{,}0822$. Mit den Werten für K'_{PP}, T'_{nP}, T'_{vP} und T_d bestimmt man die Parameter des Reglers in der Parallelform (Gl. 3.140) nacheinander zu $T_n = T'_{nP} + T'_{vP} - T_d = 0{,}523$ s, $T_v = T'_{nP} T'_{vP}/T_n - T_d = 0{,}0970$ s, $K_P = T_n K'_{PP}/T'_{nP} = 0{,}118$, $T_1 = T_n/K_P = 4{,}41$ s und $T_D = K_P T_v = 0{,}0115$ s. Der PID-T_1-Regler hat also die Übertragungsfunktion $G_R(s) = 0{,}118 + 1/(4{,}41 s) + 0{,}0115 s/(1 + 0{,}0454 s)$. Die Führungssprungantwort des Regelkreises (Bild 3.56b) zeigt das erwartete gut gedämpfte Einschwingverhalten, das in der Schnelligkeit zwischen dem des PI-Reglers (Beispiel 3.19) und des idealen PID-Reglers (Beispiel 3.20) liegt.

Ein Vergleich der mit den verschiedenen Reglertypen erzielten transienten Vorgänge zeigt, daß man P- und I-Regler nur bei geringen Anforderungen an die stationäre Genauigkeit oder auch die Schnelligkeit einsetzen wird. Insgesamt günstige Ergebnisse lassen sich dagegen mit den PI- oder PID-T_1-Reglern erzielen, wobei die mit dem PID-T_1-Regler erzielbaren Schnelligkeitsgewinne durch einen Anstieg der erforderlichen maximalen Stellgröße erkauft werden. So beträgt die maximale Stellamplitude beim PI-Regler (Beispiel 3.19) $y_{max} \approx 0{,}05$ bei einer Einschwingzeit von $T_{e5} \approx 1{,}7$ s, während sie beim PID-T_1-Regler (Beispiel 3.21) immerhin den Wert $y_{max} \approx 0{,}37$ bei einer Einschwingzeit von $T_{e5} \approx 0{,}66$ s erreicht. Einer Reduzierung der Einschwingzeit auf ca. 40% steht also eine Erhöhung der maximalen Stellamplitude auf das Siebenfache gegenüber. Da das Stellglied auf die maximale Stellamplitude auszulegen ist, wird das schnellere transiente Verhalten durch höhere Beschaffungs- und Betriebskosten erkauft. Das Ziel beim Aufstellen der Spezifikationen und beim Entwurf des Reglers sollte es also sein, das transiente Verhalten des Regelkreises „nicht schneller als unbedingt nötig", nicht aber – wie häufig gefordert – „so schnell wie möglich" zu gestalten.

3.2.4 Reglerentwurf durch Parameteroptimierung

Nach Abschn. 3.2.1.3 besteht eine zweite Gruppe von Verfahren zum Reglerentwurf aus Algorithmen, denen ein vom Entwickler vor Entwurfsbeginn explizit formuliertes Gütekriterium zugrundeliegt. Dieses bewertet den Verlauf der Regeldifferenz $e(t)$ und manchmal auch den der Stellgröße $y(t)$ in geeigneter Weise. Meist gibt man die Struktur des Reglers nach allgemeinen Gesichtspunkten, wie z. B. denen der Stabilität und der bleibenden Regeldifferenz, vor und bestimmt die noch freien Parameter des Reglers derart, daß die im Gütekriterium definierte Regelgüte ein Maximum annimmt. Anstelle eines Gütekriteriums definiert man häufig auch einen Index, der die „Kosten" der Regelung bewertet, und versucht durch geeignete Wahl der Reglerparameter diesen Kostenindex zu minimieren. Diese – als **Parameteroptimierung** bezeichnete – Vorgehensweise unterscheidet sich wesentlich von jener der **Strukturoptimierung**, bei der im Laufe der Berechnung sowohl die Struktur als auch die Parameter des Reglers bestimmt werden. Nachfolgend sollen nur die parameteroptimierenden Verfahren näher betrachtet werden.

3.2.4.1 Optimierungskriterien. Dem parameteroptimierenden Entwurf liegt die folgende Aufgabenstellung zugrunde: Für eine lineare zeitinvariante Regelstrecke mit der gebrochen rationalen Übertragungsfunktion $G_S(s)$ sollen die Parameter einer strukturmäßig vorgegebenen gebrochen rationalen Übertragungsfunktion $G_R(s)$ des Reglers derart bestimmt werden, daß

– der Regelkreis stabil ist,
– die bleibende Regeldifferenz e_∞ bei einem Sprung der Führungsgröße $w(t)$ verschwindet, und
– ein Kostenindex der Form

$$I = \int_{t_0}^{\infty} C(t)\,\mathrm{d}t = \int_{t_0}^{\infty} (t-t_0)^k\,L\{e(t)\}\,\mathrm{d}t \tag{3.144}$$

ein Minimum annimmt.

Der Kostenindex I bewertet also den gesamten zeitlichen Verlauf der Regeldifferenz $e(t)$, der sich infolge eines zum Zeitpunkt t_0 einsetzenden Sprungs der Führungsgröße $w(t)$ einstellt. Die Kostenfunktion $C(t)$ besteht aus dem zeitabhängigen Faktor $(t-t_0)^k$ mit dem ganzzahligen Exponenten $k=0, 1, 2, \ldots$ und aus der Verlustfunktion $L\{e(t)\}$, mit den folgenden Eigenschaften:

– $L\{0\}=0$, d.h. die Verlustfunktion verschwindet, wenn die momentane Regeldifferenz den Wert Null annimmt,
– $L\{e(t_2)\} > L\{e(t_1)\}$ für $|e(t_2)| > |e(t_1)|$, d.h. die Verlustfunktion nimmt monoton mit dem Betrag der Regeldifferenz zu.

Um die Auswertung des Integrals nicht zu aufwendig werden zu lassen, sollte der Exponent des Zeitfaktors $(t-t_0)^k$ klein und die Verlustfunktion $L\{e(t)\}$ einfach aufgebaut sein. Üblicherweise beschränkt man sich auf $k=0$ oder 1 und setzt für die Verlustfunktion die Betragsfunktion $|e(t)|$ oder die Parabelfunktion $e^2(t)$ an (Bild 3.57); diese Funktionen erfüllen die vorab genannten Einschränkungen. Man erhält damit die in Tafel 3.58 zusammengestellten Kostenindizes, die als betragslineare Regelfläche, quadratische Regelfläche, zeitgewichtete betragslineare Regelfläche und zeitgewichtete quadratische Regelfläche bezeichnet werden[1]). In der 4. Spalte der Tafel ist der zeitliche Verlauf der

---

[1]) Die in der 1. Spalte von Tafel **3.58** angegebenen häufig verwendeten Kurzzeichen stammen aus dem amerikanischen Schrifttum, wobei der Buchstabe I für integral, A für absolute, S für squared, T für time und E für error steht.

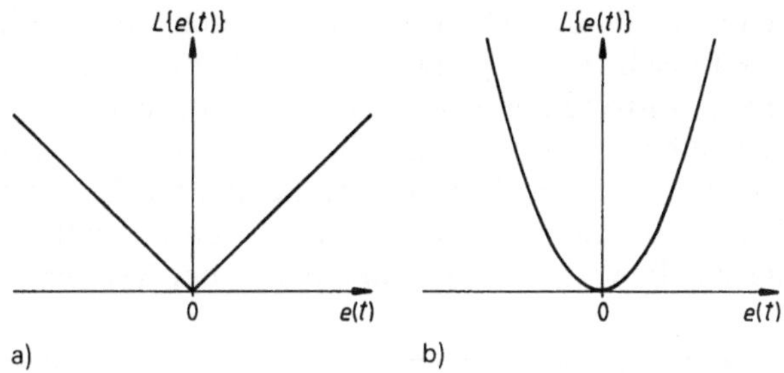

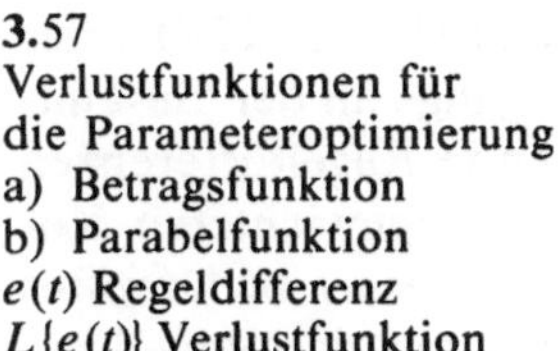

3.57
Verlustfunktionen für
die Parameteroptimierung
a) Betragsfunktion
b) Parabelfunktion
$e(t)$ Regeldifferenz
$L\{e(t)\}$ Verlustfunktion

Kostenfunktion $C(t)$ für ein P-T$_2$-Verhalten des geschlossenen Regelkreises dargestellt, um insbesondere den Einfluß des Zeitfaktors $(t-t_0)^k$ zu verdeutlichen: Der Kostenindex I entspricht definitionsgemäß (Gl. 3.144) der Fläche unter der Kostenfunktion $C(t)$. Bei den Kostenfunktionen ohne Zeitgewichtung (IAE und ISE) trägt daher die unvermeidliche und aus Gründen eines

Tafel 3.58 Kostenindizes für die Parameteroptimierung

Abk.	Bezeichnung	Kostenindex (Regelfläche)	Zeitl. Verlauf des Integranden (für P-T$_2$-Verhalten)
IAE	Betragslineare Regelfläche	$\int\limits_0^\infty |e(t)|\,dt$	
ISE	Quadratische Regelfläche	$\int\limits_0^\infty e^2(t)\,dt$	
ITAE	Zeitgewichtete betragslineare Regelfläche	$\int\limits_0^\infty t\,|e(t)|\,dt$	
ITSE	Zeitgewichtete quadratische Regelfläche	$\int\limits_0^\infty t\,e^2(t)\,dt$	

schonenden Betriebs der Anlage auch notwendige Regeldifferenz zu Beginn des Einschwingvorgangs wesentlich zum Wert des Kostenindex bei, während später auftretende Abweichungen nur noch einen geringen Anteil haben. Demgegenüber wird bei den zeitgewichteten Kostenfunktionen (ITAE, ITSE) der Anteil der ersten Teilfläche zu Beginn des Einschwingvorgangs an der Gesamtfläche merklich reduziert, und es werden später auftretende Regeldifferenzen stärker bewertet. Man kann daher bei Verwenden einer zeitgewichteten Kostenfunktion ein besser bedämpftes Einschwingverhalten des Regelkreises erwarten. Diese Erwartung wird durch die in Bild 3.59 gezeigte Abhängigkeit des bezogenen Kostenindex I/T_0 vom Dämpfungsgrad ϑ bei einem P-T_2-Verhalten des geschlossenen Regelkreises bestätigt, die für das ISE-Kriterium (a) einen geringeren optimalen Dämpfungsgrad ($\vartheta^* \approx 0{,}51$) ausweist als für das ITSE-Kriterium (b) ($\vartheta^* \approx 0{,}6$). Gleichzeitig zeigen die Kurvenverläufe vergleichsweise schwach ausgeprägte Minima, was auf eine geringe Selektivität der beiden Gütekriterien schließen läßt; diese ist beim ITSE-Kriterium allerdings besser als beim ISE-Kriterium. Andererseits erfordern die zeitgewichteten Kostenfunktionen einen höheren Rechenaufwand bei der Berechnung der optimalen Reglerparameter.

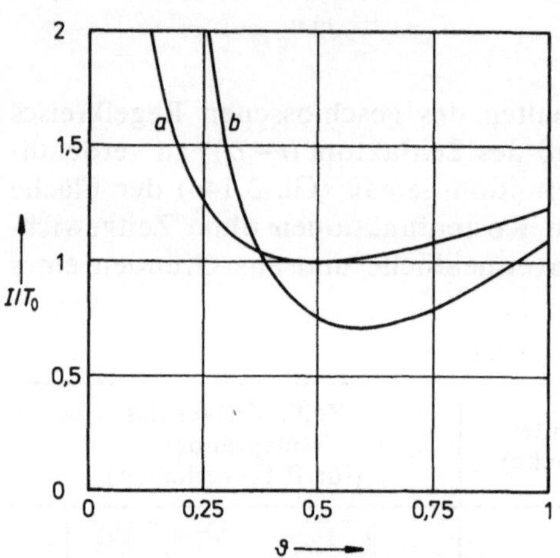

3.59 Kostenindex in Abhängigkeit vom Dämpfungsgrad bei P-T_2-Verhalten des geschlossenen Regelkreises
a) ISE-Kriterium
b) ITSE-Kriterium
ϑ Dämpfungsgrad
T_0 Kennzeit
I Kostenindex

3.2.4.2 Minimierung der quadratischen Regelfläche. Der Vorteil der in Tafel 3.58 zusammengestellten einfachen Kostenindizes gegenüber aufwendigeren besteht darin, daß man bei ihnen die Abhängigkeit von den Parametern der Regelstrecke und des Reglers in praktisch wichtigen Fällen noch formelmäßig angeben und in Tabellen zusammenstellen kann. Für einen stabilen linearen Regelkreis mit der Regeldifferenz

$$E(s) = \frac{1}{1 + G_R(s)\, G_S(s)}\; W(s) = \frac{b_0 + b_1 s + \ldots + b_{n-1} s^{n-1}}{a_0 + a_1 s + \ldots + a_n s^n} \tag{3.145}$$

mit $a_n \neq 0$ erhält man beispielsweise für das ISE-Kriterium die in Tafel 3.60 für $n = 1$ bis 4 zusammengestellten Abhängigkeiten des Kostenindex von den konstanten Parametern a_i und b_i von $E(s)$.

Tafel 3.60 Quadratische Regelflächen (ISE) für $n=1$ bis 4 [18]

n	ISE-Kostenindex $I = \int\limits_{0}^{\infty} e^2(t)\,dt$
1	$\dfrac{b_0^2}{2a_1a_0}$
2	$\dfrac{a_0b_1^2+a_2b_0^2}{2a_2a_1a_0}$
3	$\dfrac{a_0a_1b_2^2+a_0a_3(b_1^2-2b_0b_2)+a_2a_3b_0^2}{2a_3a_0(a_1a_2-a_0a_3)}$
4	$\dfrac{a_0(a_1a_2-a_0a_3)b_3^2+a_0a_1a_4(b_2^2-2b_1b_3)+a_0a_3a_4(b_1^2-2b_0b_2)+a_4(a_2a_3-a_1a_4)b_0^2}{2a_4a_0[a_1(a_2a_3-a_1a_4)-a_0a_3^2]}$

Beispiel 3.22. Eine P-T_3-Regelstrecke mit der Übertragungsfunktion

$$G_S(s) = \frac{K_S}{(1+T_1s)(1+T_2s)(1+T_3s)}$$

und den Parametern $K_S=1{,}95$, $T_1=0{,}85$ s, $T_2=0{,}13$ s und $T_3=0{,}06$ s soll mit einem PI-Regler mit der Übertragungsfunktion

$$G_R(s)=K_P\,\frac{1+T_ns}{T_ns}$$

geregelt werden. Man bestimme die Parameter der Regeldifferenz $E(s)$ nach Gl. (3.145), wenn als Führungsgröße ein Sprung der Höhe w_0 aufgeschaltet wird.

Mit den gegebenen Übertragungsfunktionen von Regelstrecke und Regler sowie der Führungsgröße $W(s)=w_0/s$ erhält man aus Gl. (3.135) die Regeldifferenz zu

$$E(s) = \frac{1}{1+K_P\dfrac{1+T_ns}{T_ns}\dfrac{K_S}{(1+T_1s)(1+T_2s)(1+T_3s)}}\frac{w_0}{s}$$

$$= \frac{(1+T_1s)(1+T_2s)(1+T_3s)w_0}{s(1+T_1s)(1+T_2s)(1+T_3s)+K_PK_S(1+T_ns)/T_n}.$$

Durch Ausmultiplizieren und Umordnen von Zähler und Nenner und Vergleich mit Gl. (3.145) erhält man die Parameter von $E(s)$ mit den gegebenen Zahlenwerten zu $a_0=K_PK_S/T_n=1{,}95\,K_P/T_n$, $a_1=1+K_PK_S=1+1{,}95\,K_P$, $a_2=T_1+T_2+T_3=0{,}85$ s$+0{,}13$ s $+0{,}06$ s$=1{,}04$ s, $\quad a_3=T_1T_2+T_2T_3+T_3T_1=0{,}85$ s$\cdot0{,}13$ s$+0{,}13$ s$\cdot0{,}06$ s$+0{,}06$ s$\cdot0{,}85$ s $=0{,}1693$ s^2, $a_4=T_1T_2T_3=0{,}85$ s$\cdot0{,}13$ s$\cdot0{,}06$ s$=0{,}00663$ s^3, $b_0=w_0$, $b_1=a_2w_0=1{,}04$ s w_0, $b_2=a_3w_0=0{,}1693$ s$^2w_0$ und $b_3=a_4w_0=0{,}00663$ s$^3w_0$. Die Regeldifferenz $E(s)$ wird also durch einen gebrochen rationalen Operator mit der Nennerordnung $n=4$ und der Zählerordnung $n-1=3$ beschrieben. Den zugehörigen ISE-Kostenindex hat man also der Zeile 4 von Tafel 3.60 zu entnehmen.

Das Entwurfsproblem reduziert sich damit auf die Aufgabe, diejenigen „optimalen" Werte der Reglerparameter zu finden, für die der geschlossene Regelkreis stabil ist und gleichzeitig der Kostenindex ein Minimum annimmt. Faßt man die Reglerparameter im Parametervektor $p=[p_1\,p_2\ldots p_m]^T$ zusammen, dann kann man die Reglerübertragungsfunktion als $G_R(s,p)$ anschreiben. Nach Gl. (3.145) und Gl. (3.144) sind auch die Regeldifferenz $E(s)$ und der Kostenindex I eine Funktion des Parametervektors p.

Nimmt man an, daß die zulässigen Werte der Reglerparameter außer den Bedingungen, die durch die Stabilitätsforderung gegeben sind, keinen weiteren Einschränkungen unterliegen, dann ist das Minimum des Kostenindex im Inneren des gesamten Stabilitätsbereichs zu suchen. Die notwendige Bedingung für ein Minimum ist das Verschwinden der ersten Ableitung des Kostenindex nach den Reglerparametern, d.h. die optimalen Reglerparameter sind aus den m Beziehungen

$$\left.\frac{\partial I(p)}{\partial p_j}\right|_{p=p^*}=0 \tag{3.146}$$

für $j=1, 2, \ldots, m$ zu bestimmen. Diese sind aber nicht hinreichend, d.h. man hat durch Bilden der zweiten Ableitungen zu untersuchen, ob bei den gefundenen Parameterwerten tatsächlich ein Minimum von $I(p)$ vorliegt. Ein Blick auf Tafel **3.60** zeigt, daß die hier auftretenden Berechnungen bereits bei $n=4$ dermaßen aufwendig werden, daß dieser Lösungsweg für praktische Anwendungen nicht gangbar ist.

3.2.4.3 Numerische Berechnung der optimalen Reglerparameter. Bei technischen Aufgabenstellungen bestimmt man den optimalen Wert p^* des Parametervektors iterativ mittels numerischer Verfahren. Hierzu geht man von einem Anfangsschätzwert p_1 aus und berechnet den Kostenindex $I(p_1)$ für diesen Wert. In einer Iterationsschleife mit dem Schleifenzähler i, der von $i=1$ bis zu einem vorzugebenden Endwert i_{max} bei jedem Schleifendurchlauf um eins inkrementiert wird, bestimmt man auf geeignete Weise einen neuen Schätzwert p_{i+1}, beim ersten Durchlauf also den Wert p_2. Für diesen Wert ermittelt man den Wert $I(p_{i+1})$ des Kostenindex und vergleicht diesen mit dem vorhergehenden Wert $I(p_i)$. Stellt man fest, daß die Differenz dieser Werte betragsmäßig kleiner als eine vorgegebene Schranke ist, betrachtet man den zugehörigen Wert des Parametervektors p_{i+1} als den optimalen Wert, setzt also $p^*=p_{i+1}$ und beendet die Optimierung. Andernfalls inkrementiert man den Schleifenzähler, ersetzt den Parametervektor p_i durch p_{i+1} und springt an den Schleifenanfang zurück. Ist nach i_{max} Durchläufen keine Konvergenz auf den optimalen Wert p^* erzielt worden, wird die Iteration mit einer Fehlermeldung abgebrochen; das Struktogramm (Tafel **3.61**) verdeutlicht den Ablauf der numerischen Optimierung.

Tafel 3.61 Struktogramm zur iterativen Optimierung ohne Beschränkungen der Entwurfsvariablen

<table>
<tr><td colspan="2" align="center">Iterative Optimierung ohne Beschränkungen</td></tr>
<tr><td colspan="2" align="center">Anfangsschätzwert p_1 vorgeben
Funktionswert $f(p_1)$ berechnen</td></tr>
<tr><td colspan="2" align="center">Für $i=1$ bis i_{max}</td></tr>
<tr><td colspan="2" align="center">Neuen Wert p_{i+1} generieren</td></tr>
<tr><td colspan="2" align="center">Funktionswert $f(p_{i+1})$ berechnen</td></tr>
<tr><td colspan="2" align="center">Funktionswerte $f(p_i)$ und $f(p_{i+1})$ vergleichen</td></tr>
<tr><td colspan="2" align="center">Konvergenz?
Nein   Ja</td></tr>
<tr><td align="center">Laufindex $i \leftarrow i+1$ setzen
Funktionswert $f(p_i) \leftarrow f(p_{i+1})$ setzen</td><td align="center">Ergebnis $p^* \leftarrow p_{i+1}$ setzen
Ergebnis drucken
Optimierung beenden</td></tr>
<tr><td colspan="2" align="center">Fehlermeldung „Keine Konvergenz in i_{max} Schritten" drucken
Optimierung abbrechen</td></tr>
</table>

Die in der einschlägigen Literatur (s. beispielsweise [13], [18], [76]) angegebenen Verfahren der unbeschränkten Optimierung unterscheiden sich hauptsächlich durch die Art der Ermittlung des neuen Schätzwerts p_{i+1} aus dem vorhergehenden Wert p_i. Man unterscheidet die

Suchverfahren, bei denen der zulässige Parameterbereich in zufälliger oder systematischer Weise abgesucht wird, von den

Gradientenverfahren, bei denen das lokale Steigungsmaß (der Gradient) $\operatorname{grad} I(p) = \partial I(p)/\partial p$ des Kostenindex $I(p)$ an der Stelle p_i zur Festlegung des neuen Schätzwerts p_{i+1} herangezogen wird.

Da bei der vorliegenden Aufgabenstellung die formelmäßige Berechnung des Gradienten zu aufwendig ist, kommen nur Suchverfahren für die Lösung des Optimierungsproblems in Betracht.

Ein trotz seiner Einfachheit leistungsfähiges Suchverfahren ist das von R. Hooke und T. A. Jeeves im Jahr 1961 angegebene Verfahren der multivariaten Suche, das als Prototyp aller Suchverfahren zur direkten Lösung des Optimierungsproblems angesehen werden kann ([18], [76]). Es besteht aus verschiedenen, mehrfach wiederholten Teiloperationen, die man sich für den Fall $m=2$ auch geometrisch verdeutlichen kann: Faßt man nämlich die aktuellen Werte der Parameter p_1 und p_2 als Koordinaten eines Punktes einer p_1, p_2-Ebene auf, dann wird durch den Kostenindex jedem Punkt der Ebene ein Wert $I(p_1, p_2)$ zugewiesen, den man als Höhenwert interpretieren kann. Das Kostenfunktional $I(p)$ definiert also ein Gelände über der p_1, p_2-Ebene, und sein Minimum ist durch die Talsohle mit der geringsten Höhe über Grund gegeben. Die Aufgabe der Optimierung besteht also darin, ausgehend von einem beliebigen Punkt des Geländes die Talsohle und ihre Koordinaten p_1^* und p_2^* zu finden.

Die Suche nach dem Minimum des Kostenindex läuft wie folgt ab:

1. Zunächst wird die Geländeform in der unmittelbaren Umgebung des aktuellen Werts p_i des Parametervektors durch kleine Suchschritte erkundet, indem nacheinander jede Komponente von p_i um ein geeignet gewähltes Inkrement erst vergrößert und dann verkleinert wird. Bei jedem dieser Schritte wird festgestellt, ob sich der Kostenindex verringert (Erfolg) oder vergrößert bzw. gleichbleibt (Mißerfolg). Erfolgreiche Schritte werden beibehalten, erfolglose Schritte rückgängig gemacht. Nach Abarbeiten aller Komponenten hat der Parametervektor den Wert p_{i+1}.

2. War keiner der Suchschritte erfolgreich, d.h. ist $p_{i+1}=p_i$, wird angenommen, daß man sich bereits in der Nähe der Talsohle befindet und die Schrittweite zu groß war. Man multipliziert diese daher mit einem Konvergenzfaktor ρ ($0<\rho<1$) und wiederholt den Suchvorgang. Ist auch dieser erfolglos, wird die Schrittweite sukzessive weiter verkleinert, bis sich entweder ein Erfolg einstellt (dann schließen sich die unter Punkt 3 beschriebenen Schritte an) oder aber alle Schrittweiten betragsmäßig kleiner geworden sind als vorgegebene Genauigkeitsschranken ε_j. In diesem Fall wird die Suche als erfolgreich angesehen und p_{i+1} als optimaler Parameterwert ausgegeben.

3. Waren die Suchschritte erfolgreich, ist also $p_{i+1}\neq p_i$ und $I(p_{i+1})<I(p_i)$, wird ausgehend von p_{i+1} ein größerer Schritt (Langschritt) in der als günstig erkannten Richtung durchgeführt. Die Länge des Langschritts wird proportional (Proportionalitätsfaktor λ) zur Differenz $p_{i+1}-p_i$ gewählt, d.h. man berechnet den neuen Standort zu

$$p_{i+2}=p_{i+1}+\lambda\,(p_{i+1}-p_i)\,. \tag{3.147}$$

4. Um den neuen Standort p_{i+2} werden wieder Suchschritte ausgeführt. Stellt sich dabei heraus, daß der Langschritt einschließlich der Suchschritte erfolgreich war, wird ein weiterer Langschritt in der erfolgversprechenden Richtung getan. Führte der Langschritt nicht zu einer Verbesserung, geht man zum Ort p_{i+1} zurück und führt Suchschritte nach Punkt 1 aus.

5. Die Iteration endet entweder mit einem Erfolg der Optimierung (s. Punkt 2) oder durch Abbruch nach einer vorgegebenen Zahl von Such- und Langschritten.

Das Suchverfahren von Hooke und Jeeves ist ein heuristisches Verfahren, das in fast allen Fällen das Minimum des Kostenindex findet. Bei Kostenindizes, die im zulässigen Parameterbereich mehrere relative Minima („Nebentäler") haben, hängt es vom Startwert ab, welches Minimum gefunden wird. In diesem Fall sind die Startwerte zu variieren und das Minimum mit dem kleinsten Wert des Kostenindex herauszufinden.

Beispiel 3.23. Für den aus einer P-T$_3$-Regelstrecke und einem PI-Regler bestehenden Regelkreis von Beispiel 3.22 bestimme man die Stabilitätsbereiche in der a_0, a_1-Parameterebene.

Anwendung des Routh-Stabilitätskriteriums (s. Abschn. 2.3.5) auf den Nenner der Regeldifferenz liefert die Stabilitätsbedingungen $a_0>0$, $a_1>0$, $a_2>0$, $a_3>0$, $a_4>0$, $a_3a_2-a_1a_4>0$, $(a_3a_2-a_1a_4)a_1-a_0a_3^2>0$.

Mit den in Beispiel 3.22 berechneten Parameterwerten erhält man die Stabilitätsgrenzen bezüglich der Parameter a_0 und a_1 zu $a_0=0$, $a_1=0$, $a_1=a_2a_3/a_4=1{,}04\ \text{s}\cdot 0{,}1693\ \text{s}^2/0{,}00663\ \text{s}^3=26{,}56$ und $a_0=(a_3a_2-a_1a_4)a_1/a_3^2=6{,}143\ \text{s}^{-1}a_1-0{,}2313\ \text{s}^{-1}a_1^2$. Der diesen Ungleichungen entsprechende Stabilitätsbereich ist in Bild **3.62** in der a_0, a_1-Ebene dargestellt.

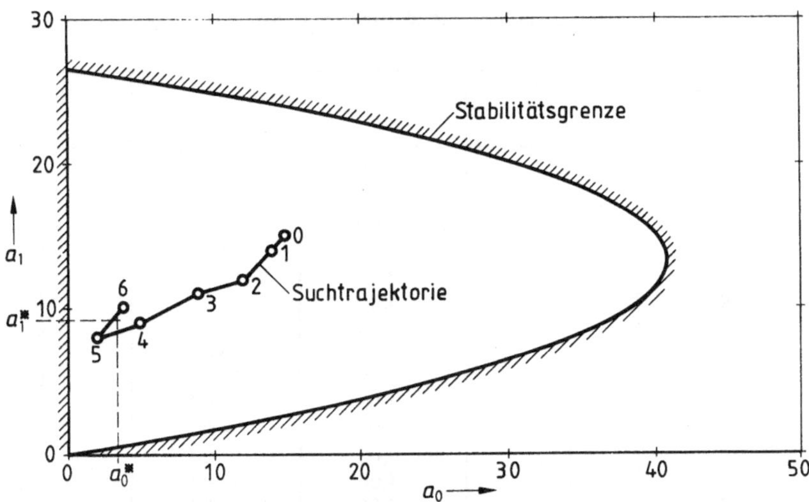

3.62 Stabilitätskarte und Verlauf der direkten Suche für einen Regelkreis
mit P-T$_3$-Strecke und PI-Regler
a_0, a_1 Entwurfsparameter,
0, 1, 2, ... Iterationsschritte,

Beispiel 3.24. Für den aus einer P-T$_3$-Regelstrecke und einem PI-Regler bestehenden
Regelkreis nach Beispiel 3.22 berechne man die optimalen Parameter des Reglers nach
dem ISE-Kriterium mit der Nebenbedingung, daß der Regelkreis stabil ist.

Man minimiert den Kostenindex I nach Tafel 3.60, Zeile 4, bezüglich der Parameter
a_0 und a_1 mit dem Hooke-Jeeves-Verfahren und berechnet die optimale Verstärkung
K_P^* und die optimale Nachstellzeit des Reglers nach den in Beispiel 3.22 angegebenen
Zusammenhängen.

Für die Iteration werden die folgenden Werte vorgegeben:

Anfangsschätzwerte: $p_0 = [a_{00} \; a_{10}]^T = [15 \text{ s}^{-1} \; 15]$
                             gemäß der Stabilitätskarte des Regelkreises,

Anfangsschrittweiten: $\Delta p_0 = [\Delta a_{00} \; \Delta a_{10}]^T = [1 \text{ s}^{-1} \; 1]$,

Genauigkeitsschranken: $\varepsilon = [\varepsilon_0 \; \varepsilon_1]^T = [0{,}01 \; 0{,}01]$,

Konvergenzfaktor: $\rho = 0{,}2$,

Proportionalitätsfaktor: $\lambda = 1$.

Den Ablauf der Optimierung zeigt Bild **3.62** und Tafel **3.63**. Man erkennt die zunächst
schnelle, dann langsamer werdende Konvergenz der Suche auf die optimalen Werte
$a_0^* = 3{,}480 \text{ s}^{-1}$ und $a_1^* = 9{,}232$, bei denen die quadratische Regelfläche den minimalen
Wert $I = 0{,}1852$ s annimmt. Die geringen Änderungen des Kostenindex trotz größerer
Änderungen der Parameterwerte gegen Ende der Optimierung – beispielsweise ändert
sich der Parameter a_0 von $k = 9$ bis $k = 19$ um 16% und der Parameter a_1 um 3%, während
I um nur 0,3% zurückgeht – zeigen an, daß das Optimum vergleichsweise flach verläuft.
Das ISE-Kriterium ist also nicht sehr selektiv.

Tafel 3.63 Ablauf der direkten Suche für einen Regelkreis mit P-T$_3$-Strecke und PI-Regler

Schritt Nr.	Typ[1])	Parameterwerte a_0	a_1	Integralwert
0	–	15,00	15,00	0,3062
1	S	14,00	14,00	0,2573
2	L/S	12,00	12,00	0,2343
3	L/S	9,00	11,00	0,2091
4	L/S	5,00	9,00	0,1876
5	L/S	2,00	8,00	0,1938
6	S	4,00	10,00	0,1863
7	L/S	3,00	10,00	0,1862
8	L/S	3,00	11,00	0,1890
9	S	3,00	9,00	0,1857
10	L/S	4,00	9,00	0,1856
11	L/S	4,00	10,00	0,1863
12	S	4,00	9,00	0,1856
13	S	3,80	9,20	0,1853
14	L/S	3,40	9,20	0,1852
15	L/S	3,20	9,40	0,1853
16	S	3,40	9,20	0,1852
17	S	3,44	9,24	0,1852
18	L/S	3,48	9,24	0,1852
19	L/S	3,48	9,20	0,1852
20	S	3,48	9,24	0,1852
21	S	3,48	9,23	0,1852
22	L/S	3,48	9,23	0,1852
23	S	3,48	9,23	0,1852

[1]) S: Suchschritt; L/S: Langschritt/Suchschritt

Die optimalen Reglerparameter erhält man nach Beispiel 3.22 zu $K_\mathrm{P}^* = (a_1^* - 1)/K_\mathrm{S}$ $= (9,232 - 1)/1,95 = 4,22$ und $T_\mathrm{n}^* = K_\mathrm{P}^* K_\mathrm{S}/a_0^* = 2,37$ s. Die Sprungantwort des geschlossenen Regelkreises (Bild 3.64) zeigt mit einer Überschwingweite von $h_\mathrm{m} \approx 32\%$ ein schwach gedämpftes Verhalten und ein kriechendes Einlaufen in den Endwert.

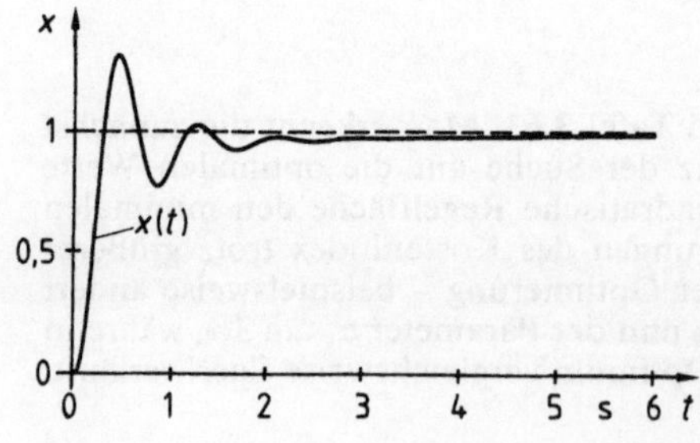

3.64
Sprungantwort des nach dem ISE-Kriterium optimierten Regelkreises mit P-T$_3$-Strecke und PI-Regler

Wie die vorstehenden Erörterungen und die Beispiele gezeigt haben, ist der Entwurf bezüglich eines explizit formulierten Gütekriteriums recht aufwendig, selbst dann, wenn man die eigentliche Optimierung dem Digitalrechner überträgt. Diesem zusätzlichen Aufwand gegenüber dem in Abschn. 3.2.3 dargestellten heuristischen Verfahren steht nicht immer ein entsprechender Gewinn an Regelgüte gegenüber. Es ist daher bei jeder konkreten Aufgabenstellung zu prüfen, ob der Zusatzaufwand notwendig und vertretbar ist.

3.2.5 Realisierung linearer Regler mit Operationsverstärkern

Der Operationsverstärker, der in verschiedenen Bauformen als integrierte Schaltung angeboten wird (s. z. B. [66], [100], [106]), ist ein preiswertes und leistungsfähiges Bauelement zur elektronischen Realisierung linearer oder auch nichtlinearer Reglerschaltungen.

3.2.5.1 Eigenschaften des Operationsverstärkers.

Ein Operationsverstärker ist ein Differenzverstärker mit einer (bei kleinen Kreisfrequenzen) sehr großen Spannungsverstärkung, der gemäß Bild 3.65 einen nichtinvertierenden und einen invertierenden Eingang hat. Die Ausgangsspannung $u_0(t)$ des Verstärkers ist innerhalb des Arbeitsbereichs $-u_{0m} < u_0(t) < u_{0m}$ mit größter Genauigkeit linear von der Eingangsspannung $u_i(t)$ abhängig; außerhalb dieses Bereichs nähert sie sich den Versorgungsspannungen $+U_v$ und $-U_v$ (Bild 3.66). Im linearen Bereich gilt mit der Spannungsverstärkung V die Beziehung

$$u_0(t) = V u_i(t) = V[u_p(t) - u_n(t)], \qquad (3.148)$$

wobei $u_p(t)$ die Spannung am nichtinvertierenden $(+)$ und $u_n(t)$ die Spannung am invertierenden $(-)$ Eingang bezeichnet. Für $u_n(t) \equiv 0$ spricht man von einem nichtinvertierenden, für $u_p(t) \equiv 0$ von einem invertierenden Verstärker.

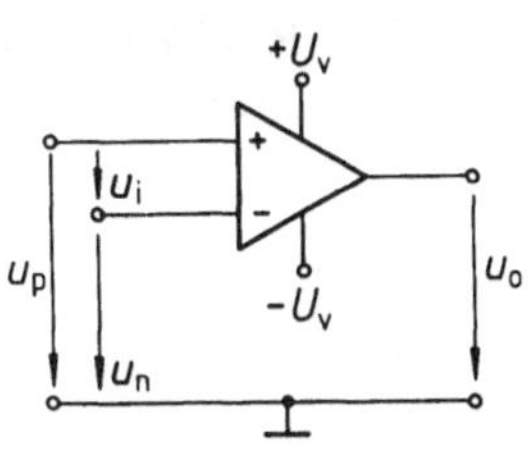

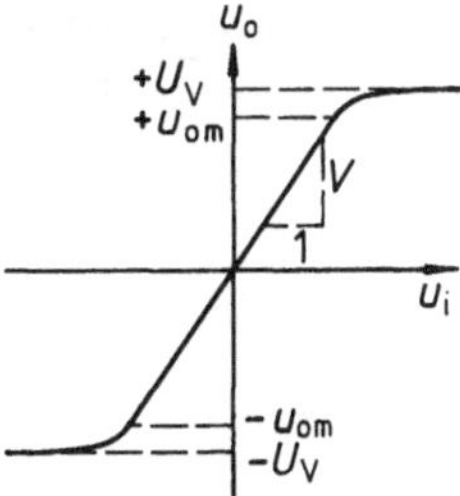

3.65 Symbol des Operationsverstärkers
u_p Spannung am positiven (nicht-invertierenden) Eingang
u_n Spannung am negativen (invertierenden) Eingang
u_i Eingangsspannung
u_0 Ausgangsspannung
U_v Versorgungsspannung

3.66 Statische Kennlinie des Operationsverstärkers
u_i Eingangsspannung
u_0 Ausgangsspannung
u_{0m} Grenzspannung des linearen Arbeitsbereichs
U_v Versorgungsspannung

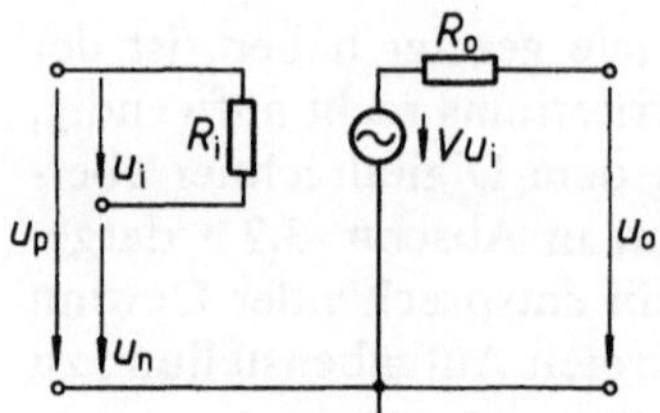

3.67
Lineares Ersatzschaltbild des Operationsverstärkers
u_p Spannung am positiven Eingang, u_n Spannung am
negativen Eingang, u_i Eingangsspannung, u_0 Ausgangsspannung, V Verstärkungsfaktor, R_i Eingangswiderstand, R_0 Ausgangswiderstand

Das lineare Ersatzbild des Operationsverstärkers (Bild **3.67**) besteht aus einer
spannungsgesteuerten Spannungsquelle, einem sehr hochohmigen Eingangswiderstand R_i und einem niederohmigen Ausgangswiderstand R_0. In Tafel **3.68**
sind die typischen Daten integrierter Operationsverstärker aufgelistet; diese
können für die meisten Anwendungsfälle durch die ebenfalls aufgeführten
idealen Parameterwerte ersetzt werden. Der ideale Operationsverstärker zeichnet sich also dadurch aus, daß er eingangseitig wegen $R_i = \infty$ keinen Strom
aufnimmt und bei Belastung des Ausgangs wegen $R_0 = 0$ keinen inneren Span-
nungsabfall hat.

Tafel 3.68 Kennwerte realer integrierter Operationsverstärker und des idealen Operationsverstärkers

Schaltungsparameter	real	ideal
Spannungsverstärkung V (bei $\omega = 0$)	10^5	∞
Eingangswiderstand R_i	$10^6 \ldots 10^{12}\ \Omega$	∞
Ausgangswiderstand R_0	$50 \ldots 1000\ \Omega$	0
Linearitätsbereich u_{0m}	$\pm 10 \ldots \triangleq 15\,\mathrm{V}$	∞

3.2.5.2 Beschaltung des Operationsverstärkers. Zur Erzeugung des benötigten
Übertragungsverhaltens wird der Operationsverstärker mit passiven Bauelementen beschaltet. Meist wird die in Bild **3.69** dargestellte Rückkopplungsstruktur zugrundegelegt, bei der die Eingangsspannung des Verstärkers als Dif-

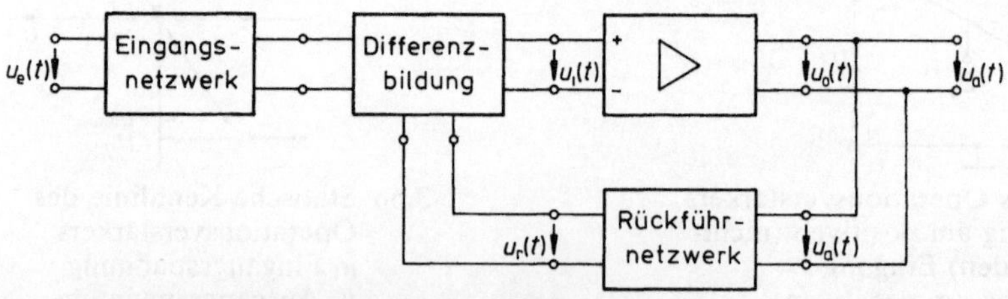

3.69 Beschaltung des Operationsverstärkers
$u_e(t)$ Eingangsspannung, $u_a(t)$ Ausgangsspannung, $u_i(t)$ Eingangsspannung des
Operationsverstärkers, $u_0(t)$ Ausgangsspannung des Operationsverstärkers, $u_r(t)$
Rückkopplungsspannung

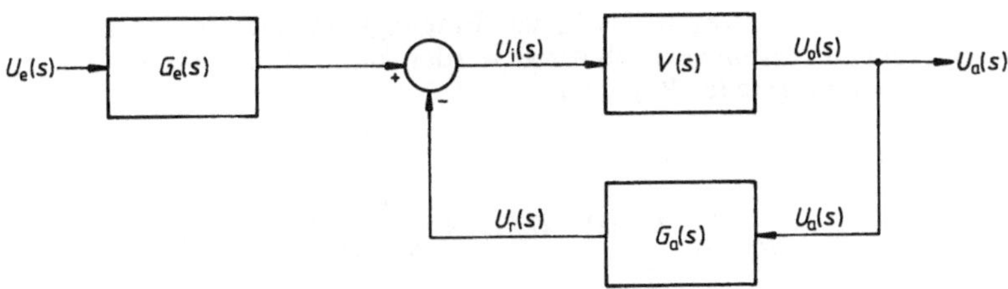

3.70 Wirkungsplan des beschalteten Operationsverstärkers
$U_e(s)$ Eingangsspannung, $U_a(s)$ Ausgangsspannung, $U_i(s)$ Eingangsspannung des Operationsverstärkers, $U_0(s)$ Ausgangsspannung des Operationsverstärkers, $U_r(s)$ Rückkopplungsspannung, $G_e(s)$ Übertragungsfunktion des Eingangsnetzwerks, $G_a(s)$ Übertragungsfunktion des Rückkopplungsnetzwerks, $V(s)$ Spannungsverstärkung des Operationsverstärkers

ferenz der dynamisch gewichteten Eingangs- und Ausgangsspannung vorgegeben wird. Betrachtet man ausschließlich lineare Verhältnisse, dann kann man in den Bildbereich übergehen und erhält den in Bild 3.70 dargestellten Wirkungsplan der Schaltung, in dem $G_e(s)$ die Übertragungsfunktion des Eingangsnetzwerks und $G_a(s)$ die des Rückführnetzwerks bezeichnet. Die Gesamtübertragungsfunktion erhält man durch Kombination der Beziehungen $U_i(s) = G_e(s)\,U_e(s) - G_a(s)\,U_a(s)$ und $U_a(s) = V(s)\,U_i(s)$ zu

$$G(s) = \frac{U_a(s)}{U_e(s)} = \frac{G_e(s)}{\dfrac{1}{V(s)} + G_a(s)}. \tag{3.149}$$

In dem Frequenzbereich, in dem die Spannungsverstärkung sehr groß ist, gilt $|1/V(s)| \ll |G_a(s)|$, und man erhält die Gesamtübertragungsfunktion annähernd zu

$$G(s) \approx \frac{G_e(s)}{G_a(s)}; \tag{3.150}$$

diese ist von den Daten des Operationsverstärkers unabhängig.

Beispiel 3.25. Man bestimme die Gesamtübertragungsfunktion der in Bild 3.71 dargestellten Verstärkerschaltung.

3.71
Differenzbildung mit dem Operationsverstärker
u_{e1}, u_{e2} Eingangsspannung
u_a Ausgangsspannung
R_e, R_a Widerstände

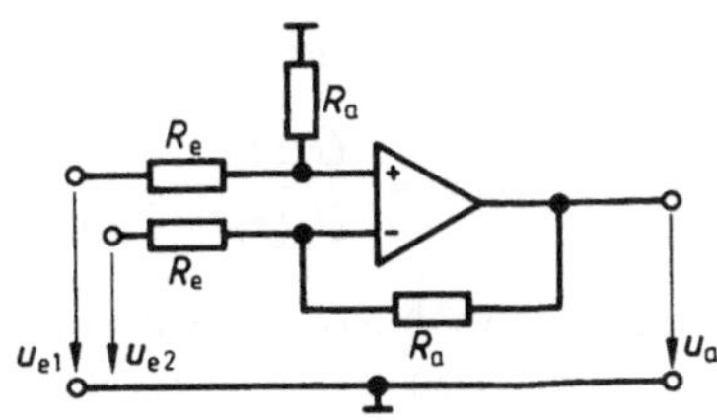

Beachtet man, daß wegen des hohen Eingangswiderstands des Verstärkers der in ihn hineinfließende Strom vernachlässigt werden kann, erhält man seine Eingangsspannung mit der Spannungsteiler-Regel zu

$$U_i(s) = U_p(s) - U_n(s)$$

$$= \frac{R_a}{R_a + R_e} U_{e1}(s) - U_{e2}(s) + \frac{R_e}{R_a + R_e} [U_{e2}(s) - U_a(s)]$$

$$= \frac{R_a}{R_a + R_e} [U_{e1}(s) - U_{e2}(s)] - \frac{R_e}{R_a + R_e} U_a(s).$$

Setzt man $U_e(s) = U_{e1}(s) - U_{e2}(s)$, $G_e(s) = R_a/(R_a + R_e)$ und $G_a(s) = R_e/(R_a + R_e)$, dann wird nach Gl. (3.150) das Gesamtübertragungsverhalten der Schaltung

$$G(s) = \frac{U_a(s)}{U_{e1}(s) - U_{e2}(s)} \approx \frac{R_a}{R_e}.$$

Die Ausgangsspannung ergibt sich also als bewertete Differenz der Eingangsspannungen. Setzt man insbesondere $R_a = R_e$, wird $U_a(s) = U_{e1}(s) - U_{e2}(s)$, d.h. die Ausgangsspannung ist die Differenz der Eingangsspannungen. Man kann diese Schaltung zur Bildung von Regeldifferenzen verwenden, indem man dem nichtinvertierenden Eingang eine dem Sollwert proportionale, dem invertierenden Eingang eine dem Istwert proportionale Spannung zuführt.

In den regelungstechnischen Anwendungen wird der Operationsverstärker meist als invertierender Verstärker ($U_p(s) \equiv 0$) mit der Eingangsimpedanz $Z_e(s)$ und der Rückführimpedanz $Z_a(s)$ betrieben (Bild 3.72). Mit den Spannungsbilanzen $U_e(s) - U_n(s) - I(s) Z_e(s) = 0$ und $U_e(s) - U_a(s) - I(s)[Z_a(s) + Z_e(s)] = 0$

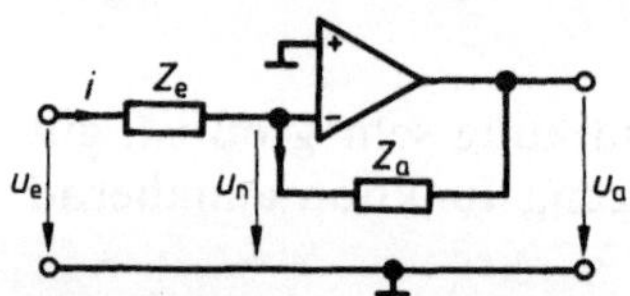

3.72
Nachbildung einer Übertragungsfunktion mit dem invertierenden Operationsverstärker
u_e Eingangsspannung, u_a Ausgangsspannung
u_n Spannung am invertierenden Eingang
i Strom, Z_e, Z_a Impedanzen

sowie $U_i(s) = -U_n(s)$ erhält man durch Eliminieren von $I(s)$ die Eingangsspannung des Verstärkers zu

$$U_i(s) = -\frac{Z_a(s)}{Z_a(s) + Z_e(s)} U_e(s) - \frac{Z_e(s)}{Z_a(s) + Z_e(s)} U_a(s).$$

Es ist also $G_e(s) = -Z_a(s)/[Z_a(s) + Z_e(s)]$ und $G_a(s) = Z_e(s)/[Z_a(s) + Z_e(s)]$, womit man die Gesamtübertragungsfunktion nach Gl. (3.150) näherungsweise zu

$$G(s) = \frac{U_a(s)}{U_e(s)} = -\frac{Z_a(s)}{Z_e(s)} \tag{3.151}$$

erhält. Ist insbesondere $Z_e(s) = Z_a(s) = R$, erhält man die Gesamtübertragungsfunktion $G(s) = -1$, d.h. die Schaltung kehrt das Vorzeichen der Eingangs-

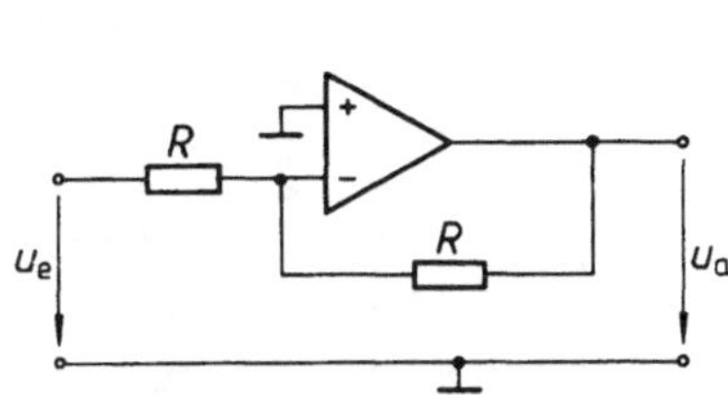

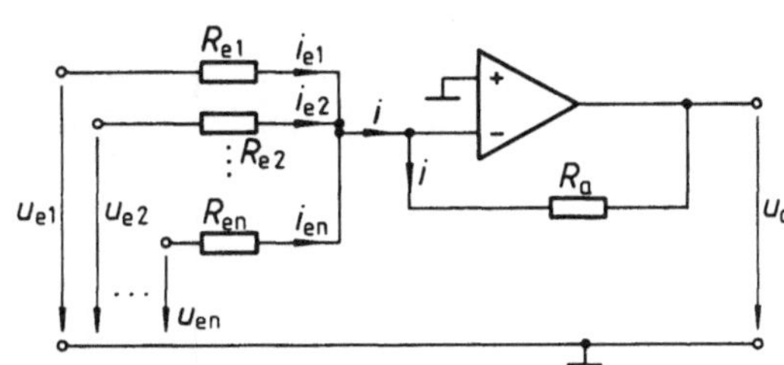

3.73 Invertierung mit dem
Operationsverstärker
u_e Eingangsspannung
u_a Ausgangsspannung
R Widerstand

3.74 Spannungsaddition mit dem Operations-
verstärker
u_{ei} Eingangsspannungen, u_a Ausgangs-
spannung, i_{ei} Eingangsströme
i Ausgangsstrom, R_{ei} Eingangswiderstände
R_a Rückkopplungswiderstand

spannung um; eine derartige Schaltung (Bild **3.73**) wird als Inverter bezeichnet.

Eine häufig durchzuführende Operation ist die (gewichtete) Addition von
Spannungen; diese kann man mit der Schaltung nach Bild **3.74** durchführen.
Da die Schaltung linear ist, können die Eingänge getrennt betrachtet und ihr
Einfluß auf die Ausgangsspannung additiv überlagert werden. Man erhält so
die Ausgangsspannung zu

$$U_a(s) = -\left[\frac{R_a}{R_{e1}}U_{e1}(s) + \frac{R_a}{R_{e2}}U_{e2}(s) + \ldots + \frac{R_a}{R_{en}}U_{en}(s)\right]; \qquad (3.152)$$

wählt man beispielsweise $R_{e1} = R_{e2} = \ldots = R_{en} = R_a$, dann erhält man die Span-
nungssumme $U_a(s) = -[U_{e1}(s) + U_{e2}(s) + \ldots + U_{en}(s)]$.

3.2.5.3 Realisierung bilinearer Reglerschaltungen. Der in Abschn. 3.2.5.2 abgeleitete Zusammenhang zwischen der Übertragungsfunktion und den Impedanzen des Eingangs- und Rückführnetzwerks des Operationsverstärkers ermöglicht die Realisierung der benötigten linearen Reglerübertragungsfunktionen
mittels RC-Netzwerken, die besonders kostengünstig sind. Um übersichtliche
Schaltungen mit unabhängig voneinander einstellbaren Parametern zu erhalten, beschränkt man sich meist auf RC-Netzwerke mit maximal zwei Bauelementen. Zwar ist man damit auf bilineare Übertragungsglieder beschränkt,
kann aber Übertragungsglieder höherer Ordnung leicht durch die Kettenschaltung mehrerer beschalteter Operationsverstärker oder aber durch die in
Abschn. 3.2.5.4 beschriebenen kanonischen Schaltungen nachbilden.
Für das bilineare Übertragungsglied

$$G(s) = \frac{b_0 + b_1 s}{a_0 + a_1 s} = K_P \frac{1 + T_{vP}s}{1 + T_d s}$$

Tafel 3.75 Realisierung bilinearer Reglerschaltungen mit dem Operationsverstärker

Kurzzeichen	$G(s)$	Pol-Nullstellen-Plan	Schaltung	Z_e	Z_a	Parameter
P	K_P		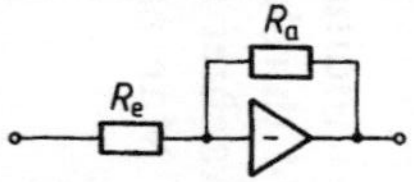	R_e	R_a	$K_P = R_a/R_e$
I	$\dfrac{1}{T_1 s}$	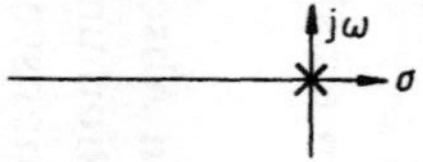	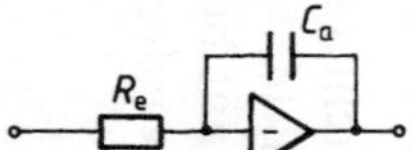	R_e	$\dfrac{1}{C_a s}$	$T_1 = R_e C_a$
D	$T_D s$	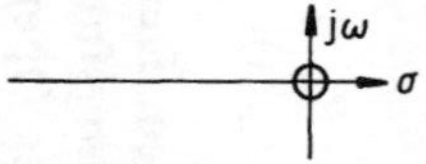	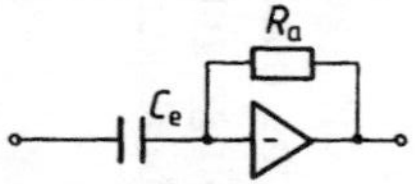	$\dfrac{1}{C_e s}$	R_a	$T_D = R_a C_e$
P-T$_1$	$\dfrac{K_P}{1 + T_1 s}$	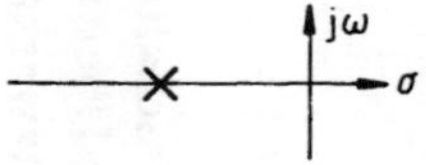	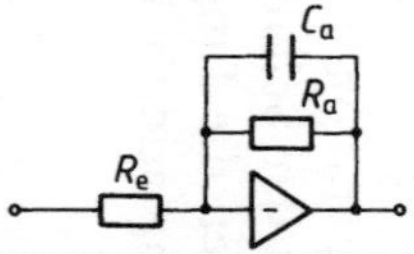	R_e	$\dfrac{R_a}{1 + R_a C_a s}$	$K_P = R_a/R_e$ $T_1 = R_a C_a$
D-T$_1$	$K_P \dfrac{T_v s}{1 + T_v s}$	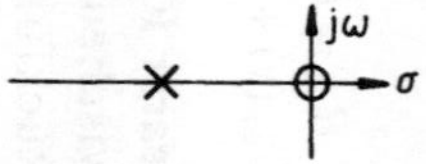	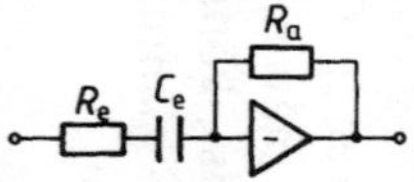	$R_e \dfrac{1 + R_e C_e s}{R_e C_e s}$	R_a	$K_P = R_a/R_e$ $T_v = R_e C_e$
PI	$K_P \dfrac{1 + T_n s}{T_n s}$	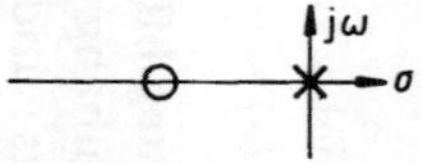	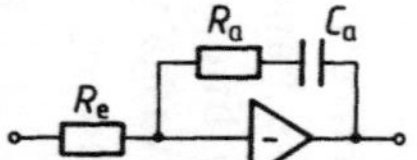	R_e	$R_a \dfrac{1 + R_a C_a s}{R_a C_a s}$	$K_P = R_a/R_e$ $T_n = R_a C_a$
PP-T$_1$ PD-T$_1$	$K_P \dfrac{1 + T_{vP} s}{1 + T_d s}$	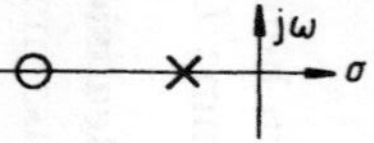 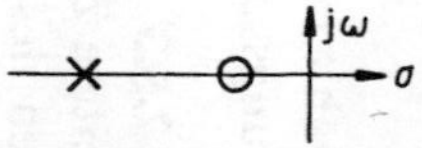	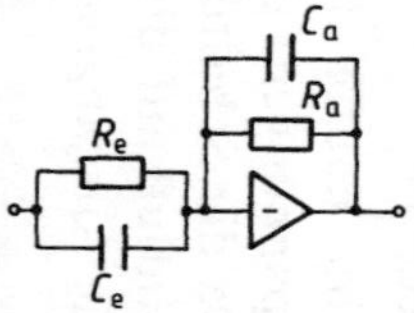	$\dfrac{R_e}{1 + R_e C_e s}$	$\dfrac{R_a}{1 + R_a C_a s}$	$K_P = R_a/R_e$ $T_{vP} = R_e C_e$ $T_d = R_a C_a$

und seine Sonderfälle sind in Tafel **3.75** die Schaltungen und die Beziehungen zwischen den Schaltelementen R_e, C_e, R_a und C_a und den Parametern K_P, T_{vP} und T_d der Übertragungsfunktion $G(s)$ zusammengestellt. Da die Übertragungsfunktion einen Parameter weniger enthält als die Verstärkerschaltung, kann man ein Schaltelement unter dem Gesichtspunkt der einfachen gerätemäßigen Realisierung frei wählen.

Beispiel 3.26. Für den in Abschn. 3.2.4.3 (Beispiel 3.24) ermittelten optimalen PI-Regler

$$G_R = K_P \frac{1 + T_n s}{T_n s}$$

mit dem Proportionalitätsbeiwert $K_P = 4{,}22$ und der Nachstellzeit $T_n = 2{,}37$ s berechne man die Bauelemente der Verstärkerschaltung.

Nach Tafel **3.75**, Zeile 6, ist $K_P = R_a / R_e$ und $T_n = R_a C_a$. Gibt man $C_a = 1$ µF vor, dann erhält man die verbleibenden Bauelemente zu $R_a = T_n / C_a = 2{,}37$ s$/10^{-6}$As/V $= 2{,}37$ MΩ und $R_e = R_a / K_P = 2{,}37$ MΩ$/4{,}22 = 562$ kΩ.

3.2.5.4 Kanonische Realisierung rationaler Übertragungsfunktionen.

Eine andere Art der Schaltungstechnik, die die Nachteile der in Abschn. 3.2.5.3 verwendeten umgeht, beruht auf der Verwendung mehrerer Operationsverstärker. Diese Technik ist aus der Analogrechentechnik seit längerem bekannt, hat sich aber für die Realisierung von Reglerschaltungen erst mit dem Verfügbarwerden preiswerter integrierter Operationsverstärker durchsetzen können.

Ein systematisches Verfahren zum Entwurf derartiger Schaltungen geht von der **k a n o n i s c h e n   Z u s t a n d s d a r s t e l l u n g** dynamischer Systeme aus, die in Abschn. 2.2.4.5 anhand der Regelungsnormalform erläutert wurde. Nachfolgend sollen die Schaltungen für die bilineare und die biquadratische Übertragungsfunktion angegeben werden.

Bilineare Übertragungsfunktion. Der bilinearen Übertragungsfunktion

$$G(s) = \frac{V(s)}{U(s)} = \frac{b_0 + b_1 s}{a_0 + a_1 s} \tag{3.153}$$

mit den konstanten Parametern a_i und b_i ($a_1 \neq 0$) entspricht nach Abschn. 2.2.4.5 die Zustandsdarstellung

$$\dot{x}_1(t) = -\frac{a_0}{a_1} x_1(t) + \frac{1}{a_1} u(t), \tag{3.154}$$

$$v(t) = \left(b_0 - a_0 \frac{b_1}{a_1} \right) x_1(t) + \frac{b_1}{a_1} u(t). \tag{3.155}$$

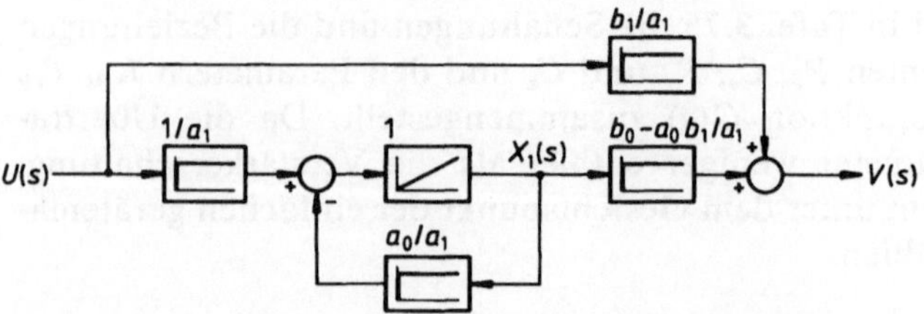

3.76 Wirkungsplan des bilinearen Übertragungsglieds
   $U(s)$ Eingangsgröße, $V(s)$ Ausgangsgröße, $X_1(s)$ Zustandsgröße, a_i, b_i Parameter

Hierin bezeichnet wie üblich $x_1(t)$ die (einzige) Zustandsvariable, $u(t)$ die Eingangsgröße und $v(t)$ die Ausgangsgröße des Übertragungsglieds; der Wirkungsplan (Bild **3.76**) verdeutlicht die Verknüpfung der Variablen. Diesen Wirkungsplan kann man direkt in den Koppelplan für die Operationsverstärkerschaltung umsetzen, wobei man nur die Tatsache zu berücksichtigen hat, daß die verwendeten invertierenden Verstärker das Vorzeichen umdrehen; das Ergebnis der Übersetzung zeigt Bild **3.77**. Im Bildbereich erhält man die folgenden Beziehungen:

Teilschaltung I: Man faßt den Verstärker als summierenden Integrierer (s. Abschn. 3.2.5.2) mit der Rückführimpedanz $1/(C_1 s)$, den Eingangswiderständen R_1 und R_{11} und den Eingangsspannungen $U_e(s)$ und $-U_1(s)$ auf und erhält

$$ -U_1(s) = -\frac{1}{R_{11} C_1 s}[-U_1(s)] - \frac{1}{R_1 C_1 s} U_e(s). $$

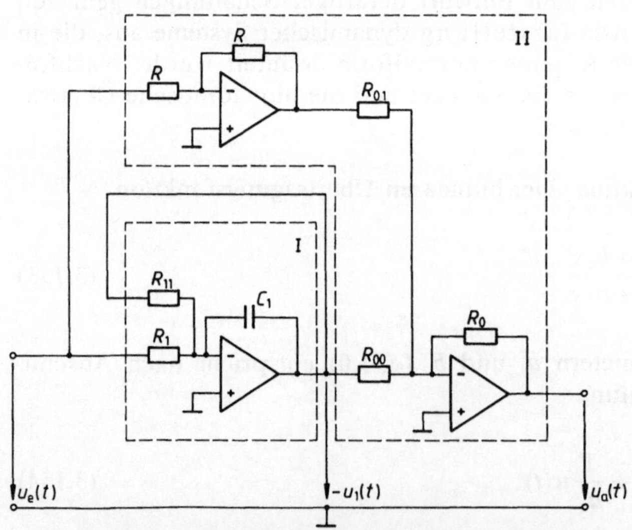

3.77 Realisierung der bilinearen Übertragungsfunktion mit Operationsverstärkern
   $u_e(t)$ Eingangsspannung, $u_a(t)$ Ausgangsspannung, $u_1(t)$ Ausgangsspannung des Integrators, R Widerstand, C Kapazität

Multiplikation mit $-s$ und Übersetzung in den Zeitbereich ergibt den Zusammenhang

$$\dot{u}_1(t) = -\frac{1}{R_{11}C_1} u_1(t) + \frac{1}{R_1 C_1} u_e(t). \tag{3.156}$$

Identifiziert man $u_1(t)$ mit der Zustandsvariablen $x_1(t)$ und die Eingangsspannung $u_e(t)$ mit der Eingangsgröße $u(t)$, dann erhält man durch Vergleich von Gl. (3.154) mit Gl. (3.156) die Beziehungen $a_0/a_1 = 1/(R_{11}C_1)$ und $1/a_1 = 1/(R_1 C_1)$, aus denen man für eine nach Gesichtspunkten der Realisierung gewählte Kapazität C_1 die Widerstände R_1 und R_{11} zu

$$R_1 = \frac{1}{C_1} a_1 \tag{3.157}$$

und

$$R_{11} = \frac{1}{C_1} \cdot \frac{a_1}{a_0} \tag{3.158}$$

bestimmt.

Teilschaltung II: Hier erhält man im Bildbereich

$$U_a(s) = -\frac{R_0}{R_{00}} [-U_1(s)] - \frac{R_0}{R_{01}} [-U_e(s)],$$

also nach Wegheben der Vorzeichen und Übersetzung in den Zeitbereich

$$u_a(t) = \frac{R_0}{R_{00}} u_1(t) + \frac{R_0}{R_{01}} u_e(t). \tag{3.159}$$

Setzt man die Ausgangsspannung $u_a(t)$ gleich der Ausgangsgröße $v(t)$ und vergleicht mit der Beziehung (3.155), dann berechnet man für einen vorgegebenen Widerstandswert R_0 die Eingangswiderstände R_{00} und R_{01} zu

$$R_{00} = \frac{R_0}{b_0 - a_0 \dfrac{b_1}{a_1}} \tag{3.160}$$

und

$$R_{01} = \frac{R_0}{b_1/a_1}. \tag{3.161}$$

Damit sind alle Schaltungsparameter in Abhängigkeit von den Parametern der bilinearen Übertragungsfunktion gegeben.

Biquadratische Übertragungsfunktion. Ein lineares Übertragungsglied mit der biquadratischen Übertragungsfunktion

$$G(s) = \frac{V(s)}{U(s)} = \frac{b_0 + b_1 s + b_2 s^2}{a_0 + a_1 s + a_2 s^2} \qquad (3.162)$$

und den konstanten Parametern a_i und b_i ($a_2 \neq 0$) hat nach Abschn. 2.2.4.5 die Zustandsdarstellung

$$\dot{x}_1(t) = x_2(t), \qquad (3.163)$$

$$\dot{x}_2(t) = -\frac{a_0}{a_2} x_1(t) - \frac{a_1}{a_2} x_2(t) + \frac{1}{a_2} u(t), \qquad (3.164)$$

$$v(t) = \left(b_0 - a_0 \frac{b_2}{a_2}\right) x_1(t) + \left(b_1 - a_1 \frac{b_2}{a_2}\right) x_2(t) + \frac{b_2}{a_2} u(t). \qquad (3.165)$$

Die hier auftretenden Systemgrößen sind die Zustandsvariablen $x_1(t)$ und $x_2(t)$, die Eingangsgröße $u(t)$ und die Ausgangsgröße $v(t)$. Den in Bild **3.**78 gezeigten Wirkungsplan des Übertragungsglieds kann man direkt in den Koppelplan der

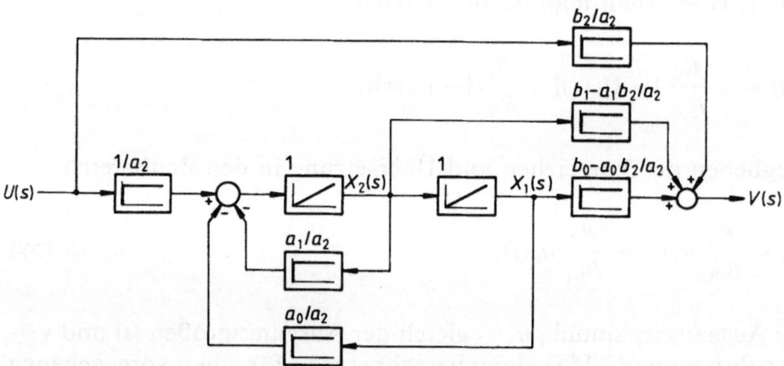

3.78 Wirkungsplan des biquadratischen Übertragungsglieds
   $U(s)$ Eingangsgröße, $V(s)$ Ausgangsgröße, $X_1(s)$, $X_2(s)$ Zustandsgrößen
   a_i, b_i Parameter

Verstärkerschaltung (Bild **3.**79) umsetzen, wobei nur die Vorzeichenumkehr durch die Verstärker zu berücksichtigen ist. Mit den eingezeichneten Spannungswerten erhält man die Beziehungen zwischen den Bildvariablen wie folgt:

Teilschaltung I: Im Bildbereich ist

$$-U_1(s) = -\frac{1}{R_1 C_1 s} U_2(s),$$

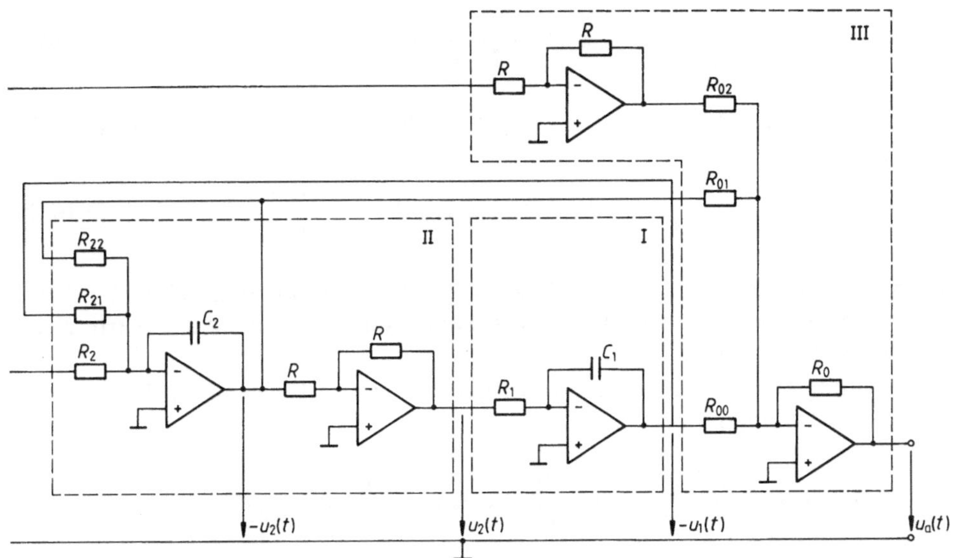

3.79 Realisierung des biquadratischen Übertragungsglieds mit Operationsverstärkern
$u_e(t)$ Eingangsspannung, $u_a(t)$ Ausgangsspannung, $u_1(t)$, $u_2(t)$ Ausgangsspannungen der Integrierer, R Widerstand, C Kapazität

woraus man durch Multiplikation mit s und Rücktransformation in den Zeitbereich die Differentialgleichung

$$\dot{u}_1(t) = \frac{1}{R_1 C_1}\, u_2(t)$$

ableitet. Der Vergleich mit Gl. (3.163) zeigt, daß man die Zustandsvariablen durch $x_1(t) = u_1(t)$ und $x_2(t) = u_2(t)/(R_1 C_1)$ zu definieren hat.

Teilschaltung II: Die Ausgangsspannung U_2 dieser Schaltung ist

$$U_2(s) = \frac{1}{C_2 s}\left\{\frac{1}{R_{21}}\,[-U_1(s)] + \frac{1}{R_{22}}\,[-U_2(s)] + \frac{1}{R_2}\,U_e(s)\right\}.$$

Durch Multiplikation mit der komplexen Variablen s und Rücktransformation in den Zeitbereich berechnet man die Differentialgleichung

$$\dot{u}_2(t) = -\frac{1}{R_{21} C_2}\,u_1(t) - \frac{1}{R_{22} C_2}\,u_2(t) + \frac{1}{R_2 C_2}\,u_e(t). \tag{3.166}$$

Setzt man hier $u_1(t) = x_1(t)$, $u_e(t) = u(t)$ und $u_2(t) = R_1 C_1 x_2(t)$, d.h. $\dot{u}_2(t) = R_1 C_1 \dot{x}_2(t)$ ein, dann erhält man nach Division beider Seiten durch den Faktor $R_1 C_1$ die Beziehung

$$\dot{x}_2(t) = -\frac{1}{R_1 C_1 R_{21} C_2} x_1(t) - \frac{1}{R_{22} C_2} x_2(t) + \frac{1}{R_1 C_1 R_2 C_2} u(t), \quad (3.167)$$

aus der man durch Vergleich mit Gl. (3.164) die Schaltungsparameter zu

$$R_{21} = \frac{a_2}{a_0} \frac{1}{R_1 C_1 C_2}, \quad R_{22} = \frac{a_2}{a_1} \frac{1}{C_2}, \quad R_2 = \frac{a_2}{R_1 C_1 C_2} \quad (3.168)$$

bestimmt. Wählt man die Kapazitätswerte C_1 und C_2 sowie den Widerstand R_1 nach Realisierungsgesichtspunkten aus, kann man die Widerstandswerte R_{21}, R_{22} und R_2 berechnen.

Teilschaltung III: Für diese statische Teilschaltung liest man direkt im Zeitbereich den Zusammenhang

$$u_a(t) = -\frac{R_0}{R_{00}} [-u_1(t)] - \frac{R_0}{R_{01}} [-u_2(t)] - \frac{R_0}{R_{02}} [-u_e(t)]$$

ab. Dieser führt durch Koeffizientenvergleich mit Gl. (3.165) zu den Beziehungen

$$R_{00} = \frac{R_0}{b_0 - a_0 \dfrac{b_2}{a_2}}, \quad R_{01} = \frac{R_0 R_1 C_1}{b_1 - a_1 \dfrac{b_2}{a_2}}, \quad R_{02} = \frac{R_0}{b_2/a_2}, \quad (3.169)$$

wobei der Widerstandswert R_0 nach Realisierungsgesichtspunkten zu wählen ist.

Mit den Beziehungen (3.168) und (3.169) können alle Schaltungsparameter berechnet werden. Ist das zu realisierende Übertragungsglied nicht sprungfähig ($m < n$), entfällt die Vorkopplung der Eingangsgröße $u(t)$. Man kommt dann mit vier Operationsverstärkern aus, die handelsüblich in integrierter Form auf einem Halbleiterchip untergebracht sind.

Man kann mit dem Verfahren des kanonischen Schaltungsentwurfs beliebig komplizierte Übertragungsfunktionen in systematischer Weise realisieren; in den meisten in der Praxis auftretenden Fällen wird man allerdings selten über das biquadratische Übertragungsglied hinausgehen.

Beispiel 3.27. Für den in Beispiel 3.15 berechneten PID-T_1-Regler mit der Übertragungsfunktion

$$G_{R2}(s) = K'_{PP} \frac{1 + (T'_{nP} + T'_{vP})s + T'_{nP} T'_{vP} s^2}{T'_{nP} s (1 + T_d s)},$$

dem Proportionalbeiwert $K'_{PP} = 0,0539$ und den Kennzeiten $T'_{nP} = 0,363$ s, $T'_{vP} = 0,267$ s und $T_d = 0,141$ s bestimme man die Operationsverstärkerschaltung.

Die Parameter a_i und b_i der Standarddarstellung des bilinearen Übertragungsglieds erhält man zu $a_0 = 0$, $a_1 = T'_{nP} = 0{,}363$ s, $a_2 = T'_{nP} T_d = 0{,}0512$ s^2, $b_0 = K'_{PP} = 0{,}0539$, $b_1 = K'_{PP}(T'_{nP} + T'_{vP}) = 0{,}0340$ s und $b_2 = K'_{PP} T'_{nP} T'_{vP} = 0{,}00522$ s^2. Gibt man die Kapazitätswerte der Integratoren zu $C_1 = C_2 = 1\ \mu$F und die Widerstandswerte zu $R_0 = R_1 = 1$ MΩ vor, erhält man die anderen Bauelemente der Verstärkerschaltung nach Gl. (3.168) und (3.169) mit $R_1 C_1 = 10^6$ V/A $\cdot\, 10^{-6}$ As/V $= 1$ s zu $R_{21} = \infty$ (Verbindung aufgetrennt), $R_{22} = 0{,}0512$ s^2/(0,363 s $\cdot\, 10^{-6}$ As/V) $= 141$ kΩ, $R_2 = 0{,}0512$ s^2/(1 s $\cdot\, 10^{-6}$ As/V) $= 51{,}2$ kΩ, $R_{00} = 1$ MΩ/0,0539 $= 18{,}6$ MΩ, $R_{01} = 1$ MΩ/(0,0340 s $- 0{,}363$ s $\cdot\, 0{,}00522$ s/ 0,0512 s) $= -332$ MΩ und $R_{02} = 1$ MΩ $\cdot\, 0{,}0512$ s^2/0,00522 s$^2 = 9{,}8$ MΩ. Da der Widerstandswert R_{01} negativ ist, muß man die Schaltung ändern und statt der Spannung $-u_2(t)$ die am Ausgang des Umkehrverstärkers verfügbare Spannung $u_2(t)$ über den Widerstand R_{01} auf den Ausgangssummierer schalten.

3.3 Entwurf einschleifiger Regelkreise mit erweiterter Struktur

Der bisher behandelte einschleifige Regelkreis in Standardstruktur erweist sich bei vielen Anwendungen als hinreichend leistungsfähig. In einigen Fällen zeigt er aber gewisse Schwächen, die man durch geeignete Ergänzungen der Grundstruktur beseitigen oder doch vermindern kann. Insbesondere bei Regelstrecken mit verzögerndem Verhalten höherer Ordnung (P-T_n-Strecken) und großen Kennzeiten treten häufig die folgenden Probleme auf:

- Der Kompensationsregler reagiert auf Störgrößen, die im Inneren der Regelstrecke angreifen und sich wegen der Streckeneigenschaften erst nach einiger Zeit in der Regelgröße bemerkbar machen, verspätet und läßt daher vorübergehend größere Regeldifferenzen infolge der Störung zu.

- Der Stelleingriff benötigt infolge der großen Streckenkennzeiten eine längere Zeit, bis er sich auf die Regelgröße auswirkt.

Man kann diese beiden unerwünschten Effekte durch zwei einfache Ergänzungen der Grundstruktur des einschleifigen Regelkreises beseitigen oder wenigstens verringern; dieses sind die Störgrößen- und die Hilfsstellgrößenaufschaltung.

3.3.1 Regelung mit Störgrößenaufschaltung

Das Prinzip der Störgrößenaufschaltung wurde bereits in Abschn. 1.2.4 anhand der Blockstruktur (Bild **1.5**) vorgestellt. Die auf den Prozeß einwirkende Störgröße $z(t)$ wird durch einen Meßwertgeber erfaßt und dem Regelverstärker zugeführt. Dieser bemerkt daher das Auftreten einer Störung praktisch verzögerungsfrei und kann schon Maßnahmen zur Gegensteuerung ergreifen, bevor sich die Störung in der Regelgröße $x(t)$ oder der Regeldifferenz $e(t)$ überhaupt bemerkbar macht. So erfaßt man beispielsweise bei der Temperaturregelung eines Hauses die Umgebungstemperatur durch einen an der Außenwand des

Hauses angebrachten Temperaturfühler und meldet Temperaturänderungen an den Regler, bevor sie sich auf die Raumtemperatur auswirken können. Bei der Lageregelung von Flugzeugen erfaßt man vertikal gerichtete Luftströmungen mit einem an der Flugzeugnase angebrachten Sensor und signalisiert das Einfliegen in ein solches Strömungsfeld dem Flugregler, der durch entsprechendes Ausschlagen der Ruder die Auswirkung der Bö auf die Flugzeugzelle reduziert. Neben einer Erhöhung des Reisekomforts erzielt man eine starke Reduzierung der dynamischen Belastung von Tragwerk und Zelle, was sich in einer Vergrößerung der Lebensdauer, einer möglichen Reduzierung der Flugzeugmasse und damit einer besseren Wirtschaftlichkeit des Flugzeugs niederschlägt.

Um die Wirkung einer im Inneren der Regelstrecke angreifenden Störgröße zu erfassen, zerlegt man die Übertragungsfunktion $G_S(s)$ der Regelstrecke in die beiden in Kette geschalteten Anteile $G_{S1}(s)$ und $G_{S2}(s)$ und führt die Störgröße $z(t)$ additiv zwischen diesen Teilübertragungsfunktionen ein (Bild 3.80). Die Störung $z(t)$ wirkt also unmittelbar nur auf den Anteil $G_{S1}(s)$, nicht aber auf den „stromaufwärts" liegenden Teil $G_{S2}(s)$. Für die Regelgröße erhält man dann nach Bild 3.80 im Bildbereich den linearen Zusammenhang

$$X(s) = G_{S1}(s) G_{S2}(s) Y(s) + G_{S1}(s) Z(s). \qquad (3.170)$$

Die Störgröße wird durch ein Übertragungsglied mit der Übertragungsfunktion $G_A(s)$ dynamisch bewertet und von der Reglerausgangsgröße $Y_R(s)$ subtrahiert; die resultierende Stellgröße erhält man daher zu

$$Y(s) = Y_R(s) - Y_A(s)$$
$$= G_R(s) W(s) - G_R(s) X(s) - G_A(s) Z(s). \qquad (3.171)$$

Einsetzen der Stellgröße $Y(s)$ in Gl. (3.170) und Auflösen nach der Regelgröße $X(s)$ liefert den Zusammenhang

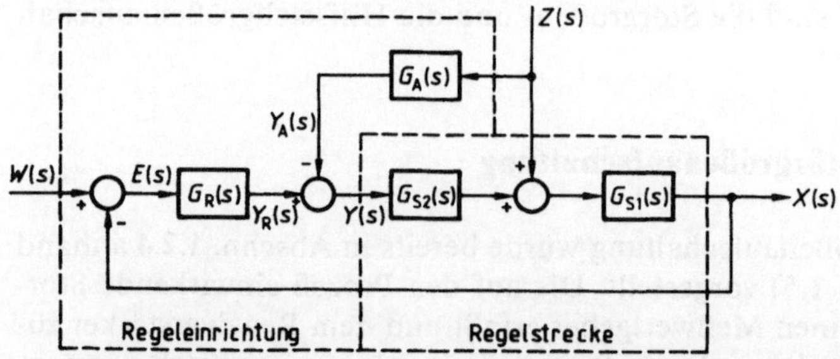

3.80 Wirkungsplan des einschleifigen Regelkreises mit Störgrößenaufschaltung
$E(s)$ Regeldifferenz, $G_A(s)$ Übertragungsfunktion der Störgrößenaufschaltung, $G_R(s)$ Übertragungsfunktion des Reglers, $G_{S1}(s)$, $G_{S2}(s)$ Teilübertragungsfunktionen der Regelstrecke, $X(s)$ Regelgröße, $Y(s)$ Stellgröße, $Y_A(s)$ Ausgangsgröße der Störgrößenaufschaltung, $Y_R(s)$ Ausgangsgröße des Reglers, $Z(s)$ Störgröße

$$X(s) = \frac{G_R(s)\,G_{S1}(s)\,G_{S2}(s)}{1 + G_R(s)\,G_{S1}(s)\,G_{S2}(s)}\,W(s) + \frac{G_{S1}(s)[1 - G_{S2}(s)\,G_A(s)]}{1 + G_R(s)\,G_{S1}(s)\,G_{S2}(s)}\,Z(s). \qquad (3.172)$$

Mit $G_O(s) = G_R(s)\,G_{S1}(s)\,G_{S2}(s)$ als der Übertragungsfunktion des offenen Kreises findet man die gegenüber dem einschleifigen Standardregelkreis nicht geänderte Führungsübertragungsfunktion

$$G_W(s) = \frac{X(s)}{W(s)} = \frac{G_O(s)}{1 + G_O(s)} \qquad (3.173)$$

und die neue Störübertragungsfunktion

$$G_Z(s) = \frac{X(s)}{Z(s)} = \frac{G_{S1}(s)[1 - G_{S2}(s)\,G_A(s)]}{1 + G_O(s)}. \qquad (3.174)$$

Bemerkenswert ist zunächst, daß durch die Störgrößenaufschaltung der Nenner von $G_W(s)$, also auch die charakteristische Gleichung des Regelkreises, nicht geändert wird. Da diese die Stabilität des Regelkreises bestimmt, hat die Störgrößenaufschaltung keinen Einfluß auf diese wichtige Eigenschaft des Regelkreises. Weiterhin zeigt Gl. (3.174), daß man offenbar durch geschickte Vorgabe der noch unbestimmten Übertragungsfunktion $G_A(s)$ die Wirkung der Störgröße auf die Regelgröße zumindest theoretisch völlig aufheben kann. Aus der Forderung $G_Z(s) \equiv 0$ folgt nämlich für $G_A(s)$ die Bedingung

$$G_A(s) = \frac{1}{G_{S2}(s)}. \qquad (3.175)$$

Der Wirkungsplan der Regelung (Bild **3.**80) zeigt die Wirkungsweise dieser Störgrößenaufschaltung sehr deutlich: Wegen $G_A(s)\,G_{S2}(s) = 1$ heben sich die beiden Wirkungspfade für die Störgröße gerade auf, so daß die Störgröße nicht mehr auf den Eingang der Teilregelstrecke $G_{S1}(s)$ und damit auf die Regelgröße $X(s)$ wirkt. Die Realisierung der Übertragungsfunktion $G_A(s)$ nach Gl. (3.175) kann allerdings Schwierigkeiten bereiten. Wenn die Streckenübertragungsfunktion $G_{S2}(s)$ wie häufig ein verzögerndes Verhalten hat, wirkt $G_A(s)$ überwiegend differenzierend; ist beispielsweise

$$G_{S2}(s) = \frac{K_{S2}}{(1 + T_1 s)(1 + T_2 s)\ldots(1 + T_m s)}, \qquad (3.176)$$

erhält man $G_A(s)$ nach Gl. (3.175) durch Ausmultiplizieren des Nenners zu

$$G_A(s) = \frac{1}{K_{S2}}[1 + (T_1 + T_2 + \ldots + T_m)s + \ldots + T_1 T_2 \ldots T_m s^m], \qquad (3.177)$$

d. h. $G_A(s)$ besteht aus der Summe eines P-Glieds mit dem Beiwert $K_A = 1/K_{S2}$ und (mehrfach) differenzierenden Gliedern. Eine sprungförmig auftretende Störgröße würde das Stellglied mit einem Mehrfachimpuls beaufschlagen, was weder zulässig noch realisierbar ist. Man beschränkt sich daher meist auf die näherungsweise Nachbildung der ersten beiden Terme von Gl. (3.177), setzt also entweder ein P-Glied

$$G_A(s) \approx K_A \qquad\qquad\qquad (3.178)$$

oder ein PD-T_1-Glied

$$G_A(s) \approx K_A \frac{1 + T_{Av}s}{1 + T_{Ad}s} \qquad\qquad\qquad (3.179)$$

mit $K_A = 1/K_{S2}$ und $T_{Av} = (T_1 + T_2 + \ldots + T_m)$ an. Die zur Begrenzung des Stellimpulses hinzugefügte kleine Verzögerungszeit $T_{Ad} \ll T_{Av}$ kann man wie folgt bestimmen: Tritt zum Zeitpunkt $t_0 = 0$ die sprungförmige Störgröße $z(t) = z_0 \sigma(t)$ auf, reagiert das PD-T_1-Glied hierauf mit dem zum Zeitpunkt t_0 auftretenden Maximalwert

$$y_{A0} = K_A \frac{T_{Av}}{T_{Ad}} z_0. \qquad\qquad\qquad (3.180)$$

Hat man gemäß den Spezifikationen für die Regelung mit einer maximalen Sprunghöhe $z_{0\,max}$ zu rechnen und kann das Stellglied die maximale Stellgröße y_{max} aufbringen, kann man die Verzögerungszeit T_{Ad} durch die Beziehung

$$K_A T_{Av} \frac{z_{0\,max}}{y_{max}} \leq T_{Ad} \ll T_{Av} \qquad\qquad\qquad (3.181)$$

abschätzen; hierbei wurde angenommen, daß nicht gleichzeitig mit der Störgröße eine Änderung der Führungsgröße zu verkraften ist.

Mit den Näherungen für $G_A(s)$ nach Gl. (3.178) und Gl. (3.179) kann man die Wirkung der Störgröße $z(t)$ auf die Regelgröße zwar nicht völlig beseitigen, jedoch in fast allen Fällen auf ein tragbares Maß reduzieren.

Beispiel 3.28. Für den in Beispiel 3.19 ausgelegten einschleifigen Regelkreis, der aus der P-T_3-Regelstrecke $G_S(s) = K_S/[(1 + T_1 s)(1 + T_2 s)(1 + T_3 s)]$ und dem PI-Regler $G_R(s) = K_P(1 + T_n s)/(T_n s)$ besteht, entwerfe man eine Aufschaltung der Störgröße $z(t)$, die vor dem P-T_1-Anteil der Strecke mit der Übertragungsfunktion $G_{S1} = 1/(1 + T_1 s)$ angreift (Bild 3.81). Die laut den Spezifikationen für die Regelung maximal auftretende Sprunghöhe sei $z_{0\,max} = 5$ und die vom Stellglied höchstens aufzubringende Stellgröße $y_{max} = 2$. Zur Verifizierung des Entwurfs berechne man die Transienten von Regelgröße $x(t)$ und Stellgröße $y(t)$.

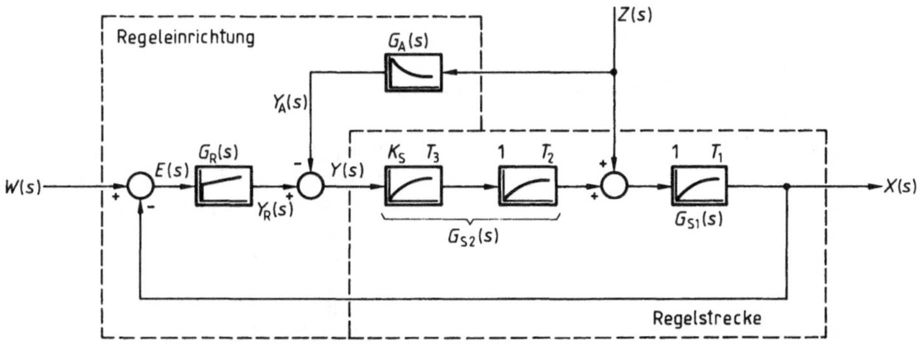

3.81 Wirkungsplan des einschleifigen Regelkreises mit Störgrößenaufschaltung
(Beispiel 3.28)
$E(s)$ Regeldifferenz, $G_A(s)$ Übertragungsfunktion der Störgrößenaufschaltung
$G_R(s)$ Übertragungsfunktion des Reglers, $G_{S1}(s)$, $G_{S2}(s)$ Teilübertragungsfunktionen der Regelstrecke, K_S Proportionalbeiwert der Regelstrecke, T_1, T_2, T_3 Verzögerungszeiten der Regelstrecke, $X(s)$ Regelgröße, $Y(s)$ Stellgröße, $Y_A(s)$ Ausgangsgröße
der Störgrößenaufschaltung, $Y_R(s)$ Ausgangsgröße des Reglers, $Z(s)$ Störgröße

Mit den in Beispiel 3.19 angegebenen Zahlenwerten $K_S = 23{,}8$, $T_1 = 0{,}363$ s, $T_2 = 0{,}205$ s
und $T_3 = 0{,}062$ s berechnet man den Proportionalbeiwert der Störgrößenaufschaltung
$G_A(s)$ zu $K_A = 1/K_{S2} = 0{,}0420$ und die Vorhaltzeit zu $T_{Av} = T_2 + T_3 = 0{,}267$ s. Die Verzögerungszeit muß nach Gl. (3.181) mit den angegebenen Werten zwischen
$0{,}0280$ s $\leq T_{Ad} \ll 0{,}267$ s liegen. Wählt man beispielsweise $T_{Ad} = 0{,}03$ s, dann erhält
man die Übertragungsfunktion der P-Störgrößenaufschaltung nach Gl. (3.168)
zu $G_A(s) = 0{,}042$ und die der PD-T_1-Aufschaltung zu $G_A(s) = 0{,}042(1 + 0{,}267\,s)/$
$(1 + 0{,}030\,s)$. Das transiente Verhalten des Regelkreises bei einem Einheitssprung der
Störgröße zeigen Bild **3.82** für $G_A(s) = 0$ (keine Störgrößenaufschaltung), Bild **3.83** für

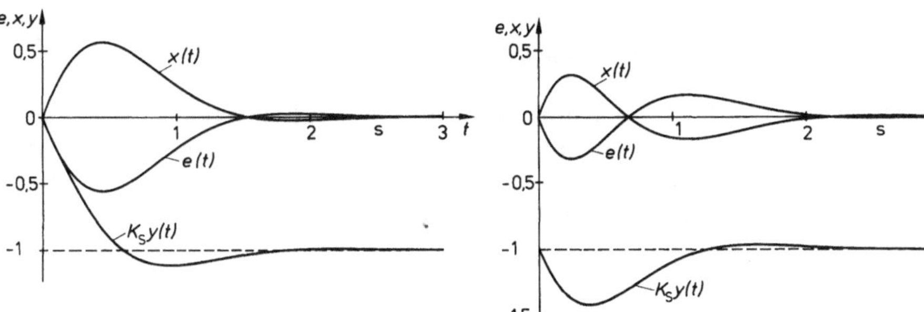

Sprungantworten des einschleifigen
Regelkreises ohne Störgrößenaufschal-
tung (Beispiel 3.28)
K_S Proportionalbeiwert der Regelstrecke
$e(t)$ Regeldifferenz, $x(t)$ Regelgröße
$y(t)$ Stellgröße

3.83 Sprungantworten des einschleifigen
Regelkreises mit P-Störgrößen-
aufschaltung (Beispiel 3.28)
K_S Proportionalbeiwert der Regelstrecke
$e(t)$ Regeldifferenz, $x(t)$ Regelgröße
$y(t)$ Stellgröße

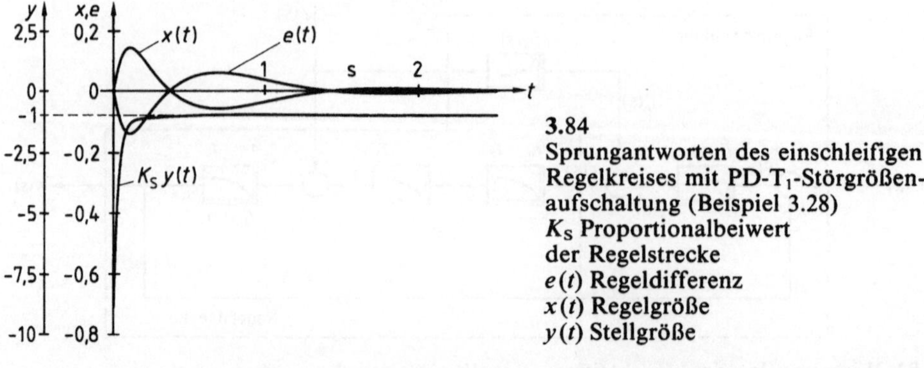

3.84
Sprungantworten des einschleifigen
Regelkreises mit PD-T$_1$-Störgrößen-
aufschaltung (Beispiel 3.28)
K_S Proportionalbeiwert
der Regelstrecke
$e(t)$ Regeldifferenz
$x(t)$ Regelgröße
$y(t)$ Stellgröße

die P-Störgrößenaufschaltung und Bild **3.84** für die PD-T$_1$-Störgrößenaufschaltung. Wie
man sieht, liefert bereits die P-Aufschaltung eine merkliche, die PD-T$_1$-Aufschaltung
eine wesentliche Verbesserung des Störverhaltens, allerdings auf Kosten einer starken
Vergrößerung der maximalen Stellamplitude.

Wesentliche Erkenntnisse zur Funktionsweise der Störgrößenaufschaltung liefern neben dem transienten Verhalten der Regelung auch die Frequenzkennlinien, die Auskunft über die Reaktion des Regelkreises auf periodische Störgrößen geben. Ohne Störgrößenaufschaltung, also $G_A(s) = 0$, ist der Störfrequenzgang nach Gl. (3.174) mit $s = j\omega$

$$G_Z(j\omega) = \frac{G_{S1}(j\omega)}{1 + G_R(j\omega)\,G_{S1}(j\omega)\,G_{S2}(j\omega)}. \tag{3.182}$$

Für die hier betrachteten proportional-verzögernd wirkenden Regelstrecken
gewinnt man für kleine Kreisfrequenzen die Näherung

$$G_Z(j\omega) \approx \frac{K_{S1}}{1 + G_R(j\omega)\,K_{S1}\,K_{S2}}, \tag{3.183}$$

wobei K_{S1} und K_{S2} die Proportionalbeiwerte der Teilübertragungsfunktionen
bezeichnen. Hat der Regler wie üblich ein integrierendes Verhalten, ist der Betrag von $G_R(j\omega)$ für kleine Kreisfrequenzen sehr groß, so daß man näherungsweise für $\omega \to 0$ den Störfrequenzgang zu

$$G_Z(j\omega) \approx \frac{1}{G_R(j\omega)\,K_{S2}} \tag{3.184}$$

bestimmt. Der I-Anteil des Reglers erzeugt also eine Nullstelle von $G_Z(j\omega)$ bei
$\omega = 0$, die Amplitudenkennlinie $|G_Z(j\omega)|$ geht damit für $\omega \to 0$ mit 20 dB/De-
kade gegen Null. Langsame Änderungen der Störgröße werden also vom integrierenden Anteil des Reglers aufgefangen und können sich daher auf die Regelgröße nicht auswirken. Für hohe Kreisfrequenzen ($\omega \to \infty$) gehen die Be-

träge $|G_{S1}(j\omega)|$ und $|G_{S2}(j\omega)|$ in der Regel gegen Null und der Betrag $|G_R(j\omega)|$ höchstens gegen einen konstanten Wert, so daß man das Produkt im Nenner von Gl. (3.182) gegenüber der Eins vernachlässigen kann. Für $\omega \to \infty$ erhält man dann näherungsweise

$$G_Z(j\omega) \approx G_{S1}(j\omega)\,; \tag{3.185}$$

hat also $G_{S1}(j\omega)$ ein überwiegend verzögerndes Verhalten, wirken sich auch schnelle Störgrößenänderungen wegen der Dämpfung durch den Streckenanteil $G_{S1}(j\omega)$ nur schwach auf die Regelgröße aus.

Die Aufgabe der Störgrößenaufschaltung ist es nun, die Wirkung der Störgröße auf die Regelgröße auch im mittleren Frequenzbereich zu unterdrücken. Nach Gl. (3.174) ist der Störfrequenzgang mit Störgrößenaufschaltung durch

$$G_Z(j\omega) = \frac{G_{S1}(j\omega)[1 - G_{S2}(j\omega)\,G_A(j\omega)]}{1 + G_O(j\omega)} \tag{3.186}$$

gegeben. Bei einer proportionalen Aufschaltung der Störgröße nach Gl. (3.178) und einem Teilfrequenzgang $G_{S2}(j\omega)$ nach Gl. (3.176) erhält man für die Klammer im Zähler von $G_Z(j\omega)$ den Ausdruck

$$1 - G_{S2}(j\omega)\,G_A(j\omega) = 1 - \frac{K_A\,K_{S2}}{(1 + T_1 j\omega)(1 + T_2 j\omega)\ldots(1 + T_m j\omega)}$$

$$= \frac{1 + (T_1 + T_2 + \ldots + T_m)j\omega + \ldots + T_1 T_2 \ldots T_m (j\omega)^m - K_A K_{S2}}{(1 + T_1 j\omega)(1 + T_2 j\omega)\ldots(1 + T_m j\omega)}.$$

Für $K_A = 1/K_{S2}$ entfallen im Zähler die absoluten Terme; man erhält eine Nullstelle, zusammen mit der Nullstelle durch den I-Anteil des Reglers also eine doppelte Nullstelle bei $\omega = 0$. Der Amplitudengang des Störfrequenzgangs geht jetzt also für $\omega \to 0$ mit 40 dB/Dekade gegen Null, d. h. langsame Änderungen der Störgröße werden noch besser unterdrückt als durch den Regler allein. Für hohe Kreisfrequenzen ändert sich dagegen nichts, da wegen $|G_{S2}(j\omega)| \to 0$ für $\omega \to \infty$ das Produkt $G_{S2}(j\omega)\,G_A(j\omega)$ im Zähler von $G_Z(j\omega)$ gegenüber der Eins vernachlässigt werden kann. Für hohe Kreisfrequenzen wird daher die Dämpfung der Störgröße ausschließlich durch das Übertragungsverhalten von $G_{S1}(j\omega)$ bestimmt.

Für die PD-T_1-Störgrößenaufschaltung nach Gl. (3.179) erhält man bei Vernachlässigung der aus Realisierungsgründen eingeführten kleinen Verzögerungszeit T_{Ad} den Klammerausdruck in Gl. (3.186) näherungsweise zu

$$1 - G_{S2}(j\omega)\,G_A(j\omega) = 1 - \frac{K_{S2}\,K_A(1 + T_{Av} j\omega)}{(1 + T_1 j\omega)(1 + T_2 j\omega)\ldots(1 + T_m j\omega)}$$

$$= \frac{1 + (T_1 + T_2 + \ldots + T_m)j\omega + \ldots + T_1 T_2 \ldots T_m (j\omega)^m - K_{S2} K_A(1 + T_{Av} j\omega)}{(1 + T_1 j\omega)(1 + T_2 j\omega)\ldots(1 + T_m j\omega)}.$$

Mit $K_A = 1/K_{S2}$ und $T_{Av} = T_1 + T_2 + \ldots + T_m$ entfallen im Zähler der absolute und der in der Kreisfrequenz ω lineare Term. Der Ausdruck hat eine doppelte Nullstelle, zusammen mit dem I-Anteil des Reglers sogar eine dreifache Nullstelle bei $\omega = 0$. Für $\omega \rightarrow 0$ geht also der Amplitudengang mit 60 dB/Dekade gegen Null, was eine weitere Reduzierung des Störgrößeneinflusses bewirkt. Für große Kreisfrequenzen ist dagegen weiterhin ausschließlich der Amplitudengang von $G_{S1}(j\omega)$ für die Dämpfung der Störgröße maßgebend.

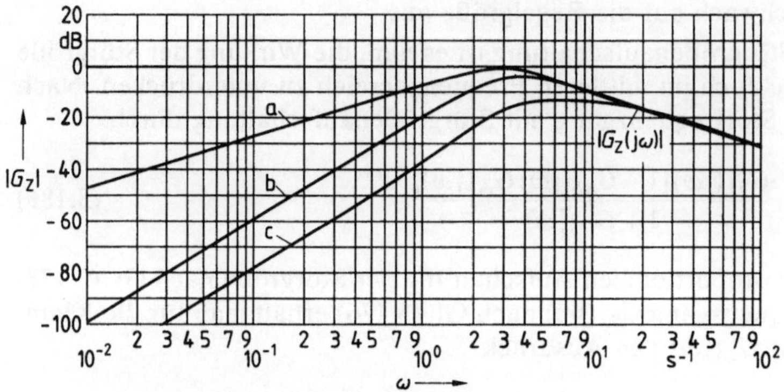

3.85 Amplitudengänge des Störfrequenzgangs
  a) ohne Störgrößenaufschaltung
  b) mit P-Störgrößenaufschaltung
  c) mit PD-T_1-Störgrößenaufschaltung

Zur Verdeutlichung der Wirkung der Störgrößenaufschaltung im Frequenzbereich sind in Bild 3.85 die Amplitudengänge von $G_Z(j\omega)$ für den in Beispiel 3.28 betrachteten Regelkreis ohne Störgrößenaufschaltung (Kurve a), mit P-Aufschaltung (Kurve b) und mit PD-T_1-Aufschaltung (Kurve c) dargestellt. Man erkennt die starke Reduzierung langsamer Störgrößenänderungen insbesondere durch die PD-T_1-Aufschaltung.

3.3.2 Regelung mit Hilfsstellgröße

Bei Prozessen mit überwiegend verzögerndem Verhalten kann man die geforderte Einschwingzeit mit der Grundstruktur des einschleifigen Regelkreises häufig nur dadurch erreichen, daß man den Regler mit einem differenzierenden Anteil versieht. Bei schnell veränderlichen Verläufen der Führungsgröße gibt der Regler dann sehr große und nahezu impulsförmige Signale an das Stellglied ab, die von diesem infolge seiner aus Kosten- oder Platzgründen begrenzten Leistungsfähigkeit nicht in entsprechende Stellgrößen umgesetzt werden können. Häufig sind heftige Stelleingriffe auch wegen der damit verbundenen Beanspruchung der Regelstrecke unerwünscht oder unzulässig. In derartigen Fällen kann man das geforderte Einschwingverhalten der Regelung häufig

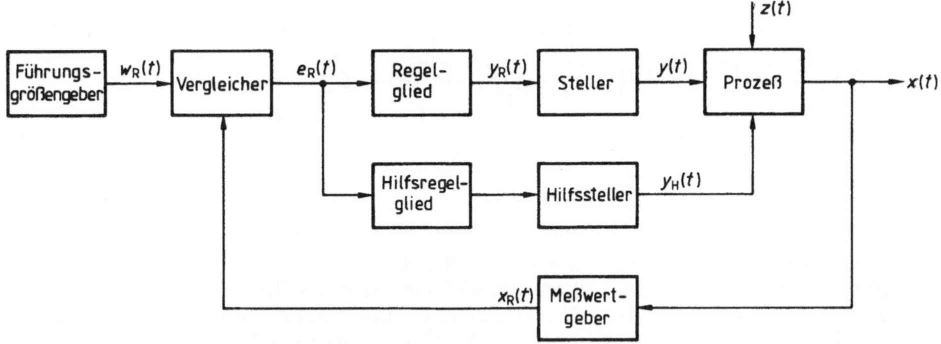

3.86 Blockstruktur der Regelung mit Hilfsstellgröße
$e_R(t)$ Regeldifferenz, $u(t)$ Eingangsgröße, $w_R(t)$ Führungsgröße, $x(t)$ Regelgröße, $x_R(t)$ erfaßte Regelgröße, $y(t)$ Stellgröße, $y_R(t)$ Reglerausgangsgröße, $y_H(t)$ Hilfsstellgröße, $z(t)$ Störgröße

dadurch erzielen, daß man ein weiteres Stellglied vorsieht und dieses an einer Stelle auf den Prozeß einwirken läßt, die wirkungsmäßig näher an der Regelgröße liegt (Bild 3.86). Man umgeht damit einige der verzögernden Anteile des Prozesses und erreicht eine schnellere Reaktion der Regelgröße auf Sollwertänderungen. Andererseits greift man meist auf einem hohen Energieniveau in den Prozeß ein, was aus Kostengründen nicht über einen längeren Zeitraum zulässig ist. Man muß also dafür sorgen, daß die Hilfsstellgröße immer nur kurzzeitig nach Auftreten einer Führungsgrößenänderung im Eingriff ist.

Ein klassisches Beispiel für die Anwendung einer Hilfsstellgrößen-Aufschaltung ist die Regelung von Freistrahlturbinen in Wasserkraftwerken. Die Leistung dieser Turbinen wird geregelt, indem man den Querschnitt der Düse, die das zuströmende Wasser auf die Turbinenschaufeln lenkt, durch die Bewegung einer Nadel verändert. Die bei einer plötzlichen Entlastung der Turbine notwendige schnelle Drosselung der Wasserzufuhr durch die Düsennadel würde in den Rohrleitungen aber unzulässige Druckstöße hervorrufen. Man führt daher zunächst einen Teil des zufließenden Wassers durch Einfahren eines Ablenkblechs in den Strahl an der Turbine vorbei und reduziert parallel hierzu die Zuflußmenge durch Einfahren der Düsennadel mit der zulässigen Geschwindigkeit. Im gleichen Maße, wie der Zufluß verringert wird, kann der Strahlablenker zurückgezogen und damit der nicht zur Energieerzeugung dienende Anteil des Wassers reduziert werden.

Zur Analyse der Regelung mit Hilfsstellgröße gliedert man die Übertragungsfunktion $G_S(s)$ der Regelstrecke in zwei Teilübertragungsfunktionen $G_{S1}(s)$ und $G_{S2}(s)$ derart, daß die Hilfsstellgröße $y_H(t)$ additiv zwischen ihnen eingreift. Bild 3.87 zeigt den zugehörigen Wirkungsplan, dem man die Übertragungsgleichung des Regelkreises wie folgt entnimmt:

$$X(s) = G_{S1}(s)[G_{S2}(s)\,G_R(s) + G_H(s)][W(s) - X(s)] + Z(s).$$

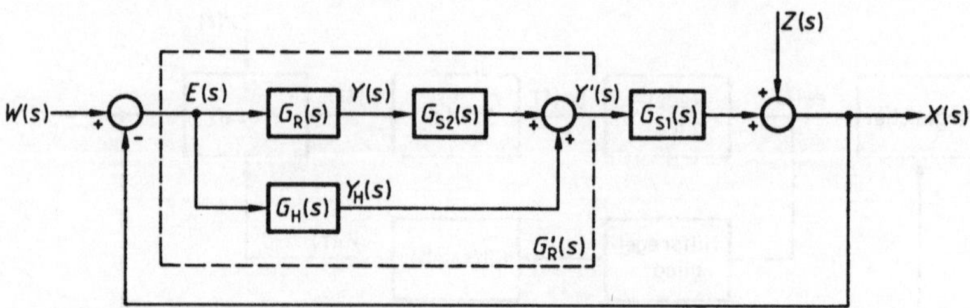

3.87 Wirkungsplan der Regelung mit Hilfsstellgröße
$E(s)$ Regeldifferenz, $G_H(s)$ Übertragungsfunktion des Hilfsreglers, $G_R(s)$ Übertragungsfunktion des Reglers, $G_{S1}(s)$, $G_{S2}(s)$ Teilübertragungsfunktionen der Regelstrecke, $X(s)$ Regelgröße, $Y(s)$ Stellgröße, $Y_H(s)$ Hilfsstellgröße, $Z(s)$ Störgröße

Durch Umstellen berechnet man die Regelgröße zu

$$X(s) = \frac{G_{S1}(s)\,[G_{S2}(s)\,G_R(s) + G_H(s)]}{1 + G_{S1}(s)\,[G_{S2}(s)\,G_R(s) + G_H(s)]}\, W(s)$$

$$+ \frac{1}{1 + G_{S1}(s)\,[G_{S2}(s)\,G_R(s) + G_H(s)]}\, Z(s). \tag{3.187}$$

Führt man mit

$$G_O(s) = G_{S1}(s)\,[G_{S2}(s)\,G_R(s) + G_H(s)] \tag{3.188}$$

die Übertragungsfunktion des offenen Kreises ein, erhält man wieder die in Abschn. 3.1.1 angegebene Standardform der Übertragungsfunktion des einschleifigen Regelkreises, so daß man die in den Abschn. 3.1.2 bis 3.1.5 behandelten Analyseverfahren auf den Regelkreis mit Hilfsstellgrößen-Aufschaltung übertragen kann.

Für den Entwurf von Regler und Hilfsregler interpretiert man den Klammerausdruck in Gl. (3.188) als Übertragungsfunktion $G_R'(s)$ eines äquivalenten Reglers, der mittels der Stellgröße $Y'(s)$ auf die Teilstrecke $G_{S1}(s)$ wirkt. Man legt zuerst diesen Regler nach den bekannten Regeln im Bode-Diagramm aus und bestimmt anschließend die Übertragungsfunktionen von Regler und Hilfsregler, die zusammen mit der Teilübertragungsfunktion $G_{S2}(s)$ der Strecke das gewünschte Verhalten ergeben. Hierbei ist zu berücksichtigen, daß der Hilfsregler nach Änderungen der Führungsgröße nur kurzzeitig wirken soll, der stationäre Anteil der Stellgröße also vom Hauptregler geliefert werden muß.

Für überwiegend verzögernde Regelstrecken ohne integrierenden Anteil setzt man für den äquivalenten Regler ein PI- oder PID-Verhalten an. Für einen PI-Regler hat man beispielsweise

$$G_{S2}(s)\,G_R(s) + G_H(s) = K_P'\left(1 + \frac{1}{T_n'\,s}\right). \tag{3.189}$$

Da der Hauptregler das stationäre Verhalten des Regelkreises bestimmen soll, ordnet man dem von ihm bestimmten Beitrag den für kleine Kreisfrequenzen wirksamen integrierenden Anteil von $G'_R(s)$ zu, setzt also

$$G_{S2}(s)\,G_R(s) = K'_P\,\frac{1}{T'_n\,s}$$

und bestimmt hieraus die Übertragungsfunktion $G_R(s)$ zu

$$G_R(s) = K'_P\,\frac{1}{T'_n\,s}\,\frac{1}{G_{S2}(s)}\,. \tag{3.190}$$

Hat die Teilstrecke $G_{S2}(s)$ ein verzögerndes Verhalten mit dem Proportionalbeiwert K_{S2} und den Kennzeiten $T_{21}, T_{22}, \ldots, T_{2m}$, wird die Reglerübertragungsfunktion

$$G_R(s) = \frac{K'_P}{K_{S2}}\,\frac{1}{T'_n\,s}\,(1 + T_{21}s)(1 + T_{22}s)\ldots(1 + T_{2m}s),$$

die man in aller Regel durch den Ausdruck

$$G_R(s) \approx \frac{K'_P}{K_{S2}}\,\frac{1}{T'_n\,s}\,[1 + (T_{21} + T_{22} + \ldots + T_{2m})s]$$

approximieren kann. Der Hauptregler ist also wieder ein PI-Regler, dessen Übertragungsfunktion

$$G_R(s) = K_P\,\frac{1 + T_n\,s}{T_n\,s} \tag{3.191}$$

durch die Nachstellzeit $T_n = T_{21} + T_{22} + \ldots + T_{2m}$ und den Proportionalbeiwert $K_P = K'_P\,T_n/(K_{S2}\,T'_n)$ bestimmt wird.

Der Hilfsregler hat nach Gl. (3.189) und Gl. (3.190) die konstante Übertragungsfunktion $G_H(s) = K'_P$. Andererseits soll er bei langsamen Änderungen der Regeldifferenz aus energetischen Gründen möglichst wenig eingreifen; man gibt daher dem Hilfsregler das D-T_1-Verhalten

$$G_H(s) = K_H\,\frac{T_H\,s}{1 + T_H\,s} \tag{3.192}$$

mit dem Proportionalbeiwert $K_H = K'_P$. Die Kennzeit des Hilfsreglers legt man wie folgt fest: Unterhalb der Knickfrequenz $\omega'_R = 1/T'_n$ wird der Amplitudengang des PI-Reglers nach Gl. (3.189) praktisch vollständig durch den I-Anteil bestimmt. Wählt man die Eckkreisfrequenz $\omega_H = 1/T_H$ des Hilfsreglers merklich kleiner als ω_R', z. B. $\omega_H = \omega_R'/5$, dann verhält sich der Hilfsregler aus der Sicht des äquivalenten Reglers praktisch wie ein P-Glied. Wesentlich kleiner sollte man die Eckkreisfrequenz ω_H aber auch nicht festsetzen, da dann die Eingriffsdauer des Hilfsreglers zu groß wird; der entwickelnde Ingenieur muß hier einen Kompromiß zwischen Eingriffsdauer der Hilfsstellgröße und transientem Verhalten eingehen.

Beispiel 3.29. Für eine P-T_3-Regelstrecke mit den Teilübertragungsfunktionen $G_{S1}(s) = K_{S1}/[(1 + T_{11}s)(1 + T_{12}s)]$ und $G_{S2}(s) = K_{S2}/(1 + T_2 s)$ und den Parametern $K_{S1} = 4{,}32$, $T_{11} = 2{,}71$ s, $T_{12} = 2{,}16$ s, $K_{S2} = 1{,}63$ und $T_2 = 3{,}74$ s entwerfe man eine Regelung mit Hilfsstellgrößenaufschaltung derart, daß der offene Regelkreis eine Phasenreserve $\varphi_r = 60°$ und eine Durchtrittskreisfrequenz $\omega_d = 0{,}3$ s^{-1} hat.

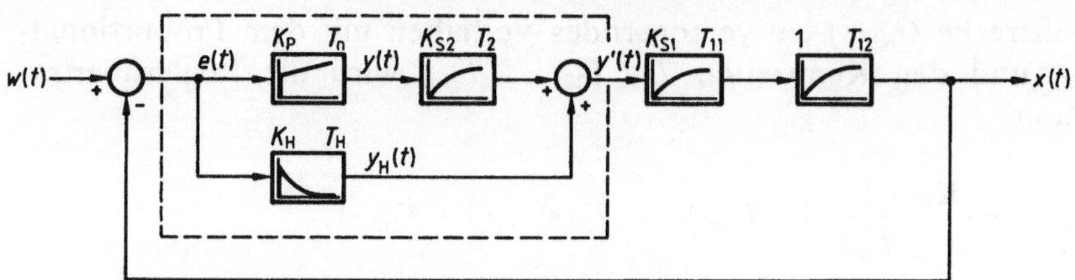

3.88 Wirkungsplan der Regelung mit Hilfsstellgröße zu Beispiel 3.29
   $e(t)$ Regeldifferenz, K_H Proportionalbeiwert des Hilfsreglers, K_R Proportionalbeiwert des Reglers, K_{S1}, K_{S2} Proportionalbeiwerte der Regelstrecke, T_H Kennzeit des Hilfsreglers, T_1, T_2 Verzögerungszeiten der Regelstrecke, $x(t)$ Regelgröße, $y(t)$ Stellgröße, $y_H(t)$ Hilfsstellgröße

Den Wirkungsplan des Regelkreises mit einem PI-Hauptregler und einem D-T_1-Hilfsregler zeigt Bild 3.88. Zunächst bestimmt man aus den Forderungen an den offenen Regelkreis die Nachstellzeit T_n' des äquivalenten Reglers zu $T_n' = \tan[\varphi_r + \arctan(\omega_d T_{11}) + \arctan(\omega_d T_{12}) - \pi/2]/\omega_d = 3{,}02$ s und zeichnet für diesen Wert und $K_P' = 1$ die Frequenzkennlinien des offenen Kreises (Bild 3.89). Aus dem Amplitudengang liest man den Be-

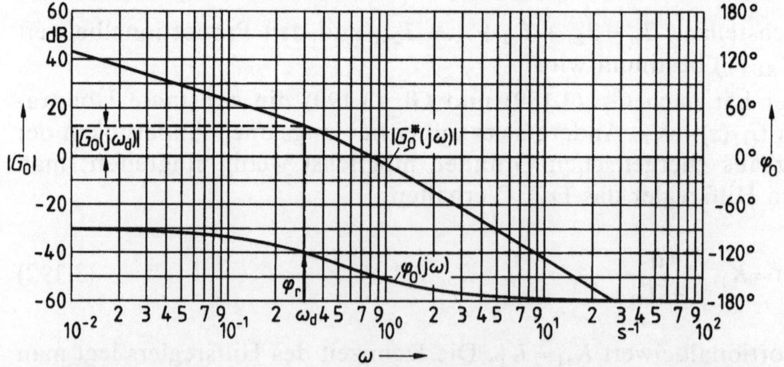

3.89 Frequenzkennlinien der Regelung mit Hilfsstellgröße zu Beispiel 3.29
   $G_0^*(j\omega)$ bezogener Amplitudengang des offenen Kreises, φ_0 Phasengang des offenen Kreises

trag bei der Durchtrittskreisfrequenz zu $|G_0^*(j\omega_d)| = 12,4\,\text{dB}$ ab. Der Proportional-
beiwert des äquivalenten Reglers ist also $K_P' = -12,4\,\text{dB} \triangleq 0,239$, d. h. man hat $G_R'(s)$
$= 0,239(1 + 3,02\,s)/(3,02\,s)$. Für die vorgegebene Teilübertragungsfunktion $G_{S2}(s)$ ist also
der Hauptregler nach Gl. (3.191) durch $G_R = K_P(1 + T_n s)/(T_n s)$ mit $T_n = T_2 = 3,74$ s und
$K_P = K_P' T_n/(K_{S2} T_n') = 0,239 \cdot 3,74\,\text{s}/(1,63 \cdot 3,02\,\text{s}) = 0,182$ gegeben. Den Hilfsregler bestimmt man nach Gl. (3.192) zu $G_H(s) = K_H \cdot T_H s/(1 + T_H s)$ mit dem Proportionalbeiwert
$K_H = K_P' = 0,239$ und der Kennzeit $T_H = 5 \cdot T_n' = 15,1$ s.

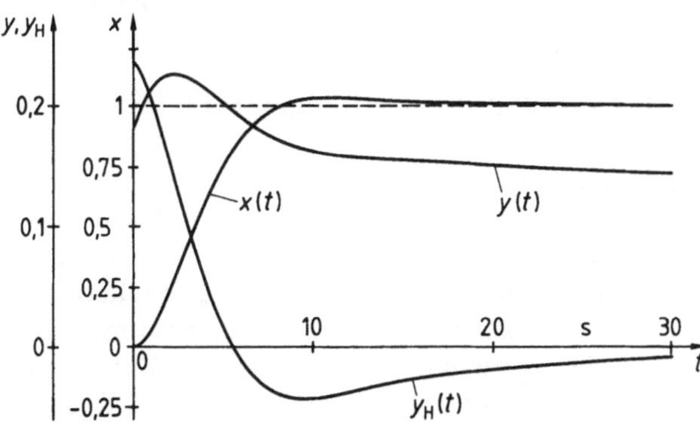

3.90
Sprungantworten des
Regelkreises mit
Hilfsstellgröße
$x(t)$ Regelgröße
$y(t)$ Stellgröße
$y_H(t)$ Hilfsstellgröße

Bild **3.90** zeigt die Übergangsvorgänge von Regelgröße $x(t)$, Stellgröße $y(t)$ und Hilfsstellgröße $y_H(t)$ für den vorstehend entworfenen Regelkreis. Die Regelgröße zeigt ein
geringes Überschwingen von weniger als 5%. Auffällig ist, daß die Stellgröße $y(t)$ im
Maximum nur etwa um 50% über dem stationären Endwert liegt; das schnelle Einschwingen der Regelgröße wird also überwiegend durch die Hilfsstellgröße bewirkt.
Wollte man das gleiche Einschwingverhalten nur mit dem Hauptregler erzielen, müßte
man diesem ein PID-Verhalten geben und eine sehr hohe Stellgröße zu Beginn der
Übergangsfunktion akzeptieren.

3.4 Entwurf mehrschleifiger Regelkreise

Bei einfacheren Regelstrecken und solchen, die sich durch eines der in Abschn.
2.3.4 dargestellten Reduktionsverfahren vereinfachen lassen, kann der einschleifige Regelkreis mit seinen Ergänzungen wie Störgrößen- und Hilfsstellgrößenaufschaltung die Anforderungen an das dynamische Verhalten mit den
Standardreglern meist erfüllen. Bei Regelstrecken mit komplexer Struktur, die
z. B. komplexe Pole mit geringer Dämpfung oder auch positivem Realteil aufweisen, stößt diese Entwurfsstrategie aber sehr bald an ihre Grenzen, so daß
man die Standardregler durch aufwendigere und in ihren dynamischen Eigenschaften schwieriger zu durchschauende Kompensationsschaltungen ersetzen
müßte. In diesen Fällen ist es meist günstiger, die einschleifige Struktur zu verlassen und zu mehrschleifigen Strukturen überzugehen, indem man innere
Größen des Prozesses durch zusätzliche Meßwertgeber erfaßt oder mittels spezieller numerischer Algorithmen aus dem zeitlichen Verlauf der Regelgröße
und der Stellgröße schätzt. Im Extremfall wird man versuchen, alle Zustands-

größen des Prozesses zu messen oder zu schätzen und zur Regelung heranzuziehen. Bei einer solchen Zustandsregelung, die in Abschn. 3.4.2 noch behandelt wird, stellt sich dann allerdings in besonderem Maße die Frage, ob der erforderliche Aufwand den erzielten Gewinn an Regelgüte noch rechtfertigt. Zunächst soll jedoch mit der Kaskadenregelung eine mehrschleifige Regelkreisstruktur vorgestellt werden, die man als evolutionäre Weiterentwicklung des einschleifigen Regelkreises ansehen kann.

3.4.1 Regelung mit Hilfsregelgröße (Kaskadenregelung)

Die Kaskadenregelung besteht aus einer Ineinanderschachtelung einschleifiger Regelkreise, wobei der jeweils übergeordnete Regelkreis die Führungsgröße für den nachgeordneten Kreis vorgibt. Eine solche Struktur zerlegt die komplexe Regelaufgabe in eine Abfolge von einfacheren, die mit den Standardreglern gelöst werden können. Neben der hiermit möglichen Kostenreduzierung bietet eine solche Vorgehensweise eine ganze Reihe von Vorteilen bei der Entwurfsdurchführung und der Inbetriebnahme der Regelung. Diese wiegen den zusätzlichen Aufwand für die meßtechnische Erfassung der inneren Prozeßgrößen, die man dann als Hilfsregelgrößen bezeichnet, meist mehr als auf, so daß sich die Kaskadenregelung bei allen etwas anspruchsvolleren Regelaufgaben bewährt und durchgesetzt hat.

3.4.1.1 Struktur und Übertragungsverhalten der Kaskadenregelung. Das Funktionsprinzip kann vollständig an einer zweischleifigen Kaskadenregelung er-

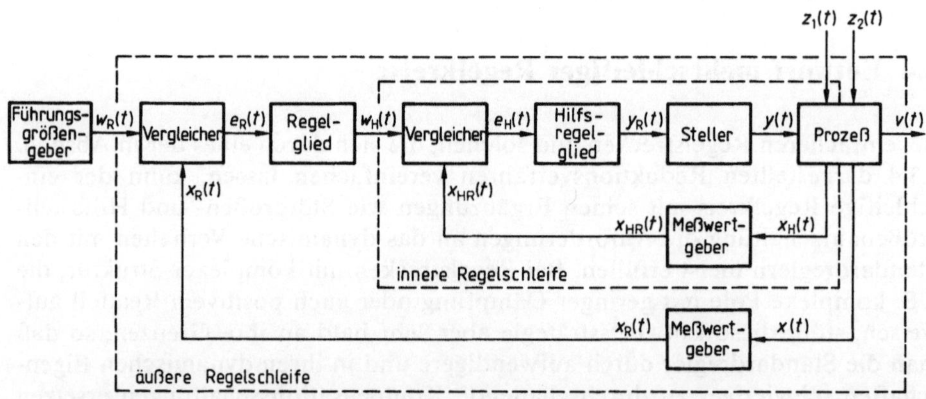

3.91 Blockstruktur der zweischleifigen Kaskadenregelung
$e_H(t)$ Regeldifferenz der inneren Regelschleife, $e_R(t)$ Regeldifferenz der äußeren Regelschleife, $w_H(t)$ Führungsgröße der inneren Regelschleife, $w_R(t)$ Führungsgröße der äußeren Regelschleife, $x(t)$ Regelgröße, $x_R(t)$ erfaßte Regelgröße, $x_H(t)$ Hilfsregelgröße, $x_{HR}(t)$ erfaßte Hilfsregelgröße, $y_H(t)$ Reglerausgangsgröße, $y(t)$ Stellgröße, $z_i(t)$ Störgrößen

kannt werden, bei der also neben der eigentlichen Regelgröße $x(t)$ noch eine zusätzliche Prozeßgröße, die Hilfsregelgröße $x_H(t)$, zurückgeführt wird (Bild 3.91); eine Erweiterung auf mehr als zwei Regelschleifen ist dann auf einsichtige Weise möglich.

Die zweischleifige Kaskadenregelung nach Bild 3.91 arbeitet wie folgt: Die vom Sollwertgeber erzeugte Führungsgröße $w_R(t)$ wird im Vergleicher mit der erfaßten Regelgröße $x_R(t)$ verglichen und in die Regeldifferenz $e_R(t)$ umgesetzt. Diese wird vom Regelglied dynamisch bewertet und in die Führungsgröße $w_H(t)$ für den inneren Regelkreis umgeformt. Diese wird wiederum mit der von einem Meßwertgeber erfaßten Hilfsregelgröße $x_{HR}(t)$ verglichen; die resultierende Regeldifferenz $e_H(t)$ wird im Hilfsregelglied in ihrem Zeitverhalten verändert und dem Steller zugeführt. Dieser wirkt mit der Stellgröße $y(t)$ auf die Regelstrecke derart ein, daß die Regelgröße $x(t)$ der Führungsgröße $w_R(t)$ hinreichend gut folgt und der Einfluß der Störgrößen weitgehend unterdrückt wird.

Zur Analyse der Kaskadenregelung überführt man zunächst die beiden Regelschleifen in ihre Standardform, indem man das dynamische Verhalten der Meßwertgeber entweder vernachlässigt oder in den Vorwärtszweig umrechnet und das des Stellers dem Hilfsregelglied zuschlägt. Um die Ergebnisse der Analyse auf mehr als zwei Regelschleifen verallgemeinern zu können, werden die Prozeßgrößen umbenannt und von innen nach außen mit den Indizes 1, 2, ... versehen. Mit diesen Vereinfachungen und Bezeichnungen erhält man den Wirkungsplan der zweischleifigen Kaskadenregelung nach Bild 3.92.

Bei der Analyse und dem Entwurf von Kaskadenregelungen geht man prinzipiell von innen nach außen vor. Man analysiert also zunächst die innerste Regelschleife bezüglich ihrer regelungstechnischen Eigenschaften wie Stabilität,

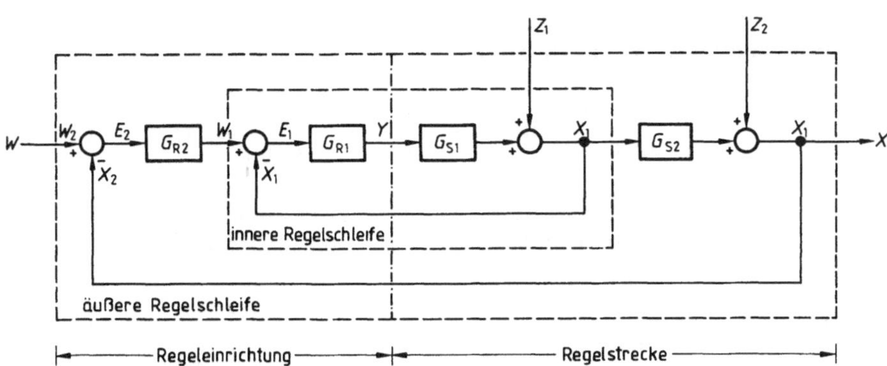

3.92 Wirkungsplan der zweischleifigen Kaskadenregelung
$E_1(s)$, $E_2(s)$ Regeldifferenzen von äußerer und innerer Schleife, $G_{R1}(s)$, $G_{R2}(s)$ Reglerübertragungsfunktionen, $G_{S1}(s)$, $G_{S2}(s)$ Teilübertragungsfunktionen des Prozesses, $W_1(s)$, $W_2(s)$ Führungsgrößen für die äußere und innere Schleife, $X_1(s)$, $X_2(s)$ Regelgrößen, $Y(s)$ Stellgröße, $Z_1(s)$, $Z_2(s)$ Störgrößen

stationärer Genauigkeit und transientem Verhalten und legt den zugehörigen Regler mit dem für den einschleifigen Regelkreis in Abschn. 3.2 dargelegten Verfahren so aus, daß er die geforderten Eigenschaften hat. Anschließend bearbeitet man in gleicher Weise den übergeordneten Regelkreis, für den die unterlagerte Regelschleife ein Übertragungsglied mit bekannten Eigenschaften ist, und setzt das Verfahren bis zur äußersten Regelschleife fort. Der entscheidende Vorteil dieses schrittweisen Vorgehens ist, daß man es bei jedem Teilschritt mit einem einschleifigen Regelkreis zu tun hat, auf den man die bekannten Analyse- und Entwurfsverfahren anwenden kann. Die Inbetriebnahme einer Kaskadenregelung wird ebenfalls entscheidend dadurch vereinfacht, daß man bei Verwendung der klassischen P-, PI- oder PID-Regler bei jedem Schritt nur höchstens drei Parameter einzustellen hat. Die Feinabstimmung der Regler, die wegen der unvermeidbaren Ungenauigkeiten der Prozeßparameter praktisch immer erforderlich ist, kann daher auch mit den bei einer Inbetriebnahme vorhandenen beschränkten Hilfsmitteln vorgenommen werden. Das ist ein entscheidender Vorteil gegenüber der Zustandsregelung (Abschn. 3.4.2), bei der man bei einem Prozeß n-ter Ordnung auch n Parameter gleichzeitig einstellen muß, was bei Regelstrecken höherer Ordnung außerordentlich zeitaufwendig sein kann.

Die Übertragungsgleichungen der zweischleifigen Kaskadenregelung sind nach Bild **3.92** für den inneren, durch den Index 1 gekennzeichneten Regelkreis

$$X_1(s) = G_{S1}(s)\, Y(s) + Z_1(s), \tag{3.193}$$

$$Y(s) = G_{R1}(s)\, E_1(s) \tag{3.194}$$

und

$$E_1(s) = W_1(s) - X_1(s), \tag{3.195}$$

die man in bekannter Weise nach der Hilfsregelgröße $X_1(s)$ umstellt:

$$X_1(s) = \frac{G_{R1}(s)\, G_{S1}(s)}{1 + G_{R1}(s)\, G_{S1}(s)}\, W_1(s) + \frac{1}{1 + G_{R1}(s)\, G_{S1}(s)}\, Z_1(s). \tag{3.196}$$

Führt man noch mit $G_{O1}(s) = G_{R1}(s)\, G_{S1}(s)$ die Übertragungsfunktion des offenen inneren Kreises ein, erhält man mit der Führungsübertragungsfunktion

$$G_{W11}(s) = \frac{G_{O1}(s)}{1 + G_{O1}(s)} \tag{3.197}$$

und der Störübertragungsfunktion

$$G_{Z11}(s) = \frac{1}{1 + G_{O1}(s)} \tag{3.198}$$

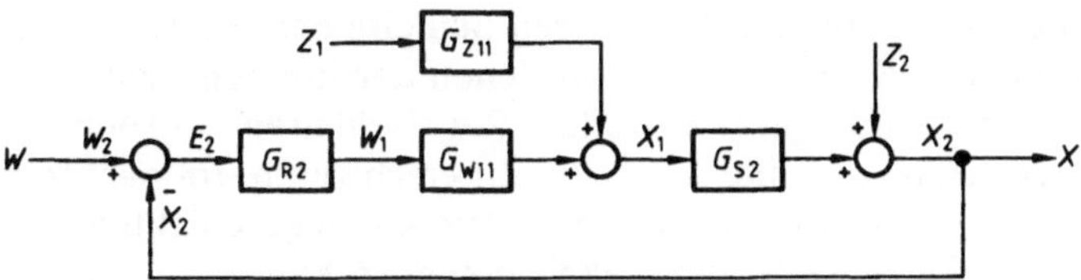

3.93 Vereinfachter Wirkungsplan der zweischleifigen Kaskadenregelung
$E_1(s)$ Regeldifferenz, $G_{R1}(s)$ Reglerübertragungsfunktion, $G_{S1}(s)$ Streckenübertragungsfunktion, $G_{W11}(s)$ Führungsübertragungsfunktion der inneren Regelschleife, $G_{Z11}(s)$ Störübertragungsfunktion der inneren Regelschleife, $W_1(s)$, $W_2(s)$ Führungsgrößen, $X_1(s)$, $X_2(s)$ Regelgrößen, $Z_1(s)$, $Z_2(s)$ Störgrößen

die Hilfsregelgröße in Abhängigkeit von der inneren Führungsgröße und der inneren Störgröße zu

$$X_1(s) = G_{W11}(s)\, W_1(s) + G_{Z11}(s)\, Z_1(s). \tag{3.199}$$

Mit dieser Beziehung erhält man die vereinfachte Struktur der Kaskadenregelung in Bild **3.93**, der man mit den Methoden der Wirkungsplan-Algebra die Regelgröße zu

$$X_2(s) = G_{W22}(s)\, W_2(s) + G_{Z22}(s)\, Z_2(s) + G_{Z21}(s)\, Z_1(s) \tag{3.200}$$

entnimmt. In dieser Beziehung bezeichnet

$$G_{W22}(s) = \frac{G_{O2}(s)}{1 + G_{O2}(s)} \tag{3.201}$$

die Führungsübertragungsfunktion,

$$G_{Z22}(s) = \frac{1}{1 + G_{O2}(s)} \tag{3.202}$$

die Störübertragungsfunktion bezüglich der äußeren Störgröße $Z_2(s)$ und

$$G_{Z21}(s) = \frac{G_{S2}(s)\, G_{Z11}(s)}{1 + G_{O2}(s)} \tag{3.203}$$

die Störübertragungsfunktion bezüglich der inneren Störgröße $Z_1(s)$. Da die Übertragungsfunktion

$$G_{O2}(s) = G_{R2}(s)\, G_{W11}(s)\, G_{S2}(s) = \frac{G_{R2}(s)\, G_{S2}(s)}{1 + \dfrac{1}{G_{R1}(s)\, G_{S1}(s)}} \tag{3.204}$$

auch die Elemente der inneren Schleife enthält, werden die Eigenschaften der äußersten Schleife auch von denen der inneren Schleife bestimmt. Bei mehreren ineinandergeschachtelten Regelschleifen ergeben sich bald unhandliche Ausdrücke, die eine Analyse sehr erschweren. Im nachfolgenden Abschnitt soll daher gezeigt werden, wie man durch den geschickten Entwurf der inneren Regelglieder diese Schwierigkeit umgehen kann.

3.4.1.2 Auslegung der Kaskadenregelung. Da man die Parameter der Kaskadenregler sukzessive für einschleifige Regelkreise berechnet, kann man die in den Abschn. 3.2 und 3.3 vorgestellten Verfahren weiter verwenden. Aus betrieblichen Gründen fordert man, daß jede Regelschleife für sich stabil ist, also nicht etwa erst durch den überlagerten Regelkreis stabilisiert wird. Außerdem soll sie bei den üblicherweise auftretenden Führungsgrößenverläufen keine oder eine nur geringe bleibende Regeldifferenz haben und das transiente Verhalten hinreichend gut bedämpft sein. Häufig wird man die einzelnen Regelschleifen so auslegen, daß die Schnelligkeit der transienten Vorgänge von innen nach außen abnimmt, jede Schleife also eine größere Bandbreite hat als die übergeordnete. Sind diese Forderungen beispielsweise bei der betrachteten zweischleifigen Kaskadenregelung erfüllt, dann hat die Führungsübertragungsfunktion $G_{W11}(s)$ des inneren Kreises bis zur Grenzfrequenz ω_{g1} den Wert $G_{W11}(s) \approx 1$, und die Hilfsregelgröße X_1 kann der inneren Führungsgröße bei nicht zu schnellen Änderungen exakt folgen. Die Störübertragungsfunktion ist in diesem Frequenzbereich wegen $G_{Z11}(s) = 1/[1 + G_{O1}(s)] = 1 - G_{W11}(s)$ annähernd Null, d. h. die Störgröße Z_1 hat keinen oder nur einen vernachlässigbaren Durchgriff auf die Hilfsregelgröße X_1. Damit reduziert sich Gl. (3.199) im Frequenzbereich $0 \le \omega < \omega_{g1}$ auf $X_1(s) \approx W_1(s)$. In der Übertragungsgleichung des äußeren Kreises (Gl. 3.200) treten dann wegen $G_{O2}(s) \approx G_{R2}(s)G_{S2}(s)$ und $G_{Z21}(s) \approx 0$ die Elemente der inneren Schleife sowie die Störgröße $Z_1(s)$ gar nicht mehr in Erscheinung. Man kann dann den äußeren Regelkreis so auslegen, als existiere die innere Schleife und die Störgröße nicht. Diese Näherungsbetrachtung erleichtert die Analyse und den Entwurf gerade bei mehrschleifigen Kaskadenregelungen ganz wesentlich, wie nachfolgend an der Auslegung der Nickwinkelregelung eines Flugzeugs gezeigt werden soll.

Beispiel 3.30. Der Nickwinkel eines Flugzeugs, also der Winkel θ zwischen der Flugzeuglängsachse x und der Horizontalebene (Bild 3.94a), soll den Sollvorgaben des Piloten hinreichend schnell und gut bedämpft folgen. Die Reaktion des Nickwinkels auf einen Ausschlag des Höhenruders um den Winkel η sei durch die lineare Differentialgleichung [6]

$$T_0^2 \ddot{\theta}(t) + 2\vartheta T_0 \ddot{\theta}(t) + \dot{\theta}(t) = K_S[\eta(t) + T_v \dot{\eta}(t)]$$

mit dem Proportionalbeiwert $K_S = 0{,}321\ \mathrm{s}^{-1}$, der Vorhaltzeit $T_v = 3{,}27\ \mathrm{s}$, dem Dämpfungsgrad $\vartheta = 0{,}350$ und der Kennzeit $T_0 = 0{,}869\ \mathrm{s}$ beschrieben. Auf eine sprungförmige Verstellung des Höhenruders reagieren der Nickwinkel $\theta(t)$ und die Nickwinkelgeschwindigkeit mit den in Bild 3.94b gezeigten Transienten, die eine vergleichsweise geringe Dämpfung der Regelstrecke ausweisen.

Der Höhenruderwinkel $\eta(t)$ ist innerhalb des Stellbereichs mit dem Sollwert $\eta_s(t)$ durch die lineare Differentialgleichung $T_{St}\dot{\eta}(t)+\eta(t)=\eta_s(t)$ mit der Kennzeit $T_{St}=0,1$ s verknüpft. Als Meßgrößen stehen die von einem Wendekreisel gemessene Nickwinkelgeschwindigkeit $\dot{\theta}(t)$ und der von einem Lagekreisel erfaßte Nickwinkel $\theta(t)$ zur Verfügung; die Kreisel sollen als ideale Meßwertgeber angesehen werden. Die Regelung wird als zweischleifige Kaskadenregelung mit der Regelgröße $\theta(t)$ und Hilfsregelgröße $\dot{\theta}(t)$ ausgeführt. Schlägt man das dynamische Verhalten des Stellglieds der Regelstrecke zu, erhält man die Teilübertragungsfunktionen des Prozesses zu

$$G_{S2}(s)=\theta(s)/\dot{\theta}(s)=1/s$$

und

$$G_{S1}(s)=\dot{\theta}(s)/\eta_s(s)=K_S\frac{1+T_v s}{(1+T_{St}s)(1+2\vartheta T_0 s+T_0^2 s^2)}.$$

Mit den Reglerübertragungsfunktionen $G_{R1}(s)$ und $G_{R2}(s)$ erhält man den in Bild **3.94**c dargestellten Wirkungsplan der Nickwinkelregelung. Da die Teilregelstrecke $G_{S1}(s)$ proportionales Verhalten hat, muß der Hilfsregler zur Vermeidung einer stationären Regeldifferenz einen integrierenden Anteil erhalten, also als PI- oder PID-Regler ausgeführt werden. Gibt man beispielsweise die Durchtrittskreisfrequenz der inneren Schleife zu $\omega_{d1}=5$ s^{-1} bei einer Phasenreserve $\varphi_{r1}=60°$ vor, kann man aus den Frequenzkennlinien für $G_{S1}(j\omega)$ den erforderlichen Phasenbeitrag von $G_{R1}(j\omega)$ bei der Durchtrittskreisfrequenz zu $\varphi_{r1}(j\omega_{d1})\approx -10°$ ablesen (Bild **3.94**d), so daß also ein PI-Regler für die geforderte Schnelligkeit des Hilfsregelkreises ausreicht. Man setzt daher die Übertragungsfunktion des Winkelgeschwindigkeitsreglers zu $G_{R1}(s)=K_{P1}(1+T_{n1}s)/(T_{n1}s)$ und bestimmt die Kennzeit aus dem erforderlichen Phasenbeitrag zu $T_{n1}=1,13$ s. Mit diesem Wert und dem Proportionalbeiwert $K_{P1}=1$ berechnet man die Frequenzkennlinien $G_{O1}^{\ast}(j\omega)$ der offenen inneren Schleife (Bild **3.94**e) und liest den Wert des Amplitudengangs bei der Durchtrittskreisfrequenz zu $G_{O1}^{\ast}(j\omega_{d1})=-11,4$ dB ab; der PI-Regler muß also den Proportionalbeiwert $K_{P1}=11,4$ dB$\,\hat{=}\,3,72$ erhalten. Der Winkelgeschwindigkeitsregler hat demnach die Übertragungsfunktion $G_{R1}(s)=3,72(1+1,13s)/(1,13s)$. Mit $G_{O1}(s)=G_{R1}(s)G_{S1}(s)$ berechnet man anschließend nach Gl. (3.197) die Führungsübertragungsfunktion des Nickwinkelgeschwindigkeitsregelkreises zu $G_{W11}(s)$ $=(1+4,40s+3,71 s^2)/(1+5,35s+4,38s^2+0,775s^3+0,0717s^4)$; die Frequenzkennlinien $G_{W11}(j\omega)$ (Bild **3.94**f) zeigen das erwartete P-Verhalten der inneren Schleife mit einer Grenzfrequenz von $\omega_{g1}\approx 7,7$ s^{-1}. Etwas unbefriedigend ist das leichte „Durchhängen" der Amplitudenkennlinie im Bereich $0,1$ s$^{-1}<\omega<1$ s^{-1}, was auf die geringe Kreisverstärkung des offenen inneren Kreises in diesem Frequenzbereich zurückzuführen ist. Fordert man vom Hilfsregelkreis ein gutes Folgeverhalten in diesem Frequenzbereich, müßte man die Kreisverstärkung des offenen Kreises durch Kompensation der Zählernullstelle der Strecke bei $-1/T_v$ anheben. Für die Nickwinkelregelung selbst hat dieser Mangel des Hilfsregelkreises aber nur geringe Bedeutung, wie anschließend gezeigt wird. Für die äußere Regelschleife reicht gewöhnlich ein P-Regler aus, da die integrierende Teilregelstrecke $G_{S2}(s)$ für das Einhalten der stationären Genauigkeit sorgt. Man setzt also $G_{R2}(s)=K_{P2}$ und berechnet zunächst für $K_{P2}=1$ die Frequenzkennlinien $G_{O2}^{\ast}(j\omega)$ des offenen äußeren Regelkreises gemäß Gl. (3.204) (Bild **3.94**g). Für eine Phasenreserve $\varphi_{r2}=60°$ liest man die Durchtrittskreisfrequenz zu $\omega_{d2}=3$ s^{-1} und den Wert des Amplitudengangs an dieser Stelle zu $|G_{O2}^{\ast}(j\omega_{d2})|=-8,9$ dB ab; der Nickwinkelregler muß also die Verstärkung $K_{P2}=8,9$ dB$\,\hat{=}\,2,79$ erhalten. Die Kreisverstärkung des offenen inneren Kreises ist damit im oben erwähnten Frequenzbereich $0,1$ s$^{-1}<\omega<1$ s^{-1} so groß, daß der Verstärkungseinbruch des Führungsfrequenzgangs $G_{W11}(j\omega)$ in diesem Bereich für das Verhalten der Nickwinkelregelung ohne Bedeutung ist. Die Sprungantwort der Nickwinkelregelung (Bild **3.94**h) zeigt dann auch ein gut bedämpftes und –

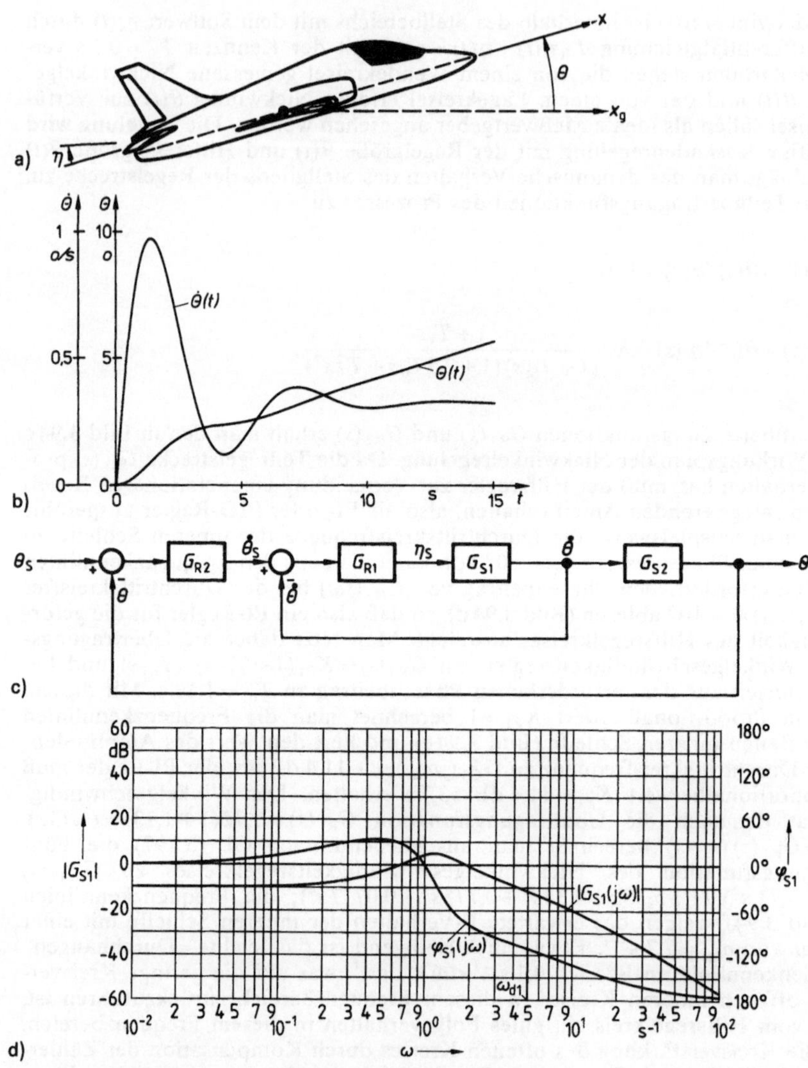

3.94 Regelung des Nickwinkels eines Flugzeugs
 a) Gerätebild – x Längsachse des Flugzeugs, x_g erdfeste Bezugsachse
    η Ruderwinkel, θ Nickwinkel
 b) Sprungantwort der Nickwinkel-Regelstrecke
    θ Nickwinkel, $\dot\theta$ Nickwinkelgeschwindigkeit
 c) Wirkungsplan
    $G_{R1}(s)$, $G_{R2}(s)$ Reglerübertragungsfunktionen, $G_{S1}(s)$, $G_{S2}(s)$ Streckenübertra-
    gungsfunktionen, $G_{St}(s)$ Übertragungsfunktion des Stellglieds, η Höhenruderwin-
    kel, η_s Soll-Höhenruderwinkel, θ Nickwinkel, θ_s Soll-Nickwinkel
 d) Frequenzkennlinien des Prozesses – $|G_{S1}|$ Amplitudengang, φ_{S1} Phasengang
 e) Frequenzkennlinien der offenen inneren Regelschleife
    $|G_{O1}|$ Amplitudengang, φ_{O1} Phasengang

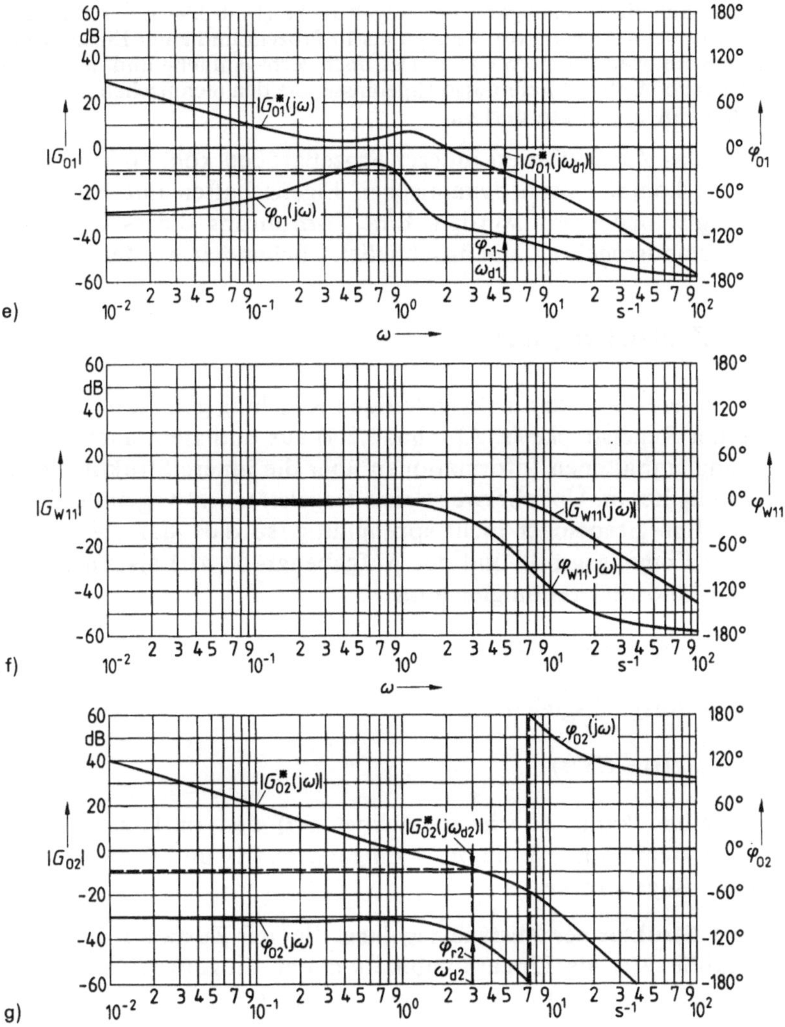

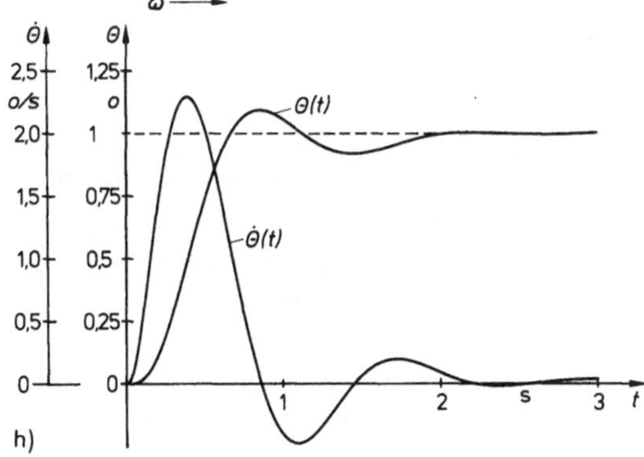

3.94

f) Frequenzkennlinien der Führungsübertragungsfunktion der inneren Regelschleife
$|G_{W11}|$ Amplitudengang
φ_{W11} Phasengang

g) Frequenzkennlinien der offenen äußeren Regelschleife
$|G_{02}|$ Amplitudengang
φ_{02} Phasengang

h) Sprungantwort des Nickwinkelregelkreises
θ Nickwinkel
$\dot{\theta}$ Nickwinkelgeschwindigkeit

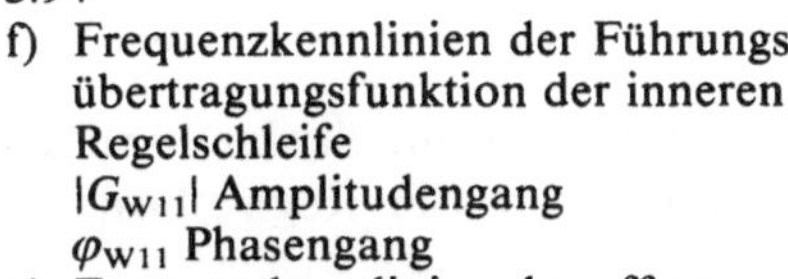

bezogen auf die Schnelligkeit der Regelstrecke (Bild **3.94**b) – schnelles Verhalten mit einer Überschwingweite von weniger als 10 Prozent und einer Einschwingzeit auf 5 Prozent des Endwerts von etwa 1,7 s. Der doch recht einfache und mit Standardreglern zu realisierende Entwurf liefert also Ergebnisse, die den technischen Anforderungen in den meisten Fällen genügen dürften.

Durch das Zurückführen innerer Prozeßgrößen können also auch Regelstrekken mit komplizierten dynamischen Eigenschaften mit Hilfe einfacher Standardregler beherrscht werden. Eine Fortführung dieses Gedankens führt auf die Zustandsregelung, die anschließend behandelt werden soll.

3.4.2 Zustandsregelung

Eine andere Form der mehrschleifigen Regelung geht von der Zustandsdarstellung der Regelstrecke (s. Abschn. 2.2.4) aus und zieht auch die in dieser Darstellung enthaltenen Informationen über die innere Struktur des Prozesses zur Regelung heran. Üblicherweise sind Regelstrecken wegen der in ihnen vorhandenen Energiespeicher nicht sprungfähig, so daß man sie mit der Stellgröße $y(t)$ als Eingangsgröße und der Aufgabengröße $v(t)$ als Ausgangsgröße durch die Zustandsdifferentialgleichung

$$\dot{x}(t) = A x(t) + B y(t) \tag{3.205}$$

und die Ausgangsgleichung

$$v(t) = C x(t) \tag{3.206}$$

beschreiben kann. Hierin bezeichnet $x(t)$ den $(n, 1)$-Zustandsvektor, A die (n, n)-Systemmatrix, B die $(n, 1)$-Eingangsmatrix und C die $(1, n)$-Ausgangsmatrix der Regelstrecke.

3.4.2.1 Struktur der Zustandsregelung. Bei der Zustandsregelung gibt man die Stellgröße $y(t)$ als Linearkombination der Eingangsgröße $u(t)$ und des Zustandsvektors $x(t)$, d.h. durch die Beziehung

$$y(t) = Q u(t) - R x(t), \tag{3.207}$$

vor. Hier ist Q die konstante $(1, 1)$-Vorfiltermatrix[1]) (also ein Skalar) und R eine ebenfalls konstante $(1, n)$-Rückkopplungsmatrix, d.h. der Regler besteht aus insgesamt $n + 1$ Proportionalgliedern.

Wie der Wirkungsplan der Zustandsregelung (Bild **3.95**) zeigt, erfordert die Zustandsregelung die Messung aller Zustandsgrößen, also einen meist recht hohen meßtechnischen Aufwand.

---

[1]) Für eine Mehrfach-Regelung mit p Eingangsgrößen $u_1(t)$, $u_2(t)$, ..., $u_p(t)$ und q Stellgrößen $y_1(t)$, $y_2(t)$, ..., $y_q(t)$ wird Q eine (q, p)-Matrix.

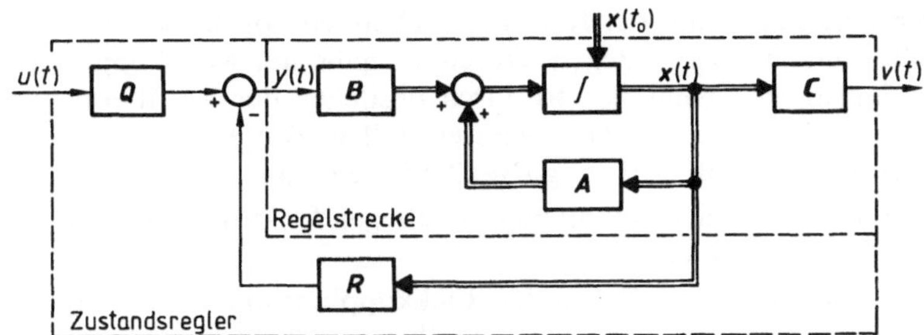

3.95 Wirkungsplan der Zustandsregelung
A Systemmatrix, B Eingangsmatrix, C Ausgangsmatrix
Q Vorfiltermatrix, R Rückführmatrix
$u(t)$ Eingangsgröße, $v(t)$ Ausgangsgröße, $x(t)$ Zustandsvektor
$y(t)$ Stellgröße

Die Gesamtübertragungsfunktion $G_{VU}(s)$ des geschlossenen Regelkreises (s. Bild 3.2 f) bestimmt man wie folgt: Man ersetzt in der Zustandsdifferentialgleichung (3.205) die Stellgröße $y(t)$ durch Gl. (3.207) und stellt zunächst die Zustandsdifferentialgleichung des geschlossenen Regelkreises zu

$$\dot{x}(t) = A x(t) + B Q u(t) - B R x(t)$$
$$= (A - B R) x(t) + B Q u(t) \tag{3.208}$$

her. Durch Anwenden der Laplace-Transformation auf die Zustandsdifferentialgleichung (Gl. 3.208) erhält man bei Nullsetzen der Anfangsbedingungen, d.h. für $x(t_0) = 0$, die Beziehung

$$s X(s) = (A - B R) X(s) + B Q U(s), \tag{3.209}$$

die man mit der n, n-Einheitsmatrix I nach dem transformierten Zustandsvektor

$$X(s) = (s I - A + B R)^{-1} B Q U(s) \tag{3.210}$$

auflöst. Setzt man diesen Ausdruck in die transformierte Ausgangsgleichung (3.206) ein, erhält man schließlich

$$V(s) = C(s I - A + B R)^{-1} B Q U(s). \tag{3.211}$$

Andererseits ist die Ausgangsgröße

$$V(s) = G_{VU}(s) U(s), \tag{3.212}$$

so daß man durch Vergleich der beiden Beziehungen die Gesamtübertragungsfunktion zu

$$G_{VU}(s) = C(s I - A + B R)^{-1} B Q \tag{3.213}$$

erhält. Der Term in der Klammer hängt von der komplexen Variablen s ab und bestimmt daher das transiente Verhalten des geschlossenen Regelkreises, während die außerhalb der Klammer stehenden konstanten Matrizen seine stationäre Verstärkung festlegen. Durch Vorgabe der Rückkopplungsmatrix R kann man also die Dynamik und durch Festlegen der Vorfiltermatrix Q das stationäre Verhalten des Regelkreises einstellen. Dieses Entwurfsverfahren wird als **Entwurf durch Polvorgabe** [22] bezeichnet.

Die der Zustandsregelung zugrundeliegende Aufgabenstellung kann man also wie folgt formulieren:

Die Vorfiltermatrix Q und die Rückkopplungsmatrix R sind derart zu bestimmen, daß der geschlossene Regelkreis stabil ist, bei einer sprungförmigen Verstellung der Eingangsgröße keine bleibende Regeldifferenz hat, und die Pole der Übertragungsfunktion $G_{VU}(s)$ vorgegebene Positionen in der komplexen s-Ebene annehmen.

Diese Aufgabenstellung entspricht also weitgehend der bei den klassischen Kompensationsreglern üblichen, läßt also auch vergleichbare Ergebnisse erwarten. Die Besonderheit des Zustandsreglers besteht darin, daß er nur Proportionalglieder verwendet, die erforderliche Reglerdynamik also durch Gewichtung der Zustandsgrößen des Prozesses erzeugt.

3.4.2.2 Berechnung des Zustandsreglers nach dem Verfahren der Polvorgabe.
Der Entwurf durch Polvorgabe wird dann besonders einfach, wenn die Regelstrecke in der in Abschn. 2.2.4.5, Gl. (2.186) und (2.187), angegebenen Regelungsnormalform vorliegt[1]). Für eine nicht sprungfähige Regelstrecke ist der Grad des Zählers der Streckenübertragungsfunktion kleiner als der Grad des Nenners, d. h. der Beiwert b_n in Gl. (2.187) entfällt. Die Matrizen der Zustandsdarstellung sind daher nach Gl. (3.205) und (3.206)

$$A = \begin{bmatrix} 0 & 1 & 0 \dots & 0 \\ 0 & 0 & 1 \dots & 0 \\ \vdots & & & \\ 0 & 0 & 0 \dots & 1 \\ -\dfrac{a_0}{a_n} & -\dfrac{a_1}{a_n} & -\dfrac{a_2}{a_n} \dots & -\dfrac{a_{n-1}}{a_n} \end{bmatrix}, \qquad (3.214)$$

$$B = \begin{bmatrix} 0 \\ 0 \\ \vdots \\ 1 \\ \dfrac{1}{a_n} \end{bmatrix} \qquad (3.215)$$

und $\qquad C = [b_0 \quad b_1 \dots b_{n-1}].$ $\qquad\qquad\qquad\qquad\qquad$ (3.216)

---

[1]) In der Praxis ist diese Einschränkung allerdings nur selten erfüllt. Die dann anzuwendenden Algorithmen sind z. B. in [22] ausführlich beschrieben. Die nachfolgenden Ausführungen können daher nur das Prinzip des Polvorgabe-Entwurfs wiedergeben.

In Abschn. 2.2.4.5 wurde gezeigt, daß man diese Matrizen ohne Zwischenschritte aus der Übertragungsfunktion $G_S(s)$ der Regelstrecke entnehmen kann.

Gibt man die (1, n)-Rückkopplungsmatrix zu

$$R = [r_1 \quad r_2 \dots r_n] \tag{3.217}$$

vor, dann wird die Systemmatrix des geschlossenen Kreises nach Gl. (3.209)

$$(A - BR) = \begin{bmatrix} 0 & 1 & 0 & \dots & 0 \\ 0 & 0 & 1 & \dots & 0 \\ \vdots & & & & \\ 0 & 0 & 0 & \dots & 1 \\ -\dfrac{a_0+r_1}{a_n} & -\dfrac{a_1+r_2}{a_n} & -\dfrac{a_2+r_3}{a_n} & \dots & -\dfrac{a_{n-1}+r_n}{a_n} \end{bmatrix} . \tag{3.218}$$

Außerdem ist mit $Q = q_1$ die Eingangsmatrix

$$BQ = \begin{bmatrix} 0 \\ 0 \\ \vdots \\ \dfrac{q_1}{a_n} \end{bmatrix},$$

während die Ausgangsmatrix des geschlossenen Kreises

$$C = [b_0 \quad b_1 \dots b_{n-1}]$$

erhalten bleibt, also durch die Rückkopplung nicht geändert wird. Die Gleichungen des geschlossenen Regelkreises sind ebenfalls in Regelungsnormalform, so daß man die Gesamtübertragungsfunktion des Regelkreises ohne Zwischenrechnung zu

$$G_{VU}(s) = q_1 \frac{b_0 + b_1 s + \dots + b_{n-1} s^{n-1}}{(a_0+r_1) + (a_1+r_2)s + \dots + (a_{n-1}+r_n)s^{n-1} + a_n s^n} \tag{3.219}$$

anschreiben kann. Durch die Koeffizienten r_i des Rückkopplungsnetzwerks wird also der Nenner der Übertragungsfunktion, d.h. die Stabilität und das transiente Verhalten des Regelkreises geändert, während der Beiwert q_1 des Vorfilters das Übertragungsverhalten für $s = 0$, also für $t \to \infty$ bestimmt. Das Zählerpolynom der Übertragungsfunktion des geschlossenen Kreises entspricht dem der Übertragungsfunktion der Regelstrecke, wird also durch den Zustandsregler nicht beeinflußt.

Die $n+1$ Parameter des Zustandreglers kann man daher in den folgenden Schritten berechnen:

1. Man gibt die Polstellen $s_1, s_2, \ldots, s_n$ der Gesamtübertragungsfunktion $G_{VU}(s)$ in geeigneter Form, z. B. nach dem Butterworth-Kriterium (s. Abschn. 3.2.2.2), vor und ermittelt die Koeffizienten p_i des Nennerpolynoms aus

$$p_0 + p_1 s + p_2 s^2 + \ldots + p_n s^n = (s - s_1)(s - s_2) \ldots (s - s_n). \tag{3.220}$$

2. Durch Vergleich der Polynomkoeffizienten p_i mit denen des Nenners von $G_{VU}(s)$ nach Gl. (3.219) berechnet man die Reglerbeiwerte zu

$$r_{i+1} = \frac{p_i}{p_n} a_n - a_i \tag{3.221}$$

für $i = 0, 1, \ldots, n-1$.

3. Den Beiwert des Filters bestimmt man aus der Forderung, daß bei einer sprungförmigen Verstellung der Eingangsgröße im stationären Zustand keine Regeldifferenz auftreten darf, also

$$\lim_{s \to 0} G_{VU}(s) = q_1 \frac{b_0}{a_0 + r_1} = 1$$

sein muß, zu

$$q_1 = \frac{a_0 + r_1}{b_0}. \tag{3.222}$$

Damit sind alle Parameter des Zustandsreglers festgelegt.

Beispiel 3.31. Gegeben ist eine lineare zeitinvariante P-T_3-Regelstrecke mit der Übertragungsfunktion

$$G_S(s) = \frac{b_0}{a_0 + a_1 s + a_2 s^2 + a_3 s^3}$$

mit den Beiwerten $b_0 = 23{,}8$, $a_0 = 1$, $a_1 = 0{,}630$ s, $a_2 = 0{,}110$ s^2 und $a_3 = 0{,}00461$ s^3. Man bestimme einen Zustandsregler derart, daß der geschlossene Regelkreis stabil ist, keine bleibende Regeldifferenz bei einer sprungförmigen Veränderung der Führungsgröße hat, und die Pole des geschlossenen Kreises denen eines Butterworth-Filters mit der Grenzfrequenz $\omega_g = 5$ s^{-1} entsprechen.

Für die Systemordnung $n = 3$ liegen die Pole des Butterworth-Filters nach Abschn. 3.2.2.2 für eine Grenzfrequenz $\omega_g = 5$ s^{-1} bei $s_1 = (-2{,}5 + j4{,}33)$ s^{-1}, $s_2 = -5$ s^{-1} und $s_3 = (-2{,}5 - j4{,}33)$ s^{-1}. Das Nennerpolynom des geschlossenen Regelkreises wird also

$$p_0 + p_1 s + p_2 s^2 + p_3 s^3 = (s - s_1)(s - s_2)(s - s_3)$$

$$= (s + 2{,}5 - j4{,}33)(s + 5)(s + 2{,}5 + j4{,}33),$$

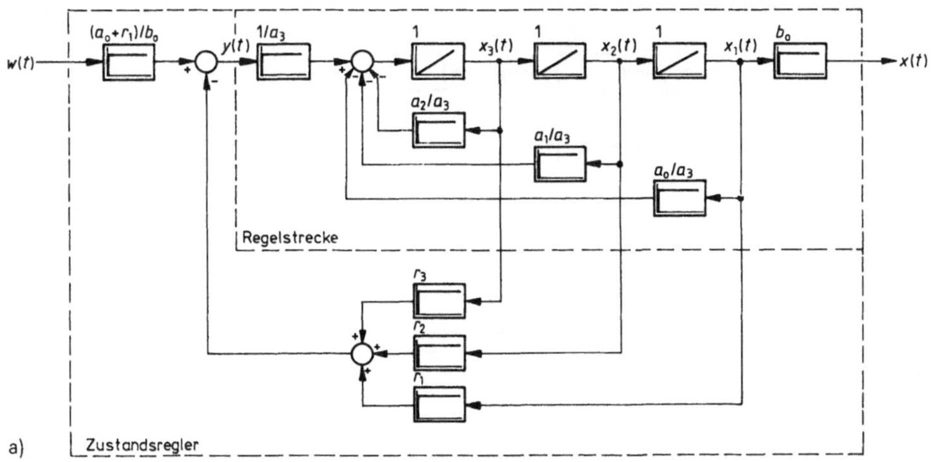

d.h. man hat durch Auflösen der Klammern die Parameter $p_0 = 125$, $p_1 = 50$ s, $p_2 = 10$ s^2 und $p_3 = 1$ s^3. Die Reglerparameter werden damit nach Gl. (3.221) und Gl. (3.222) $r_1 = 125 \cdot 0{,}00461 - 1 = -0{,}424$, $r_2 = 50 \cdot 0{,}00461 - 0{,}630 = -0{,}400$ s, $r_3 = 10 \cdot 0{,}00461 - 0{,}110 = -0{,}0639$ s^2 und $q_1 = (1 - 0{,}424)/23{,}8 = 0{,}0242$.

Der Wirkungsplan der Regelung (Bild 3.96 a) zeigt die Rückkopplung der Zustandsgrößen und die Vorwärtskopplung der Eingangsgröße über Proportionalglieder. Die Sprungantworten der Stellgröße $y(t)$ und der Zustandsgrößen $x_1(t)$, $x_2(t)$ und $x_3(t)$ (Bild 3.96 b) zeigen das erwartete gut bedämpfte Einschwingen auf den Endwert; die Ausgangsgröße ist wegen $v(t) = b_0 x_1(t)$ proportional zur Zustandsgröße $x_1(t)$.

3.4.2.3 Schätzung des Systemzustands.
Den für die Implementierung der Zustandsregelung erforderlichen meßtechnischen Aufwand kann man häufig dadurch reduzieren, daß man einige oder alle Zustandsgrößen durch Auswerten der Zeitverläufe von Stellgröße $y(t)$ und Ausgangsgröße $v(t)$ schätzt. Ein

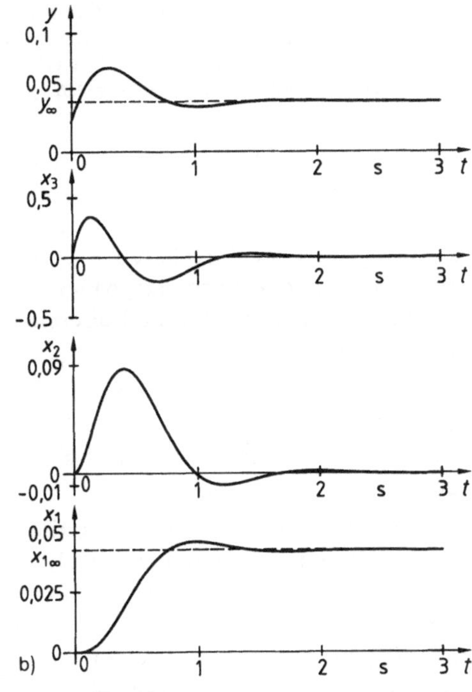

3.96 Entwurf einer Zustandsregelung (Beispiel 3.31)
a) Wirkungsplan
   a_i, b_i Streckenparameter, r_i Rückführparameter, $u(t)$ Eingangsgröße $v(t)$ Ausgangsgröße, $x_i(t)$ Zustandsgrößen, $y(t)$ Stellgröße
b) Einschwingverhalten
   $x_i(t)$ Zustandsgrößen, $y(t)$ Stellgröße

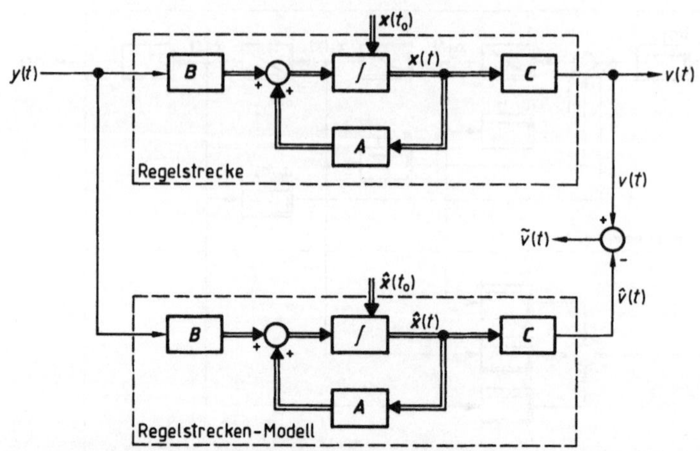

3.97 Zum Funktionsprinzip des Beobachters
A Systemmatrix, B Eingangsmatrix, C Ausgangsmatrix, $v(t)$ Ausgangsgröße, $\hat{v}(t)$ geschätzte Ausgangsgröße, $\tilde{v}(t)$ Schätzfehler der Ausgangsgröße, $x(t)$ Zustandsvektor, $\hat{x}(t)$ geschätzter Zustandsvektor, $y(t)$ Stellgröße

solcher Zustandsschätzer oder „Beobachter" ([1], [22], [36], [43], [79]) besteht im wesentlichen aus einem mathematischen Modell der Regelstrecke, das ebenfalls mit der Stellgröße $y(t)$ angeregt wird, und dessen Ausgangsgröße mit der Ausgangsgröße der Regelstrecke verglichen wird (Bild **3.97**). Die Differenz $\tilde{v}(t) = v(t) - \hat{v}(t)$ der Ausgangsgrößen wird zu Null, wenn alle Zustandsgrößen von Prozeß und Prozeßmodell übereinstimmen, wenn also jederzeit $x(t) = \hat{x}(t)$ ist. Hierfür müssen

- der Prozeß und das Prozeßmodell bezüglich der Struktur und der Parameter übereinstimmen, und
- die Anfangszustände $x(t_0)$ und $\hat{x}(t_0)$ von Prozeß und Prozeßmodell gleich sein.

Während man die erste Forderung durch eine gründliche Prozeßanalyse meist mit hinreichender Genauigkeit erfüllen kann, ist die zweite zunächst unerfüllbar, da sie ja die Lösung des Problems der Zustandsschätzung für den Zeitpunkt t_0 voraussetzt.

Man umgeht diese Schwierigkeit, indem man den Schätzfehler $\tilde{v}(t)$ der Ausgangsgrößen als Regeldifferenz eines Nachlaufregelkreises auffaßt, der den geschätzten Zustand $\hat{x}(t)$ dem Prozeßzustand $x(t)$ nachführt. Hierzu koppelt man den Schätzfehler $\tilde{v}(t)$ über Proportionalglieder auf den Eingang des Prozeßmodells zurück (Bild **3.98**) und bestimmt die Elemente der Rückführmatrix $K = [k_1 \ k_2 ... k_n]^T$ derart, daß der Nachlaufregelkreis stabil ist und seine Regeldifferenz $\tilde{v}(t)$ hinreichend schnell gegen Null strebt. Die Auslegungsvorschrift für die Parameter k_i kann man wie folgt ableiten: Prozeß und Prozeßmodell werden nach Bild **3.97** durch die Zustandsgleichungen

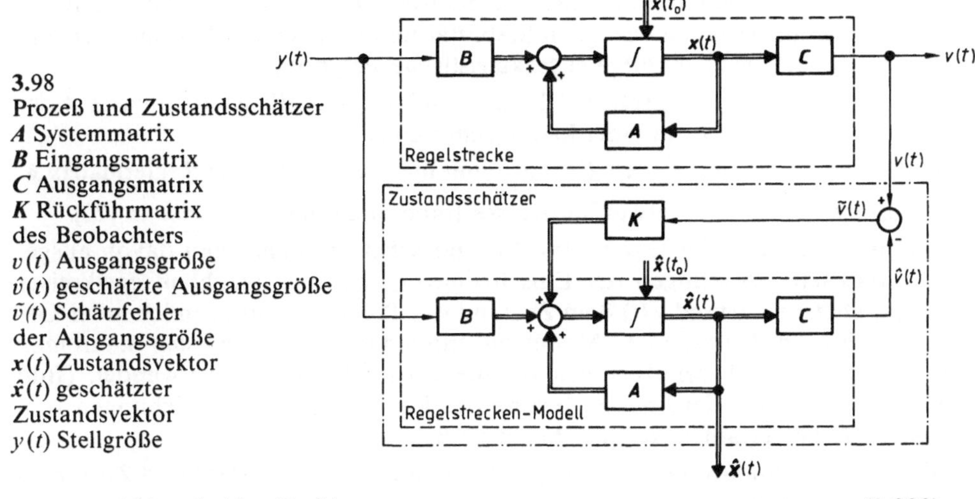

3.98
Prozeß und Zustandsschätzer
A Systemmatrix
B Eingangsmatrix
C Ausgangsmatrix
K Rückführmatrix
des Beobachters
$v(t)$ Ausgangsgröße
$\hat{v}(t)$ geschätzte Ausgangsgröße
$\tilde{v}(t)$ Schätzfehler
der Ausgangsgröße
$x(t)$ Zustandsvektor
$\hat{x}(t)$ geschätzter
Zustandsvektor
$y(t)$ Stellgröße

$$\dot{x}(t) = A x(t) + B y(t), \tag{3.223}$$

$$v(t) = C x(t), \tag{3.224}$$

$$\dot{\hat{x}}(t) = A \hat{x}(t) + B y(t) + K \tilde{v}(t), \tag{3.225}$$

$$\hat{v}(t) = C \hat{x}(t) \tag{3.226}$$

beschrieben. Den Schätzfehler $\tilde{v}(t)$ der Ausgangsgröße erhält man daher zu

$$\tilde{v}(t) = v(t) - \hat{v}(t) = C[x(t) - \hat{x}(t)]. \tag{3.227}$$

Andererseits bestimmt man die Vektordifferentialgleichung für den Zustandsschätzfehler $\tilde{x}(t) = x(t) - \hat{x}(t)$ durch Subtraktion der Gln. (3.223) und (3.225) zu

$$\dot{\tilde{x}}(t) = \dot{x}(t) - \dot{\hat{x}}(t) = A[x(t) - \hat{x}(t)] - K \tilde{v}(t).$$

Mit Gl. (3.227) und der Systemmatrix $\tilde{A} = A - KC$ des geschlossenen Kreises wird dann

$$\dot{\tilde{x}}(t) = \tilde{A} \tilde{x}(t). \tag{3.228}$$

Das ist eine homogene Vektordifferentialgleichung für den Zustandsschätzfehler, deren Lösung für einen vorgegebenen Anfangsfehler $\tilde{x}(t_0) = x(t_0) - \hat{x}(t_0)$ gegen Null strebt, wenn der Nachlaufregelkreis stabil ist. Die Stabilität kann man aber durch Vorgabe der noch freien Parameter der Rückführmatrix K erzwingen, wobei man in Analogie zum Entwurf des Zustandsreglers wie folgt vorgeht:

1. Zunächst legt man die Pole des Nachlaufregelkreises so fest, daß die Regelung die Anforderungen bezüglich Stabilität und transientem Verhalten erfüllt, und bestimmt das zugehörige charakteristische Polynom.

2. Aus dem charakteristischen Polynom ermittelt man die Systemmatrix $\tilde{A}$ des geschlossenen Kreises in einer kanonischen Form.

3. Aus der Beziehung $\tilde{A} = A - KC$ bestimmt man schließlich die Reglermatrix K.

Die Einzelheiten des Entwurfsprozesses findet man beispielsweise in [22].

Bei einer richtigen Auslegung des Zustandsschätzers kann man davon ausgehen, daß nach Abklingen der Einschwingvorgänge des Nachlaufregelkreises der geschätzte Zustand $\hat{x}(t)$ dem Zustand des Prozesses mit hinreichender Genauigkeit folgt. Da man den Modellzustand jederzeit verfügbar hat, kann man ihn anstelle des Prozeßzustands für die Zustandsregelung verwenden (Bild 3.99), wobei man allerdings zu Beginn des Regelvorgangs Abweichungen vom idealen Regelverlauf in Kauf nehmen muß.

Nach dem „Separationstheorem" [22] können Zustandsschätzer und Zustandsregler unabhängig voneinander ausgelegt werden. Allerdings sollte man das transiente Verhalten des Zustandsschätzers wesentlich schneller machen als das des Zustandsregelkreises, um das Regelverhalten nicht zu sehr zu verschlechtern; diese Forderung entspricht jener nach einer schnellen Meßwerterfassung bei der konventionellen Instrumentierung von Prozessen.

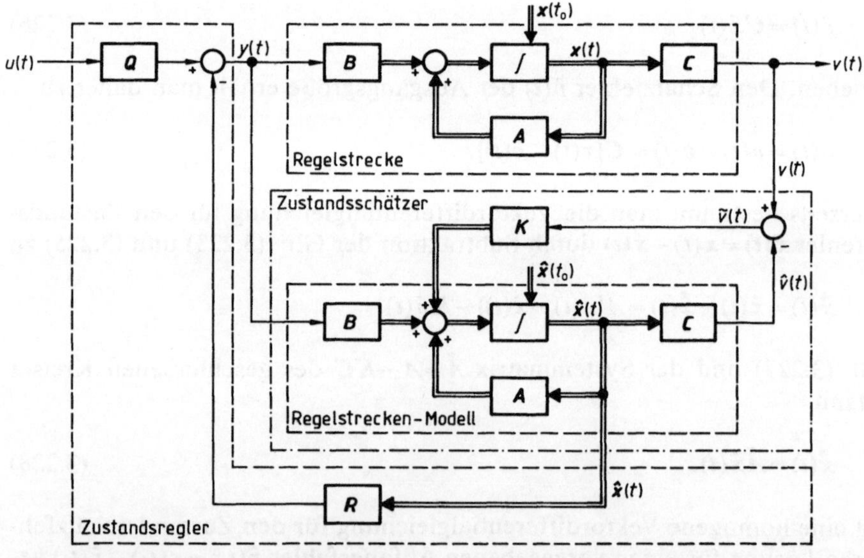

3.99 Vollständiger Zustandsregelkreis
A Systemmatrix, B Eingangsmatrix, C Ausgangsmatrix, K Rückführmatrix des Beobachters, Q Vorfiltermatrix, R Rückführmatrix, $u(t)$ Eingangsgröße, $v(t)$ Ausgangsgröße, $\hat{v}(t)$ geschätzte Ausgangsgröße, $\tilde{v}(t)$ Schätzfehler der Ausgangsgröße, $x(t)$ Zustandsvektor, $\hat{x}(t)$ geschätzter Zustandsvektor, $y(t)$ Stellgröße

4 Abtastregelungen

Die Durchführung von Regelaufgaben wird in zunehmendem Maße von digitalen Prozeßrechnern übernommen, die dazu entsprechend programmiert werden. Demgegenüber arbeiten die in Abschn. 3 beschriebenen analog wirkenden Regler mit Operationsverstärkern, die mit passiven Bauelementen beschaltet werden, um das gewünschte Zeitverhalten zu erzielen. Eine Veränderung des Zeitverhaltens ist hierbei nur durch Auswechseln von Widerständen oder Kondensatoren zu erreichen. Bei betriebsmäßig arbeitenden Reglern werden die Widerstände und Kondensatoren fest eingebaut und können nur bei einer Unterbrechung der Regelung ausgewechselt werden.

Beim Einsatz von Prozeßrechnern wird das Zeitverhalten durch die Struktur und die Parameter eines Regelalgorithmus festgelegt, der für den betrachteten Regelkreis vom Betriebssystem periodisch im Abstand der Abtastzeit T aufgerufen wird. Die Übernahme geänderter Parameter in den Regelalgorithmus kann bei entsprechender Ausgestaltung des Betriebssystems unterbrechungslos von einem Rechenzyklus zum nächsten erfolgen. In dieser größeren Flexibilität des durch Programm festgelegten Regelverhaltens gegenüber dem durch eingelötete Bauelemente festgelegten Regelverhalten liegt der wesentliche Vorteil der digitalen Regelung. Darüber hinaus lassen sich aufwendigere Regelalgorithmen wesentlich einfacher verwirklichen als dies mit entsprechend beschalteten Analogverstärkern möglich wäre.

Zur Durchführung der digitalen Regelung muß der Prozeßrechner über Analog-Digital-Umsetzer auf der Eingabeseite und Digital-Analog-Umsetzer auf der Ausgabeseite mit dem technischen Prozeß verbunden sein. Die Erfassung und Umsetzung der Regelgröße, die Ermittlung der Stellgröße durch den Regelalgorithmus und die Ausgabe der Stellgröße muß so rechtzeitig erfolgen, daß der Regelvorgang in gewünschter Weise beeinflußt werden kann. Für diese Aufgabe werden in verstärktem Umfang auch Mikrocomputer eingesetzt, worunter man Digitalrechner mit einem auf einem Chip integrierten Zentralprozessor versteht. Auch diese müssen über Eingabe- und Ausgabe-Geräte für analoge Signale mit dem Prozeß verbunden werden und über ein geeignetes Echtzeit-Betriebssystem verfügen. Derartige Anwendungen sind in verschiedenen Gebieten der Energieerzeugung und -verteilung und der Verfahrenstechnik zu finden. Aufgrund dieser technischen Entwicklung gehören die Methoden der digitalen Regelung heute bereits zu den grundlegenden Kenntnissen des Regelungstechnikers.

Infolge der seriellen Arbeitsweise der Digitalrechner können die Rechenvorgänge für den Regelalgorithmus nur in einem bestimmten Zeitraster mit der Abtastzeit T durchgeführt werden. Im Unterschied zu den in Abschn. 3 betrachteten zeitkontinuierlichen Regelungen handelt es sich in Abschn. 4 also um Abtastregelungen. Daher werden zunächst Abtastvorgänge betrachtet und Methoden zu ihrer mathematischen Beschreibung angegeben. Bei der Anwendung dieser Methoden auf Abtastregelungen spielt die Prüfung der Stabilität eine große Rolle. Einen weiteren Schwerpunkt bildet die Ermittlung der Parameter des Regelalgorithmus, um ein gewünschtes Regelverhalten zu erzielen.

4.1 Mathematische Beschreibung von Abtastvorgängen

Abtastvorgänge sind dadurch gekennzeichnet, daß von einem zeitkontinuierlich ablaufenden Vorgang nur die Information in periodisch wiederkehrenden Zeitpunkten im Abstand T zur Verfügung steht. Für derartige Vorgänge wird eine mathematische Beschreibung im Zeitbereich und im Frequenzbereich gegeben.

4.1.1 Abtastvorgänge in technischen Systemen

In vielen technischen Systemen werden kontinuierliche Vorgänge nicht kontinuierlich erfaßt. Beispielsweise soll ein Radarsystem die kontinuierlichen Bewegungen von Flugobjekten orten. Zur Beobachtung des gesamten Luftraums über dem Kontrollpunkt wird Rundsichtradar angewendet, bei dem der Radarstrahl gleichmäßig umläuft. Trifft der Radarstrahl auf ein Flugobjekt, so wird dessen Position als leuchtender Punkt auf dem Sichtschirm des Radargeräts wiedergegeben. Erst nach jeweils einer Umdrehung wird die Position des Flugobjektes erneut erfaßt. In der Zwischenzeit ist keine Information über die Lage des Flugobjektes vorhanden, und es muß auf den zuletzt erfaßten Wert zurückgegriffen werden.

Das Flugobjekt kann sich gegenüber dem Kontrollpunkt nur kontinuierlich bewegen, was man durch zwei kontinuierliche Zeitfunktionen für die Entfernung vom Kontrollpunkt und den Lagewinkel gegenüber einer Bezugsachse beschreiben kann. Es soll eine der beiden, beispielsweise die Entfernung vom Kontrollpunkt, die in Bild **4.1** als Zeitfunktion $f(t)$ dargestellt ist, betrachtet werden. Durch die Erfassung in den äquidistanten Abtastzeitpunkten erhält man mit der Abtastzeit T eine Folge von Funktionswerten $f(kT)$ in den Zeitpunkten $t=0,\ T,\ 2T,\dots,kT,\dots$. Diese Wertefolge $f_0=f(0)$, $f_1=f(T)$, $f_2=f(2T),\dots,f_k=f(kT),\dots$ soll zusammenfassend als

$$(f_k)=(f_0,f_1,\dots,f_k,\dots) \tag{4.1}$$

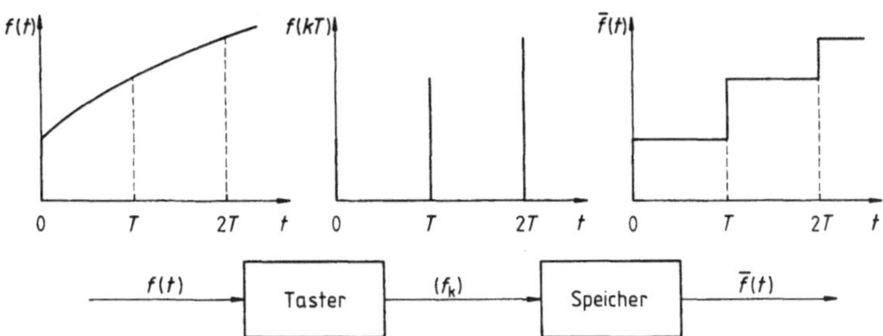

4.1 Darstellung des Tast- und Speichervorgangs

bezeichnet werden. Durch das Speichern der Lichtintensität auf dem nachleuchtenden Sichtschirm erhält man schließlich als Information über die Entfernung des Flugobjektes eine Treppenfunktion $\bar{f}(t)$, die nur in den Abtastzeitpunkten ihren Wert ändert.

Es gibt noch weitere Beispiele in technischen Systemen, wo Meßgrößen nur zu bestimmten Zeitpunkten zur Verfügung stehen – z. B. chemische Analysengeräte, die eine gewisse Zeit zur Durchführung einer Analyse benötigen, sowie Mehrfarben-Rotationsdruckmaschinen, wo der Registerfehler nur beim Eintreffen der Paßmarken erfaßt und zur Registerregelung verwendet werden kann.

Das wichtigste technische Gerät für die Behandlung von Abtastvorgängen ist der Prozeßrechner, der zur Regelung technischer Prozesse eingesetzt wird. Nach Bild 4.2 werden zunächst die einzelnen Prozeßgrößen, die beliebige physikalische Größen (Druck, Durchfluß, Temperatur, Spannung usw.) sein können, durch Meßumformer (MU_i) in einheitliche elektrische Signale umgeformt. Diese werden als Regelgrößen $x_i(t)$ weiterverarbeitet. Der durch ein Programm zur Ein-/Ausgabe-Steuerung angesteuerte Eingabesammler fragt die einzelnen Regelgrößen im Zyklus der Abtastzeit T als $x_i(kT)$ ab. Die getasteten Werte der einzelnen Regelgrößen werden durch einen Analog-Digital-Umsetzer (s. Abschn. 4.4) in eine für den Rechner geeignete digital codierte Form gebracht. Nach Vergleich mit den gespeichert vorliegenden oder ebenfalls abgetasteten Werten der Führungsgrößen $w_i(kT)$ wird durch einen Regelalgorithmus die Folge der Stellgrößen $y_i(kT)$ berechnet. Diese werden durch einen als Ausgabeverteiler wirkenden Programmteil entsprechend vielen Digital-Analog-Umsetzern zugewiesen. Dabei ist der jedem Regelkreis zugeordnete Digital-Analog-Umsetzer direkt mit dem entsprechenden Stellglied verbunden und hält die Stellgröße $y_i(kT)$ jeweils für eine Abtastperiode gespeichert.

Das Zeitraster mit der Abtastzeit T ist auch erforderlich, wenn der Prozeßrechner nur einen Regelkreis bedient. Die Analog-Digital-Umsetzung, die Zuordnung der entsprechenden Regelparameter, das Berechnen der Stellgröße und ihre Digital-Analog-Umsetzung sind Vorgänge, die im Prozeßrechner und seinen Peripheriegeräten nur nacheinander ablaufen können. Die für diese Vorgänge erforderliche Zeit bestimmt dann die minimale Abtastzeit T. Im all-

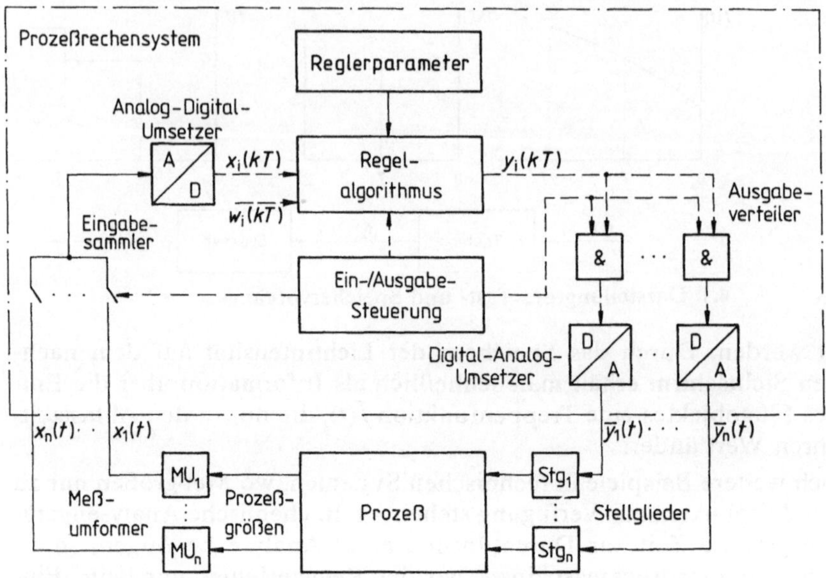

4.2 Blockschaltbild eines mit Prozeßrechner geregelten Prozesses

gemeinen wählt man den Wert der Abtastzeit entsprechend der dominierenden
Verzögerungszeit des zu regelnden Teilprozesses. Zur Regelung von Durchflüssen und schnell veränderlichen Drücken wählt man Abtastzeiten von etwa 1 s,
zur Regelung von Füllständen wählt man 2 s bis 5 s, während zur Regelung von
Temperaturen Abtastzeiten von 10 s bis 20 s üblich sind. Bei ausgesprochen
schnellen Regelstrecken, wie etwa bei Drehzahlregelungen, können Abtastzeiten unter 0,1 s erforderlich werden. Zur Durchführung der Abtastregelung mit
dem Rechner ist in jedem Fall eine direkte Kopplung mit dem Prozeß auf der
Ein- und Ausgangsseite des Rechners erforderlich. Rechner, die diese Kopplung im Echtzeitbetrieb ermöglichen, nennt man **Prozeßrechner**. Mikrorechner können diese Funktion mit nur wenigen hochintegrierten Bauelementen
erfüllen.

In Bild **4.3** ist die Reihenfolge von Tastung, Regelalgorithmus und Speicherung für die Regelung einer Teilstrecke des Prozesses dargestellt. Die eingesetzten Analog-Digital- und Digital-Analog-Umsetzer können dabei amplitudenmäßig als so feinstufig vorausgesetzt werden, daß ihre Stufen für die weiteren Betrachtungen vernachlässigt werden können. In Bild **4.3** a ist zwischen Tastung und Speicherung der Regelalgorithmus wirksam, der aus der Folge der
Regelgrößen (x_k) nach Vergleich mit der Folge der Führungsgrößen (w_k) über
eine Rechenvorschrift die Folge der Stellgrößen (y_k) ermittelt. Für die mathematische Beschreibung ist es zweckmäßig, die Reihenfolge von Regelalgorithmus und Speicherung zu vertauschen, so daß Tastung und Speicherung unmittelbar aufeinander folgen. Wie Bild **4.3** b anschaulich zeigt, ermittelt dann der-

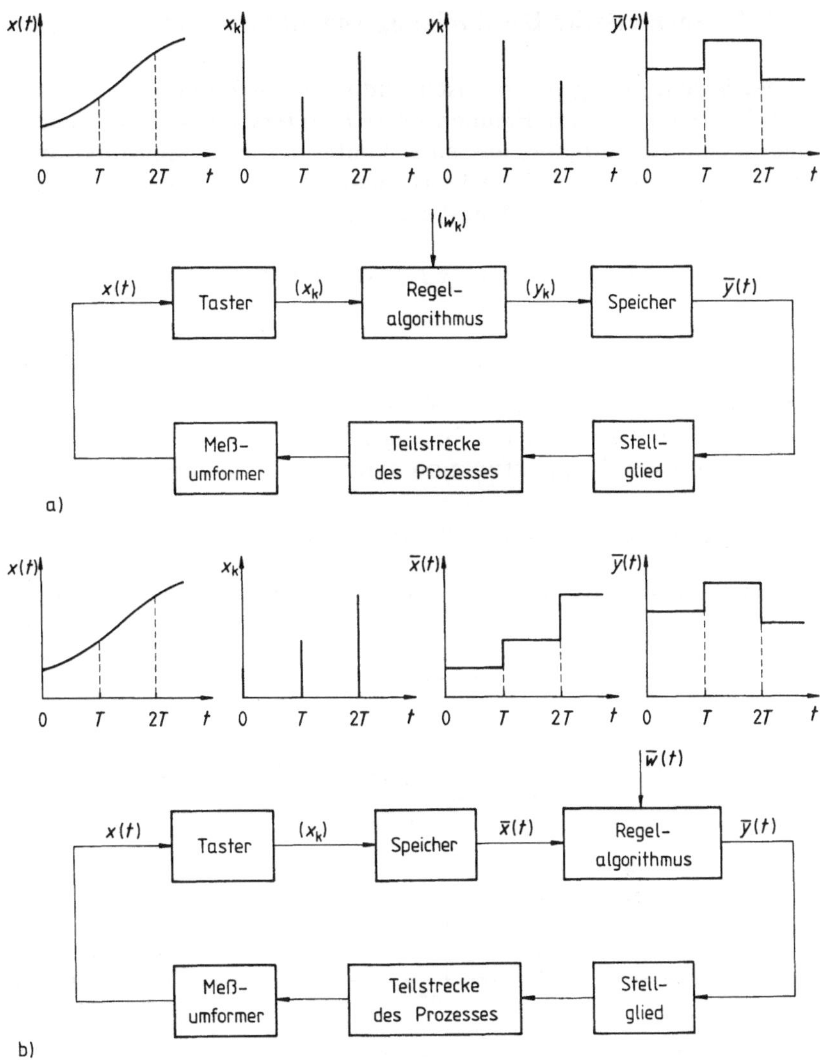

4.3 Gleichwertigkeit der Reihenfolge von Taster, Regelalgorithmus und Speicher (a) mit der Reihenfolge von Taster, Speicher und Regelalgorithmus (b) in Regelkreisen mit Prozeßrechner

selbe Regelalgorithmus aus der einer Folge (x_k) entsprechenden Treppenfunktion $\bar{x}(t)$ dieselbe Stellfunktion $\bar{y}(t)$ wie zuvor. Die erste Darstellung entspricht der gerätetechnischen Realisierung, wo für jeden Regelkreis nach der Abtastzeit T im Prozeßrechner der zugehörige Regelalgorithmus durchgerechnet wird. Die äquivalente zweite Darstellung ist für die weitere mathematische Behandlung geeigneter.

4.1.2 Mathematische Beschreibung von Abtaster und Halteglied

Bei der Beschreibung von Abtaster und Halteglied muß man die Darstellungen im Zeitbereich und im Frequenzbereich unterscheiden. Abtaster und Halteglied haben die Aufgabe, aus einer kontinuierlichen Zeitfunktion $f(t)$ zu den Abtastzeitpunkten $t = kT$ die Funktionswerte $f(kT)$ zu erfassen und diese jeweils für die Dauer einer Abtastzeit zu speichern, also

$$\bar{f}(t) = f(kT) = f_k \quad \text{für} \quad kT \leqq t < (k+1)T \tag{4.2}$$

zu bilden.

Die sich ergebende Treppenfunktion $\bar{f}(t)$ (s. Bild **4.1**) kann man als eine Folge von Impulsen der konstanten Zeitdauer T und der Amplitude $f(kT) = f_k$ auffassen. Mit der Definition der Sprungfunktion $\sigma(t)$ (s. Abschn. 2.1.5) kann man einen Impuls der Treppenfunktion darstellen als (s. Bild **4.4**)

$$\bar{f}_k(t) = f_k\{\sigma(t - kT) - \sigma[t - (k+1)T]\}.$$

Hiermit läßt sich die gesamte Treppenfunktion im Zeitbereich beschreiben durch

$$\bar{f}(t) = \sum_{k=0}^{\infty} f_k\{\sigma(t - kT) - \sigma[t - (k+1)T]\}. \tag{4.3}$$

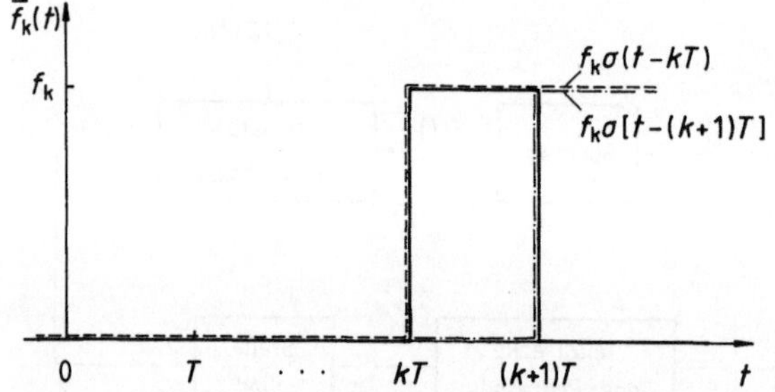

4.4
Bildung eines Impulses der Treppenfunktion aus zwei Sprungfunktionen

Bild **4.5** zeigt die technische Realisierung eines analogen Abtast-Halte-Gliedes (sample-and-hold-amplifier) zur Erzeugung der Treppenfunktion $\bar{f}(t)$ nach Gl. (4.3), wie es auch in der Praxis eingesetzt wird. Während der kurzen Schließzeit τ des Schalters S in der gezeichneten Stellung wird der Kondensator C über den Eingangswiderstand R mit der Verzögerungszeit $\tau_v = RC$ auf die Spannung $-f(kT) = -f_k$ aufgeladen (Bild **4.5**a). In der gestrichelt gezeichneten Stellung des Schalters S ist der Verstärker V als Integrator geschaltet, dessen Ausgang während der Dauer der Abtastzeit T nahezu konstant bleibt. Das Minuszeichen bei $f(kT)$ ergibt sich durch Vorzeichenumkehr im Verstärker. Es lassen sich Zeiten $\tau = 0,01\,T$ realisieren, so daß Gl. (4.3) genügend genau erfüllt wird. Bei dieser Schaltung wirkt der Schalter S als Taster, während der Verstärker V mit

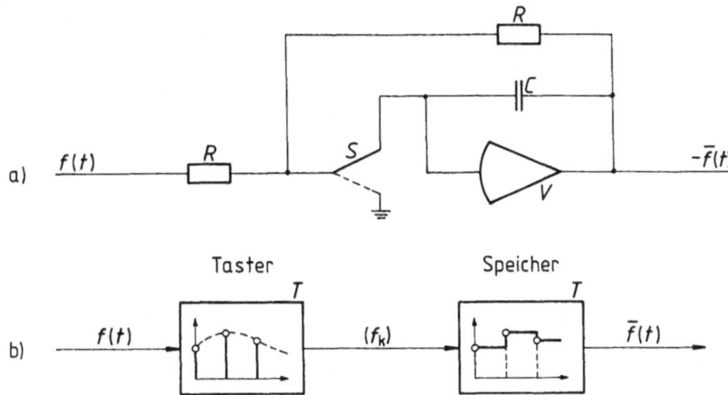

4.5 Technische Realisierung eines Abtast-Haltegliedes (a) und funktionelle Beschreibung durch Taster und Speicher (b)

der Kapazität C einen Speicher darstellt. Es wird also das Abtast-Halte-Glied durch Taster und Speicher realisiert, deren Wirkung durch die Sinnbilder in Bild **4.**5b beschrieben wird.

Für die in der Regelungstechnik allgemein übliche Betrachtung des Übertragungsverhaltens muß das Abtast-Halte-Glied im Frequenzbereich beschrieben werden. Hierzu wird auf Gl. (4.3) der Verschiebungssatz der Laplace-Transformation (s. Abschn. 2.2.2) angewendet, und man erhält die Bildfunktion der Treppenfunktion

$$\bar{F}(s) = \sum_{k=0}^{\infty} f_k \left[\frac{e^{-kTs}}{s} - \frac{e^{-(k+1)Ts}}{s} \right] = \frac{1-e^{-Ts}}{s} \sum_{k=0}^{\infty} f_k e^{-kTs}. \qquad (4.4)$$

Diese Darstellung als Produkt zweier Teiloperationen für Abtasten und Halten ist für die weiteren Rechnungen günstig. Jedoch sind diese beiden Teiloperationen nicht mit den Operationen Tasten und Speichern identisch, wie sie sich zuvor bei der technischen Realisierung im Zeitbereich ergeben hatten. Zunächst soll die durch Abtastung erhaltene Funktion

$$F^*(s) = \sum_{k=0}^{\infty} f_k e^{-kTs} \qquad (4.5)$$

betrachtet werden. Durch Anwendung der inversen Laplace-Transformation (s. Abschn. 2.2.2) erhält man als zugehörige Zeitfunktion die **Impulsfolgefunktion**

$$f^*(t) = \sum_{k=0}^{\infty} f_k \delta(t-kT) = \sum_{k=0}^{\infty} f(kT)\delta(t-kT). \qquad (4.6)$$

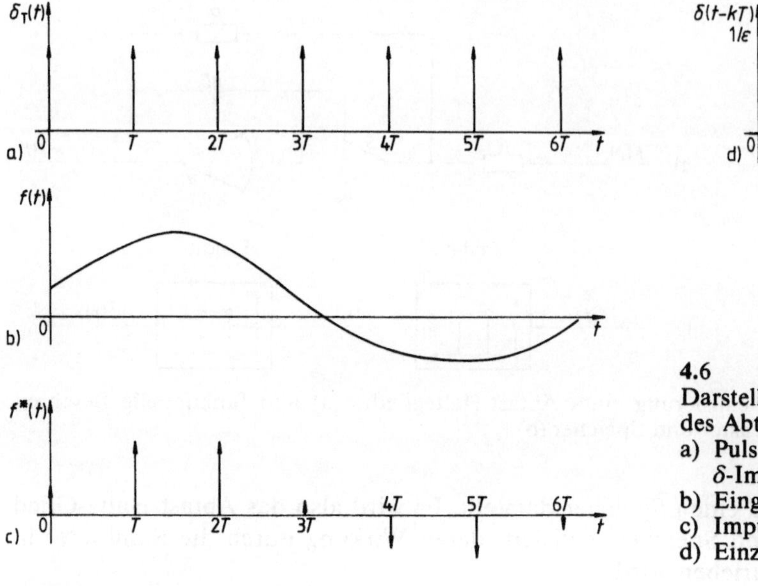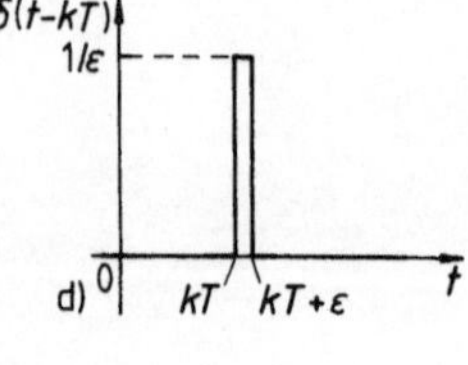

4.6
Darstellung
des Abtastverhaltens
a) Puls als Folge von
   δ-Impulsen
b) Eingangsfunktion
c) Impulsfolgefunktion
d) Einzelimpuls

Hierin tritt eine Folge von δ-Impulsen in den Abtastzeitpunkten auf, die man zusammenfassend als δ-Puls

$$\delta_T(t) = \sum_{k=0}^{\infty} \delta(t - kT) \tag{4.7}$$

bezeichnet. Jeder Summand $\delta(t - kT)$ bezeichnet einen hohen und schmalen Impuls zum Zeitpunkt kT (s. Bild **4.6** a) mit der Fläche 1 für den Grenzfall $\varepsilon \to 0$ (s. Abschn. 2.1.5). Diese Folge von δ-Impulsen wird durch die Zeitfunktion $f(t)$ moduliert (s. Bild **4.6** b). Die Gewichtung der entstehenden Impulse in $f^*(t)$ wird durch die Länge der Pfeile wiedergegeben. Es gilt also

$$f^*(t) = f(t)\delta_T(t) = f(t) \sum_{k=0}^{\infty} \delta(t - kT). \tag{4.8}$$

Durch die Wirkung des δ-Pulses $\delta_T(t)$ wird die Funktion $f(t)$ in allen Zeitpunkten unterdrückt – außer in den Abtastzeitpunkten. Das Ergebnis ist daher die mit Gl. (4.6) beschriebene Zeitfunktion $f^*(t)$.

In der hier gegebenen Darstellung werden also beim Übergang von der kontinuierlichen Zeitfunktion $f(t)$ zu der Impulsfolgefunktion $f^*(t)$ nicht nur die Funktionswerte $f(kT)$ aus $f(t)$ entnommen, sondern es wird jeder Wert noch zusätzlich mit $\delta(t - kT)$ multipliziert. Die Impulsfolgefunktion $f^*(t)$ tritt jedoch an keiner Stelle im Abtastsystem auf, da δ-Impulse eine mathematische Idealisierung sind und technisch nicht verwirklicht werden können.

Die zweite Teiloperation in Gl. (4.4) stellt die Übertragungsfunktion des Halteglieds

$$G_{\mathrm{H}}(s) = \frac{1-e^{-Ts}}{s} \qquad (4.9)$$

dar. Aus ihr ergibt sich als Originalfunktion mit der inversen Laplace-Transformation die Impulsantwort

$$g_{\mathrm{H}}(t) = \sigma(t) - \sigma(t-T). \qquad (4.10)$$

Es wird also aus jedem δ-Impuls der Amplitude f_k, der auf dieses Halteglied gegeben wird, ein Impuls der Amplitude f_k und der Länge T erzeugt (s. Bild 4.7a). Da der Gewichtsfaktor f_k des δ-Impulses über die gesamte nachfolgende Abtastperiode gehalten wird, nennt man dieses Übertragungsglied Halteglied. Das Halteglied verwandelt die eintreffende modulierte Impulsfolgefunktion $f^*(t)$ in die Treppenfunktion $\bar{f}(t)$.

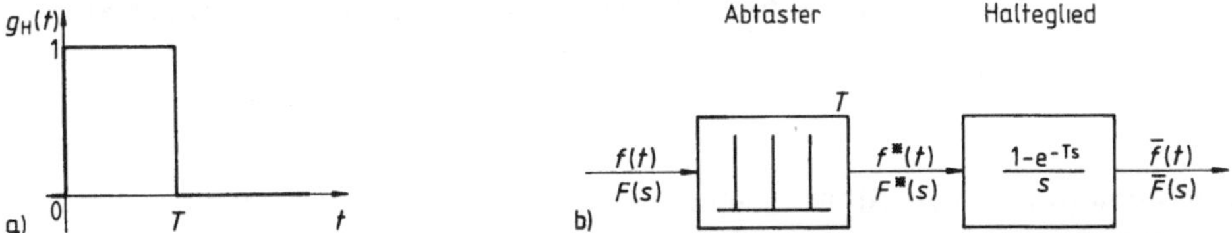

4.7 Impulsantwort des Halteglieds (a) und Darstellung von Abtaster und Halteglied (b)

Bild **4.7**b zeigt die Verwirklichung des Abtast- und Haltevorganges durch die Aufeinanderfolge von Abtaster und Halteglied. In Zukunft soll das hier angegebene Sinnbild für den Abtaster verwendet werden, der aus $f(t)$ die Funktion $f^*(t)$ erzeugt, also jeden entnommenen Funktionswert f_k noch mit $\delta(t-kT)$ multipliziert. Im Unterschied hierzu kann der einfache Taster nach Bild **4.5**b aus $f(t)$ lediglich die Folge der Funktionswerte f_k entnehmen.

In diesem Zusammenhang soll noch einmal darauf hingewiesen werden, daß die Wirkung der beiden Funktionsglieder Taster und Speicher zusammen genau die gleiche ist wie die von Abtaster und Halteglied. Bei der Behandlung der Abtastsysteme durch Abtaster und Halteglied kann man auf die dem Regelungstechniker vertrauten Methoden der Laplace-Transformation von Zeitfunktionen zurückgreifen. Für die im anderen Fall erforderliche Behandlung von Wertefolgen durch Differenzengleichungen stehen keine so gut ausgebauten Methoden zur Verfügung.

4.2 Die z-Transformation zur Beschreibung von Abtastsystemen

Zur Beschreibung und zum Entwurf von Abtastsystemen benötigt man entsprechend aufbereitete mathematische Methoden. Hierfür steht die z-Transformation zur Verfügung, die einen Spezialfall der Laplace-Transformation darstellt. In diesem Abschnitt wird die z-Transformation nur in dem Umfang betrachtet, wie es zur Anwendung auf Abtastregelungen nötig ist [1], [23], [43], [104].

4.2.1 Definition der z-Transformation

Bei der Beschreibung des Abtastvorgangs ergibt sich aus der kontinuierlichen Zeitfunktion $f(t)$ eine Wertefolge (f_k) oder nach Gl. (4.6) eine Impulsfolgefunktion

$$f^*(t) = \sum_{k=0}^{\infty} f_k \delta(t - kT).$$

Die Laplace-Transformierte dieser Impulsfolgefunktion ist nach Gl. (4.5)

$$F^*(s) = \sum_{k=0}^{\infty} f_k e^{-kTs}.$$

Zur Behandlung von Abtastsystemen führt man eine besondere Schreibweise ein, indem man

$$z = e^{Ts} \tag{4.11}$$

setzt. Damit wird aus der komplexen Funktion F^* von s eine rationale Funktion F_z von z

$$[F^*(s)]|_{e^{Ts} = z} = F_z(z) = \sum_{k=0}^{\infty} f_k z^{-k}. \tag{4.12}$$

Diese rationale Funktion ist eine Potenzreihe in z mit negativen Exponenten. Sie wird die z-Transformierte der Impulsfolgefunktion $f^*(t)$ genannt. Es wird also analog zur Bildfunktion $F(s)$ mit der Variablen s der Laplace-Transformation bei der z-Transformation mit der Funktion $F_z(z)$ mit der Variablen z gearbeitet. Dabei ist der Index z nötig, um die Funktion F_z von der Funktion F bei der Laplace-Transformation zu unterscheiden. Ferner schreibt man in Analogie zur Laplace-Transformation

$$\mathscr{Z}\{f^*(t)\} = F_z(z) \tag{4.13}$$

und bezeichnet die linke Seite von Gl. (4.13) als „die z-Transformierte der Impulsfolgefunktion f Stern von t".

Nach Gl. (4.12) kann man auch direkt von der Wertefolge (f_k) zur z-Transformierten gelangen, indem man die Elemente f_k der Wertefolge als Koeffizienten einer Potenzreihe in z mit negativen Exponenten auffaßt. Man kann daher auch $F_z(z)$ als die z-Transformierte der Wertefolge (f_k)

$$\mathscr{Z}\{(f_k)\} = F_z(z) \tag{4.14}$$

ansehen.

4.2.2 Beispiele für die Ermittlung von z-Transformierten

Die z-Transformation liefert zu einer gegebenen Impulsfolgefunktion oder Wertefolge die zugehörige z-Transformierte. Bei der Berechnung der z-Transformierten von konkreten Fällen ist es meistens einfacher, von der Wertefolge auszugehen. Als Beispiele sollen die z-Transformierten von Wertefolgen ermittelt werden, die aus einfachen Zeitfunktionen hervorgehen.

Beispiel 4.1. Für die Sprungfunktion $f(t) = \sigma(t)$ (s. Bild **4.8**a) soll die z-Transformierte bestimmt werden.
Man bildet zunächst die Folge der getasteten Werte $(f_k) = (1, 1, 1\ldots)$, die ebenfalls in Bild **4.8**a dargestellt ist. Das Einsetzen dieser Werte für f_k in Gl. (4.12) liefert

$$F_z(z) = 1 + z^{-1} + z^{-2} + \ldots$$

Als Ergebnis erhält man eine geometrische Reihe mit dem Anfangswert 1 und dem Quotienten z^{-1}. Diese Reihe ist konvergent für $|z^{-1}| < 1$ und hat dann die Summe $1/(1 - z^{-1})$. Hieraus folgt

$$F_z(z) = \frac{z}{z-1}.$$

Beispiel 4.2. Jetzt soll für die Exponentialfunktion $f(t) = e^{\alpha t}$ (s. Bild **4.8**b) die z-Transformierte ermittelt werden.
Für die getasteten Werte erhält man $f_k = e^{\alpha k T}$, und durch Einsetzen in Gl. (4.12) ergibt sich

$$F_z(z) = \sum_{k=0}^{\infty} e^{\alpha k T} z^{-k} = \sum_{k=0}^{\infty} (e^{\alpha T} z^{-1})^k.$$

Auch dies ist eine geometrische Reihe mit dem Anfangswert 1 und dem Quotienten $e^{\alpha T} z^{-1}$. Die Reihe konvergiert für $|e^{\alpha T} z^{-1}| < 1$ und hat dann die Summe $1/(1 - e^{\alpha T} z^{-1})$. Somit gilt

$$F_z(z) = \frac{z}{z - e^{\alpha T}}.$$

Man sieht leicht, daß der Fall der Sprungfunktion für $\alpha = 0$ hierin enthalten ist.

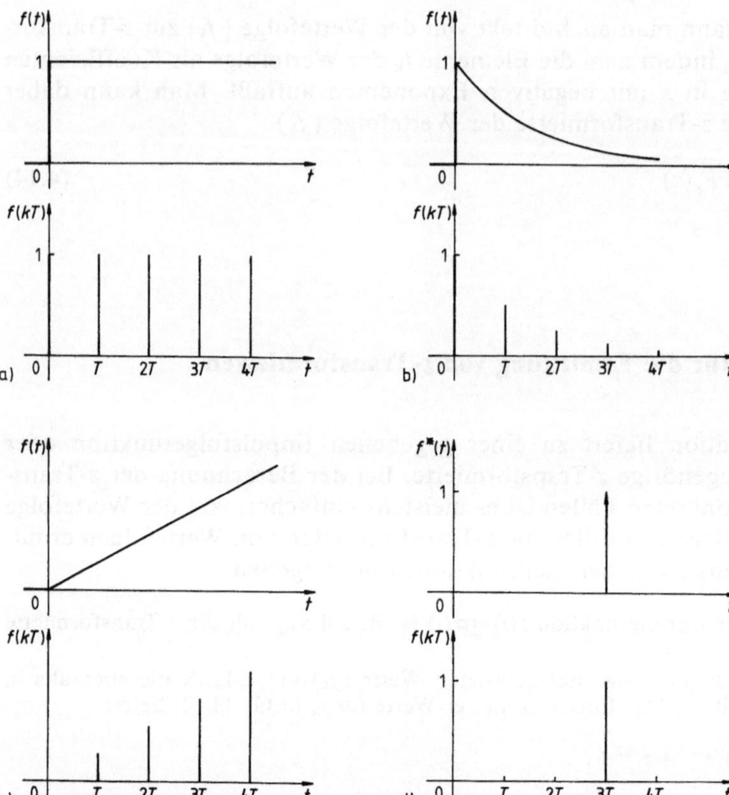

4.8 Darstellung einfacher Zeitfunktionen $f(t)$ und Wertefolgen $f(kT)$
a) Sprungfunktion, b) Exponentialfunktion, c) Rampenfunktion, d) Einzelimpuls

Beispiel 4.3. Für die Rampenfunktion $f(t)=t$ (s. Bild 4.8 c) soll die z-Transformierte bestimmt werden.

Für die Folge der getasteten Werte erhält man $(f_k)=(0,\ T,\ 2\,T,\ 3\,T,\ \ldots)$. Die Anwendung von Gl. (4.12) liefert

$$F_z(z) = T(z^{-1}+2z^{-2}+3z^{-3}+\ldots) = Tz^{-1}(1+2z^{-1}+3z^{-2}+\ldots).$$

Der Klammerausdruck ist keine geometrische Reihe. Durch gliedweises Ausmultiplizieren erkennt man jedoch, daß es sich um das Quadrat der bei der Sprungfunktion aufgetretenen Reihe $(1+z^{-1}+z^{-2}+\ldots)$ handelt. Daher ist

$$F_z(z) = \frac{Tz}{(z-1)^2}.$$

Beispiel 4.4. Als letztes Beispiel soll die z-Transformierte für einen Einzelimpuls zum Zeitpunkt $t=m\,T$ (s. Bild 4.8 d) abgeleitet werden, wobei m eine ganze positive Zahl sein soll.
Dieser Einzelimpuls kann nicht mehr durch Tastung von Funktionswerten aus einer kontinuierlichen Zeitfunktion hergeleitet werden. Daher muß man hier die Abtastung im

Frequenzbereich betrachten mit

$$f^*(t) = \delta(t - mT).$$

In Gl. (4.5) für $F^*(s)$ verbleibt von der Summe der rechten Seite nur ein Summand für $k = m$

$$F^*(s) = e^{-mTs}.$$

Das Einsetzen von $e^{Ts} = z$ nach Gl. (4.12) ergibt schließlich die z-Transformierte

$$F_z(z) = z^{-m}.$$

Tafel 4.9 gibt eine Zusammenstellung der wichtigsten z-Transformierten, der

Tafel 4.9 Korrespondenzen von z-Transformierten

	$F(s)$	$f(t)$	f_k	$F_z(z)$
1	$\dfrac{1}{s}$	$\sigma(t)$	1	$\dfrac{z}{z-1}$
2	$\dfrac{1}{s^2}$	t	kT	$T\dfrac{z}{(z-1)^2}$
3	$\dfrac{2!}{s^3}$	t^2	$k^2 T^2$	$T^2 z\dfrac{z+1}{(z-1)^3}$
4	$\dfrac{3!}{s^4}$	t^3	$k^3 T^3$	$T^3 z\dfrac{z^2+4z+1}{(z-1)^4}$
5	$\dfrac{1}{s-\alpha}$	$e^{\alpha t}$	$e^{\alpha k T}$	$\dfrac{z}{z-e^{\alpha T}}$
6	$\dfrac{1}{(s-\alpha)^2}$	$t e^{\alpha t}$	$k T e^{\alpha k T}$	$T e^{\alpha T}\dfrac{z}{(z-e^{\alpha T})^2}$
7	$\dfrac{\omega_0}{s^2+\omega_0^2}$	$\sin(\omega_0 t)$	$\sin(\omega_0 k T)$	$z\dfrac{\sin(\omega_0 T)}{z^2-2z\cos(\omega_0 T)+1}$
8	$\dfrac{s}{s^2+\omega_0^2}$	$\cos(\omega_0 t)$	$\cos(\omega_0 k T)$	$z\dfrac{z-\cos(\omega_0 T)}{z^2-2z\cos(\omega_0 T)+1}$
9	$\dfrac{\omega_0}{(s-\alpha)^2+\omega_0^2}$	$e^{\alpha t}\sin(\omega_0 t)$	$e^{\alpha k T}\sin(\omega_0 k T)$	$z\dfrac{e^{\alpha T}\sin(\omega_0 T)}{z^2-2z e^{\alpha T}\cos(\omega_0 T)+e^{2\alpha T}}$
10	$\dfrac{s-\alpha}{(s-\alpha)^2+\omega_0^2}$	$e^{\alpha t}\cos(\omega_0 t)$	$e^{\alpha k T}\cos(\omega_0 k T)$	$z\dfrac{z-e^{\alpha T}\cos(\omega_0 T)}{z^2-2z e^{\alpha T}\cos(\omega_0 T)+e^{2\alpha T}}$
11	$\dfrac{1}{s-\dfrac{1}{T}\ln a}$	$a^{t/T}$	a^k	$\dfrac{z}{z-a}$
12	e^{-mTs}	$\delta(t-mT)$	$\begin{matrix}1 & \text{für} & k=m \\ 0 & \text{für} & k\neq m\end{matrix}$	z^{-m}

zugehörigen Zeitfunktionen und ihrer Laplace-Transformierten als Korrespondenztabelle. Dabei gilt stets

$$\left.\begin{array}{ll} f(t)=0 & \text{für} \quad t<0, \\ f_k=0 & \text{für} \quad k<0. \end{array}\right\} \tag{4.15}$$

4.2.3 Rechenregeln der z-Transformation

Um die z-Transformation auf Abtastsysteme und Abtastregelungen anwenden zu können, sind bestimmte Regeln für das Rechnen mit der z-Transformation erforderlich. Diese Rechenregeln geben an, wie sich Operationen, die auf Impulsfolgefunktionen oder Wertefolgen angewendet werden, auf die zugehörigen z-Transformierten auswirken. Sie entsprechen im wesentlichen den Regeln der Laplace-Transformation. Es soll hier genügen, wenn in Tafel 4.10 die Rechenregeln der z-Transformation zusammengestellt und einzelne näher betrachtet werden, die für die Anwendung auf Abtastregelungen wesentlich sind.

Tafel 4.10 Rechenregeln der z-Transformation

Regel	Operation mit den Wertefolgen	Operation mit den z-Transformierten
Linearität	$c_1 f_{1k} + c_2 f_{2k}$	$c_1 F_{1z}(z) + c_2 F_{2z}(z)$
Rechtsverschiebung	f_{k-n}	$z^{-n}\left[F_z(z) + \sum_{m=1}^{n} f_{-m} z^m\right]$
Linksverschiebung	f_{k+n}	$z^n\left[F_z(z) - \sum_{m=0}^{n-1} f_m z^{-m}\right]$
Dämpfung	$f_k e^{\alpha k T}$	$F_z(z e^{-\alpha T})$
Rückwärtsdifferenz	$f_k - f_{k-1}$	$\dfrac{z-1}{z} F_z(z) - f_{-1}$
Vorwärtsdifferenz	$f_{k+1} - f_k$	$(z-1) F_z(z) - f_0 z$
Differentiation	$k T f_k$	$-Tz \dfrac{\mathrm{d}}{\mathrm{d}z} F_z(z)$
Summation	$\sum\limits_{m=0}^{k} f_m$	$\dfrac{z}{z-1} F_z(z)$
Faltung	$\sum\limits_{m=0}^{k} f_{1m} f_{2,k-m}$	$F_{1z}(z) F_{2z}(z)$
Anfangswertsatz	f_0	$\lim\limits_{z \to \infty} F_z(z)$
Endwertsatz	$\lim\limits_{k \to \infty} f_k$	$\lim\limits_{z \to 1} [(z-1) F_z(z)]$

4.2.3.1 Regeln zur Differenzbildung. Die Differenzbildung von Wertefolgen soll näher betrachtet werden, da sie die Differentiation bei kontinuierlichen Zeitfunktionen ersetzt. Es gibt zwei Möglichkeiten, zu einer Wertefolge eine Differenz zu definieren. Beide sind in Tafel **4.**10 angegeben. Bei der Vorwärts-Differenz wird die Differenz durch

$$\Delta' f(kT) = f[(k+1)T] - f(kT) \qquad (4.16)$$

und bei der Rückwärts-Differenz durch

$$\Delta f(kT) = f(kT) - f[(k-1)T] \qquad (4.17)$$

festgelegt. Durch Anwendung der zuvor definierten Operationen der Rechts- und Linksverschiebung ergeben sich die Operationen mit den z-Transformierten, die den beiden Definitionen entsprechen.

Für die Ableitung sei auf [1], [23] verwiesen. Hier soll durch zwei Beispiele die unterschiedliche Bedeutung der Vorwärts- und Rückwärtsdifferenz veranschaulicht werden.

Beispiel 4.5. Für eine Wertefolge $f_k = f_0 + akT$ soll die Vorwärtsdifferenz $\Delta' f_k$ gebildet und die zugehörige z-Transformierte ermittelt werden.

In Bild **4.**11a ist diese Wertefolge dargestellt, wobei die zu der Folge gehörigen Werte durch eine strichlierte Linie verbunden sind. Trägt man beim Argumentwert kT den Funktionswert f_{k+1} auf, so erhält man die gegenüber f_k nach links verschobene Wertefolge. Entsprechend Gl. (4.15) gilt für die verschobene Folge

$$f_{k+1} = 0 \quad \text{für} \quad k < 0.$$

Der beim Argumentwert $k = -1$ erscheinende Funktionswert f_0 wird also gleich Null gesetzt, was in Bild **4.**11a durch Strichelung des Funktionswertes angedeutet ist. Man erhält die formale Beschreibung der Wertefolge

$$f_{k+1} = f_0 + a(k+1)T = f_0 + akT + aT,$$

indem man in f_k die Größe k durch $k+1$ ersetzt.
Damit ergibt sich die Differenz

$$\Delta' f_k = aT \quad \text{für} \quad k \geqq 0,$$

wie sie in Bild **4.**11b dargestellt ist.
Um nun die der Vorwärtsdifferenz entsprechende Operation mit der z-Transformierten durchführen zu können, muß zunächst die zu f_k gehörige z-Transformierte angegeben werden. Die Wertefolge f_k kann man darstellen durch eine Wertefolge, die aus einer Sprungfunktion der Höhe f_0, und eine weitere Wertefolge, die aus einer Rampenfunktion mit der Steigung aT hervorgeht. Addiert man die z-Transformierten dieser beiden Zeitfunktionen, so ergibt sich

$$F_z(z) = f_0 \frac{z}{z-1} + aT \frac{z}{(z-1)^2}.$$

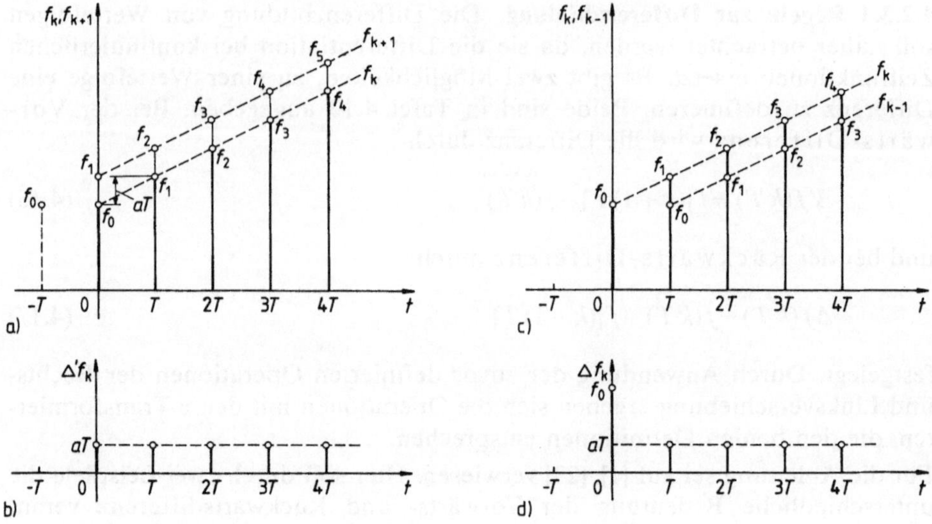

4.11 Differenzbildung von Wertefolgen
    a) Wertefolge f_k und nach links verschobene Wertefolge f_{k+1}
    b) Vorwärtsdifferenz $\Delta' f_k = f_{k+1} - f_k$
    c) Wertefolge f_k und nach rechts verschobene Wertefolge f_{k-1}
    d) Rückwärtsdifferenz $\Delta f_k = f_k - f_{k-1}$

Wendet man nach Tafel **4.10** die zur Vorwärtsdifferenz $\Delta' f_k$ gehörende Operation mit den z-Transformierten auf $F_z(z)$ an, so erhält man

$$\mathscr{J}\{(\Delta' f_k)\} = (z-1)\left[f_0\,\frac{z}{z-1} + a\,T\,\frac{z}{(z-1)^2}\right] - f_0 z = a\,T\,\frac{z}{z-1}.$$

Diese z-Transformierte beschreibt eine Wertefolge entsprechend einer Sprungfunktion der Höhe $a\,T$, wie es auch am Anfang dieses Beispiels hergeleitet wurde.

Beispiel 4.6. Für die gleiche Wertefolge $f_k = f_0 + a k T$ soll zum Vergleich die Rückwärtsdifferenz Δf_k gebildet und die zugehörige z-Transformierte ermittelt werden.

Die Folge f_{k-1} entsteht durch Rechtsverschiebung aus f_k mit $f_{-1} = 0$ (s. Bild **4.11** c). Zur Bildung von Δf_k wird im Zeitpunkt kT vom Wert f_k der bereits bekannte Wert f_{k-1} abgezogen. Diese Differenzbildung ist bei einem realen System jederzeit durchführbar.

Bildet man

$$f_{k-1} = f_0 + a(k-1)\,T = f_0 + a k T - a T,$$

so erhält man für die Differenz

$$\Delta f_k = \begin{cases} f_0 & \text{für} \quad k = 0, \\ a\,T & \text{für} \quad k > 0. \end{cases}$$

Die sich ergebende Wertefolge Δf_k ist in Bild **4.11** d dargestellt. Im Unterschied zu $\Delta' f_k$ ist der Wert bei $k = 0$ durch den Anfangswert f_0 bestimmt. Damit stellt Δf_k eine relativ gute Annäherung an die Differentiation einer stetigen Funktion dar.

Wendet man die zur Rückwärtsdifferenz Δf_k nach Tafel **4**.10 gehörende Operation mit den z-Transformierten auf $F_z(z)$ an, so ergibt sich

$$\mathscr{Z}\{(\Delta f_k)\} = \frac{z-1}{z}\left[f_0\,\frac{z}{z-1} + a\,T\,\frac{z}{(z-1)^2}\right] = f_0 + a\,T\,\frac{1}{z-1} = f_0 + z^{-1}a\,T\,\frac{z}{z-1}.$$

Man erhält also eine Wertefolge entsprechend einer um den Abtastschritt 1 verschobenen Sprungfunktion, die bei $k=1$ beginnt, sowie einen Einzelwert f_0 bei $k=0$.

Wie das Ergebnis von Beispiel 4.6 gezeigt hat, läßt sich mit der Differenzbildung nach der zweiten Definition eine z-Übertragungsfunktion herleiten, die die Differentiation einer Zeitfunktion $f(t)$ näherungsweise realisiert. Bezeichnet man die zeitliche Ableitung von $f(t)$ mit $\dot{f}(t)$ und deren Näherung durch eine Wertefolge mit $\dot{f}_k$, so ergibt sich unmittelbar aus der Herleitung der Differentiation für sie der Ansatz

$$\dot{f}_k \approx \frac{1}{T}(f_k - f_{k-1}) = \frac{1}{T}\Delta f_k. \tag{4.18}$$

Ein Übertragungsglied zur näherungsweisen Durchführung der Differentiation hat also die Eingangsfolge $u_k = f_k$ und die Ausgangsfolge $v_k = \Delta f_k/T$. Damit hat dieses Übertragungsglied die z-Übertragungsfunktion

$$\frac{V_z(z)}{U_z(z)} = \frac{\mathscr{Z}\{(\Delta f_k/T)\}}{\mathscr{Z}\{(f_k)\}} = \frac{1}{T}\cdot\frac{z-1}{z}. \tag{4.19}$$

4.2.3.2 Summationsregel. Die Summation soll als eine weitere wichtige Operation eingehender betrachtet werden, da sich hieraus ein Näherungsverfahren zur Integration herleiten läßt. Dieses Näherungsverfahren ist allgemein als Rechteckregel bekannt und soll mit dem folgenden Beispiel demonstriert werden.

Beispiel 4.7. Es soll die Fläche unter einer Zeitfunktion $f(t)$ dadurch angenähert werden, daß innerhalb jedes Zeitabschnittes der Funktionsverlauf durch den rechtsseitigen Funktionswert ersetzt wird. Die zu dieser Flächenfunktion gehörige z-Transformierte ist zu ermitteln.

In Bild 4.12a ist diese Vorgehensweise skizziert und ein bestimmter Zeitabschnitt durch Schraffur hervorgehoben. Somit wird die Fläche unter der Kurve $f(t)$ durch eine Folge von Rechtecken angenähert, was den Namen Rechteckregel begründet. Aus der Folge der Funktionswerte f_k ergibt sich damit eine Folge von Werten der Flächenfunktion h_k. Der Wert der Flächenfunktion bis zum Zeitpunkt $t_{k-1} = (k-1)T$ soll mit h_{k-1} bezeichnet werden. Dann ist der Zuwachs im Zeitabschnitt bis $t_k = kT$ durch Tf_k bestimmt, so daß sich schreiben läßt

$$h_k = h_{k-1} + Tf_k.$$

Für die z-Transformierten dieser Wertefolgen gilt, wenn man auf der rechten Seite die Rechtsverschiebungsregel anwendet,

$$H_z(z) = z^{-1}H_z(z) + TF_z(z).$$

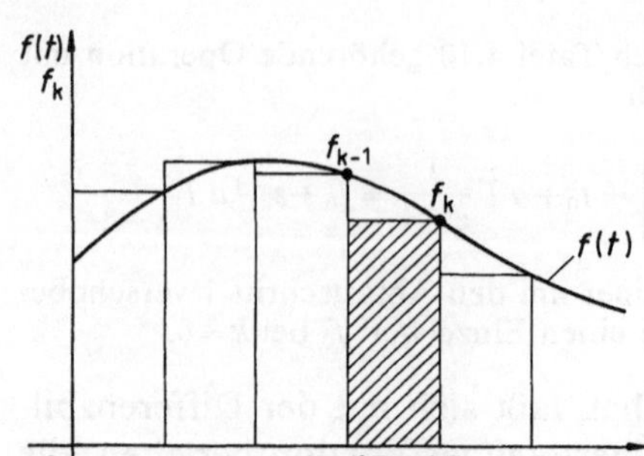

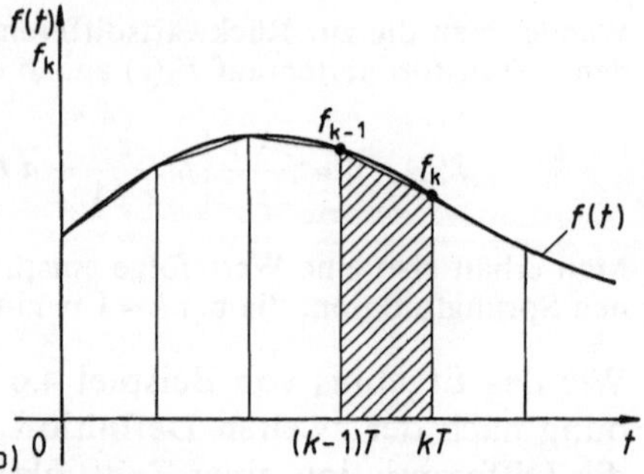

4.12 Genäherte Integration einer kontinuierlichen Funktion $f(t)$
   a) nach der Rechteckregel, b) nach der Trapezregel

Für die Beziehung zwischen $H_z(z)$ und $F_z(z)$ erhält man

$$H_z(z)(1 - z^{-1}) = TF_z(z)$$

oder

$$H_z(z) = T \frac{z}{z-1} F_z(z).$$

Dieses Ergebnis entspricht der Beziehung für die z-Transformierte der Summation. Jedoch werden jetzt die einzelnen Funktionswerte f_k nicht bloß summiert, sondern noch jeweils mit T multipliziert, um die Fläche unter der Kurve $f(t)$ anzunähern.

Betrachtet man das Integrationsglied als ein Übertragungsglied mit der Wertefolge (f_k) als Eingangsfolge und mit (h_k) als Ausgangsfolge, so ergibt sich dessen z-Übertragungsfunktion zu

$$\frac{H_z(z)}{F_z(z)} = T \frac{z}{z-1}. \tag{4.20}$$

Dies ist die z-Übertragungsfunktion des **digitalen Integrators** nach der **Rechteckregel**. Der Vergleich mit Gl. (4.19) zeigt, daß diese Übertragungsfunktion das Reziproke der z-Übertragungsfunktion für die Differentiation darstellt.

Anschließend soll auch die Näherung der Integration mit der **Trapezregel** hergeleitet werden.

Beispiel 4.8. Die Fläche unter der Zeitfunktion $f(t)$ soll dadurch angenähert werden, daß der Funktionsverlauf innerhalb jedes Zeitabschnittes durch die Gerade zwischen den beiden Funktionswerten am Anfang und Ende des Zeitabschnitts ersetzt wird. Die zu dieser Flächenfunktion gehörige z-Transformierte ist zu berechnen.

Bei dieser Vorgehensweise wird die Fläche unter der Kurve $f(t)$ angenähert durch eine Summe von Trapezen (s. Bild 4.12 b), was die Bezeichnung Trapezregel rechtfertigt. Der Zuwachs $h_k - h_{k-1}$ der Flächenfunktion ist durch $(T/2)(f_k + f_{k-1})$ bestimmt; also ist

$$h_k = h_{k-1} + \frac{T}{2}(f_k + f_{k-1}).$$

Für die z-Transformierten dieser Wertefolgen mit Anwendung der Rechtsverschiebungs-regel gilt

$$H_z(z) = z^{-1} H_z(z) + \frac{T}{2}\left[F_z(z) + z^{-1} F_z(z)\right]$$

oder

$$H_z(z)(1 - z^{-1}) = F_z(z)\,\frac{T}{2}\,(1 + z^{-1}).$$

Damit erhält man die z-Übertragungsfunktion des **digitalen Integrators** mit der **Trapezregel**

$$\frac{H_z(z)}{F_z(z)} = \frac{T}{2}\cdot\frac{z+1}{z-1}. \tag{4.21}$$

4.2.3.3 Faltungsregel. Die Faltungsregel soll als letzte Rechenregel betrachtet werden. Sie ist besonders wichtig, da sie angibt, in welcher Weise einem kontinuierlichen System mit Abtaster eine z-Übertragungsfunktion zugeordnet wird.

Zum Vergleich soll zunächst noch einmal an die Faltungsregel bei kontinuierlichen Systemen erinnert werden (s. Abschn. 2.2.2.2). Bei der Anwendung der Laplace-Transformation auf kontinuierliche Systeme besagt die Faltungsregel, daß die Faltung der Originalfunktionen der Multiplikation der Bildfunktionen entspricht, nämlich

$$f_1(t)*f_2(t) = \int_0^t f_1(\tau)f_2(t-\tau)\,\mathrm{d}\tau \;\;\circ\!\!-\!\!\bullet\;\; F_1(s)\,F_2(s).$$

Bei einem kontinuierlichen Übertragungsglied mit der Übertragungsfunktion $G(s)$ liefert die Faltungsregel $V(s)=G(s)\,U(s)$ die Ausgangsfunktion $V(s)$ bzw. $v(t)$ zur Eingangsfunktion $U(s)$ bzw. $u(t)$. Dabei ist die Übertragungsfunktion $G(s)$ die Laplace-Transformierte $\mathscr{L}\{g(t)\}$ seiner Gewichtsfunktion $g(t)$.

Beispiel 4.9. Es soll die Ausgangsfunktion $v(t)$ bzw. $V(s)$ eines Integrierglieds mit der Übertragungsfunktion $G(s)=1/s$ ermittelt werden, auf das eine Sprungfunktion $u(t)=\sigma(t)$ einwirkt.
Die Berechnung im Zeitbereich mit $g(t)=\sigma(t)$ ergibt

$$v(t) = \int_0^t \sigma(\tau)\sigma(t-\tau)\,\mathrm{d}\tau = \int_0^t 1\cdot 1\cdot\mathrm{d}\tau = t.$$

Im Frequenzbereich erhält man $V(s)=(1/s)(1/s)=1/s^2$ und nach Rücktransformation $v(t)=t$.
Zur Kennzeichnung des Integ.gliedes mit der Übertragungsfunktion $G(s)=1/s$ ist in Bild 4.13a dessen Gewichtsfunktion $g(t)=\sigma(t)$ eingezeichnet.

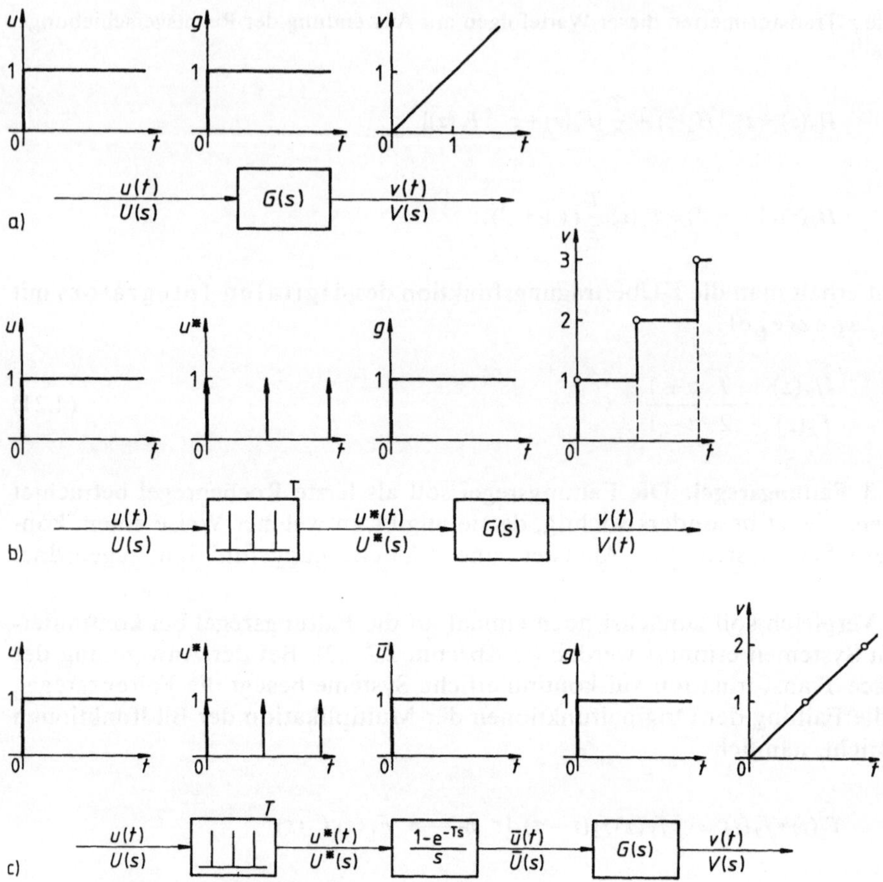

4.13 Darstellung der Faltungsregel
   a) für ein kontinuierliches Übertragungsglied
   b) für ein Übertragungsglied mit vorgeschaltetem Abtaster
   c) für ein Übertragungsglied mit vorgeschaltetem Abtaster und Halteglied

Die direkte Übertragung dieser für kontinuierliche Systeme gültigen Vorgehensweise auf Abtastsysteme ist nicht zulässig, da hier allgemein gilt

$$\mathcal{Z}\{f_1(t) * f_2(t)\} \neq \mathcal{Z}\{f_1(t)\}\,\mathcal{Z}\{f_2(t)\}.$$

Davon kann man sich an einem einfachen Beispiel überzeugen. Mit $f_1(t)=f_2(t)=\sigma(t)$ gilt einmal

$$\mathcal{Z}\{f_1(t)\}\,\mathcal{Z}\{f_2(t)\} = \frac{z}{z-1}\cdot\frac{z}{z-1} = \frac{z^2}{(z-1)^2}$$

und zum anderen

$$\mathscr{J}\{f_1(t)*f_2(t)\} = T\frac{z}{(z-1)^2}.$$

Dagegen gilt die Faltungsregel, wenn eine der beiden gefalteten Funktionen eine Impulsfolgefunktion ist. Wir betrachten den in Bild **4.**13b dargestellten Fall, daß die am Eingang anliegende Zeitfunktion $u(t)$ durch einen Abtaster in die Impulsfolgefunktion $u^*(t)$ umgewandelt wird

$$u^*(t) = \sum_{n=0}^{\infty} u(nT)\delta(t-nT).$$

Das Glied mit der Übertragungsfunktion $G(s)$ reagiert auf den Impuls $\delta(t)$ mit der Impulsantwort oder Gewichtsfunktion

$$g(t) = \mathscr{L}^{-1}\{G(s)\}$$

und auf den zeitlich verschobenen Impuls $\delta(t-nT)$ mit $g(t-nT)$. Durch Überlagerung der einzelnen Antwortfunktionen erhält man die Ausgangsgröße

$$v(t) = \sum_{n=0}^{\infty} u(nT)g(t-nT).$$

Diese Faltungssumme entspricht dem Faltungsintegral [1], [23] für kontinuierliche Systeme

$$v(t) = \int_0^{\infty} u(\tau)g(t-\tau)\,d\tau.$$

Betrachtet man die Faltungssumme $v(t)$ nur zu den Abtastzeitpunkten kT

$$v(kT) = \sum_{n=0}^{\infty} u(nT)g(kT-nT), \tag{4.22}$$

so ergibt sich durch z-Transformation dieser Gleichung

$$V_z(z) = \sum_{k=0}^{\infty} v(kT)z^{-k} = \sum_{k=0}^{\infty}\sum_{n=0}^{\infty} u(nT)g(kT-nT)z^{-k}.$$

Durch Substitution einer neuen Größe $m=k-n$ ergibt sich $k=m+n$ und damit

$$V_z(z) = \sum_{m=-n}^{\infty}\sum_{n=0}^{\infty} u(nT)g(mT)z^{-m}z^{-n}.$$

Die Summation über m kann bei $m=0$ beginnen, da für $m<0$ auch $f(mT)=0$ wird. Da die einzelnen Glieder der Doppelsumme nur von m oder n abhängen, läßt sich $V_z(z)$ als Produkt von zwei einfachen Summen schreiben:

$$V_z(z) = \sum_{m=0}^{\infty} g(mT)z^{-m} \sum_{n=0}^{\infty} u(nT)z^{-n}.$$

Beide Faktoren stellen z-Transformierte dar, so daß man

$$V_z(z) = G_z(z)\, U_z(z) \tag{4.23}$$

erhält. Gl. (4.23) ist ebenso aufgebaut wie die Bildfunktion der Ausgangsgröße $V(s) = G(s)\, U(s)$ bei kontinuierlichen Systemen mit der Übertragungsfunktion $G(s)$. Man bezeichnet daher

$$G_z(z) = \sum_{m=0}^{\infty} g(mT)z^{-m} \tag{4.24}$$

als z-Übertragungsfunktion des Übertragungsgliedes. Die hier auftretende Gewichtsfolge $g(mT)$ ist die Ausgangsfolge des Abtastsystems, wenn als Eingangsfolge

$$u(nT) = (1,\ 0,\ 0,\ \dots)$$

vorgegeben wird. Damit entspricht die Gewichtsfolge der Gewichtsfunktion oder Impulsantwort bei einem kontinuierlichen System.

Beispiel 4.10. Es soll die Wirkung einer Sprungfunktion auf ein Integrierglied mit vorgeschaltetem Abtaster untersucht und die z-Transformierte der Ausgangsfunktion ermittelt werden.

In Bild 4.13b sind die Verhältnisse dargestellt, wie sie sich ergeben, wenn dem Integrierglied ein Abtaster vorgeschaltet wird. Die Impulsfolgefunktion

$$u^*(t) = \sum_{k=0}^{\infty} \delta(t-kT)$$

ergibt entsprechend ihrer Laplace-Transformierten

$$U^*(s) = \sum_{k=0}^{\infty} e^{-kTs}$$

zusammen mit dem Integrierglied $G(s) = 1/s$ die Ausgangsfunktion

$$V(s) = \sum_{k=0}^{\infty} \frac{1}{s} e^{-kTs},$$

also eine Summe von Sprungfunktionen, die jeweils nach einer Abtastzeit zum vorhergehenden Funktionsverlauf hinzuaddiert werden.

Die z-Transformierte der Ausgangsfunktion macht nur eine Aussage über die Funktionswerte $v(t)$ in den Abtastzeitpunkten, die durch kleine Kreise hervorgehoben sind. Durch den Abtaster sind die Voraussetzungen zur Anwendung der Faltungsregel im z-Bereich gegeben und man erhält mit

$$U_z(z) = \frac{z}{z-1} \quad \text{und} \quad G_z(z) = \frac{z}{z-1}$$

für die z-Transformierte der Ausgangsfolge

$$V_z(z) = G_z(z)\, U_z(z) = \frac{z^2}{(z-1)^2}.$$

Dies stellt, bis auf den Faktor T, die z-Transformierte einer Rampenfunktion dar, zusätzlich mit dem Faktor z versehen. Das bedeutet nach der Linksverschiebungsregel (Tafel 4.10), daß es sich um eine um einen Abtastschritt nach links verschobene Rampenfunktion handelt.

Beispiel 4.11. Es soll die Wirkung einer Sprungfunktion auf ein Integrierglied mit vorgeschaltetem Abtaster und Halteglied untersucht und die z-Transformierte der Ausgangsfunktion berechnet werden.

In Bild 4.13 c ist dem Abtaster noch ein Halteglied hinzugefügt worden. Dessen Übertragungsfunktion ist zu $G(s)$ hinzuzuschlagen. Damit hat man mit einer Gesamtübertragungsfunktion

$$G_z(z) = \mathscr{J}\left\{\frac{1-e^{-Ts}}{s}\cdot\frac{1}{s}\right\} = \mathscr{J}\left\{(1-e^{-Ts})\frac{1}{s^2}\right\}$$

zu rechnen. Für $(1-e^{-Ts})$ ergibt sich unmittelbar die z-Transformierte $(1-z^{-1})$, so daß man nunmehr erhält

$$G_z(z) = (1-z^{-1})\,\mathscr{J}\left\{\frac{1}{s^2}\right\} = \frac{z-1}{z}\cdot\frac{Tz}{(z-1)^2} = \frac{T}{z-1}.$$

Mit $U_z(z) = z/(z-1)$ ergibt sich

$$V_z(z) = T\frac{z}{(z-1)^2},$$

was genau der Rampenfunktion $v(t) = t$ entspricht.

4.2.4 z-Übertragungsfunktionen zusammengesetzter Abtastsysteme

Um das Übertragungsverhalten zusammengesetzter Abtastsysteme zu beschreiben, zerlegt man sie in elementare Teilsysteme mit einfachen z-Übertragungsfunktionen. Das Übertragungsverhalten des Gesamtsystems ist dann sowohl von dem Übertragungsverhalten der Teilsysteme als auch von der besonderen Art ihres Zusammenwirkens, also der Struktur des Systems, abhängig; diese wird in übersichtlicher Weise im Wirkungsplan dargestellt. Nachfolgend sollen die Regeln der Wirkungsplan-Algebra für die Grundstrukturen, also die Ketten-, Parallel- und Kreisstruktur zeitdiskreter Systeme angegeben werden. Gegenüber zeitkontinuierlichen Systemen werden zeitdiskrete Systeme durch das Hinzukommen von Abtast- und Haltegliedern allerdings komplizierter, wobei angenommen wird, daß alle Abtaster eines Systems synchron arbeiten.

Ausgangspunkt für alle Überlegungen ist das Abtastsystem aus Abtaster und linearem Übertragungsglied, wie es in Bild **4.13 b** dargestellt ist. Ist dem Abtaster ein Halteglied nachgeschaltet (Bild **4.13 c**), beschreibt man auch dieses System durch die Übertragungsgleichung

$$V_z(z) = G_z(z)\, U_z(z),$$

wobei das Halteglied als Teil von $G(s)$ bzw. $G_z(z)$ mit einzurechnen ist.

Bild **4.14** zeigt die wichtigsten Wirkungspläne von Abtastsystemen, auf die sich auch kompliziertere Anordnungen zurückführen lassen. Als Nr. 1 ist die Darstellung nach Bild **4.13 b** bzw. **4.13 c** mit den zuvor gemachten Anmerkungen wiederholt.

Zwei lineare Übertragungsglieder in Kettenschaltung mit getastetem Eingang sind in Nr. 2 dargestellt. Daher ist $G(s)$ zu ersetzen durch $G_1(s)\,G_2(s)$, so daß gilt

$$V_z(z) = \mathcal{Z}\{G_1(s)\,G_2(s)\}\, U_z(z).$$

Hierfür wird als Abkürzung geschrieben

$$V_z(z) = (G_1\,G_2)_z(z)\, U_z(z). \tag{4.25}$$

Als allgemeine Regel zur Umformung von Wirkungsplänen gilt: Es werden zuerst alle kontinuierlichen Übertragungsglieder zusammengefaßt, die nicht durch Abtaster getrennt sind.

Zwei lineare Übertragungsglieder in Kette geschaltet, aber durch einen Abtaster getrennt, zeigt Nr. 3. Für die Eingangsgröße des Abtasters ergibt sich

$$V_1(s) = G_1(s)\, U(s)$$

und daher ist

$$V_{1z}(z) = \mathcal{Z}\{G_1(s)\, U(s)\},$$

wofür man als Abkürzung

$$V_{1z}(z) = (G_1\,U)_z(z)$$

schreibt.

Wirkungsplan	$V_z(z)$
1	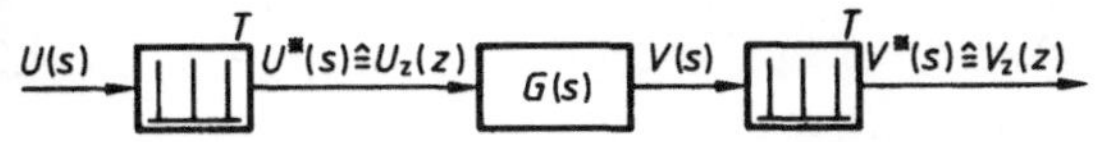 $G_z(z)U_z(z)$
2	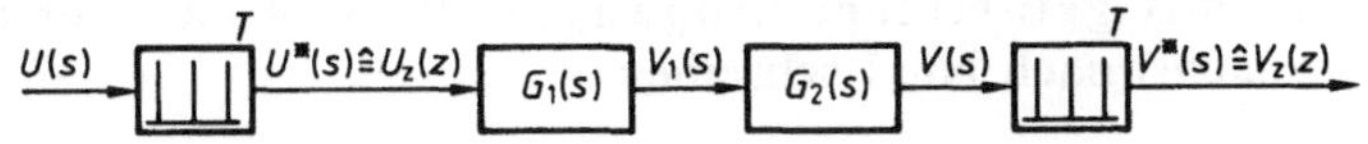 $(G_1 G_2)_z(z)U_z(z)$
3	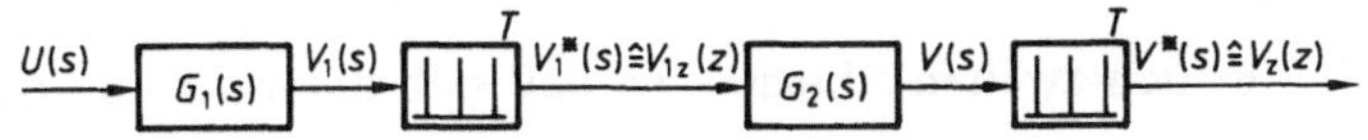 $G_{2z}(z)(G_1 U)_z(z)$
4	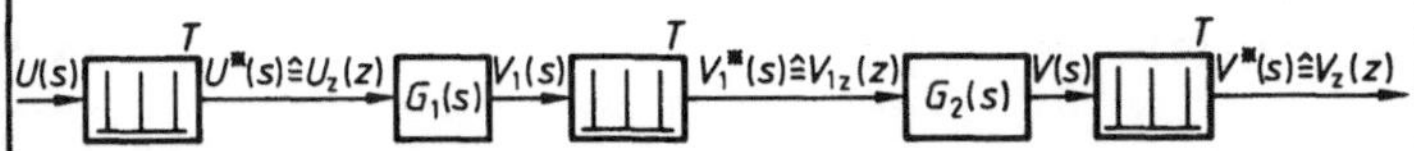 $G_{2z}(z)G_{1z}(z)U_z(z)$
5	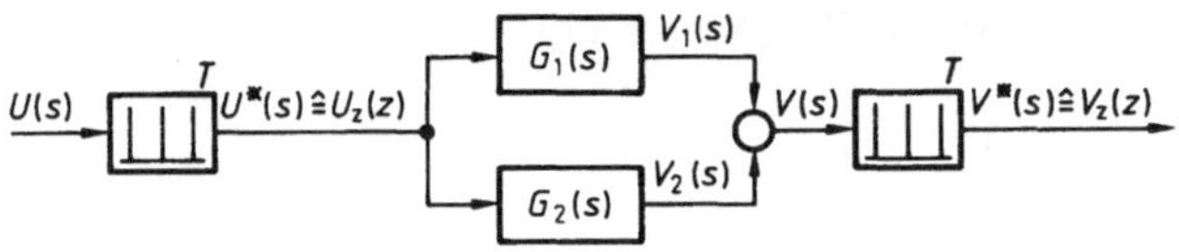 $[G_{2z}(z)+G_{1z}(z)]U_z(z)$
6	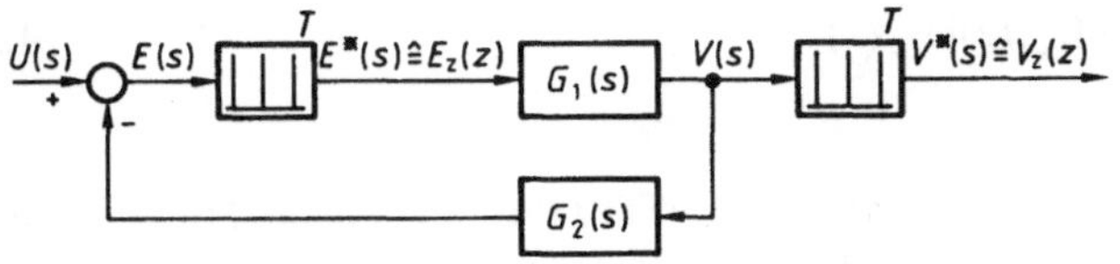 $\dfrac{G_{1z}(z)U_z(z)}{1+(G_1 G_2)_z(z)}$
7	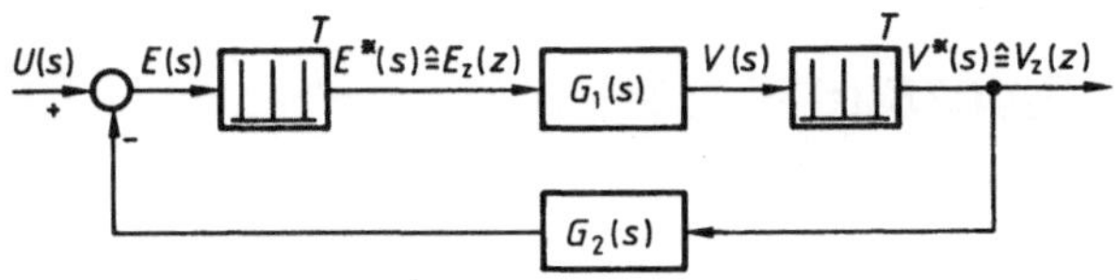 $\dfrac{G_{1z}(z)U_z(z)}{1+G_{1z}(z)G_{2z}(z)}$
8	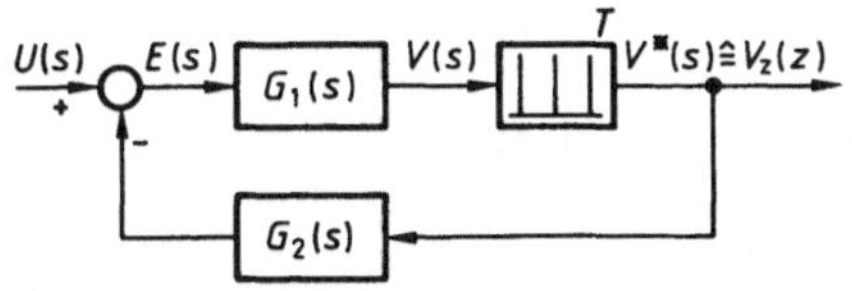 $\dfrac{(G_1 U)_z(z)}{1+(G_1 G_2)_z(z)}$

4.14 Wirkungspläne zusammengesetzter Abtastsysteme

Diese Größe wirkt auf die Kettenschaltung von Abtaster und $G_2(s)$ wie die Eingangsgröße in Nr. 1, so daß gilt

$$V_z(z) = G_{2z}(z)(G_1 U)_z(z). \tag{4.26}$$

Zwei lineare Übertragungsglieder in Kette, aber durch einen Abtaster getrennt und mit getastetem Eingang, stellt Nr. 4 dar. Für die Größe V_1 läßt sich zunächst nach Nr. 1 schreiben

$$V_{1z}(z) = G_{1z}(z)\, U_z(z).$$

Sie ist Eingangsgröße für den zweiten Abtaster, so daß sich damit für die Ausgangsgröße

$$V_z(z) = G_{2z}(z)\, G_{1z}(z)\, U_z(z) \tag{4.27}$$

ergibt.

Zwei lineare Übertragungsglieder parallel geschaltet mit getastetem Eingang sind in Nr. 5 dargestellt. Für sie gilt

$$V_z(z) = \mathscr{Z}\{G_1(s) + G_2(s)\}\, U_z(z),$$

wofür sich wegen der Linearitätseigenschaft der z-Transformation

$$V_z(z) = [G_{1z}(z) + G_{2z}(z)]\, U_z(z) \tag{4.28}$$

schreiben läßt.

Eine Kreisstruktur mit abgetasteter Differenz $E(s)$ zeigt Nr. 6. Wendet man Nr. 2 auf die Schleife an, so erhält man für die z-Transformierte der Differenz E

$$E_z(z) = U_z(z) - (G_1 G_2)_z(z)\, E_z(z),$$

und daraus folgt

$$E_z(z) = \frac{U_z(z)}{1 + (G_1 G_2)_z(z)}.$$

Für die Ausgangsgröße $V_z(z)$ erhält man dann nach Nr. 1

$$V_z(z) = \frac{G_{1z}(z)\, U_z(z)}{1 + (G_1 G_2)_z(z)}. \tag{4.29}$$

Eine Kreisstruktur mit abgetasteter Differenz und abgetastetem Ausgangssignal stellt Nr. 7 dar. Für die Beeinflussung der Ausgangsgröße V

durch die Eingangsgröße U gilt Nr. 1, und für die Selbstbeeinflussung der Ausgangsgröße V durch die Regelschleife gilt Nr. 4, so daß man erhält

$$V_z(z) = G_{1z}(z)\, U_z(z) - G_{2z}(z)\, G_{1z}(z)\, V_z(z)\,.$$

Die Auflösung nach der Ausgangsgröße liefert

$$V_z(z) = \frac{G_{1z}(z)\, U_z(z)}{1 + G_{1z}(z)\, G_{2z}(z)}\,. \tag{4.30}$$

Eine Kreisstruktur mit abgetastetem Ausgangssignal zeigt abschließend Nr. 8. Hier geht man am besten von der Ausgangsgröße aus, da diese über den Abtaster und G_1 und G_2 auf sich selbst zurückwirkt, was durch Nr. 2 beschrieben wird. Die Eingangsgröße U wirkt über das kontinuierliche Übertragungsglied G_1, und dieser Anteil an der Ausgangsgröße läßt sich nach den Überlegungen zu Nr. 3 als $(G_1\, U)_z(z)$ schreiben. Damit ergibt sich

$$V_z(z) = (G_1\, U)_z(z) - (G_1\, G_2)_z(z)\, V_z(z)\,,$$

woraus nach einer Umformung folgt

$$V_z(z) = \frac{(G_1\, U)_z(z)}{1 + (G_1\, G_2)_z(z)}\,. \tag{4.31}$$

Bei den Strukturen Nr. 3 und 8 wird das Eingangssignal nicht abgetastet. Es muß daher als Zeitfunktion bekannt sein, um die z-Transformierte der Ausgangsgröße $V_z(z)$ ermitteln zu können. Bei diesen beiden Strukturen kann man also keine z-Übertragungsfunktion $G_z(z) = V_z(z)/U_z(z)$ angeben.

4.2.5 Anwendung der z-Transformation auf Abtastregelungen

Die allgemeine Struktur von Abtastregelungen, wie sie sich durch den Einsatz von Prozeßrechnern ergibt, wird in Abschn. 4.1.1 anhand von Bild **4.2** besprochen. Mit Bild **4.3** wird erläutert, daß es vorteilhaft ist, die Reihenfolge von Speicher und Regelalgorithmus zu tauschen. Schließlich zeigen die Gln. (4.3) und (4.4), daß Taster und Speicher zusammen dasselbe bewirken wie die Zusammenfassung von Abtaster und Halteglied. Letztere lassen sich jedoch im Frequenzbereich beschreiben und sind damit für die mathematische Darstellung besser geeignet. Damit erhält man schließlich die in Bild **4.15** dargestellte Grundstruktur von Abtastregelkreisen. In dieser ist auch eine Störgröße $z(t)$ berücksichtigt, die hinter der Regelstrecke eingreift. Durch die historische Entwicklung bedingt, wird der Buchstabe z sowohl für die Störgröße als auch für die Bildvariable im z-Bereich benutzt, wodurch jedoch keine Mißverständnisse entstehen sollten. Nach Bild **4.15** ergibt sich die Regelgröße $x(t)$ aus der Aus-

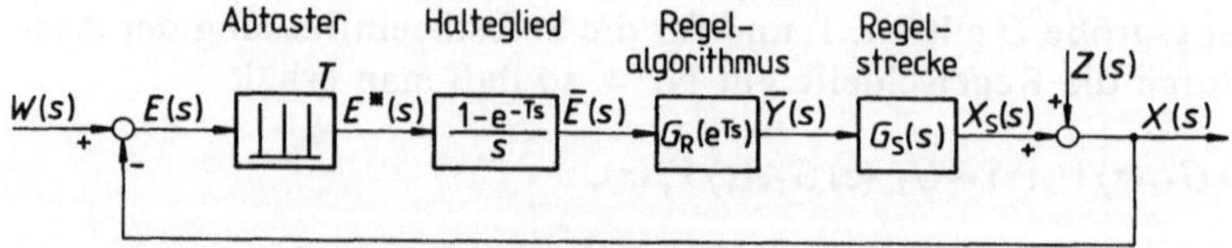

4.15 Wirkungsplan einer einschleifigen Abtastregelung

gangsgröße $x_S(t)$ der Regelstrecke und aus der Störgröße $z(t)$ nach

$$x(t) = x_S(t) + z(t). \tag{4.32}$$

Der Vorwärtszweig des Abtastregelkreises nach Bild **4.15** hat die Übertragungsfunktion

$$G_O(s) = \frac{X_S(s)}{E^*(s)} = \frac{1 - e^{-Ts}}{s} \, G_R(e^{Ts}) \, G_S(s). \tag{4.33}$$

Hierin sind die Übertragungsfunktionen des Haltegliedes $(1 - e^{-Ts})/s$ und der Regelstrecke $G_S(s)$ bekannt. Die Übertragungsfunktion des Regelalgorithmus $G_R(e^{Ts})$ soll noch näher betrachtet werden.

Der Regelalgorithmus G_R ist der funktionale Zusammenhang zwischen den Treppenfunktionen $\bar{e}(t)$ und $\bar{y}(t)$. Derartige Treppenfunktionen, die nur in den äquidistanten Abtastzeitpunkten ihren Wert ändern, lassen sich durch lineare Differenzengleichungen mit konstanten Koeffizienten c_i und d_j in der Form

$$\bar{y}(t) = d_0 \bar{e}(t) + d_1 \bar{e}(t - T) + \ldots + d_n \bar{e}(t - nT)$$
$$+ c_1 \bar{y}(t - T) + \ldots + c_n \bar{y}(t - nT) \tag{4.34}$$

beschreiben. Wendet man auf Gl. (4.34) die Laplace-Transformation und die Verschiebungsregel nach rechts an, so erhält man

$$\bar{Y}(s) = d_0 \bar{E}(s) + d_1 \bar{E}(s) e^{-Ts} + \ldots + d_n \bar{E}(s) e^{-nTs}$$
$$+ c_1 \bar{Y}(s) e^{-Ts} + \ldots + c_n \bar{Y}(s) e^{-nTs}.$$

Wegen $\bar{Y}(s) = G_R(s) \bar{E}(s)$ kann man schreiben

$$G_R(s) = \frac{\bar{Y}(s)}{\bar{E}(s)} = \frac{d_0 + d_1 e^{-Ts} + \ldots + d_n e^{-nTs}}{1 - c_1 e^{-Ts} - \ldots - c_n e^{-nTs}}. \tag{4.35}$$

Der durch die Differenzengleichung (4.34) beschriebene Regelalgorithmus hat also eine Übertragungsfunktion, die als eine rationale Funktion von e^{Ts} geschrieben werden kann. Daher ist der Regelalgorithmus in Bild **4.15** als $G_R(e^{Ts})$ bezeichnet. Ersetzt man in Gl. (4.35) e^{Ts} durch z, so erhält man mit den

z-Transformierten

$$\overline{Y}_z(z) = G_{Rz}(z)\,\overline{E}_z(z) \tag{4.36}$$

die z-Übertragungsfunktion des Regelalgorithmus

$$G_{Rz}(z) = \frac{d_0 + d_1 z^{-1} + \ldots + d_n z^{-n}}{1 - c_1 z^{-1} - \ldots - c_n z^{-n}}. \tag{4.37}$$

Damit sind die Voraussetzungen geschaffen, um die z-Übertragungsfunktion des offenen Kreises anzugeben. Hierzu wendet man auf Gl. (4.33) die z-Transformation an und erhält

$$G_{Oz}(z) = \mathscr{Z}\left[(1 - e^{-Ts})\,G_R(e^{Ts})\,\frac{G_S(s)}{s}\right]. \tag{4.38}$$

In Gl. (4.38) ist die Variable s im Nenner mit $G_S(s)$ zusammengefaßt. In den anderen Teilen läßt sich e^{Ts} direkt durch z ersetzen, womit die z-Transformation durchgeführt ist. Damit können diese rationalen Funktionen von z herausgezogen werden, und es ergibt sich als z-Übertragungsfunktion des offenen Kreises

$$G_{Oz}(z) = \frac{z-1}{z}\,G_{Rz}(z)\,\mathscr{Z}\left[\frac{G_S(s)}{s}\right]. \tag{4.39}$$

Um das Übertragungsverhalten des geschlossenen Abtast-Regelkreises zu erhalten, bestimmt man zur Regeldifferenz $e(t) = w(t) - x(t)$ deren z-Transformierte

$$E_z(z) = W_z(z) - X_z(z). \tag{4.40}$$

Außerdem ist die Wirkung der Störgröße zu beachten, die durch Gl. (4.32) beschrieben wird. Für deren z-Transformierte gilt

$$X_z(z) = X_{Sz}(z) + Z_z(z). \tag{4.41}$$

Mit

$$X_{Sz}(z) = G_{Oz}(z)\,E_z(z) \tag{4.42}$$

erhält man durch Einsetzen von Gl. (4.40) und (4.41) das Ergebnis

$$X_z(z) = G_{Oz}(z)[W_z(z) - X_z(z)] + Z_z(z).$$

Löst man diese Gleichung nach $X_z(z)$ auf, so ergibt sich schließlich

$$X_z(z) = \frac{G_{Oz}(z)}{1 + G_{Oz}(z)}\,W_z(z) + \frac{1}{1 + G_{Oz}(z)}\,Z_z(z). \tag{4.43}$$

Diese Gleichung beschreibt das dynamische Verhalten von Abtast-Regelkreisen in gleicher Weise wie Gl. (3.14) für kontinuierliche Regelkreise. Analog bezeichnet man

$$G_{\mathrm{Wz}}(z) = \frac{G_{\mathrm{Oz}}(z)}{1 + G_{\mathrm{Oz}}(z)} \qquad (4.44)$$

als z-Führungsübertragungsfunktion und

$$G_{\mathrm{Zz}}(z) = \frac{1}{1 + G_{\mathrm{Oz}}(z)} \qquad (4.45)$$

als z-Störübertragungsfunktion.

Die z-Störübertragungsfunktion gilt in der angegebenen Form nur, wenn die Störgröße hinter der Regelstrecke angreift, wie es in Bild **4.**15 dargestellt ist. Greift die Störgröße vor der Regelstrecke an, so nimmt die z-Störübertragungsfunktion zusätzlich den Faktor $G_{\mathrm{Sz}}(z)$ auf.

Beispiel 4.12. Es soll das Regelverhalten einer Regelstrecke 1. Ordnung mit Totzeit mit einem PI-Regelalgorithmus untersucht werden. Die Regelstrecke 1. Ordnung mit Totzeit wird deshalb gewählt, weil sie sich dafür eignet, auch Strecken höherer Ordnung relativ einfach anzunähern. Für die Übertragungsfunktion der Regelstrecke gilt

$$G_{\mathrm{S}}(s) = K_{\mathrm{S}}\,\frac{\mathrm{e}^{-T_{\mathrm{t}}s}}{1 + T_1 s}.$$

Nach Gl. (4.39) ist $\mathscr{Z}\{G_{\mathrm{S}}(s)/s\}$ zu bilden, wobei zur Vereinfachung die Abtastzeit T gleich der Totzeit T_{t} angenommen werden soll mit dem Ergebnis

$$\mathscr{Z}\left\{K_{\mathrm{S}}\,\frac{\mathrm{e}^{-Ts}}{s(1 + T_1 s)}\right\} = z^{-1} K_{\mathrm{S}}\,\mathscr{Z}\left\{\frac{1}{s(1 + T_1 s)}\right\}.$$

Durch Partialbruchzerlegung des Klammerausdrucks erhält man

$$\frac{1}{s(1 + T_1 s)} = \frac{1}{T_1} \cdot \frac{1}{s\left(s + \dfrac{1}{T_1}\right)} = \frac{1}{s} - \frac{1}{s + \dfrac{1}{T_1}},$$

also die z-Transformierte zu

$$\mathscr{Z}\left\{\frac{1}{s(1 + T_1 s)}\right\} = \frac{z}{z - 1} - \frac{z}{z - \mathrm{e}^{-T/T_1}} = \frac{z}{z - 1} \cdot \frac{1 - \mathrm{e}^{-T/T_1}}{z - \mathrm{e}^{-T/T_1}}.$$

Berücksichtigt man den Faktor $(z - 1)/z$ aus Gl. (4.39) sogleich mit, ergibt sich

$$\frac{z - 1}{z}\,\mathscr{Z}\left\{\frac{G_{\mathrm{S}}(s)}{s}\right\} = K_{\mathrm{S}}\,\frac{1 - \mathrm{e}^{-T/T_1}}{z(z - \mathrm{e}^{-T/T_1})}.$$

Die z-Übertragungsfunktion des PI-Regelalgorithmus erhält man relativ einfach, wenn man in der Übertragungsfunktion des stetigen PI-Reglers

$$G_R(s) = K_P \left(1 + \frac{1}{T_n s} \right)$$

den Integraloperator $1/s$ beispielsweise durch die z-Übertragungsfunktion des digitalen Integrators mit der Trapezregel nach Gl. (4.21) ersetzt:

$$G_{Rz}(z) = K_P \left(1 + \frac{T/2}{T_n} \cdot \frac{z+1}{z-1} \right) .$$

Eine leichte Umformung ergibt

$$G_{Rz}(z) = K_P \left(1 + \frac{T/2}{T_n} \right) \frac{z - \dfrac{T_n - T/2}{T_n + T/2}}{z-1} ,$$

wofür man mit $a = T/(2\,T_n)$ auch

$$G_{Rz}(z) = K_P (1+a) \frac{z - \dfrac{1-a}{1+a}}{z-1}$$

schreiben kann.

Zusammengefaßt ist dann schließlich die z-Übertragungsfunktion des offenen Regelkreises

$$G_{Oz}(z) = K_P K_S (1+a)(1 - e^{-T/T_1}) \frac{z - \dfrac{1-a}{1+a}}{z(z-1)(z - e^{-T/T_1})}$$

oder

$$G_{Oz}(z) = K_O \frac{z - \dfrac{1-a}{1+a}}{z(z-1)(z - e^{-T/T_1})} \tag{4.46}$$

mit der Abkürzung

$$K_O = K_P K_S (1+a)(1 - e^{-T/T_1})$$

für die von z unabhängigen Anteile.

Die z-Übertragungsfunktion $G_{Oz}(z)$ des offenen Regelkreises hängt von den Streckenparametern K_S, T_t und T_1 und den Reglerparametern K_P, T_n und T ab. Da die Abtastzeit T gleich der Totzeit T_t gewählt wurde, sind noch die Reglerparameter K_P und T_n bzw. a frei wählbar. Bei der üblichen Methode der Regleranpassung wird zunächst ein Streckenpol durch eine Reglernullstelle kompensiert. Damit wird die Festlegung

$$\frac{1-a}{1+a} = e^{-T/T_1}$$

getroffen. Einsetzen von $a = T/(2\,T_n)$ ergibt für die Nachstellzeit

$$T_n = \frac{T}{2} \cdot \frac{1 + e^{-T/T_1}}{1 - e^{-T/T_1}} .$$

Für die z-Übertragungsfunktion $G_{Oz}(z)$ des offenen Regelkreises ergibt sich damit

$$G_{Oz}(z) = K_O \frac{1}{z(z-1)},$$

wobei in K_O nur noch der Reglerparameter K_P frei wählbar ist.

Mit den Annahmen für die Streckenverstärkung $K_S = 1$, Verzögerungszeit $T_1 = 2$ s, Abtastzeit $T = 1$ s und Totzeit $T_t = 1$ s erhält man folgende Werte: Nachstellzeit $T_n = 2,041$ s; Zwischengröße $a = 0,245$ und damit für den Zusammenhang zwischen der Verstärkung des offenen Regelkreises K_O und dem Proportionalbeiwert K_P:

$$K_O = 0,490 K_P.$$

Für den Regelalgorithmus erhält man

$$G_{Rz}(z) = K_P(1 + 0,245) \frac{z - 0,607}{z - 1} = 2,541 K_O \frac{z - 0,607}{z - 1}.$$

Bild **4.**16 zeigt das Blockschaltbild des so gebildeten Abtastregelkreises. Dabei werden zwei unterschiedliche Störorte angenommen, nämlich am Ausgang und am Eingang der Regelstrecke. Bild **4.**17 zeigt die sich ergebenden Übergangsfunktionen für die Regelgröße $x(t)$, die Stellgröße $y(t)$ und die Regeldifferenz $e(t)$ (von oben nach unten) bei Vorgabe eines Sprunges für die Führungsgröße $w(t)$ und die Störgrößen $z_1(t)$ bzw. $z_2(t)$ (von links nach rechts). Es sind die drei Fälle $K_O = 0,2$; $0,3$; $0,4$ aufgezeichnet, wobei mit wachsendem K_O die Dämpfung der Übergangsvorgänge abnimmt.

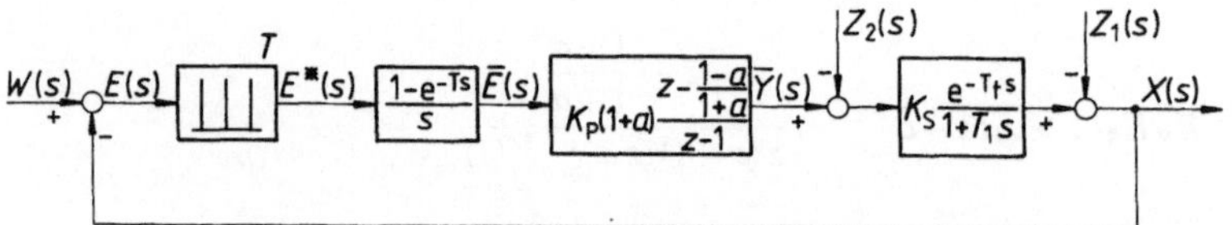

4.16 Wirkungsplan der Abtastregelung einer Regelstrecke 1. Ordnung
    mit Totzeit durch einen PI-Regelalgorithmus

Die Führungsübergangsfunktion der Regelgröße (Bild a1) beginnt nach dem Ablauf der Totzeit, die gleich der Abtastzeit gewählt ist, und setzt sich aus Teilen von Exponentialfunktionen zusammen. Nach Bild a3 wird die volle Regeldifferenz $\bar{e}(t) = 1$ für zwei Abtastperioden gehalten, da die Regelgröße wegen der Totzeit in der Regelstrecke nach Ablauf der ersten Abtastperiode noch immer den Wert 0 aufweist.

Die Störübergangsfunktion der Regelgröße für den Störort 1 (Bild b1) zeigt den Wert $x(t) = -1$ für die Dauer von einer Abtastperiode. Danach erfolgt der Übergang der Regelgröße $x(t)$ auf den Wert 0 in der gleichen Weise wie der Übergang auf den Wert 1 in Bild a1. Der Verlauf der Stellgröße $\bar{y}(t)$ (Bild b2) und der Regeldifferenz $\bar{e}(t)$ (Bild b3) ist identisch mit dem Verlauf beim Führungsgrößensprung (Bild a2 bzw. a3).

Die Störübergangsfunktion für Störort 2 (Bild c1) zeigt einen stärker gedämpften Verlauf, da hier die Störung am Eingang der Regelstrecke einwirkt. Nach einer Abtastperiode weist $x(t)$ noch den Wert 0 auf, so daß $\bar{e}(t) = 0$ für zwei Abtastperioden gehalten wird. Danach greift erst der Regler ein. Wegen der Totzeit wird der Reglereingriff erst bei $t = 3T$ wirksam, so daß im Zeitraum $T \leq t \leq 3T$ der Verlauf der Regelgröße durch die Stellübergangsfunktion bestimmt ist. Danach wird die aufgetretene Regelabweichung in mehr oder weniger gedämpften Übergangsvorgängen abgebaut.

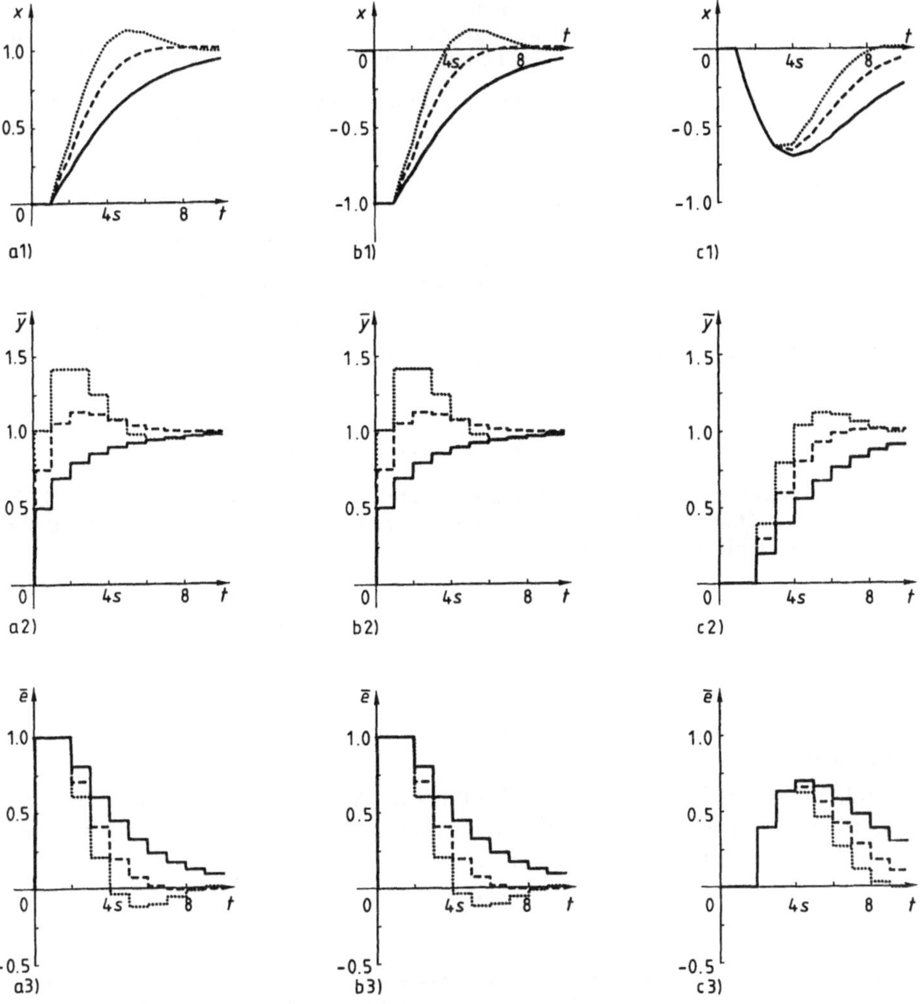

4.17 Ergebnisse der Abtastregelung nach Bild 4.16
 a) Führungsverhalten
 b) Störverhalten mit Störort am Ausgang der Regelstrecke
 c) Störverhalten mit Störort am Eingang der Regelstrecke
 a1), b1), c1) Zeitverhalten der Regelgröße
 a2), b2), c2) Zeitverhalten der Stellgröße
 a3), b3), c3) Zeitverhalten der Regeldifferenz
 ——— $K_O = 0,2$ ------ $K_O = 0,3$ ······ $K_O = 0,4$

Beispiel 4.13. Es soll die z-Transformierte ermittelt werden, die zu der in Bild **4.17**a dargestellten Führungsübergangsfunktion der Regelgröße gehört (Bild a1). Aus ihr sollen die Werte der Übergangsfunktion in den Abtastzeitpunkten für den Fall $K_O = 0,4$ numerisch berechnet werden.

In Beispiel 4.12 ist $G_{\mathrm{Oz}}(z) = K_{\mathrm{O}}/[z(z-1)]$ ermittelt worden. Daraus ergibt sich nach Gl. (4.44) $G_{\mathrm{Wz}}(z) = K_{\mathrm{O}}/[K_{\mathrm{O}} - z + z^2]$. Bei sprungförmiger Vorgabe der Führungsgröße gilt für ihre z-Transformierte $W_z(z) = z/(z-1)$. Damit erhält man für die z-Transformierte der Regelgröße $X_z(z) = \dfrac{z}{z-1} \cdot \dfrac{K_{\mathrm{O}}}{K_{\mathrm{O}} - z + z^2}$. Für den Fall $K_{\mathrm{O}} = 0{,}4$ ergibt sich

$$X_z(z) = \frac{0{,}4z}{z^3 - 2z^2 + 1{,}4z - 0{,}4}.$$

Die Folge der Werte in den Abtastzeitpunkten zu dieser z-Transformierten läßt sich durch die Methode der **numerischen Inversion** ermitteln. Damit bezeichnet man das numerische Ausdividieren des Zähler- und Nennerpolynoms von $X_z(z)$. Das Ergebnis ist eine Potenzreihe von der Form $x_0 + x_1 z^{-1} + x_2 z^{-2} + \dots$, deren Koeffizienten die Funktionswerte in den zugehörigen Abtastzeitpunkten wiedergeben. Man erhält

$$0{,}4z/(z^3 - 2z^2 + 1{,}4z - 0{,}4) =$$
$$= 0{,}4z^{-2} + 0{,}8z^{-3} + 1{,}04z^{-4} + 1{,}12z^{-5} + 1{,}104z^{-6} + 1{,}056z^{-7} + \dots$$

Die Funktionswerte $x(kT)$ in den Abtastzeitpunkten sind also 0; 0; 0,4; 0,8; 1,04; 1,12; 1,104; 1,056; ... Über den Funktionsverlauf zwischen den Abtastzeitpunkten vermag die z-Transformierte nichts auszusagen.

4.2.6 Stabilitätsprüfung von Abtastsystemen im z-Bereich

Bei Abtastsystemen ist die Frage nach der Stabilität von besonders großer Wichtigkeit, da die Einführung eines Abtasters in einen Regelkreis dessen Stabilität herabsetzt.

Da sich die Betrachtungen zur Stabilität von Abtastsystemen immer auf die Pol-Nullstellen-Verteilung ihrer z-Übertragungsfunktion beziehen, werden diese zunächst untersucht. Danach werden dann Stabilitätsdefinitionen gebracht und schließlich ihre Anwendung mit algebraischen und grafischen Methoden betrachtet.

4.2.6.1 Pol-Nullstellen-Verteilung von z-Transformierten. Alle Stabilitätskriterien beziehen sich auf die Verteilung der Pole und Nullstellen der Übertragungsfunktion des betrachteten Systems.

Diese Aussage gilt sowohl für kontinuierliche wie auch für Abtast-Systeme. Nach Abschn. 2.2 sind kontinuierliche Systeme stabil, wenn ihre Pole alle in der linken s-Halbebene liegen. Wie in diesem Abschnitt noch gezeigt wird, gilt für stabile Abtastsysteme entsprechend, daß ihre Pole alle im Innern des Einheitskreises der z-Ebene liegen müssen. Es bestehen also enge Zusammenhänge zwischen den Stabilitätskriterien für kontinuierliche und zeitdiskrete Systeme.

Um diese Zusammenhänge besser zu verstehen, soll zunächst die durch die z-Transformation $z = e^{Ts}$ nach Gl. (4.11) vermittelte Abbildung der s-Ebene auf die z-Ebene näher untersucht werden. Dazu werden die Punkte der s-Ebene durch ihren Real- und Imaginärteil

$$s = \sigma + j\omega \tag{4.47}$$

beschrieben. Die Abbildung $z = e^{Ts}$ ordnet dann jedem Punkt der s-Ebene einen Punkt

$$z = e^{\sigma T} e^{j\omega T} \tag{4.48}$$

der z-Ebene zu. Dabei stellt

$$e^{j\omega T} = \cos(\omega T) + j\sin(\omega T) \tag{4.49}$$

einen Zeiger der Länge 1 in der z-Ebene dar, der mit der positiv reellen Achse den Winkel $\varphi = \omega T$ einschließt. Auf diesem Zeiger wird die Länge

$$|z| = e^{\sigma T} \tag{4.50}$$

abgetragen und ergibt damit den entsprechenden Punkt der z-Ebene.

Nach Bild **4**.18 wird ein Punkt der linken s-Halbebene mit $\sigma_1 < 0$ auf einen Punkt innerhalb des Einheitskreises der z-Ebene mit $|z| = e^{\sigma_1 T}$ abgebildet. Wegen der Periodizität von $e^{j\omega T}$ mit 2π werden alle Punkte der s-Ebene, deren Imaginärteile sich um $\omega_T = 2\pi/T$ unterscheiden, auf denselben Punkt der z-Ebene abgebildet. Es genügt daher zu untersuchen, wie ein waagerechter Streifen der linken s-Halbebene im Bereich

$$-\frac{\pi}{T} \leqq \omega \leqq \frac{\pi}{T} \tag{4.51}$$

in die z-Ebene abgebildet wird. Die vollständige Abbildung dieses Streifens zeigt Bild **4**.19.

Die imaginäre Achse der s-Ebene mit der Einschränkung nach Gl. (4.51) wird dabei auf den vollen Umfang des Einheitskreises der z-Ebene abgebildet. Geraden parallel zur imaginären Achse der s-Ebene gehen in konzentrische Kreise der z-Ebene über. Die negativ reelle Achse der s-Ebene wird in die positiv reelle Achse der z-Ebene mit $0 \leqq z \leqq 1$ transformiert, während die beiden Geraden $Tj\omega = \pi$, $\sigma \leqq 0$ und $Tj\omega = -\pi$, $\sigma \leqq 0$ gemeinsam in die negativ reelle Achse der z-Ebene mit $-1 \leqq z \leqq 0$ abgebildet werden. Geraden parallel zur

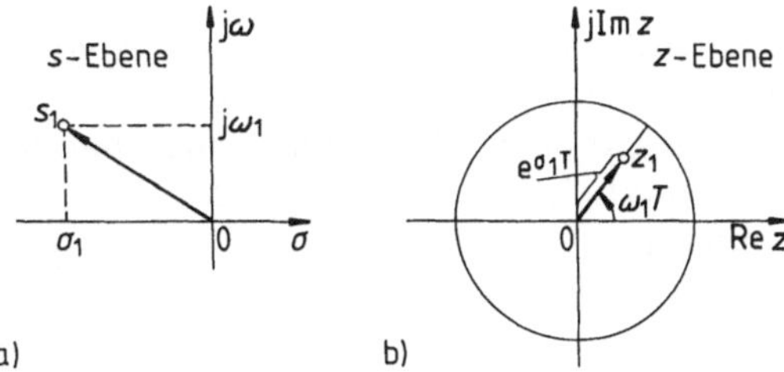

4.18
Abbildung eines Punktes der
s-Ebene (a) in die z-Ebene (b)
durch die Transformation $z = e^{Ts}$

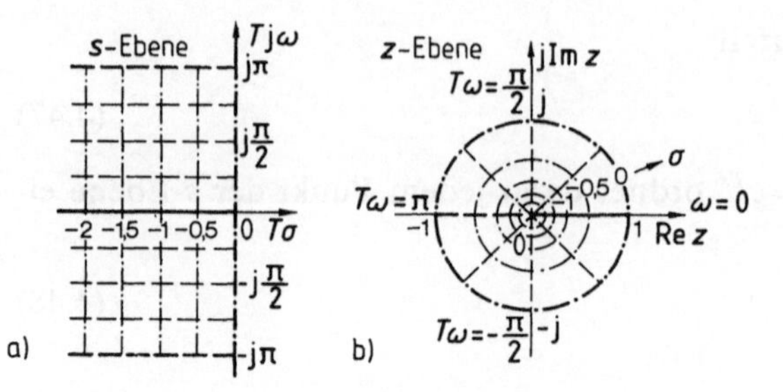

4.19
Abbildung des Grundstreifens
der s-Ebene (a) in den Einheitskreis der z-Ebene (b) durch die
Transformation $z = e^{Ts}$

reellen Achse der s-Ebene werden in Radien des Einheitskreises der z-Ebene transformiert.

Nach diesen Betrachtungen über die durch die z-Transformation vermittelte Abbildung der s-Ebene in die z-Ebene soll wieder auf die Stabilität von Abtastsystemen eingegangen werden. Dabei soll an Beispielen dargestellt werden, daß Abtastsysteme stabil sind, wenn ihre Pole innerhalb des Einheitskreises der z-Ebene liegen. Zur Untersuchung von Abtastsystemen müssen diese mit bestimmten Testfunktionen beaufschlagt werden. Hierfür eignet sich besonders gut die Einheits-Impulsfunktion mit der Wertefolge

$$(u_k) = (1, 0, 0, 0 \ldots). \tag{4.52}$$

Setzt man diese Wertefolge in die Definitionsgleichung (4.12) ein, so erhält man für ihre z-Transformierte

$$U_z(z) = \sum_{k=0}^{\infty} u_k z^{-k} = 1. \tag{4.53}$$

Dieses Ergebnis läßt sich auch aus Beispiel 4.4 für den Fall $m = 0$ herleiten. Die Einheitsimpulsfunktion hat also den großen Vorteil, daß ihre z-Transformierte den Wert 1 aufweist. Dies entspricht dem kontinuierlichen Fall, wo die Laplace-Transformierte der δ-Funktion den Wert 1 hat.

Gibt man die Einheitsimpulsfunktion als Eingangsgröße auf ein Abtastsystem mit der z-Übertragungsfunktion $G_z(z)$, so gilt für die z-Transformierte der Ausgangsgröße

$$V_z(z) = G_z(z) U_z(z) = G_z(z). \tag{4.54}$$

Beim Aufschalten einer Einheits-Impulsfunktion auf ein Abtastsystem wird dessen Übertragungsverhalten unmittelbar durch die sich ergebende Ausgangsfolge beschrieben. Diese bezeichnet man in Analogie zur Gewichtsfunktion bei kontinuierlichen Systemen als die Gewichtsfolge des Abtastsystems.

In Bild 4.20 sind links die Pole und Nullstellen angegeben, die die z-Übertragungsfunktion des Abtastsystems kennzeichnen. Rechts daneben sind die dazugehörenden Gewichtsfolgen gezeichnet [1].

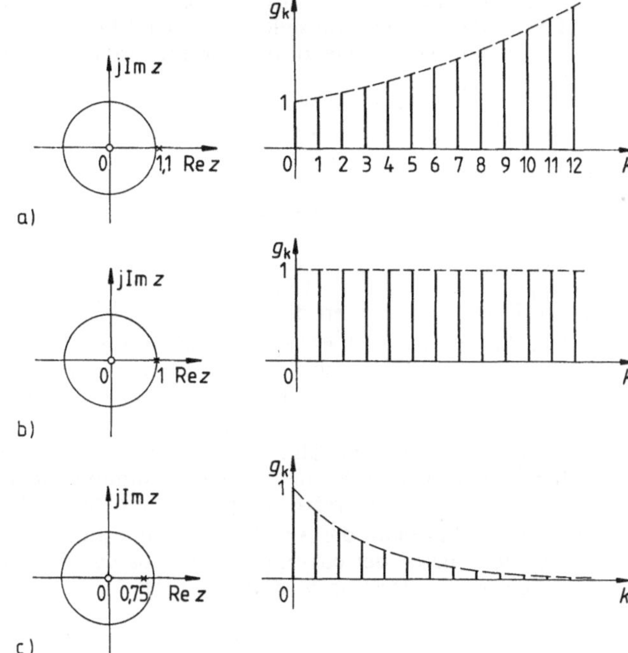

4.20
Pol-Nullstellen-Verteilungen (links) und zugehörige Gewichtsfolgen (rechts) von Abtastsystemen 1. Ordnung

Beispiel 4.14. Es sollen die Pol-Nullstellen-Verteilungen und die zugehörigen Gewichtsfolgen für Abtastsysteme 1. Ordnung ermittelt werden.

Ein Abtastsystem 1. Ordnung wird allgemein durch die z-Übertragungsfunktion

$$G_z(z) = \frac{z}{z - e^{\alpha T}}$$

beschrieben. Damit wird ein solches System durch eine Nullstelle bei $z = 0$ und einen Pol bei $z = e^{\alpha T}$ gekennzeichnet. In Bild **4.20**a ist der Fall dargestellt, daß der Pol mit $e^{\alpha T} = 1{,}1 > 1$ außerhalb des Einheitskreises der z-Ebene liegt. Die zugehörige Gewichtsfolge g_k zeigt ein aufklingendes Verhalten, wir haben es hier also mit einem instabilen System zu tun.

Auch der in Bild **4.20**b gezeichnete Fall mit $e^{\alpha T} = 1$; $\alpha = 0$ zählt nach der strengen Definition zu den instabilen Systemen. Erst wenn der Pol im Innern des Einheitskreises liegt, wie es in Bild **4.20**c mit $e^{\alpha T} = 0{,}75 < 1$ gezeigt ist, handelt es sich um ein stabiles System. Der Abstand $e^{\alpha T}$ des reellen Pols vom Koordinatenursprung ist eine Maßzahl für das Abnehmen der einzelnen Funktionswerte in der Gewichtsfolge $e^{\alpha k T} = (e^{\alpha T})^k$.

Beispiel 4.15. Für Abtastsysteme 2. Ordnung mit komplexem Polpaar sollen die Pol-Nullstellen-Verteilungen und zugehörigen Gewichtsfolgen bestimmt werden.

Zur Kennzeichnung eines Abtastsystems 2. Ordnung wird von der z-Übertragungsfunktion

$$G_z(z) = \frac{z[z - e^{\alpha T} \cos(\omega_0 T)]}{z^2 - 2z e^{\alpha T} \cos(\omega_0 T) + e^{2\alpha T}}$$

ausgegangen, da ihre zugehörigen Funktionswerte $e^{\alpha k T} \cos(\omega_0 k T)$ (s. Tafel **4.9**) für den

Grenzfall $\omega_0 = 0$ nahtlos in die Funktionswerte $e^{\alpha k T}$ der Abtastsysteme 1. Ordnung übergehen. Die beiden reellen Nullstellen von $G_z(z)$ liegen bei $z = 0$ und $z = e^{\alpha T} \cos(\omega_0 T)$. Um die Lage der beiden Pole zu bestimmen, formt man den Nenner unter Benutzung von

$$\cos(\omega_0 T) = \frac{1}{2}(e^{j\omega_0 T} + e^{-j\omega_0 T})$$

um in

$$z^2 - 2z\, e^{\alpha T} \cos(\omega_0 T) + e^{2\alpha T} = (z - e^{\alpha T} e^{j\omega_0 T})(z - e^{\alpha T} e^{-j\omega_0 T}).$$

Es erscheinen zwei konjugiert komplexe Pole mit dem Betrag $e^{\alpha T}$ und den Winkeln $\pm\,\omega_0 T$ gegenüber der positiv reellen Achse. Der Realteil dieser beiden Pole ist mit $e^{\alpha T} \cos(\omega_0 T)$ gleich dem Wert der einen Nullstelle.

In Bild **4.21**a ist der Fall $e^{\alpha T} = 0{,}75$ und $\omega_0 T = 45°$ sowie in Bild **4.21**b der Fall $e^{\alpha T} = 0{,}75$ und $\omega_0 T = 120°$ gezeichnet. Durch eine gestrichelte Linie in der Pol-Nullstellen-Verteilung ist jeweils angedeutet, daß die eine reelle Nullstelle den gleichen Realteil wie die beiden konjugiert komplexen Pole hat.

Die sich ergebende Gewichtsfolge g_k ist durch $e^{\alpha k T} \cos(\omega_0 k T)$ gekennzeichnet. Es ergibt sich eine gedämpfte Schwingung, deren Amplitudenabfall durch die Funktion $e^{\alpha k T}$ gegeben ist. Alle Funktionswerte liegen innerhalb der Einhüllenden $\pm e^{\alpha k T}$.

Der Winkel $\omega_0 T$ bestimmt die Anzahl m der Abtastungen pro Periode der Schwingung. Wegen der Periodizität der cos-Funktion ist $\cos(\omega_0 k T) = \cos[\omega_0 T(k+m)]$, und, da die cos-Funktion mit 2π periodisch ist, $m\,\omega_0 T = 2\pi$.

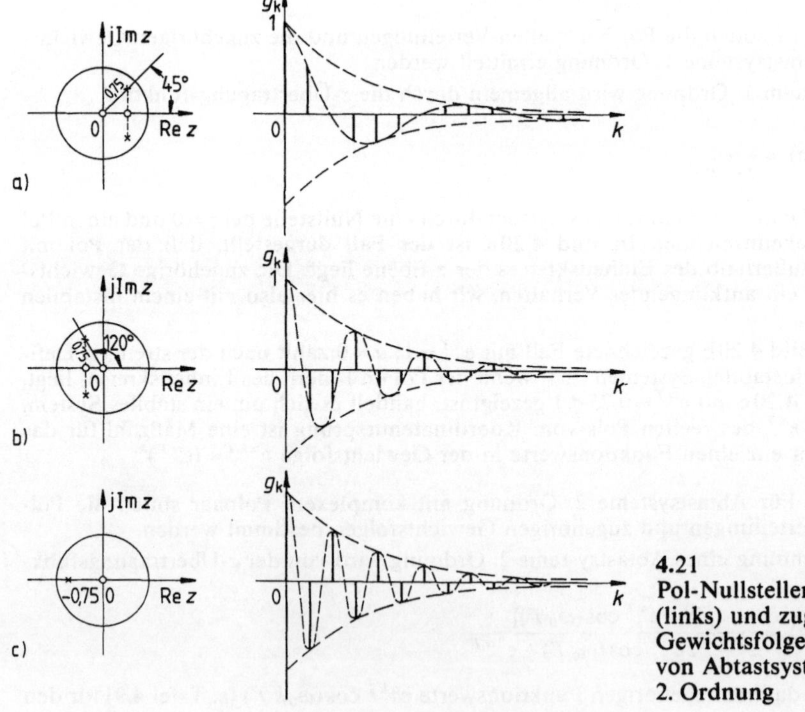

4.21
Pol-Nullstellen-Verteilungen (links) und zugehörige Gewichtsfolgen (rechts) von Abtastsystemen 2. Ordnung

Man findet also als Ergebnis, daß die Anzahl Abtastungen pro Schwingungsperiode durch

$$m = \frac{2\pi}{\omega_0 T} = \frac{360}{\left(\dfrac{\omega_0 T}{\text{Grad}}\right)}$$

gegeben ist. In Bild **4.**21 a ergibt sich bei $\omega_0 T = 45°$ der Wert $m = 8$ und in Bild **4.**21 b bei $\omega_0 T = 120°$ der Wert $m = 3$.

Schließlich wird im Fall von Bild **4.**21 c angenommen, daß $e^{\alpha T} = 0{,}75$ und $\omega_0 T = 180°$ sei. Damit kürzt sich in $G_z(z)$ ein Pol gegen eine Nullstelle, und man erhält

$$G_z(z) = \frac{z(z + e^{\alpha T})}{(z + e^{\alpha T})^2} = \frac{z}{z + e^{\alpha T}}.$$

Durch Ausdividieren dieses Bruches ergibt sich mit

$$z/(z + e^{\alpha T}) = 1 - e^{\alpha T} z^{-1} + e^{2\alpha T} z^{-2} - e^{3\alpha T} z^{-3} + - \ldots$$

eine alternierende Reihe für g_k. Auch für diesen Grenzfall gilt die obige Überlegung mit der Wertefolge $\pm e^{\alpha k T}$ als Einhüllenden. Für die Anzahl der Abtastungen pro Schwingungsperiode ergibt sich hierbei $m = 2$.

4.2.6.2 Stabilitätsdefinitionen.

Die Stabilität eines linearen Systems kann ganz allgemein durch seine Antwort auf eine vorgegebene Eingangsgröße ermittelt werden. Als einfachste Möglichkeit zur Definition wird man ein System dann als stabil bezeichnen, wenn seine Ausgangsgröße nach Nullsetzen der Eingangsgröße asymptotisch gegen Null abklingt.

Als weitere Möglichkeit kann man die Antwort des Systems auf beschränkte Eingangsgrößen betrachten. Damit ergibt sich die Definition der Übertragungsstabilität oder BIBO-Stabilität (bounded input – bounded output), die lautet: Ein lineares, zeitinvariantes System heißt übertragungsstabil, wenn zu jeder beschränkten Eingangsgröße die entsprechende Ausgangsgröße ebenfalls beschränkt ist [23].

Um die Stabilität eines Abtastsystems zu überprüfen, ist die oben angegebene Definition der Übertragungsstabilität zu unhandlich. Es ist günstiger, sich auf die z-Übertragungsfunktion $G_z(z)$ des gegebenen Abtastsystems zu beziehen mit $V_z(z) = G_z(z)\, U_z(z)$. Die z-Übertragungsfunktion kann man im allgemeinen durch $G_z(z) = M(z)/N(z)$ als Quotient zweier Polynome in z darstellen, wobei der Grad des Zählerpolynoms kleiner oder höchstens gleich dem Grad des Nennerpolynoms sein darf. Dann ist die Funktion $G_z(z)$ in der ganzen z-Ebene endlich mit Ausnahme der Stellen, wo das Nennerpolynom Nullstellen hat. Diese Stellen werden die Pole von $G_z(z)$ genannt. Damit gilt jetzt folgendes Stabilitätskriterium: Ein Abtastsystem mit der z-Übertragungsfunktion $G_z(z) = M(z)/N(z)$ ist dann und nur dann stabil, wenn alle Nullstellen von $N(z)$ innerhalb des Einheitskreises der z-Ebene liegen.

Man kann $G_z(z)$ mit zwei wesentlich verschiedenen Methoden untersuchen. Einmal können Aussagen über die Stabilität durch algebraische Operationen aus den Koeffizienten der Übertragungsfunktion hergeleitet werden. Zum anderen können grafische Darstellungsverfahren in Form von Wurzelortskurven herangezogen werden. Beide Methoden werden in den nächsten Abschnitten behandelt.

Bei der Anwendung auf Abtastregelungen interessieren die z-Führungsübertragungsfunktion

$$G_{Wz}(z) = \frac{G_{Oz}(z)}{1 + G_{Oz}(z)}$$

und die z-Störübertragungsfunktion

$$G_{Zz}(z) = \frac{1}{1 + G_{Oz}(z)}.$$

Die Pole beider Übertragungsfunktionen sind durch die Gleichung

$$1 + G_{Oz}(z) = 0 \tag{4.55}$$

gegeben, die als die **charakteristische Gleichung der Abtastregelung** bezeichnet wird. Auch hier entspricht die Vorgehensweise dem kontinuierlichen Fall, wo das Stabilitätsverhalten für Führung und Störung ebenfalls gleich ist.

4.2.6.3 Algebraische Stabilitätskriterien. Die algebraischen Stabilitätskriterien geben Bedingungen dafür an, daß alle Nullstellen eines Polynoms $P(z)$ innerhalb des Einheitskreises liegen. Aufgrund des allgemeinen Stabilitätskriteriums folgt daraus die Aussage über die Stabilität des zugeordneten Regelsystems. Hat das Abtast-Regelsystem die z-Übertragungsfunktion $G_{Oz}(z)$ $= M_O(z)/N_O(z)$, so folgt aus der charakteristischen Gleichung

$$\frac{M_O(z) + N_O(z)}{N_O(z)} = 0.$$

Es muß daher das Polynom

$$N(z) = M_O(z) + N_O(z) \tag{4.56}$$

auf die Lage seiner Nullstellen untersucht werden.

Um unnötige Rechnungen zu sparen, ist es günstig, zunächst notwendige Bedingungen zu kennen. Ist eine von diesen nicht erfüllt, so weiß man schon, daß nicht alle Nullstellen innerhalb des Einheitskreises liegen. Man braucht dann weitere umfangreiche Rechnungen gar nicht erst durchzuführen. Es lassen sich allgemein folgende **notwendigen Bedingungen** angeben [23]:

Wenn alle Nullstellen des Polynoms

$$N(z) = a_n z^n + \ldots + a_1 z + a_0 \tag{4.57}$$

mit $a_n > 0$ innerhalb des Einheitskreises der z-Ebene liegen, gilt

$$\left.\begin{aligned} N(1) &= a_n + \ldots + a_1 + a_0 > 0, \\ N(-1) &= (-1)^n a_n + \ldots + a_2 - a_1 + a_0 = \begin{cases} > 0 & \text{für} \quad n \text{ gerade} \\ < 0 & \text{für} \quad n \text{ ungerade} \end{cases} \end{aligned}\right\} \tag{4.58}$$

und

$$a_n > |a_0|.$$

Wenn diese Bedingungen erfüllt sind, muß man danach noch die hinreichenden Bedingungen überprüfen. Es lassen sich nämlich durchaus Beispiele dafür angeben, daß die notwendigen Bedingungen erfüllt sind und trotzdem Nullstellen noch auf dem Einheitskreis liegen. Die notwendigen und hinreichenden Bedingungen sind eine von der Ordnung des Polynoms $N(z)$ abhängige Anzahl von Ungleichungen und in Tafel **4.22** bis zur 4. Ordnung zusammengestellt.

Tafel **4.22** Notwendige und hinreichende Stabilitätsbedingungen nach [23]

---

n = 2

$$N(z) = a_2 z^2 + a_1 z + a_0, \quad a_2 > 0;$$
$$N(1) = a_2 + a_1 + a_0 > 0;$$
$$N(-1) = a_2 - a_1 + a_0 > 0; \tag{4.59}$$
$$a_2 > |a_0|.$$

---

n = 3

$$N(z) = a_3 z^3 + a_2 z^2 + a_1 z + a_0, \quad a_3 > 0;$$
$$N(1) = a_3 + a_2 + a_1 + a_0 > 0;$$
$$N(-1) = -a_3 + a_2 - a_1 + a_0 < 0; \tag{4.60}$$
$$a_3 > |a_0|;$$
$$a_1 a_3 - a_0 a_2 < a_3^2 - a_0^2.$$

---

n = 4

$$N(z) = a_4 z^4 + a_3 z^3 + a_2 z^2 + a_1 z + a_0, \quad a_4 > 0;$$
$$N(1) = a_4 + a_3 + a_2 + a_1 + a_0 > 0;$$
$$N(-1) = a_4 - a_3 + a_2 - a_1 + a_0 > 0; \tag{4.61}$$
$$a_4 > |a_0|;$$
$$|a_1 a_4 - a_0 a_3| < a_4^2 - a_0^2;$$
$$(a_4 - a_0)^2 (a_4 - a_2 + a_0) + (a_3 - a_1)(a_1 a_4 - a_0 a_3) > 0.$$

Beispiel 4.16. Es sollen für das Beispiel 4.12 die notwendigen und hinreichenden Bedingungen für Stabilität hergeleitet werden.

Die charakteristische Gleichung ist nach Beispiel 4.12 $z^2 - z + K_O = 0$. Für die einzelnen Ungleichungen gilt nach Gl. (4.59) $a_2 = 1 > 0$, $N(1) = K_O > 0$, $N(-1) = 2 + K_O > 0$ und $a_2 > |a_0|$.

Damit ergibt sich schließlich als notwendige und hinreichende Bedingung für Stabilität der in allen drei Ungleichungen enthaltene Bereich für K_O zu $0 < K_O < 1$.

4.2.6.4 Grafische Stabilitätsprüfung mit dem Wurzelortskurvenverfahren.

Ebenso wie bei kontinuierlichen Systemen werden auch bei Abtastsystemen grafische Verfahren zur Stabilitätsprüfung eingesetzt. In diesem Abschnitt wird das Wurzelortskurvenverfahren besprochen.

Ausgangspunkt für die Betrachtungen ist die z-Übertragungsfunktion

$$G_{Oz}(z) = K_O \, \frac{M_O^*(z)}{N_O(z)}, \tag{4.62}$$

bei der der Verstärkungsfaktor K_O als leicht zu ändernder Parameter herausgezogen ist. Damit lautet die charakteristische Gleichung der Abtast-Regelung

$$N_O(z) + K_O M_O^*(z) = 0 \tag{4.63}$$

und für die Wurzelortskurve gilt die Festlegung: Die Wurzelortskurve ist der geometrische Ort der Nullstellen der charakteristischen Gleichung (4.63) in Abhängigkeit vom Verstärkungsfaktor K_O.

In einfachen Fällen kann man die Wurzelortskurve direkt analytisch bestimmen.

Beispiel 4.17. Es soll die Wurzelortskurve für das im Beispiel 4.12 behandelte System bestimmt werden.

Ausgangspunkt ist seine z-Übertragungsfunktion

$$G_{Oz}(z) = K_O \, \frac{1}{z(z-1)}.$$

Die charakteristische Gleichung ist also mit $M_O^*(z) = 1$ und $N_O(z) = z^2 - z$ gleich

$$z^2 - z + K_O = 0.$$

Diese Gleichung 2. Grades läßt sich unmittelbar nach den Nullstellen

$$\zeta_{1,2} = \frac{1}{2} \pm \sqrt{\frac{1}{4} - K_O}$$

auflösen. Die Wurzelortskurve beschreibt die Lage der Nullstellen $\zeta_{1,2}$ in Abhängigkeit vom Verstärkungsfaktor K_O. Es sind die Fälle

$$0 \leq K_O \leq 1/4 \quad \text{und} \quad K_O \geq 1/4 \quad \text{zu unterscheiden.}$$

Im ersten Fall erhält man ein Paar reeller Wurzeln. Für $K_O = 0$ liegen die Nullstellen bei $\zeta_1 = 0$ und $\zeta_2 = 1$, und für $K_O = 1/4$ ergibt sich eine reelle Doppelwurzel bei $\zeta_1 = \zeta_2 = 1/2$. Für zunehmende Werte K_O wandert die Nullstelle ζ_1 von 0 nach 1/2 und die Nullstelle ζ_2 von 1 nach 1/2. In Bild **4.23** ist die Lage der Nullstellen dargestellt.

Im zweiten Fall $K_O \geqq 1/4$ ergibt sich ein Paar konjugiert komplexer Wurzeln

$$\zeta_{1,2} = \frac{1}{2} \pm j \sqrt{K_O - \frac{1}{4}}$$

mit dem Realteil 1/2. Die Wurzeln für diesen Wertebereich von K_O ergeben eine Gerade parallel zur imaginären Achse durch den Punkt $z = 1/2$. Zum Wert $K_O = 1$ gehören die Nullstellen $\zeta_{1,2} = 1/2 \pm j \sqrt{3}/2$, die genau auf dem Einheitskreis liegen.

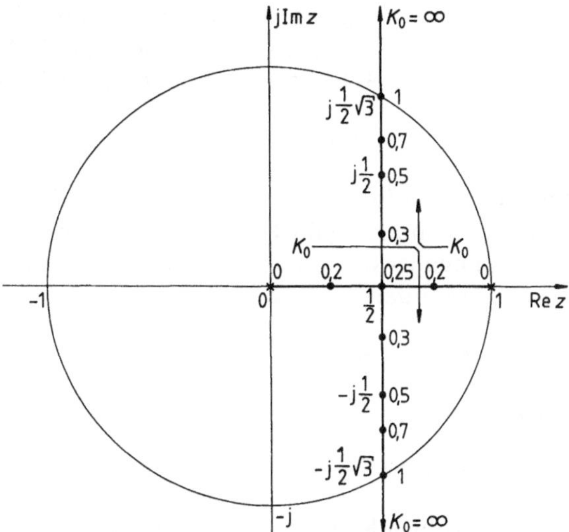

4.23 Wurzelortskurve für das Abtastregelsystem 2. Ordnung nach Bild **4.16**

4.2.6.5 Übergangsverhalten von Abtastregelkreisen. Die Lage der Wurzelorte in Abhängigkeit von dem Parameter K_O macht eine Aussage über das Übergangsverhalten des Abtast-Regelsystems. In Abschn. 4.2.6.1 wird dieser Zusammenhang anhand von Bild **4.20** und Bild **4.21** anschaulich dargestellt. Dabei zeigt sich, daß die Dauer des Einschwingvorganges durch den Betrag des reellen oder konjugiert komplexen Pols bestimmt wird. Wenn eine bestimmte Anschwingzeit (s. Abschn. 3.1.4.1) nicht überschritten werden soll, müssen alle Pole innerhalb eines Kreises mit dem Radius $|z| = e^{\sigma_1 T} = a$ liegen. Als ein typischer Wert wird $a = 0{,}6$ gewählt.

Neben der Anschwingzeit T_a ist auch die durch einen bestimmten Dämpfungsgrad ϑ gekennzeichnete Überschwingweite von Bedeutung. Zur Beschreibung dieses Verhaltens geht man von einem kontinuierlichen System 2. Ordnung mit der Übertragungsfunktion

$$G(s) = \frac{\omega_0^2}{s^2 + 2\vartheta\omega_0 s + \omega_0^2}$$

aus, deren Pole bei

$$\alpha_{1,2} = -\vartheta\omega_0 \pm j\sqrt{1 - \vartheta^2}\,\omega_0$$

liegen. Alle Pole mit demselben Dämpfungsgrad ϑ liegen auf einem Geradenpaar (Bild **4.24** a), das mit der imaginären Achse jeweils den Winkel $\beta = \arcsin\vartheta$ einschließt.

Zur Vereinfachung werden zunächst nur die Punkte auf der Geraden im 2. Quadranten betrachtet. Für diese Gerade läßt sich mit der Größe ω_1 auf der imaginären Achse als unabhängige Variable die Gleichung

$$s = -\omega_1 \tan\beta + j\omega_1 \tag{4.64}$$

angeben. Häufig betrachtet man den Fall des Dämpfungsgrades $\vartheta = 1/\sqrt{2} = 0{,}707$ als besonders günstig, weil hierzu ein Überschwingen von nur etwa 4% in der Sprungantwort gehört. Dann schreibt sich die Geradengleichung wegen $\beta = 45°$ besonders einfach als

$$s = (-1 + j)\omega_1. \tag{4.65}$$

Die entsprechende Kurve in der z-Ebene ist durch

$$z = e^{-\omega_1 T} e^{j\omega_1 T} \tag{4.66}$$

gegeben. Hierin bezeichnet der Anteil $e^{j\omega_1 T} = e^{j\varphi}$ einen Zeiger der Länge 1, dessen Winkel φ proportional zu ω_1 wächst. Die Länge dieses Zeigers $|z|$ wird entsprechend dem ersten Anteil in einem exponentiellen Zusammenhang mit dem Winkel gemäß $|z| = e^{-\varphi}$ verringert. Den durch den Nullpunkt der s-Ebene gehenden Geraden nach Gl. (4.64) entsprechen somit in der z-Ebene logarithmische Spiralen

$$z = e^{(-\tan\beta + j)\omega_1 T} \tag{4.67}$$

mit $0 \leq \omega_1 T \leq \pi$ durch den Punkt $z = 1$.

In Bild 4.24 sind diese Kurven für $\beta = 30°$ und $\beta = 45°$ in der z-Ebene dargestellt. Dem Fall $\beta = 30°$ entspricht ein Überschwingen von 16% gegenüber 4% bei $\beta = 45°$. Außerdem ist in der z-Ebene noch der Kreis mit $|z| = 0{,}6$ einge-

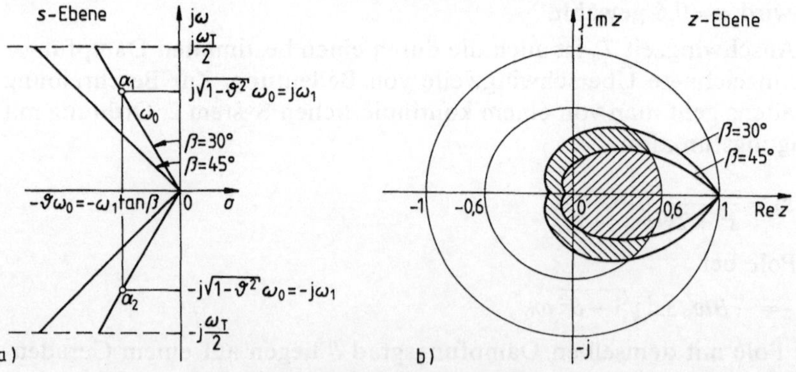

4.24 Abbildung von Geraden durch den Nullpunkt der s-Ebene (a) in die z-Ebene (b) mit der Transformation $z = e^{Ts}$

zeichnet. Für Systeme 2. Ordnung ergibt sich ein günstiges Regelverhalten, wenn die Pole des geschlossenen Kreises auf dem Rand des schraffiert gezeichneten Gebietes liegen.

Bei Systemen höherer Ordnung sollten alle weiteren Pole innerhalb des schraffierten Gebietes liegen.

Beispiel 4.18. Für das in Bild **4.25** dargestellte Abtastregelsystem soll die zulässige Kreisverstärkung K_O ermittelt werden, damit ein Überschwingen von 4% bzw. 16% nicht überschritten wird.

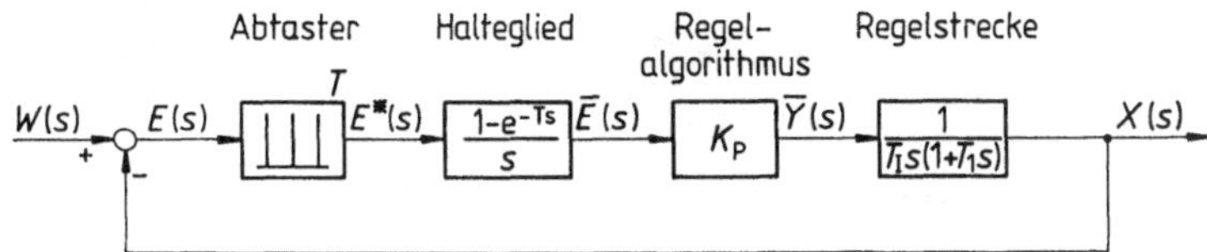

4.25 Wirkungsplan der Abtastregelung einer Regelstrecke 2. Ordnung durch einen proportionalen Regelalgorithmus

Um die z-Übertragungsfunktion des offenen Kreises zu ermitteln, ist zunächst nach Gl. (4.39) der Ausdruck $\mathscr{Z}\{G(s)/s\}$ zu bestimmen. Für die gewählte Regelstrecke, die ein verzögertes Integralverhalten zeigt, gilt

$$G(s) = \frac{1}{T_\mathrm{I}s(1+T_1s)}.$$

Durch Partialbruchzerlegung erhält man

$$\mathscr{Z}\left\{\frac{G(s)}{s}\right\} = \mathscr{Z}\left\{\frac{1}{T_\mathrm{I}s^2(1+T_1s)}\right\} = \mathscr{Z}\left\{\frac{A}{s^2} + \frac{B}{s} + \frac{C}{s+1/T_1}\right\}.$$

Ein Koeffizientenvergleich ergibt

$$A = \frac{1}{T_\mathrm{I}}; \quad B = -\frac{T_1}{T_\mathrm{I}}; \quad C = \frac{T_1}{T_\mathrm{I}}$$

und damit

$$\mathscr{Z}\left\{\frac{G(s)}{s}\right\} = \frac{T}{T_\mathrm{I}} \cdot \frac{z}{(z-1)^2} - \frac{T_1}{T_\mathrm{I}} \cdot \frac{z}{z-1} + \frac{T_1}{T_\mathrm{I}} \cdot \frac{z}{z-e^{-T/T_1}}.$$

Ein proportional wirkender Regelalgorithmus mit dem Proportionalbeiwert K_P hat eine z-Übertragungsfunktion $G_{\mathrm{Rz}}(z) = K_\mathrm{P}$. Damit erhält man für den offenen Regelkreis

$$G_{\mathrm{Oz}}(z) = \frac{K_\mathrm{P}}{T_\mathrm{I}} \cdot \frac{z(T-T_1+T_1e^{-T/T_1})+T_1-(T_1+T)e^{-T/T_1}}{(z-1)(z-e^{-T/T_1})}.$$

Mit den Abkürzungen

$$K_\mathrm{O} = K_\mathrm{P} \frac{T-T_1+T_1e^{-T/T_1}}{T_\mathrm{I}}, \quad a = \frac{T_1-(T_1+T)e^{-T/T_1}}{T-T_1+T_1e^{-T/T_1}} \quad \text{und} \quad b = e^{-T/T_1}$$

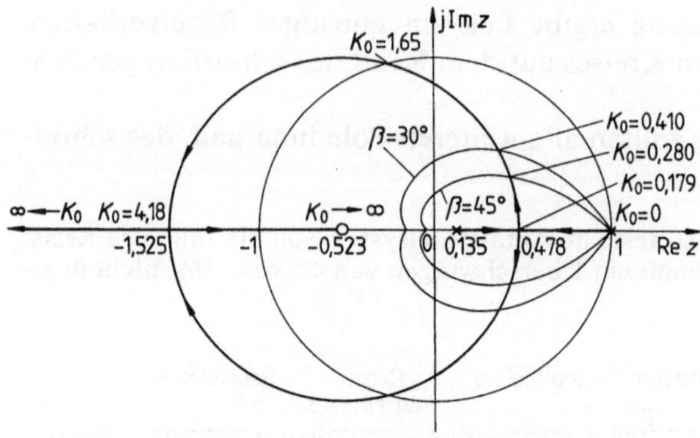

4.26
Wurzelortskurve für ein
Abtastsystem 2. Ordnung
nach Bild **4.**25

läßt sich schreiben

$$G_{Oz}(z) = K_O\,\frac{z+a}{(z-1)(z-b)}.$$

Es sollen die Integrierzeit $T_I = 1\,$s, die Verzögerungszeit $T_1 = 1\,$s und die Abtastzeit $T = 2\,$s gewählt werden. Dann ergeben sich die Werte $K_O = 1{,}135\,K_P$; $a = 0{,}523$ und $b = 0{,}135$.

Für die charakteristische Gleichung gilt

$$z^2 + z\,(K_O - 1{,}135) + 0{,}523\,K_O + 0{,}135 = 0.$$

Die zugehörige Wurzelortskurve ist in Bild **4.26** dargestellt. Sie besteht aus Teilen der reellen Achse und einem Kreis um $z = -a = -0{,}523$ mit dem Radius $r = 1{,}002$.

Bild **4.26** zeigt auch die beiden Kurven nach Gl. (4.67) für die Fälle $\beta = 30°$ und $\beta = 45°$. Aus den Schnittpunkten ergeben sich für die Kreisverstärkung K_O und den Proportionalbeiwert K_P die Werte

$$K_O = 0{,}410 \quad \text{und} \quad K_P = 0{,}361 \quad \text{für} \quad \beta = 30°,$$
$$K_O = 0{,}280 \quad \text{und} \quad K_P = 0{,}247 \quad \text{für} \quad \beta = 45°.$$

Die zugehörigen Führungsübergangsfunktionen sind in Bild **4.27** wiedergegeben, wobei außer der Regelgröße auch die Stellgröße und die Regeldifferenz aufgezeichnet sind. Die Werte der Überschwingweite von 16% bzw. 4%, die zu den ermittelten Werten für K_P gehören, werden bei den Übergangsfunktionen angenommen.

Im Beispiel 4.18 wird die Stabilität und das Übergangsverhalten einer Regelstrecke 2. Ordnung mit einem proportional wirkenden Abtastregler ermittelt, bei dem lediglich der Proportionalbeiwert K_P eingestellt werden kann. Bei diesem einfachen Beispiel läßt sich die Wurzelortskurve noch analytisch bestimmen. Bei Regelstrecken höherer Ordnung begnügt man sich im allgemeinen damit, die Wurzelortskurven näherungsweise zu ermitteln. Sie können allerdings durch ein Rechnerprogramm iterativ beliebig genau bestimmt werden.

Eine weitere Erschwernis ergibt sich, wenn das Regelverhalten des Abtastsystems durch dynamische Anteile im Regelalgorithmus verbessert werden soll.

Dann treten zusätzliche Pole und Nullstellen auf, die weitere Zweige der Wurzelortskurve zur Folge haben, also die Konstruktion der Wurzelortskurven weiter erschweren. Daher haben sich zur Ermittlung der Regelalgorithmen mit dynamischen Anteilen zwei andere Verfahren als zweckmäßig erwiesen: die Beschreibung von Abtastsystemen im Zustandsraum und mit Frequenzkennlinien. Da die Beschreibung von Abtastsystemen mit Frequenzkennlinien stetig an das entsprechende Verfahren bei kontinuierlichen Systemen anschließt, soll dieses Verfahren im Abschn. 4.3 weiter verfolgt werden.

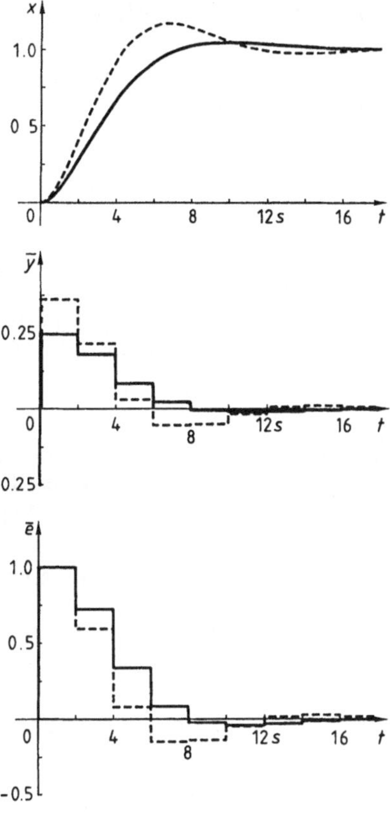

4.27
Übergangsfunktionen des Abtastregelsystems nach Bild **4.25** mit
$K_\mathrm{P} = 0{,}247$ ——— $K_\mathrm{P} = 0{,}361$ ------

4.3 Entwurf von Abtastregelungen im Frequenzbereich

Hier wird beschrieben, wie das Verhalten von Abtastsystemen mit Frequenzkennlinien dargestellt werden kann. Dazu wird von der Darstellung der Abtastsysteme durch ihre z-Übertragungsfunktion ausgegangen. Es läßt sich eine Transformation angeben, die die z-Ebene in eine w-Ebene abbildet. Zwischen der imaginären Achse dieser w-Ebene und der imaginären Achse der s-Ebene besteht ein fester Zusammenhang. Aufgrund dieses Zusammenhangs kann man ebenso wie für ein kontinuierliches System auch für ein durch Abtastung aus ihm hervorgehendes Abtastsystem eine Beschreibung durch Frequenzkennlinien angeben [28], [46], [51]. Um die Anpassung von Abtastreglern an gegebene Regelstrecken vornehmen zu können, werden die Abtast-Frequenzgänge für Regelstrecken mit Abtast-Halteglied und für Abtastregler getrennt hergeleitet. Danach werden Anpassungsbedingungen entwickelt, um für einen Regelkreis bestimmte Werte der Überschwingweite und Anschwingzeit zu erhalten.

4.3.1 Frequenzkennliniendarstellung von Abtastsystemen

Das zugrundeliegende Problem erkennt man, wenn man die z-Übertragungsfunktion des offenen Kreises nach Gl. (4.39)

$$G_{Oz}(z) = \frac{z-1}{z}\, G_{Rz}(z)\, \mathscr{J}\left\{\frac{G_S(s)}{s}\right\}$$

betrachtet. Im allgemeinen hat die Regelstrecke eine Übertragungsfunktion $G_S(s)$, die als Quotient zweier Polynome in s dargestellt werden kann. Derartige rationale Übertragungsfunktionen gestatten eine einfache Darstellung durch ihre Frequenzkennlinien für $s = j\omega$.

Betrachtet man zunächst die z-Transformierte $\mathscr{J}\{G_S(s)/s\}$, so ist dies eine rationale Funktion von z, aber zugleich wegen $z = e^{Ts}$ eine transzendente Funktion von s. Für $s = j\omega$ ergibt sich damit auch eine transzendente Funktion von ω. Will man das Frequenzkennlinienverfahren mit seinen Vorzügen anwenden, so muß man einen Weg finden, um auch bestimmte transzendente Funktionen von ω als rationale Funktionen einer Frequenz Ω darzustellen. Dieses Problem löst die nachstehend beschriebene w-Transformation.

4.3.1.1 Einführung der w-Ebene. Für das oben skizzierte Problem gibt es bereits eine näherungsweise gültige Lösung mit der Padé-Approximation eines Totzeitglieds. Hierbei wird die Übertragungsfunktion eines Totzeitglieds durch die rationale Übertragungsfunktion eines Allpaßglieds

$$e^{-T_t s} \approx \frac{1 - \dfrac{T_t}{2}\,s}{1 + \dfrac{T_t}{2}\,s} \tag{4.68}$$

angenähert. Anhand der Frequenzgänge des Totzeitglieds und des Allpaßglieds

$$e^{-T_t j\omega} \approx \frac{1 - \dfrac{T_t}{2}\,j\omega}{1 + \dfrac{T_t}{2}\,j\omega} \tag{4.69}$$

sieht man, daß die beiden Amplitudengänge unabhängig von der Frequenz den Wert 1 haben. Die Phasengänge stimmen jedoch nur für $\omega \ll 2/T_t$ genügend genau überein. Zur Verbesserung der Genauigkeit wurden bereits von Padé Totzeit-Approximationen höherer Ordnung angegeben. Diese haben jedoch den Nachteil, daß dann keine einfache und eindeutige Umkehrfunktion mehr existiert, um aus dem Frequenzgang der Allpaßnäherung den Frequenzgang des Totzeitglieds zu ermitteln.

Im vorliegenden Fall der Beschreibung von Abtastsystemen geht es nicht darum, ein Totzeitglied anzunähern, sondern es soll $z = e^{Ts}$ durch eine rationale Funktion einer anderen frequenzabhängigen Größe dargestellt werden. In Anlehnung an die oben beschriebene Padé-Approximation schreibt man, indem man das Reziproke von Gl. (4.68) benutzt und auf der rechten Seite der Gleichung eine neue Größe w einführt,

$$z = e^{Ts} = \frac{1 + \dfrac{T}{2}\,w}{1 - \dfrac{T}{2}\,w}. \tag{4.70}$$

Durch die in Gl. (4.70) gegebene Definition für w wird eine **umkehrbar eindeutige Abbildung der z-Ebene auf die w-Ebene** festgelegt. Dabei wird das Innere des Einheitskreises der z-Ebene auf die linke w-Halbebene und das Äußere in die rechte Halbebene abgebildet. Der Einheitskreis selbst wird auf die imaginäre Achse der w-Ebene abgebildet. In Bild **4**.28 ist diese Abbildung dargestellt. Dabei ist die komplexe Größe w durch

$$w = \xi + j\Omega \tag{4.71}$$

beschrieben, was der Darstellung der komplexen Größe

$$s = \sigma + j\omega \tag{4.72}$$

entspricht.

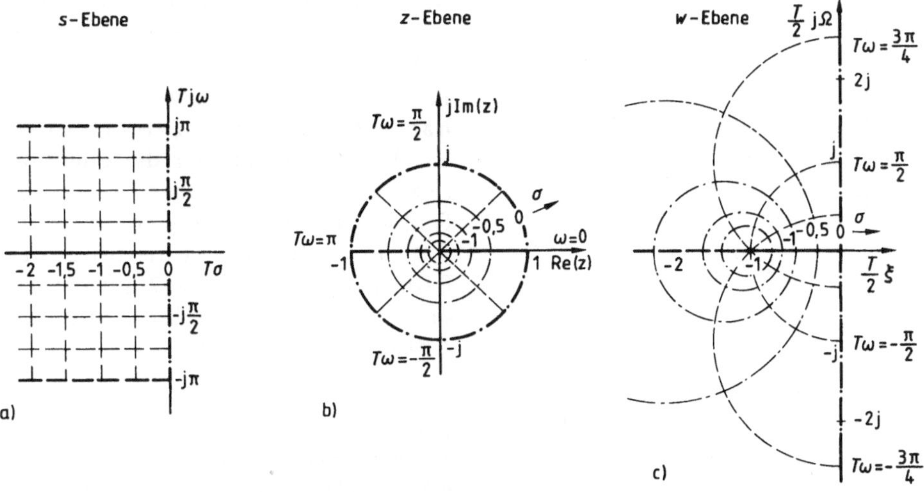

4.28 Abbildung des Grundstreifens der s-Ebene (a) in den Einheitskreis der z-Ebene (b) und die linke Hälfte der w-Ebene (c)

Für die Darstellung mit Frequenzkennlinien ist besonders die Abbildung der imaginären s-Achse auf die imaginäre w-Achse interessant. Um diese zu ermitteln, löst man Gl. (4.70) nach $(T/2)w$ auf, schreibt also

$$\frac{T}{2}\,w = \frac{e^{Ts}-1}{e^{Ts}+1} \tag{4.73}$$

und setzt $s = j\omega$ und $w = j\Omega$ ein.

Aus

$$\frac{T}{2}\,j\Omega = \frac{e^{Tj\omega}-1}{e^{Tj\omega}+1}$$

erhält man mit $\tanh(x/2)=(1-e^{-x})/(1+e^{-x})$ und $\tanh(jx)=j\tan x$ schließlich

$$\frac{T}{2}\,j\Omega = -\frac{1-e^{Tj\omega}}{1+e^{Tj\omega}} = -\tanh\left(-\frac{T}{2}\,j\omega\right) = j\tan\left(\frac{T}{2}\,\omega\right).$$

Damit wird durch

$$\frac{T}{2}\,\Omega = \tan\left(\frac{T}{2}\,\omega\right) \tag{4.74}$$

der realen Kreisfrequenz ω eine transformierte Kreisfrequenz Ω zugeordnet. Den Zusammenhang zwischen beiden Kreisfrequenzen zeigt Bild **4.29**, wobei zur besseren Übersicht eine logarithmische Darstellung in beiden Achsen gewählt ist. Die halbe Abtastzeit $T/2$ tritt dabei als der Parameter auf, der die quantitative Beziehung zwischen ω und Ω festlegt. Bild **4.29** zeigt eine umkehrbar eindeutige Abbildung des Bereichs $0 \leqq (T/2)\omega \leqq \pi/2$ auf die gesamte positive Ω-Achse. Mit der Abtast-Kreisfrequenz $\omega_T = 2\pi/T$

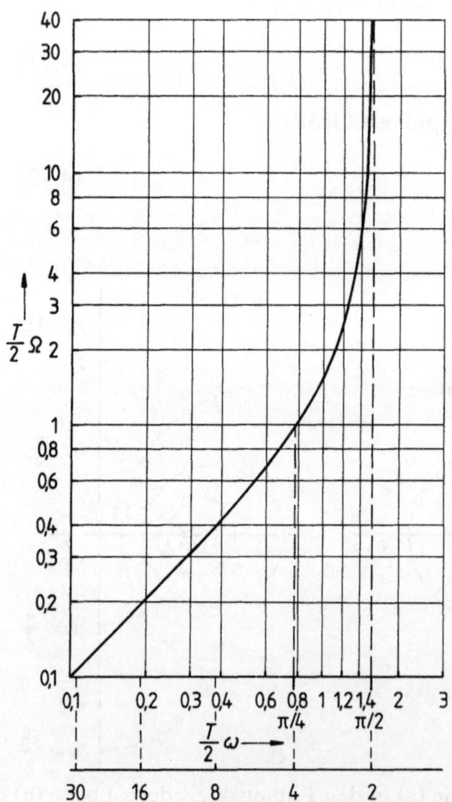

4.29
Zusammenhang zwischen bezogener realer Kreisfrequenz $(T/2)\omega$, bezogener transformierter Kreisfrequenz $(T/2)\Omega$ und Anzahl der Abtastungen pro Periode r

wird die halbe Abtast-Kreisfrequenz $\omega_T/2 = \pi/T$ auf den Wert $\Omega = \infty$ abgebildet. Für genügend kleine Werte unterscheidet sich die transformierte Kreisfrequenz Ω beliebig wenig von der realen Kreisfrequenz ω; es ist also

$$\Omega \approx \omega \quad \text{für} \quad \frac{T}{2}\,\omega \ll 1, \quad \frac{T}{2}\,\Omega \ll 1. \tag{4.75}$$

Entscheidend ist jedoch, daß mit dieser Frequenztransformation nach Gl. (4.74) der Frequenzgang des Abtastsystems eine **rationale Funktion** von $j\Omega$ wird.

4.3.1.2 w-Übertragungsfunktion und Abtast-Frequenzgang. Es soll nun die Übertragungsfunktion und der Frequenzgang eines Verzögerungsglieds 1. Ordnung

$$G(s) = \frac{1}{1 + T_1 s} \tag{4.76}$$

mit der Verzögerungszeit T_1 und mit Abtast-Halteglied in der w-Ebene ermittelt werden. Zunächst ist $\mathscr{Z}\{G(s)/s\}$ zu bestimmen und hierzu $G(s)/s$ in Partialbrüche zu zerlegen

$$\frac{G(s)}{s} = \frac{1}{s(1 + T_1 s)} = \frac{1}{T_1} \cdot \frac{1}{s(s + 1/T_1)} = \frac{1}{s} - \frac{1}{s + 1/T_1}.$$

Somit wird

$$\mathscr{Z}\left\{\frac{G(s)}{s}\right\} = \frac{z}{z-1} - \frac{z}{z - e^{-T/T_1}} = \frac{z(1 - e^{-T/T_1})}{(z-1)(z - e^{-T/T_1})}.$$

Durch Hinzufügen des Abtast-Halteglieds erhält man eine z-Übertragungsfunktion

$$\overline{G}_z(z) = \frac{z-1}{z} \, \mathscr{Z}\left\{\frac{G(s)}{s}\right\} = \frac{1 - e^{-T/T_1}}{z - e^{-T/T_1}},$$

die durch einen Querstrich gekennzeichnet werden soll. Die Transformation der z-Ebene in die w-Ebene erfolgt dadurch, daß man in $\overline{G}_z(z)$ die Variable z nach Gl. (4.70) ersetzt. Das Ergebnis ist

$$\overline{G}_w(w) = \frac{[1 - (T/2)w](1 - e^{-T/T_1})}{1 + (T/2)w - [1 - (T/2)w]e^{-T/T_1}} = \frac{1 - (T/2)w}{1 + \dfrac{1 + e^{-T/T_1}}{1 - e^{-T/T_1}} \cdot \dfrac{T}{2}\,w}.$$

Diese w-Übertragungsfunktion soll in der einfachen Form

$$\overline{G}_w(w) = \frac{1 - (T/2)w}{1 + \tau_1 w} \tag{4.77}$$

geschrieben werden. Für die **transformierte Verzögerungszeit** τ_1 ergibt sich

$$\tau_1 = \frac{T}{2} \cdot \frac{1 + e^{-T/T_1}}{1 - e^{-T/T_1}} = \frac{T/2}{\tanh\left(\dfrac{T/2}{T_1}\right)} \, . \tag{4.78}$$

Aus der w-Übertragungsfunktion $\overline{G}_w(w)$ erhält man den Frequenzgang, indem man in $\overline{G}_w(w)$ die unabhängige Variable w durch $j\Omega$ ersetzt. Dieser Frequenzgang

$$\overline{G}_w(j\Omega) = \frac{1 - (T/2)j\Omega}{1 + \tau_1 j\Omega} \tag{4.79}$$

wird als **Abtast-Frequenzgang** bezeichnet. Zur Veranschaulichung zeigt Bild **4.30** den Frequenzgang $G(j\omega)$ des kontinuierlichen Systems neben dem entsprechenden Abtast-Frequenzgang $\overline{G}_w(j\Omega)$. Für die Amplitudengänge werden dabei jeweils die asymptotischen Verläufe eingezeichnet. Beim Übergang vom kontinuierlichen System zum Abtastsystem verschiebt sich die Eckfrequenz der Polstelle von $\omega_1 = 1/T_1$ nach $\Omega_1 = 1/\tau_1$ zu niederen Frequenzen hin. Der wesentliche Unterschied besteht jedoch darin, daß eine zusätzliche Nullstelle bei der Frequenz $2/T$ in der rechten w-Halbebene erscheint. Diese hat eine Amplitudenanhebung um 20 dB/Dekade und zugleich einen rückdrehenden Phasengang zur Folge. Hierin kommt die destabilisierende Wirkung der Abtastung zum Ausdruck. Infolgedessen strebt der gesamte Phasenwinkel des Abtastsystems $\overline{\varphi}_w$ gegen $-180°$.

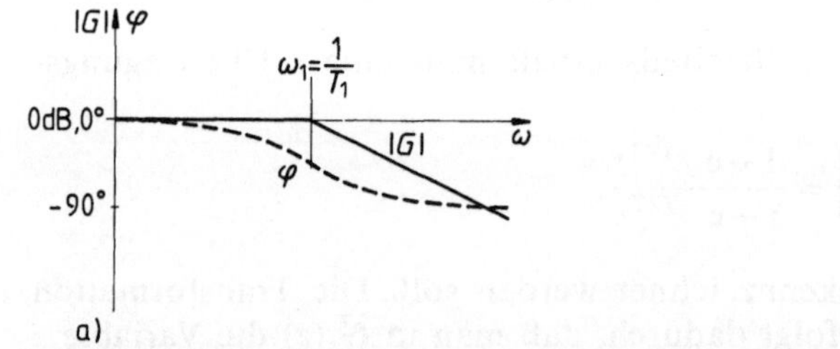

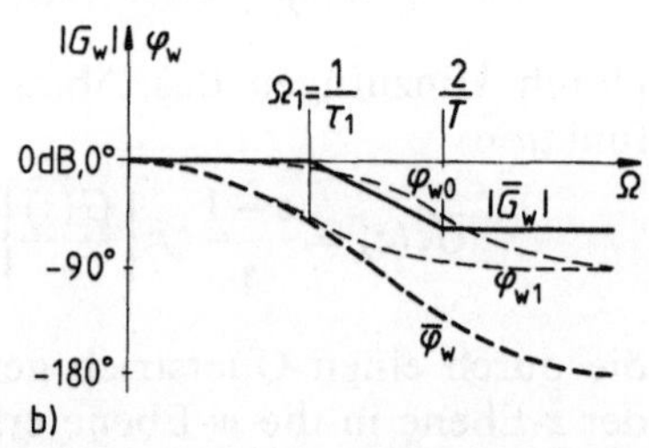

4.30 Frequenzkennlinien zum Frequenzgang $G(j\omega)$ (a) und Abtast-Frequenzgang $\overline{G}_w(j\Omega)$ (b) eines Verzögerungsgliedes 1. Ordnung
φ_{w0}, φ_{w1} Phasengänge zu den einzelnen Eckfrequenzen im transformierten Bereich

Der Zusammenhang zwischen den Verzögerungszeiten T_1 und τ_1 im s- und w-Bereich nach Gl. (4.78) ist in Bild **4.31** dargestellt. Bei Verzögerungsgliedern höherer Ordnung gilt derselbe Zusammenhang zwischen jeder Verzögerungszeit T_i und ihrer transformierten Verzögerungszeit τ_i, so daß die Darstellung mit T_i und τ_i erfolgt. Dabei wurde für beide Achsen eine logarithmische Skalie-

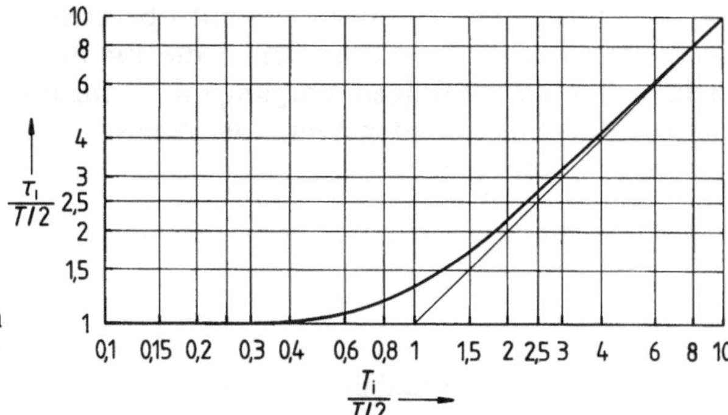

4.31
Zusammenhang zwischen den Verzögerungszeiten T_i und den transformierten Verzögerungszeiten τ_i und der halben Abtastzeit $T/2$

rung gewählt. Bei abnehmenden Werten für die Abtastzeit T nähert sich τ_1 an T_1 an. Im Grenzfall $T \to 0$ wird $\tau_1 = T_1$, so daß gilt

$$\lim_{T \to 0} \overline{G}_w(j\Omega) = G(j\omega). \tag{4.80}$$

Bei zunehmenden Werten von T nähert sich τ_1 an $T/2$ an, so daß schließlich gilt $\tau_1 \approx T/2$ für $T > 10\, T_1$.

Manche Autoren [49], [81] schreiben die w-Transformation in der Form $z = (1+w)/(1-w)$. Damit geht die durch Gl. (4.80) ausgedrückte wichtige Eigenschaft verloren, daß der Abtast-Frequenzgang für den Grenzfall $T \to 0$ in den normalen Frequenzgang übergeht.

Die bisherigen Überlegungen haben gezeigt, daß sich Abtastsysteme viel anschaulicher durch ihre w-Übertragungsfunktion $\overline{G}_w(w)$ als durch ihre z-Übertragungsfunktion $G_z(z)$ beschreiben lassen. Dazu wird definiert:

Die w-Übertragungsfunktion $\overline{G}_w(w)$ eines Abtastsystems, das aus einem kontinuierlichen System mit der Übertragungsfunktion $G(s)$ und einem Abtast-Halteglied mit der Abtastzeit T besteht, ist gegeben durch

$$\overline{G}_w(w) = \left. \frac{z-1}{z}\, \mathcal{Z}\left\{ \frac{G(s)}{s} \right\} \right|_{z = \frac{1 + \frac{T}{2}w}{1 - \frac{T}{2}w}} \cdot \tag{4.81}$$

Der Abtast-Frequenzgang ergibt sich hieraus, indem man die Variable w durch $j\Omega$ ersetzt, wobei zwischen der transformierten Kreisfrequenz Ω und der realen Kreisfrequenz ω nach Gl. (4.74) der Zusammenhang $\dfrac{T}{2}\Omega = \tan\left(\dfrac{T}{2}\omega\right)$ besteht.

4.3.1.3 Veranschaulichung des Abtast-Frequenzgangs. Zur anschaulichen Darstellung des Frequenzgangs von Abtastsystemen müssen sinusförmige Eingangsfolgen (y_k) auf das System gegeben werden. Je nach der gewählten Frequenz ω werden entsprechend viele Abtastzeitpunkte in eine Periodendauer

$\tilde{T} = 2\pi/\omega$ fallen. Diese Anzahl soll mit r bezeichnet werden. An einem System mit integrierendem Verhalten sollen die für den Abtast-Frequenzgang kennzeichnenden sinusförmigen Vorgänge am Eingang und Ausgang des Systems untersucht werden. Zunächst muß der Abtast-Frequenzgang des integrierenden Systems ermittelt werden.

Beispiel 4.19. Für das System mit der Übertragungsfunktion

$$G_S(s) = \frac{1}{T_I s}$$

soll die w-Übertragungsfunktion $\overline{G}_w(w)$ und der Abtast-Frequenzgang ermittelt werden.

Mit dem Ansatz

$$\mathscr{Z}\left\{\frac{G_S(s)}{s}\right\} = \frac{1}{T_I}\,\mathscr{Z}\left\{\frac{1}{s^2}\right\} = \frac{T}{T_I}\cdot\frac{z}{(z-1)^2}$$

ergibt sich durch Multiplikation mit $(z-1)/z$ und durch Einsetzen von z nach Gl. (4.70)

$$\overline{G}_{Sw}(w) = \frac{T}{T_I}\cdot\frac{1-(T/2)w}{1+(T/2)w-[1-(T/2)w]} = \frac{1-(T/2)w}{T_I w}.$$

Zu dem Frequenzgang

$$G_S(j\omega) = \frac{1}{T_I j\omega}$$

gehört also der Abtast-Frequenzgang

$$\overline{G}_{Sw}(j\Omega) = \frac{1-(T/2)j\Omega}{T_I j\Omega}.$$

Die Integrierzeit T_I wird unverändert vom s-Bereich in den w-Bereich transformiert. Bild 4.32 zeigt die Darstellung dieser beiden Frequenzgänge. Bei $\overline{G}_{Sw}(j\Omega)$ bewirkt die Nullstelle bei $\Omega = 2/T$ eine Anhebung des Amplitudengangs und eine Absenkung des Phasengangs. Als besonders kennzeichnend sollen die Werte von Amplitudengang und Phasengang bei der transformierten Frequenz $\Omega = 2/T$ angegeben werden. Es sind die Amplitude $|\overline{G}_{Sw}(j2/T)| = T/(\sqrt{2}\,T_I)$ und der Phasenwinkel $\overline{\varphi}_{Sw} = -135°$.

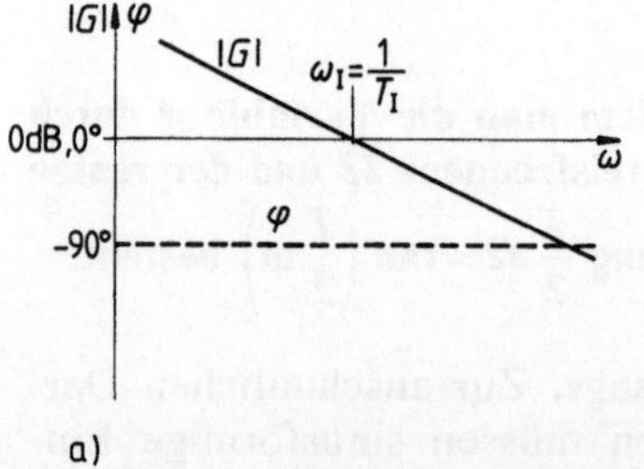

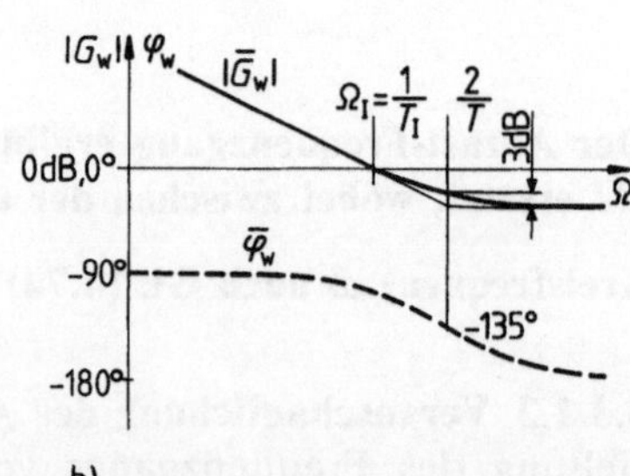

4.32 Frequenzkennlinien zum Frequenzgang $G(j\omega)$ (a) und Abtastfrequenzgang $\overline{G}_w(j\Omega)$ (b) eines Integriergliedes

Die Darstellung des Abtast-Frequenzgangs dieses Integrierglieds soll bei Vorgabe einer sinusförmigen Eingangsfolge (y_k) unter möglichst einfachen Annahmen erfolgen. Es werden die Integrierzeit T_I gleich der Abtastzeit T und die Anzahl der Abtastungen pro Periode $r = 4$ gewählt. Mit $r = 4$ ergibt sich die periodische Eingangsfolge

$$(y_k) = (0,\ 1,\ 0,\ -1,\ 0,\ 1,\ 0,\ -1,\ 0,\ \ldots).$$

Aus dieser Wertefolge ergibt sich mit dem Halteglied die treppenförmige Funktion $\bar{y}(t)$, die ebenfalls die Periodendauer $\tilde{T} = 4\,T$ zeigt (s. Bild **4.33**). Das Integrierglied antwortet darauf mit der Zeitfunktion $x(t)$, von der zur Beschreibung des Abtastsystems nur die Folge der Werte (x_k) in den Abtastzeitpunkten maßgebend ist. Die Punkte der Eingangsfolge (y_k) und der Ausgangsfolge (x_k) lassen sich jeweils durch eine sinusförmige Trägerfunktion $\tilde{y}(t)$ und $\tilde{x}(t)$ verbinden. Durch den Abtast-Frequenzgang werden nur die Beziehungen zwischen $\tilde{y}(t)$ und $\tilde{x}(t)$ beschrieben.

Die Trägerfunktion $\tilde{y}(t)$ hat die Amplitude $\tilde{y}_0 = 1$ und die Periodendauer $\tilde{T} = 4\,T$. Die Ausgangsfunktion $x(t)$ läßt sich aufgrund der anliegenden Zeitfunktion $\bar{y}(t)$ und des Zeitverhaltens der Strecke ermitteln. Für das vorliegende Integrierglied gilt

$$x(t) = \frac{1}{T_I} \int\limits_0^t \bar{y}(\tau)\,d\tau.$$

Mit der Wahl von $T_I = T$ ergibt sich für den Zuwachs von $x(t)$ in den einzelnen Abtastintervallen, in denen jeweils der Wert $\bar{y}(\tau) = y_k$ anliegt,

$$x_{k+1} - x_k = \frac{1}{T} \int\limits_0^T y_k\,d\tau = y_k. \tag{4.82}$$

Zwischen den Punkten 1 und 2 der Funktion $x(t)$ liegt der Wert $y_k = 0$ an, so daß in diesem Abtastintervall $x(t)$ konstant bleibt. Danach nimmt y_k den Wert 1 an, so daß sich $x(t)$ zwischen 2 und 3 um den Wert 1 ändert. Zwischen 3 und 4 ändert sich $x(t)$ wiederum nicht, und zwischen 4 und 5 muß es sich wegen $y_k = -1$ um den Wert -1 ändern. Danach wiederholt sich der ganze Vorgang periodisch. Da die Zuwächse zwischen 2 und 3 sowie zwischen 4 und 5 entgegengesetzt gerichtet und gleich groß sind, liegen die Punkte 2 und 3 sowie 4 und 5 jeweils symmetrisch zur Zeitachse. Damit ergeben sich die konstanten Werte von $x(t) = 0{,}5$ zwischen den Punkten 3 und 4 und $x(t) = -0{,}5$ zwischen den Punkten 1 und 2.

Aus dem Nulldurchgang der Trägerfunktion $\tilde{x}(t)$ mit einer Zeitverschiebung um $0{,}75\,\tilde{T}/2$ ergibt sich der Phasenwinkel $\bar{\varphi}_{Sw} = -135°$. Für die Ermittlung der Amplitude $\tilde{x}_0$ von $\tilde{x}(t)$ geht man davon aus, daß der Zuwachs von $x(t)$ um 0,5 zwischen dem Nulldurchgang und dem Punkt 3 einer Änderung des Phasenwinkels um $45°$ entspricht. Das folgt unmittelbar aus der Periodendauer $\tilde{T} = 4\,T$. Wegen $\sin 45° = \sqrt{2}/2 = 0{,}5/\tilde{x}_0$ ergibt sich $\tilde{x}_0 = 1/\sqrt{2} = 0{,}7071$.

Nach dieser Berechnung der Verstärkung $\tilde{x}_0/\tilde{y}_0 = 1/\sqrt{2}$ und des Phasenwinkels $\bar{\varphi}_{Sw}$ müssen noch die Beziehungen zur Frequenzgangdarstellung in Bild **4.32** hergestellt werden. Dazu muß aus der Anzahl Abtastungen pro Periode r die zugehörige transformierte Frequenz Ω ermittelt werden. Aus der Periodendauer $\tilde{T} = 2\pi/\omega$ folgt die Kreisfrequenz $\omega = 2\pi/\tilde{T}$ und durch Einsetzen in Gl. (4.74) $(T/2)\Omega = \tan(\pi\,T/\tilde{T})$.

Führt man hierin die Anzahl Abtastungen pro Periode mit

$$r = \tilde{T}/T \tag{4.83}$$

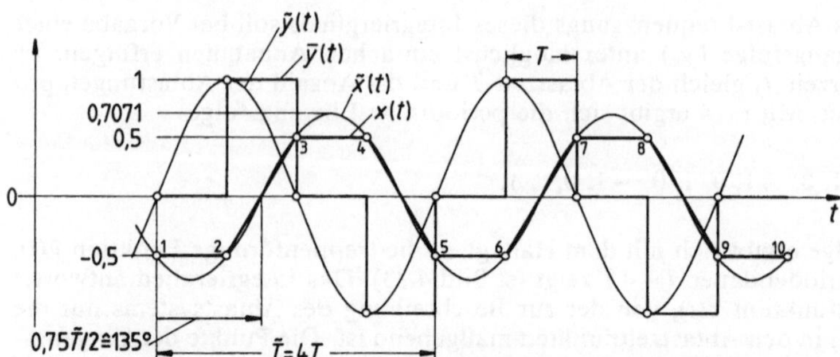

4.33 Sinusförmige Eingangs- und Ausgangsfolgen mit zugeordneten Trägerfunktionen bei einem Integrierglied mit 4 Abtastungen pro Periode
$\bar{y}(t)$ treppenförmige Eingangsfunktion, $\tilde{y}(t)$ zugeordnete Trägerfunktion, $x(t)$ Ausgangsfunktion des Integrierglieds, $\tilde{x}(t)$ zugeordnete Trägerfunktion, T Abtastzeit, $\bar{T}$ Periodendauer

ein, so erhält man

$$\frac{T}{2}\,\Omega = \tan\left(\frac{\pi}{r}\right). \tag{4.84}$$

Aus diesem Zusammenhang lassen sich zwei wichtige Folgerungen herleiten: Wählt man sehr große Werte für die Anzahl r, so ergibt sich aus $r \gg \pi$ die Folgerung $(T/2)\Omega \ll 1$. Nach den Überlegungen zu Gl. (4.75) gilt dann $\Omega \approx \omega$, so daß bei großen Abtastraten das Verhalten des Abtastsystems in das des kontinuierlichen Systems übergeht. Für kleine Werte von r ergibt sich eine untere Grenze bei $r = 2$, da dann $\Omega = \infty$ wird. Dies folgt aus dem Shannonschen Abtasttheorem, das aussagt, daß sich eine sinusförmige Zeitfunktion $f(t)$ genau dann aus der Folge (f_k) rekonstruieren läßt, wenn innerhalb einer Abtastperiode mindestens zwei Abtastungen stattfinden.

Als Spezialfall soll noch der Fall $r = 4$ herausgegriffen werden, für den sich nach Gl. (4.84) $\Omega = 2/T$ ergibt. Dies entspricht dem in Bild 4.33 dargestellten Fall für das Zeitverhalten mit der Verstärkung $\tilde{x}_0/\tilde{y}_0 = 1/\sqrt{2}$ und dem Phasenwinkel $\bar{\varphi}_{Sw} = -135°$. Zugleich stimmen diese Werte überein mit dem im Beispiel anfangs berechneten Betrag $|\bar{G}_w(j2/T)| = 1/\sqrt{2}$ und dem Phasenwinkel $\bar{\varphi}_w(j2/T) = -135°$.

4.3.2 w-Übertragungsfunktionen von Abtastsystemen mit Halteglied

Nach Gl. (4.81) kann man die Übertragungsfunktion und daraus den Frequenzgang von Abtastsystemen beliebiger Ordnung mit Halteglied berechnen. Jedoch wird der Aufwand hierfür mit wachsender Ordnung schnell sehr groß. Es sollen daher Formeln angegeben werden, die den erforderlichen Rechenaufwand verringern.

Die in technischen Prozessen auftretenden Abtastsysteme sind normalerweise proportional oder integral wirkende Systeme mit Verzögerungen höherer Ordnung. Nur sehr selten treten Systeme auf, die auch eine doppelte Integration enthalten. Dagegen treten häufig Systeme mit Totzeiten auf, die meistens durch Transportvorgänge hervorgerufen werden. Diese verschiedenen Systeme sollen nun der Reihe nach betrachtet werden.

4.3.2.1 w-Übertragungsfunktionen von P-T_2-Gliedern. Für das proportional wirkende Abtastsystem mit Verzögerung 1. Ordnung, das abgekürzt als P-T_1-System bezeichnet wird, ist in Abschn. 4.3.1.2 die zur s-Übertragungsfunktion $G(s) = 1/(1 + T_1 s)$ gehörige w-Übertragungsfunktion $\overline{G}_w(w) = [1 - (T/2)w]/(1 + \tau_1 w)$ ermittelt worden.

Mit dem Ergebnis für das P-T_1-Glied läßt sich unmittelbar die w-Übertragungsfunktion eines P-T_2-Gliedes

$$G(s) = \frac{1}{(1 + T_1 s)(1 + T_2 s)} \tag{4.85}$$

herleiten. Hierzu wird $G(s)$ durch Partialbruchzerlegung in Übertragungsfunktionen von P-T_1-Gliedern überführt. Man erhält

$$G(s) = \frac{T_1}{T_1 - T_2} \cdot \frac{1}{1 + T_1 s} - \frac{T_2}{T_1 - T_2} \cdot \frac{1}{1 + T_2 s}.$$

Damit ergibt sich unmittelbar

$$\overline{G}_w(w) = \frac{T_1}{T_1 - T_2} \cdot \frac{1 - (T/2)w}{1 + \tau_1 w} - \frac{T_2}{T_1 - T_2} \cdot \frac{1 - (T/2)w}{1 + \tau_2 w}$$

und durch Zusammenfassung

$$\overline{G}_w(w) = \frac{[1 - (T/2)w]\left(1 + \dfrac{T_1 \tau_2 - T_2 \tau_1}{T_1 - T_2}\, w\right)}{(1 + \tau_1 w)(1 + \tau_2 w)}. \tag{4.86}$$

Gl. (4.78) gilt in gleicher Weise wie für T_1 und τ_1 auch für den Zusammenhang zwischen T_2 und τ_2 und auch für Verzögerungszeiten von Systemen höherer Ordnung, wofür sich allgemein schreiben läßt

$$\tau_i = \frac{T/2}{\tanh\left(\dfrac{T/2}{T_i}\right)}. \tag{4.87}$$

Bei der Darstellung dieses Zusammenhanges in Bild **4.31** wurde daher die Bezeichnung T_i und τ_i gewählt.

Die Übertragungsfunktion $\overline{G}_w(w)$ läßt sich durch Einführen der transformierten Vorhaltzeit

$$\tau_{Z1} = \frac{T_1 \tau_2 - T_2 \tau_1}{T_1 - T_2} \tag{4.88}$$

übersichtlicher in der Form

$$\overline{G}_w(w) = \frac{[1 - (T/2)\,w]\,(1 + \tau_{Z1}\,w)}{(1 + \tau_1\,w)(1 + \tau_2\,w)} \tag{4.89}$$

schreiben.

Beispiel 4.20. Es soll der Abtast-Frequenzgang eines P-T_2-Gliedes mit den Verzögerungszeiten $T_1 = 2$ s und $T_2 = 1$ s entsprechend

$$G(s) = \frac{1}{(1 + 2s)(1 + s)}$$

für die Abtastzeiten $T = 0{,}1$ s; 1 s; 3 s und 10 s ermittelt werden.

Mit Gl. (4.87) für τ_1 und τ_2 und (4.88) für τ_{Z1} errechnen sich die Werte, die in Tafel 4.34 zusammengestellt sind.

Tafel **4.34** Transformierte Verzögerungs- und Vorhaltzeiten eines P-T_2-Gliedes

T	0,1	1	3	10
$T/2$	0,05	0,5	1,5	5,0
τ_1	2,0004	2,0416	2,3618	5,0679
τ_2	1,0008	1,0820	1,6573	5,0005
τ_{Z1}	0,0013	0,1224	0,9528	4,9330

In Bild **4.35** sind die Frequenzkennlinien für den Fall $T = 0{,}1$ s dargestellt. Hierbei stimmen die transformierten Verzögerungszeiten τ_1 und τ_2 bis auf die vierte Dezimalstelle mit den Verzögerungszeiten T_1 und T_2 überein, und der Frequenzgang verläuft in der Umgebung von $1/\tau_1$ und $1/\tau_2$ wie der des kontinuierlichen Systems. Die transformierte Vorhaltzeit τ_{Z1} ist so klein, daß die Kreisfrequenz $1/\tau_{Z1} = 800$ s^{-1} größer als die größte

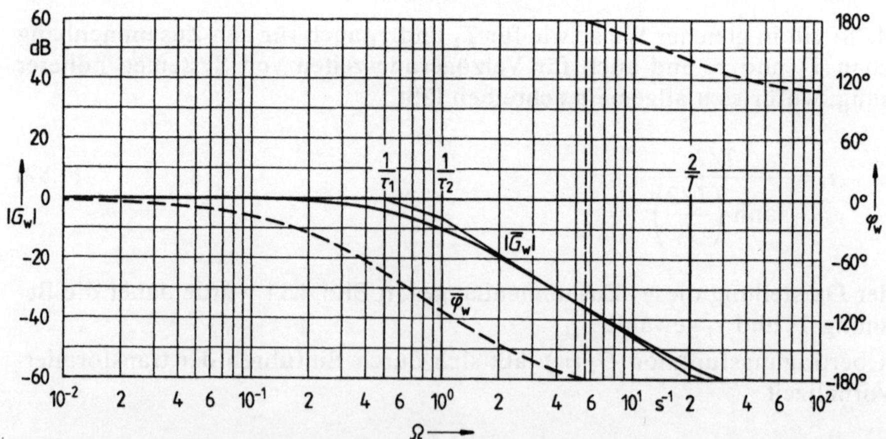

4.35 Frequenzkennlinien zum Abtast-Frequenzgang eines P-T_2-Gliedes mit den Verzögerungszeiten $T_1 = 2$ s, $T_2 = 1$ s bei der Abtastzeit $T = 0{,}1$ s

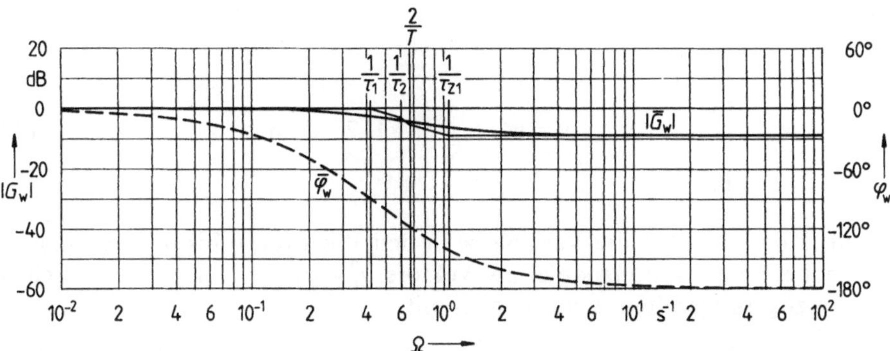

4.36 Frequenzkennlinien zum Abtast-Frequenzgang eines P-T$_2$-Gliedes mit den Verzögerungszeiten $T_1 = 2$ s, $T_2 = 1$ s bei der Abtastzeit $T = 3$ s

hier dargestellte Kreisfrequenz ist. Während der Phasengang des kontinuierlichen Systems bei hoher Kreisfrequenz monoton gegen $-180°$ geht, bewegt er sich beim Abtast-System bis auf $-252°$ und geht dann nach $-180°$. Phasenwinkel, die betragsmäßig den Wert von $180° \triangleq \pi$ übersteigen, werden durch Hinzufügen von $\pm k\pi$ so verändert, daß sie sich im Bereich der Hauptwerte mit $-\pi \leqq \varphi \leqq \pi$ darstellen lassen.

Bild **4.36** zeigt den Abtast-Frequenzgang bei $T = 3,0$ s. Hierbei rücken die Werte τ_1, τ_2 und τ_{Z1} nahe an $T/2$ heran. Der Amplitudengang zeigt daher nur eine relativ geringe Abnahme, und der Phasengang geht monoton gegen den Wert $-180°$.

4.3.2.2 w-Übertragungsfunktionen proportionaler Abtastsysteme. Auch für proportional wirkende Regelstrecken höherer Ordnung läßt sich das hier dargestellte Verfahren der Aufspaltung in P-T$_1$-Glieder durchführen. Für Strecken höherer Ordnung wird das Verfahren dann aber etwas mühsam. Es soll daher eine allgemein gültige Formel angegeben werden, um aus der s-Übertragungsfunktion $G(s)$ eines P-T$_n$-Gliedes seine w-Übertragungsfunktion $\overline{G}_w(w)$ zu ermitteln. Danach gilt, daß zu einer s-Übertragungsfunktion

$$G(s) = \frac{1}{(1 + T_1 s)(1 + T_2 s) \dots (1 + T_n s)} \tag{4.90}$$

die w-Übertragungsfunktion

$$\overline{G}_w(w) = \frac{[1 - (T/2)w] P_{n-1}(w)}{(1 + \tau_1 w)(1 + \tau_2 w) \dots (1 + \tau_n w)} \tag{4.91}$$

gehört.

Der Nenner wird also sehr einfach transformiert. Es wird jeder Verzögerungszeit T_i die transformierte Verzögerungszeit τ_i entsprechend Gl. (4.87) zugeordnet. Im Zähler taucht immer die Funktion $[1 - (T/2)w]$ auf, die die Wirkung des Abtast-Haltegliedes wiedergibt. Hinzu kommt ein Polynom in w von der Ordnung $n - 1$. Für dieses Polynom gilt

$$P_{n-1}(w) = \boldsymbol{r}_n^{\mathrm{T}} \boldsymbol{\Psi}_n \boldsymbol{w}_n \tag{4.92}$$

mit dem Vektor

$$w_n = \begin{bmatrix} w_1 \\ w_2 \\ \vdots \\ w_n \end{bmatrix} \quad \text{mit} \quad w_i = w^{i-1}, \quad i = 1, 2, \ldots, n, \tag{4.93}$$

der als Komponenten die Variable w in den Potenzen 0 bis $n-1$ enthält. Die Komponenten des transponierten Vektors $r_n^T = [r_1, r_2, \ldots, r_n]$ setzen sich aus den Verzögerungszeiten T_i zusammen mit

$$r_i = \begin{cases} 1 & \text{für} \quad n = 1 \\ \displaystyle\prod_{\substack{j=1 \\ j \neq n+1-i}}^{n} \frac{T_{n+1-i}}{T_{n+1-i} - T_j} & \text{für} \quad n > 1, \quad i = 1, 2, \ldots, n. \end{cases} \tag{4.94}$$

Ψ_n stellt eine Matrix dar, deren Elemente sich aus den transformierten Verzögerungszeiten τ_i zusammensetzen. Für die Ordnung 2 bis 4 sind diese Matrizen

$$\Psi_2 = \begin{bmatrix} 1 & \tau_1 \\ 1 & \tau_2 \end{bmatrix}, \tag{4.95}$$

$$\Psi_3 = \begin{bmatrix} 1 & \tau_1 + \tau_2 & \tau_1 \tau_2 \\ 1 & \tau_1 + \tau_3 & \tau_1 \tau_3 \\ 1 & \tau_2 + \tau_3 & \tau_2 \tau_3 \end{bmatrix}, \tag{4.96}$$

$$\Psi_4 = \begin{bmatrix} 1 & \tau_1 + \tau_2 + \tau_3 & \tau_1\tau_2 + \tau_1\tau_3 + \tau_2\tau_3 & \tau_1\tau_2\tau_3 \\ 1 & \tau_1 + \tau_2 + \tau_4 & \tau_1\tau_2 + \tau_1\tau_4 + \tau_2\tau_4 & \tau_1\tau_2\tau_4 \\ 1 & \tau_1 + \tau_3 + \tau_4 & \tau_1\tau_3 + \tau_1\tau_4 + \tau_3\tau_4 & \tau_1\tau_3\tau_4 \\ 1 & \tau_2 + \tau_3 + \tau_4 & \tau_2\tau_3 + \tau_2\tau_4 + \tau_3\tau_4 & \tau_2\tau_3\tau_4 \end{bmatrix}. \tag{4.97}$$

Beispiel 4.21. Es soll die w-Übertragungsfunktion $\overline{G}_w(w)$ nach Gl. (4.91) für ein P-T$_2$-Glied mit der s-Übertragungsfunktion nach Gl. (4.85) ermittelt werden.
Nach Gl. (4.91) ist

$$\overline{G}_w(w) = \frac{[1 - (T'/2)w] P_1(w)}{(1 + \tau_1 w)(1 + \tau_2 w)}.$$

Für die transformierten Verzögerungszeiten τ_1 und τ_2 gilt Gl. (4.87), während $P_1(w) = r_2^T \Psi_2 w_2$ nach Gl. (4.92) für $n = 2$ zu ermitteln ist.
Nach Gl. (4.93) ist

$$w_2 = \begin{bmatrix} 1 \\ w \end{bmatrix}.$$

Für den Vektor r_2^T ergibt sich aus Gl. (4.94)

$$r_2^T = \left[\frac{T_2}{T_2 - T_1} \; \frac{T_1}{T_1 - T_2} \right].$$

Die Matrix Ψ_2 steht schon in Gl. (4.95). Damit ergibt sich nach den Regeln für die Matrizenmultiplikation

$$P_1(w) = \left[\frac{T_2}{T_2 - T_1} \; \frac{T_1}{T_1 - T_2} \right] \begin{bmatrix} 1 & \tau_1 \\ 1 & \tau_2 \end{bmatrix} \begin{bmatrix} 1 \\ w \end{bmatrix} = 1 + \frac{T_1 \tau_2 - T_2 \tau_1}{T_1 - T_2} w.$$

Dieses Ergebnis ist in Gl. (4.86) enthalten.

In Tafel **4.37** sind die w-Übertragungsfunktionen von einigen Übertragungsgliedern mit Halteglied zusammengestellt.

4.3.2.3 w-Übertragungsfunktionen integrierender Abtastsysteme. Für das einfach integrierende I-System ist schon in Abschn. 4.3.1.3 die zur s-Übertragungsfunktion $G(s) = 1/T_1 s$ gehörige w-Übertragungsfunktion $\overline{G}_w(w) = [1 - (T/2)w]/(T_1 w)$ ermittelt worden.

Das integrierende System mit Verzögerung 1. Ordnung, auch als I-T_1-System bezeichnet, hat die s-Übertragungsfunktion

$$G(s) = \frac{1}{T_1 s (1 + T_1 s)}. \tag{4.98}$$

Durch Partialbruchzerlegung erhält man

$$G(s) = \frac{1}{T_1 s} - \frac{T_1}{T_1} \cdot \frac{1}{1 + T_1 s}$$

und damit

$$\overline{G}_w(w) = \frac{1 - (T/2)w}{T_1 w} - \frac{T_1}{T_1} \cdot \frac{1 - (T/2)w}{1 + \tau_1 w} = \frac{[1 - (T/2)w][1 + (\tau_1 - T_1)w]}{T_1 w (1 + \tau_1 w)}. \tag{4.99}$$

Durch Einführung einer neuen transformierten Vorhaltzeit

$$\tau_{Z1} = \tau_1 - T_1 \tag{4.100}$$

findet man die w-Übertragungsfunktion

$$\overline{G}_w(w) = \frac{[1 - (T/2)w](1 + \tau_{Z1} w)}{T_1 w (1 + \tau_1 w)}. \tag{4.101}$$

Aus dem Zusammenhang zwischen T_i und τ_i nach Gl. (4.87) läßt sich herleiten, daß immer $\tau_{Z1} > 0$ ist.

Tafel 4.37 w-Übertragungsfunktionen von Regelstrecken mit Halteglied

Nr.	$G_S(s)$	$\overline{G}_{Sw}(w)$		
1	$\dfrac{1}{1+T_1 s}$	$\dfrac{1-(T/2)w}{1+\tau_1 w}$	$\tau_i = \dfrac{T/2}{\tanh\left(\dfrac{T/2}{T_i}\right)}$	gilt für alle Pole $1/\tau_i$ $(i=1,2,3,\ldots)$
2	$\dfrac{1}{(1+T_1 s)(1+T_2 s)}$	$\dfrac{[1-(T/2)w](1+\tau_{Z1} w)}{(1+\tau_1 w)(1+\tau_2 w)}$	$\tau_{Z1} = \dfrac{T_1 \tau_2 - T_2 \tau_1}{T_1 - T_2}$	
3	$\dfrac{1}{(1+T_1 s)(1+T_2 s)(1+T_3 s)}$	$\dfrac{[1-(T/2)w](1+\tau_{Z1} w+\tau_{Z2}^2 w^2)}{(1+\tau_1 w)(1+\tau_2 w)(1+\tau_3 w)}$	$\tau_{Z1} = \dfrac{T_1^2}{(T_1-T_2)(T_1-T_3)}(\tau_2+\tau_3) - \dfrac{T_2^2}{(T_1-T_2)(T_2-T_3)}(\tau_1+\tau_3) + \dfrac{T_3^2}{(T_1-T_3)(T_2-T_3)}(\tau_1+\tau_2)$ $\tau_{Z2}^2 = \dfrac{T_1^2}{(T_1-T_2)(T_1-T_3)}\tau_2\tau_3 - \dfrac{T_2^2}{(T_1-T_2)(T_2-T_3)}\tau_1\tau_3 + \dfrac{T_3^2}{(T_1-T_3)(T_2-T_3)}\tau_1\tau_2$	
4	$\dfrac{1}{(1+T_1 s)^2}$	$\dfrac{[1-(T/2)w](1+\tau_{Z1} w)}{(1+\tau_1 w)^2}$	$\tau_{Z1} = \tau_1\left(1-\dfrac{2\alpha e^{-\alpha}}{1-e^{-2\alpha}}\right)$	
5	$\dfrac{1}{(1+T_1 s)^3}$	$\dfrac{[1-(T/2)w](1+\tau_{Z1} w+\tau_{Z2}^2 w^2)}{(1+\tau_1 w)^3}$	$\tau_{Z1} = \tau_1\left[2-\dfrac{2\alpha e^{-\alpha}}{1-e^{-2\alpha}}-\dfrac{\alpha^2 e^{-\alpha}}{(1-e^{-\alpha})^2}\right]$ $\tau_{Z2}^2 = \tau_1^2\left[1-\dfrac{2\alpha e^{-\alpha}}{1-e^{-2\alpha}}-\dfrac{\alpha^2 e^{-\alpha}}{(1+e^{-\alpha})^2}\right]$	$\alpha = \dfrac{T}{T_1}$
6	$\dfrac{1}{1+2\vartheta T_0 s+T_0^2 s^2}$	$\dfrac{[1-(T/2)w](1+\tau_{Z1} w)}{1+2\theta\tau_0 w+\tau_0^2 w^2}$	$\tau_0 = \dfrac{T}{2}\sqrt{\dfrac{1+2e^{-\beta}\cos\gamma+e^{-2\beta}}{1-2e^{-\beta}\cos\gamma+e^{-2\beta}}}$ $\theta = \dfrac{1-e^{-2\beta}}{\sqrt{1+2e^{-\beta}\cos\gamma+e^{-2\beta}}\,\sqrt{1-2e^{-\beta}\cos\gamma+e^{-2\beta}}}$ $\tau_{Z1} = \tau_0\left(\theta-\vartheta\dfrac{\sqrt{1-\theta^2}}{\sqrt{1-\vartheta^2}}\right)$	$\beta=\vartheta\dfrac{T}{T_0}$ $\gamma=\sqrt{1-\vartheta^2}\,\dfrac{T}{T_0}$

Nr.	$G_S(s)$	$\overline{G}_{Sw}(w)$	
7	$\dfrac{1}{(1+2\vartheta T_0 s + T_0^2 s^2)(1+T_3 s)}$	$\dfrac{[1-(T/2)w](1+\tau_{Z1}w+\tau_{Z2}^2 w^2)}{(1+2\theta\tau_0 w+\tau_0^2 w^2)(1+\tau_3 w)}$	$\tau_{Z1} = \dfrac{T_3^2}{T_0^2 - 2\vartheta T_0 T_3 + T_3^2}\left\{\left[\theta+\left(\vartheta-\dfrac{T_0}{T_3}\right)\dfrac{\sqrt{1-\theta^2}}{\sqrt{1-\vartheta^2}}\right]\tau_0-\tau_3\right\}+\left(\theta-\vartheta\dfrac{\sqrt{1-\theta^2}}{\sqrt{1-\vartheta^2}}\right)\tau_0+\tau_3$ $\tau_{Z2}^2 = \dfrac{T_3^2}{T_0^2 - 2\vartheta T_0 T_3 + T_3^2}\left\{\left[-\theta+\left(\vartheta-\dfrac{T_0}{T_3}\right)\dfrac{\sqrt{1-\theta^2}}{\sqrt{1-\vartheta^2}}\right]\tau_0\tau_3+\tau_0^2\right\}$
8	$\dfrac{1}{T_1 s}$	$\dfrac{1-(T/2)w}{T_1 w}$	——
9	$\dfrac{1}{T_1 s(1+T_1 s)}$	$\dfrac{[1-(T/2)w](1+\tau_{Z1}w)}{T_1 w(1+\tau_1 w)}$	$\tau_{Z1} = \tau_1 - T_1$
10	$\dfrac{1}{T_1 s(1+T_1 s)(1+T_2 s)}$	$\dfrac{[1-(T/2)w](1+\tau_{Z1}w+\tau_{Z2}^2 w^2)}{T_1 w(1+\tau_1 w)(1+\tau_2 w)}$	$\tau_{Z1} = \tau_1 + \tau_2 - T_1 - T_2$ $\tau_{Z2}^2 = \tau_1\tau_2 + \dfrac{T_2^2\tau_1 - T_1^2\tau_2}{T_1 - T_2}$
11	$\dfrac{1}{T_1 s(1+T_1 s)^2}$	$\dfrac{[1-(T/2)w](1+\tau_{Z1}w+\tau_{Z2}^2 w^2)}{T_1 w(1+\tau_1 w)^2}$	$\tau_{Z1} = 2\tau_1 - 2T_1$ $\tau_{Z2}^2 = \tau_1^2 - T_1\tau_1\left(2-\dfrac{2\alpha e^{-\alpha}}{1-e^{-2\alpha}}\right)$
12	$\dfrac{1}{T_1 s(1+2\vartheta T_0 s + T_0^2 s^2)}$	$\dfrac{[1-(T/2)w](1+\tau_{Z1}w+\tau_{Z2}^2 w^2)}{T_1 w(1+2\theta\tau_0 w+\tau_0^2 w^2)}$	$\tau_{Z1} = 2\theta\tau_0 - 2\vartheta T_0$ $\tau_{Z2}^2 = \tau_0^2 - \theta\tau_0\cdot 2\vartheta T_0 - (1-2\vartheta^2)\dfrac{\sqrt{1-\theta^2}}{\sqrt{1-\vartheta^2}}T_0\tau_0$
13	$e^{-T_t s} = e^{-mTs}$	$\left(\dfrac{1-(T/2)w}{1+(T/2)w}\right)^m$	$m = \dfrac{T_t}{T}; \quad m = 1, 2, \ldots$

Beispiel 4.22. Für das I-T_1-Glied mit der s-Übertragungsfunktion $G(s)=1/[s(1+s)]$ soll die w-Übertragungsfunktion bei den Abtastzeiten $T=0{,}1$ s, 1 s und 10 s ermittelt werden.

Mit der Integrierzeit $T_I=1$ s und der Verzögerungszeit $T_1=1$ s ergeben sich für die transformierten Zeiten im w-Bereich die in Tafel 4.38 angegebenen Werte.

Tafel 4.38 Transformierte Verzögerungs- und Vorhaltzeiten eines I-T_1-Gliedes

T	0,1	1	10
T_I	1	1	1
τ_1	1,0008	1,0820	5,005
$T/2$	0,05	0,5	5
τ_{Z1}	0,0008	0,0820	4,005

Bild 4.39 zeigt die zugehörigen Frequenzkennlinien. Zur Verdeutlichung ist auch der Frequenzgang für $T=0$ eingezeichnet. An dieser zusammengefaßten Darstellung für verschiedene Abtastzeiten T kann man das in Gl. (4.75) festgestellte asymptotische Verhalten $\Omega \approx \omega$ für $(T/2)\omega \ll 1$ und $(T/2)\Omega \ll 1$ in zweierlei Hinsicht studieren. Der Frequenzgang des Abtastsystems geht in den Frequenzgang des kontinuierlichen Systems über

– zum einen für genügend kleine Werte von Ω bei fester Abtastzeit T
– und zum anderen für genügend kleine Werte der Abtastzeit T bei fester Frequenz Ω.

In beiden Fällen ist die in Gl. (4.75) geforderte Ungleichung $(T/2)\Omega \ll 1$ erfüllt.

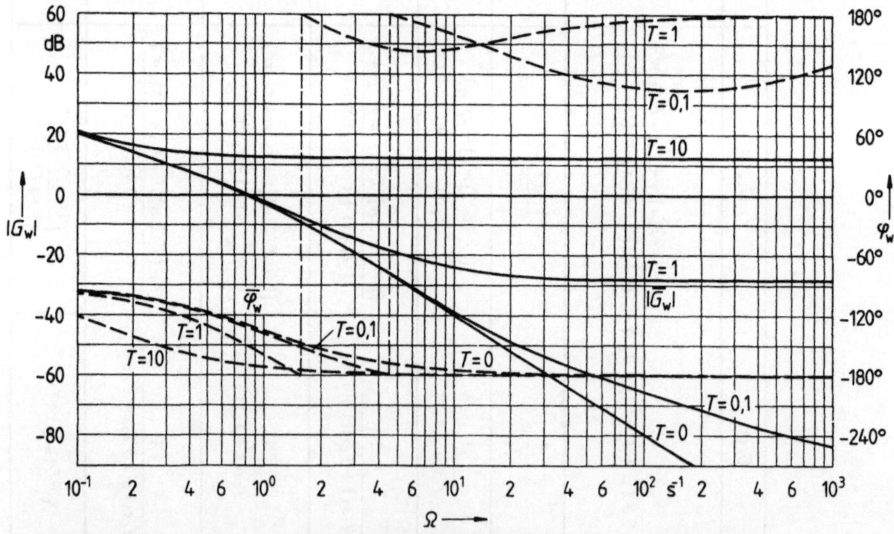

4.39 Frequenzkennlinien der Abtast-Frequenzgänge von I-T_1-Gliedern mit der Integrierzeit $T_I=1$ s und der Verzögerungszeit $T_1=1$ s bei den Abtastzeiten $T=0$ s, 0,1 s, 1 s und 10 s

4.3.2.4 w-Übertragungsfunktionen von Totzeitgliedern. In vielen technischen Prozessen tritt ein Übertragungsverhalten auf, das durch ein Totzeitglied beschrieben werden kann. Wird dieses Übertragungsverhalten durch Transportvorgänge hervorgerufen, so handelt es sich um eine echte Totzeit. Hierbei ist die Totzeit gleich der Transportzeit über den Transportweg. Häufig wird auch das Verhalten eines Verzögerungsgliedes höherer Ordnung durch ein Totzeitglied angenähert, das sich einfacher beschreiben läßt. Hierbei wird oft die Totzeit gleich der Summe der Verzögerungszeiten gewählt.

Für Totzeitglieder gilt die s-Übertragungsfunktion

$$G(s) = e^{-T_t s}. \tag{4.102}$$

Es wird von der Annahme ausgegangen, daß die Totzeit T_t ein ganzzahliges Vielfaches m der Abtastzeit T

$$T_t = m T \tag{4.103}$$

ist. Für $G(s) = e^{-mTs}$ läßt sich unmittelbar die z-Transformierte

$$G_z(z) = z^{-m} \tag{4.104}$$

angeben. Für die zugehörige w-Transformierte erhält man mit

$$\mathcal{Z}\left\{\frac{G(s)}{s}\right\} = \mathcal{Z}\left\{\frac{e^{-mTs}}{s}\right\} = z^{-m}\,\mathcal{Z}\left\{\frac{1}{s}\right\} = z^{-m}\cdot\frac{z}{z-1}$$

nach Gl. (4.81) und (4.70) das Ergebnis

$$\overline{G}_w(w) = \left[\frac{1-(T/2)w}{1+(T/2)w}\right]^m. \tag{4.105}$$

Der sich hieraus ergebende Abtast-Frequenzgang ist also die m-te Potenz des elementaren Abtast-Frequenzganges

$$\overline{G}_w(\mathrm{j}\Omega) = \frac{1-(T/2)\mathrm{j}\Omega}{1+(T/2)\mathrm{j}\Omega}, \tag{4.106}$$

der wie der Frequenzgang eines Allpaßgliedes bei kontinuierlichen Systemen aufgebaut ist. Dieser Frequenzgang hat den Amplitudengang $|\overline{G}_w(\mathrm{j}\Omega)| = 1$ und den Phasengang $\overline{\varphi}_w = -2\arctan[(T/2)\Omega]$.

Bild 4.40 zeigt diesen Frequenzgang bei $T = T_t = 2$ s, wobei der Phasengang zur Kennzeichnung von $m = 1$ als $\overline{\varphi}_{w1}$ bezeichnet ist. Er nimmt für $\Omega = 2/T$ den Wert $-90°$ an.

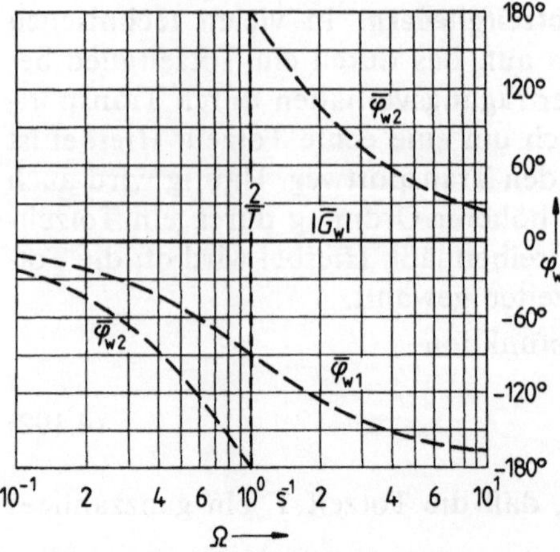

4.40 Frequenzkennlinien zu den Abtast-Frequenzgängen von Totzeitgliedern mit der Abtastzeit $T = 2$ s bei der Totzeit $T_t = 2$ s ($\overline{\varphi}_{w1}$) und $T_t = 4$ s ($\overline{\varphi}_{w2}$)

Liegt eine Totzeit $T_t = m\,T$ mit $m = 2$, 3, ... vor, so ändert sich am Amplitudengang $|\overline{G}_w(j\Omega)| = 1$ nichts. Der Phasengang nimmt jedoch den m-fachen Wert $\overline{\varphi}_w = -2m\,\arctan[(T/2)\Omega]$ an. In Bild **4.40** ist auch der Fall $m = 2$ als $\overline{\varphi}_{w2}$ eingezeichnet, wie er sich bei $T = 2$ s und $T_t = 4$ s ergibt.

Die hier gegebene Beschreibung des Totzeitglieds gilt ebenso, wenn das Totzeitglied einem der in den Abschn. 4.2.1.2 oder 4.2.1.3 betrachteten Übertragungsgliedern vor- oder nachgeschaltet ist. Nach dem Rechtsverschiebungssatz läßt sich dann der durch die Totzeit bedingte Term z^{-m} bei der Bildung von $\mathscr{J}\{G(s)/s\}$ vorziehen. Damit ergibt sich dann auch die w-Übertragungsfunktion des Gesamtsystems mit Totzeit multiplikativ aus den w-Übertragungsfunktionen des Totzeitglieds und des Teilsystems ohne Totzeit.

In diesem Zusammenhang soll noch einmal zu Tafel **4.34** zurückgegangen werden. Aus ihr geht hervor, daß mit größer werdender Abtastzeit T alle transformierten Verzögerungs- und Vorhaltzeiten sich dem Wert $T/2$ annähern. Für den Fall $T = 10$ s gilt schon mit sehr großer Genauigkeit $\tau_1 = \tau_2 = \tau_{Z1} = T/2$. Damit ergibt sich aus Gl. (4.89)

$$\overline{G}_w(w) \approx \frac{[1-(T/2)w][1+(T/2)w]}{[1+(T/2)w][1+(T/2)w]} = \frac{1-(T/2)w}{1+(T/2)w}.$$

Durch Vergleich mit Gl. (4.105) erkennt man, daß sich die Übertragungsfunktion des Totzeitglieds mit der Totzeit T_t gleich der Abtastzeit T ergeben hat. Das ist durchaus vernünftig, wie man sich anhand der Übergangsfunktion klarmachen kann. Gibt man eine Sprungfunktion auf ein P-T_n-Glied, so wird der Ausgang mit entsprechender Verzögerung seinen stationären Endwert annehmen.

Tastet man diese Übergangsfunktion in genügend großen Intervallen ab, so wird bereits der erste Abtastwert nach dem Anlegen der Sprungfunktion den stationären Endwert ergeben. Das gesamte Übergangsverhalten wird durch die große Abtastzeit ausgespart. Die Folge der Abtastwerte beschreibt daher das gleiche Verhalten, das ein Totzeitglied mit der Totzeit gleich der Abtastzeit zeigen würde. Diese Überlegung gilt auch bei Vorgabe einer Folge von Sprungfunktionen mit sinusförmigem Verlauf, wie es für den Abtast-Frequenzgang erforderlich ist. Man kann daher feststellen, daß der Abtastfrequenzgang für alle P-T_n-Glieder bei genügend großer Abtastzeit den Abtast-Frequenzgang eines Totzeitgliedes mit $T_t = T$ annimmt.

4.3.3 *w*-Übertragungsfunktionen von Abtastreglern

Die bisher betrachteten kontinuierlichen Regelstrecken werden zu Abtast-Regelstrecken, indem ihnen ein Abtaster mit Halteglied vorgeschaltet wird und vom Verlauf ihrer Ausgangsgröße nur die Werte in den Abtastzeitpunkten entnommen werden. Bei der Herleitung der *w*-Übertragungsfunktionen ist es sinnvoll, von der *s*-Übertragungsfunktion der kontinuierlichen Regelstrecke auszugehen.

Anders liegen die Verhältnisse beim Abtastregler, der aus einer zu den Abtastzeitpunkten $t = kT$ vorliegenden Eingangsfolge (e_k) aufgrund eines Regelalgorithmus eine Ausgangsfolge (y_k) erzeugt, die ebenfalls nur zu den Abtastzeitpunkten vorliegt. Dabei ist die Eingangsfolge (e_k) durch Vergleich einer Folge (x_k) mit einer Folge (w_k) entstanden. Der Zusammenhang zwischen der Folge (e_k) und der Folge (y_k) soll durch eine Übertragungsfunktion ausgedrückt werden. Aus dieser Übertragungsfunktion wird danach wieder ein Abtastfrequenzgang hergeleitet.

In jedem einzelnen Abtastzeitpunkt $t = kT$ ermittelt der Abtastregler die Stellgröße $y(kT)$ aus der anliegenden Regeldifferenz $e(kT)$. Es werden auch Werte der Regeldifferenz von zurückliegenden Abtastzeitpunkten $e[(k-1)T]$, $e[(k-2)T]$ usw. und auch Werte der Stellgröße von zurückliegenden Abtastzeitpunkten $y[(k-1)T]$ usw. herangezogen. Berücksichtigt man alle diese Werte mit entsprechenden Koeffizienten, so ergibt sich als Regel-Algorithmus n-ter Ordnung

$$y(kT) = d_0\,e(kT) + d_1\,e[(k-1)T] + \ldots + d_n\,e(k-n)T$$
$$+ c_1\,y[(k-1)T] + \ldots + c_n\,y[(k-n)T]. \qquad (4.107)$$

Betrachtet man nun die *z*-Transformierten $E_z(z)$ und $Y_z(z)$, die den Wertefolgen der Regeldifferenz und der Stellgröße zugeordnet werden, so werden die Verschiebungen um jeweils einen Abtastschritt durch Multiplikation mit z^{-1} berücksichtigt. Damit entspricht der oben angegebenen Differenzengleichung die Darstellung mit Hilfe der *z*-Transformierten

$$Y_z(z) = d_0\,E_z(z) + d_1\,z^{-1}\,E_z(z) + \ldots + d_n\,z^{-n}\,E_z(z)$$
$$+ c_1\,z^{-1}\,Y_z(z) + \ldots + c_n\,z^{-n}\,Y_z(z).$$

Für die *z*-Übertragungsfunktion des Regelalgorithmus ergibt sich

$$G_{Rz}(z) = \frac{Y_z(z)}{E_z(z)} = \frac{d_0 + d_1\,z^{-1} + \ldots + d_n\,z^{-n}}{1 - c_1\,z^{-1} - \ldots - c_n\,z^{-n}}. \qquad (4.108)$$

Entsprechend der Vorgehensweise bei den Regelstrecken ist hierzu eine *w*-Übertragungsfunktion des Regelalgorithmus festzulegen. Dies geschieht dadurch, daß in Gl. (4.108) die Größe z wieder durch $[1+(T/2)w]/[1-(T/2)w]$ ersetzt wird. Damit wird definiert:

Die w-Übertragungsfunktion $G_{Rw}(w)$ eines Abtastreglers mit der z-Übertragungsfunktion $G_{Rz}(z)$ ist gegeben durch

$$G_{Rw}(w) = G_{Rz}(z) \Big|_{z = \frac{1+\frac{T}{2}w}{1-\frac{T}{2}w}} . \tag{4.109}$$

4.3.3.1 Regelalgorithmen 1. Ordnung.

Regelalgorithmen 1. Ordnung ergeben sich, wenn jeweils nur ein zurückliegender Wert der Regeldifferenz und der Stellgröße berücksichtigt wird. Setzt man in Gl. (4.107) den Wert $n=1$, so erhält man

$$y_k = d_0 e_k + d_1 e_{k-1} + c_1 y_{k-1} . \tag{4.110}$$

In dieser Form wird der Regelalgorithmus im Rechner programmiert. Die entsprechende z-Übertragungsfunktion lautet

$$G_{Rz}(z) = \frac{d_0 + d_1 z^{-1}}{1 - c_1 z^{-1}} . \tag{4.111}$$

Ersetzt man hierin z nach Gl. (4.109), so erhält man die w-Übertragungsfunktion

$$G_{Rw}(w) = \frac{d_0 + d_1 + (d_0 - d_1)(T/2)w}{1 - c_1 + (1 + c_1)(T/2)w} . \tag{4.112}$$

Mit dieser w-Übertragungsfunktion lassen sich der PD-Regelalgorithmus und der PI-Regelalgorithmus beschreiben.

PD-Regelalgorithmus. Zieht man in Gl. (4.112) die konstanten Terme im Zähler und Nenner heraus, so erhält man

$$G_{Rw}(w) = \frac{d_0 + d_1}{1 - c_1} \cdot \frac{1 + \dfrac{d_0 - d_1}{d_0 + d_1} \cdot \dfrac{T}{2} w}{1 + \dfrac{1 + c_1}{1 - c_1} \cdot \dfrac{T}{2} w} .$$

Diese Übertragungsfunktion zeigt denselben Aufbau wie die eines kontinuierlichen PD-T_1-Reglers. Daher soll der PD-Regelalgorithmus durch die entsprechenden Kenngrößen Proportionalbeiwert K_P, transformierte Vorhaltzeit τ_v und transformierte Dämpfungszeit τ_d beschrieben werden.

Mit den Benennungen

$$K_{\mathrm{P}} = \frac{d_0 + d_1}{1 - c_1}, \tag{4.113}$$

$$\tau_{\mathrm{v}} = \frac{d_0 - d_1}{d_0 + d_1} \cdot \frac{T}{2}, \tag{4.114}$$

$$\tau_{\mathrm{d}} = \frac{1 + c_1}{1 - c_1} \cdot \frac{T}{2} \tag{4.115}$$

erhält man die w-Übertragungsfunktion

$$G_{\mathrm{Rw}}(w) = K_{\mathrm{P}} \frac{1 + \tau_{\mathrm{v}} w}{1 + \tau_{\mathrm{d}} w} \tag{4.116}$$

und den zugehörigen Abtast-Frequenzgang

$$G_{\mathrm{Rw}}(\mathrm{j}\Omega) = K_{\mathrm{P}} \frac{1 + \tau_{\mathrm{v}} \mathrm{j}\Omega}{1 + \tau_{\mathrm{d}} \mathrm{j}\Omega}. \tag{4.117}$$

Dieser Abtast-Frequenzgang im Ω-Bereich ist wie der Frequenzgang eines kontinuierlichen PD-T_1-Reglers im ω-Bereich aufgebaut und geht mit abnehmender Abtastzeit T stetig in den letzteren über.

Hat man die transformierte Vorhalt- und Dämpfungszeit τ_{v} und τ_{d} sowie den Proportionalbeiwert K_{P} durch Anpassung an eine gegebene Abtast-Regelstrecke ermittelt, so erhält man die Koeffizienten des PD-Regelalgorithmus

$$d_0 = K_{\mathrm{P}} \frac{\tau_{\mathrm{v}} + T/2}{\tau_{\mathrm{d}} + T/2}, \tag{4.118}$$

$$d_1 = -K_{\mathrm{P}} \frac{\tau_{\mathrm{v}} - T/2}{\tau_{\mathrm{d}} + T/2} \tag{4.119}$$

und

$$c_1 = \frac{\tau_{\mathrm{d}} - T/2}{\tau_{\mathrm{d}} + T/2} \tag{4.120}$$

durch Auflösen der Gln. (4.113) bis (4.115).

4.3.3.2 Übergangsfunktion und Abtast-Frequenzgang beim PD-Regelalgorithmus. Das Verhalten des PD-Regelalgorithmus hängt sehr stark davon ab, ob $c_1 > 0$, $c_1 = 0$ oder $c_1 < 0$ ist. Diese Werte für c_1 ergeben sich, wenn $\tau_{\mathrm{d}} > T/2$, $\tau_{\mathrm{d}} = T/2$ oder $\tau_{\mathrm{d}} < T/2$ ist. Um diese Abhängigkeit zu zeigen, werden die Übergangsfunktionen für y_k betrachtet, die man erhält, wenn man für e_k die Folge $(e_k) = (1, 1, 1, \ldots)$ vorgibt.

Beispiel 4.23. Es sollen die Übergangsfunktion und der Abtast-Frequenzgang eines PD-Regelalgorithmus mit dem Proportionalbeiwert $K_P = 1$, der transformierten Vorhaltzeit $\tau_v = 7,5$ s, der transformierten Dämpfungszeit $\tau_d = 1,5$ s und der Abtastzeit $T = 1$ s ermittelt werden.

Aus den Gln. (4.118) bis (4.120) erhält man für

$$d_0 = 1(7,5 + 0,5)/(1,5 + 0,5) = 4,$$

$$d_1 = -1(7,5 - 0,5)/(1,5 + 0,5) = -3,5$$

und

$$c_1 = (1,5 - 0,5)/(1,5 + 0,5) = 0,5.$$

Daher lautet der Regelalgorithmus $y_k = 4e_k - 3,5e_{k-1} + 0,5y_{k-1}$. Die sich mit ihm ergebende Übergangsfunktion in Bild 4.41a und auch der Abtast-Frequenzgang $G_{Rw}(j\Omega) = (1 + 7,5j\Omega)/(1 + 1,5j\Omega)$ in Bild 4.41b zeigen ein Verhalten, wie man es von kontinuierlichen PD-T_1-Reglern gewohnt ist. Von einem Anfangswert d_0 geht die Übergangsfunktion auf den Endwert $K_P = (d_0 + d_1)/(1 - c_1)$ über. Das Übergangsverhalten wird durch c_1 bestimmt.

Für die Abhängigkeit des Übergangsverhaltens von c_1 läßt sich beim PD-Algorithmus eine allgemeingültige und anschauliche Beziehung herleiten. Aus Gl. (4.110) folgt zunächst für den Anfangswert der Übergangsfunktion bei $k = 0$ wegen $e_{-1} = 0$, $y_{-1} = 0$ mit $e_0 = 1$, daß $y_0 = d_0$ wird. Für die Werte der Eingangsfolge e_k gilt für $k > 0$, daß $e_k = e_{k-1} = 1$ ist. Daher folgt aus Gl. (4.110) für die Wertefolge der Übergangsfunktion

$$y_k = d_0 + d_1 + c_1 y_{k-1} \quad \text{für} \quad k > 0. \tag{4.121}$$

Einen anschaulichen Zusammenhang zwischen den Werten y_k und y_{k-1} erhält man, wenn man von beiden den Abstand zum Endwert y_∞ vergleicht. Dieser Endwert ist als $y_\infty = K_P = (d_0 + d_1)/(1 - c_1)$ bekannt. Setzt man $d_0 + d_1 = y_\infty(1 - c_1)$ in die Gl. (4.121) ein und zieht auf beiden Seiten y_∞ ab, so erhält man $y_k - y_\infty = y_\infty(1 - c_1) + c_1 y_{k-1} - y_\infty$. Nach Ausmultiplizieren und Ordnen der Glieder ergibt sich die Beziehung

$$y_k - y_\infty = c_1(y_{k-1} - y_\infty) \quad \text{für} \quad k > 0. \tag{4.122}$$

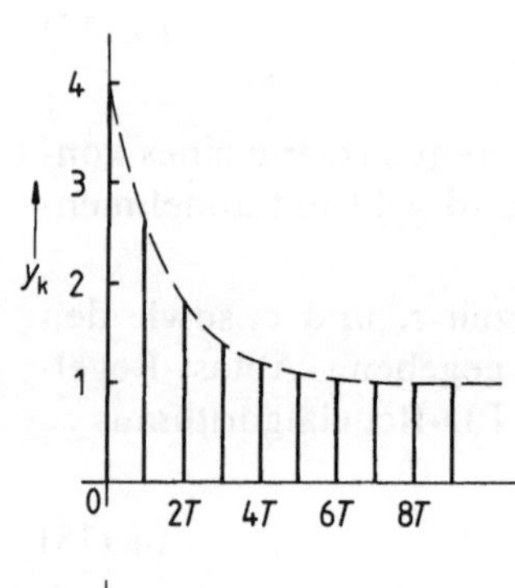
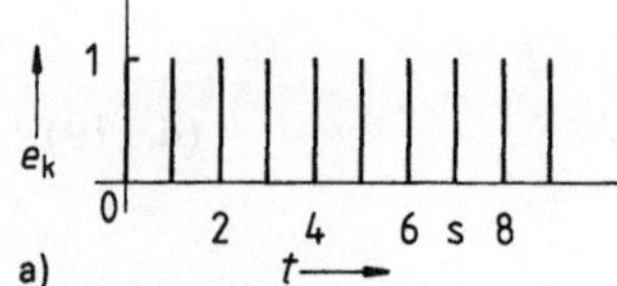
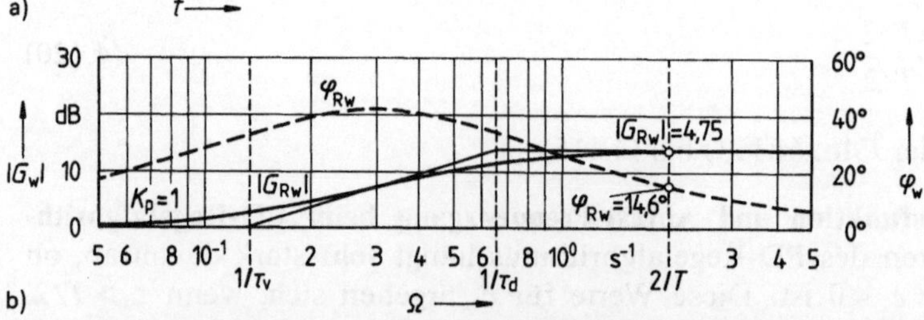

4.41 Übergangsfunktion (a) und Frequenzkennlinien (b) eines PD-Regelalgorithmus mit Proportionalbeiwert $K_P = 1$, transformierter Vorhaltzeit $\tau_v = 7,5$ s, transformierter Dämpfungszeit $\tau_d = 1,5$ s und Abtastzeit $T = 1$ s

Diesen Zusammenhang kann man anschaulich anhand von Bild **4.41**a überprüfen. Der Abstand des Anfangswertes $y_0 = 4$ vom Endwert $y_\infty = 1$ beträgt $y_0 - y_\infty = 3$. Dieser Abstand wird bei jedem Abtastschritt entsprechend dem Koeffizienten $c_1 = 0{,}5$ halbiert, wie man an der sich ergebenden Wertefolge für $(y_k) = (4;\ 2{,}5;\ 1{,}75;\ 1{,}375;\ 1{,}1875;\ \ldots)$ sieht. Man kann daher den Koeffizienten c_1 als **Abklingkoeffizienten** bezeichnen.

Beispiel 4.24. Zum Vergleich mit Beispiel 4.23 sollen die Übergangsfunktion und der Abtast-Frequenzgang eines PD-Regelalgorithmus mit dem Proportionalbeiwert $K_P = 1$, der transformierten Vorhaltzeit $\tau_v = 7{,}5$ s und der transformierten Dämpfungszeit $\tau_d = 1{,}5$ s bei der Abtastzeit $T = 3$ s bestimmt werden.

Wegen der Festlegung $\tau_d = T/2$ folgt aus Gl. (4.120), daß in diesem Beispiel der Abklingkoeffizient $c_1 = 0$ ist. Aus den Gln. (4.118) und (4.119) erhält man für $d_0 = 1\,(7{,}5 + 1{,}5)/(1{,}5 + 1{,}5) = 3$ und für $d_1 = -1\,(7{,}5 - 1{,}5)/(1{,}5 + 1{,}5) = -2$. Damit lautet hier der Regelalgorithmus $y_k = 3\,e_k - 2\,e_{k-1}$.

Mit dem Wert $c_1 = 0$ geht die Übergangsfunktion nach dem Anfangswert $d_0 = 3$ im nächsten Abtastschritt bei $T = 3$ s schon auf den Endwert $d_0 + d_1 = 1$ (Bild **4.42**a). Der zugehörige Abtast-Frequenzgang in Bild **4.42**b stimmt mit dem Abtast-Frequenzgang in Bild **4.41**b nach Betrag und Phase überein. Beide Abtast-Frequenzgänge werden jedoch mit zwei um den Faktor 3 unterschiedlichen Abtastzeiten erzeugt. Die Frequenz $\Omega = 2/T$ ist in beiden Abtast-Frequenzgängen mit Angabe der dazugehörigen Werte für Betrag und Phase eingezeichnet.

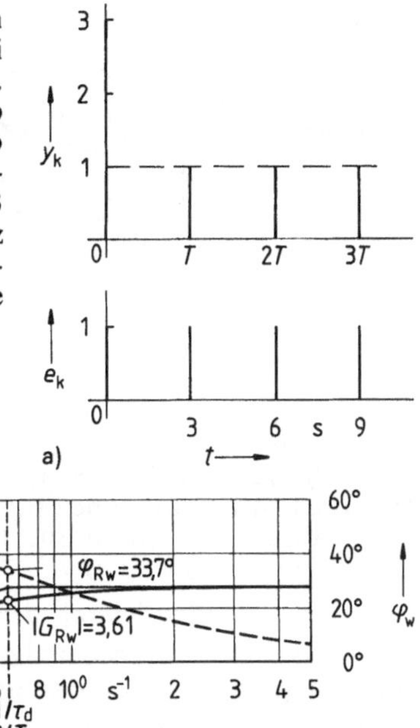

4.42 Übergangsfunktion (a) und Frequenzkennlinien (b) eines PD-Regelalgorithmus mit Proportionalbeiwert $K_P = 1$, transformierter Vorhaltzeit $\tau_v = 7{,}5$ s, transformierter Dämpfungszeit $\tau_d = 1{,}5$ s und Abtastzeit $T = 3$ s

Beispiel 4.25. Die Übergangsfunktion und der Abtast-Frequenzgang eines PD-Regelalgorithmus mit dem Proportionalbeiwert $K_P = 1$ sollen ermittelt werden, wenn die transformierte Vorhaltzeit $\tau_v = 7{,}5$ s und die transformierte Dämpfungszeit $\tau_d = 1{,}5$ s betragen bei einer Abtastzeit $T = 9$ s.

Aus den Gln. (4.118) bis (4.120) erhält man für

$$d_0 = 1\,(7{,}5 + 4{,}5)/(1{,}5 + 4{,}5) = 2,$$
$$d_1 = -1\,(7{,}5 - 4{,}5)/(1{,}5 + 4{,}5) = -0{,}5$$

und für

$$c_1 = (1{,}5 - 4{,}5)/(1{,}5 + 4{,}5) = -0{,}5.$$

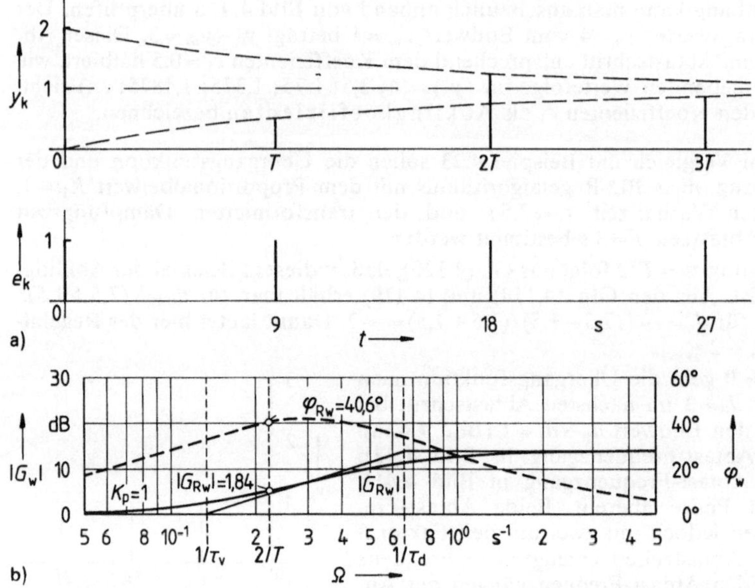

4.43 Übergangsfunktion (a) und Frequenzkennlinien (b) eines PD-Regelalgorithmus mit Proportionalbeiwert $K_P = 1$, transformierter Vorhaltzeit $\tau_v = 7,5$ s, transformierter Dämpfungszeit $\tau_d = 1,5$ s und Abtastzeit $T = 9$ s

Der sich ergebende Regelalgorithmus $y_k = 2e_k - 0,5e_{k-1} - 0,5y_{k-1}$ zeigt wegen $c_1 < 0$ ein oszillierendes Verhalten in der Übergangsfunktion (Bild **4.43**a). Die sich ergebende Wertefolge für $(y_k) = (2; 0,5; 1,25; 0,875; 1,0625; ...)$ erhält man auch wegen $y_\infty = 1$ mit der aus Gl. (4.122) folgenden Beziehung $y_k - 1 = -0,5(y_{k-1} - 1)$. Der relativ große Wert der Abtastzeit $T = 9$ s ist in Bild **4.43**a berücksichtigt. Im zugehörigen Abtast-Frequenzgang in Bild **4.43**b wird hier $2/T < 1/\tau_d$.

4.3.3.3 Veranschaulichung des Abtast-Frequenzganges beim PD-Regelalgorithmus.
Auch bei den Regelalgorithmen muß es möglich sein, den Abtast-Frequenzgang anschaulich darzustellen. Hierzu wird eine Folge (e_k) entsprechend einem sinusförmigen Verlauf vorgegeben und die zugehörige Folge (y_k) im eingeschwungenen Zustand ermittelt. Mit zwei sinusförmigen Trägerfunktionen $\tilde{e}(t)$ und $\tilde{y}(t)$ durch die Endpunkte der Folgen ergibt sich die Verstärkung und der Phasenwinkel bei der gewählten transformierten Kreisfrequenz Ω.

Beispiel 4.26. Für den Abtast-Frequenzgang des PD-Regelalgorithmus mit dem Proportionalbeiwert $K_P = 1$, der transformierten Vorhaltzeit $\tau_v = 7,5$ s, der transformierten Dämpfungszeit $\tau_d = 1,5$ s und der Abtastzeit $T = 1$ s sollen bei der Frequenz $\Omega = 2/T$ die Verstärkung $|G_{Rw}|$ und der Phasenwinkel φ_{Rw} bestimmt und anhand der Trägerfunktionen $\tilde{e}(t)$ und $\tilde{y}(t)$ demonstriert werden.

In Bild **4.41**b ist der Abtast-Frequenzgang nach Gl. (4.117) $G_{Rw}(j\Omega) = K_P(1 + \tau_v j\Omega)/(1 + \tau_d j\Omega)$ mit den Parameterwerten eingezeichnet, die für dieses Beispiel und ebenso für Beispiel 4.23 gewählt sind. Für die Frequenz $\Omega = 2/T$ erhält man die Amplitude

$$|G_{Rw}| = 1\,\frac{\sqrt{1 + (2\tau_v/T)^2}}{\sqrt{1 + (2\tau_d/T)^2}} = 1\,\frac{\sqrt{1 + 15^2}}{\sqrt{1 + 3^2}} = 4{,}754$$

und den Phasenwinkel

$$\text{arc}\,\varphi_{Rw} = \arctan\,(2\,\tau_v/T) - \arctan\,(2\,\tau_d/T) = 86{,}2° - 71{,}6° = 14{,}6°.$$

Die Wahl von $\Omega = 2/T$ bedeutet nach Gl. (4.84) $r = 4$ Abtastschritte pro Periode entsprechend einer Eingangsfolge $(e_k) = (1;\ 0;\ -1;\ 0;\ 1;\ 0;\ \ldots)$. Gibt man diese Eingangsfolge mit den Anfangswerten $e_{-1} = 0;\ y_{-1} = 0$ auf den im Beispiel 4.23 ermittelten Regelalgorithmus $y_k = 4e_k - 3{,}5e_{k-1} + 0{,}5y_{k-1}$, so erhält man die in Tafel 4.44a angegebene Wertefolge für y_k. Bereits nach wenigen Rechenschritten läßt sich ein stationärer Endzustand für die Ausgangsfolge $(y_k) = (4{,}6;\ -1{,}2;\ -4{,}6;\ 1{,}2;\ 4{,}6;\ -1{,}2\ \ldots)$ erkennen (Tafel 4.44b), der die Differenzengleichung erfüllt, wie man durch Einsetzen überprüft.

Tafel 4.44 Eingangs- und Ausgangsfolge (e_k) und (y_k) eines PD-Regelalgorithmus beim Anfangswert Null (a) und im eingeschwungenen Zustand (b)

a)

k	e_k	e_{k-1}	y_k	y_{k-1}
0	1	0	4	0
1	0	1	$-1{,}5$	4
2	-1	0	$-4{,}75$	$-1{,}5$
3	0	-1	$1{,}125$	$-4{,}75$
4	1	0	$4{,}5625$	$1{,}125$
5	0	1	$-1{,}21875$	$4{,}5625$
6	-1	0	$-4{,}609375$	$-1{,}21875$

b)

k	e_k	e_{k-1}	y_k	y_{k-1}
0	1	0	$4{,}6$	$1{,}2$
1	0	1	$-1{,}2$	$4{,}6$
2	-1	0	$-4{,}6$	$-1{,}2$
3	0	-1	$1{,}2$	$-4{,}6$

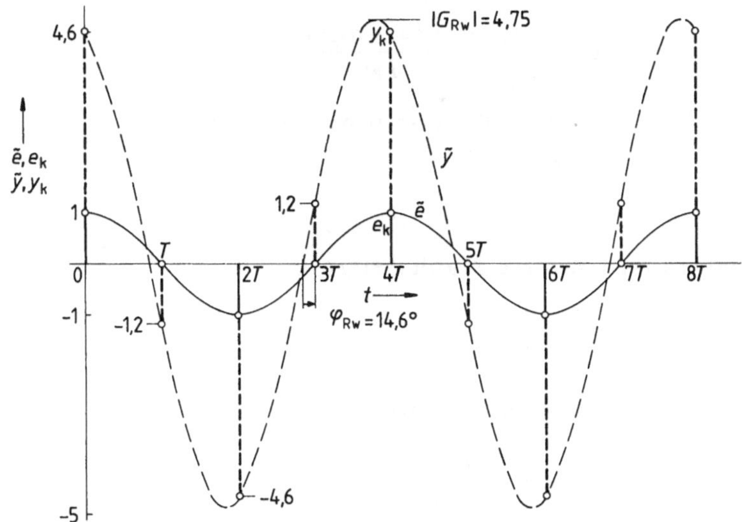

4.45 Sinusförmige Eingangs- und Ausgangsfolgen mit zugeordneten Trägerfunktionen bei einem PD-Regelalgorithmus nach Bild 4.41 mit 4 Abtastungen pro Periode e_k Wertefolge der Eingangsgröße, $\tilde{e}$ zugeordnete Trägerfunktion, y_k Wertefolge der Ausgangsgröße, $\tilde{y}$ zugeordnete Trägerfunktion, $|G_{Rw}|$ Amplitudengang im transformierten Bereich, φ_{Rw} Phasengang im transformierten Bereich, T Abtastzeit

Bild **4.45** zeigt die beiden Trägerfunktionen $\tilde{e}$ und $\tilde{y}$ durch die Endpunkte dieser beiden Folgen. Für die Trägerfunktion $\tilde{e}(t)$ kommt eine cos-Funktion der Form

$$\tilde{e}(t) = \cos(k\,\pi/2) = \cos\left(\frac{\pi}{2} \cdot \frac{t}{T}\right)$$

infrage, damit in den Abtastzeitpunkten $t = kT$ die Werte der Eingangsfolge (e_k) angenommen werden. Für die um den Winkel φ_{Rw} phasenverschobene Trägerfunktion $\tilde{y}(t)$ mit der Amplitude $|G_{Rw}|$ ist eine cos-Funktion der Form

$$\tilde{y}(t) = |G_{Rw}| \cos\left(\frac{\pi}{2} \cdot \frac{t}{T} + \varphi_{Rw}\right)$$

anzunehmen. Die beiden Werte $|G_{Rw}|$ und φ_{Rw} ermittelt man aus den Funktionswerten von $y(t)$ zu zwei beliebigen Zeitpunkten, beispielsweise bei $t = 0$ und $t = T$. Für $t = 0$ ergibt sich $\tilde{y}(0) = |G_{Rw}| \cos(\varphi_{Rw}) = 4{,}6$ und für $t = T$ erhält man $\tilde{y}(T) = |G_{Rw}| \cos(\pi/2 + \varphi_{Rw})$ $= -|G_{Rw}| \sin(\varphi_{Rw}) = -1{,}2$. Daraus ergeben sich $\tan(\varphi_{Rw}) = 1{,}2/4{,}6$; $\varphi_{Rw} = 14{,}6°$ und $|G_{Rw}| = \sqrt{4{,}6^2 + 1{,}2^2} = 4{,}754$.

Damit sind die zu Beginn aus dem Abtast-Frequenzgang ermittelten Werte für $|G_{Rw}|$ und φ_{Rw} auch anhand der beiden Trägerfunktionen $\tilde{e}$ und $\tilde{y}$ nachgewiesen. Gäbe man dieselbe Eingangsfolge (e_k) auf die in Beispiel 4.24 und 4.25 ermittelten Regelalgorithmen, so würden sich anhand der Trägerfunktionen die in Bild **4.42**b bzw. **4.43**b bei der Frequenz $\Omega = 2/T$ jeweils angegebenen Werte für $|G_{Rw}|$ und φ_{Rw} ergeben.

4.3.3.4 PI-Regelalgorithmus.

Aus der w-Übertragungsfunktion in Gl. (4.112) läßt sich noch ein Sonderfall herleiten, indem daß man $c_1 = 1$ setzt. Dann entfällt das konstante Glied im Nenner, und man erhält

$$G_{Rw}(w) = \frac{d_0 + d_1 + (d_0 - d_1)(T/2)\,w}{Tw}. \tag{4.123}$$

Mit den Kenngrößen **Proportionalbeiwert**

$$K_P = \frac{d_0 - d_1}{2} \tag{4.124}$$

und **transformierte Nachstellzeit**

$$\tau_n = \frac{d_0 - d_1}{d_0 + d_1} \cdot \frac{T}{2} \tag{4.125}$$

erhält man die w-Übertragungsfunktion

$$G_{Rw}(w) = K_P \frac{1 + \tau_n w}{\tau_n w}. \tag{4.126}$$

Der zugehörige Abtast-Frequenzgang

$$G_{Rw}(j\Omega) = K_P \frac{1 + \tau_n j\Omega}{\tau_n j\Omega} \tag{4.127}$$

ist im Ω-Bereich genauso aufgebaut wie der Frequenzgang eines kontinuierlichen PI-Reglers im ω-Bereich. Daher wird der zugehörige Algorithmus als PI-Regelalgorithmus bezeichnet.

Aus der transformierten Nachstellzeit τ_n und dem Proportionalbeiwert K_P ermittelt man die Koeffizienten des PI-Regelalgorithmus bei der Abtastzeit T

$$d_0 = K_P \frac{\tau_n + T/2}{\tau_n}, \tag{4.128}$$

$$d_1 = -K_P \frac{\tau_n - T/2}{\tau_n} \tag{4.129}$$

und

$$c_1 = 1. \tag{4.130}$$

Beispiel 4.27. Es sollen die Übergangsfunktion und der Abtast-Frequenzgang eines PI-Regelalgorithmus mit dem Proportionalbeiwert $K_P = 1{,}5$ und der transformierten Nachstellzeit $\tau_n = 1$ s bei der Abtastzeit $T = 2/3$ s ermittelt werden.

Aus den Gln. (4.128) bis (4.130) erhält man $d_0 = 2$; $d_1 = -1$; $c_1 = 1$ und damit den Regelalgorithmus

$$y_k = 2e_k - e_{k-1} + y_{k-1}.$$

Die entsprechende Übergangsfunktion zeigt Bild **4.46**a, und der Abtast-Frequenzgang ist in Bild **4.46**b dargestellt.

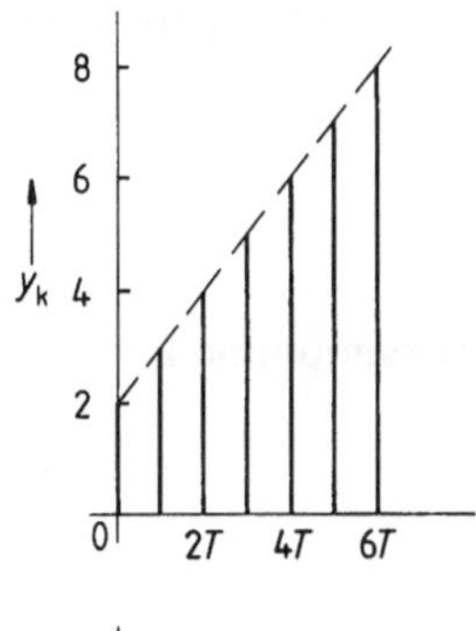

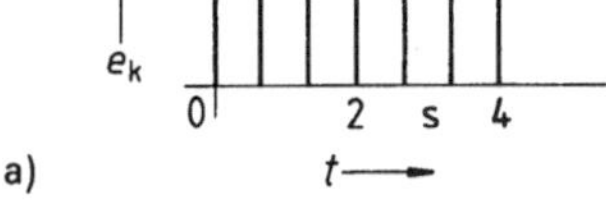

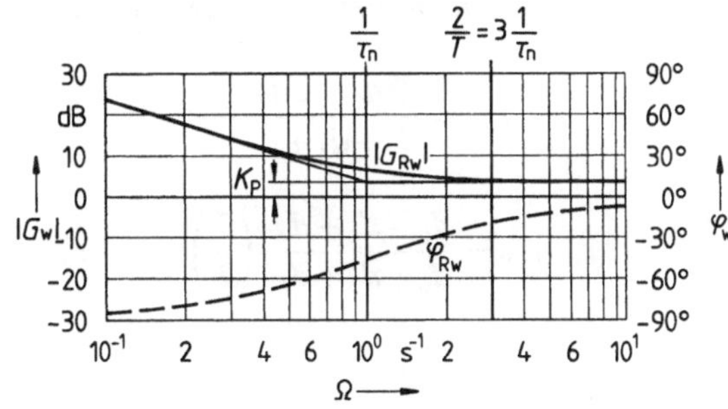

4.46 Übergangsfunktion (a) und Frequenzkennlinien (b) eines PI-Regelalgorithmus mit Proportionalbeiwert $K_P = 1{,}5$, transformierter Nachstellzeit $\tau_n = 1$ s und Abtastzeit $T = 2/3$ s

4.3.3.5 Regelalgorithmen 2. Ordnung. Bei den Regelalgorithmen 2. Ordnung werden jeweils zwei zurückliegende Werte der Regeldifferenz und der Stellgröße berücksichtigt. Daher ist dieser Regelalgorithmus

$$y_k = d_0 e_k + d_1 e_{k-1} + d_2 e_{k-2} + c_1 y_{k-1} + c_2 y_{k-2}. \tag{4.131}$$

Ersetzt man in der z-Übertragungsfunktion

$$G_{Rz}(z) = \frac{d_0 + d_1 z^{-1} + d_2 z^{-2}}{1 - c_1 z^{-1} - c_2 z^{-2}} \tag{4.132}$$

die Größe z durch $[1 + (T/2)w]/[1 - (T/2)w]$, so erhält man die w-Übertragungsfunktion

$$G_{Rw}(w) = \frac{d_0 + d_1 + d_2 + (2d_0 - 2d_2)(T/2)w + (d_0 - d_1 + d_2)(T/2)^2 w^2}{1 - c_1 - c_2 + (2 + 2c_2)(T/2)w + (1 + c_1 - c_2)(T/2)^2 w^2}. \tag{4.133}$$

Von den damit möglichen Regelalgorithmen soll lediglich der PID-Regelalgorithmus betrachtet werden. Um integrierendes Verhalten zu erzeugen, muß der konstante Term im Nenner zu Null werden, was

$$c_1 + c_2 = 1 \tag{4.134}$$

bedeutet.

Es sollen bestimmte Anteile im Zähler und Nenner so herausgezogen werden, daß sich die Reglerübertragungsfunktion in der für die Produktdarstellung üblichen Form

$$G_{Rw}(w) = K_{PP} \frac{(1 + \tau_{nP} w)(1 + \tau_{vP} w)}{\tau_{nP} w (1 + \tau_d w)} \tag{4.135}$$

schreiben läßt. Dazu werden folgende Festsetzungen vorgenommen:

$$\tau_{nP} + \tau_{vP} = \frac{2d_0 - 2d_2}{d_0 + d_1 + d_2} \cdot \frac{T}{2},$$

$$\tau_{nP} \tau_{vP} = \frac{d_0 - d_1 + d_2}{d_0 + d_1 + d_2} \cdot \left(\frac{T}{2}\right)^2, \qquad \tau_d = \frac{1 - c_2}{1 + c_2} \cdot \frac{T}{2}$$

und

$$K_{PP} \frac{T/2}{\tau_{nP}} = \frac{d_0 + d_1 + d_2}{2(1 + c_2)}.$$

Die w-Übertragungsfunktion Gl. (4.135) und der dazu gehörige Abtast-Frequenzgang

$$G_{Rw}(j\Omega) = K_{PP} \frac{(1 + \tau_{nP} j\Omega)(1 + \tau_{vP} j\Omega)}{\tau_{nP} j\Omega (1 + \tau_d j\Omega)} \tag{4.136}$$

rechtfertigen aufgrund ihrer Übereinstimmung mit dem eines kontinuierlichen PID-Reglers die Bezeichnung PID-Regelalgorithmus.

Aus den Reglerparametern τ_{nP}, τ_{vP}, τ_d und K_{PP} ergeben sich die Koeffizienten des PID-Regelalgorithmus zu

$$d_0 = K_{PP} \frac{(\tau_{nP} + T/2)(\tau_{vP} + T/2)}{\tau_{nP}(\tau_d + T/2)}, \tag{4.137}$$

$$d_1 = -2 K_{PP} \frac{\tau_{nP}\tau_{vP} - (T/2)^2}{\tau_{nP}(\tau_d + T/2)}, \tag{4.138}$$

$$d_2 = K_{PP} \frac{(\tau_{nP} - T/2)(\tau_{vP} - T/2)}{\tau_{nP}(\tau_d + T/2)}, \tag{4.139}$$

$$c_1 = \frac{2\tau_d}{\tau_d + T/2} = 1 - c_2 \tag{4.140}$$

und

$$c_2 = -\frac{\tau_d - T/2}{\tau_d + T/2}. \tag{4.141}$$

Tafel **4.47** enthält die w-Übertragungsfunktionen der betrachteten Abtastregler.

Tafel **4.47** z- und w-Übertragungsfunktionen von Abtastreglern

Bez.	$G_{R,}(z)$	$G_{Rw}(w)$	Koeffizienten der Abtastregler
PD		$K_P \dfrac{1 + \tau_v w}{1 + \tau_d w}$	$d_0 = K_P \dfrac{\tau_v + T/2}{\tau_d + T/2} \qquad d_1 = -K_P \dfrac{\tau_v - T/2}{\tau_d + T/2}$ $c_1 = \dfrac{\tau_d - T/2}{\tau_d + T/2}$
PI	$\dfrac{d_0 + d_1 z^{-1}}{1 - c_1 z^{-1}}$	$K_P \dfrac{1 + \tau_n w}{\tau_n w}$	$d_0 = K_P \dfrac{\tau_n + T/2}{\tau_n} \qquad d_1 = -K_P \dfrac{\tau_n - T/2}{\tau_n}$ $c_1 = 1$
PID	$\dfrac{d_0 + d_1 z^{-1} + d_2 z^{-2}}{1 - c_1 z^{-1} - c_2 z^{-2}}$	$K_{PP} \dfrac{(1 + \tau_{nP} w)(1 + \tau_{vP} w)}{\tau_{nP} w (1 + \tau_d w)}$	$d_0 = K_{PP} \dfrac{(\tau_{nP} + T/2)(\tau_{vP} + T/2)}{\tau_{nP}(\tau_d + T/2)}$ $d_1 = -2 K_{PP} \dfrac{\tau_{nP}\tau_{vP} - (T/2)^2}{\tau_{nP}(\tau_d + T/2)}$ $d_2 = K_{PP} \dfrac{(\tau_{nP} - T/2)(\tau_{vP} - T/2)}{\tau_{nP}(\tau_d + T/2)}$ $c_1 = 1 - c_2 = \dfrac{2\tau_d}{\tau_d + T/2}$ $c_2 = -\dfrac{\tau_d - T/2}{\tau_d + T/2}$

Beispiel 4.28. Es sollen Übergangsfunktion und Abtast-Frequenzgang eines PID-Regelalgorithmus mit Proportionalbeiwert $K_{PP}=1$, transformierter Nachstellzeit $\tau_{nP}=10$ s, transformierter Vorhaltzeit $\tau_{vP}=5$ s und transformierter Dämpfungszeit $\tau_d=1$ s bei der Abtastzeit $T=1$ s dargestellt werden.

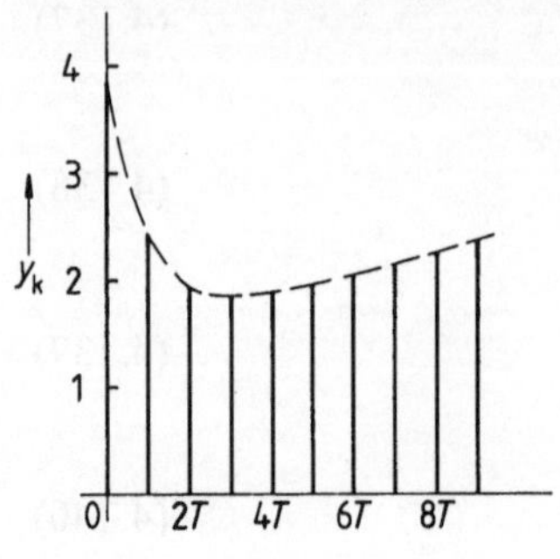

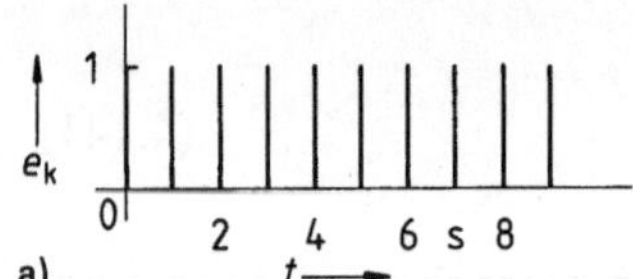

a)

Mit den Gln. (4.137) bis (4.141) ergeben sich die Koeffizienten

$$d_0 = 1(10+0{,}5)(5+0{,}5)/10(1+0{,}5) = 3{,}85,$$

$$d_1 = -2(10\cdot 5 - 0{,}5^2)/10(1+0{,}5) = -6{,}63\bar{3},$$

$$d_2 = 1(10-0{,}5)(5-0{,}5)/10(1+0{,}5) = 2{,}85,$$

$$c_2 = -(1-0{,}5)/(1+0{,}5) = -0{,}3\bar{3}$$

und

$$c_1 = 1 + 0{,}3\bar{3} = 1{,}3\bar{3}$$

des Regelalgorithmus $y_k = 3{,}85\,e_k - 6{,}63\bar{3}\,e_{k-1} + 2{,}85\,e_{k-2} + 1{,}3\bar{3}\,y_{k-1} - 0{,}3\bar{3}\,y_{k-2}$. Die hierzu gehörige Übergangsfunktion zeigt Bild **4.48** a.

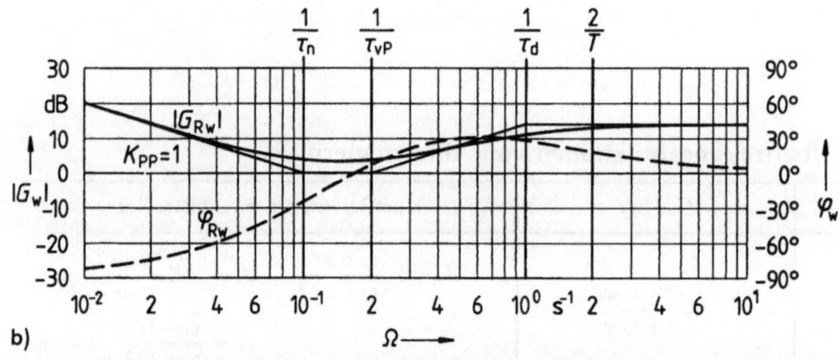

b)

4.48 Übergangsfunktion (a) und Frequenzkennlinien (b) eines PID-Regelalgorithmus mit Proportionalbeiwert $K_{PP}=1$, transformierter Nachstellzeit $\tau_{nP}=10$ s, transformierter Vorhaltzeit $\tau_{vP}=5$ s, transformierter Dämpfungszeit $\tau_d=1$ s und Abtastzeit $T=1$ s

An diesem Beispiel erkennt man, daß für das Abklingverhalten vom Anfangswert auf den Endwert jetzt der Koeffizient $-c_2$ dieselbe Bedeutung hat wie der Koeffizient c_1 beim PD-Regelalgorithmus, was auch ein Vergleich von Gl. (4.141) mit Gl. (4.120) zeigt. Beim PID-Regelalgorithmus hat ein negativer Wert von c_2 ein monotones Abklingen auf den stationären Verlauf mit PI-Verhalten zur Folge.

Es soll daher für den **Abklingkoeffizienten** das Symbol c_D eingeführt, wobei gilt:

$$c_D = c_1 \quad \text{für} \quad \text{Systeme 1. Ordnung,} \tag{4.141a}$$

$$c_D = -c_2 \quad \text{für} \quad \text{Systeme 2. Ordnung.} \tag{4.141b}$$

Bild **4.48** b zeigt den zu diesen Reglerkoeffizienten gehörigen Abtast-Frequenzgang.

Beispiel 4.29. Es sollen die Übergangsfunktionen ermittelt werden, die zum PID-Regelalgorithmus mit Proportionalbeiwert $K_{PP}=1$, transformierter Nachstellzeit $\tau_{nP}=10$ s, transformierter Vorhaltzeit $\tau_{vP}=5$ s und transformierter Dämpfungszeit $\tau_d=1$ s gehören, wenn die Abtastzeit zu $T=2$ s (a) bzw. $T=4$ s (b) gewählt wird.

Mit den nach Gl. (4.137) bis (4.141) errechneten Koeffizienten ergeben sich die beiden Regelalgorithmen

a) $\qquad y_k=3{,}3\,e_k-4{,}9\,e_{k-1}+1{,}8\,e_{k-2}+y_{k-1}$ und

b) $\qquad y_k=2{,}8\,e_k-3{,}06\bar{6}\,e_{k-1}+0{,}8\,e_{k-2}+0{,}6\bar{6}\,y_{k-1}+0{,}3\bar{3}\,y_{k-2},$

deren zugehörige Übergangsfunktionen in Bild **4.49**a und b dargestellt sind. Beim Fall a) wird $c_2=0$. Bis auf den Anfangswert d_0 entspricht das weitere Verhalten dem eines PI-Regelalgorithmus. Beim Fall b) ergibt sich wegen $c_2=0{,}3\bar{3}>0$ ein alternierendes Verhalten. Die Endpunkte der Ausgangsfolge liegen je zur Hälfte auf einer Kurve entsprechend der eines kontinuierlichen PID-T_1-Reglers und auf einer Kurve, die bezüglich des stationären Verlaufs gespiegelt ist.

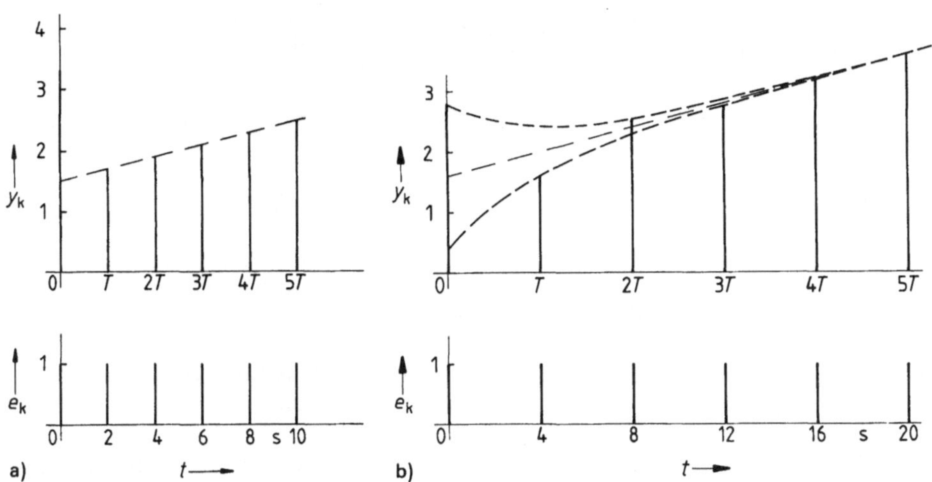

4.49 Übergangsfunktionen von PID-Regelalgorithmen wie Bild **4.48**, jedoch mit $\tau_d=T/2$ (a) und $\tau_d=0{,}5\ T/2$ (b)

4.3.4 Anpassungsbedingungen für Abtastregelungen

Die Anpassung des Abtastreglers an eine gegebene Regelstrecke kann durch systematisches Probieren oder durch vorheriges Entwerfen in Kenntnis des Verhaltens der Regelstrecke erfolgen. In jedem Fall muß so angepaßt werden, daß

– die Stabilität grundsätzlich gewährleistet ist, auch wenn sich gewisse Regelstreckenparameter geringfügig verändern, und

– das Regelverhalten bestimmten Qualitätsansprüchen genügt, was man als Regelgüte bezeichnet.

Aus praktischen Gesichtspunkten wird meistens noch gefordert, daß diese Anpassung schon mit einem Regler möglichst niedriger Ordnung gelingen soll.

4.3.4.1 Stabilitätsprüfung mit dem Nyquist-Kriterium. Zur grundlegenden Stabilitätsprüfung im Frequenzbereich ist das Nyquist-Kriterium besonders geeignet (s. Abschn. 3.1.2.3). Dieses Kriterium bezieht sich auf die Übertragungsfunktion des offenen Kreises

$$G_{\mathrm{Ow}}(w) = G_{\mathrm{Rw}}(w)\,\overline{G}_{\mathrm{Sw}}(w). \tag{4.142}$$

Sie besteht wie im kontinuierlichen Fall aus der Kettenschaltung der Regelstrecke und des Abtastreglers. Dabei wird das Abtast-Halteglied zur Regelstrecke geschlagen und der in einem Prozeßrechner realisierte Abtastregler auch als Regelalgorithmus bezeichnet (s. Bild **4.50**).

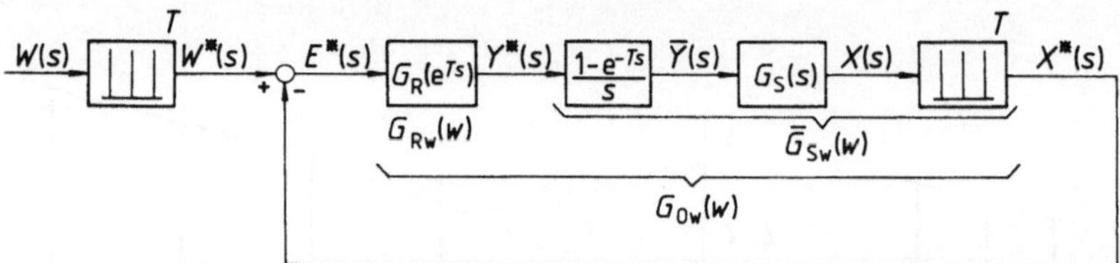

4.50 Wirkungsplan einer Abtastregelung zur Beschreibung durch Abtast-Frequenzgänge
$\overline{G}_{\mathrm{Sw}}(w)$ w-Übertragungsfunktion der Regelstrecke mit Halteglied, $G_{\mathrm{Rw}}(w)$ w-Übertragungsfunktion des Abtastreglers, $G_{\mathrm{Ow}}(w)$ w-Übertragungsfunktion des offenen Regelkreises

Betrachtet man die zu $G_{\mathrm{Ow}}(w)$ gehörenden Frequenzkennlinien $G_{\mathrm{Ow}}(\mathrm{j}\Omega)$, so gilt für die Stabilität das in [50] angegebene „vereinfachte Schnittpunkt-Kriterium". Dabei wird davon ausgegangen, daß sich $G_{\mathrm{Ow}}(w)$ durch den Quotienten eines Zählerpolynoms $M(w)$ und eines Nennerpolynoms $N(w)$ darstellen läßt. Dabei ist normalerweise der Grad des Zählerpolynoms $M(w)$ gleich dem Grad des Nennerpolynoms $N(w)$. Im kontinuierlichen Fall, für den das vereinfachte Schnittpunkt-Kriterium hergeleitet ist, ist jedoch meistens der Zählergrad kleiner als der Nennergrad. Daher soll dieses Schnittpunktkriterium hier in etwas geänderter Weise formuliert werden.

Die Übertragungsfunktion des offenen Kreises läßt sich in der Form

$$G_{\mathrm{Ow}}(w) = K_{\mathrm{O}}\,\frac{1}{w^q}\cdot\frac{M(w)}{N(w)} \quad \text{mit} \quad M(0) = N(0) = 1 \tag{4.143}$$

und der Vielfachheit q der Polstelle bei $w = 0$ darstellen.

Bei proportionalem Verhalten ist $q = 0$. Der Fall $q = 1$ bedeutet integrierendes Verhalten mit einem Pol bei $w = 0$, und auch das doppelt-integrierende Verhalten mit $q = 2$ und einem Doppelpol bei $w = 0$ besitzt noch eine gewisse technische Bedeutung.

Für $G_{Ow}(w)$ sollen folgende drei Voraussetzungen gelten:

a) Alle Polstellen von $G_{Ow}(w)$ – mit Ausnahme derjenigen bei $w=0$ – sollen in der linken offenen w-Halbebene liegen.

b) Die Betragskenlinie $|G_{Ow}(j\Omega)|$ weist genau einen Schnittpunkt mit der 0-dB-Linie auf und verläuft für $\Omega \to \infty$ unterhalb dieser.

c) Der Verstärkungsfaktor K_O ist positiv. Damit nimmt der Phasengang $\varphi_{Ow}(j\Omega)$ für $\Omega=0$ den Wert

$$\lim_{\Omega \to 0} \varphi_{Ow}(j\Omega) = -q\cdot\frac{\pi}{2} \quad \text{mit} \quad q=0,\,1,\,2,\,\dots$$

an.

Dann gilt: Der geschlossene Regelkreis mit der Übertragungsfunktion $G_{Ow}(w)$ ist genau dann stabil, wenn bei der Kreisfrequenz Ω_d, dem Schnittpunkt der Betragskennlinie mit der 0-dB-Linie, $-\pi < \varphi_{Ow}(j\Omega_d) < \pi$ ist.

Der letzte Satz ist gleichbedeutend mit der Aussage, daß der geschlossene Regelkreis genau dann stabil ist, wenn die Phasenreserve im Bereich $0 < \varphi_{rw} < 360°$ liegt.

Diese Aussage gilt auch für kontinuierliche Regelkreise. Die Phasenreserve φ_{rw} ist dabei ein qualitatives Maß für die Dämpfung der Antwort des geschlossenen Regelkreises bei einem Sprung der Führungs- oder Störgröße. Bei $\varphi_{rw}=90°$ ergeben sich aperiodische Einschwingvorgänge. Normal gedämpfte Einschwingvorgänge mit nicht zu starkem Überschwingen und nicht zu großer Einschwingdauer erhält man für $50° < \varphi_{rw} < 70°$.

Diese mehr qualitativen Aussagen genügen nicht, um mit ihnen Abtastregler an gegebene Regelstrecken anzupassen. Im folgenden Abschn. 4.3.4.2 soll daher ein Weg gezeigt werden, um quantitative Aussagen zur Reglerdimensionierung zu gewinnen.

4.3.4.2 Anpassungsbedingungen aus Referenzsystem. Abtastregelkreise müssen in ihrem Einschwingverhalten bestimmte Mindestanforderungen erfüllen, wenn sie in der industriellen Praxis bestehen sollen. Diese gehen über die bloße Stabilität weit hinaus. Ein geschlossener Abtastregelkreis soll folgende Mindestanforderungen erfüllen:

1. Der Übergang der Regelgröße x auf einen vorgegebenen Wert der Führungsgröße w soll in einer begrenzten Zeit erfolgen.

2. Das Überschwingen der Regelgröße über den stationären Endwert bei einer sprungförmigen Führungsgrößenänderung soll einen angebbaren Wert nicht überschreiten.

3. Im stationären Zustand soll die Regelgröße mit der Führungsgröße übereinstimmen.

Diese drei Forderungen lassen sich zusammenfassend durch das Verhalten beschreiben, das ein System 2. Ordnung mit der Führungsgröße w als Eingang

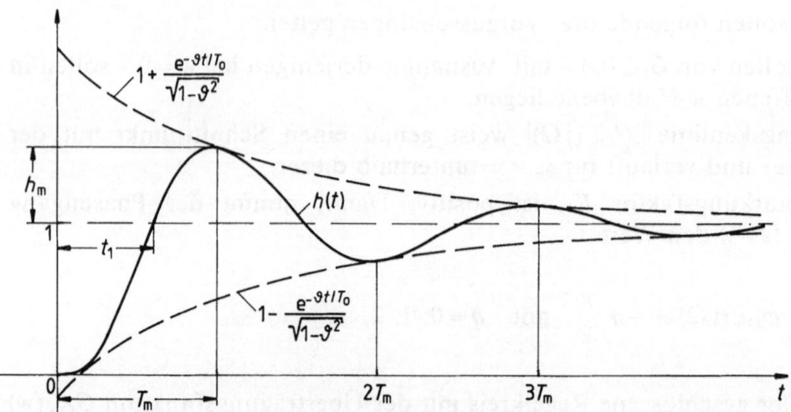

4.51 Übergangsfunktion $h(t)$ eines kontinuierlichen schwingungsfähigen Gliedes 2. Ordnung zur Annäherung der Führungs-Übergangsfunktion von Abtast-Regelkreisen
h_m Überschwingweite, T_m Zeitpunkt mit $h(T_\mathrm{m}) = 1 + h_\mathrm{m}$, t_1 Zeitpunkt mit $h(t_1) = 1$; $t_1 = T_{\mathrm{a}0}$, ϑ Dämpfungsgrad, T_0 Kennzeit

und der Regelgröße x als Ausgang zeigt. Seine Übergangsfunktion ist in Bild 4.51 dargestellt. Das schwingungsfähige P-T_2-Glied kann daher als Grundlage für eine Regleranpassung dienen. Seine Kenngrößen sind bereits in Abschn. 3.1.4.2 ausführlich diskutiert worden.

Für die Übertragungsfunktion des geschlossenen Regelkreises gilt

$$G_\mathrm{W}(s) = \frac{X(s)}{W(s)} = \frac{1}{1 + 2\vartheta T_0 s + T_0^2 s^2} \tag{4.144}$$

mit dem Dämpfungsgrad ϑ und der Kennzeit T_0 als Kehrwert der Kennkreisfrequenz. Die hierzu gehörige Übergangsfunktion

$$h(t) = 1 - \frac{1}{\sqrt{1 - \vartheta^2}}\, e^{-\vartheta t/T_0} \sin(\sqrt{1 - \vartheta^2}\, t/T_0 + \psi) \tag{4.145}$$

erhält man aus Gl. (3.47) für $h_\infty = 1$.

Bei fast allen Regelproblemen ist die **Überschwingweite** h_m die wichtigste Kenngröße, für die sich aus Gl. (3.60)

$$h_\mathrm{m} = e^{-\pi \frac{\vartheta}{\sqrt{1 - \vartheta^2}}} \tag{4.146}$$

ergibt. Als zweite wesentliche Kenngröße wird eine Zeitangabe dafür benötigt, wie schnell eine aufgetretene Regeldifferenz wieder abgebaut wird. Hierfür eignet sich die Zeit t_1, nach der die Regelgröße zum ersten Mal den stationären

Endwert 1 erreicht. Setzt man in Gl. (4.145) den Wert $h(t_1) = 1$, so folgt daraus $\sin(\sqrt{1-\vartheta^2}\, t/T_0 + \psi) = 0$. Die Funktion $\sin x$ ist Null für $x = \pi$, woraus sich

$$t_1 = \frac{\pi - \psi}{\sqrt{1-\vartheta^2}}\, T_0 = \frac{\pi - \arccos\vartheta}{\sqrt{1-\vartheta^2}}\, T_0 \qquad (4.147)$$

ergibt. Die gewählte Zeit t_1 hat eine Beziehung zu der in Abschnitt 3.1.4.1 definierten Anschwingzeit, nach der die Regelgröße erstmalig in einen vereinbarten Toleranzstreifen um den stationären Endwert eintritt. Da die Anschwingzeit nur in geringem Maß von der Toleranzbreite abhängt, wird für den Reglerentwurf von der Zeit t_1 ausgegangen, die der Toleranzbreite Null entspricht. Unter dieser Voraussetzung kann die Zeit t_1, nach der die Führungsübergangsfunktion zum ersten Mal den Wert 1 annimmt, als Anschwingzeit T_{a0} bezeichnet werden.

Die Zeit bis zum ersten Maximum der Übergangsfunktion wurde in Gl. (3.59) zu $T_m = \pi T_0/\sqrt{1-\vartheta^2}$ bestimmt. Damit steht die Anschwingzeit T_{a0} zu der Zeit T_m im Verhältnis

$$\frac{T_{a0}}{T_m} = 1 - \frac{\arccos\vartheta}{\pi} \qquad (4.148)$$

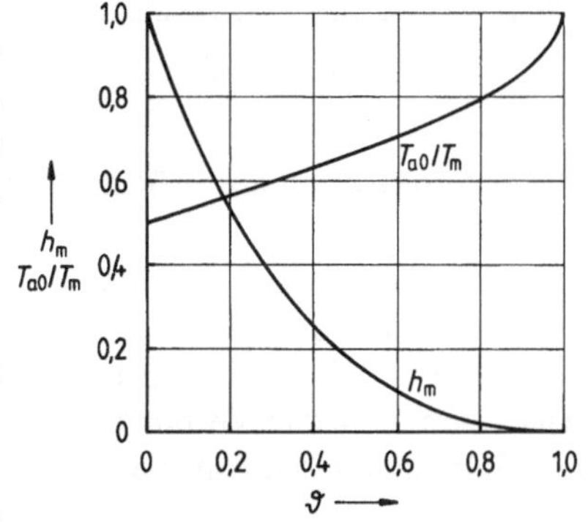

mit einem Wertebereich zwischen 0,5 und 1. Dieses Verhältnis ist zusammen mit der Überschwingweite h_m nach Gl. (4.146) als Funktion des Dämpfungsgrades ϑ in Bild 4.52 dargestellt.

4.52 Zusammenhang zwischen Dämpfungsgrad ϑ und Überschwingweite h_m sowie dem Verhältnis T_{a0}/T_m nach Bild 4.51

Auch die in Abschn. 3.1.4.1 definierte Einschwingzeit T_{ep}, nach der die Übergangsfunktion letztmalig in den Toleranzstreifen der Breite $2\Delta h_p$ eintritt, ist eine wichtige Kenngröße zur Beurteilung des Regelverhaltens. Aus Gl. (3.58) für $T_{ep}/T_0 = \ln[100/(p\sqrt{1-\vartheta^2})]/\vartheta$ und aus Gl. (4.147) für $T_{a0}/T_0 = (\pi - \arccos\vartheta)/\sqrt{1-\vartheta^2}$ mit $t_1 = T_{a0}$ erhält man für das Verhältnis

$$\frac{T_{ep}}{T_{a0}} = \frac{1}{\vartheta} \ln\left[\frac{100}{p} \cdot \frac{1}{\sqrt{1-\vartheta^2}}\right] \cdot \frac{\sqrt{1-\vartheta^2}}{\pi - \arccos\vartheta}.$$

Da der Reglerentwurf direkt von der gewünschten Überschwingweite ausgeht, ist es sinnvoll, hierin den Dämpfungsgrad ϑ durch die Überschwingweite h_m auszudrücken. Löst man die Gl. (4.146) nach ϑ auf, so ergibt sich

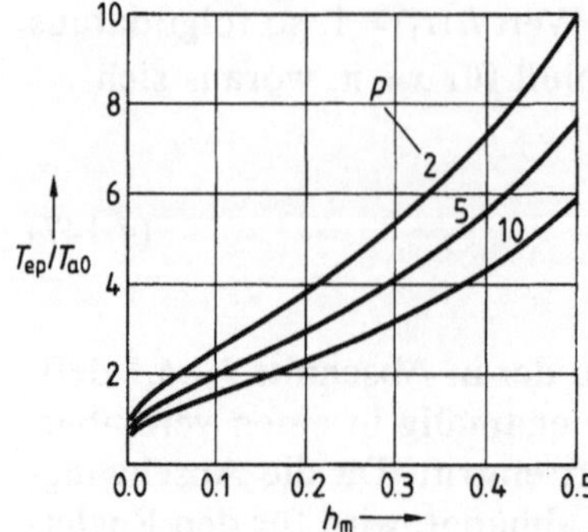

4.53
Verhältnis Einschwingzeit/Anschwingzeit T_{ep}/T_{a0}
als Funktion der Überschwingweite h_m mit der
Einschwingtoleranz p in Prozent als Parameter
T_{a0} erstmaliger Zeitpunkt mit $h(T_{a0}) = 1$
T_{ep} letztmaliger Zeitpunkt mit $h(T_{ep}) = 1 - p/100$

$\vartheta = |\ln h_m| / \sqrt{\pi^2 + (\ln h_m)^2}$ und damit

$$\frac{T_{ep}}{T_{a0}} = \frac{\pi}{|\ln h_m|} \cdot \frac{1}{\pi - \arcsin \dfrac{\pi}{\sqrt{\pi^2 + (\ln h_m)^2}}} \ln \left[\frac{100}{p} \cdot \frac{\sqrt{\pi^2 + (\ln h_m)^2}}{\pi} \right]. \tag{4.149}$$

Diese Funktionen sind für die Parameterwerte $p = 2$, 5 und 10 in Bild **4.53** dargestellt.

Zum Reglerentwurf wird von der Anschwingzeit T_{a0} ausgegangen, die erforderlichenfalls aus der Einschwingzeit T_{ep} nach Gl. (4.149) und Bild **4.53** zu errechnen ist. Zur Dimensionierung von Abtastregelungen ist es sinnvoller, statt der Anschwingzeit das Verhältnis von Anschwingzeit T_{a0} zu Abtastzeit T einzuführen. Für dieses **Anschwingverhältnis** k_a gilt

$$k_a = \frac{T_{a0}}{T} = \frac{\pi - \arccos \vartheta}{\sqrt{1 - \vartheta^2}} \cdot \frac{T_0}{T}. \tag{4.150}$$

Nachdem nun die Kennwerte für das Zeitverhalten des kontinuierlichen Referenzsystems bekannt sind, sollen die entsprechenden Kennwerte im Frequenzbereich der w-Ebene ermittelt werden. Hierzu muß das Referenzsystem mit der Übertragungsfunktion $G_W(s)$ nach Gl. (4.144) in die w-Ebene transformiert werden. Nach Tafel **4.37** gilt

$$G_{Ww}(w) = \frac{[1 - (T/2)w](1 + \tau_{Z1} w)}{1 + 2\theta \tau_0 w + \tau_0^2 w^2}$$

mit dem transformierten Dämpfungsgrad θ und der transformierten Kennzeit τ_0. Diese Übertragungsfunktion gibt an, daß bei einer Wertefolge $(w_k) = (1, 1, \ldots)$ am Eingang die Abtastwerte am Ausgang (x_k) auf einer kontinuierlichen Übergangsfunktion liegen, die durch Dämpfungsgrad ϑ und Kennzeit T_0 beschrieben wird und in Bild **4.51** dargestellt ist. Mit dieser Übergangsfunktion wird das Verhalten des geschlossenen Abtastregelkreises beschrieben.

Zur Dimensionierung von Reglern geht man immer von der Übertragungsfunktion des offenen Kreises $G_{\mathrm{Ow}}(w)$ aus. Zwischen den Übertragungsfunktionen des offenen und des geschlossenen Kreises besteht in der w-Ebene derselbe Zusammenhang wie bei kontinuierlichen Regelkreisen in der s-Ebene

$$G_{\mathrm{Ww}}(w) = \frac{G_{\mathrm{Ow}}(w)}{1 + G_{\mathrm{Ow}}(w)}; \qquad G_{\mathrm{Ow}}(w) = \frac{G_{\mathrm{Ww}}(w)}{1 - G_{\mathrm{Ww}}(w)}. \tag{4.151}$$

Hiermit erhält man die Übertragungsfunktion

$$G_{\mathrm{Ow}}(w) = \frac{[1 - (T/2)w](1 + \tau_{Z1}w)}{(T/2 + 2\theta\tau_0 - \tau_{Z1})w + (\tau_0^2 + \tau_{Z1}T/2)w^2}. \tag{4.152}$$

Der zugehörige Abtast-Frequenzgang läßt sich in der Form

$$G_{\mathrm{Ow}}(\mathrm{j}\Omega) = \frac{[1 - (T/2)\mathrm{j}\Omega](1 + \tau_{Z1}\mathrm{j}\Omega)}{T_\mathrm{I}\mathrm{j}\Omega(1 + \tau_1\mathrm{j}\Omega)} \tag{4.153}$$

darstellen, womit ein I-T_1-Abtastsystem beschrieben wird.

Wie man sich anhand von Tafel **4.**37 überzeugen kann, sind alle in Gl. (4.153) auftretenden Kennwerte von der Abtastzeit T und den Hilfsgrößen

$$\beta = \vartheta\, T/T_0; \qquad \gamma = \sqrt{1 - \vartheta^2}\, T/T_0 \tag{4.154}$$

abhängig. Dämpfungsgrad ϑ und Kennzeit T_0 beschreiben bei gegebener Abtastzeit T die Zusammenhänge also vollständig.

Aus dem Abtast-Frequenzgang in Gl. (4.153), der in Bild **4.**54 nach Amplitude und Phase dargestellt ist, lassen sich nun zwei wesentliche Dimensionierungs-

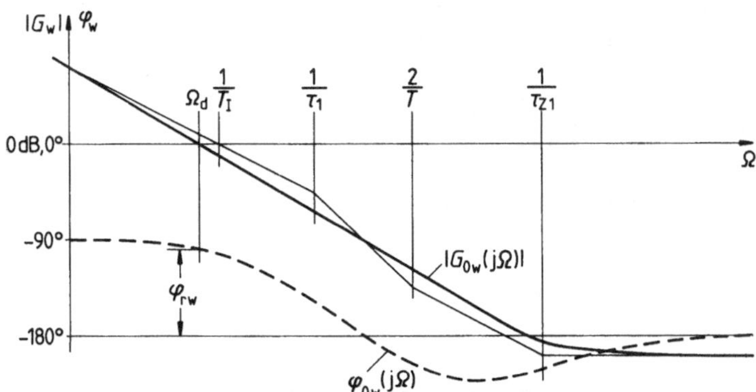

4.54 Frequenzkennlinien des durch ein I-T_1-Abtastsystem beschriebenen offenen Regelkreises
T_I Integrierzeit, τ_1 transformierte Verzögerungszeit, τ_{Z1} transformierte Vorhaltzeit, $T/2$ halbe Abtastzeit, $|G_{\mathrm{Ow}}(\mathrm{j}\Omega)|$ Amplitudengang, $\varphi_{\mathrm{Ow}}(\mathrm{j}\Omega)$ Phasengang im transformierten Frequenzbereich, φ_{rw} Phasenreserve, Ω_d Durchtrittskreisfrequenz im transformierten Bereich

größen herleiten:

- die **Durchtrittskreisfrequenz** Ω_d, bei der $|G_{Ow}(j\Omega_d)| = 1$ wird und
- die zur Durchtrittskreisfrequenz gehörige **Phasenreserve** φ_{rw}.

Beide Größen sind ebenfalls Funktionen der Hilfsgrößen β und γ, die wiederum die Überschwingweite h_m und das Anschwingverhältnis k_a bestimmen. Damit läßt sich eine eindeutige Beziehung zwischen h_m und k_a sowie der Phasenreserve φ_{rw} und der bezogenen Durchtrittskreisfrequenz $(T/2)\Omega_d$ herleiten. Tafel 4.55 zeigt in Form eines Struktogramms die Gleichungen, mit denen man aus den vorgegebenen Kenngrößen h_m und k_a im Zeitbereich die zugehörigen Kenngrößen φ_{rw} und $(T/2)\Omega_d$ im Frequenzbereich ermittelt.

Tafel 4.55 Gleichungen zur Ermittlung von Phasenreserve φ_{rw} und bezogener Durchtrittsfrequenz $(T/2)\Omega_d$ aus Überschwingweite h_m und Anschwingzahl k_a

---

Eingeben: h_m, $k_a = T_{a0}/T$

$$\vartheta = \frac{|\ln h_m|}{\sqrt{\pi^2 + (\ln h_m)^2}} \; ; \qquad \frac{T}{T_0} = \frac{\pi - \arccos\vartheta}{k_a\sqrt{1 - \vartheta^2}}$$

$$\beta = \vartheta \, \frac{T}{T_0} \; ; \qquad \gamma = \sqrt{1 - \vartheta^2} \cdot \frac{T}{T_0}$$

$$\lambda_0 = 1 - 2e^{-\beta}\cos\gamma + e^{-2\beta} \; ; \qquad \lambda_1 = 1 - e^{-\beta}\cos\gamma + e^{-\beta}\frac{\beta}{\gamma}\sin\gamma$$

$$\lambda_2 = 1 - 2e^{-\beta}\frac{\beta}{\gamma}\sin\gamma - e^{-2\beta} \; ; \quad \lambda_3 = 1 + e^{-\beta}\cos\gamma - e^{-\beta}\frac{\beta}{\gamma}\sin\gamma$$

$$a = \frac{\lambda_0^2 + \lambda_2^2 - 4\lambda_1^2}{\lambda_2^2 - 4\lambda_3^2} \; ; \qquad b = \frac{\lambda_0^2}{\lambda_2^2 - 4\lambda_3^2}$$

$$\frac{T}{2}\Omega_d = \sqrt{-\frac{a}{2} + \sqrt{\left(\frac{a}{2}\right)^2 - b}}$$

$$\varphi_{rw} = \frac{\pi}{2} - \arctan\left(\frac{T}{2}\Omega_d\right) + \arctan\left(\frac{T}{2}\Omega_d\frac{\lambda_2}{\lambda_0}\right) - \arctan\left(\frac{T}{2}\Omega_d\frac{\lambda_3}{\lambda_1}\right)$$

Ausgeben: φ_{rw}, $\dfrac{T}{2}\Omega_d$

Die Zusammenhänge zwischen den Kenngrößen im Zeit- und Frequenzbereich können auch als Diagramm dargestellt werden. In Bild 4.56 ist mit den Größen h_m und k_a ein rechtwinkliges Koordinatensystem aufgebaut, in das Kurven für bestimmte Werte von φ_{rw} und $(T/2)\Omega_d$ eingezeichnet sind. Bei der Reglerdimensionierung geht man von den angestrebten Werten für die Überschwingweite h_m und das Anschwingverhältnis k_a aus und liest die zugehörigen Werte für die Phasenreserve φ_{rw} und die bezogene Durchtrittskreisfrequenz $(T/2)\Omega_d$ ab. Nach dem Diagramm ist die Überschwingweite im wesentlichen mit der Phasenreserve und das Anschwingverhältnis mit der bezogenen Durchtrittskreisfrequenz korreliert. Das bei kleinen Überschwingweiten schraffiert dargestellte Gebiet muß bei der Dimensionierung ausgespart werden, da hier das Abtasttheorem von Shannon nicht erfüllt ist.

Wenn man das Diagramm in Bild **4.56** für den Handentwurf benutzt, so ergibt sich eine Ablesegenauigkeit von etwa 0,5°. Das entspricht bei 50° Phasenreserve einer Genauigkeit von 1 Prozent. Das gleiche gilt für die

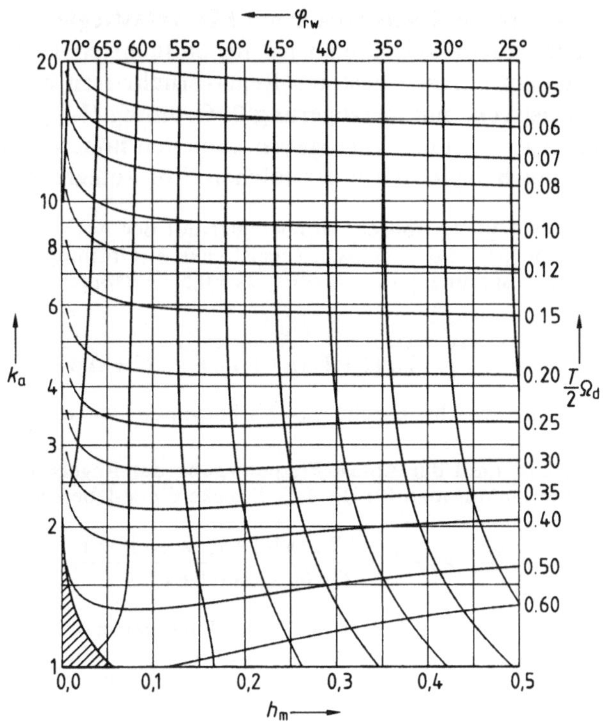

4.56 Diagramm für den Zusammenhang zwischen Überschwingweite h_m und Anschwingzahl k_a sowie Phasenreserve φ_{rw} und bezogener Durchtrittskreisfrequenz $(T/2)\Omega_d$

Ablesegenauigkeit bei der bezogenen Durchtrittskreisfrequenz $(T/2)\Omega_d$. Damit werden die üblicherweise gestellten Forderungen an die Genauigkeit des Reglerentwurfs gut erfüllt.

4.3.4.3 Anwendung der Methode der Anpassungsbedingungen.

Das in Abschn. 4.3.4.2 entwickelte Verfahren der Anpassungsbedingungen für Phasenreserve und bezogene Durchtrittskreisfrequenz ist ein allgemein anwendbares Verfahren. Die Übergangsfunktionen stabiler geschlossener Regelkreise beliebiger Ordnung lassen sich in ihrem Einlaufen auf den stationären Endwert durch eine Übergangsfunktion nach Gl. (4.145) annähern. Daher ist auch die Beschreibung der offenen Abtast-Regelkreise durch Gl. (4.153) im niederfrequenten Bereich mit ausreichender Genauigkeit gewährleistet. Bei Regelstrecken mit einer Ordnung $n > 2$ haben die zusätzlichen Verzögerungszeiten vorwiegend einen Einfluß auf den Phasengang, der voll erfaßt wird. Zur Demonstration wird daher die Regleranpassung für je eine Regelstrecke 3. Ordnung ohne bzw. mit Ausgleich durchgeführt. Hierfür kommt ein PD- bzw. PID-Abtastregler infrage.

Integrierende Regelstrecken mit PD-Abtastregler. Bei einer Regelstrecke mit integrierendem Verhalten wird im einfachsten Fall ein PD-Abtastregler eingesetzt, um ein gewünschtes Regelverhalten zu erzielen. Da eine integrierende Regelstrecke mit Verzögerung 2. Ordnung (I-T_2-Verhalten) auch integrierende Regelstrecken mit Verzögerungsanteilen höherer Ordnung schon gut annähert, soll ein Beispiel mit einer solchen Strecke gerechnet werden.

Beispiel 4.30. Es soll ein Abtastregler mit der Abtastzeit $T = 1$ s entworfen werden, der eine integrierend wirkende Regelstrecke 3. Ordnung mit der Integrierzeit $T_1 = 1$ s und den Verzögerungszeiten $T_1 = 1$ s, $T_2 = 0,5$ s entsprechend

$$G_S(s) = \frac{1}{T_1 s(1 + T_1 s)(1 + T_2 s)} = \frac{1}{s(1 + s)(1 + 0,5 s)}$$

mit einer Anschwingzeit $T_{a0} = 3$ s bei einer Überschwingweite $h_m = 0,2$ zu regeln vermag.

Zunächst muß der Abtast-Frequenzgang der Regelstrecke ermittelt werden. Aus Tafel 4.37 entnimmt man für die I-T_2-Strecke die w-Übertragungsfunktion

$$\overline{G}_{Sw}(w) = \frac{[1 - (T/2)w](1 + \tau_{Z1} w + \tau_{Z2}^2 w^2)}{T_1 w(1 + \tau_1 w)(1 + \tau_2 w)}.$$

Aus den gegebenen Werten für die Verzögerungszeiten $T_1 = 1$ s, $T_2 = 0,5$ s und für die Abtastzeit $T = 1$ s erhält man nach Gl. (4.78) für die transformierten Verzögerungszeiten $\tau_1 = 1,082$ s, $\tau_2 = 0,657$ s. Daraus ermittelt man nach den in Tafel 4.37 gegebenen Beziehungen für die Hilfsgrößen $\tau_{Z1} = 0,239$ und $\tau_{Z2}^2 = -0,062$. Der quadratische Term im Zähler von $\overline{G}_{Sw}(w)$ soll in zwei Glieder 1. Ordnung aufgespalten werden:

$$1 + \tau_{Z1} w + \tau_{Z2}^2 w^2 = (1 + \tau_{01} w)(1 + \tau_{02} w) = 1 + (\tau_{01} + \tau_{02}) w + \tau_{01} \tau_{02} w^2. \tag{4.155}$$

Nach Gleichsetzen von $\tau_{01} + \tau_{02} = \tau_{Z1}$ und $\tau_{01} \tau_{02} = \tau_{Z2}^2$ erhält man durch Einsetzen der 2. Gleichung in die erste $\tau_{01} + \tau_{Z2}^2/\tau_{01} = \tau_{Z1}$ und damit eine quadratische Gleichung für τ_{01} bzw. τ_{02} mit $\tau_{01}^2 - \tau_{Z1} \tau_{01} + \tau_{Z2}^2 = 0$. Sie hat die allgemeine Lösung

$$\tau_{01,02} = \tau_{Z1}/2 \pm \sqrt{(\tau_{Z1}/2)^2 - \tau_{Z2}^2}. \tag{4.156}$$

Hier erhält man daher $\tau_{01} = 0,396$ s und $\tau_{02} = -0,157$ s. Damit ergibt sich schließlich für den Abtast-Frequenzgang der Regelstrecke

$$\overline{G}_{Sw}(j\Omega) = \frac{(1 - (T/2)j\Omega)(1 + \tau_{01} j\Omega)(1 + \tau_{02} j\Omega)}{T_1 j\Omega(1 + \tau_1 j\Omega)(1 + \tau_2 j\Omega)}$$

$$= \frac{(1 - 0,5 j\Omega)(1 + 0,396 j\Omega)(1 - 0,157 j\Omega)}{j\Omega(1 + 1,082 j\Omega)(1 + 0,657 j\Omega)}.$$

Dieser Abtast-Frequenzgang ist in Bild **4.**57 dargestellt.

Aus der Forderung $T_{a0} = 3$ s bei $T = 1$ s folgt für das Anschwingverhältnis $k_a = T_{a0}/T = 3$. Mit dem Anschwingverhältnis $k_a = 3$ und der Überschwingweite $h_m = 0,2$ ermittelt man aus den Gleichungen in Tafel 4.55 als zugehörige Kenngrößen im Frequenzbereich die bezogene Durchtrittsfrequenz $(T/2)\Omega_d = 0,271$ und die Phasenreserve $\varphi_{rw} = 48,9°$. Aus der bezogenen Durchtrittsfrequenz und der Abtastzeit $T = 1$ s erhält man die Durchtrittsfrequenz $\Omega_d = 0,542$ s^{-1}.

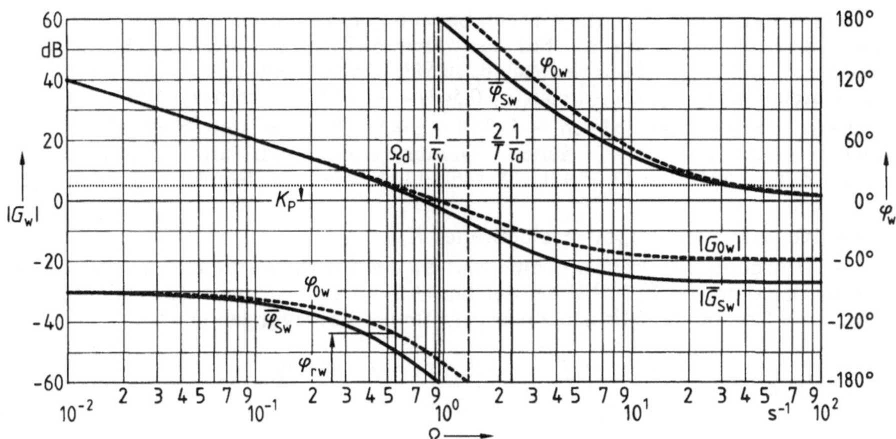

4.57 Frequenzkennlinien einer I-T_2-Strecke mit der Integrationszeit $T_I = 1$ s und den Verzögerungszeiten $T_1 = 1$ s, $T_2 = 0,5$ s bei einer Abtastzeit $T = 1$ s mit PD-Abtastregler
$|\bar{G}_{Sw}|$, $\bar{\varphi}_{Sw}$ Frequenzkennlinien der Regelstrecke mit Halteglied, $|G_{Ow}|$, φ_{Ow} Frequenzkennlinien des offenen Regelkreises, τ_v transformierte Vorhaltzeit, τ_d transformierte Dämpfungszeit, K_P Proportionalbeiwert, $T/2$ halbe Abtastzeit, Ω_d Durchtrittskreisfrequenz im transformierten Bereich, φ_{rw} Phasenreserve im transformierten Bereich

Damit beginnt nun die eigentliche Reglerdimensionierung, die sich konsequent in drei Schritten durchführen läßt.

1. Schritt: Wahl des PD-Anteils.

Der PD-Anteil hat nach Gl. (4.117) den Abtast-Frequenzgang $(1 + \tau_v j\Omega)/(1 + \tau_d j\Omega)$, wobei zunächst mit dem Proportionalbeiwert $K_P = 1$ gerechnet wird.

Um für den Abtast-Frequenzgang $G_{Ow}(j\Omega)$ über einen möglichst großen Frequenzbereich einen konstanten Abfall von 20 dB/Dekade zu erhalten, wird man mit dem Vorhaltanteil $1 + \tau_v j\Omega$ die Wirkung der größten Streckenverzögerung $1/(1 + \tau_1 j\Omega)$ kompensieren. Man spricht auch von Pol-Nullstellen-Kompensation. Es wird also zunächst die transformierte Vorhaltzeit τ_v gleich der transformierten Verzögerungszeit τ_1 gewählt, also $\tau_v = \tau_1 = 1,082$ s.

Damit erhält man für $K_p = 1$ den Abtast-Frequenzgang $G_{Ow}^*(j\Omega)$ des offenen Regelkreises

$$G_{Ow}^*(j\Omega) = \frac{(1-(T/2)j\Omega)(1+\tau_{01}j\Omega)(1+\tau_{02}j\Omega)}{T_I j\Omega(1+\tau_2 j\Omega)(1+\tau_d j\Omega)}$$

$$= \frac{(1-0,5j\Omega)(1+0,396j\Omega)(1-0,157j\Omega)}{j\Omega(1+0,657j\Omega)(1+\tau_d j\Omega)}. \tag{4.157}$$

Die transformierte Dämpfungszeit τ_d ist so zu wählen, daß bei der Durchtrittskreisfrequenz Ω_d die geforderte Phasenreserve $\varphi_{rw} = 48,9°$ erreicht wird und damit

$$\varphi_{Ow}(j\Omega_d) = -180° + \varphi_{rw} \tag{4.158}$$

gilt.

Im offenen Regelkreis sind alle Größen bis auf τ_d bekannt. Die Gl. (4.158) ermöglicht damit die Ermittlung von τ_d. Für den Phasenwinkel bei der Durchtrittsfrequenz $\Omega_d = 0{,}542\ \text{s}^{-1}$ gilt $\varphi_{Ow}(j\,0{,}542) = -\arctan(0{,}5\cdot 0{,}542) + \arctan(0{,}396\cdot 0{,}542) - \arctan(0{,}157\cdot 0{,}542) - 90° - \arctan(0{,}657\cdot 0{,}542) - \arctan(\tau_d\cdot 0{,}542) = -117{,}5° - \arctan(\tau_d\cdot 0{,}542)$.

Da dieser Phasenwinkel gleich $-180° + \varphi_{rw} = 131{,}1°$ sein soll, muß also $-117{,}5° - \arctan(\tau_d\cdot 0{,}542) = -131{,}1°$ gelten. Daraus ergibt sich $\arctan(\tau_d\cdot 0{,}542) = 13{,}6°$ und über $\tau_d\cdot 0{,}542 = \tan 13{,}6° = 0{,}242$ schließlich die transformierte Dämpfungszeit $\tau_d = 0{,}446$ s.

2. Schritt: Wahl des Proportionalbeiwertes K_P.

Um den erforderlichen Proportionalbeiwert K_P des Regelalgorithmus zu ermitteln, wird zunächst der Betrag $|G_{Ow}^*(j\Omega_d)|$ bei der Durchtrittsfrequenz unter der vorläufigen Annahme $K_P = 1$ bestimmt. Mit den zuvor getroffenen Festlegungen gilt hier

$$|G_{Ow}^*(j\Omega)| = \frac{(1 - 0{,}5\,j\Omega)(1 + 0{,}396\,j\Omega)(1 - 0{,}157\,j\Omega)}{j\Omega(1 + 0{,}657\,j\Omega)(1 + 0{,}446\,j\Omega)}.$$

Dieser Frequenzgang ist nach Betrag und Phase in Bild **4.57** ebenfalls eingezeichnet, wobei zwischen $|G_{Ow}|$ und $|G_{Ow}^*|$ nicht unterschieden wird, da sich beide nur auf verschiedene 0-dB-Linien beziehen. Bei der Durchtrittsfrequenz $\Omega_d = 0{,}542$ ergibt sich für den Betrag

$$|G_{Ow}^*(j\,0{,}542)| = 1{,}797.$$

Damit nun $|G_{Ow}(j\Omega_d)|$ den Wert 1 annimmt, ist für den Proportionalbeiwert

$$K_P = 1/1{,}797 = 0{,}557$$

zu nehmen. Die sich damit ergebende neue 0-dB-Linie, auf die sich schließlich $G_{Ow}(j\Omega)$ bezieht, ist in Bild **4.57** gepunktet eingezeichnet.

3. Schritt: Bestimmung der Koeffizienten des PD-Regelalgorithmus.

Mit den Gln. (4.118) bis (4.120) erhält man schließlich für die Koeffizienten

$$d_0 = K_P\,\frac{\tau_v + T/2}{\tau_d + T/2} = 0{,}557\,\frac{1{,}082 + 0{,}5}{0{,}446 + 0{,}5} = 0{,}931,$$

$$d_1 = -K_P\,\frac{\tau_v - T/2}{\tau_d + T/2} = -0{,}557\,\frac{1{,}082 - 0{,}5}{0{,}446 + 0{,}5} = -0{,}342,$$

und

$$c_1 = \frac{\tau_d - T/2}{\tau_d + T/2} = \frac{0{,}446 - 0{,}5}{0{,}446 + 0{,}5} = -0{,}057.$$

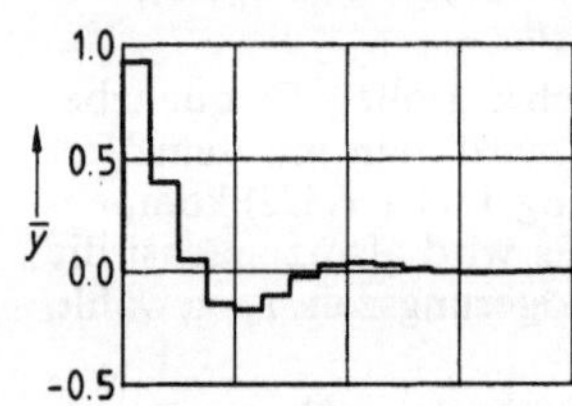

4.58 Übergangsfunktion der I-T_2-Strecke mit PD-Abtastregler nach Bild **4.57** für 20% Überschwingen bei einer Anschwingzeit $T_{a0} = 3$ s
$x(t)$ Regelgröße, $\bar{y}(t)$ Stellgröße

Bild 4.58 zeigt die sich mit ihnen ergebende Übergangsfunktion, die die Anforderungen nach einer Anschwingzeit $T_{a0} = 3$ s und einer Überschwingweite $h_m = 0,2$ erfüllt.

Beispiel 4.31. Es soll bei derselben Regelstrecke wie im Beispiel 4.30 eine Regelung mit der geänderten Überschwingweite $h_m = 0,1$ bei einer Anschwingzeit $T_{a0} = 3$ s und einer Abtastzeit $T = 1$ s erreicht werden.

Aufgrund der Gleichungen in Tafel 4.53 erhält man für das Anschwingverhältnis $k_a = T_{a0}/T = 3$ bei einer Überschwingweite $h_m = 0,1$ eine Phasenreserve $\varphi_{rw} = 57,7°$ und eine bezogene Durchtrittsfrequenz $(T/2)\Omega_d = 0,271$. Gegenüber dem vorigen Beispiel hat sich lediglich die Phasenreserve geändert, während die Durchtrittsfrequenz mit $\Omega_d = 0,542$ s^{-1} unverändert bleibt. Die Reglerdimensionierung erfolgt hier nach dem gleichen Rechengang wie im vorigen Beispiel.

1. Schritt: Wahl des PD-Anteils.

Die transformierte Vorhaltzeit τ_v wird gleich der größten transformierten Verzögerungszeit τ_1 gewählt $\tau_v = \tau_1 = 1,082$ s. Damit gilt Gl. (4.157) genauso wie im vorigen Beispiel. Es hat sich lediglich die Phasenreserve in $\varphi_{rw} = 57,7°$ geändert, so daß sich nach Gl. (4.158) $\varphi_{Ow}(j\Omega_d) = -122,3°$ ergibt.

Aus der numerisch ermittelten Gleichung $\varphi_{Ow}(j0,542) = -117,5° - \arctan(\tau_d \cdot 0,542)$ $= -122,3°$ erhält man hier $\arctan(\tau_d \cdot 0,542) = 4,8°$ und über $\tau_d \cdot 0,542 = \tan 4,8° = 0,084$ schließlich die transformierte Dämpfungszeit $\tau_d = 0,155$ s.

2. Schritt: Wahl des Proportionalbeiwerts K_P.

Mit den im 1. Schritt festgelegten Werten für τ_v und τ_d ergibt sich für

$$G_{Ow}^*(j\Omega) = \frac{(1 - 0,5\,j\Omega)(1 + 0,395\,j\Omega)(1 - 0,157\,j\Omega)}{j\Omega(1 + 0,657\,j\Omega)(1 + 0,155\,j\Omega)}.$$

Bei der Durchtrittsfrequenz $\Omega_d = 0,542$ erhält man nach demselben Rechnungsgang wie im Beispiel 4.30:

$$|G_{Ow}^*(j0,542)| = 1,842.$$

Damit ergibt sich für den Proportionalbeiwert

$$K_P = 1/1,842 = 0,543.$$

3. Schritt: Bestimmung der Koeffizienten des PD-Regelalgorithmus.

Setzt man die im 1. und 2. Schritt ermittelten Werte in Gl. (4.118) bis (4.120) ein, so erhält man auf die gleiche Weise wie im vorigen Beispiel:

$$d_0 = 1,311, \quad d_1 = -0,482 \quad \text{und} \quad c_1 = -0,527.$$

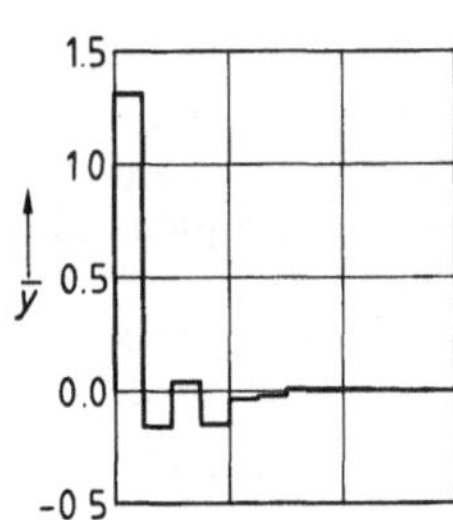

Bild 4.59 zeigt die zugehörige Übergangsfunktion. Besonders hervorstechend ist die um fast die Hälfte höhere maximale Stellgröße.

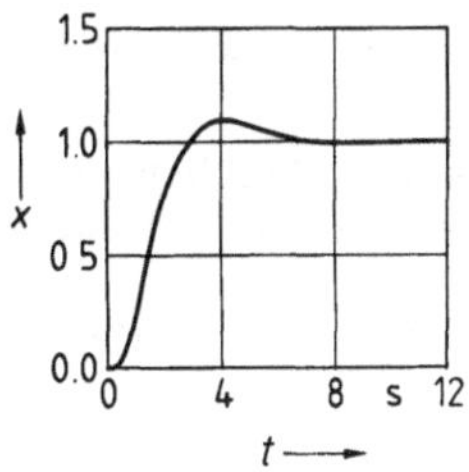

4.59
Übergangsfunktion der I-T$_2$-Strecke mit PD-Abtastregler nach Bild 4.57, jedoch für 10% Überschwingen bei einer Anschwingzeit $T_{a0} = 3$ s
$x(t)$ Regelgröße, $\bar{y}(t)$ Stellgröße

Proportional wirkende Regelstrecken mit PID-Abtastregler. Bei Regelstrecken mit proportionalem Verhalten kommt im einfachsten Fall ein PID-Abtastregler infrage, um ein gewünschtes Regelverhalten zu erzielen. Mit einer P-T_3-Strecke wird ein Beispiel betrachtet, das auch Regelstrecken höherer Ordnung angenähert zu beschreiben vermag.

Beispiel 4.32. Eine proportional wirkende Regelstrecke 3. Ordnung mit der Übertragungsfunktion

$$G_S(s) = \frac{1}{(1+T_1 s)(1+T_2 s)(1+T_3 s)} = \frac{1}{(1+3s)(1+2s)(1+s)}$$

soll bei der Abtastzeit $T = 1$ s so geregelt werden, daß die Anschwingzeit $T_a = 5$ s bei 10% Überschwingen ($h_m = 0,1$) erreicht wird.

Für die w-Übertragungsfunktion dieser P-T_3-Strecke gilt nach Tafel **4.37**

$$\overline{G}_{Sw}(w) = \frac{(1-(T/2)w)(1+\tau_{Z1}w+\tau_{Z2}^2 w^2)}{(1+\tau_1 w)(1+\tau_2 w)(1+\tau_3 w)}.$$

Aus den Verzögerungszeiten $T_1 = 3$ s, $T_2 = 2$ s, $T_3 = 1$ s erhält man bei der Abtastzeit $T = 1$ s nach Gl. (4.78) für die transformierten Verzögerungszeiten $\tau_1 = 3,028$ s; $\tau_2 = 2,042$ s; $\tau_3 = 1,082$ s. Nach den in Tafel **4.37** angegebenen Beziehungen erhält man für die Hilfsgrößen $\tau_{Z1} = 0,153$ s, $\tau_{Z2}^2 = -0,071$ s^2. Der quadratische Zählerterm läßt sich mittels Gl. (4.156) in zwei Glieder 1. Ordnung aufspalten mit $\tau_{01} = 0,354$ s und $\tau_{02} = -0,201$ s. Damit erhält man für den Abtast-Frequenzgang der P-T_3-Strecke

$$\overline{G}_{Sw}(j\Omega) = \frac{[1-(T/2)j\Omega](1+\tau_{01}j\Omega)(1+\tau_{02}j\Omega)}{(1+\tau_1 j\Omega)(1+\tau_2 j\Omega)(1+\tau_3 j\Omega)}$$

$$= \frac{(1-0,5j\Omega)(1+0,354j\Omega)(1-0,201j\Omega)}{(1+3,028j\Omega)(1+2,042j\Omega)(1+1,082j\Omega)}.$$

Dieser ist in Bild **4.60** dargestellt.

Nach Tafel **4.55** ermittelt man für das Anschwingverhältnis $k_a = T_{a0}/T = 5$ bei einer Überschwingweite $h_m = 0,1$ eine Phasenreserve $\varphi_{rw} = 57,6°$ und eine bezogene Durchtrittskreisfrequenz $(T/2)\Omega_d = 0,175$, was eine Durchtrittskreisfrequenz $\Omega_d = 0,35$ s^{-1} ergibt.

Die vorliegende Regelstrecke hat proportionales Verhalten, so daß ein PID-Abtastregler erforderlich wird. Seine Dimensionierung geschieht nun analog zur Vorgehensweise in Beispiel 4.30 – jedoch jetzt in vier Schritten, da noch der Integralanteil festgelegt werden muß. Der PID-Regelalgorithmus nach Gl. (4.136)

$$G_{Rw}(j\Omega) = K_{PP}\frac{1+\tau_{nP}j\Omega}{\tau_{nP}j\Omega}\cdot\frac{1+\tau_{vP}j\Omega}{1+\tau_d j\Omega}$$

wird gedanklich in einen PI- und einen PD-Anteil zerlegt. Nach Anpassung des PI-Anteils läßt sich die weitere Dimensionierung genauso wie im Beispiel 4.30 durchführen.

1. Schritt: Festlegen des PI-Anteils.
Die transformierte Nachstellzeit τ_{nP} des PI-Anteils $(1+\tau_{nP}j\Omega)/\tau_{nP}j\Omega$ wird gleich der größten transformierten Verzögerungszeit τ_1 gewählt. Hier bedeutet das $\tau_{nP} = \tau_1 = 3,028$ s.

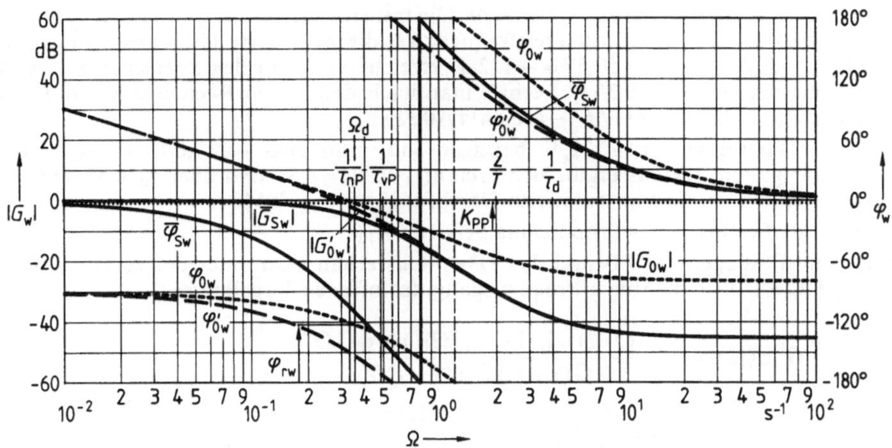

4.60 Abtast-Frequenzgang einer P-T$_3$-Strecke mit den Verzögerungszeiten $T_1 = 3$ s, $T_2 = 2$ s, $T_3 = 1$ s bei einer Abtastzeit $T = 1$ s mit PID-Abtastregler
$|\overline{G}_{Sw}|$, $\overline{\varphi}_{Sw}$ Frequenzkennlinien der Regelstrecke mit Halteglied
$|G'_{Ow}|$, φ'_{Ow} Frequenzkennlinien der Regelstrecke mit Halteglied und PI-Abtastregler
G_{Ow}, φ_{Ow} Frequenzkennlinien des offenen Regelkreises (mit PID-Abtastregler)
K_{PP} Proportionalbeiwert, τ_{nP} transformierte Nachstellzeit
τ_{vP} transformierte Vorhaltzeit, τ_d transformierte Dämpfungszeit
$T/2$ halbe Abtastzeit, Ω_d Durchtrittskreisfrequenz im transformierten Bereich
φ_{rw} Phasenreserve im transformierten Bereich

Bezeichnet man das Produkt der Frequenzgänge dieses PI-Anteils und der Abtast-Regelstrecke mit

$$G'_{Ow}(j\Omega) = \frac{[1 - (T/2)j\Omega](1 + \tau_{01}j\Omega)(1 + \tau_{02}j\Omega)}{\tau_1 j\Omega(1 + \tau_2 j\Omega)(1 + \tau_3 j\Omega)}$$

$$= \frac{(1 - 0{,}5 j\Omega)(1 + 0{,}354 j\Omega)(1 - 0{,}201 j\Omega)}{3{,}028 j\Omega(1 + 2{,}042 j\Omega)(1 + 1{,}082 j\Omega)},$$

so sieht man, daß dieser Frequenzgang dem des zuvor betrachteten I-T$_2$-Systems entspricht. In Bild **4.60** ist neben dem Streckenfrequenzgang $\overline{G}_{Sw}(j\Omega)$ auch der Frequenzgang $G'_{Ow}(j\Omega)$ dargestellt. Beide Frequenzgänge gehen oberhalb der Eckfrequenz $1/\tau_{nP}$ ineinander über.

2. Schritt: Festlegen des PD-Anteils.

Die transformierte Vorhaltzeit τ_{vP} des PD-Anteils $(1 + \tau_{vP}j\Omega)/(1 + \tau_d j\Omega)$ wird dazu benutzt, die zweitgrößte transformierte Verzögerungszeit τ_2 zu kompensieren. Es wird also gewählt $\tau_{vP} = \tau_2 = 2{,}042$ s. Damit erhält man für $K_{PP} = 1$ den Abtast-Frequenzgang des offenen Regelkreises

$$G^*_{Ow}(j\Omega) = \frac{(1 - (T/2)j\Omega)(1 + \tau_{01}j\Omega)(1 + \tau_{02}j\Omega)}{\tau_1 j\Omega(1 + \tau_3 j\Omega)(1 + \tau_d j\Omega)}$$

$$= \frac{(1 - 0{,}5 j\Omega)(1 + 0{,}354 j\Omega)(1 - 0{,}201 j\Omega)}{3{,}028 j\Omega(1 + 1{,}082 j\Omega)(1 + \tau_d j\Omega)}.$$

Darin sind alle Größen bis auf τ_d bekannt. Die transformierte Dämpfungszeit τ_d ist so zu wählen, daß bei der Durchtrittskreisfrequenz Ω_d die geforderte Phasenreserve φ_{rw} und damit $\varphi_{Ow}(j\Omega_d) = -180° + 57,6° = -122,4°$ erreicht wird. Für den Phasenwinkel bei der Durchtrittsfrequenz $\Omega_d = 0,35\ \mathrm{s}^{-1}$ erhält man nach demselben Rechengang wie in Beispiel 4.30 $\varphi_{Ow}(j\,0,35) = -117,6° - \arctan(\tau_d \cdot 0,35)$.

Da dieser Phasenwinkel $-122,4°$ betragen soll, muß also $-117,6° - \arctan(\tau_d \cdot 0,35) = -122,4°$ gelten. Daraus ergibt sich $\arctan(t_d \cdot 0,35) = 4,8°$ und über $\tau_d \cdot 0,35 = \tan 4,8° = 0,084$ schließlich die transformierte Dämpfungszeit $\tau_d = 0,240\ \mathrm{s}$.

3. Schritt: Festlegen des Proportionalbeiwerts K_{PP}.

Nach dem Festlegen des PI- und des PD-Anteils erhält man unter der vorläufigen Annahme $K_{PP} = 1$ für den Abtast-Frequenzgang des offenen Regelkreises

$$G_{Ow}^*(j\Omega) = \frac{[1 - (T/2)j\Omega](1 + \tau_{01}j\Omega)(1 + \tau_{02}j\Omega)}{\tau_1 j\Omega(1 + \tau_3 j\Omega)(1 + \tau_d j\Omega)}$$

$$= \frac{(1 - 0,5\,j\Omega)(1 + 0,354\,j\Omega)(1 - 0,201\,j\Omega)}{3,028\,j\Omega(1 + 1,082\,j\Omega)(1 + 0,240\,j\Omega)}\ .$$

Dieser Frequenzgang ist nach Betrag und Phase ebenfalls in Bild **4.60** eingezeichnet. Unterhalb der Frequenz $1/\tau_{vP}$ geht der Frequenzgang $G_{Ow}(j\Omega)$ in den Frequenzgang $G'_{Ow}(j\Omega)$ über.

Der Amplitudengang $|G_{Ow}^*(j\Omega)|$ nimmt bei der Durchtrittskreisfrequenz $\Omega_d = 0,35\ \mathrm{s}^{-1}$ den Wert

$$|G_{Ow}^*(j\Omega)| = 0,902$$

an. Als Proportionalbeiwert ist das Reziproke dieses Wertes, also $K_{PP} = 1/0,902 = 1,109$ zu nehmen.

4. Schritt: Bestimmung der Koeffizienten des PID-Regelalgorithmus.

Entsprechend den Gl. (4.137) bis (4.141) und Tafel **4.47** erhält man die Koeffizienten

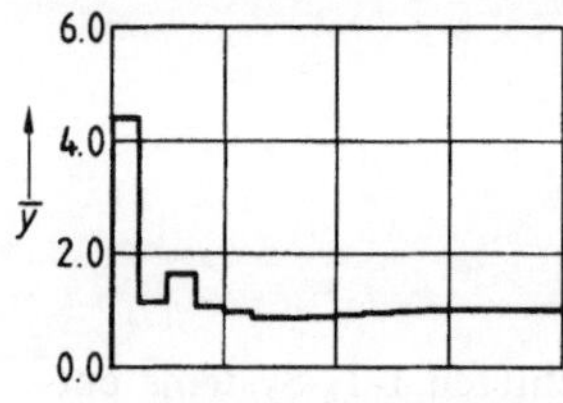
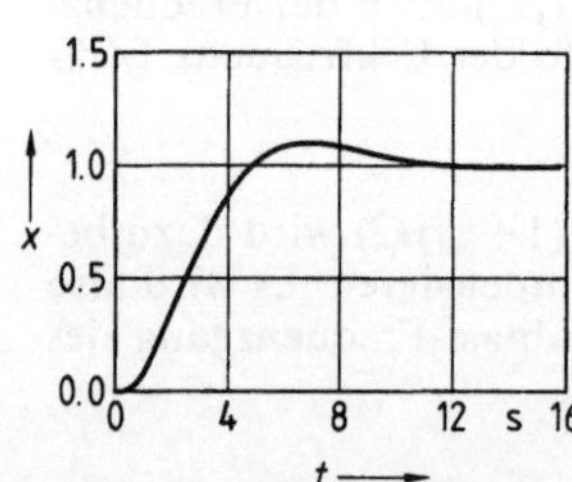

$$d_0 = 1,109\ \frac{(3,028 + 0,5)(2,042 + 0,5)}{3,028\,(0,240 + 0,5)} = 4,437,$$

$$d_1 = -2,218\ \frac{3,028 \cdot 2,042 - 0,25}{3,028\,(0,240 + 0,5)} = -5,873,$$

$$d_2 = 1,109\ \frac{(3,028 - 0,5)(2,042 - 0,5)}{3,028\,(0,240 + 0,5)} = 1,929,$$

$$c_2 = -\frac{0,240 - 0,5}{0,240 + 0,5} = 0,351 \quad \text{und} \quad c_1 = 1 - 0,351 = 0,649.$$

Bild **4.61** zeigt die zugehörige Übergangsfunktion, die die Anforderungen nach einer Anschwingzeit $T_{a0} = 5\ \mathrm{s}$ bei 10% Überschwingen gut erfüllt.

4.61 Übergangsfunktion der P-T_3-Strecke mit PID-Abtastregler nach Bild **4.60** für 10% Überschwingen bei der Abtastzeit $T = 1\ \mathrm{s}$ und der Anschwingzeit $T_{a0} = 5\ \mathrm{s}$
$x(t)$ Regelgröße, $\bar{y}(t)$ Stellgröße

Beispiel 4.33. Dieselbe Regelstrecke wie im Beispiel 4.32 soll so geregelt werden, daß die Anschwingzeit $T_{a0}=5$ s und die Überschwingweite $h_m=0,1$ eingehalten werden, jedoch bei der Abtastzeit $T=1,5$ s.

Zunächst muß die zur Abtastzeit $T=1,5$ s gehörige w-Übertragungsfunktion der P-T$_3$-Strecke ermittelt werden. Aus den Verzögerungszeiten $T_1=3$ s; $T_2=2$ s; $T_3=1$ s erhält man nach Tafel **4.37** die transformierten Verzögerungszeiten $\tau_1=3,062$ s; $\tau_2=2,093$ s; $\tau_3=1,181$ s und daraus die Hilfsgrößen $\tau_{Z1}=0,339$ s; $\tau_{Z2}^2=-0,137$ s^2. Die Umrechnung des Zählerterms in zwei Glieder 1. Ordnung nach Gl. (4.156) ergibt $\tau_{01}=0,577$ s, $\tau_{02}=-0,238$ s. Damit ist jetzt der Abtast-Frequenzgang der P-T$_3$-Strecke

$$\overline{G}_{Sw}(j\Omega) = \frac{(1-0,75\,j\Omega)(1+0,577\,j\Omega)(1-0,238\,j\Omega)}{(1+3,062\,j\Omega)(1+2,093\,j\Omega)(1+1,181\,j\Omega)}.$$

Zu den Werten für das Anschwingverhältnis $k_a=T_{a0}/T=3,333$ und die Überschwingweite $h_m=0,1$ erhält man nach Tafel **4.55** für die Phasenreserve $\varphi_{rw}=57,6°$ und die bezogene Durchtrittskreisfrequenz $(T/2)\Omega_d=0,248$, was hier eine Durchtrittskreisfrequenz $\Omega_d=0,331$ s^{-1} ergibt.

Die Reglerdimensionierung geschieht völlig analog zum Beispiel 4.32.

Im 1. Schritt wird im transformierten Frequenzbereich die Nachstellzeit gleich der größten Verzögerungszeit $\tau_{nP}=\tau_1=3,062$ s und im 2. Schritt die Vorhaltzeit gleich der zweitgrößten Verzögerungszeit $\tau_{vP}=\tau_2=2,093$ s gewählt. Damit erhält man für den Abtast-Frequenzgang des offenen Regelkreises bei vorläufig gewähltem Wert $K_{PP}=1$

$$G_{Ow}^*(j\Omega) = \frac{(1-0,75\,j\Omega)(1+0,577\,j\Omega)(1-0,238\,j\Omega)}{3,062\,j\Omega(1+1,181\,j\Omega)(1+\tau_d\,j\Omega)}.$$

Die einzige hierin noch unbekannte Größe τ_d wird so gewählt, daß bei der Durchtrittskreisfrequenz $\Omega_d=0,331$ s^{-1} die geforderte Phasenreserve φ_{rw} und damit $\varphi_{Ow}(j\Omega_d)=-180°+57,6°=-122,4°$ angenommen wird. Für den Phasenwinkel bei der Durchtrittskreisfrequenz errechnet man auf dieselbe Weise wie im Beispiel 4.32 $\varphi_{Ow}(j\Omega_d)=-119,0°-\arctan(\tau_d\cdot0,331)$. Dieser Phasenwinkel soll $-122,4°$ betragen, so daß sich $\arctan(\tau_d\cdot0,331)=122,4°-119,0°=3,4°$ ergibt und damit über $\tau_d\cdot0,331=\tan 3,4°=0,059$ schließlich die transformierte Dämpfungszeit zu $\tau_d=0,180$ s. Im 3. Schritt wird aus dem jetzt vollständig festgelegten Abtast-Frequenzgang des offenen Regelkreises mit $K_{PP}=1$

$$G_{Ow}^*(j\Omega) = \frac{(1-0,75\,j\Omega)(1+0,577\,j\Omega)(1-0,238\,j\Omega)}{3,062\,j\Omega(1+1,181\,j\Omega)(1+0,180\,j\Omega)}.$$

dessen Betrag bei der Durchtrittskreisfrequenz $\Omega_d=0,331$ s^{-1} zu $|G_{Ow}^*(j\Omega_d)|=0,965$ ermittelt und daraus der Proportionalbeiwert als das Reziproke dieses Wertes zu $K_{PP}=1,036$ bestimmt.

Durch Einsetzen der entsprechenden Werte erhält man im 4. Schritt mit den Gln. (4.137) bis (4.141) schließlich die Koeffizienten des PID-Regelalgorithmus zu

$$d_0=3,943, \quad d_1=4,254, \quad d_2=1,130, \quad c_1=0,387 \quad \text{und} \quad c_2=0,613.$$

Die Ergebnisse werden in den Beispielen 4.32 und 4.33 mit dem angenommenen Streckenbeiwert $K_S=1$ erhalten. Bei einem anderen Streckenbeiwert hat man in den Gln. (4.137) bis (4.139) zur Ermittlung von d_0, d_1 und d_2 den dort einzusetzenden Wert K_{PP} durch $K_{PP}'=K_{PP}/K_S$ zu ersetzen.

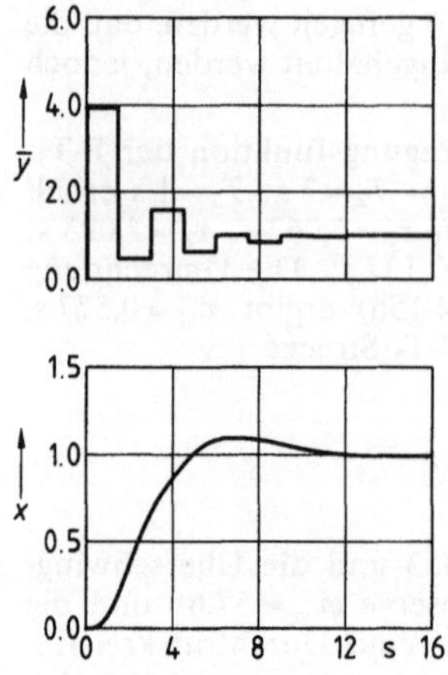

In Bild **4.62** ist das Ergebnis der Regelung dargestellt. Auch bei Vergrößerung der Abtastzeit werden die Vorgaben für Anschwingzeit und Überschwingweite gut erfüllt.

4.62
Übergangsfunktion der P-T_3-Strecke mit PID-Abtastregler nach Bild **4.60** für 10% Überschwingen bei der Abtastzeit $T = 1{,}5$ s und der Anschwingzeit $T_{a0} = 5$ s
$x(t)$ Regelgröße, $\bar{y}(t)$ Stellgröße

4.3.4.4 Vergleichende Ergebnisse mit der Methode der Anpassungsbedingungen.

Die im Abschn. 4.3 entwickelte und an Beispielen demonstrierte Beschreibung von Abtastsystemen mit der w-Transformation baut auf der z-Transformation auf. Daher sind Aussagen über Stabilität von Abtastsystemen in der z- oder w-Ebene gleichwertig. Die Methode der w-Transformation schließt jedoch für kleine Abtastzeiten stetig an die Frequenzgangmethode bei kontinuierlichen Systemen an und hat deshalb den Vorzug der größeren Anschaulichkeit.

Bei der Dimensionierung von Regelungen ist im allgemeinen die Überschwingweite das wichtigste Auslegungskriterium, das bei geeigneter Auslegung zugleich Stabilität sicherstellt. Bei Systemen bis zweiter Ordnung vermag man aus der Lage der Pole des offenen Kreises in der z-Ebene die Überschwingweite des geschlossenen Regelkreises anzugeben. Bei Systemen höherer Ordnung gibt es jedoch einen solchen direkten Zusammenhang zwischen der Lage der Pole und der Überschwingweite nicht mehr.

Beschreibt man das Abtastsystem stattdessen in der w-Ebene, so liegen die Verhältnisse günstiger. Hier kommt der Einfluß zusätzlicher Pole im Phasengang zum Ausdruck und wird damit bei der Reglerdimensionierung berücksichtigt. Man kann auf diese Weise auch bei Regelstrecken höherer Ordnung die Reglerdimensionierung für eine gewünschte Überschwingweite und Anregelzeit auslegen, wie es hier mit der Methode der Anpassungsbedingungen geschieht. Die erzielten Werte der Überschwingweite und Anschwingzeit stimmen bis auf wenige Prozent Abweichung mit den vorgegebenen Werten überein, wenn die einzelnen Verzögerungszeiten sich mindestens im Verhältnis 1:1,2 unterscheiden. In den meisten praktischen Fällen ist diese Forderung erfüllt.

Bei gegebenen Verzögerungszeiten der Regelstrecke zeigt sich mit zunehmender Abtastzeit sowie mit abnehmender Anschwingzeit und Überschwingweite eine wachsende Unruhe im Verlauf der Stellgröße, die auch im Verlauf der Regelgröße zum Ausdruck kommt. Dieser Effekt wird bereits beim Vergleich von Bild **4.**61 mit Bild **4.**62 deutlich, wo die Abtastzeit von $T = 1$ s auf 1,5 s vergrößert ist. Es stellt sich die Frage, ob es eine Reglerkenngröße gibt, deren Wert die zulässige Grenze dieses Effekts bereits beim Stadium des Reglerentwurfs erkennen läßt. Zur Beantwortung dieser Frage sind in Bild **4.**63 verschiedene Übergangsfunktionen von P-T_3-Strecken mit den Verzögerungszeiten $T_1 = 4$ s, $T_2 = 2$ s und $T_3 = 1$ s dargestellt. Bei den zwei Werten der Abtastzeit $T = 1$ s und 2 s wurden für die Anschwingzeiten $T_{a0} = 5$ s und 6 s die Überschwingweiten von 20%, 10% und 5% vorgegeben. Die erzielten Werte der Überschwingweite und Anschwingzeit stimmen gut mit den vorgegebenen Werten überein. Für den Fall mit 5% Überschwingweite bei 2 s Abtastzeit ist auch noch der Fall mit 7 s Anschwingzeit dargestellt, da der Regelvorgang mit $T_{a0} = 6$ s unbefriedigend ist. Bei den verschiedenen Übergangsfunktionen sind die zugehörigen Werte des Abklingkoeffizienten c_D, der wesentlich das Übergangsverhalten bestimmt, angegeben.

Als unbefriedigend sind bei 2 s Abtastzeit die beiden Fälle mit $T_{a0} = 5$ s, $h_m = 0,1$ und $T_{a0} = 6$ s, $h_m = 0,05$ zu bezeichnen. In beiden Fällen klingt die Stellgröße in Form schwach gedämpfter alternierender Vorgänge auf ihren Endwert ab, wobei der Abklingkoeffizient gleich $-0,809$ bzw. $-0,883$ ist. Durch Vorgabe größerer Werte für die Anschwingzeit bei gleicher Überschwingweite erhält man größere Werte für den Abklingkoeffizienten, nämlich $-0,413$ bzw. $-0,634$ und damit befriedigendes Regelverhalten. Auch das in Bild **4.**62 gezeigte Regelverhalten mit einem Abklingkoeffizienten gleich $-0,613$ ist in diesem Zusammenhang noch als zufriedenstellend zu bezeichnen. Als Ergebnis kann man feststellen, daß man befriedigendes Regelverhalten erhält, wenn man dafür sorgt, daß die Anschwingzahl k_a mindestens gleich 3 ist und daß die Werte des Abklingkoeffizienten nicht unterhalb des Bereiches $c_D \geqq -0,6 \dots -0,65$ liegen.

Die Feststellung eines befriedigenden Regelverhaltens muß sich auf das Verhalten sowohl der Regelgröße als auch der Stellgröße beziehen. Häufige Stellgliedbewegungen bedeuten einen vergrößerten Verschleiß, wenn das Stellglied mit mechanisch bewegten Bauteilen arbeitet. Daher kann im Einzelfall beispielsweise schon der Verlauf der Stellgröße bei $T = 1$ s, $T_{a0} = 6$ s, $h_m = 0,05$ als nicht mehr befriedigend angesehen werden. Hier bewirkt eine geringe Erhöhung der Anschwingzeit auf $T_{a0} = 6,5$ s schon eine starke Beruhigung.

Es ist einleuchtend, daß man die Abtastzeit nicht beliebig groß wählen wird, da dann plötzlich auftretende Störgrößen zu spät erkannt und bekämpft werden. Von daher wird sich für jede Regelstrecke eine obere Schranke für die Abtastzeit als sinnvoll erweisen. Diese sollte nicht größer als ein Drittel der angenommenen Anschwingzeit sein. Als Maximalwert für die Anschwingzeit ist die Summe der Verzögerungszeiten der Regelstrecke geeignet. Zu den gewählten Werten für Abtastzeit T, Anschwingzeit T_{a0} und Überschwingweite h_m liefert die Methode der Anpassungsbedingungen die erforderlichen Reglerparameter. Die exemplarisch durchgerechneten Beispiele zeigen die gute Handhabbarkeit der Methode.

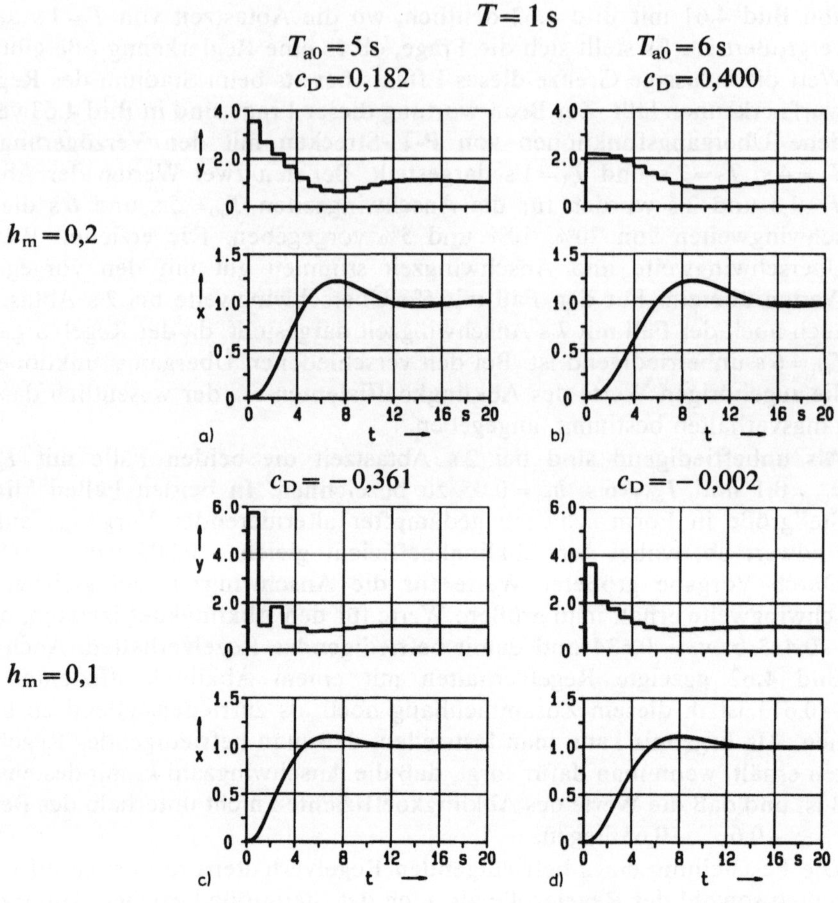

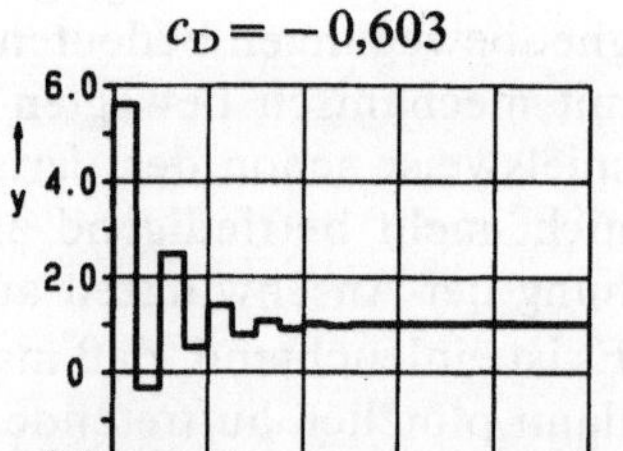

4.63
Übergangsfunktion von P-T$_3$-Strecken mit den Verzögerungszeiten $T_1 = 4$ s, $T_2 = 2$ s, $T_3 = 1$ s und PID-Abtastregler mit Abtastzeiten $T = 1$ s und $T = 2$ s bei verschiedenen Werten für die Anschwingzeit T_{a0} und die Überschwingweite h_m

$$T_{a0} = 5\,\text{s}$$
$$c_D = -0,290$$

$$T = 2\,\text{s}$$
$$T_{a0} = 6\,\text{s}$$
$$c_D = -0,007$$

$$T_{a0} = 7\,\text{s}$$

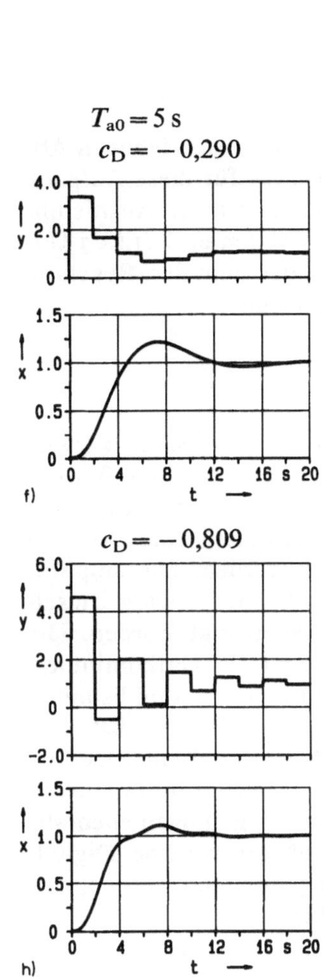

f)

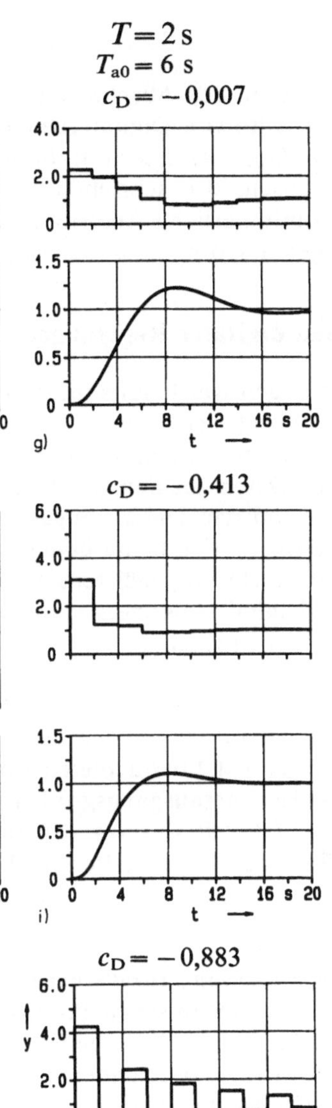

g)

$$c_D = -0,809$$

$$c_D = -0,413$$

h)

i)

$$c_D = -0,883$$

$$c_D = -0,634$$

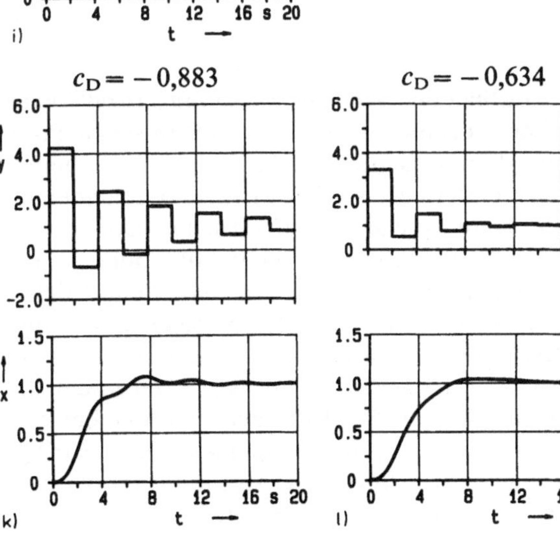

k)

l)

4.63 f) bis l)

4.4 Digitale Regelungen

Die praktische Realisierung der in den Abschn. 4.2 und 4.3 beschriebenen Abtastregelungen geschieht mit Hilfe von Digitalrechnern, die für diese Aufgabe speziell ausgerüstet sind. Die Digitalrechner mit ihren zusätzlichen Ausrüstungen werden im ersten Unterabschnitt beschrieben. Im zweiten und dritten Unterabschnitt werden quasikontinuierliche Algorithmen der digitalen Regelung hergeleitet und in ihren Ergebnissen miteinander verglichen.

4.4.1 Struktur und Aufbau digitaler Regelungen

Die Struktur digitaler Regelungen war bereits mit Bild **4.2** in Abschn. 4.1 wiedergegeben worden. Ein als Prozeßrechner bezeichneter Digitalrechner führt in äquidistanten Zeitpunkten das als Regelalgorithmus bezeichnete Programm aus. Dazu benutzt er analoge Daten aus dem Prozeß, die mittels eines Analog-Digital-Umsetzers in digital codierte Daten umgesetzt werden. Die amplitudenmäßige Quantisierung kann bei den heute üblichen Digital-Analog-Umsetzern mit mindestens 10 bit Auflösung meistens vernachlässigt werden. Die Ausgangsgröße des Analog-Digital-Umsetzers kann damit als wertkontinuierlich betrachtet werden. Um das Programm Regelalgorithmus in äquidistanten Zeitpunkten ausführen zu können, ruft der Digitalrechner in den diskreten Zeitpunkten die digital codierten Werte aus dem Analog-Digital-Umsetzer ab. Es handelt sich damit um die Verarbeitung zeitdiskreter, wertkontinuierlicher Signale, wie es bei den in Abschn. 4.2 betrachteten Abtastregelungen ebenfalls der Fall war. Die mit den Rechnerausgangsgrößen vorgenommene Digital-Analog-Umsetzung kann ebenfalls als so feinstufig angenommen werden, daß der wertkontinuierliche Signalcharakter erhalten bleibt.

Aufbau und Wirkungsweise des Prozeßrechners sowie des Analog-Digital- und Digital-Analog-Umsetzers sollen nun im einzelnen betrachtet werden.

4.4.1.1 Aufbau und Wirkungsweise von Prozeßrechnern. In Bild **4.64** ist ein Prozeßrechner zusammen mit einem technischen Prozeß dargestellt. Der Prozeßrechner ist in verschiedene funktionelle Einheiten aufgeteilt. Der Zentralspeicher enthält die als Programm bezeichneten Befehlsfolgen zur Verarbeitung von Daten sowie die Daten selbst. Das Rechenwerk verarbeitet die Daten mittels arithmetischer, boolescher oder sonstiger, beispielsweise vergleichender Operationen. Das Leitwerk steuert den Programmablauf sowie den Datenaustausch zwischen Zentralspeicher und den übrigen Teilen des Rechners. Rechenwerk und Leitwerk werden zusammen als Zentralprozessor bezeichnet. Das Ein/Ausgabe-Werk verbindet die Randgeräte über entsprechende Anschlußgeräte (Interfaces) mit der Zentraleinheit. Es übernimmt auch selbsttätig die Datenübertragung zwischen Randgeräten und Zentralspeicher nach festgelegten Prioritäten. Als Zentraleinheit bezeichnet man die Zusammenfassung von Zentralprozessor, Zentralspeicher und Ein-Ausgabe-Werk.

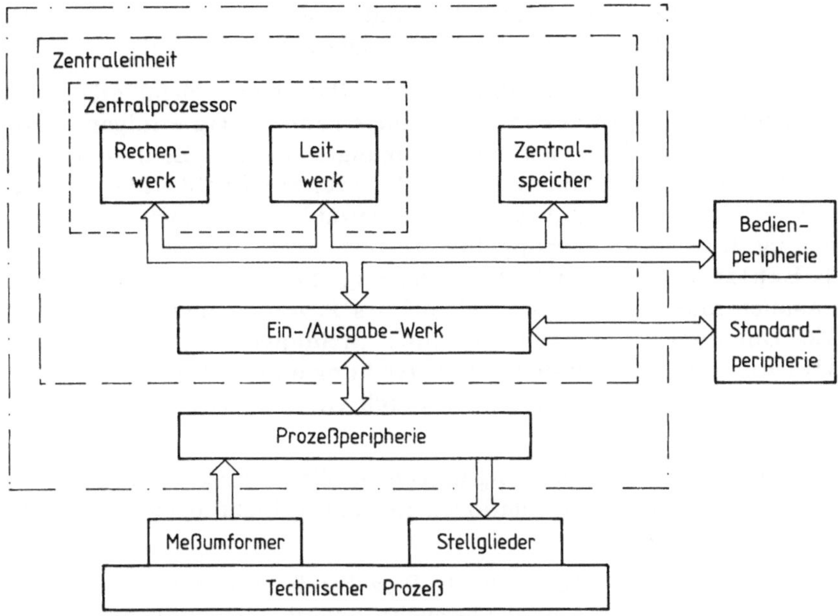

4.64 Struktur der Prozeßrechner und ihr Zusammenwirken mit technischen Prozessen

Der Informationsaustausch zwischen der Prozeßrechner-Zentraleinheit und der Umwelt erfolgt durch **Peripheriegeräte**. Diese Peripheriegeräte werden im allgemeinen in drei Gruppen eingeteilt:

Die **Standardperipherie** hat die Aufgabe, alphanumerisch verschlüsselte Information dem Prozeßrechner zuzuführen oder abzunehmen. Die vom Rechner abgegebene Information, etwa über einen Prozeßablauf, wird entweder auf einem Speichermedium (Platte, Band) aufgezeichnet, auf einem Drucker protokolliert oder auf einem Bildschirmgerät zur Anzeige gebracht. Die **Bedienperipherie** dient dem Informationsaustausch zwischen Prozeßrechner und Bedienpersonal. Neben Geräten zur Ein- und Ausgabe lesbarer Texte gehören hierzu Tastaturen, Meldelampen und Leuchtanzeigen, mit denen die Inbetriebsetzung, Wartung und Störungssuche durchgeführt werden.

Über die **Prozeßperipherie** erfolgt der Informationsaustausch zwischen Prozeßrechner und dem technischen Prozeß. In dem für die Regelung wichtigen Fall wird die Information von **analogen Signalen** getragen, die von Meßumformern hereingeholt oder an Stellglieder ausgegeben werden. Diese analogen Signale müssen über Analog-Digital-Umsetzer bzw. Digital-Analog-Umsetzer in die oder aus den digital codierten Signalen umgesetzt werden, die der Prozeßrechner verarbeiten kann. Zur Ermittlung der Uhrzeit wird eine besondere Impulseingabeeinheit mit Zähler und Taktgeber aufgebaut. Damit lassen sich **Absolutzeitgeber** und **Relativzeitgeber** für einstellbare Zeitspannen aufbauen. Diese Zeitgeber sind erforderlich, um den Prozeßablauf in Abhängigkeit von der Zeit zu erfassen oder auch zu beeinflussen.

Für die zielgerichtete Beeinflussung des Prozeßgeschehens müssen die erforderlichen Aktivitäten des Prozeßrechners rechtzeitig erfolgen. Darüber hinaus müssen innerhalb des zur Verfügung stehenden Zeitrahmens viele Programme im Prozeßrechner annähernd gleichzeitig ablaufen. Die rechtzeitige und gleichzeitige Ausführung einer Vielzahl von Automatisierungsprogrammen im direkt prozeßgekoppelten Rechner bezeichnet man zusammenfassend als Echtzeitbetrieb. Für das rechtzeitige Starten von Automatisierungsprogrammen muß der Programmablauf des Prozeßrechners unterbrechbar sein. Die Unterbrechung geschieht durch Meldungen hoher Priorität, die als Alarme bezeichnet werden. Die Verwaltung und Abarbeitung der Alarme unterschiedlicher Priorität geschieht durch ein Unterbrechungssystem oder Interruptsystem.

Prozeßrechner sind also Digitalrechner, die in direkter Kopplung mit einem technischen Prozeß Informationen in beiden Richtungen im Echtzeitbetrieb austauschen können.

Diese Festlegung besagt, daß als Prozeßrechner Datenverarbeitungssysteme mit einer bestimmten Aufgabe bezeichnet werden. Diese Aufgabe kann sowohl von Großrechnern oder Minirechnern als auch von einzelnen oder miteinander zusammenarbeitenden Mikrorechnern durchgeführt werden. Mikrorechner sind Digitalrechner mit einem Mikroprozessor, womit man die in einen Chip integrierte Zentraleinheit bezeichnet. Ein Mikrorechner ist die besonders preisgünstige Ausführung eines Digitalrechners, der auch die Aufgaben eines Prozeßrechners übernehmen kann.

In den weiteren Ausführungen dieses Abschnittes wird nur noch das Zusammenwirken von Prozeßrechner und technischem Prozeß zum Zweck der Regelung betrachtet. Dazu interessiert hardwaremäßig die Analog-Ein- und -Ausgabe sowie softwaremäßig der Aufbau des Regelalgorithmus.

4.4.1.2 Analog-Digital-Umsetzer als Eingabegeräte für den Prozeßrechner. Im Rahmen der digitalen Regelung erteilt das Betriebssystem dem Ein-Ausgabe-Werk den Auftrag, in äquidistanten Zeitabständen T die Werte der analogen Eingangsgrößen zu ermitteln. Diese Eingangsgrößen sind die durch Meßumformer in elektrische Spannungen umgesetzten Prozeßgrößen, wie beispielsweise Drücke, Temperaturen, Durchflüsse, Drehzahlen. Diese werden als Regelgrößen in den Regelungsprogrammen verarbeitet.

Innerhalb der Prozeßperipherie übernehmen Analog-Digital-Umsetzer die Aufgabe, vorliegende analoge Eingangsspannungen in digital codierte Zahlen entsprechender Wortlänge umzusetzen. Bei diesen, verkürzt als A/D-Umsetzer bezeichneten Geräten lassen sich im wesentlichen drei Umsetzverfahren unterscheiden:

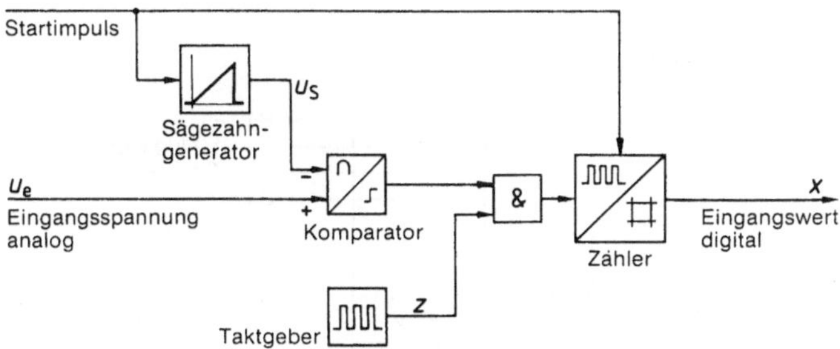

4.65 Analog-Digital-Umsetzer nach dem Sägezahnverfahren

a) Zählermethode oder Sägezahnverfahren,
b) Stufenverschlüßler,
c) integrierendes Meßverfahren.

Die ersten beiden Umsetzverfahren erfassen den Augenblickswert, während das dritte Verfahren den zeitlichen Mittelwert der Eingangsgröße darstellt. Bei den ersten beiden Verfahren müssen daher zur Unterdrückung von Störspannungen die einzelnen Analogeingänge mit Filtern versehen werden.

Zählermethode oder Sägezahnverfahren. Bei diesem Verfahren wird die Eingangsspannung u_e in einem Komparator mit einer zeitproportional ansteigenden Sägezahnspannung u_S verglichen, die im Startaugenblick des Umsetzvorganges vom Wert Null aus hochläuft (Bild **4.65**). Solange u_S kleiner als u_e ist, gibt der Komparator das binäre 1-Signal ab (Bild **4.66**). Damit werden die Zählimpulse Z eines Taktgebers in einen Zähler eingezählt, der beim Startau-

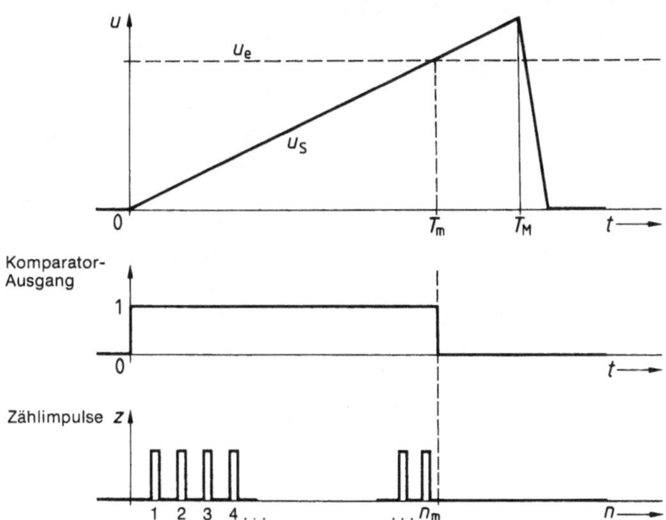

4.66 Umsetzvorgang beim A/D-Umsetzer nach dem Sägezahnverfahren

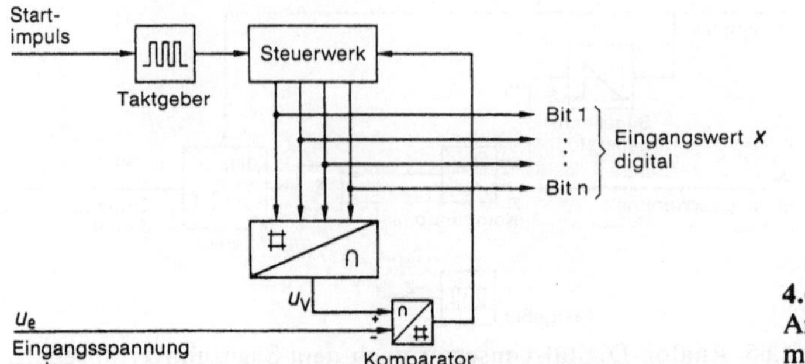

4.67
Analog-Digital-Umsetzer
mit Stufenverschlüßler

genblick auf Null gesetzt wurde. Sobald die Sägezahnspannung den Wert der Eingangsspannung erreicht hat, stoppt der Komparator den Zählvorgang. Die Anzahl n_m der eingelaufenen Zählimpulse ist proportional zur Umsetzzeit T_m und damit proportional zur anstehenden Eingangsspannung u_e. Die Anzahl der Zählimpulse steht als digital codierter Wert x proportional zur Eingangsspannung u_e für die Weiterverarbeitung zur Verfügung.

Die A/D-Umsetzer mit Sägezahnverfahren werden für 10 bis 13 Bit gebaut. Die benötigte Umsetzzeit beträgt 10 bis 50 µs bei einer Taktfrequenz von etwa 100 MHz.

Stufenverschlüßler. Beim Stufenverschlüßler wird die zu messende Eingangsspannung u_e mit der Ausgangsspannung u_v eines Digital-Analog-Umsetzers verglichen (Bild **4.67**). Dabei wird der D/A-Umsetzer durch ein Steuerwerk so angesteuert, daß die Eingangsspannung stufenweise eingegrenzt wird (Methode der sukzessiven Approximation).

Die Bewertungsstufen für den D/A-Umsetzer werden entsprechend dem Dualcode nach jeweils zwei Taktzeiten weitergeschaltet, wobei mit der höchsten Wertigkeit begonnen wird. In jeder zweiten Taktzeit wird geprüft, ob nun u_v noch kleiner oder schon größer als u_e geworden ist. Im ersten Fall bleibt die zuletzt eingeschaltete Bewertungsstufe eingeschaltet und das entsprechende Bit der Dualzahl wird gleich 1 gesetzt. Im zweiten Fall wird die zuletzt eingeschaltete Bewertungsstufe wieder ausgeschaltet und das entsprechende Bit gleich 0 gesetzt. Bild **4.68** zeigt den Abgleichvorgang für $u_e = 19/32$ bei 5 Bewertungsstufen.

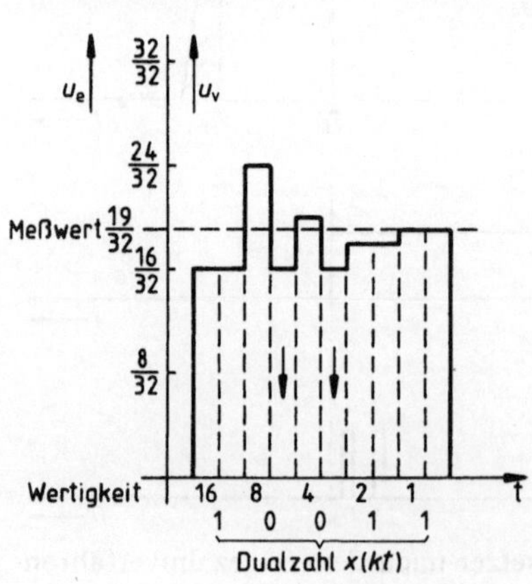

4.68 Umsetzvorgang beim A/D-Umsetzer mit Stufenverschlüßler

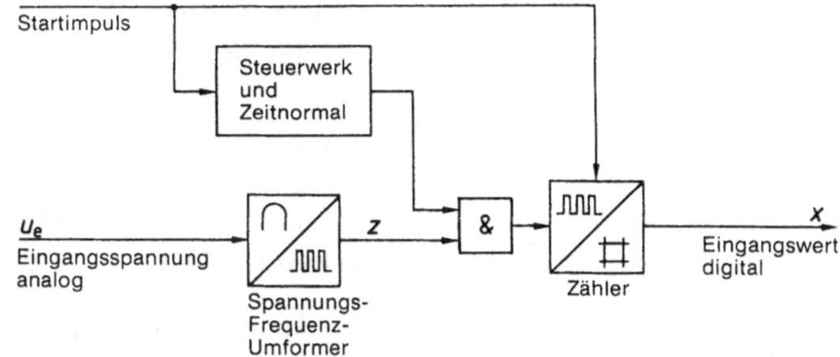

4.69 Analog-Digital-Umsetzer mit integrierendem Meßverfahren

Im Vergleich zum Sägezahnverfahren braucht der Stufenverschlüßler eine wesentlich geringere Umsetzzeit. Beispielsweise erzielt man mit 10 bit eine Auflösegenauigkeit von 0,1%, da $2^{10} = 1024 \approx 10^3$. Mit dem Sägezahnverfahren braucht man hierfür 1000 Schritte, mit dem Stufenverschlüßler jedoch nur 10. Den Gewinn an Umsetzzeit muß man mit größerem Aufwand bezahlen.

Bei Taktfrequenzen von 10 MHz werden Umsetzzeiten von etwa 1 µs bei 10 Bit erreicht.

Integrierendes Meßverfahren. Beim integrierenden Meßverfahren wird die Eingangsspannung mit Hilfe eines Spannungs-Frequenz-Umformers in eine Impulsfolge umgewandelt (Bild 4.69). Die vom Spannungs-Frequenz-Umformer ausgegebenen Zählimpulse Z werden für die Dauer einer konstanten Meßzeit T_M in einem Zähler aufsummiert. Nach Ablauf von T_M steht das Ergebnis als digital codierter Eingangswert x zur Verfügung. Störspannungen, die der Eingangsspannung überlagert sind, gehen im Rahmen der Mittelwertbildung in das Meßergebnis ein. Periodische Störspannungen lassen sich völlig unterdrükken, wenn man als Meßzeit ein ganzzahliges Vielfaches der Periodendauer der Störspannung wählt. Da die häufigsten Störspannungen durch die Netzfrequenz von 50 Hz entstehen, ergibt sich als kleinste Meßzeit dann 20 ms. Bild 4.70a zeigt das mit einer Störspannung von nur ±5 mV überlagerte Eingangssignal eines Eisen-Konstantan-Thermoelements bei einer Temperatur von 200°C. Die Meßwerte werden durch die Störspannung in den verschiedenen Zeitpunkten um bis zu 50% ver-

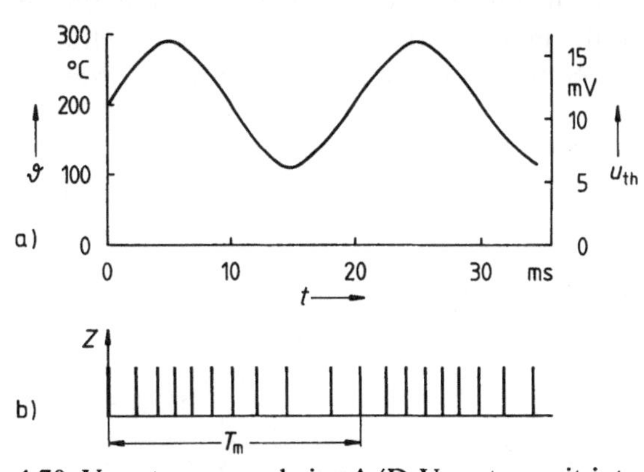

4.70 Umsetzvorgang beim A/D-Umsetzer mit integrierendem Meßverfahren

fälscht. Die Mittelwertbildung eliminiert diesen periodischen Fehler jedoch fast vollständig, wie man an den in der Meßzeit einlaufenden Impulsen (Bild 4.70 b) erkennt.

Den Vorteil der hohen Störspannungsunterdrückung muß man mit einer entsprechend verringerten Meßrate erkaufen. Bei einer Meßzeit von 20 ms könnten nur 50 Meßwerte pro Sekunde erfaßt werden. Aufgrund von Schalt- und Umsetzzeiten lassen sich sogar nur etwa 30 Meßwerte pro Sekunde erfassen.

4.4.1.3 Digital-Analog-Umsetzer als Ausgabegeräte für den Prozeßrechner. Die mit Hilfe des Regelalgorithmus ermittelten Werte der Stellgröße müssen mit Hilfe von Digital-Analog-Umsetzern in analoge Ausgangsspannungen oder -ströme umgesetzt werden. Diese dienen dann zur Ansteuerung des Stellgliedes. Es gibt auch Stellglieder, die direkt mit den digital codierten Werten angesteuert werden, die der Regelalgorithmus ermittelt und in einem Speicherplatz abgelegt hat. Dieser Fall ist jedoch noch relativ selten. Ein Beispiel dafür wird in Abschn. 4.3.2.1 bei der Schrittmotoransteuerung gegeben.

Bei dem Fall des später näher betrachteten Stellungs-Algorithmus besteht das Problem darin, aus der Folge der äquidistant ermittelten Werte der Stellgröße $y_k = y(kT)$ eine zeitkontinuierliche Treppenfunktion $\bar{y}(t)$ zu erzeugen, die nur in den Abtastzeitpunkten $t = kT$ ihren Wert ändert. Ein Digital-Analog-Umsetzer für Absolutwerte, der dies leistet, ist in Bild 4.71 dargestellt.

Die vom Regelalgorithmus ermittelten Werte y_k werden in den Ausgabepuffer geschrieben, der bereits zur Prozeßperipherie gehört. Die an einer gemeinsamen Referenzspannung $-u_{ref}$ liegenden Bewertungswiderstände werden durch elektronische Schalter mit einem Summierverstärker verbunden, wobei die Schalterstellung von dem darzustellenden Ausgangswert bestimmt wird. Durch entsprechende Stufung der Widerstände wird erreicht, daß die Ausgangsspannung u_A dem angelegten Wert y_k proportional ist. Die Stufung ist dabei abhängig von dem Code, in dem die Größe y_k in den Ausgabepuffer geschrieben wird. In Bild 4.71 ist die für den Dualcode erforderliche Stufung der Widerstände im Verhältnis $1:2:4:8\ldots$ dargestellt. Die Ausgangsspannung u_A ist dem Summenstrom proportional, wobei das Verhältnis durch den Gegenkoppelwiderstand R_0 bestimmt wird. Der treppenförmige Verlauf von u_A entspricht der gewünschten Zeitfunktion $\bar{y}(t)$.

Bei der Ansteuerung von proportional wirkenden Stellgliedern mit einem Stellbereich von 0 bis 100% wie Stellventilen oder drehzahlveränderlichen Pumpen

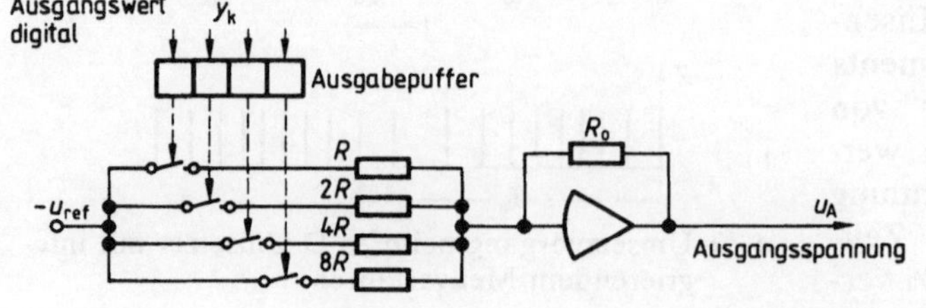

4.71
Digital-Analog-
Umsetzer für
Absolutwerte

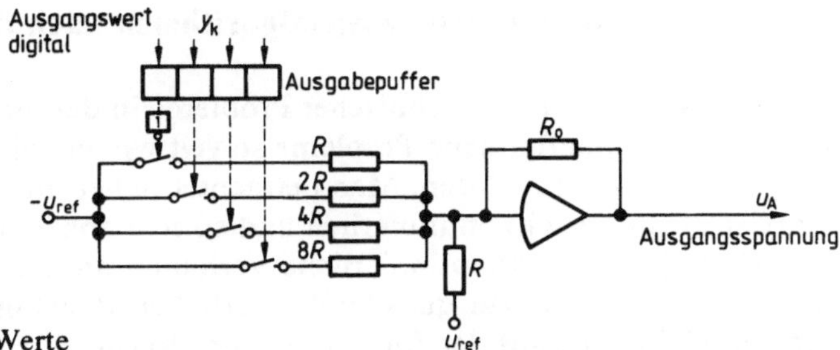

4.72
Digital-Analog-Umsetzer
für vorzeichenbehaftete Werte

genügt es, wenn die Ausgangsspannung nur eine Polarität besitzt. Es werden
D/A-Umsetzer mit einem Auflösungsvermögen von 8 bis 11 bit verwendet.

Beim Geschwindigkeits-Algorithmus werden die Änderungen Δy_k durch ein integrierendes Stellglied zur eigentlichen Stellgröße aufsummiert. Der erforderliche Digital-Analog-Umsetzer für vorzeichenbehaftete Werte muß
beide Polaritäten verarbeiten können, da der Zuwachs sowohl positiv als auch
negativ sein kann (Bild **4.72**). Eine gebräuchliche Darstellung für vorzeichenbehaftete Werte ist das Zweierkomplement. In Tafel **4.73** sind die Zusammenhänge zwischen dem Ausgangswert, seiner Darstellung im Ausgabepuffer, der
Schalterstellung und der Ausgangsspannung verdeutlicht. Beim Geschwindigkeits-Algorithmus wird dem maximal ausgegebenen Inkrement Δu_A nur eine
Stellengrößenänderung Δy von etwa 10% zugeordnet. Daher genügt in diesem
Fall ein um 3 bit geringeres Auflösungsvermögen von 5 bis 8 bit.

Tafel **4.73** Wirkungsweise des D/A-Umsetzers für vorzeichenbehaftete Werte

Ausgangs- wert	Darstellung im Ausgabepuffer	Schalter- stellung	Ausgangs- spannung
7	0 1 1 1	1 1 1 1	$\dfrac{7}{8}\dfrac{R_0}{R}u_{ref}$
6	0 1 1 0	1 1 1 0	$\dfrac{6}{8}\dfrac{R_0}{R}u_{ref}$
⋮	⋮	⋮	⋮
1	0 0 0 1	1 0 0 1	$\dfrac{1}{8}\dfrac{R_0}{R}u_{ref}$
0	0 0 0 0	1 0 0 0	0
−1	1 1 1 1	0 1 1 1	$-\dfrac{1}{8}\dfrac{R_0}{R}u_{ref}$
−2	1 1 1 0	0 1 1 0	$-\dfrac{2}{8}\dfrac{R_0}{R}u_{ref}$
⋮	⋮	⋮	⋮
−8	1 0 0 0	0 0 0 0	$-\dfrac{8}{8}\dfrac{R_0}{R}u_{ref}$

4.4.2 Quasikontinuierliche Regelalgorithmen nach der Rechteckregel

Bei der Lösung regelungstechnischer Probleme in der industriellen Technik bemüht man sich häufig, neue Probleme soweit wie möglich mit dem schon vorhandenen Rüstzeug zu lösen. Man betrachtet daher die zeitdiskreten Abtastregelkreise als quasi zeitkontinuierlich und spricht abgekürzt von „quasikontinuierlich", da ja das wertkontinuierliche Verhalten unverändert bleibt. In diesem Abschnitt werden die zur quasikontinuierlichen Regelung gehörigen Algorithmen hergeleitet, die auf der Anwendung der Rechteckregel beruhen. Im Unterschied zu den in Abschn. 4.3 entwickelten Beziehungen gelten diese quasikontinuierlichen Regelalgorithmen nur für relativ kleine Abtastzeiten T. Dies wird am Schluß des Abschnitts durch Beispiele demonstriert.

4.4.2.1 Stellungs- und Geschwindigkeits-Algorithmus mit der Reckteckregel.
Der naheliegendste Gedanke ist zunächst, die Differentialgleichung für kontinuierliche Regler durch Diskretisieren in eine für zeitdiskrete Signale geeignete Form zu überführen. Damit kann man auf die mit kontinuierlichen Reglern gemachten Erfahrungen und erprobten Einstellregeln zurückgreifen.

Stellungs-Algorithmus mit der Rechteckregel. Man geht von der Gleichung des idealen, kontinuierlichen PID-Reglers in der Summenform

$$y(t) = K_\mathrm{P}\left[e(t) + \frac{1}{T_\mathrm{n}} \int_0^t e(\tau)\,\mathrm{d}\tau + T_\mathrm{v}\,\frac{\mathrm{d}e(t)}{\mathrm{d}t}\right] \tag{4.159}$$

mit den in Abschn. 3.2.3.2 festgelegten Bezeichnungen aus. Für kleine Abtastzeiten kann man den Differentialquotienten durch einen Differenzenquotienten

$$\frac{\mathrm{d}e(t)}{\mathrm{d}t} \approx \frac{1}{T}[e_\mathrm{k} - e_{\mathrm{k}-1}] \tag{4.160}$$

annähern.
Das Integral nähert man mit der Rechteckregel durch

$$\int_{(\mathrm{j}-1)T}^{\mathrm{j}T} e(\tau)\,\mathrm{d}\tau \approx T e(\mathrm{j}T) = T e_\mathrm{j} \tag{4.161}$$

an. Damit ergibt sich

$$y_\mathrm{k} = K_\mathrm{P}\left[e_\mathrm{k} + \frac{T}{T_\mathrm{n}} \sum_{\mathrm{j}=0}^k e_\mathrm{j} + \frac{T_\mathrm{v}}{T}(e_\mathrm{k} - e_{\mathrm{k}-1})\right]. \tag{4.162}$$

4.74
Übergangsfunktion des PID-Stellungs-
Algorithmus nach Gl. (4.162) mit Proportionalbeiwert $K_P = 0{,}2$, Nachstellzeit
$T_n = 5\,T$ und Vorhaltzeit $T_v = 2\,T$

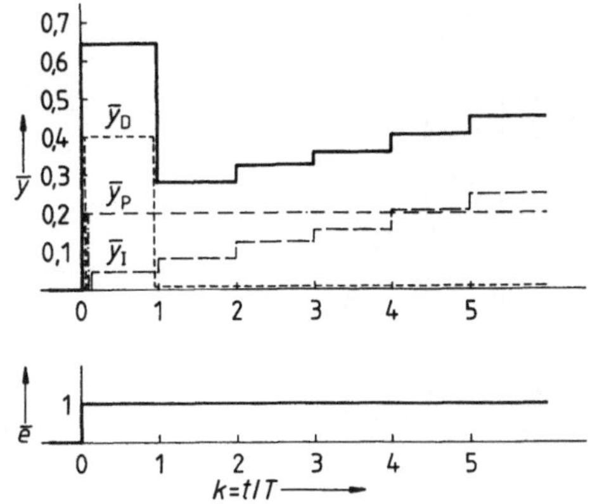

Dieser Algorithmus errechnet den
Wert der Stellgröße und wird daher
als Stellungs-Algorithmus bezeichnet. Bild **4.74** zeigt die Übergangsfunktion $\bar{y}(t)$ des Stellungs-Algorithmus am Ausgang des Haltegliedes, wobei der P-, I- und D-Anteil
einzeln dargestellt sind.

Für den Einsatz des Stellungsalgorithmus ist es erforderlich, daß das Stellglied
ein proportionales Verhalten aufweist. Häufig wird das proportionale Verhalten durch einen unterlagerten Stellungsregelkreis erzeugt. Bild **4.75** zeigt das
Zusammenwirken von Digital-Analog-Umsetzer, Halteglied und Stellungsreg-
ler mit Leistungsverstärker auf einen elektrischen Antrieb.

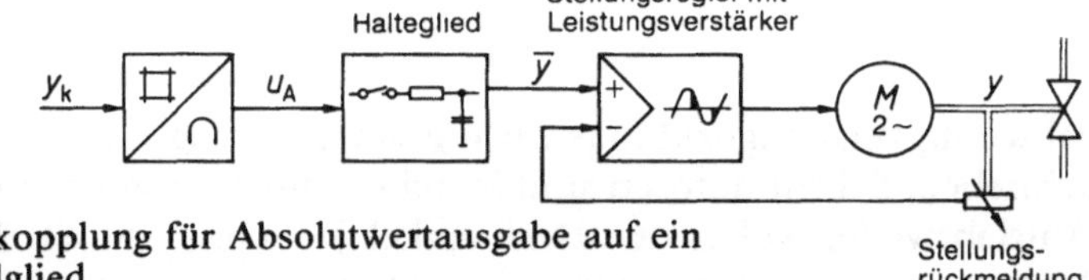

4.75
Stellgliedseitige Prozeßkopplung für Absolutwertausgabe auf ein
elektromotorisches Stellglied

Geschwindigkeits-Algorithmus mit der Rechteckregel. Häufig werden Stellglieder mit integrierendem Verhalten, wie beispielsweise Schrittmotoren, eingesetzt. Dann darf der Algorithmus nur den Zuwachs der Stellgröße innerhalb
eines Abtastschrittes ausgeben. Dazu wird von Gl. (4.162) der Ausdruck

$$y_{k-1} = K_P\left[e_{k-1} + \frac{T}{T_n}\sum_{j=0}^{k-1} e_j + \frac{T_v}{T}(e_{k-1}-e_{k-2})\right] \qquad (4.163)$$

subtrahiert, der sich als der Wert der Stellgröße zum vorhergehenden Abtastzeitpunkt ergibt. Man erhält dann

$$\Delta y_k = y_k - y_{k-1}$$
$$= K_P\left[e_k - e_{k-1} + \frac{T}{T_n}e_k + \frac{T_v}{T}(e_k - 2e_{k-1} + e_{k-2})\right], \qquad (4.164)$$

und bezeichnet diese Beziehung als den **Geschwindigkeits-Algorithmus**.

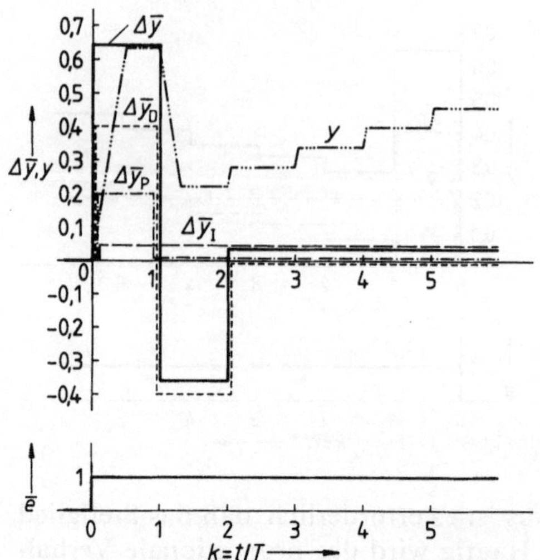

4.76 Übergangsfunktion des PID-Geschwindigkeits-Algorithmus nach Gl. (4.164) mit integralem Stellglied konstanter Geschwindigkeit und Proportionalbeiwert $K_\mathrm{P} = 0{,}2$, Nachstellzeit $T_\mathrm{n} = 5\,T$ und Vorhaltzeit $T_\mathrm{v} = 2\,T$

In Bild **4.76** ist seine Übergangsfunktion dargestellt.

Die eigentliche Stellgröße y ergibt sich dann durch Integration in einem entsprechenden Stellglied. Dabei ist hier ein integrierend wirkendes Stellglied mit konstanter Stellgeschwindigkeit angenommen, wie es beispielsweise ein Schrittmotor darstellt. Bei jedem ausgegebenen Zuwachs läuft der Schrittmotor während einer dem Zuwachs proportionalen Zeit mit konstanter Stellgeschwindigkeit und bleibt für den Rest des jeweiligen Abtastintervalls stehen. Wie man durch Vergleich sieht, entspricht der Verlauf von y in Bild **4.76** etwa dem Verlauf von $\bar{y}$ in Bild **4.74**, das mit denselben Reglerparametern gezeichnet wurde.

Als ein besonders einfaches Beispiel für den Einsatz des Geschwindigkeits-Algorithmus sei die Ansteuerung eines Schrittmotors kurz beschrieben. Schrittmotoren sind Synchronmotoren mit schrittweise umlaufender Antriebswelle, wobei der Drehwinkel je Schritt durch die Konstruktion des Motors und der Ansteuerungseinrichtung gegeben ist. Der Digital-Analog-Umsetzer enthält einen Zähler und einen Taktgeber (Bild **4.77**). Der Betrag des Zuwachses $|\Delta y|$ wird hierbei in einen Zähler eingespeichert, nachdem er zuvor

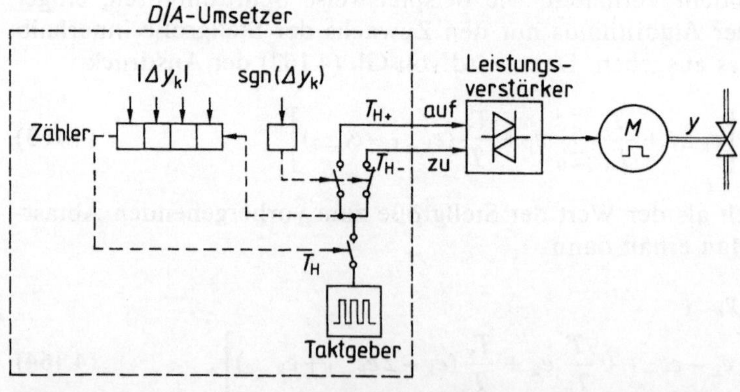

4.77
Digital-Analog-Umsetzer für Inkrementwertausgabe auf einen Schrittmotor

in eine ganze Zahl umgewandelt wurde. Der Maximalwert dieser ganzen Zahl muß der Anzahl Impulse entsprechen, die der Schrittmotor in der Abtastzeit T abarbeiten kann. Innerhalb jedes Abtastintervalls T wird die in den Zähler eingegebene Anzahl Impulse mit der Frequenz des Taktgebers leergezählt und dem Schrittmotor zugeführt. Das Vorzeichen des Zuwachses $\mathrm{sgn}\,(\varDelta y_k)$ muß gesondert berücksichtigt werden. Damit wird der Schrittmotor während einer zum Betrag $|\varDelta y_k|$ proportionalen Haltezeit T_H in auf- oder zusteuernder Richtung verfahren. Wegen der geringen Leistung des Schrittmotors kann zwischen diesem und dem Stellglied noch ein Leistungsverstärker erforderlich werden.

In der Gleichung des Regel-Algorithmus (Gl. 4.164) werden Führungsgröße und Regelgröße mit dem gleichen PID-Zeitverhalten beaufschlagt. Daher haben sprungförmige Änderungen der Führungsgröße einen starken Stellimpuls zur Folge. Um dies zu vermeiden, verzichtet man häufig auf die Differentiation der Führungsgröße. Noch sanftere Übergänge bei Änderungen der Führungsgröße erhält man, wenn man die Führungsgröße nur im Integralglied berücksichtigt. Ersetzt man in Gl. (4.164) e_k wieder durch $w_k - x_k$ und berücksichtigt w_k nur im Integralanteil, so ergibt sich folgender Algorithmus:

$$\varDelta y_k = K_P \left[(x_{k-1} - x_k) + \frac{T}{T_n} (w_k - x_k) + \frac{T_v}{T} (2x_{k-1} - x_k - x_{k-2}) \right]. \qquad (4.165)$$

Der Geschwindigkeits-Algorithmus hat gegenüber dem Stellungs-Algorithmus den praktischen Vorteil, daß das Stellglied gleichzeitig als Speicher dient. Damit ist leicht ein stoßfreies Umschalten von automatischer Regelung auf Handbetrieb möglich. Bei Rechnerausfall bleibt die momentane Stellgliedstellung erhalten. Für ein stoßfreies Umschalten von Handbetrieb auf automatischen Betrieb muß jedoch, genau wie beim Stellungs-Algorithmus, die Stellgröße gemessen und der I-Anteil entsprechend angepaßt werden.

4.4.2.2 Ergebnisse mit der Rechteckregel. Um die Leistungsfähigkeit des Stellungs- oder Geschwindigkeitsalgorithmus nach der Rechteckregel zu erkennen, genügt es, eine der zuvor genannten Darstellungsformen zu erproben. Für die Programmierung wird zunächst wieder die Polynomform

$$y_k = d_0 e_k + d_1 e_{k-1} + d_2 e_{k-2} + c_1 y_{k-1} + c_2 y_{k-2}$$

nach Gl. (4.131) angestrebt. Andererseits erhält man durch Umstellung der Gl. (4.164) die Beziehung

$$y_k = K_P \left[\left(1 + \frac{T}{T_n} + \frac{T_v}{T} \right) e_k - \left(1 + \frac{2T_v}{T} \right) e_{k-1} + \frac{T_v}{T} e_{k-2} \right] + y_{k-1}. \qquad (4.166)$$

Für die Koeffizienten des Regel-Algorithmus erhält man durch Vergleich

$$
\left.
\begin{aligned}
d_0 &= K_\mathrm{P}\left(1 + \frac{T}{T_\mathrm{n}} + \frac{T_\mathrm{v}}{T}\right); \\[2mm]
d_1 &= -K_\mathrm{P}\left(1 + \frac{2\,T_\mathrm{v}}{T}\right); \quad c_1 = 1, \\[2mm]
d_2 &= K_\mathrm{P}\,\frac{T_\mathrm{v}}{T}; \quad\quad\quad c_2 = 0.
\end{aligned}
\right\}
\tag{4.167}
$$

Hiermit wird der ideale PID-Regelalgorithmus in der Summendarstellung beschrieben, für den sich aus Gl. (4.159) durch Anwendung der Laplace-Transformation die Übertragungsfunktion

$$
G_\mathrm{R}(s) = K_\mathrm{P}\left[1 + \frac{1}{T_\mathrm{n}s} + T_\mathrm{v}s\right]
\tag{4.168}
$$

herleiten läßt. Zur Anpassung der Reglerparameter an eine gegebene Regelstrecke ist jedoch die Produktdarstellung

$$
G_\mathrm{R}(s) = K_\mathrm{PP}\,\frac{(1 + T_\mathrm{nP}s)(1 + T_\mathrm{vP}s)}{T_\mathrm{nP}s}
\tag{4.169}
$$

erforderlich, weil auch die Regelstrecken in Produktform $G_\mathrm{S}(s) = K_\mathrm{S}/(1 + T_1 s)(1 + T_2 s)\ldots$ angegeben werden. Bringt man Gl. (4.168) auf den Hauptnenner und multipliziert den Zähler von Gl. (4.169) aus, so erhält man durch Koeffizientenvergleich zwischen der Summen- und Produktdarstellung die Beziehungen:

$$
T_\mathrm{n} = T_\mathrm{nP} + T_\mathrm{vP}; \quad\quad T_\mathrm{v} = T_\mathrm{vP}\,T_\mathrm{nP}/T_\mathrm{n}; \quad\quad K_\mathrm{P} = K_\mathrm{PP}\,T_\mathrm{n}/T_\mathrm{nP}.
\tag{4.170}
$$

Um die Ergebnisse mit der Rechteck-Regel mit denen anderer Regelalgorithmen vergleichen zu können, soll die schon früher benutzte P-T$_3$-Strecke genommen werden.

Beispiel 4.34. Es soll auf die P-T$_3$-Strecke mit den drei Verzögerungszeiten $T_1 = 3$ s, $T_2 = 2$ s, $T_3 = 1$ s der Regelalgorithmus nach Gl. (4.166) bei den Abtastzeiten $T = 0,1$ s; $0,2$ s und $0,6$ s angewendet werden.

Bild 4.78 zeigt den Frequenzgang der Regelstrecke G_S und den sich daraus ergebenden Frequenzgang G_O des offenen Regelkreises.

Die Regleranpassung wird in der üblichen Weise vorgenommen, so daß die beiden größten Verzögerungszeiten $T_1 = 3$ s und $T_2 = 2$ s der Regelstrecke durch die Nachstellzeit T_nP und die Vorhaltzeit T_vP des Regelalgorithmus kompensiert werden. Für das Produkt der Frequenzgänge von Regelstrecke

$$
G_\mathrm{S}(\mathrm{j}\omega) = \frac{1}{(1 + T_1\mathrm{j}\omega)(1 + T_2\mathrm{j}\omega)(1 + T_3\mathrm{j}\omega)}
$$

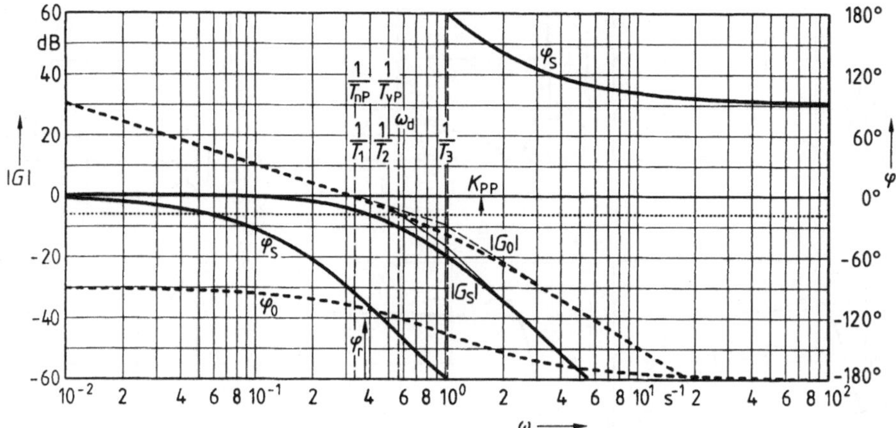

4.78 Frequenzkennlinien zu $G_S(j\omega)$ und $G_O(j\omega)$ für eine P-T$_3$-Strecke mit den Verzögerungszeiten $T_1 = 3$ s, $T_2 = 2$ s, $T_3 = 1$ s mit PID-Regelalgorithmus nach der Rechteckregel

und Regelalgorithmus

$$G_R(j\omega) = K_{PP} \frac{(1 + T_{nP}j\omega)(1 + T_{vP}j\omega)}{T_{nP}j\omega}$$

erhält man damit

$$G_O(j\omega) = K_{PP} \frac{1}{T_1 j\omega (1 + T_3 j\omega)}.$$

Es soll eine Phasenreserve von $\varphi_r = 58{,}6°$ gewählt werden, was einem Überschwingen von 10% entspricht. Damit ergibt sich eine Durchtrittskreisfrequenz $\omega_d = 0{,}610\,\text{s}^{-1}$ und eine dazugehörige Proportionalverstärkung $K_{PP} = 2{,}144$. Mit den Werten für die Nachstellzeit $T_{nP} = 3$ s und die Vorhaltzeit $T_{vP} = 2$ s in der Produktdarstellung erhält man für die Koeffizienten der Summendarstellung nach Gl. (4.170) $T_n = (3 + 2)\,\text{s} = 5$ s, $T_v = 3 \cdot 2/5\,\text{s} = 1{,}2$ s und $K_P = 2{,}144 \cdot 5/3 = 3{,}573$.

Damit ergeben sich nach Gl. (4.167) für die Fälle $T = 0{,}1$ s; 0,2 s und 0,6 s die in der Tafel 4.79 zusammengestellten Werte für d_0, d_1 und d_2:

Tafel 4.79 Parameterwerte des PID-Regelalgorithmus abhängig von der Abtastzeit

	$T = 0{,}1$ s	$T = 0{,}2$ s	$T = 0{,}6$ s
d_0	46,521	25,154	11,148
d_1	−89,325	−46,449	−17,865
d_2	42,876	21,438	7,146

Die sich mit diesen Reglerkoeffizienten und $c_1 = 1$, $c_2 = 0$ ergebenden Übergangsfunktionen für die Regelgröße und die Stellgröße sind in Bild **4.80** a, b und c dargestellt. Im Unterschied zu der vorgesehenen Überschwingweite von 10% werden hierbei Überschwingweiten von $h_m = 12\%$, 14% und 32% angenommen.

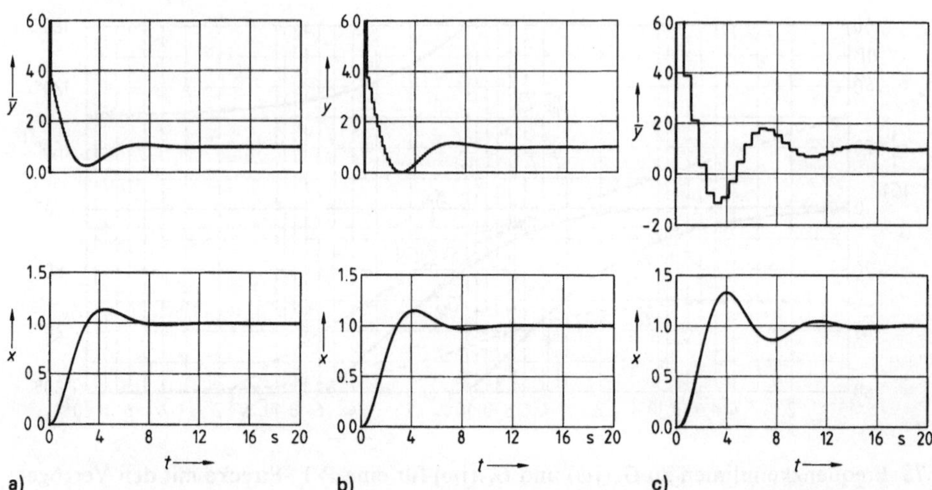

4.80 Übergangsfunktion mit PID-Regelalgorithmus nach der Rechteckregel bei einer P-T_3-Strecke mit den Verzögerungszeiten $T_1 = 3$ s, $T_2 = 2$ s, $T_3 = 1$ s und Abtastzeiten von 0,1 s (a), 0,2 s (b) und 0,6 s (c)

In der Literatur wird häufig angegeben, daß die Abtastzeit nicht größer als 10% der Summe der Verzögerungszeiten gewählt werden sollte. Diese Grenze wurde hier mit der Wahl von $T = 0{,}6$ s eingehalten. Der zugehörige Regelvorgang (Bild **4.80** c) muß wegen der um den Faktor 3 überhöhten Überschwingweite als unbefriedigend bezeichnet werden. Der Grund liegt darin, daß der Abtastvorgang und die Wirkung des Haltegliedes bei der Ermittlung des Regel-Algorithmus in keiner Weise berücksichtigt werden. Wie im nächsten Abschnitt gezeigt wird, kann das Abtast-Halteglied in erster Näherung durch ein Totzeitglied mit einer Totzeit gleich der halben Abtastzeit beschrieben werden. Wenn man dieses Totzeitverhalten außer acht läßt, so muß die Stabilität des Regelkreises mit größer werdender Abtastzeit abnehmen, wie in Bild **4.80** c zu sehen ist. Daher kann der quasikontinuierliche Algorithmus nach der Rechteckregel ohne Berücksichtigung des Abtast-Haltegliedes nur für sehr kleine Abtastzeiten noch unterhalb von 10% der Summe der Verzögerungszeiten angewendet werden.

4.4.3 Quasikontinuierliche Regelalgorithmen mit der Trapezregel und Berücksichtigung des Abtast-Haltegliedes

Der Stellungs-Algorithmus mit der Trapezregel läßt sich ähnlich wie mit der Rechteckregel herleiten. Dabei würde jedoch genausowenig wie dort das Halteglied mit seinem Übertragungsverhalten berücksichtigt. Außerdem erhielte man auch dann nur den Spezialfall des PID-Algorithmus, bei dem der D-Anteil nur über ein Abtastintervall wirksam ist, was in dem Koeffizienten $c_2 = 0$

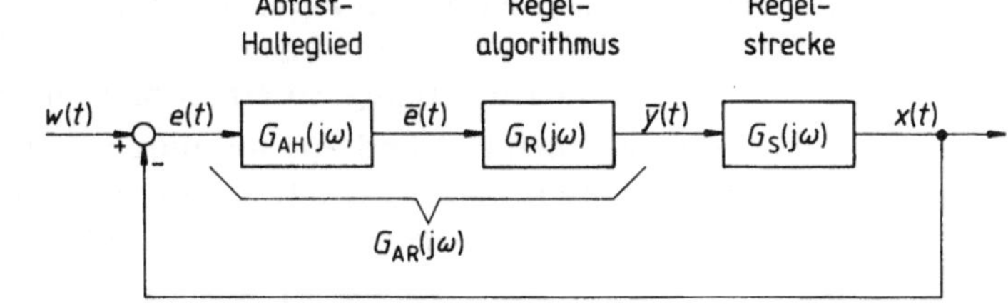

4.81
Wirkungsplan der
einschleifigen quasi-
kontinuierlichen
Abtastregelung

von Gl. (4.167) zum Ausdruck kommt. Diese beiden Einschränkungen sollen überwunden und der Algorithmus mit der Trapezregel allgemein hergeleitet werden. Die Überlegungen werden im Frequenzbereich durchgeführt, da hiermit ein nahtloser Anschluß an die Vorgehensweise bei kontinuierlichen Regelungen gegeben ist.

Zunächst wird der Frequenzgang von Abtaster und Halteglied hergeleitet und danach der Regel-Algorithmus 1. und 2. Ordnung. Dazu wird vom Wirkungsplan der einschleifigen Abtastregelung (Bild **4.**81) ausgegangen. Die Zusammenfassung von Abtast-Halteglied und Regelalgorithmus wird Abtastregler genannt.

4.4.3.1 Frequenzgang von Abtaster und Halteglied. Um das Übertragungsverhalten von Abtaster und Halteglied in erster Näherung zu beschreiben, betrachtet man deren Verhalten bei Vorgabe einer sinusförmigen Eingangsgröße $e(t)$ (Bild **4.**82). Am Ausgang des Abtasters entsteht eine mit der Sinusfunktion modulierte Folge von δ-Impulsen $e^*(t)$. Jeder einzelne δ-Impuls der Gewichtung e_k erzeugt am Ausgang des Haltegliedes aufgrund von dessen Impulsantwort die Ausgangsgröße

$$e_{H,k}(t) = e_k[\sigma(t) - \sigma(t-T)]. \tag{4.171}$$

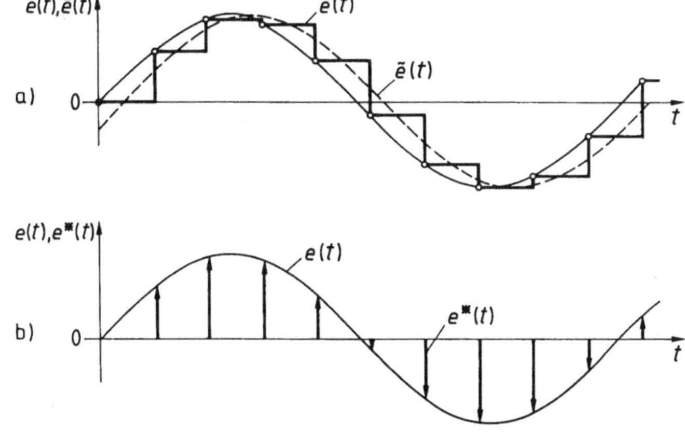

4.82
Zeitverhalten von
Abtaster und Halteglied
bei sinusförmiger
Eingangsgröße $e(t)$

Die Aufeinanderfolge dieser Rechteckblöcke der Amplitude e_k und der Länge T ergibt die Treppenfunktion $\bar{e}(t)$. Ersetzt man die Treppenfunktion $\bar{e}(t)$ durch die in ihr enthaltene Grundschwingung, so erhält man die Zeitfunktion $\tilde{e}(t)$.

Der Zusammenhang zwischen $e(t)$ und $\tilde{e}(t)$ soll durch einen Frequenzgang beschrieben werden. Den Frequenzgang des Haltegliedes allein kann man gewinnen, indem man in seiner Übertragungsfunktion Gl. (4.9) s durch $j\omega$ ersetzt

$$G_{\mathrm{H}}(j\omega) = \frac{\bar{E}(j\omega)}{E^*(j\omega)} = \frac{1 - e^{-Tj\omega}}{j\omega}. \tag{4.172}$$

Um auch für das Halteglied zusammen mit dem Abtaster einen Frequenzgang angeben zu können, geht man davon aus, daß jeder einzelne δ-Impuls der Fläche 1 durch das Halteglied auf die Zeitdauer T gedehnt wird. Daher muß die Amplitude proportional zu $1/T$ abnehmen, so daß man für den näherungsweisen Frequenzgang von **Abtaster und Halteglied**

$$G_{\mathrm{AH}}(j\omega) = \frac{\tilde{E}(j\omega)}{E(j\omega)} = \frac{1 - e^{-Tj\omega}}{Tj\omega} \tag{4.173}$$

erhält. Dabei wird der Frequenzgang auf die sinusförmige Ausgangsgröße $\tilde{e}(t)$ des Haltegliedes bezogen, die die treppenförmige Ausgangsgröße $\bar{e}(t)$ annähert.

Dieser Frequenzgang wird durch Einsetzen von $e^{-Tj\omega} = \cos(T\omega) - j\sin(T\omega)$ umgeformt

$$G_{\mathrm{AH}}(j\omega) = \frac{\sin(T\omega)}{T\omega} - j\,\frac{1 - \cos(T\omega)}{T\omega} = \frac{2\sin\dfrac{T\omega}{2}}{T\omega}\left[\cos\frac{T\omega}{2} - j\sin\frac{T\omega}{2}\right].$$

Damit erhält man

$$G_{\mathrm{AH}}(j\omega) = \frac{\sin\dfrac{T}{2}\omega}{\dfrac{T}{2}\omega} \cdot e^{-j\frac{T}{2}\omega}. \tag{4.174}$$

Der Frequenzgang ist in Bild **4**.83 nach Betrag und Phase dargestellt. Der Amplitudengang beginnt bei der Frequenz 0 beim Wert 1 und verläuft dann nach einer $(\sin x)/x$-Funktion. Der Phasengang ist proportional zur Frequenz wie bei einem Totzeitglied mit einer Totzeit gleich der halben Abtastzeit.

An diesem Frequenzgang $G_{\mathrm{AH}}(j\omega)$ erkennt man nachträglich die Richtigkeit des Proportionalitätsfaktors $1/T$ nach Gl. (4.173). Nur bei dieser Wahl nimmt der Frequenzgang bei $\omega = 0$ den Wert $G_{\mathrm{AH}}(0) = 1$ an. Das muß auch so sein,

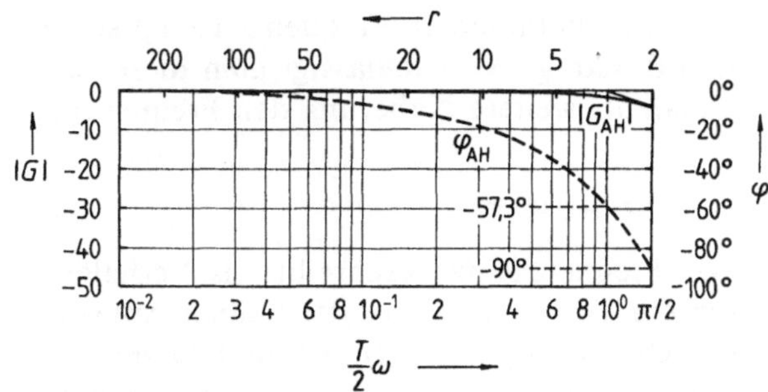

4.83
Frequenzkennlinien von
Abtaster und Halteglied
über der dimensionslosen
Größe $(T/2)\omega$ mit Skalierung
für $r = \tilde{T}/T$

denn wenn die Frequenz der sinusförmigen Eingangsfunktion $e(t)$ sehr klein gegenüber der Abtastfrequenz $2/T$ wird, kann man die Wirkung von Abtaster und Halteglied vernachlässigen. Dann wird die Ausgangsfunktion $\tilde{e}(t)$ identisch mit der Eingangsfunktion $e(t)$.

Der Frequenzgang von Abtaster und Halteglied ist in Bild **4.83** nur für Werte von $(T/2)\omega \leqq \pi/2$ dargestellt. Die Begründung dafür ergibt sich aus dem Abtasttheorem von Shannon, das besagt, daß sich eine sinusförmige Schwingung dann wieder aus abgetasteten Amplitudenwerten eindeutig rekonstruieren läßt, wenn innerhalb einer Periodendauer mindestens zwei Abtastungen liegen. Bereits in Abschn. 4.3.1.3 war für die Anzahl Abtastungen pro Periode die Bezeichnung $r = \tilde{T}/T$ eingeführt worden. Aufgrund des Zusammenhangs $\tilde{T} = 2\pi/\omega$ erhält man

$$r = \frac{2\pi}{\omega T}. \tag{4.175}$$

Damit läßt sich der näherungsweise Frequenzgang von Abtaster und Halteglied auch als Funktion von r in der Form

$$G_{\mathrm{AH}}(r) = \frac{\sin \dfrac{\pi}{r}}{\dfrac{\pi}{r}}\, \mathrm{e}^{-\mathrm{j}\frac{\pi}{r}} \tag{4.176}$$

beschreiben. Aufgrund der Forderung $r > 2$ ergibt sich aus Gl. (4.175)

$$\frac{T}{2}\omega < \frac{\pi}{2}. \tag{4.177}$$

Der durch Gl. (4.176) beschriebene Zusammenhang ist in anderer Form und als Darstellung durch eine Ortskurve auch in [1] zu finden. In Bild **4.83** ist am oberen Rand auch eine Skalierung für r angegeben.

Für die weiteren Betrachtungen interessiert jedoch die Abhängigkeit des Frequenzganges von ω bei fester Abtastzeit T in der Form von Gl. (4.174). Wie man aus Bild **4.83** sieht, hat der Amplitudengang über weite Bereiche den

Wert 1. Erst bei höheren Frequenzen zeigt sich eine Abweichung, die maximal $-3,9$ dB beträgt. Vernachlässigt man diese geringe Abweichung von 1, so erhält man als weitere Näherung den Frequenzgang

$$G_{AH}(j\omega) \approx e^{-\frac{T}{2}j\omega}. \tag{4.178}$$

Dieser Frequenzgang beschreibt das Verhalten von Abtaster und Halteglied durch ein Totzeitglied von der halben Abtastzeit. Dieses Verhalten ist durch Vergleich von $e(t)$ und $\bar{e}(t)$ in Bild **4.**80 auch anschaulich verständlich.

Es soll noch darauf hingewiesen werden, daß die Vernachlässigung der Abweichung von 1 in Gl. (4.178) einen Schritt in die sichere Richtung bedeutet. Denn man rechnet dann im Bereich der höheren Frequenzen mit einer bis um 3,9 dB höheren Verstärkung als eigentlich nötig wäre. Daher kann man diese Vernachlässigung guten Gewissens machen.

4.4.3.2 Regelalgorithmen 1. Ordnung. Für den Regelalgorithmus 1. Ordnung war in Abschn. 4.3.3.1 allgemein die Beschreibung

$$y_k = d_0 e_k + d_1 e_{k-1} + c_1 y_{k-1} \tag{4.179}$$

mit der zugehörigen z-Übertragungsfunktion

$$G_{Rz}(z) = \frac{d_0 + d_1 z^{-1}}{1 - c_1 z^{-1}} \tag{4.180}$$

angegeben worden. Ziel der Überlegungen soll es sein, den Regelalgorithmus so auszulegen, daß seine Wirkung möglichst gut mit der eines kontinuierlichen Reglers übereinstimmt. Diese Wirkung ist als das Integral der Stellgröße bei dem gegebenen Verlauf der Regeldifferenz anzugeben. Es soll also bei beliebigen Anregungen im Regelkreis dafür gesorgt werden, daß die Flächen unter den Zeitverläufen der Stellgröße beim diskreten und kontinuierlichen Regler möglichst gleich sind.

Kontinuierliche Regler 1. Ordnung können allgemein durch eine Übertragungsfunktion

$$G_R(s) = \frac{g_0 + g_1 s}{h_0 + h_1 s} \tag{4.181}$$

beschrieben werden. Durch entsprechende Wahl der Koeffizienten kann damit ein I-, PI-, D- oder PD-Zeitverhalten verwirklicht werden. Um die Koeffizienten d_0, d_1 und c_1 der Abtastregler entsprechend der geforderten Flächengleichheit zu bestimmen, wendet man die in Abschn. 4.2.3.2 ermittelte Formel für die z-Übertragungsfunktion der digitalen Integration mit der Trapezregel

$$\frac{H_z(z)}{F_z(z)} = \frac{T}{2} \cdot \frac{z+1}{z-1} \tag{4.182}$$

an. Diese Formel beschreibt den Zusammenhang zwischen den z-Übertragungsfunktionen einer beliebigen Zeitfunktion $f(t)$ und ihres Integrals $h(t)$. Daher stellt diese Formel eine Näherung der Integraloperation

$$\frac{1}{s} \approx \frac{T}{2} \cdot \frac{z+1}{z-1} \tag{4.183}$$

für kontinuierliche Zeitfunktionen dar. Setzt man den sich daraus ergebenen Wert für s in die Übertragungsfunktion $G_R(s)$ nach Gl. (4.181) ein, so erhält man die z-Übertragungsfunktion

$$G_{Rz}(z) = \frac{g_0 + g_1 \cdot \dfrac{2}{T} + \left(g_0 - g_1 \cdot \dfrac{2}{T}\right) z^{-1}}{h_0 + h_1 \cdot \dfrac{2}{T} + \left(h_0 - h_1 \cdot \dfrac{2}{T}\right) z^{-1}}. \tag{4.184}$$

Durch Koeffizientenvergleich mit Gl. (4.180) erhält man für die Koeffizienten d_0, d_1 und c_1 die Bedingungen:

$$d_0 = \frac{g_0 + g_1 \cdot \dfrac{2}{T}}{h_0 + h_1 \cdot \dfrac{2}{T}}; \quad d_1 = \frac{g_0 - g_1 \cdot \dfrac{2}{T}}{h_0 + h_1 \cdot \dfrac{2}{T}}; \quad c_1 = - \frac{h_0 - h_1 \cdot \dfrac{2}{T}}{h_0 + h_1 \cdot \dfrac{2}{T}}. \tag{4.185}$$

Damit hat man auf allgemeinem Wege eine Beziehung hergeleitet, die von der Flächengleichheit unter den Ausgangsfunktionen von kontinuierlichen und diskreten Reglern ausgeht. Diese Beziehung soll durch Beispiele verdeutlicht werden, bei denen die Übergangsfunktionen kontinuierlicher Regler und zugeordneter Regelalgorithmen miteinander verglichen werden. Die Übergangsfunktionen der Regelalgorithmen erhält man, indem man in Gl. (4.179) $e_k = 0$ für $k < 0$ und $e_k = 1$ für $k \geq 0$ setzt. Mit der Anfangsbedingung $y_{-1} = 0$ erhält man

$$y_0 = d_0 \quad \text{für} \quad k = 0 \tag{4.186}$$

sowie

$$y_k = d_0 + d_1 + c_1 y_{k-1} \quad \text{für} \quad k > 0. \tag{4.187}$$

Beispiel 4.35. Man bestimme die Koeffizienten und die Übergangsfunktion eines Regelalgorithmus, der einem kontinuierlichen I-Regler entspricht.

Bei einem kontinuierlichen I-Regler gilt für die Koeffizienten in Gl. (4.181) $g_1 = 0$ und $h_0 = 0$. Üblicherweise schreibt man die Übertragungsfunktion des I-Reglers

$$G_R(s) = \frac{1}{T_1 s}. \tag{4.188}$$

Nr.	Regler-typ	Übertragungs-funktion $G_R(s)$	Übergangsfunktionen 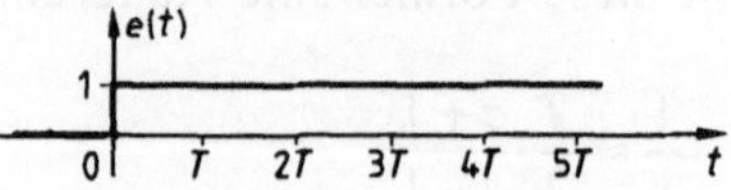
1	I	$\dfrac{1}{T_I s}$	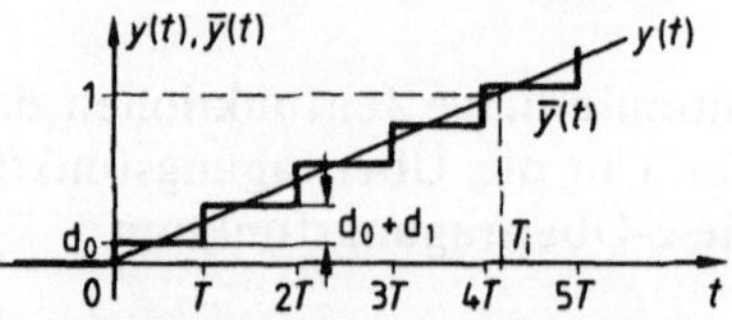
2	PI	$K_P \dfrac{1 + T_n s}{T_n s}$	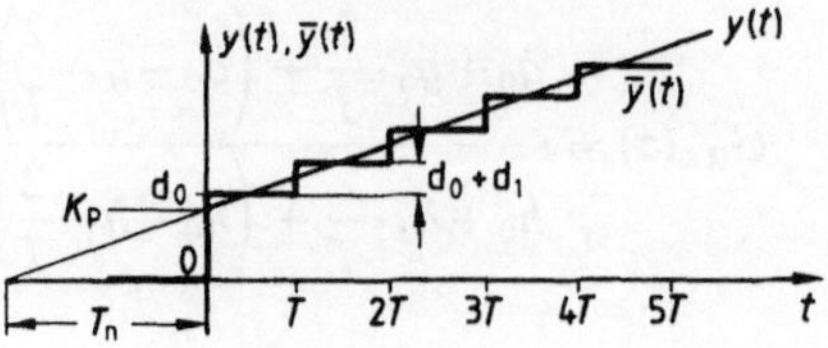
3	D-T_1	$K_P \dfrac{T_v s}{1 + T_d s}$	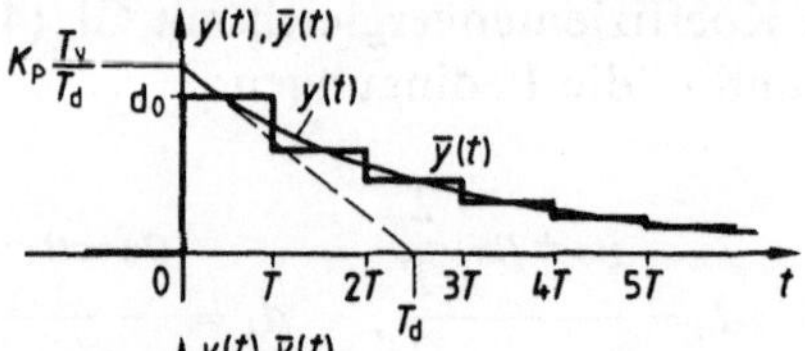
4	D-T_1	$K_P \dfrac{T_v s}{1 + T_d s}$ mit $T_d = T/2$	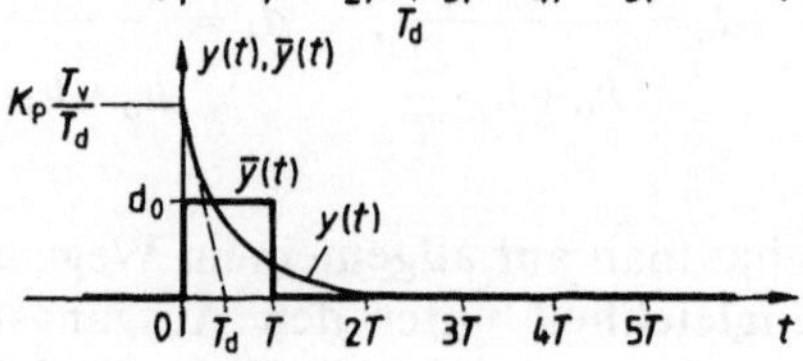
5	PD-T_1	$K_P \dfrac{1 + T_{vP} s}{1 + T_d s}$ $T_{vP} = T_v + T_d$	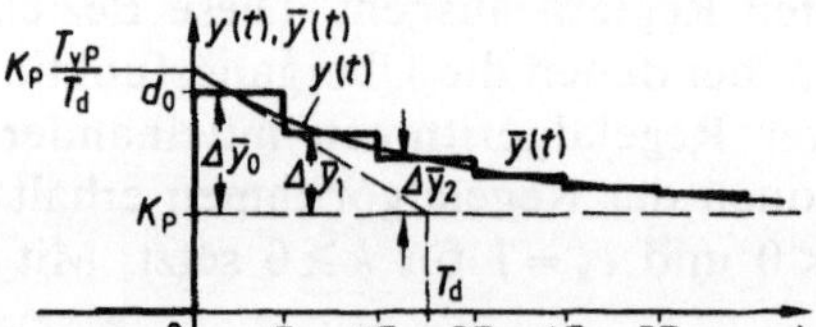

4.84 Übergangsfunktionen $y(t)$ von kontinuierlichen Reglern mit Übertragungsfunktionen $G_R(s)$ und Übergangsfunktionen $\bar{y}(t)$ der sich mit der Trapezregel ergebenden quasikontinuierlichen Regelalgorithmen 1. Ordnung

Setzt man $g_0 = 1$; $h_1 = T_I$, so erhält man

$$d_0 = d_1 = \frac{T}{2 T_I}; \qquad c_1 = 1 . \tag{4.189}$$

Nach Gl. (4.186) ergibt sich

$$y_0 = d_0 = \frac{1}{2} \cdot \frac{T}{T_I}$$

und nach Gl. (4.187)

$$y_k = d_0 + d_1 + y_{k-1} = \frac{T}{T_\mathrm{I}} + y_{k-1}.$$

Nach einem halb so großen Anfangssprung nimmt die Stellgröße $\bar{y}(t)$ in jedem weiteren Abschnitt um T/T_I zu. Das ist derselbe Zuwachs wie bei der zu Gl. (4.188) gehörigen Sprungantwort $y(t) = t/T_\mathrm{I}$ in der Abtastzeit T. Die beiden Übergangsfunktionen $y(t)$ und $\bar{y}(t)$ sind in Bild **4.84** als Nr. 1 dargestellt.

Beispiel 4.36. Es sollen die Koeffizienten und die Übergangsfunktionen eines Regelalgorithmus mit PI-Verhalten ermittelt werden.
Der kontinuierliche PI-Regler hat die Übertragungsfunktion

$$G_\mathrm{R}(s) = K_\mathrm{P}\, \frac{1 + T_\mathrm{n}s}{T_\mathrm{n}s}. \tag{4.190}$$

Aus dessen Koeffizienten

$$g_0 = K_\mathrm{P}, \quad g_1 = K_\mathrm{P} T_\mathrm{n}, \quad h_0 = 0 \quad \text{und} \quad h_1 = T_\mathrm{n}$$

ergeben sich die Koeffizienten des Regelalgorithmus nach Gl. (4.185)

$$d_0 = K_\mathrm{P}\, \frac{T_\mathrm{n} + T/2}{T_\mathrm{n}}; \quad d_1 = -K_\mathrm{P}\, \frac{T_\mathrm{n} - T/2}{T_\mathrm{n}}; \quad c_1 = 1. \tag{4.191}$$

Für den Anfangswert der Übergangsfunktion erhält man nach Gl. (4.186)

$$y_0 = d_0 = K_\mathrm{P}\, \frac{T_\mathrm{n} + T/2}{T_\mathrm{n}} = K_\mathrm{P}\left(1 + \frac{1}{2}\frac{T}{T_\mathrm{n}}\right)$$

und für die folgenden Werte nach Gl. (4.187)

$$y_k = d_0 + d_1 + y_{k-1} = K_\mathrm{P}\, \frac{T}{T_\mathrm{n}} + y_{k-1}.$$

Nach einem Anfangssprung der Höhe $K_\mathrm{P} + \frac{1}{2} K_\mathrm{P}\, \frac{T}{T_\mathrm{n}}$ nimmt die Stellgröße in jedem weiteren Abtastzeitpunkt um $K_\mathrm{P}\, \frac{T}{T_\mathrm{n}}$ zu. Die sich damit ergebende Treppenfunktion $\bar{y}(t)$ stimmt im Mittel mit der kontinuierlichen Übergangsfunktion $y(t) = K_\mathrm{P}(1 + t/T_\mathrm{n})$ überein. Bild **4.84** zeigt diese Übergangsfunktion als Nr. 2.

Beispiel 4.37. Die Koeffizienten und die Übergangsfunktion eines Regelalgorithmus mit D-T_1-Verhalten sollen bestimmt werden.
Ein realisierbarer kontinuierlicher D-T_1-Regler hat die Übertragungsfunktion

$$G_\mathrm{R}(s) = K_\mathrm{P}\, \frac{T_\mathrm{v}s}{1 + T_\mathrm{d}s} \tag{4.192}$$

mit den Koeffizienten

$$g_0 = 0, \quad g_1 = K_\mathrm{P} T_\mathrm{v}, \quad h_0 = 1 \quad \text{und} \quad h_1 = T_\mathrm{d}.$$

Für die Koeffizienten des Regelalgorithmus erhält man damit

$$d_0 = \frac{K_P T_v}{T_d + T/2} ; \quad d_1 = -\frac{K_P T_v}{T_d + T/2} ; \quad c_1 = \frac{T_d - T/2}{T_d + T/2} . \tag{4.193}$$

Bei der Übergangsfunktion gilt nach einem Anfangswert

$$y_0 = d_0 = \frac{K_P T_v}{T_d + T/2} ,$$

für die weiteren Funktionswerte mit $k > 0$ wegen $d_0 + d_1 = 0$

$$y_k = c_1 y_{k-1} . \tag{4.194}$$

Die Stellgrößen nehmen nach einem Anfangswert d_0 nach einer geometrischen Reihe mit dem Abklingkoeffizienten c_1 ab (Nr. 3 in Bild **4.84**). Die Fläche unter der Treppenkurve $\bar{y}(t)$ ist für k Abtastschritte nach der Summenformel der endlichen geometrischen Reihe gleich

$$A'_k = d_0 \frac{1 - c_1^k}{1 - c_1} \cdot T = K_P T_v (1 - c_1^k) . \tag{4.195}$$

Die Fläche unter der Übergangsfunktion des kontinuierlichen D-T_1-Reglers

$$y(t) = K_P (T_v / T_d) \cdot e^{-t/T_d}$$

ist bis zur Zeit $t = kT$

$$A_k = K_P \int_0^{kT} \frac{T_v}{T_d} e^{-t/T_d} \, dt = K_P T_v [1 - (e^{-T/T_d})^k] . \tag{4.196}$$

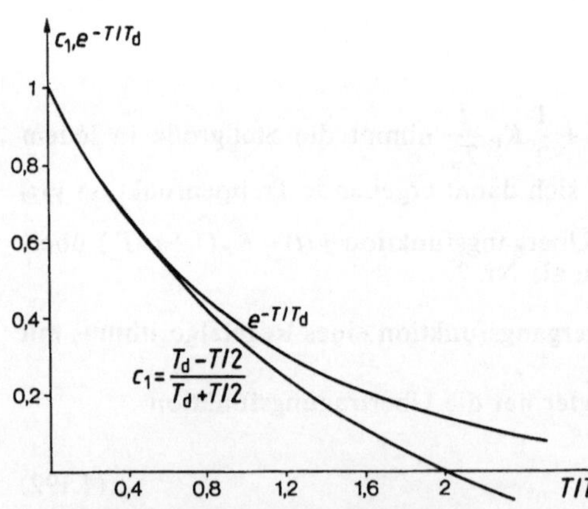

4.85 Abhängigkeit der Funktionen $c_1 = (T_d - T/2)/(T_d + T/2)$ und $\exp(-T/T_d)$ vom Verhältnis Abtastzeit zu Dämpfungszeit T/T_d

Die Flächengleichheit zwischen der Treppenfunktion und der Exponentialfunktion ist solange gegeben, wie der Koeffizient c_1 mit e^{-T/T_d} übereinstimmt. In Bild **4.85** sind die beiden Funktionen e^{-T/T_d} und $c_1 = (T_d - T/2)/(T_d + T/2)$ nach Gl. (4.193) dargestellt. Die Übereinstimmung beider Funktionen ist für $T/T_d < 0,6$ als gut und für $T/T_d < 1$ als befriedigend zu bezeichnen.

Aus den Gleichungen (4.195) und (4.196) geht jedoch hervor, daß die Flächeninhalte A'_k und A_k für $k \to \infty$ bei jedem Verhältnis von T/T_d übereinstimmen und den Wert $K_P T_v$ ergeben. Zur Demonstration ist daher als Nr. 4 in Bild **4.84** der Grenzfall $c_1 = 0$ mit $T_d = T/2$ gezeichnet. Wegen $c_1 = 0$ klingt die Funktion $\bar{y}(t)$ bereits nach einem Abtastschritt wieder auf Null ab. Die Fläche unter dieser Treppenfunktion ist ebenfalls gleich der gesamten Fläche unter der Exponentialfunktion, die bei $t=T$ auf 14% und bei $t=2\,T$ auf 2% ihres Anfangswertes abgesunken ist.

Wird schließlich $T_\mathrm{d}>T/2$ gewählt, so erhält man $c_1<0$ und damit oszillatorisch abnehmende Treppenfunktionen für $\bar{y}(t)$. Es zeigt sich, daß auch dann noch die bisherige Beschreibung zutreffend ist, solange man dafür sorgt, daß $c_1>-0,6$ bleibt.

Beispiel 4.38. Man bestimme die Koeffizienten und die Übergangsfunktion eines PD-T_1-Regelalgorithmus.

Der kontinuierliche PD-T_1-Regler hat die Übertragungsfunktion

$$G_\mathrm{R}(s)=K_\mathrm{P}\left(1+\frac{T_\mathrm{v}s}{1+T_\mathrm{d}s}\right)=K_\mathrm{P}\,\frac{1+T_\mathrm{vP}s}{1+T_\mathrm{d}s} \qquad (4.197)$$

mit

$$T_\mathrm{v}=T_\mathrm{vP}-T_\mathrm{d}. \qquad (4.198)$$

Aus den Koeffizienten

$$g_0=K_\mathrm{P},\quad g_1=K_\mathrm{P}\,T_\mathrm{vP},\quad h_0=1\ \text{ und }\ h_1=T_\mathrm{d}$$

erhält man

$$d_0=K_\mathrm{P}\,\frac{T_\mathrm{vP}+T/2}{T_\mathrm{d}+T/2};\quad d_1=-K_\mathrm{P}\,\frac{T_\mathrm{vP}-T/2}{T_\mathrm{d}+T/2};\quad c_1=\frac{T_\mathrm{d}-T/2}{T_\mathrm{d}+T/2}. \qquad (4.199)$$

Bei der Übergangsfunktion gilt für den Anfangswert

$$y_0=d_0=K_\mathrm{P}\,\frac{T_\mathrm{vP}+T/2}{T_\mathrm{d}+T/2}$$

und für die weiteren Funktionswerte

$$y_k=d_0+d_1+c_1 y_{k-1}=K_\mathrm{P}\,\frac{T}{T_\mathrm{d}+T/2}+\frac{T_\mathrm{d}-T/2}{T_\mathrm{d}+T/2}\,y_{k-1}. \qquad (4.200)$$

Beim stationären Endwert y_∞ für $k\to\infty$ gilt $y_\infty=y_k=y_{k-1}$, so daß man erhält

$$y_\infty=K_\mathrm{P}. \qquad (4.201)$$

Es ergibt sich ein einfacher Zusammenhang, wenn man die Differenzen y_k-y_∞ und $y_{k-1}-y_\infty$ zueinander in Beziehung setzt:

$$y_k-y_\infty=K_\mathrm{P}\,\frac{T}{T_\mathrm{d}+T/2}-K_\mathrm{P}+\frac{T_\mathrm{d}-T/2}{T_\mathrm{d}+T/2}\,y_{k-1}=\frac{T_\mathrm{d}-T/2}{T_\mathrm{d}+T/2}\,(y_{k-1}-y_\infty)=c_1(y_{k-1}-y_\infty).$$

Bezeichnet man die Differenzen y_k-y_∞ und $y_{k-1}-y_\infty$ mit Δy_k und Δy_{k-1}, so gilt die zur Gl. (4.194) analoge Beziehung

$$\Delta y_k=c_1\cdot\Delta y_{k-1}. \qquad (4.202)$$

Für die Übereinstimmung der Flächen unter den Kurven $\bar{y}(t)$ und $y(t)$ gilt das beim D-T_1-Abtastregler gesagte. Die Übergangsfunktion ist in Bild **4.84** als Nr. 5 dargestellt.

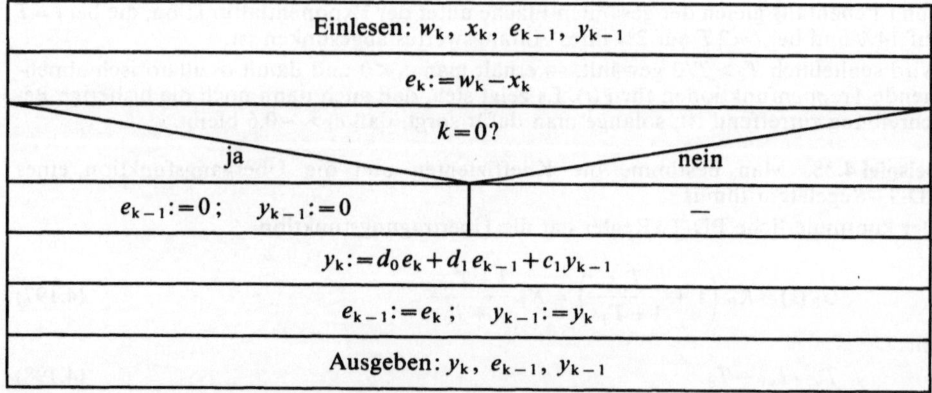

4.86 Struktogramm des Regelalgorithmus 1. Ordnung

Bild **4.86** zeigt den Programmablaufplan des Regelalgorithmus 1. Ordnung in Form eines Struktogramms. Bei der Programmierung dieses Regelalgorithmus ist ebenfalls der Unterschied zwischen $k=0$ und $k>0$ zu machen wie bei der Ermittlung der Übergangsfunktion. Beim Starten des Programms wird zunächst der Fall $k=0$ gerechnet, wobei die Anfangswerte für $e_{k-1}=0$ und $y_{k-1}=0$ gesetzt werden. Nach dem Berechnen der Stellgröße werden die Werte e_k und y_k für den nächsten Rechenvorgang als e_{k-1} und y_{k-1} abgespeichert.

4.4.3.3 Regelalgorithmen 2. Ordnung. Für den Regelalgorithmus 2. Ordnung war in Abschn. 4.3.3.5 die Beschreibung in Polynomform

$$y_k = d_0 e_k + d_1 e_{k-1} + d_2 e_{k-2} + c_1 y_{k-1} + c_2 y_{k-2} \qquad (4.203)$$

mit der zugehörigen z-Übertragungsfunktion

$$G_{Rz}(z) = \frac{d_0 + d_1 z^{-1} + d_2 z^{-2}}{1 - c_1 z^{-1} - c_2 z^{-2}} \qquad (4.204)$$

angegeben worden.
Für die Beschreibung kontinuierlicher Regler 2. Ordnung gilt allgemein

$$G_R(s) = \frac{g_0 + g_1 s + g_2 s^2}{h_0 + h_1 s + h_2 s^2}. \qquad (4.205)$$

Setzt man in der gleichen Weise wie bei dem Regelalgorithmus 1. Ordnung die sich aus Gl. (4.183) ergebende Darstellung

$$s \approx \frac{2}{T} \cdot \frac{z-1}{z+1}$$

in Gl. (4.205) ein, ordnet nach gleichen Potenzen von z und führt einen Koeffizientenvergleich mit Gl. (4.204) durch, erhält man die Parameter von $G_{Rz}(z)$ zu

$$\left.\begin{aligned}
d_0 &= \frac{g_0 + g_1 \dfrac{2}{T} + g_2 \left(\dfrac{2}{T}\right)^2}{h_0 + h_1 \dfrac{2}{T} + h_2 \left(\dfrac{2}{T}\right)^2}\,; \\[2em]
d_1 &= \frac{2g_0 - 2g_2 \left(\dfrac{2}{T}\right)^2}{h_0 + h_1 \dfrac{2}{T} + h_2 \left(\dfrac{2}{T}\right)^2}\,; \qquad c_1 = -\,\frac{2h_0 - 2h_2 \left(\dfrac{2}{T}\right)^2}{h_0 + h_1 \dfrac{2}{T} + h_2 \left(\dfrac{2}{T}\right)^2}\,; \\[2em]
d_2 &= \frac{g_0 - g_1 \dfrac{2}{T} + g_2 \left(\dfrac{2}{T}\right)^2}{h_0 + h_1 \dfrac{2}{T} + h_2 \left(\dfrac{2}{T}\right)^2}\,; \qquad c_2 = -\,\frac{h_0 - h_1 \dfrac{2}{T} + h_2 \left(\dfrac{2}{T}\right)^2}{h_0 + h_1 \dfrac{2}{T} + h_2 \left(\dfrac{2}{T}\right)^2}\,.
\end{aligned}\right\} \qquad (4.206)$$

Von den möglichen Regelalgorithmen 2. Ordnung soll nur der PID-Regelalgorithmus in der Produktform

$$G_R(s) = K_{PP}\,\frac{1 + T_{nP}s}{T_{nP}s} \cdot \frac{1 + T_{vP}s}{1 + T_d s} \qquad (4.207)$$

betrachtet werden. Aus den Koeffizienten

$$g_0 = K_{PP}\,; \qquad g_1 = K_{PP}(T_{nP} + T_{vP})\,; \qquad g_2 = K_{PP}\,T_{nP}\,T_{vP}\,;$$
$$h_0 = 0\,; \qquad h_1 = T_{nP}\,; \qquad h_2 = T_{nP}\,T_d$$

erhält man für die Koeffizienten des Regelalgorithmus

$$\left.\begin{aligned}
d_0 &= K_{PP}\,\frac{T_{nP} + T/2}{T_{nP}} \cdot \frac{T_{vP} + T/2}{T_d + T/2}\,; \\[1.2em]
d_1 &= -2K_{PP}\,\frac{T_{nP}\,T_{vP} - (T/2)^2}{T_{nP}(T_d + T/2)}\,; \qquad c_1 = 1 - c_2\,; \\[1.2em]
d_2 &= K_{PP}\,\frac{T_{nP} - T/2}{T_{nP}} \cdot \frac{T_{vP} - T/2}{T_d + T/2}\,; \qquad c_2 = -\,\frac{T_d - T/2}{T_d + T/2}\,.
\end{aligned}\right\} \qquad (4.208)$$

Das Integralverhalten des Regelalgorithmus kommt in $h_0 = 0$ zum Ausdruck, was zu $c_1 + c_2 = 1$ führt.

Die Übergangsfunktion des PID-Regelalgorithmus ist in Bild **4**.87 als $\bar{y}(t)$ dargestellt. Bei dieser Darstellung wird der Abklingkoeffizient durch $-c_2$ beschrieben. Die Übergangsfunktion des kontinuierlichen PID-Reglers ist als $y(t)$ ebenfalls eingezeichnet.

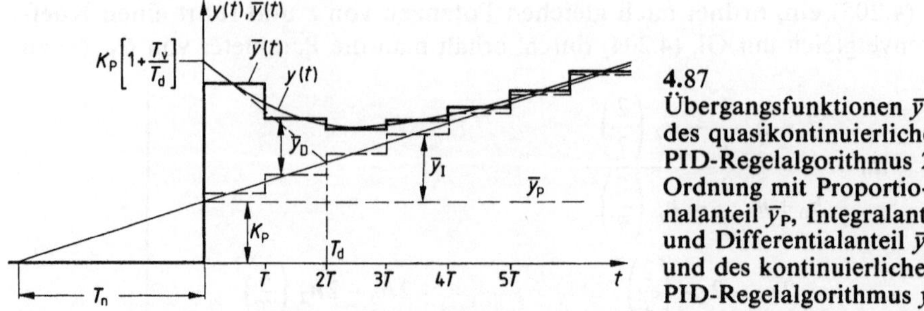

4.87
Übergangsfunktionen $\bar{y}(t)$
des quasikontinuierlichen
PID-Regelalgorithmus 2.
Ordnung mit Proportio-
nalanteil $\bar{y}_P$, Integralanteil $\bar{y}_I$
und Differentialanteil $\bar{y}_D$
und des kontinuierlichen
PID-Regelalgorithmus $y(t)$

Bild **4.88** zeigt das Struktogramm des Regelalgorithmus 2. Ordnung, wobei vor allem die Reihenfolge der Anweisungen zur Abspeicherung der Werte e_{k-1} und e_k als e_{k-2} und e_{k-1} (und sinngemäß für y_{k-1} und y_k) für den nächsten Rechenschritt wichtig ist.

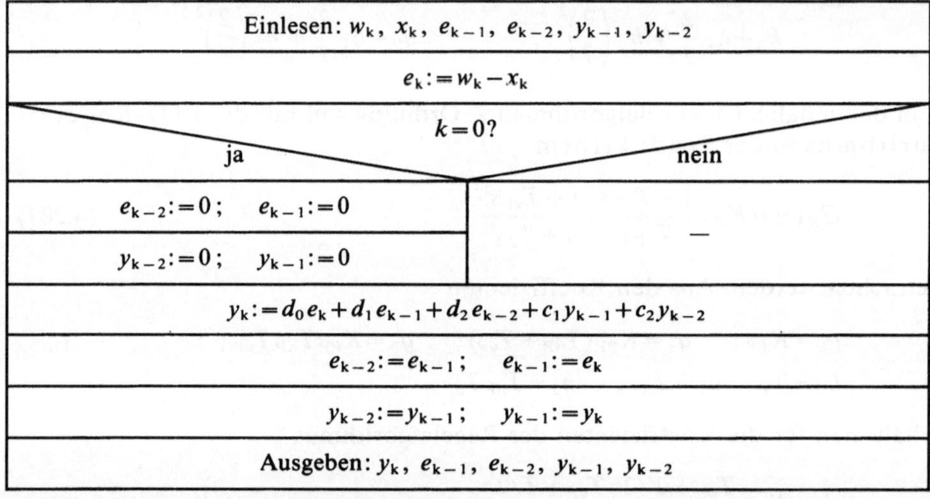

4.88 Struktogramm des Regelalgorithmus 2. Ordnung in der Polynomform

4.4.3.4 PI- und PID-Regelalgorithmen in Summenform. Bei der Herleitung der Regelalgorithmen 1. und 2. Ordnung in den beiden vorhergehenden Abschnitten wird eine Beziehung hergeleitet zwischen den z-Übertragungsfunktionen und zugehörigen s-Übertragungsfunktionen, die in der Pol-Nullstellen-Form angegeben werden. Beim PID-Regelalgorithmus spricht man wegen des Produktes eines PI- und eines PD-T_1-Algorithmus auch von der Produktform. Da sowieso nur der PID-T_1-Algorithmus realisierbar ist, läßt man den Zusatz T_1 meist weg und spricht nur vom PID-Algorithmus. Diese Darstellung in Pol-Nullstellen-Form ist besonders geeignet für die Kompensation von Streckenpolen durch Reglernullstellen, die das am häufigsten verwendete Entwurfsverfahren darstellt.

Eine andere mögliche Darstellung von Regelalgorithmen 1. und 2. Ordnung verwendet die schon der Gl. (4.159) zugrundegelegte Darstellung des PID-Reglers als Summation von P-, I- und D-Anteil. Es wird nun eine entsprechende Summenform für den PI- und PID-Algorithmus hergeleitet.

PI-Algorithmus. Betrachtet man zunächst den PI-Regler, so ergibt sich für dessen Übertragungsfunktion in Summenform

$$G_R(s) = K_P \left(1 + \frac{1}{T_n s} \right). \tag{4.209}$$

Verwendet man für den I-Anteil den in Beispiel 4.35 hergeleiteten Algorithmus, so ergibt sich der PI-Regelalgorithmus in der Summenform als

$$y_k = y_{P,k} + y_{I,k}. \tag{4.210}$$

Darin sind der Proportional- und Integralanteil gegeben durch

$$y_{P,k} = K_P e_k \tag{4.211}$$

mit dem Proportionalbeiwert K_P und

$$y_{I,k} = y_{I,k-1} + d_I (e_k + e_{k-1}) \tag{4.212}$$

mit dem Integrierbeiwert

$$d_I = K_P \frac{T/2}{T_n}. \tag{4.213}$$

Daß diese Darstellung durch die Gln. (4.210) bis (4.213) gleichwertig ist mit der Beschreibung $y_k = d_0 e_k + d_1 e_{k-1} + c_1 y_{k-1}$ nach Gl. (4.179), erkennt man, wenn man die Koeffizienten von Gl. (4.191) einsetzt:

$$y_k = K_P \left(1 + \frac{T/2}{T_n} \right) e_k - K_P \left(1 - \frac{T/2}{T_n} \right) e_{k-1} + y_{k-1}. \tag{4.214}$$

Daraus ergibt sich:

$$y_k - y_{k-1} = K_P(e_k - e_{k-1}) + K_P \frac{T/2}{T_n} (e_k + e_{k-1}).$$

Andererseits erhält man aus Gl. (4.210), wenn man y_{k-1} abzieht:

$$y_k - y_{k-1} = y_{P,k} - y_{P,k-1} + y_{I,k} - y_{I,k-1}.$$

Durch Einsetzen der Gln. (4.211) bis (4.213) mit dem Ergebnis

$$y_k - y_{k-1} = K_P(e_k - e_{k-1}) + K_P \frac{T/2}{T_n}(e_k + e_{k-1})$$

ist die Gleichwertigkeit mit Gl. (4.214) gezeigt.

Die Darstellung in Summenform hat den großen Vorteil, daß hierbei der für die bleibende Regeldifferenz entscheidende Integralanteil direkt ermittelt wird, während er sich bei der Polynomform als Differenz von relativ großen Werten ergibt. Im **stationären Fall** ist $e_k = e_{k-1}$, und man erhält für den auf die Regeldifferenz e_k bezogenen Zuwachs $y_k - y_{k-1}$ der Stellgröße, der als **integrale Verstärkung** bezeichnet wird, bei der Summenform unmittelbar

$$\left. \frac{y_k - y_{k-1}}{e_k} \right|_{e_k = e_{k-1}} = 2 d_1 = K_P \frac{T}{T_n}. \tag{4.215}$$

Für die Polynomform erhält man dagegen die integrale Verstärkung

$$\left. \frac{y_k - y_{k-1}}{e_k} \right|_{e_k = e_{k-1}} = d_0 + d_1 \tag{4.216}$$

als eine Differenz von zwei Zahlen, da $d_0 > 0$ und $d_1 < 0$ ist. In den Dimensionierungsbeispielen im nächsten Unterabschnitt werden für diese integrale Verstärkung Werte angegeben.

PID-Regelalgorithmus. Für den realen kontinuierlichen PID-Regler gilt die Übertragungsfunktion in der Summenform

$$G_R(s) = K_P \left(1 + \frac{1}{T_n s} + \frac{T_v s}{1 + T_d s} \right) \tag{4.217}$$

im Unterschied zu Gl. (4.168), die den idealen PID-Regler beschreibt. Damit der Regelalgorithmus in der Summenform Gl. (4.217) dasselbe Übertragungsverhalten zeigt wie in der Produktform Gl. (4.207), müssen die Reglerparameter passend gewählt werden:

$$G_R(s) = K_P \frac{1 + (T_n + T_d)s + T_n(T_v + T_d)s^2}{T_n s(1 + T_d s)}$$

$$= K_{PP} \frac{1 + (T_{nP} + T_{vP})s + T_{nP} T_{vP} s^2}{T_{nP} s(1 + T_d s)}.$$

Durch Koeffizientenvergleich ergeben sich die Beziehungen

$$T_n = T_{nP} + T_{vP} - T_d, \quad T_v = T_{vP} \frac{T_{nP}}{T_n} - T_d, \quad K_P = K_{PP} \frac{T_n}{T_{nP}}. \tag{4.218}$$

Diese Gleichungen ermöglichen es, aus den im Bode-Diagramm durch Pol-Nullstellen-Kompensation ermittelten Koeffizienten die zur Summenform nach Gl. (4.217) gehörigen Reglerkoeffizienten zu bestimmen.

Ein dem D-T_1-Anteil entsprechender Algorithmus wird in Beispiel 4.37 hergeleitet. Fügt man diesen Anteil dem PI-Regelalgorithmus hinzu, so erhält man den **PID-Regelalgorithmus in der Summenform**

$$y_k = y_{P,k} + y_{I,k} + y_{D,k}. \tag{4.219}$$

Für den Proportional-, Integral- und Differentialanteil gilt:

$$y_{P,k} = K_P e_k, \tag{4.220}$$

$$y_{I,k} = y_{I,k-1} + d_I(e_k + e_{k-1}) \tag{4.221}$$

mit dem Integrierbeiwert

$$d_I = K_P \frac{T/2}{T_n} \tag{4.222}$$

und

$$y_{D,k} = c_D y_{D,k-1} + d_D(e_k - e_{k-1}) \tag{4.223}$$

mit dem Abklingkoeffizienten $c_D = -c_2$

$$c_D = \frac{T_d - T/2}{T_d + T/2} \tag{4.224}$$

und dem Differenzierbeiwert d_D

$$d_D = K_P \frac{T_v}{T_d + T/2}. \tag{4.225}$$

Bei der treppenförmigen Stellfunktion $\bar{y}(t)$ von Bild **4.**87 sind die einzelnen Anteile $\bar{y}_P(t)$, $\bar{y}_I(t)$ und $\bar{y}_D(t)$ gekennzeichnet. Der direkte Nachweis der Gleichwertigkeit der Summenform nach den Gln. (4.219) bis (4.225) mit der Produktform nach den Gl. (4.207) und (4.208) ist etwas langwierig und soll hier unterbleiben.

Will man im **stationären Fall** den durch den Integralanteil bedingten Zuwachs der Stellgröße ermitteln, so muß man beim PID-Algorithmus $e_k = e_{k-1} = e_{k-2}$ voraussetzen. Für den konstanten Zuwachs der Stellgröße gilt $y_k - y_{k-1} = y_{k-1} - y_{k-2}$. Unter diesen Voraussetzungen erhält man mit $c_1 = 1 - c_2$ aus Gl. (4.203) den Zusammenhang:

$$y_k = (d_0 + d_1 + d_2)e_k + (1 - c_2)y_{k-1} + c_2 y_{k-2}.$$

Bei der **Polynomform** erhält man damit für die integrale Verstärkung

$$\frac{y_k - y_{k-1}}{e_k}\bigg|_{e_k = e_{k-1} = e_{k-2}} = \frac{d_0 + d_1 + d_2}{1 + c_2}, \tag{4.226}$$

was wiederum eine Differenz von Zahlen darstellt, da $d_0 > 0$, $d_1 < 0$, $d_2 > 0$ ist. In der **Summenform** gilt für die integrale Verstärkung ebenfalls das durch Gl. (4.215) beschriebene Ergebnis

$$\frac{y_k - y_{k-1}}{e_k}\bigg|_{e_k = e_{k-1}} = 2\,d_I = K_P\,\frac{T}{T_n}$$

wie beim PI-Regelalgorithmus, da der Differentialanteil im stationären Fall Null ist.

Bild **4.89** zeigt das Struktogramm des PID-Regelalgorithmus in der Summenform.

In Tafel **4.90** sind die verschiedenen Regelalgorithmen mit der Trapezregel und den zugehörigen Koeffizienten zusammengestellt.

4.4.3.5 Dimensionierung quasikontinuierlicher Abtastregler. In den vorigen Unterabschnitten werden die Koeffizienten der quasikontinuierlichen Regelalgorithmen so bestimmt, daß deren Wirkung gleichwertig ist zu der von kontinuierlichen Reglern. Daher ist es möglich, das Verhalten quasikontinuierlicher

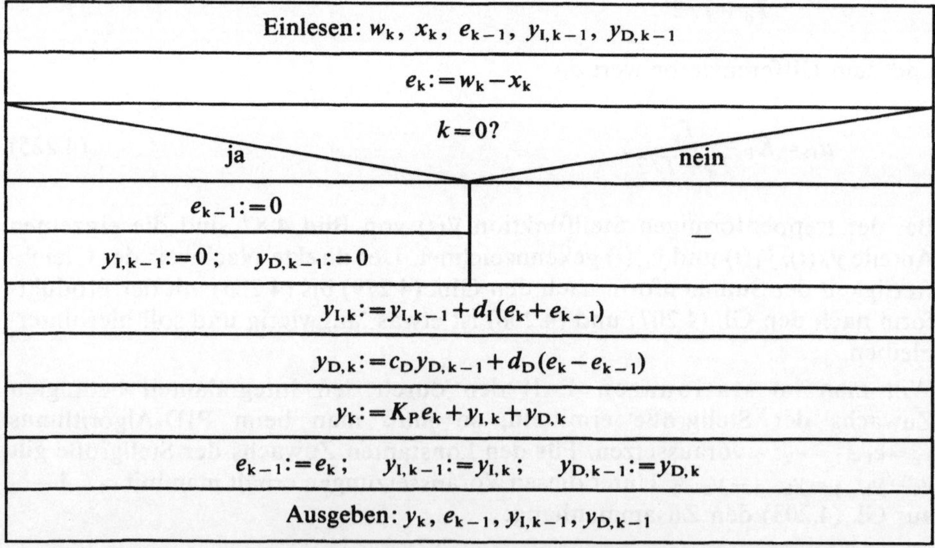

4.89 Struktogramm des PID-Regelalgorithmus in der Summenform

Regelalgorithmen näherungsweise durch den Frequenzgang des entsprechenden kontinuierlichen Reglers zu beschreiben. Hinzu kommt der Frequenzgang eines Totzeitgliedes mit der halben Abtastzeit für Abtaster und Halteglied. Die Zusammenfassung von Regelalgorithmus und Abtast-Halteglied kann man als Abtastregler AR bezeichnen, wie es schon in Bild **4**.81 dargestellt ist. Damit erhält man schließlich für den Frequenzgang des quasikontinuierlichen PI-Abtastreglers

$$G_{\mathrm{AR}}(\mathrm{j}\omega) = K_{\mathrm{P}}\,\frac{1 + T_{\mathrm{n}}\mathrm{j}\omega}{T_{\mathrm{n}}\mathrm{j}\omega}\,\mathrm{e}^{-\frac{T}{2}\mathrm{j}\omega} \tag{4.227}$$

und für den Frequenzgang des quasikontinuierlichen PID-Abtastreglers in der auf das Bode-Diagramm angepaßten Produktform

$$G_{\mathrm{AR}}(\mathrm{j}\omega) = K_{\mathrm{PP}}\,\frac{(1 + T_{\mathrm{nP}}\mathrm{j}\omega)(1 + T_{\mathrm{vP}}\mathrm{j}\omega)}{T_{\mathrm{nP}}\mathrm{j}\omega(1 + T_{\mathrm{d}}\mathrm{j}\omega)}\,\mathrm{e}^{-\frac{T}{2}\mathrm{j}\omega}\,. \tag{4.228}$$

Für die Reglerdimensionierung kommt es nur auf den Frequenzgang des offenen Regelkreises $G_{\mathrm{O}}(\mathrm{j}\omega)$ an. Man zerlegt daher den Abtastregler wieder in seine beiden Bestandteile Regelalgorithmus und Abtast-Halteglied und verfährt mit dem Regelalgorithmus bezüglich der Kompensation von Streckenverzögerungszeiten wie im kontinuierlichen Fall. Ebenso wie beim kontinuierlichen Regler kompensiert man zunächst einen bzw. zwei Streckenpole durch die Reglernullstellen des PI- bzw. PID-Abtastreglers. Die Proportionalverstärkung ergibt sich danach aus dem Phasengang und einer angenommenen Phasenreserve. Hierbei wird der Phasengang des Abtast-Haltegliedes als Totzeitglied berücksichtigt, was eine Verringerung der Proportionalverstärkung zur Folge hat. Aus den so gewonnenen Reglerkenngrößen ermittelt man schließlich die zu programmierenden Koeffizienten des Regelalgorithmus.

In der industriellen Praxis arbeiten sehr viele Regelkreise mit PI-Regler zufriedenstellend. Es soll daher eine P-T_3-Strecke in Beispielen mit quasikontinuierlichem PI- und PID-Abtastregler betrieben werden, um den Unterschied im Reglerverhalten zu zeigen. Der Einfluß unterschiedlicher Abtastzeiten wird ebenfalls durch die Beispiele demonstriert. Um die hier erzielten Ergebnisse mit denen bei der w-Transformation vergleichen zu können, soll auch hier eine Überschwingweite von 10% ($h_{\mathrm{m}} = 0{,}1$) gefordert werden. Dem entspricht nach den Gln. (3.79) und (3.114) eine Phasenreserve von $\varphi_{\mathrm{r}} = 58{,}6°$.

a) **Dimensionierung quasikontinuierlicher PI-Abtastregler**

Beispiel 4.39. Eine proportional wirkende Regelstrecke 3. Ordnung mit den Verzögerungszeiten $T_1 = 3$ s, $T_2 = 2$ s und $T_3 = 1$ s soll mit einem quasikontinuierlichen PI-Abtastregler mit der Abtastzeit $T = 0{,}2$ s bei einer Phasenreserve von $\varphi_{\mathrm{r}} = 58{,}6°$ geregelt werden.

Vorarbeiten: Der Streckenfrequenzgang in der Schreibweise $G_{\mathrm{S}}(\mathrm{j}\omega) = 1/[(1 + T_1\mathrm{j}\omega) \cdot (1 + T_2\mathrm{j}\omega)(1 + T_3\mathrm{j}\omega)]$ wird im Bode-Diagramm dargestellt. Bild **4**.91 zeigt diesen Frequenzgang nach Betrag und Phase.

Tafel 4.90 Regelalgorithmen mit der Trapez-Regel

	Übertragungsfunktionen kontinuierlicher Regler	zugehörige Regelalgorithmen	
P	$G_R(s) = K_P$	$y_k = d_0 e_k$	$d_0 = K_P$
I	$G_R(s) = \dfrac{1}{T_I s}$	$y_k = d_0 e_k + d_1 e_{k-1} + c_1 y_{k-1}$	$d_0 = \dfrac{T/2}{T_I}; \quad d_1 = \dfrac{T/2}{T_I}; \quad c_1 = 1$
D-T$_1$	$G_R(s) = \dfrac{T_D s}{1 + T_d s}$		$d_0 = \dfrac{T_D}{T_d + T/2}; \quad d_1 = -\dfrac{T_D}{T_d + T/2}; \quad c_1 = \dfrac{T_d - T/2}{T_d + T/2}$

zusammengesetzte Algorithmen für die Pol-Nullstellen-Form

	Übertragungsfunktionen kontinuierlicher Regler		
PI	$G_R(s) = K_P \dfrac{1 + T_n s}{T_n s}$	$y_k = d_0 e_k + d_1 e_{k-1} + c_1 y_{k-1}$	$d_0 = K_P \dfrac{T_n + T/2}{T_n}; \quad d_1 = -K_P \dfrac{T_n - T/2}{T_n}; \quad c_1 = 1$
PD-T$_1$	$G_R(s) = K_P \dfrac{1 + T_{vP} s}{1 + T_d s}$		$d_0 = K_P \dfrac{T_{vP} + T/2}{T_d + T/2}; \quad d_1 = -K_P \dfrac{T_{vP} - T/2}{T_d + T/2}; \quad c_1 = \dfrac{T_d - T/2}{T_d + T/2}$
PID-T$_1$	$G_R(s) = K_{PP} \dfrac{1 + T_{nP} s}{T_{nP} s} \cdot \dfrac{1 + T_{vP} s}{1 + T_d s}$	$y_k = d_0 e_k + d_1 e_{k-1} + d_2 e_{k-2} + c_1 y_{k-1} + c_2 y_{k-2}$ $1 = c_1 + c_2$	$d_0 = K_{PP} \dfrac{T_{nP} + T/2}{T_{nP}} \cdot \dfrac{T_{vP} + T/2}{T_d + T/2}$ $d_1 = -2 K_{PP} \dfrac{T_{nP} T_{vP} - (T/2)^2}{T_{nP}(T_d + T/2)}; \quad c_1 = \dfrac{2 T_d}{T_d + T/2}$ $d_2 = K_{PP} \dfrac{T_{nP} - T/2}{T_{nP}} \cdot \dfrac{T_{vP} - T/2}{T_d + T/2}; \quad c_2 = -\dfrac{T_d - T/2}{T_d + T/2}$

	zusammengesetzte Algorithmen für die Summen-Form		
PI	$G_R(s)=K_P\left(1+\dfrac{1}{T_n s}\right)$	$y_k=K_P e_k+y_{I,k}$ $y_{I,k}=y_{I,k-1}+d_I(e_k+e_{k-1})$	$d_I=K_P\dfrac{T/2}{T_n}$
PD-T₁	$G_R(s)=K_P\left(1+\dfrac{T_v s}{1+T_d s}\right)$ $T_v=T_{vP}-T_d$	$y_k=K_P e_k+y_{D,k}$ $y_{D,k}=c_D y_{D,k-1}+d_D(e_k-e_{k-1})$	$d_D=K_P\dfrac{T_v}{T_d+T/2}$; $\quad c_D=\dfrac{T_d-T/2}{T_d+T/2}$
PID-T₁	$G_R(s)=K_P\left(1+\dfrac{1}{T_n s}+\dfrac{T_v s}{1+T_d s}\right)$ $T_n=T_{nP}+T_{vP}-T_d$ $T_v=T_{vP}T_{nP}/T_n-T_d$ $K_P=K_{PP}T_n/T_{nP}$	$y_k=K_P e_k+y_{I,k}+y_{D,k}$ $y_{I,k}=y_{I,k-1}+d_I(e_k+e_{k-1})$ $y_{D,k}=c_D y_{D,k-1}+d_D(e_k-e_{k-1})$	$d_I=K_P\dfrac{T/2}{T_n}$ $d_D=K_P\dfrac{T_v}{T_d+T/2}$; $\quad c_D=\dfrac{T_d-T/2}{T_d+T/2}$

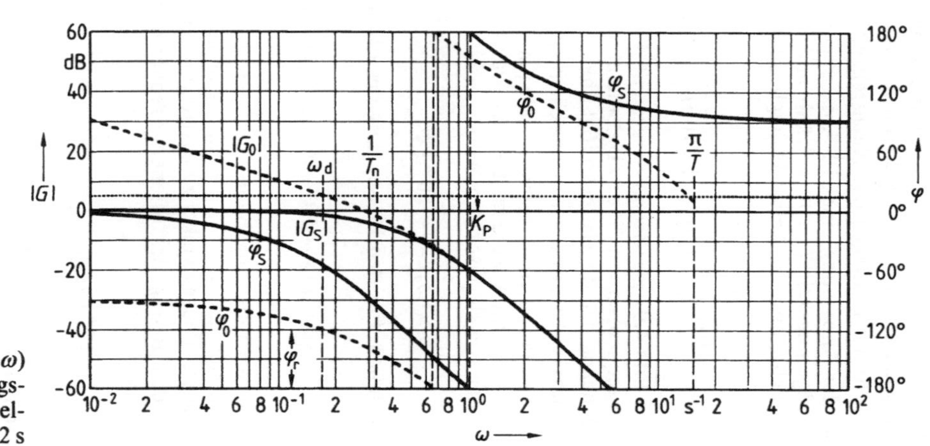

4.91
Frequenzkennlinien zu $G_S(j\omega)$ und $G_O(j\omega)$ für eine P-T₃-Strecke mit den Verzögerungszeiten $T_1=3$ s, $T_2=2$ s, $T_3=1$ s mit PI-Regelalgorithmus nach der Trapezregel bei $T=0{,}2$ s

Der Phasengang verläuft durch drei Quadranten von 0 bis $-270°$. Der Verlauf im dritten Quadranten ist durch die positiven Phasenwinkel von $180°$ bis $90°$ beschrieben.

1. Schritt: Festlegen der Nachstellzeit.

Bei der Anpassung eines PI-Abtastreglers wird die Nachstellzeit T_n gleich der größten Verzögerungszeit $T_1 = 3$ s gewählt und zunächst $K_P = 1$ angenommen. Der sich mit Berücksichtigung des Abtast-Haltegliedes ergebende Frequenzgang des offenen Regelkreises

$$G_O^*(j\omega) \frac{1}{T_1 j\omega (1 + T_2 j\omega)(1 + T_3 j\omega)} e^{-\frac{T}{2} j\omega}$$

ist in Bild **4.91** gestrichelt dargestellt. Der Amplitudengang $|G_O^*|$ fällt im Bereich niedriger Frequenzen mit 20 dB/Dekade ab und geht bei höheren Frequenzen in den Amplitudengang der Regelstrecke $|G_S|$ über.

2. Schritt: Festlegen von Durchtrittskreisfrequenz und Proportionalbeiwert.

Um den Proportionalbeiwert festlegen zu können, muß zunächst die Durchtrittskreisfrequenz bestimmt werden. Bei der Durchtrittskreisfrequenz ω_d soll der Phasengang des offenen Regelkreises den Wert

$$\varphi_O(j\omega_d) = -180° + \varphi_r \tag{4.229}$$

annehmen. Für den Phasengang des offenen Regelkreises gilt im vorliegenden Fall

$$\varphi_O(j\omega) = -90° - \arctan(T_2\omega) - \arctan(T_3\omega) - 57{,}3° \frac{T}{2}\omega. \tag{4.230}$$

Dabei wird die Angabe in Grad gewählt, so daß der Faktor $57{,}3°$ beim Totzeitglied zu berücksichtigen ist. Mit den angegebenen Werten erhält man bei $\omega_d = 0{,}182$ s^{-1} den geforderten Phasenwinkel zu $\varphi_O(j\omega_d) = -121{,}4°$.

Für den Betrag des offenen Frequenzganges bei der Durchtrittskreisfrequenz erhält man

$$|G_O^*(j\omega_d)| = \frac{1}{T_1\omega_d \sqrt{1 + (T_2\omega_d)^2}\sqrt{1 + (T_3\omega_d)^2}}, \tag{4.231}$$

also mit den vorgegebenen Werten

$$|G_O^*(j\omega_d)| = 1{,}693.$$

Damit ergibt sich der Proportionalbeiwert K_P als das Reziproke dieses Wertes zu $K_P = 1/1{,}693 = 0{,}591$. Die sich damit ergebende neue 0-dB-Linie, auf die sich schließlich $|G_O(j\omega)|$ bezieht ist in Bild **4.91** gepunktet eingezeichnet.

3. Schritt: Ermitteln der Koeffizienten des Regelalgorithmus.

Für die Koeffizienten des PI-Regelalgorithmus erhält man für die **Polynomform**

$$d_0 = 0{,}591(3 + 0{,}1)/3 = 0{,}610; \quad d_1 = -0{,}591(3 - 0{,}1)/3 = -0{,}571; \quad c_1 = 1.$$

Für die **Summenform** sind die Parameter $K_P = 0{,}591$ und $d_1 = 0{,}591 \cdot 0{,}1/3 = 0{,}020$.

In Übereinstimmung mit den Gl. (4.215) und (4.216) gilt für die **integrale Verstärkung** $d_0 + d_1 = 2d_1 = 0{,}039$.

Während diese bei der Summenform direkt ermittelt wird, ergibt sie sich bei der Polynomform als Differenz von zwei etwa um eine Zehnerpotenz größeren Zahlen d_0 und $|d_1|$.

Bild **4**.92 zeigt die Übergangsfunktion dieses Regelkreises, die sich wegen der kleinen Abtastzeit nicht merklich von der kontinuierlichen Übergangsfunktion unterscheidet. Die Überschwingweite stimmt gut mit dem erwarteten Wert von 10% überein.

Als Faustformel zur Festlegung der Abtastzeit wird häufig angegeben, daß man diese höchstens gleich 10 Prozent von der Summe der Verzögerungszeiten wählen soll. Dies würde beim vorliegenden Beispiel $T = 0,6$ s bedeuten. Bei der hier vorgeschlagenen Methode der Reglerdimensionierung mit Berücksichtigung der Wirkung des Abtast-Haltegliedes durch eine Totzeit werden jedoch keine Beschränkungen für die Abtastzeit benötigt. Um einen Vergleich mit dem quasikontinuierlichen PID-Abtastregler zu ermöglichen, sollen noch die Fälle $T = 0,6$ s und $T = 1$ s betrachtet werden.

Beispiel 4.40. Es soll dieselbe P-T$_3$-Strecke wie im Beispiel 4.39 mit quasikontinuierlichem PI-Abtastregler bei den Abtastzeiten $T = 0,6$ s und $T = 1$ s geregelt werden.

Von dieser Änderung der Abtastzeit bleiben die Vorarbeiten und der Rechengang im 1. Schritt unberührt. Im 2. Schritt hat die geänderte Abtastzeit $T = 0,6$ s bei Gl. (4.230) eine Durchtrittskreisfrequenz von $\omega_d = 0,170$ s^{-1} und bei Gl. (4.231) einen Proportionalbeiwert $K_P = 0,546$ zur Folge. Damit erhält man im 3. Schritt die Koeffizienten des PI-Regelalgorithmus für die Polynomform zu $d_0 = 0,601$, $d_1 = -0,492$ und $c_1 = 1$ und für die Summenform $K_P = 0,546$ und $d_1 = 0,055$.

Bei der Abtastzeit $T = 1$ s lauten die entsprechenden Werte: Durchtrittskreisfrequenz $\omega_d = 0,160$ s^{-1}, Proportionalbeiwert $K_P = 0,510$ und damit die Koeffizienten für die Polynomform

$$d_0 = 0,595 ; \quad d_1 = -0,425 \quad \text{und} \quad c_1 = 1$$

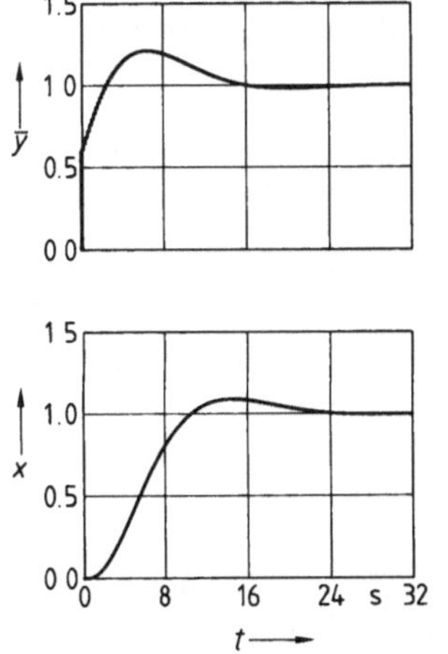

4.92 Übergangsfunktion zur Regelkreisdimensionierung nach Bild **4**.91 mit der Abtastzeit $T = 0,2$ s

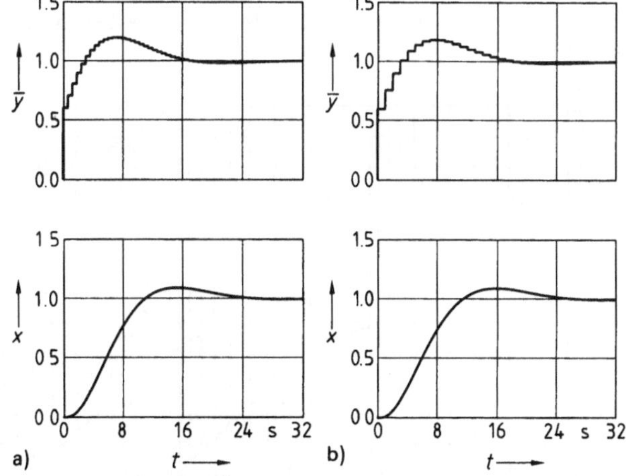

4.93 Übergangsfunktion zur Regelkreisdimensionierung nach Bild **4**.91, jedoch für die Abtastzeiten $T = 0,6$ s (a) und $T = 1$ s (b)

und für die Summenform

$$K_P = 0{,}510; \qquad d_1 = 0{,}085.$$

Bild **4.93**a zeigt die Übergangsfunktion bei der Abtastzeit $T = 0{,}6$ s und Bild **4.93**b bei $T = 1$ s. Die Überschwingweite bleibt unabhängig von der Abtastzeit bei 10%, während die Anregelzeit sich entsprechend der abnehmenden Durchtrittskreisfrequenz vergrößert.

Die **integrale Verstärkung** $2d_1 = d_0 + d_1$ ergibt sich bei der Polynomform als Differenz von zwei merklich größeren Zahlen d_0 und $|d_1|$ zu $2d_1 = d_0 - |d_1|$, was zu größeren Fehlern bei der numerischen Berechnung von d_1 führen kann. Als Maßzahl für diesen Effekt soll das Verhältnis der größten Zahl d_0 zum Ergebnis $2d_1$ betrachtet werden. Mit der Vernachlässigung $T/2 \ll T_n$ ergibt sich aus den Gln. (4.191) und (4.215)

$$\frac{d_0}{2d_1} \approx \frac{T_n}{T}. \qquad\qquad (4.232)$$

Bei den betrachteten drei Fällen $T = 0{,}2$ s, $0{,}6$ s und 1 s erhält man mit $T_n = 3$ s für dieses Verhältnis $d_0/(2d_1) = 15$, 5 und 3. Es gilt das allgemeine Ergebnis, daß dieser nachteilige Effekt zunimmt, wenn die Abtastzeit abnimmt.

b) Dimensionierung quasikontinuierlicher PID-Abtastregler

Um die Verbesserung gegenüber dem PI-Abtastregler zu erkennen, soll dieselbe P-T_3-Strecke wie zuvor mit einem PID-Abtastregler betrieben werden.

Beispiel 4.41. Eine proportional wirkende Regelstrecke 3. Ordnung mit den Verzögerungszeiten $T_1 = 3$ s, $T_2 = 2$ s, $T_3 = 1$ s soll mit einem quasikontinuierlichen PID-Abtastregler mit der Abtastzeit $T = 0{,}2$ s bei einer Phasenreserve von $\varphi_r = 58{,}6°$ geregelt werden.

Vorarbeiten: Genauso wie in Beispiel 4.39 beschrieben, wird der Streckenfrequenzgang $G_S(j\omega)$ in Bild **4.94** dargestellt.

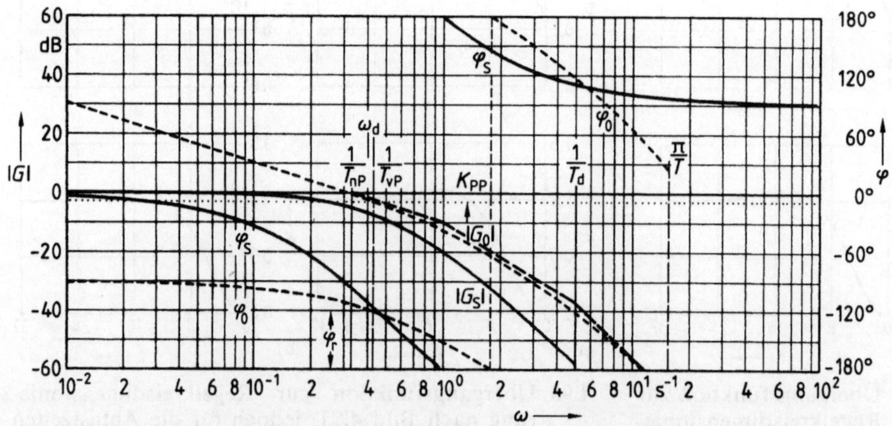

4.94 Frequenzkennlinien zu $G_S(j\omega)$ und $G_O(j\omega)$ für eine P-T_3-Strecke nach Bild **4.91**, jedoch mit PID-Regelalgorithmus nach der Trapezregel bei $T = 0{,}2$ s

1. Schritt: Festlegen von Nachstellzeit und Vorhaltzeit.

Bei der Anpassung eines PID-Abtastreglers wird die Nachstellzeit T_{nP} gleich der größten Verzögerungszeit $T_1 = 3$ s und die Vorhaltzeit T_{vP} gleich der zweitgrößten Verzögerungszeit $T_2 = 2$ s gewählt. Die Dämpfungszeit T_d, die die Vorhaltwirkung zu hohen Frequenzen hin bedämpft, wird üblicherweise zu $T_d = 0{,}1\ T_{vP}$ gewählt, was hier $T_d = 0{,}2$ s ergibt. Mit der vorläufigen Annahme $K_{PP} = 1$ erhält man damit für den Frequenzgang des offenen Regelkreises mit Berücksichtigung des Abtast-Haltegliedes

$$G_O^*(j\omega) = \frac{1}{T_1 j\omega(1 + T_3 j\omega)(1 + T_d j\omega)}\, e^{-\frac{T}{2} j\omega},$$

der in Bild **4.94** gestrichelt eingezeichnet ist. Zur Verdeutlichung ist auch der asymptotische Amplitudengang dünn gestrichelt eingezeichnet.

2. Schritt: Festlegen von Durchtrittskreisfrequenz und Proportionalbeiwert.

Aus dem Phasengang des offenen Regelkreises

$$\varphi_O(j\omega) = -90° - \arctan(T_3\omega) - \arctan(T_d\omega) - 57{,}3° \frac{T}{2}\omega \tag{4.233}$$

ergibt sich die zum Phasenwinkel $-121{,}4°$ gehörige Durchtrittskreisfrequenz ω_d mit den vorgegebenen Werten für T_3, T_d und T zu $\omega_d = 0{,}442$ s^{-1}.

Aus dem Betrag des offenen Frequenzganges bei der Durchtrittskreisfrequenz

$$|G_O^*(j\omega_d)| = \frac{1}{T_1\omega_d\sqrt{1 + (T_3\omega_d)^2}\,\sqrt{1 + (T_d\omega_d)^2}} \tag{4.234}$$

erhält man mit den vorgegebenen Werten $|G_O^*(j\omega_d)| = 0{,}687$ und damit $K_{PP} = 1/0{,}687 = 1{,}455$. Auf die gepunktet eingezeichnete neue 0-dB-Linie bezieht sich $|G_O(j\omega)|$.

3. Schritt: Ermitteln der Koeffizienten des Regelalgorithmus.

Die Koeffizienten des PID-Regelalgorithmus ergeben sich für die Polynomform zu

$$d_0 = 1{,}455\,\frac{3 + 0{,}1}{3}\cdot\frac{2 + 0{,}1}{0{,}2 + 0{,}1} = 10{,}525,$$

$$d_1 = -2\cdot 1{,}455\,\frac{3\cdot 2 - 0{,}01}{3(0{,}2 + 0{,}1)} = -19{,}368,$$

$$d_2 = 1{,}455\,\frac{3 - 0{,}1}{3}\cdot\frac{2 - 0{,}1}{0{,}2 + 0{,}1} = 8{,}908,$$

$$c_2 = -\frac{0{,}2 - 0{,}1}{0{,}2 + 0{,}1} = -0{,}333 \quad \text{und} \quad c_1 = 1 - (-0{,}333) = 1{,}333.$$

Für die Summenform ergibt sich

$$T_n = 3 + 2 - 0{,}2 = 4{,}8\text{ s}, \quad T_v = 2\cdot 3/4{,}8 - 0{,}2 = 1{,}05\text{ s}$$

und

$$K_P = 1{,}455\cdot 4{,}8/3 = 2{,}328$$

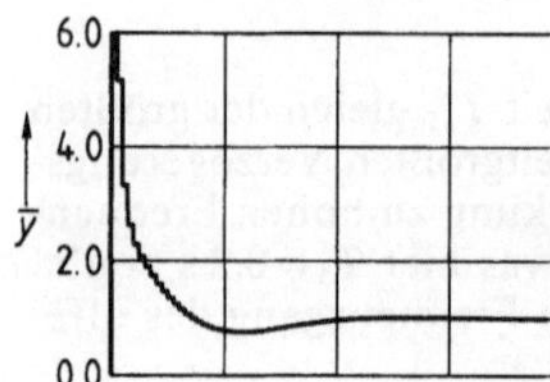

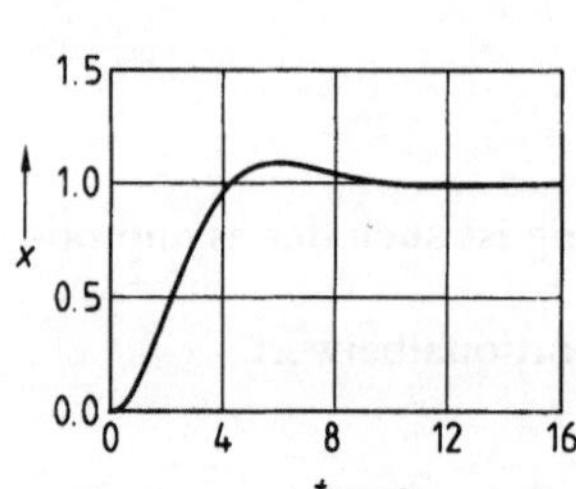

4.95
Übergangsfunktion zur Regelkreisdimensionierung nach
Bild **4.94** mit der Abtastzeit $T=0{,}2$ s (um den Faktor 2
geänderte Zeitskalierung gegenüber Bild **4.92**)

und damit nach den Gln. (4.222), (4.224) und (4.225):

$$d_1 = 2{,}328 \cdot 0{,}1/4{,}8 = 0{,}049,$$

$$c_D = 0{,}333 \quad \text{und}$$

$$d_D = 2{,}328 \cdot 1{,}05/(0{,}2+0{,}1) = 8{,}148.$$

Für die integrale Verstärkung erhält man nach den
Gln. (4.215) und (4.226):

$$2\,d_1 = K_P\,\frac{T}{T_n} = \frac{d_0+d_1+d_2}{1+c_2} = 0{,}098.$$

Während die integrale Verstärkung bei der Summenform direkt durch den Integrierbeiwert d_1 vorgegeben wird, ergibt sich bei der Polynomform aus der Differenz der um mehr als zwei Zehnerpotenzen größeren Zahlen (d_0+d_2) und $|d_1|$.

Bild **4.95** zeigt das Ergebnis dieser Regelung. Die Stellgröße y springt für den Zeitraum von 0,2 s auf den Wert 10,525, der weit über den Darstellungsbereich hinausgeht. Danach läuft die Stellgröße in normal gedämpfter Zeitfunktion auf den stationären Endwert 1 ein. Die Überschwingweite zeigt den erwarteten Wert von 10%.

Zur Demonstration dafür, daß auch beim PID-Abtastregler keine Beschränkung für die Abtastzeit vorliegt, sollen noch die Fälle mit $T=0{,}6$ s und $T=1$ s betrachtet werden.

Beispiel 4.42. Es soll dieselbe P-T$_3$-Strecke wie im Beispiel 4.41 mit quasikontinuierlichem PID-Abtastregler bei den Abtastzeiten $T=0{,}6$ s und $T=1$ s geregelt werden.

Die Vorarbeiten und der 1. Schritt des Rechenganges bleiben von dieser Änderung unberührt. Beim 2. Schritt ist die geänderte Abtastzeit T zu berücksichtigen. Bei $T=0{,}6$ s erhält man aus Gl. (4.233) die zur Phasenreserve $\varphi_r=58{,}6°$ gehörende Durchtrittskreisfrequenz $\omega_d=0{,}376$ s^{-1} und danach aus Gl. (4.234) den Proportionalbeiwert $K_{PP}=1{,}209$. Damit ermittelt man im 3. Schritt die Koeffizienten des PID-Regelalgorithmus für die Polynomform zu

$$d_0=6{,}118; \quad d_1=-9{,}527; \quad d_2=3{,}700; \quad c_1=0{,}8 \quad \text{und} \quad c_2=0{,}2$$

und für die Summenform (mit den unveränderten Werten $T_n=4{,}8$ s, $T_v=1{,}05$ s) zu

$$K_P=1{,}934; \quad d_1=0{,}121; \quad c_D=-0{,}2 \quad \text{und} \quad d_D=4{,}062.$$

Für die Abtastzeit $T=1$ s lauten die entsprechenden Werte: Durchtrittskreisfrequenz $\omega_d=0{,}329$ s^{-1}; Proportionalbeiwert $K_{PP}=1{,}041$ und damit die Koeffizienten für die Polynomform

$$d_0=4{,}338; \quad d_1=-5{,}701; \quad d_2=1{,}859; \quad c_1=0{,}571 \quad \text{und} \quad c_2=0{,}429$$

und für die Summenform

$$K_P=1{,}666, \quad d_1=0{,}174, \quad c_D=-0{,}429 \quad \text{und} \quad d_D=2{,}499.$$

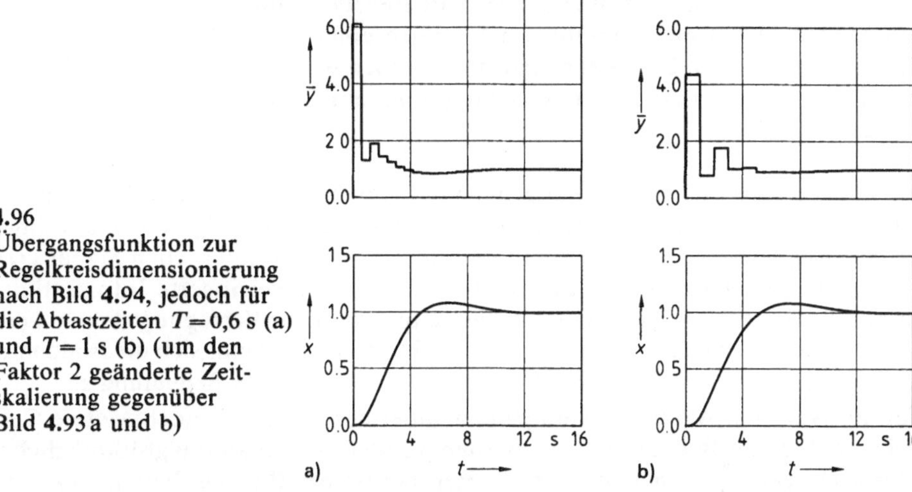

4.96
Übergangsfunktion zur Regelkreisdimensionierung nach Bild **4.94**, jedoch für die Abtastzeiten $T = 0,6$ s (a) und $T = 1$ s (b) (um den Faktor 2 geänderte Zeitskalierung gegenüber Bild **4.93** a und b)

In Bild **4.96** a und b sind die Übergangsfunktionen bei den Abtastzeiten $T = 0,6$ s und 1 s dargestellt. Die Überschwingweite beträgt in beiden Fällen 10%, während die Anregelzeit mit wachsender Abtastzeit zunimmt. Die Regelvorgänge verlaufen bei diesen Beispielen mit PID-Regelalgorithmus etwa um den Faktor 2 schneller als mit PI-Regelalgorithmus.

Im Unterschied zum Beispiel 4.41 mit der Abtastzeit $T = 0,2$ s, wo die Stellgröße $\bar{y}$ in einer stark gedämpften Zeitfunktion auf den Endwert einläuft, zeigt die Stellgröße $\bar{y}$ bei den Fällen $T = 0,6$ s und 1 s ein oszillierendes Verhalten. Dieses Verhalten kommt in den negativen Werten des Abklingkoeffizienten c_D zum Ausdruck. Sobald die halbe Abtastzeit größer als die Dämpfungszeit $T/2 > T_\mathrm{d}$ ist, wird $c_\mathrm{D} < 0$ gemäß Gl. (4.224). Damit die durch das oszillierende Verhalten bedingte Unruhe nicht im Verlauf der Regelgröße bemerkbar wird, sollte

$$c_\mathrm{D} > -0,6 \qquad\qquad (4.235)$$

sein.

Die integrale Verstärkung $2d_1 = (d_0 + d_1 + d_2)/(1 + c_2)$ ergibt sich für den PID-Regelalgorithmus bei der Polynomform aus der Differenz der relativ großen Zahlen $(d_0 + d_2)$ und $|d_1|$, wobei das Verhältnis jeder dieser Zahlen zu $2d_1$ erheblich größer ist als beim PI-Regelalgorithmus. Für das Verhältnis der größten Zahl $|d_1|$ zu $2d_1$ erhält man mit der Vernachlässigung $(T/2)^2 \ll T_\mathrm{nP}\, T_\mathrm{vP}$

$$\frac{|d_1|}{2d_1} \approx \frac{T_\mathrm{nP}}{T/2} \cdot \frac{T_\mathrm{vP}}{T_\mathrm{d} + T/2}. \qquad\qquad (4.236)$$

Bei den in den Beispielen 4.41 und 4.42 betrachteten drei Fällen $T = 0,2$ s, 0,6 s und 1 s erhält man für dieses Verhältnis $|d_1|/(2d_1) = 200$, 40 und 17, wie man leicht nachprüfen kann. Beim PID-Regelalgorithmus ist dieses Verhältnis um etwa eine Zehnerpotenz größer als beim PI-Regelalgorithmus, wobei es mit abnehmender Abtastzeit zunimmt. Im Interesse einer ausreichenden Rechengenauigkeit ist es beim PID-Regelalgorithmus noch wesentlich mehr als beim PI-Regelalgorithmus angebracht, die Programmierung nach der Summenform vorzunehmen.

4.4.3.6 Wahl der Abtastzeit. Bei genügend kleinen Werten für die Abtastzeit T zeigen quasikontinuierliche Abtastregelungen dieselbe Regelgüte wie kontinuierliche Regelungen. Jedoch enthält das aus einem kontinuierlichen Signal $x(t)$ hervorgehende abgetastete Signal $x^*(t)$ oder (x_k) eine verringerte Information, da nur die Funktionswerte in den Abtastzeitpunkten zur Verfügung stehen. Daher nimmt die Regelgüte mit zunehmender Abtastzeit ab. Damit sich die Abnahme in Grenzen hält, kommt der Wahl der Abtastzeit eine große Bedeutung zu.

Für die Wahl der Abtastzeit sind jedoch außer der Regelgüte noch weitere Gesichtspunkte von Bedeutung. Aus Kostengründen wird man die größtmögliche Abtastzeit wählen, da man dann mehr Regelkreise pro Rechner betreiben kann. Andererseits wünscht das Bedienungspersonal eine schnelle Anzeige von Änderungen, insbesondere in Alarmfällen, so daß man von daher eine möglichst kleine Abtastzeit anstrebt. Neben diesen einander widerstrebenden Gesichtspunkten spielt die Dynamik des zu regelnden Prozesses einschließlich der Stellzeit des Stellgliedes eine wichtige Rolle bei der Wahl einer angepaßten Abtastzeit. Für eine grobe Einteilung der erforderlichen Abtastzeiten bietet sich eine Zuordnung zu bestimmten Regelgrößen an (s. a. [43], [87]), wie sie Tafel **4.97** für Aufgaben aus der Antriebs- und Verfahrenstechnik zeigt. Kennt man die einzelnen Verzögerungszeiten der Regelstrecke, so kann man daraus die maximal zulässige Abtastzeit abschätzen. Wie aus den gezeigten Regelergebnissen und weiteren Untersuchungen hervorgeht, kann man nach der hier vorgeschlagenen und in Abschn. 4.4.3.5 beispielhaft angewendeten Methode zur Bestimmung der Reglerkoeffizienten die Abtastzeit maximal gleich 15 ... 20% der Summe der Streckenverzögerungszeiten wählen, das entspricht etwa 10 ... 15% der Zeit t_{90}. Häufig wird man die Abtastzeit kleiner als diesen zulässigen Maximalwert wählen, um auftretenden Störgrößen möglichst schnell entgegenwirken zu können.

Tafel **4.97** Zuordnung von typischen Werten der Abtastzeit T zu bestimmten Regelgrößen

Regelgröße	Abtastzeit
Ankerstrom, Drehzahl	1 ... 10 ms
Durchfluß	1 s
Druck, Niveau	5 s
Temperatur	20 s

4.4.3.7 Zusammenfassung und Vergleich. Zum Abschluß des Abschnitts über quasikontinuierliche Abtastregelungen werden die mit den verschiedenen Dimensionierungsmethoden erhaltenen Regelergebnisse miteinander verglichen.

Um einen solchen Vergleich wenigstens exemplarisch vornehmen zu können, werden die verschiedenen Regelalgorithmen immer auf dieselbe Regelstrecke mit den Verzögerungszeiten $T_1 = 3$ s, $T_2 = 2$ s und $T_3 = 1$ s angewendet.

PI- und PID-Regelalgorithmus. Ersetzt man den PI- durch einen PID-Regelalgorithmus, so wird dabei eine zweite Streckenverzögerungszeit T_2 kompensiert und es erscheint dafür die Dämpfungszeit $T_d = 0,1\,T_2$ als zusätzliche Verzögerung. Der damit erzielbare Gewinn im Phasengang des offenen Regelkreises ist begrenzt, so daß sich eine Beschleunigung des Regelvorganges entsprechend einer Verringerung der Anschwingzeit um den Faktor zwei bis drei ergibt.

PID-Regelalgorithmus nach der Rechteck- bzw. Trapezregel. Die exemplarisch durchgerechneten Beispiele mit dem PID-Regelalgorithmus nach der Trapezregel und mit Berücksichtigung des Abtast-Haltegliedes liefern Ergebnisse, wie sie hinsichtlich der Überschwingweite erwartet werden. Diese Aussage gilt unabhängig von der Abtastzeit. Dagegen zeigen die in Abschn. 4.4.2.2 betrachteten Beispiele mit der Rechteckregel erheblich ungünstigeres Verhalten, da hierbei mit zunehmender Abtastzeit die Überschwingweite merklich ansteigt. Dieses Verhalten liegt im wesentlichen darin begründet, daß bei der Methode nach der Rechteckregel die Wirkung des Abtast-Haltegliedes nicht berücksichtigt wird.

Daneben zeigt aber der PID-Algorithmus nach der Rechteckregel noch den weiteren Nachteil, daß seine Koeffizienten um mehr als den Faktor 2 größere Werte annehmen als die Koeffizienten nach der Trapezregel. Dieser Unterschied ist von großer praktischer Bedeutung, denn bei großen Koeffizienten werden Stellamplituden errechnet, die sich häufig gar nicht realisieren lassen, da jedes Stellglied einen oberen und einen unteren Anschlag besitzt. Geht man beispielsweise von einem mittleren Arbeitspunkt bei $y_0 = 50\%$ aus, so würde bei der Rechteckregel und $T = 0,2$ s mit $d_0 = 25,15$ bereits eine Änderung von $\Delta e_k = 2,0\%$ ausreichen, um das Stellglied an den oberen Anschlag bei 100% zu bringen. Demgegenüber ist bei der Trapezregel mit $d_0 = 10,525$ dazu eine Änderung von $\Delta e = 4,75\%$ erforderlich, was einem Verhältnis von 2,4 gegenüber dem Wert bei der Rechteckregel entspricht. Dieses Verhältnis wird mit abnehmender Abtastzeit noch ungünstiger, da man bei der Rechteckregel vom idealen PID-Regler ausgeht, während bei der Einführung der Trapezregel von Anfang an die Dämpfungszeit T_d zur Unterdrückung hochfrequenter Störungen eingeführt wurde. Für den Grenzfall beliebig kleiner Abtastzeiten strebt daher der Koeffizient d_0 bei der Rechteckregel mit $d_0 = K_P(1 + T/T_n + T_v/T)$ gegen beliebig große Werte, während er bei der Trapezregel mit $d_0 = K_P[1 + (T/2)/T_n + T_v/(T_d + T/2)]$ gegen den Anfangswert des kontinuierlichen PID-T_1-Reglers $K_P(1 + T_v/T_d)$ strebt.

Quasikontinuierlicher PID-Regelalgorithmus und Abtastregler mit Entwurf in der w-Ebene. Beim Vergleich dieser beiden Verfahren sind die unterschiedlichen Ansätze zu beachten. Der quasikontinuierliche Abtastregler wird voll in der s-Ebene beschrieben und das Abtast-Halteglied durch ein Totzeitglied näherungsweise berücksichtigt. Die Ergebnisse zeigen daher nicht genau die verlangte Überschwingweite von 10%, sondern Werte zwischen 9% und 10%. Außerdem wird hierbei von der kontinuierlichen Regelung das feste Verhältnis $T_{vP}/T_d = 10$ übernommen. Damit verschenkt man einen Freiheitsgrad in der Dimensionierung, so daß sich die Anschwingzeit ergibt und nicht vorgegeben werden kann.

In der w-Ebene wird das Abtastverhalten von Strecke und Regler genau beschrieben und der Reglerentwurf für vorgebbare Werte von Überschwingweite und Anschwingzeit durchgeführt. Eine obere Grenze für die Abtastzeit ergibt sich dabei aus dem Abtasttheorem von Shannon, das durch Schraffur in Bild 4.56 berücksichtigt wird. Aus praktischen Erwägungen heraus wird man jedoch die Abtastzeit kleiner als diesen Grenzwert wählen, damit auf Störgrößen genügend schnell reagiert wird. Der Störort und die Streckendynamik sind dafür von großer Bedeutung, so daß man nur schwer allgemein gültige Angaben machen kann.

Einen Vergleich zwischen den Ergebnissen quasikontinuierlicher Abtastregelung und der Abtastregelung mit Entwurf in der w-Ebene zeigen die Bilder 4.96b und 4.61. In beiden Fällen wird die gleiche P-T_3-Strecke mit einem PID-Abtastregler geregelt. Das Regelergebnis mit der Reglerdimensionierung in der w-Ebene zeigt eine kürzere Anregelzeit bei ruhigerem Stellgrößenverlauf, worin die genauere Kenntnis des Abtastverhaltens zum Ausdruck kommt. Dafür ist die Reglerdimensionierung mit größerem Aufwand verbunden, der jedoch bei Rechnereinsatz nicht sehr ins Gewicht fällt. Die nicht merklich schlechteren Regelergebnisse des quasikontinuierlichen Regelalgorithmus werden mit geringerem Aufwand erzielt, so daß dieser einen vernünftigen Kompromiß darstellt.

Anhang

Literaturverzeichnis

[1] Ackermann, J.: Abtastregelung. 3. Aufl. Berlin, Heidelberg, New York 1988
[2] Ameling, W.: Laplace-Transformation. 3. Aufl. Wiesbaden 1984
[3] Atherton, D. P.: Nonlinear Control Engineering – Describing Function Analysis and Design. London 1982
[4] Becker, J.; Dreyer, H.-J.; Haacke, W.; Nabert, R.: Numerische Mathematik für Ingenieure. 2. Aufl. Stuttgart 1985
[5] Bertalanffy, L.: General System Theory. London 1971
[6] Blakelock, J. H.: Automatic Control of Aircraft and Missiles. New York 1965
[7] Brockhaus, R.: Flugregelung. Bd. 1: Das Flugzeug als Regelstrecke. Bd. 2: Entwurf von Regelsystemen. München 1977/1979
[8] Buxbaum, A.; Schierau, K.: Berechnung von Regelkreisen in der Antriebstechnik. Berlin 1980
[9] Cannon, R. H.: Dynamics of Physical Systems. New York 1967
[10] Churchill, R. V.: Operational Mathematics. Tokio 1972
[11] Considine, D. M.: Process Instruments and Controls Handbook. New York 1974
[12] Cosgriff, L. L.: Nonlinear Control Systems. New York 1963
[13] Daniels, R. W.: An Introduction to Numerical Methods and Optimization Techniques. New York 1978
[14] D'Azzo, J. J.; Houpis, C. H.: Linear Control System Analysis and Design. Tokio 1981
[15] DiStefano, J. J.; Stubberud, A. R.; Williams, I. J.: Regelungssysteme. Düsseldorf 1976
[16] Doetsch, G.: Anleitung zum praktischen Gebrauch der Laplace-Transformation und der Z-Transformation. 6. Aufl. München 1989
[17] Dorf, R. C.: Modern Control Systems. Reading 1980
[18] Drenick, R. F.: Die Optimierung linearer Regelkreise. München 1967
[19] Ebel, T.: Regelungstechnik. 6. Aufl. Stuttgart 1991
[20] Eveleigh, V. W.: Introduction to Control Systems Design. New York 1972
[21] Föllinger, O.: Nichtlineare Regelungen. Bd. 1: Grundlagen und harmonische Balance. Bd. 2: Anwendung der Zustandsebene, Ljapunov-Theorie, Popow- und Kreiskriterium. 5. Aufl. München 1989
[22] Föllinger, O.: Regelungstechnik – Einführung in die Methoden und ihre Anwendung. 6. Aufl. Heidelberg 1990
[23] Föllinger, O.: Lineare Abtastsysteme. 4. Aufl. München 1990
[24] Föllinger, O.: Laplace- und Fouriertransformation. 4. Aufl. Berlin 1986
[25] Föllinger, O.; Franke, D.: Einführung in die Zustandsbeschreibung dynamischer Systeme. München 1982

[26] Frank, P. M.: Entwurf von Regelkreisen mit vorgeschriebenem Verhalten. Karlsruhe 1974

[27] Frank, P. M.: Empfindlichkeitsanalyse dynamischer Systeme. München 1976

[28] Franklin, G. F.; Powell, J. D.: Digital Control of Dynamic Systems. Reading 1980

[29] Gelb, A.; Van der Velde, W. E.: Multiple-Input Describing Function and Nonlinear System Design. New York 1968

[30] Gibson, J. E.: Nonlinear Automatic Control. New York 1963

[31] Gille, J. C.; Pelegrin, M.; Decaulne, P.: Lehrgang der Regelungstechnik. Bd. 1: Theorie der Regelungen. Bd. 2: Bauelemente der Regelkreise. Bd. 3: Entwurf von Regelkreisen. München 1963/1964

[32] Giloi, W. K.: Principles of Continuous System Simulation. Stuttgart 1975

[33] Glattfelder, A. H.: Regelungssysteme mit Begrenzungen. München 1974

[34] Graham, D.; McRuer, D.: Analysis of Nonlinear Control Systems. New York 1961

[35] Hamming, R. W.: Numerical Methods for Scientists and Engineers. Tokio 1973

[36] Hartmann, I.: Lineare Systeme – Grundlagen der Systemdynamik und Regelungstechnik. Berlin 1976

[37] Heinhold, J.; Kulisch, U.: Analogrechnen. Mannheim 1969

[38] Hoppe, W. u. a. (Hrsg.): Biophysik. 2. Aufl. Berlin 1982

[39] Hostetter, G. H.; Savant, C. J.; Stefani, R. T.: Design of Feedback Control Systems. New York 1982

[40] Hsu, J. C.; Meyer, A. U.: Modern Control Principles and Applications. New York 1978

[41] Isaacs, R.: Differential Games. New York 1965

[42] Isermann, R.: Identifikation dynamischer Systeme. 2 Bde. Berlin 1988

[43] Isermann, R.: Digitale Regelsysteme. 2. Aufl. Berlin 1987

[44] James, H.; Nichols, N. B.; Philips, R. S.: Theory of Servomechanisms. New York 1965

[45] Jordan, W.; Urban, H.: Strukturierte Programmierung. Berlin 1978

[46] Katz, P.: Digital Control using Microprocessors. London 1981

[47] Klefenz, G.: Die Regelung von Dampfkraftwerken. 4. Aufl. Mannheim 1991

[48] Kreyszig, E.: Advanced Engineering Mathematics. New York 1979

[49] Kuo, B. C.: Digital Control Systems. New York 1981

[50] Landgraf, C.; Schneider, G.: Elemente der Regelungstechnik. Berlin 1970

[51] Latzel, W.: Regelung mit dem Prozeßrechner (DDC). Mannheim 1977

[52] Leonhard, W.: Digitale Signalverarbeitung in der Meß- und Regelungstechnik. 2. Aufl. Stuttgart 1989

[53] Leonhard, W.: Regelung in der elektrischen Antriebstechnik. Stuttgart 1974

[54] Leonhard, W.: Regelung in der elektrischen Energieversorgung. Stuttgart 1980

[55] Leonhard, W.: Einführung in die Regelungstechnik. 6. Aufl. Wiesbaden 1992

[56] MacFarlane, A. G. J.: Analyse technischer Systeme. Mannheim 1967

[57] Mayr, O.: Zur Frühgeschichte technischer Regelungen. München 1969

[58] McRuer, D.; Ashkenas, I.; Graham, D.: Aircraft Dynamics and Automatic Control. Princeton 1973

[59] Miller, J. G.: Living Systems. New York 1978

[60] Millman, J.; Halkias, C. C.: Integrated Electronics – Analog and Digital Circuits and Systems. Tokio 1972

[61] Milne, W. E.: Numerical Solutions of Differential Equations. New York 1970

[62] Müller, P. C.: Stabilität und Matrizen. Berlin 1977

[63] Oldenburger, R.: Mathematical Engineering Analysis. New York 1961

[64] Oppelt, W.: Kleines Handbuch technischer Regelvorgänge. 5. Aufl. Weinheim 1972

[65] Oppenheim, A. V.; Schafer, R. W.: Digital Signal Processing. Englewood Cliffs 1975

[66] Papoulis, A.: Circuits and Systems. Tokio 1980

[67] Parks, P. C.; Hahn, V.: Stabilitätstheorie. Berlin 1981

[68] Pestel, E.; Kollmann, E.: Grundlagen der Regelungstechnik. 3. Aufl. Braunschweig 1979

[69] Pfaff, G.: Regelung elektrischer Antriebe. Bd. 1: Eigenschaften, Gleichungen und Strukturbilder der Motoren. 3. Aufl. München 1987

[70] Popow, P.; Paltow, J.: Näherungsmethoden zur Untersuchung nichtlinearer Regelungssysteme. Leipzig 1963

[71] Power, H. M.; Simpson, R. J.: Introduction to Dynamics and Control. London 1978

[72] Preßler, G.: Regelungstechnik. Mannheim 1967

[73] Profos, P.: Einführung in die Systemdynamik. Stuttgart 1982

[74] Rabiner, L. R.; Gold, B.: Theory and Applications of Digital Signal Processing. Englewood Cliffs 1975

[75] Ralston, A.; Rabinowitz, P.: A First Course in Numerical Analysis. Tokio 1978

[76] Rao, S. S.: Optimization – Theory and Applications. New Delhi 1978

[77] Reinisch, K.: Kybernetische Grundlagen und Beschreibung kontinuierlicher Systeme. Berlin 1974

[78] Reinisch, K.: Analyse und Synthese kontinuierlicher Steuerungssysteme. Berlin 1973

[79] Sage, A. P.: Optimum Systems Control. Englewood Cliffs 1968

[80] Samal, E.: Grundriß der praktischen Regelungstechnik. 16. Aufl. München 1990

[81] Saucedo, R.; Schiring, E. E.: Introduction to Continuous and Digital Control Systems. New York 1968

[82] Schäfer, O.; Katzenbeißer, R.: Die Beschreibungsfunktion des schaltenden PD-Reglers. Opladen 1976

[83] Schäfer, O.; Ossendoth, U.: Das Regelverhalten schaltender Regler mit Rückführung. Opladen 1979

[84] Scheid, F.: Numerische Analysis. Düsseldorf 1979

[85] Schlitt, H.: Regelungstechnik in Verfahrenstechnik und Chemie. Würzburg 1978

[86] Schmidt, G.: Simulationstechnik. München 1980

[87] Schmidt, G.: Grundlagen der Regelungstechnik. 2. Aufl. Berlin 1987

[88] Schmidt, R. F.; Thews, G. (Hrsg.): Physiologie des Menschen. Berlin 1980

[89] Schöne, A. (Hrsg.): Simulation technischer Systeme. Bd. 1: Grundlagen der Simulationstechnik. Bd. 2: Simulation stetiger Systeme. München 1974

[90] Schwarz, H.: Mehrfachregelungen. Grundlagen einer Systemtheorie. 2 Bde. Berlin 1967, 1971

[91] Schwarz, H.: Einführung in die moderne Systemtheorie. Braunschweig 1969

[92] Schwarz, H.: Zeitdiskrete Regelungssysteme. Braunschweig 1979

[93] Schwarz, W.: Analogprogrammierung – Theorie und Praxis des Programmierens für Analogrechner. Leipzig 1974

[94] Shearer, J. L. u. a.: Introduction to System Dynamics. Reading 1971

[95] Spiegel, M. R.: Laplace-Transformationen. Düsseldorf 1977

[96] Starkermann, R.: Die harmonische Linearisierung. Bd. I: Einführung, Schwingungen, nichtlineare Regelkreisglieder. Bd. II: Nichtlineare Regelsysteme. Mannheim 1970

[97] Stiefel, E.: Einführung in die numerische Mathematik. Stuttgart 1976
[98] Takahashi, Y.; Rabins, M.; Auslander, D. M.: Control and Dynamic Systems. Reading 1972
[99] Thoma, M.: Theorie linearer Regelsysteme. Braunschweig 1973
[100] Tietze, U.; Schenk, C.: Halbleiter-Schaltungstechnik. 8. Aufl. Berlin 1986
[101] Tretter, S. A.: Introduction to Discrete-Time Signal Processing. New York 1976
[102] Truxal, J. G. (Hrsg.): Control Engineer's Handbook. New York 1958
[103] Truxal, J. G.: Entwurf automatischer Regelsysteme. München 1960
[104] Unbehauen, H.: Regelungstechnik. Bd. 1: Klassische Verfahren zur Analyse und Synthese linearer kontinuierlicher Regelsysteme. 6. Aufl. 1989. Bd. 2: Zustandsregelungen, digitale und nichtlineare Regelsysteme. 5. Aufl. 1989. Bd. 3: Identifikation, Adaption, Optimierung. 3. Aufl. 1988. Wiesbaden
[105] Unbehauen, R.: Systemtheorie – Grundlagen für Ingenieure. 5. Aufl. München 1990
[106] Van Valkenburg, M. E.: Analog Filter Design. Tokio 1982
[107] Vaske, P.: Übertragungsverhalten elektrischer Netzwerke. 4. Aufl. Stuttgart 1990
[108] Villee, C. A.; Dethier, V. G.: Biological Principles and Processes. Philadelphia 1976
[109] Watts, D.: A Catalog of Operational Transfer Functions. New York 1977
[110] Weber, H.: Laplace-Transformation für Ingenieure der Elektrotechnik. 6. Aufl. Stuttgart 1990
[111] Wiberg, D.: State Space and Linear Systems. New York 1971
[112] Wiener, N.: Kybernetik – Regelung und Nachrichtenübertragung im Lebewesen und in der Maschine. Düsseldorf 1973
[113] Willems, J. L.: Stabilität dynamischer Systeme. München 1973
[114] Wilson, E. O. u.a.: Life on Earth. Sunderland 1978
[115] Zurmühl, R.: Praktische Mathematik für Ingenieure und Physiker. Berlin 1961
[116] Zwicker, E.: Simulation und Analyse dynamischer Vorgänge in den Wirtschafts- und Sozialwissenschaften. Berlin 1981

DIN-Normblätter (Auswahl)

DIN 323	Normzahlen und Normzahlreihen
DIN 1301	Einheiten, Kurzzeichen
DIN 1302	Mathematische Zeichen
DIN 1304	Allgemeine Formelzeichen
DIN 1311	Schwingungslehre
DIN 1313	Schreibweise physikalischer Gleichungen in Naturwissenschaft und Technik
DIN 1319	Grundbegriffe der Meßtechnik
DIN 1344	Elektrische Nachrichtentechnik. Formelzeichen
DIN 1357	Einheiten elektrischer Größen
DIN 5475	Komplexe Größen
DIN 5483	Zeitabhängige Größen. Formelzeichen
DIN 5486	Schreibweise von Matrizen
DIN 5487	Fourier-Transformation und Laplace-Transformation
DIN 5488	Zeitabhängige Größen. Benennungen der Zeitabhängigkeit
DIN 5489	Vorzeichen- und Richtungsregeln für elektrische Netze
DIN 5493	Logarithmierte Größenverhältnisse. Maße, Pegel in Neper und Dezibel
DIN 5494	Größensysteme und Einheitensysteme
DIN 19221	Formelzeichen der Regelungs- und Steuerungstechnik

DIN 19222	Leittechnik. Begriffe
DIN 19225	Benennung und Einteilung von Reglern
DIN 19226	Regelungs- und Steuerungstechnik
DIN 19227	Sinnbilder für die Verfahrenstechnik
DIN 19228	Bildzeichen für Messen, Steuern, Regeln
DIN 19229	Übertragungsverhalten dynamischer Systeme
DIN 19233	Automat, Automatisierung. Begriffe
DIN 19236	Optimierung. Begriffe
DIN 19237	Steuerungstechnik. Begriffe
DIN 19239	Steuerungstechnik. Speicherprogrammierbare Steuerungen
DIN 40110	Wechselstromgrößen
DIN 40146	Begriffe der Nachrichtenübertragung
DIN 44300	Informationsverarbeitung. Begriffe
DIN 65999	Formelzeichen, Größen und empfohlene SI-Einheiten
DIN 66201	Prozeßrechensysteme. Begriffe
DIN 66261	Sinnbilder für Struktogramme nach Nassi-Shneiderman
VDI/VDE 2170	Flugregelung. Begriffe und Benennungen
LN 9300	Flugmechanik. Begriffe, Benennungen, Zeichen

Formelzeichenliste (Größen, Koeffizienten und Kennwerte)

a_i, b_j	Koeffizienten von Differentialgleichungen in s oder t
A_r	Amplitudenreserve
c_i, d_j	Koeffizienten von Differenzengleichungen
c_D	Abklingkoeffizient
d_D	Differenzierbeiwert
d_I	Integrierbeiwert
e	Regeldifferenz $e(t) = w(t) - x(t)$
f	Frequenz
$f(t)$	zeitkontinuierliche Funktion
$g(t)$	Gewichtsfunktion oder Impulsantwort eines Übertragungsgliedes
$h(t)$	Übergangsfunktion oder bezogeneSprungantworteines Übertragungsgliedes
h_m	Überschwingweite
g_i, h_j	Koeffizienten von Übertragungsfunktionen
i, j, k	Laufvariable
k_a	Anschwingverhältnis
K_D	Differenzierbeiwert
K_I	Integrierbeiwert
K_O	Verstärkungsfaktor
K_P	Proportionalbeiwert
K_{PP}	Proportionalbeiwert in der Produktform
K_S	Streckenbeiwert
m	Laufvariable
m	Verhältnis von Totzeit zu Abtastzeit
M	Zählerpolynom
n	Systemordnung
N	Polynom allgemein, Nennerpolynom
r	Anzahl Abtastungen pro Periode
$s = \sigma + j\omega$	Bildvariable bei der Laplace-Transformation
t	Zeit
T	Abtastzeit
T_0	Eigenzeit, $T_0 = 1/\omega_0$
T_a	Anschwingzeit
T_{a0}	Anschwingzeit bei Toleranzbreite 0
T_d	Dämpfungszeit
T_D	Differenzierzeit
T_e	Einschwingzeit
T_{ep}	Einschwingzeit bei der Toleranzbreite 2 p Prozent
T_g	Ausgleichszeit
T_i	Verzögerungszeit; $i = 1, 2, \ldots n$

T_I	Integrierzeit	$\delta(t)$	Impulsfunktion
T_m	Zeit bis zum Maximum der Übergangsfunktion	δ_T	Puls
		ϑ	Dämpfungsgrad
T_n	Nachstellzeit	θ	transformierter Dämpfungs-
T_{nP}	Nachstellzeit in der Produkt-		grad
	form	φ_r	Phasenreserve
T_t	Totzeit	φ_{rw}	Phasenreserve im trans-
T_u	Verzugszeit		formierten Frequenzbereich
T_v	Vorhaltzeit		(w-Bereich)
T_{vP}	Vorhaltzeit in der Produktform	τ_d	transformierte Dämpfungs-
T_y	Stellzeit		zeit
u	Eingangsgröße	τ_i	transformierte Verzögerungs-
$u=(u_1, u_2, \ldots u_p)$ Eingangsvektor			zeit; $i=1, 2, \ldots n$
v	Ausgangsgröße	τ_n	transformierte Nachstellzeit
$v=(v_1, v_2, \ldots v_q)$ Ausgangsvektor		τ_{nP}	transformierte Nachstellzeit
w	Führungsgröße		in der Produktform
$w=\xi+j\Omega$	Bildvariable bei der	τ_v	transformierte Vorhaltzeit
	w-Transformation	τ_{vP}	transformierte Vorhaltzeit in
x	Regelgröße		der Produktform
x_i	Zustandsgröße	τ_{Z1}, τ_{Z2}	Zählerzeit im transformier-
$x=(x_1, x_2, \ldots x_n)$ Zustandsvektor			ten Frequenzbereich
x_R	erfaßte Regelgröße,	ω	Kreisfrequenz
	Reglereingangsgröße	ω_d	Durchtrittskreisfrequenz
y	Stellgröße	ω_0	Eigenkreisfrequenz
y_R	Reglerausgangsgröße	ω_T	Abtastkreisfrequenz,
z	Störgröße		$\omega_T=2\pi/T$
z	Bildvariable bei der	Ω	Kreisfrequenz im trans-
	z-Transformation		formierten Frequenzbereich
α	Polstelle	Ω_d	Durchtrittskreisfrequenz im
β	Winkel		transformierten Frequenz-
Δ	Differenz, Zuwachs		bereich

Schreibweise der zeit- bzw. frequenzabhängigen Größen

$f(t)$	zeitkontinuierliche Funktion
$f(kT)=f_k$	zeitdiskrete Funktion
(f_k)	Wertefolge = Menge aller zeitdiskreten Funktionswerte
$\bar{f}(t)$	treppenförmige Zeitfunktion
$f^*(t)$	Impulsfolgefunktion
$F(s)$	Laplace-Transformierte $\mathscr{L}\{f(t)\}$ der Zeitfunktion $f(t)$
$F^*(s)$	Laplace-Transformierte $\mathscr{L}\{f^*(t)\}$ der Impulsfolgefunktion $f^*(t)$
$F_z(z)$	z-Transformierte der Wertefolge $\mathscr{Z}\{(f_k)\}$ oder der Impulsfolgefunktion $\mathscr{Z}\{f^*(t)\}=F^*(s)$ mit $z=e^{Ts}$

Die entsprechenden Schreibweisen gelten auch für die Größen im Regelkreis $e(t)$, $w(t)$, $x(t)$, $x_R(t)$, $y(t)$, $y_R(t)$, $z(t)$.

Schreibweise der Übertragungsfunktionen und Frequenzgänge

$G(s)$	Übertragungsfunktion eines Übertragungsgliedes mit $G(s)=V(s)/U(s)$
$G(j\omega)$	Frequenzgang als Wert der Übertragungsfunktion $G(s)$ auf der imaginären Achse $s=j\omega$
$\|G(j\omega)\|$	Amplitudengang

$\varphi(j\omega)$	Phasengang
$G_z(z)$	z-Übertragungsfunktion eines Übertragungsgliedes mit $G_z(z) = V_z(z)/U_z(z)$
$\overline{G}_z(z)$	z-Übertragungsfunktion eines Übertragungsgliedes mit Halteglied
$G_w(w)$	w-Übertragungsfunktion eines Übertragungsgliedes mit $G_w(w) = G_z(z)$ für $z = [1+(T/2)w]/[1-(T/2)w]$
$G_w(j\Omega)$	Abtast-Frequenzgang als Wert der w-Übertragungsfunktion auf der imaginären Achse $w = j\Omega$
$\lvert G_w(j\Omega)\rvert$	Amplitudengang
$\varphi_w(j\Omega)$	Phasengang
$\overline{G}_w(w)$	w-Übertragungsfunktion eines Übertragungsgliedes mit Halteglied

Indizes

AH	Abtast-Halteglied	W	Führungsgröße
H	Halteglied	Z	Störgröße
S	Strecke	z	z-Transformation
R	Regler	w	w-Transformation
O	offener Regelkreis		

Glossar

Abtastfrequenzgang
Die w-Übertragungsfunktion[1]) eines Abtastsystems auf der imaginären Achse der komplexen w-Ebene.

Abtast-Halteglied
Ein Übertragungsglied, das ein erfaßtes analoges Signal nach Eintreffen eines Auslösesignals über längere Zeit speichert.

Abtastintervall
Die Zeitspanne zwischen zwei Abtastzeitpunkten.

Abtastregelung
Eine Regelung, bei der nur in den Abtastzeitpunkten Werte der Regelgröße und Führungsgröße erfaßt und Werte der Stellgröße ermittelt werden.

Abtastzeit
Die Zeitspanne zwischen zwei aquidistanten Abtastzeitpunkten.

Abtastzeitpunkt
Zeitpunkt, in dem der zugehörige Funktionswert ermittelt wird.

Amplitudengang
Verlauf der Amplitudenkennlinie des Frequenzgangs als Funktion der Kreisfrequenz.

---

[1]) Die durch Sperrung hervorgehobenen Benennungen werden an anderer Stelle im Glossar erläutert.

Analog-Digital-Umsetzer

Ein Teil der Prozeßperipherie, der ein analoges Signal in ein digitales Signal umsetzt, dem Daten zugeordnet werden.

Analoges Signal

Signal mit einem kontinuierlichen Werteverlauf des die Information tragenden Parameters, dem Punkt für Punkt unterschiedliche Information zugeordnet ist.

Anfangszustand

Zustand eines Systems zu einem definierten Anfangszeitpunkt.

Ausgangsgröße

Physikalische Größe, mit der ein System auf seine Umwelt einwirkt.

Ausgangsmatrix

Matrix zur Beschreibung der wirkungsmäßigen Zusammenhänge zwischen dem momentanen Zustand eines linearen Systems und den Ausgangsgrößen.

Ausgangsvektor

Die Zusammenfassung der Ausgangsgrößen eines Systems in einem Vektor.

BIBO-Stabilität

Übertragungsstabilität eines Systems (Bounded Input-Bounded Output).

Bilineares (Biquadratisches) Übertragungsglied

Lineares rationales Übertragungsglied, das im Zähler und Nenner der Übertragungsfunktion lineare (quadratische) Polynome der komplexen Bildvariablen aufweist.

Bode-Diagramm

Diagramm zur Darstellung des Amplitudengangs (in logarithmischer Darstellung) und des Phasengangs über der Kreisfrequenz (in logarithmischer Darstellung).

Charakteristische Gleichung

Gleichung, die man durch Nullsetzen des Nennerpolynoms der Führungs- oder Störübertragungsfunktion des geschlossenen Regelkreises erhält.

Dämpfungsgrad

Maßzahl für das Abklingen des Einschwingvorgangs beim Verzögerungsglied zweiter Ordnung.

Daten

Gebilde aus Zeichen, die Elemente eines zur Darstellung von Information vereinbarten Zeichenvorrats sind.

Differenzierzeit

Parameter des Differenzierglieds.

Digital-Analog-Umsetzer

Ein Teil der Prozeßperipherie, der ein durch Daten dargestelltes digitales Signal in ein analoges Signal umsetzt.

Digitales Signal

Signal mit einer endlichen Anzahl von Wertebereichen des die Information tragenden Parameters, denen Daten zugeordnet werden.

Durchgangsmatrix

Matrix zur Beschreibung der direkten wirkungsmäßigen Zusammenhänge zwischen den Eingangsgrößen und den Ausgangsgrößen eines linearen Systems.

Durchtrittskreisfrequenz
Diejenige Kreisfrequenz, bei der der Amplitudengang die 0-dB-Linie schneidet.

Echtzeitbetrieb
Die Bearbeitung mehrerer Programme in einem Prozeßrechner, so daß diese als annähernd gleichzeitig ablaufend erscheinen, wobei unvorhersehbare, wichtige Ereignisse die rechtzeitige Antwort eines zugeordneten Programms bewirken.

Eigenkreisfrequenz
Maß für die Schnelligkeit des Einschwingvorgangs beim Verzögerungsglied zweiter Ordnung.

Eingangsgröße
Auf ein System einwirkende physikalische Größe.

Eingangsmatrix
Matrix zur Beschreibung der wirkungsmäßigen Zusammenhänge zwischen den momentanen Werten der Eingangsgrößen eines linearen Systems und den von ihnen bewirkten Änderungsgeschwindigkeiten der Zustandsgrößen.

Eingangsvektor
Die Zusammenfassung der Eingangsgrößen eines Systems in einem Vektor.

Einstellregeln
Heuristische Regeln zur Einstellung der Regelparameter.

Frequenzgang
Die s-Übertragungsfunktion eines kontinuierlichen Systems auf der imaginären Achse der komplexen s-Ebene.

Führungsverhalten
Reaktion eines Regelkreises auf eine Änderung der Führungsgröße.

Gewichtsfunktion
Verlauf der Ausgangsgröße eines linearen, im Beharrungszustand befindlichen Prozesses bei Aufschalten eines Einheitsimpulses als Eingangsgröße.

Gütekriterium
Kriterium zur Bewertung der Regelgüte.

Impulsantwort
Verlauf der Ausgangsgröße eines linearen, im Beharrungszustand befindlichen Prozesses bei einem impulsförmigen Verlauf der Eingangsgröße.

Impulsfolgefunktion
Aus einer zeitkontinuierlichen Funktion entstehende Folge von δ-Impulsen in den Abtastzeitpunkten mit einer dem zugehörigen Funktionswert entsprechenden Gewichtung der einzelnen δ-Impulse.

Integrierzeit
Parameter des Integrierglieds.

Kaskadenregelung
Mehrschleifige Regelung, bei der die Ausgangsgröße eines Reglers die Führungsgröße eines oder mehrerer unterlagerter Regelkreise bildet.

Kennkreisfrequenz
Kreisfrequenz der ungedämpften Schwingung der Ausgangsgröße beim Verzögerungsglied zweiter Ordnung.

Kennzeit

Reziproker Wert der Kennkreisfrequenz.

Luenberger-Beobachter

Einrichtung zur Schätzung des Prozeßzustands unter Verwendung eines Prozeßmodells mit Rückführung des Schätzfehlers der Ausgangsgrößen.

Mikrorechner

Ein Digitalrechner mit einem Mikroprozessor, bei dem die Zentraleinheit in einem Baustein untergebracht ist.

Nachstellzeit

Mit dem Proportionalbeiwert multiplizierte Integrierzeit des proportional-integrierenden Übertragungsglieds.

Nichols-Diagramm

Diagramm zur Darstellung des Amplitudenverlaufs (in logarithmischer Darstellung) über dem Phasenwinkel des Frequenzgangs eines linearen Übertragungsglieds.

Nyquist-Kriterium

Kriterium zur Ermittlung der Stabilitätseigenschaften eines linearen zeitinvarianten Übertragungsglieds oder Systems mittels der Nyquist-Ortskurve.

Nyquist-Ortskurve

Darstellung der Ortskurve des Frequenzgangs eines Übertragungsglieds oder Systems in der komplexen Ebene.

Parametervektor

Die Zusammenfassung der Parameter eines Systems in einem Vektor.

Phasengang

Verlauf der Phasenkennlinie des Frequenzgangs als Funktion der Kreisfrequenz.

Phasenschnittkreisfrequenz

Diejenige Kreisfrequenz, bei der der Phasengang die $-180°$-Linie schneidet.

Pol-Nullstellen-Plan

Darstellung der Singularitäten (Pole und Nullstellen) einer Übertragungsfunktion in der komplexen Ebene.

Prozeß

In einem System ablaufende Vorgänge als wirkungsmäßige Beeinflussung der Ausgangsgrößen durch die Eingangsgrößen.

Prozeßrechner

Ein Digitalrechner, der über eine Prozeßperipherie mit einem technischen Prozeß direkt gekoppelt ist zur Erfassung, Verarbeitung und Ausgabe von Daten im Echtzeitbetrieb.

Rampenantwort

Verlauf der Ausgangsgröße eines linearen, im Beharrungszustand befindlichen Prozesses bei einem zeitlinear ansteigenden Verlauf der Eingangsgröße.

Regelalgorithmus

Eine Folge von Anweisungen, nach denen aus den Werten der Regeldifferenz in den Abtastzeitpunkten die Stellgröße ermittelt wird.

Regeldifferenz
Differenz zwischen Führungsgröße und Regelgröße eines Regelkreises.

Robustheit
Eigenschaft eines Systems, sein Verhalten bei Änderungen seiner Struktur oder seiner Parameter nur wenig zu ändern.

Rückkopplung
Rückführung der Ausgangsgröße eines Systems auf seine Eingangsgröße.

Signal
Die Darstellung von Information mittels physikalischer Größen.

Sinusantwort
Verlauf der Ausgangsgröße eines stabilen Prozesses bei einem sinusförmigen Verlauf der Eingangsgröße nach Abklingen aller transienten Vorgänge.

Sprungantwort
Verlauf der Ausgangsgröße eines linearen, im Beharrungszustand befindlichen Prozesses bei einem sprungförmigen Verlauf der Eingangsgröße.

Sprungantwortstabilität
Stabilität eines Systems bei einer sprungförmigen Verstellung der Eingangsgröße.

Stabilität
Eigenschaft eines Systems, nach einer Störung wieder in die Ausgangslage zurückzukehren.

Stationäres Verhalten
Derjenige Anteil des zeitlichen Verlaufs der Ausgangsgröße eines Prozesses, der durch die Eingangsgrößen hervorgerufen wird.

Stellgröße
Eingangsgröße der Regelstrecke.

Störgrößenaufschaltung
Aufschaltung einer erfaßten Störgröße auf einen Regler mit dem Ziel, die Wirkung der Störgröße auf die Regelgröße zu verringern.

Störverhalten
Reaktion eines Regelkreises auf eine Änderung der Störgrößen.

System
Abgeschlossene Menge von aufeinander einwirkenden Übertragungsgliedern.

Systemmatrix
Quadratische Matrix zur Beschreibung der wirkungsmäßigen Zusammenhänge zwischen dem momentanen Zustand eines linearen Systems und der Änderungsgeschwindigkeit des Zustands.

Totzeitglied
Lineares Übertragungsglied, bei dem jede Zeitfunktion am Eingang um die Totzeit verschoben am Ausgang erscheint.

Transformation
Abbildung von Zeitfunktionen in Bildfunktionen des s-, z- oder w-Bereiches.

Transformierte

Einer gegebenen Zeitfunktion zugeordnete Bildfunktion der komplexen Bildvariablen s, z oder w.

Transientes Verhalten

Derjenige Anteil des zeitlichen Verlaufs der Ausgangsgröße eines Prozesses, der durch die Anfangswerte hervorgerufen wird.

Transitionsmatrix

Quadratische Matrix zur Beschreibung der wirkungsmäßigen Zusammenhänge zwischen zwei momentanen Zuständen eines nicht von außen angeregten linearen Systems.

Übergangsfunktion

Verlauf der Ausgangsgröße eines linearen, im Beharrungszustand befindlichen Prozesses bei Aufschalten einer Einheitssprungfunktion als Eingangsgröße.

Überschwingweite

Differenz zwischen dem größten Wert der Übergangsfunktion eines Übertragungsglieds und dem Beharrungswert.

Übertragungsfunktion

Übertragungsverhalten als Quotient der s-, z- oder w-Transformierten von Eingangs- und Ausgangsgröße eines Übertragungsglieds oder Systems.

Übertragungsglied

Elementares System mit eindeutig angebbarem Übertragungsverhalten.

Übertragungsstabilität

Stabilitätseigenschaft eines Systems bezüglich des Verlaufs von Eingangs- und Ausgangsgröße.

Übertragungsverhalten

Wirkungsmäßiger Zusammenhang zwischen den Eingangs- und Ausgangsgrößen eines Übertragungsglieds oder Systems.

Vergleichsstelle

Symbol zur Darstellung einer Differenzbildung von Wirkungen in einem Wirkungsplan.

Verzweigungspunkt

Symbol zur Darstellung der Aufteilung von Wirkungen auf mehrere Teilsysteme in einem Wirkungsplan.

Vorhaltzeit

Auf den Proportionalbeiwert bezogene Differenzierzeit des proportional-differenzierenden Übertragungsglieds.

Wertefolge

Die Menge der Funktionswerte einer zeitabhängigen Funktion in den Abtastzeitpunkten.

Wirkungslinie

Symbol zur Darstellung von Wirkungsrichtungen im Wirkungsplan.

Wirkungsplan

Graphische Darstellung der Wirkungsbeziehungen in einem System unter Verwendung genormter Symbole.

Zentraleinheit

Die Zusammenfassung von Rechenwerk, Leitwerk, Zentralspeicher und Ein-Ausgabe-Werk eines Digitalrechners.

Zustandsgröße

Physikalische Größe, die den momentanen Zustand eines Systems kennzeichnet.

Zustandsregelung

Mehrschleifige Regelung, bei der alle Zustandsgrößen eines Systems über proportional wirkende Glieder zurückgeführt werden.

Zustandsschätzung

Näherungsweise Ermittlung des momentanen Zustands eines Systems.

Zustandsvektor

Die Zusammenfassung der Zustandsgrößen eines Systems in einem Vektor.

Sachverzeichnis

Moeller, Leitfaden der Elektrotechnik

Herausgegeben von Prof. Dr.-Ing. **H. Fricke,** Braunschweig, Prof. Dr.-Ing. **H. Frohne,** Hannover,
Prof. Dr.-Ing. **N. Höptner,** Pforzheim, Prof. Dr.-Ing. **K.-H. Löcherer,** Hannover,
und Prof. Dr.-Ing. **P. Vaske** †

Grundlagen der Elektrotechnik
Teil 1: Elektrische Netzwerke
Von Prof. Dr.-Ing. **H. Fricke,** Braunschweig, und Prof. Dr.-Ing. **P. Vaske**
17., neubearbeitete und erweiterte Auflage. XVIII, 733 Seiten mit 567 teils mehrfarbigen Bildern,
34 Tafeln und 553 Beispielen. Geb. DM 72,–   ISBN 3-519-06403-0

Teil 2: Elektrische und magnetische Felder
Von Prof. Dr.-Ing. **H. Frohne,** Hannover
ca. 350 Seiten mit ca. 250 Bildern. Geb. ca. DM 54,–   ISBN 3-519-06404-9

Teil 3: Elektrische und magnetische Eigenschaften der Materie
Von Prof. Dr. phil. nat. **W. von Münch,** Stuttgart
X, 276 Seiten mit 210 Bildern, 44 Tafeln und 40 Beispielen. Geb. DM 56,–   ISBN 3-519-06409-X

Elektrische Maschinen und Umformer
Teil 1: Aufbau, Wirkungsweise und Betriebsverhalten
Von Prof. Dr.-Ing. **P. Vaske**
12., neubearbeitete und erweiterte Auflage. XII, 289 Seiten mit 248 teils zweifarbigen Bildern,
12 Tafeln und 61 Beispielen. Kart. DM 54,–   ISBN 3-519-16401-9

Halbleiterbauelemente
Von Prof. Dr.-Ing. **K.-H. Löcherer,** Hannover
X, 426 Seiten mit 330 Bildern, 11 Tafeln und 36 Beispielen. Geb. DM 68,–   ISBN 3-519-06423-5

Grundlagen der elektrischen Meßtechnik
Von Prof. Dr.-Ing. **H. Frohne,** Hannover, und Prof. Dr.-Ing. **E. Ueckert,** Hannover
XII, 548 Seiten mit 271 Bildern, 48 Tafeln und 111 Beispielen. Geb. DM 78,–   ISBN 3-519-06406-5

Grundlagen der Regelungstechnik
Von Prof. Dr.-Ing. **F. Dörrscheidt,** Paderborn, und Prof. Dr.-Ing. **W. Latzel,** Paderborn
2., durchgesehene Auflage. XII, 466 Seiten mit 401 Bildern, 30 Tafeln und 134 Beispielen.
Geb. DM 64,–   ISBN 3-519-16421-3

B. G. Teubner Stuttgart

Moeller, Leitfaden der Elektrotechnik

Hochspannungstechnik
Von Prof. Dr.-Ing. **G. Hilgarth,** Braunschweig/Wolfenbüttel
2., überarbeitete und erweiterte Auflage. XII, 230 Seiten mit 172 Bildern, 16 Tafeln und 46 Beispielen.
Kart. DM 48,–   ISBN 3-519-16422-1

Elektrische Energieverteilung
Von Prof. Dipl.-Ing. **R. Flosdorff,** Aachen, und Prof. Dr.-Ing. **G. Hilgarth,** Braunschweig/Wolfenbüttel
5., überarbeitete Auflage. XIV, 352 Seiten mit 274 Bildern, 46 Tafeln und 72 Beispielen. Kart. DM 54,–
ISBN 3-519-46411-X

Digitaltechnik
Von Prof. Dipl.-Ing. **L. Borucki,** Moers
unter Mitwirkung von Prof. Dipl.-Ing. **G. Stockfisch,** Krefeld
3., überarbeitete und erweiterte Auflage. XIV, 334 Seiten mit 318 Bildern, 82 Tafeln und 55 Beispielen.
Kart. DM 52,–   ISBN 3-519-26415-3

Grundlagen der elektrischen Nachrichtenübertragung
Von Prof. Dr.-Ing. **H. Fricke,** Braunschweig, Prof. Dr.-Ing. habil. **K. Lamberts,** Clausthal,
und Prof. Dipl.-Ing. **E. Patzelt,** Braunschweig/Wolfenbüttel
XV, 375 Seiten mit 302 Bildern, 15 Tafeln und 39 Beispielen. Geb. DM 58,–   ISBN 3-519-06416-2

Grundlagen der Verstärker
Von Prof. Dr.-Ing. **H. Gad,** Lemgo, und Prof. Dr.-Ing. **H. Fricke,** Braunschweig
XII, 305 Seiten mit 202 Bildern, 1 Tafel und 90 Beispielen. Kart. DM 54,–   ISBN 3-519-06417-0

Grundlagen der Impulstechnik
Von Prof. Dr.-Ing. **G.-H. Schildt,** Wien
XII, 439 Seiten mit 364 Bildern, 9 Tafeln und 34 Beispielen. Kart. DM 68,–   ISBN 3-519-06412-X

Preisänderungen vorbehalten

B. G. Teubner Stuttgart